Joachim Hilgert
Karl-Hermann Neeb

Lie-Gruppen
und
Lie-Algebren

Joachim Hilgert
Karl-Hermann Neeb

Lie-Gruppen und Lie-Algebren

Dr. Joachim Hilgert
Mathematisches Institut
der Universität Erlangen-Nürnberg
Bismarckstr. 1 1/2
D-8520 Erlangen

Dr. Karl-Hermann Neeb
Analyse Complexe et Géométrie
Département de Mathématiques
Université de Paris VI
4, place Jussieu
F-75252 Paris, Cedex 05

Die Deutsche Bibliothek - CIP-Einheitsaufnahme

Hilgert, Joachim:
Lie-Gruppen und Lie-Algebren / Joachim Hilgert;
Karl-Hermann Neeb. - Braunschweig: Vieweg, 1991
ISBN 3-528-06432-3
NE: Neeb, Karl-Hermann:

Der Verlag Vieweg ist ein Unternehmen der Verlagsgruppe Bertelsmann International.

Umschlaggestaltung: Schrimpf und Partner, Wiesbaden
Gedruckt auf säurefreiem Papier
Druck und buchbinderische Verarbeitung: Langelüddecke, Braunschweig
Printed in Germany

ISBN 3-528-06432-3

gewidmet unserem Lehrer

Karl Heinrich Hofmann

Vorwort

Die Theorie der Lie-Gruppen spielt eine wichtige Rolle in vielen Gebieten der Mathematik. Umgekehrt sind zu ihrem Verständnis Kenntnisse aus einer Reihe von Bereichen (Differentialgeometrie, Differentialgleichungen, Algebra, Funktionalanalysis, mengentheoretische und algebraische Topologie) erforderlich. Dies macht den Einstieg für den Neuling schwierig. Wichtige Teile der Theorie lassen sich jedoch erheblich elementarer darstellen, wenn man die Definitionen nicht schon von Beginn an in voller Allgemeinheit gibt. Diesen Weg geht das vorliegende Buch. Es wendet sich an Studenten mit guten Kenntnissen in der linearen Algebra, der Differentialrechnung mehrerer Variablen und der elementaren Gruppentheorie. Die benötigten Begriffe und Sätze aus der mengentheoretischen Topologie haben wir (mit Beweisen) in einem Anhang zusammengestellt. Alle übrigen Hilfsmittel werden an den Stellen eingeführt, an denen sie benötigt werden.

Wir entwickeln den Begriff der Lie-Gruppe, indem wir von den einfachsten Beispielen, den Matrizengruppen ausgehen. Dann führen wir Überlagerungen und Quotienten von Matrizengruppen ein und stoßen so auf die Klasse der lokal linearen Gruppen. Von ihr zeigen wir später, daß sie schon alle Lie-Gruppen umfaßt. Im Zuge dieser sukzessiven Verallgemeinerungen wird transparent, wieso man zwangsläufig auf den Begriff der Lie-Gruppe stößt, auch wenn man ursprünglich nur an Matrizengruppen interessiert war.

Eine große Anzahl von Problemen für Lie-Gruppen kann man lösen, indem man sie auf die zugehörige Lie-Algebra überträgt, dort mit Mitteln der (linearen) Algebra behandelt und das Ergebnis in die Gruppe zurückübersetzt. Diese Vorgehensweise darzustellen, ist der Leitgedanke des Buches und dieses Ziel hat auch die Stoffauswahl beeinflußt. Große Teile des ersten Kapitels dienen der Bereitstellung dieses Übertragungsmechanismus. Das zweite Kapitel ist eine Einführung in die Theorie der Lie-Algebren und kann unabhängig von den anderen Teilen des Buches gelesen werden. Es liefert die für die Durchführung des oben beschriebenen Verfahrens nötigen algebraischen Hilfsmittel. Im dritten Kapitel beweisen wir eine Reihe von wichtigen Resultaten über die Struktur von Lie-Gruppen mit der angegebenen Methode. Ausführliche Inhaltsbeschreibungen sind jeweils am Kapitelanfang zu finden.

Wir danken denjenigen, die uns geholfen haben, dieses Buch fertigzustellen: Christina Birkenhake, Wolfgang Bertram, Anselm Eggert, Peter Michor, Werner Plank, Ralf Reul und Jörg Schwenk haben Korrektur gelesen, W.A.F. Ruppert hat uns mit TEX-Makros ausgeholfen. Unser Dank gilt auch Maria Remenyi vom Vieweg-Verlag.

Erlangen und Paris, April 1991 J.Hilgert, K.H.Neeb

Inhaltsverzeichnis

I Lie-Gruppen

In diesem Teil des Buches geben wir eine elementare Einführung in die Theorie der Lie-Gruppen. Unser Hauptaugenmerk gilt dabei den linearen Gruppen, d.h. Gruppen von invertierbaren reellen oder komplexen $n \times n$-Matrizen. In Abschnitt I.1 stellen wir einige Tatsachen über die allgemeine lineare Gruppe $\mathrm{Gl}(n, \mathbb{K})$ mit $\mathbb{K}$ gleich $\mathbb{R}$ oder $\mathbb{C}$, die aus *allen* invertierbaren reellen bzw. komplexen $n \times n$-Matrizen besteht, zusammen. Ein wesentliches Prinzip der Lie-Theorie ist es, den vorkommenden Gruppen gewisse lineare Räume, die Lie-Algebren, zuzuordnen und einen Übersetzungsmechanismus einzurichten, der geometrisch-analytische Probleme auf der Gruppenseite in Probleme der (linearen) Algebra überführt. Träger dieses Mechanismus ist die Exponentialfunktion, die in Abschnitt I.2 eingeführt wird. In Abschnitt I.3 zeigen wir, wie man die Lie-Algebra zu einer *abgeschlossenen* Untergruppe der allgemeinen linearen Gruppe findet. Als erste Anwendung der Exponentialfunktion sieht man, daß jede solche Untergruppe lokal wie ein Vektorraum aussieht. Um auch gruppentheoretische Probleme in die Lie-Algebra übertragen zu können, muß man untersuchen, in welcher Beziehung die Exponentialfunktion zur Gruppenmultiplikation steht. Diese kann man aus der *Campbell-Hausdorff-Formel* ablesen, die in Abschnitt I.4 bewiesen wird.

Der oben angesprochene Übersetzungsmechanismus ist natürlich wertlos, wenn man nicht von der Algebrenseite auch wieder zum Gruppenniveau aufsteigen und so aus den Lösungen der algebraischen Probleme Lösungen der geometrischen Probleme erhalten kann. In Abschnitt I.5 wird ein erster Schritt in diese Richtung getan: wir ordnen dort jeder Lie-Algebra von $n \times n$-Matrizen eine Gruppe zu. Es stellt sich allerdings heraus, daß die so gewonnenen Untergruppen, die *analytischen Untergruppen*, von $\mathrm{Gl}(n, \mathbb{K})$ nicht notwendigerweise abgeschlossen sind. Doch auch diese Gruppen sehen lokal wie Vektorräume aus, d.h. sie sind differenzierbare Mannigfaltigkeiten. Dies motiviert die allgemeine Definition einer Lie-Gruppe als eine Gruppe, die zugleich eine analytische Mannigfaltigkeit ist und deren Gruppenoperationen analytisch sind. Die Definition einer analytischen Untergruppe macht es schwierig zu entscheiden, ob eine vorgegebene Gruppe analytisch ist oder nicht. In Abschnitt I.6 beweisen wir ein einfaches Kriterium: Eine Untergruppe von $\mathrm{Gl}(n, \mathbb{K})$ ist genau dann analytisch, wenn sie bogenzusammenhängend ist. Wir benützen dazu zwei Hilfsmittel, die wir im Anhang beweisen, den Brouwerschen Fixpunktsatz und den Baireschen Kategoriensatz. Entsprechend unserer allgemeinen Philosophie ordnen wir im 7. Abschnitt jedem stetigen Gruppen-Homomorphismus zwischen zwei linearen Gruppen einen Homomorphismus zwischen den entsprechenden Lie-Algebren zu. Aus den Eigenschaften der Exponentialfunktion schließt man dann, daß jeder solche Gruppen-Homomorphismus sogar analytisch ist.

Will man umgekehrt einem Lie-Algebren-Homomorphismus einen Gruppen-Homomorphismus zuordnen, so kann man versuchen, dies zunächst lokal über die Campbell-Hausdorff-Formel zu tun. Man stößt aber auf Schwierigkeiten, wenn man die lokalen Ausdrücke zusammensetzen will, weil man gegebenfalls auf essentiell verschiedenen Wegen zu einem Punkt gelangen kann. Das heißt, die Probleme gehören in den Bereich der algebraischen Topologie. In Abschnitt I.8 führen wir den Begriffsapparat ein, den wir brauchen. Dieser Abschnitt ist unabhängig von den vorangehenden und kann vom Leser übersprungen werden, wenn er die elementare Theorie der Überlagerungen beherrscht.

Im letzten Abschnitt dieses Kapitels weiten wir die Klasse der Lie-Gruppen, für die man eine Exponentialabbildung mit Campbell- Hausdorff-Formel hat, auf Überlagerungen von linearen Gruppen, sowie Quotienten linearer Gruppen bezüglich einer diskreten zentralen Untergruppe aus. Solche Gruppen nennen wir *lokal linear.* Wir zeigen dann, daß zu jeder Lie-Algebra von $n \times n$-Matrizen eine lokal lineare, einfach zusammenhängende Lie-Gruppe gehört. Weiter werden wir sehen, daß man Lie-Algebren-Homomorphismen zu Gruppen-Homomorphismen liften kann, wenn man sich (im Urbild) auf einfach zusammenhängende Gruppen beschränkt. Wenn man auf die Resultate der Abschnitte II.7 und III.2 vorgreift, dann kann man an dieser Stelle schließen, daß *jede* Lie-Gruppe lokal linear ist. Damit hat man dann eine Bijektion zwischen der Familie der einfach zusammenhängenden Lie-Gruppen und der Familie der endlichdimensionalen Lie-Algebren gefunden, die auch die jeweiligen Homomorphismen ineinander überführt.

Unsere Grundstrategie, die linearen Gruppen über ihre Lie-Algebren zu studieren, führt uns also auf die Klasse der lokal linearen Lie-Gruppen, von der man a posteriori weiß, daß sie gleich der Klasse *aller* Lie-Gruppen ist.

§1 Die allgemeine lineare Gruppe

In diesem Abschnitt studieren wir die invertierbaren reellen oder komplexen quadratischen Matrizen. Wo möglich, behandeln wir den komplexen und den reellen Fall simultan und führen daher die Bezeichnung $\mathbb{K}$ für $\mathbb{R}$ oder $\mathbb{C}$ ein. Mit $\mathrm{M}(n, \mathbb{K})$ bezeichnen wir die Menge der $n \times n$-Matrizen mit Einträgen in $\mathbb{K}$. Die *allgemeine lineare Gruppe* $\mathrm{Gl}(n,\mathbb{K})$ ist die Menge der invertierbaren Elemente von $\mathrm{M}(n,\mathbb{K})$. Diese Gruppe ist unser Erzbeispiel für eine Lie-Gruppe und wir untersuchen nicht nur ihre algebraische, sondern auch ihre topologische und differenzierbare Struktur. Dazu betrachten wir auf $\mathrm{M}(n,\mathbb{K})$ die Operator-Norm

$$||M||_{op} = \sup_{v\in\mathbb{K}^n, ||v||\leq 1}||Mv||$$

bezüglich des gewöhnlichen euklidischen Abstands $||\cdot|| = ||\cdot||_2$ auf $\mathbb{K}^n$.

Wir bemerken gleich an dieser Stelle, daß es für alle topologischen Aussagen wie z.B. Stetigkeit von Funktionen oder Konvergenz von Potenzreihen irrelevant ist, welche Normen wir auf unseren *endlichdimensionalen* Vektorräumen wählen, weil auf solchen Räumen alle Normen äquivalent sind (vgl. die Übungsaufgaben 1 bis 5).

I.1.1. Proposition. *Die Matrizenmultiplikation* $\mu: \mathrm{M}(n,\mathbb{K}) \times \mathrm{M}(n,\mathbb{K}) \to \mathrm{M}(n,\mathbb{K})$ *ist stetig bezüglich der von der Operatornorm induzierten Topologie auf* $\mathrm{M}(n,\mathbb{K})$.

Beweis. Seien $||M||_{op}, ||N||_{op} \leq \varepsilon$, dann gilt

$$\begin{aligned}||MN||_{op} &= \sup_{||v||\leq 1}||MNv|| \leq \sup_{||w||\leq ||N||_{op}}||Mw|| \\ &= ||N||_{op}\sup_{||w||\leq 1}||Mw|| = ||N||_{op}||M||_{op} \leq \varepsilon^2.\end{aligned}$$

Dies zeigt, daß μ in $(0,0)$ stetig ist. Aber völlig analog sieht man auch

$$\begin{aligned}||MN - M_oN_o||_{op} &= ||M(N-N_o) + (M-M_o)N_o||_{op} \\ &\leq ||M||_{op}||N-N_o||_{op} + ||M-M_o||_{op}||N_o||_{op} \\ &\leq (||M_o||_{op} + \varepsilon)\varepsilon + \varepsilon||N_o||_{op}\end{aligned}$$

falls $||M-M_o||_{op}, ||N-N_o||_{op} \leq \varepsilon$. ■

Die *allgemeine lineare Gruppe* $\mathrm{Gl}(n,\mathbb{K})$ ist die Menge der invertierbaren Elemente von $\mathrm{M}(n,\mathbb{K})$.

I.1.2. Bemerkung.

(i) $\mathrm{Gl}(n,\mathbb{K})$ ist eine Gruppe.

(ii) $\mathrm{Gl}(n,\mathbb{K}) = \{g \in \mathrm{M}(n,\mathbb{K}): \det g \neq 0\}$.

(iii) $\mathrm{Gl}(n,\mathbb{K})$ ist offen in $\mathrm{M}(n,\mathbb{K})$.

Beweis. Wenn $M = (m_{ij}) \in \mathrm{M}(n,\mathbb{R})$ mit $||M||_{op} \leq \varepsilon$, dann gilt auch $|m_{ij}| \leq \varepsilon$ für alle $1 \leq i,j \leq n$. Dies zeigt, daß die Determinante stetig bezüglich der vorgegebenen Topologie ist. Die anderen Behauptungen sind dann klar. ■

Aus der Bemerkung I.1.2 erkennt man die Stetigkeit der Gruppenmultiplikation von $\mathrm{Gl}(n,\mathbb{K})$ (vgl. Übungsaufgabe 3).

I.1.3. Proposition. *Die Inversion* $\iota\colon \mathrm{Gl}(n,\mathbb{K}) \to \mathrm{Gl}(n,\mathbb{K})$, $\iota(g) = g^{-1}$ *ist stetig.*

Beweis. Dies folgt aus der Cramerschen Regel. ∎

I.1.4. Definition. Eine Gruppe G, die zugleich ein topologischer Raum ist, heißt *topologische Gruppe*, wenn gilt:

(i) $\mu\colon G \times G \to G, \mu(g,h) = gh$, ist stetig.

(ii) $\iota\colon G \to G, \iota(g) = g^{-1}$, ist stetig.

Die obigen Aussagen zeigen also

I.1.5. Satz. $\mathrm{Gl}(n,\mathbb{K})$ *ist bezüglich der von* $\mathrm{M}(n,\mathbb{K})$ *induzierten Topologie eine topologische Gruppe.* ∎

Untergruppen der $\mathrm{Gl}(n,\mathbb{R})$

Viele in der Praxis vorkommende Lie-Gruppen treten als Untergruppen der allgemeinen linearen Gruppe auf. Eine wichtige Klasse von Untergruppen sind die Invarianzgruppen geometrischer Strukturen wie zum Beispiel Metriken oder anderer Bilinearformen.

Sei $\mathcal{B} = \langle \cdot | \cdot \rangle\colon \mathbb{R}^n \times \mathbb{R}^n \to \mathbb{R}$ eine bilineare Abbildung. Setze

$$\mathrm{O}_M(\mathcal{B}) = \{g \in \mathrm{M}(n,\mathbb{R})\colon \langle gv|gw\rangle = \langle v|w\rangle \ \forall v,w \in \mathbb{R}^n\}$$

I.1.6. Proposition.

(i) $\mathrm{O}_M(\mathcal{B})$ *ist abgeschlossen in* $\mathrm{M}(n,\mathbb{R})$.

(ii) $\mathrm{O}(\mathcal{B}) = \mathrm{O}_M(\mathcal{B}) \cap \mathrm{Gl}(n,\mathbb{R})$ *ist eine Untergruppe von* $\mathrm{Gl}(n,\mathbb{R})$.

(iii) *Sei* $\mathcal{B}$ *durch die Matrix* B *gegeben, d.h.* $\mathcal{B}(v,w) = v^\top Bw$. *Dann ist* $g \in \mathrm{O}_M(\mathcal{B})$ *genau dann, wenn* $B = g^\top Bg$, *wobei* $g^\top$ *die zu* g *transponierte Matrix ist.*

(iv) *Wenn* $\mathcal{B}$ *nicht ausgeartet ist, dann gilt* $\mathrm{O}_M(\mathcal{B}) = \mathrm{O}(\mathcal{B})$.

Beweis. (i) Wenn $g_k \to g$, d.h. wenn $(g_k) \subseteq \mathrm{O}_M(\mathcal{B})$ in $\mathrm{M}(n,\mathbb{R})$ gegen g konvergiert, dann konvergiert

$$\langle v|w\rangle = \langle g_k v|g_k w\rangle = \langle (g_k - g)v|g_k w\rangle + \langle gv|(g_k - g)w\rangle + \langle gv|gw\rangle$$

gegen $0 + 0 + \langle gv|gw\rangle$. Wir benützen hier die Stetigkeit der Bilinearform $\mathcal{B}$ (vgl. Übungsaufgabe 5).

(ii) Ist klar.

(iii) $g \in \mathrm{O}_M(\mathcal{B})$ genau dann wenn

$$v^\top Bw = (gv)^\top B(gw) = v^\top g^\top Bgw \quad \forall v, w \in \mathbb{R}^n.$$

Aber dies ist äquivalent zu $B = g^\top Bg$.

(iv) Wenn $\mathcal{B}$ nicht ausgeartet ist, ist B invertierbar. In diesem Fall gilt $\mathbf{1}_n = (B^{-1}g^\top B)g$ für jedes $g \in \mathrm{O}_M(\mathcal{B})$, d.h. jedes solche g ist invertierbar. ■

I.1.7. Beispiel.

(i) Die *pseudo-orthogonalen Gruppen* $\mathrm{O}(p,q)$ sind die Gruppen $\mathrm{O}(\mathcal{B})$ für die Matrix

$$B = \begin{pmatrix} \mathbf{1}_p & 0 \\ 0 & -\mathbf{1}_q \end{pmatrix}$$

wobei $\mathbf{1}_m$ die Einheitsmatrix der Größe m bezeichnet. Insbesondere bezeichnen wir $\mathrm{O}(n,0)$ mit $\mathrm{O}(n)$ und die zugehörige Bilinearform mit $(\cdot|\cdot)$. Die Gruppe $\mathrm{O}(n)$ heißt die *orthogonale Gruppe*. Ihre Elemente sind durch die Identität $g^\top = g^{-1}$ gekennzeichnet.

(ii) Die *symplektische Gruppe* $\mathrm{Sp}(p,\mathbb{R})$ für $2p = n$ gehört zu der Matrix

$$B = \begin{pmatrix} 0 & -\mathbf{1}_p \\ \mathbf{1}_p & 0 \end{pmatrix}.$$

Diese Gruppe besteht aus den Blockmatrizen

$$g = \begin{pmatrix} A & B \\ C & D \end{pmatrix}$$

der Blockgröße $p \times p$, die die folgenden Gleichungen erfüllen:

$$C^\top A - A^\top C = 0$$
$$D^\top B - B^\top D = 0$$
$$A^\top D - C^\top B = \mathbf{1}_p.$$

Da die Determinante und ihr Betrag Orientierung und Volumen messen, kann man auch die folgenden Gruppen als Invarianzgruppen geometrischer Größen deuten.

I.1.8. Beispiel. Normale Untergruppen von $\mathrm{Gl}(n,\mathbb{R})$.

(i) $\mathrm{Gl}(n,\mathbb{R})^+ = \{g \in \mathrm{Gl}(n,\mathbb{R}) : \det(g) > 0\}$.

(ii) $\mathrm{Sl}(n,\mathbb{R}) = \{g \in \mathrm{Gl}(n,\mathbb{R}) : \det(g) = 1\}$ (die *spezielle lineare Gruppe*).

Die Untergruppen aus dem nächsten Beispiel werden bei der Zerlegung von Gruppen in kleinere Teilstücke, genauer gesagt der *Iwasawa-Zerlegung*, eine Rolle spielen

I.1.9. Beispiel.

(i) $N = \{g \in \mathrm{Gl}(n,\mathbb{R}) : (\forall i > j)\ g_{ij} = 0, g_{ii} = 1\}$.

(ii) $A = \{g \in \mathrm{Gl}(n,\mathbb{R}) : (\forall i \neq j)\ g_{ij} = 0\}$.

(iii) $AN = \{g \in \mathrm{Gl}(n,\mathbb{R}) : (\forall i > j)\ g_{ij} = 0\}$.

Auch diskrete Untergruppen spielen bei der Beschreibung von Lie-Gruppen eine wichtige Rolle. Die folgende Gruppe ist die *Weyl-Gruppe* von $\mathrm{Gl}(n,\mathbb{R})$.

I.1.10. Beispiel.

$$\mathcal{S} = \{g \in \mathrm{Gl}(n,\mathbb{R}) : g_{ij} \in \{0,1\}, \sum_{j=1}^{n} g_{ij} = 1 = \sum_{i=1}^{n} g_{ij}\}.$$

Dies ist die Gruppe der Permutationen der Standardbasis von $\mathbb{R}^n$. Sie ist isomorph zur symmetrischen Gruppe der Permutationen auf n Buchstaben.

Die Struktur von $\mathrm{Gl}(n,\mathbb{R})$

Zur Bestimmung insbesondere der topologischen Struktur einer Lie-Gruppe wird es von Interesse sein, Zerlegungen in kleinere Räume zu finden, die nicht notwendig Untergruppen sein müssen. Wir bezeichnen das *Zentrum einer Gruppe* G mit $Z(G)$.

I.1.11. Proposition. $Z(\mathrm{Gl}(n,\mathbb{R})) = \mathbb{R}^\times \cdot \mathbf{1}_n$, *wobei* $\mathbb{R}^\times = \mathbb{R}\backslash\{0\}$.

Zum Beweis dieser Proposition zeigen wir zuerst das folgende Lemma:

I.1.12. Lemma. $\mathrm{Gl}(n,\mathbb{R})$ *ist dicht in* $\mathrm{M}(n,\mathbb{R})$.

Beweis. Sei $M \in \mathrm{M}(n,\mathbb{R})$ und $r = min\{|\lambda| \in \mathbb{R} : 0 \neq \lambda$ Eigenwert von $M\}$. Dann ist $M - s\mathbf{1}$ für alle $s \in]0,r[$ invertierbar. Da $M - s\mathbf{1} \to M$ für $s \to 0$, folgt die Behauptung. ∎

Beweis von Proposition I.1.11.

Sei $g \in Z(\mathrm{Gl}(n,\mathbb{R}))$. Wegen Lemma I.1.12 haben wir $gA = Ag$ für alle $A \in \mathrm{M}(n,\mathbb{R})$. Die Behauptung folgt dann leicht, indem man für A die Matrizen einsetzt, die aus lauter Nullen und einer Eins bestehen. ∎

I.1.13. Proposition. *Die Abbildung* $\mathbb{R}^+\backslash\{0\} \times \mathrm{Sl}(n,\mathbb{R}) \to \mathrm{Gl}(n,\mathbb{R})^+$, *die durch* $(r,h) \mapsto r^{\frac{1}{n}}h$ *gegeben wird, ist ein Homöomorphismus und ein Gruppen-Homomorphismus.*

Beweis. Die Abbildung ist stetig mit Umkehrabbildung $g \mapsto (\det(g), \frac{g}{(\det g)^{\frac{1}{n}}})$, also ein Homöomorphismus. Die letzte Aussage folgt sofort aus der Definition. ∎

I.1.14. Bemerkung. $\mathrm{Gl}(n,\mathbb{R})$ ist die disjunkte Vereinigung der beiden offenen Teilmengen $\mathrm{Gl}(n,\mathbb{R})^+$ und $\mathrm{Gl}(n,\mathbb{R})^- = \{g \in \mathrm{Gl}(n,\mathbb{R}) : \det(g) < 0\}$. Weiter gilt $\mathrm{Gl}(n,\mathbb{R})^- = g_o \,\mathrm{Gl}(n,\mathbb{R})^+$, wobei

$$g_o = \begin{pmatrix} -1 & 0 \\ 0 & \mathbf{1}_{n-1} \end{pmatrix}.$$

Insbesondere sind $\mathrm{Gl}(n,\mathbb{R})^+$ und $\mathrm{Gl}(n,\mathbb{R})^-$ homöomorph.

Im folgenden Satz zerlegen wir $\mathrm{Gl}(n,\mathbb{R})$ in ein topologisches Produkt von $\mathrm{O}(n)$ und einem konvexen Kegel (vgl. die Übungsaufgaben 9 und 10). Zusammen mit den Resultaten des nächsten Abschnitts führt man so die Bestimmung der topologischen Struktur von $\mathrm{Gl}(n,\mathbb{R})$ auf die Bestimmung der Struktur von $\mathrm{O}(n)$ zurück.

I.1.15. Satz. (Cartan-Zerlegung) *Jedes $g \in \mathrm{Gl}(n,\mathbb{R})$ läßt sich in eindeutiger Weise als $g = kp$ mit $k \in \mathrm{O}(n)$ und $p \in \mathrm{PDS}(n,\mathbb{R})$ schreiben, wobei mit*

$$\mathrm{PDS}(n,\mathbb{R}) = \{g \in \mathrm{Gl}(n,\mathbb{R}) : g^\top = g, \mathrm{Spec}(g) \subseteq]0,\infty[\}$$

die positiv definiten symmetrischen Matrizen bezeichnet werden und $\mathrm{Spec}(g)$ *die Menge aller Eigenwerte von g ist.*

Beweis. Wir zeigen zuerst die Existenz der Zerlegung. Beachte dazu, daß $g^\top g \in \mathrm{PDS}(n,\mathbb{R})$, weil $\|gv\|_2^2 = (g^\top gv|v) \geq 0$ für alle $v \in \mathbb{R}^n$ und daher alle Eigenwerte von $g^\top g$ nicht negativ sind. Also sind sie sogar positiv, da $\det(g^\top g) \neq 0$. Durch Hauptachsentransformation finden wir ein $h \in \mathrm{O}(n)$ mit

$$\mathrm{diag}(d_1, \ldots, d_n) = h^{-1} g^\top g h$$

und $d_j > 0$. Setzen wir nun $\lambda_j = \sqrt{d_j}$ und $p = h\,\mathrm{diag}(\lambda_1, \ldots, \lambda_n) h^{-1}$, dann gilt $p \in \mathrm{PDS}(n,\mathbb{R})$ und die Matrix $k = gp^{-1}$ erfüllt

$$k^\top k = (h^\top)^{-1}\,\mathrm{diag}(\frac{1}{\lambda_1}, \ldots, \frac{1}{\lambda_n}) h^\top g^\top g h\,\mathrm{diag}(\frac{1}{\lambda_1}, \ldots, \frac{1}{\lambda_n}) h^{-1} = hh^{-1} = \mathbf{1}.$$

Dies zeigt $k \in \mathrm{O}(n)$.

Zum Nachweis der Eindeutigkeit der Zerlegung nehmen wir an, daß $g = kp = k'p'$. Wähle nun ein reelles Polynom P in einer Variablen mit $P(d_j) = \lambda_j$. Es gilt

$$g^\top g = p'(k')^{-1} k' p' = (p')^2$$

und

$$g^\top g p' = (p')^2 p' = p' g^\top g.$$

Setzt man die Matrix $g^\top g$ in das Polynom P ein, so findet man

$$P(g^\top g) = h\,\mathrm{diag}\big(P(d_1), \ldots, P(d_n)\big) h^{-1} = p,$$

woraus wir schließen, daß p und p' vertauschen, d.h. $pp' = p'p$. Dann sind aber p und p' simultan diagonalisierbar mit positiven Eigenwerten. Wegen $(p')^2 = g^\top g = p^2$ folgt schließlich $p = p'$ und $k = k'$. ■

I.1.16. Satz. *Die Abbildung*

$$\Phi: \mathrm{O}(n) \times \mathrm{PDS}(n, \mathbb{R}) \to \mathrm{Gl}(n, \mathbb{R})$$

definiert durch $(k,p) \mapsto kp$ *ist ein Homöomorphismus.*

Wir beginnen den Beweis mit einem Lemma.

I.1.17. Lemma. $\mathrm{O}(n)$ *ist kompakt.*

Beweis. $g \in \mathrm{O}(n)$, dann gilt

$$||g||_{op}^2 = sup_{||v|| \leq 1}||gv||^2 = sup_{||v|| \leq 1}(gv|gv) = sup_{||v|| \leq 1}(v|v) = 1,$$

d.h. $\mathrm{O}(n)$ ist beschränkt in $\mathrm{M}(n, \mathbb{R})$. Aber nach Proposition I.1.6 ist $\mathrm{O}_M(\mathcal{B}) = \mathrm{O}(n)$ mit $B = \mathbf{1}_n$ abgeschlossen in $\mathrm{M}(n, \mathbb{R})$. Daher ist $\mathrm{O}(n)$ eine kompakte Teilmenge von $\mathrm{M}(n, \mathbb{R})$, also auch kompakt als Teilmenge von $\mathrm{Gl}(n, \mathbb{R})$. ∎

Beweis von Satz I.1.16:

Nach Satz I.1.15 und Proposition I.1.1 ist Φ bijektiv und stetig. Es bleibt zu zeigen, daß $k_m p_m = g_m \to g = kp$ impliziert $k_m \to k$ und $p_m \to p$. Da $\mathrm{O}(n)$ nach Lemma I.1.17 kompakt ist, wissen wir, daß die Folge $\{k_m\}$ einen Häufungspunkt $k' \in \mathrm{O}(n)$ hat. Wir wählen eine Teilfolge $\{k_{m_k}\}$, die gegen k' konvergiert und setzen $p' = (k')^{-1}g$. Damit gilt

$$p_{m_k} = k_{m_k}^{-1} g_{m_k} \to p',$$

woran wir sehen, daß $p' \in \mathrm{PDS}(n, \mathbb{R})$. An dieser Stelle benützen wir, daß die Menge der positiv semidefiniten symmetrischen Matrizen abgeschlossen ist. Jetzt zeigt die Eindeutigkeit der Cartan-Zerlegung, daß $k' = k$ und $p = p'$, d.h. insbesondere ist k der einzige Häufungspunkt von $\{k_m\}$. Dies schließlich impliziert $k_m \to k$, und $p_m \to p$. ∎

Die folgende Proposition gibt erste Informationen über die topologische Struktur von $\mathrm{O}(n)$. Für die topologischen Begriffe Zusammenhang und Bogenzusammenhang verweisen wir auf den Anhang.

I.1.18. Proposition. *Sei* g_o *wie in* Bemerkung I.1.14.

(i) $\mathrm{O}(n)$ *ist die disjunkte Vereinigung von* $\mathrm{SO}(n) = \mathrm{O}(n) \cap \mathrm{Sl}(n, \mathbb{R})$ *und* $g_o \mathrm{SO}(n)$. *Beide Teile sind offen und abgeschlossen in* $\mathrm{O}(n)$.

(ii) $\mathrm{SO}(n)$ *ist bogenzusammenhängend.*

Beweis. (i) folgt sofort aus

$$g_o \mathrm{SO}(n) = \{g \in \mathrm{O}(n) : \det(g) = -1\}.$$

(ii) Wir betrachten $k \in \mathrm{SO}(n)$ als komplex lineare Abbildung $k: \mathbb{C}^n \to \mathbb{C}^n$ mit $k(\mathbb{R}^n) \subseteq \mathbb{R}^n$ und

$$(kz|kw) = (z|w) := \sum_{j=1}^{n} z_j \overline{w_j}.$$

Sei z ein Eigenvektor von k, dann ist z auch ein Eigenvektor von k^{-1} und wegen $(z|kw) = (k^{-1}z|w)$ ist der Unterraum

$$z^\perp = \{w \in \mathbb{C}^n : (z|w) = 0\}$$

invariant unter der Abbildung k. Dies zeigt mit Induktion die Existenz einer Basis von Eigenvektoren $\{w^{(1)}, ..., w^{(n)}\}$ von $\mathbb{C}^n$, die aus zueinander $(\cdot|\cdot)$-orthogonalen Vektoren besteht. Sei k bezüglich dieser Basis durch die Matrix

$$\begin{pmatrix} \mathbf{1}_r & & & & & & & \\ & -\mathbf{1}_s & & & & & & \\ & & e^{i\theta_1} & & & & & \\ & & & e^{-i\theta_1} & & & & \\ & & & & \cdot & & & \\ & & & & & \cdot & & \\ & & & & & & \cdot & \\ & & & & & & & e^{i\theta_l} \\ & & & & & & & & e^{-i\theta_l} \end{pmatrix}$$

gegeben (beachte, daß alle Eigenwerte von k den Betrag 1 haben müssen und, sofern sie nicht reell sind, als Paare konjugiert komplexer Werte auftreten müssen!). Als nächstes findet man eine Basis $\{v^{(1)}, ..., v^{(n)}\}$ von $\mathbb{R}^n$ bezüglich der k die Form

$$\begin{pmatrix} \mathbf{1}_r & & & & & & & & \\ & -\mathbf{1}_s & & & & & & & \\ & & \cos\theta_1 & \sin\theta_1 & & & & & \\ & & -\sin\theta_1 & \cos\theta_1 & & & & & \\ & & & & \cdot & & & & \\ & & & & & \cdot & & & \\ & & & & & & \cdot & & \\ & & & & & & & \cos\theta_l & \sin\theta_l \\ & & & & & & & -\sin\theta_l & \cos\theta_l \end{pmatrix}$$

hat.

Beachte, daß wegen $\det(k) = 1$ die Zahl s gerade ist. Weil aber

$$\begin{pmatrix} -1 & 0 \\ 0 & -1 \end{pmatrix} = \begin{pmatrix} \cos\pi & \sin\pi \\ -\sin\pi & \cos\pi \end{pmatrix},$$

kann man die obige Matrix in $\mathrm{O}(n)$ durch einen Pfad mit $\mathbf{1}_n$ verbinden, der dann zwangsläufig in $\mathrm{SO}(n)$ bleiben muß. Daraus folgt die Behauptung, da wir die obige Matrix als $M^{-1}kM$ schreiben können, wobei M den Basiswechsel von der kanonischen Basis des $\mathbb{R}^n$ zu $\{v^{(1)}, ..., v^{(n)}\}$ beschreibt. Da M dann gerade durch die Matrix mit den $v^{(j)}$ als Spaltenvektoren gegeben ist, und diese Vektoren zueinander orthogonal sind, liegt M in $\mathrm{O}(n)$ (vgl. Übungsaufgabe 11). ∎

Die Struktur von $\mathrm{Gl}(n, \mathbb{C})$

Die komplexe allgemeine lineare Gruppe

$$\mathrm{Gl}(n, \mathbb{C}) = \{g \in M(n, \mathbb{C}): / det(g) \neq 0\}$$

der komplexen invertierbaren $n \times n$-Matrizen kann als Untergruppe der $\mathrm{Gl}(2n, \mathbb{R})$ betrachtet werden, wenn man $\mathbb{C}$ mit $\mathbb{R}^2$ identifiziert. Darüberhinaus haben eine Reihe der bisherigen Ergebnisse für $\mathrm{Gl}(n, \mathbb{R})$ Analoga für $\mathrm{Gl}(n, \mathbb{C})$.

I.1.19. Bemerkung. Sei $\mathcal{B} = \langle \cdot | \cdot \rangle : \mathbb{C}^n \times \mathbb{C}^n \to \mathbb{C}$ eine Sesquilinearform und

$$\mathrm{U}_M(\mathcal{B}) = \{g \in M(n, \mathbb{C}): \langle gv | gw \rangle = \langle v | w \rangle \, \forall v, w \in \mathbb{C}^n\}.$$

Dann gelten für $\mathrm{U}(\mathcal{B}) = \mathrm{U}_M(\mathcal{B}) \cap \mathrm{Gl}(n, \mathbb{C})$ dieselben Aussagen wie in Proposition I.1.6, sofern man dort $\mathbb{R}$ durch $\mathbb{C}$ und "transponiert" durch "transponiert konjugiert komplex" ersetzt. ∎

I.1.20. Beispiel. Völlig analog zum reellen Fall erhält man die pseudounitären Gruppen $\mathrm{U}(p, q)$, die komplexe symplektische Gruppe $\mathrm{Sp}(p, \mathbb{C})$, sowie die Gruppe $\mathrm{Sl}(n, \mathbb{C})$.

I.1.21. Bemerkung. Es gilt $Z(\mathrm{Gl}(n, \mathbb{C})) = \mathbb{C}^\times \mathbf{1}$.

Im Unterschied zum reellen Fall erhält man aber:

I.1.23. Proposition. $\mathrm{Gl}(n, \mathbb{C})$ *ist bogenzusammenhängend.*

Beweis. Für $g, h \in \mathrm{Gl}(n, \mathbb{C})$ betrachte die komplexe Polynomfunktion

$$z \mapsto \det(zg + (1 - z)h),$$

die nur endlich viele Nullstellen hat. Die Menge

$$\mathrm{Gl}(n, \mathbb{C}) \cap \{zg + (1 - z)h : z \in \mathbb{C}\}$$

ist daher offen und zusammenhängend, also auch bogenzusammenhängend. ∎

Schließlich erwähnen wir noch das komplexe Analogon der Cartan-Zerlegung:

I.1.24. Bemerkung. Sei

$$\mathrm{PDH}(n, \mathbb{C}) = \{g \in \mathrm{Gl}(n, \mathbb{C}) \colon g \text{ positiv definit hermitesch}\},$$

dann ist die Abbildung

$$\Phi \colon U(n) \times \mathrm{PDH}(n, \mathbb{C}) \to \mathrm{Gl}(n, \mathbb{C}),$$

definiert durch $(k, p) \mapsto kp$, ein Homöomorphismus.

Übungsaufgaben zum Abschnitt I.1

Die Aufgaben 1-5 beleuchten den allgemeinen Hintergrund zu Proposition I.1.1.

1. Eine lineare Abbildung $L : (E_1, \|\cdot\|_1) \to (E_2, \|\cdot\|_2)$ zwischen normierten Räumen ist genau dann stetig, wenn eine nichtnegative reelle Zahl M existiert, so daß

$$\|Lx\|_2 \le M\|x\|_1 \qquad \forall x \in E_1. \tag{1}$$

In diesem Fall ist

$$\|L\| := \sup\{\|Lx\|_2 : \|x\|_1 \le 1\}$$

die kleinstmögliche Zahl M für die (1) gilt.

2. Sind $(E_i, \|\cdot\|_i), i = 1, \ldots, n$ normierte Räume, so wird durch

$$\|(x_1, \ldots, x_n)\| := \max\{\|x_i\|_i : i = 1, \ldots, n\}$$

auf $E := E_1 \times \ldots \times E_n$ eine Norm definiert.

3. Sind $(E_i, \|\cdot\|_i), i = 1, \ldots, n$ und $(F, \|\cdot\|_F)$ normierte Räume, so ist eine multilineare Abbildung

$$m : E_1 \times \ldots \times E_n \to F$$

genau dann stetig, wenn eine nichtnegative reelle Zahle M mit

$$\|m(x_1, \ldots, x_n)\|_F \le M\|x_1\|_1 \cdot \ldots \cdot \|x_n\|_n \qquad \forall x_i \in E_i$$

existiert. Hinweis:

$$\begin{aligned}
&m(x_1, x_2, \ldots, x_n) - m(x_1', x_2', \ldots, x_n') \\
&= \big(m(x_1, x_2, \ldots, x_n) - m(x_1', x_2, \ldots, x_n)\big) \\
&+ \big(m(x_1', x_2, \ldots, x_n) - m(x_1', x_2', \ldots, x_n)\big) + \ldots \\
&+ \big(m(x_1', x_2', \ldots, x_n) - m(x_1', x_2', \ldots, x_n')\big)
\end{aligned}$$

4. a) Ist $E := \mathbb{K}^n$ und $\|x\|_\infty := \max\{|x_1|, \ldots, |x_n|\}$ für $x = (x_1, \ldots, x_n) \in E$ und $\|\cdot\|$ eine andere Norm auf E, so ist die Abbildung

$$\|\cdot\| : (E, \|\cdot\|_\infty) \to \mathbb{R}, \quad x \mapsto \|x\|$$

stetig.
b) Die lineare Abbildung $\mathrm{id} : (E, \|\cdot\|) \to (E, \|\cdot\|_\infty)$ ist ein Homöomorphismus. Vergleiche hierzu die Bemerkung am Anfang von §1. Hinweis: Die stetige Funktion $\|\cdot\|$ nimmt auf dem Rand des Einheitswürfels ihr Minimum und ihr Maximum an.
c) In einem endlichdimensional normierten Raum E ist die Einheitskugel

$$B_1 = \{x \in E : \|x\| \leq 1\}$$

kompakt.

5. Eine multilineare Abbildung $m : E_1 \times \ldots \times E_n \to F$ endlichdimensionaler normierter Räume ist stetig. Hinweis: Man verwende die Aufgaben 3 und 4.

In den folgenden Aufgaben sei $B : \mathbb{R}^n \times \mathbb{R}^n \to \mathbb{R}$ eine nicht ausgeartete Bilinearform. Wir definieren

$$\mathrm{SO}(B) := \mathrm{O}(B) \cap \mathrm{Sl}(n, \mathbb{R}).$$

6. a) $\mathrm{SO}(B)$ ist eine abgeschlossene normale Untergruppe von $\mathrm{O}(B)$.
b) Ist B zusätzlich positiv definit und $g \in \mathrm{O}(B)$ mit $\det(g) = -1$, so ist

$$\mathrm{O}(B) = \mathrm{SO}(B) \cup g\,\mathrm{SO}(B).$$

7. Sei $M \subseteq M(n, \mathbb{R})$ und

$$Z(M) := \{g \in \mathrm{Gl}(n, \mathbb{R}) : (\forall m \in M) gm = mg\}.$$

Dann ist $Z(M)$ eine abgeschlossene Untergruppe von $\mathrm{Gl}(n, \mathbb{R})$.

8. Wir identifizieren $\mathbb{C}^n$ mit $\mathbb{R}^{2n}$ und bezeichnen die lineare Abbildung $x \mapsto ix, \mathbb{R}^{2n} \to \mathbb{R}^{2n}$ mit I. Dann ist

$$\mathrm{Gl}(n, \mathbb{C}) = Z(\{I\}),$$

insbesondere also eine abgeschlossene Untergruppe von $\mathrm{Gl}(2n, \mathbb{R})$.

9. Eine Teilmenge K eines endlichdimensionalen $\mathbb{R}$-Vektorraums V heißt *Kegel*, wenn K abgeschlossen ist und

$$\mathbb{R}^+ K \subseteq K \quad \text{und} \quad K + K \subseteq K$$

gelten. Wir bezeichnen den Dualraum von V mit $\widehat{V}$. Sei $B \subseteq \widehat{V}$ eine kompakte Teilmenge für die ein $x_0 \in V$ existiert, so daß

$$\langle \omega, x_0 \rangle > 0 \qquad \forall \omega \in B.$$

Zeige, daß $K := \{x \in V : (\forall \omega \in B)\langle \omega, x \rangle \geq 0\}$ ein Kegel in V ist dessen Inneres durch

$$K^0 = \{x \in V : (\forall \omega \in B)\langle \omega, x \rangle > 0\}$$

gegeben ist. Hinweis: Die Offenheit der Menge K^0 folgt aus der Kompaktheit von B und die Tatsache, daß K^0 alle inneren Punkte von K enthält folgt aus der Offenheit der Abbildungen $\omega : V \to \mathbb{R}$.

10. Sei $V := \{g \in \mathrm{M}(n, \mathbb{R}) : g^\top = g\}$ der Raum der symmetrischen Matrizen. Dann ist

$$K := \{g \in V : g \text{ ist positiv semidefinit}\}$$

ein konvexer Kegel und das Innere von K ist gerade $\mathrm{PDS}(n, \mathbb{R}) = K \cap \mathrm{Gl}(n, \mathbb{R})$, die Menge der positiv definiten Matrizen. Hinweis: Man verwende Aufgabe 9 mit

$$B = \{g \mapsto \langle gx, x \rangle : \|x\| = 1\}.$$

11. Zeige, daß

$$\gamma : \mathbb{R} \to \mathrm{Gl}(n, \mathbb{R}), \quad t \mapsto \begin{pmatrix} \cos t & \sin t \\ -\sin t & \cos t \end{pmatrix}$$

ein stetiger Gruppen-Homomorphismus mit $\gamma(\pi) = \begin{pmatrix} -1 & 0 \\ 0 & -1 \end{pmatrix}$ ist.

§2 Die Exponentialfunktion

Wir definieren die Exponentialfunktion auf $\mathrm{M}(n, \mathbb{K})$ für $\mathbb{K} = \mathbb{R}$ oder $\mathbb{K} = \mathbb{C}$ durch die Exponentialreihe

$$\exp X = \sum_{k=0}^{\infty} \frac{X^k}{k!}$$

für $X \in \mathrm{M}(n, \mathbb{K})$ und benützen dabei die Ungleichung $\|X^k\|_{op} \leq \|X\|_{op}^k$ um die absolute Konvergenz der Reihe sicher zu stellen.

Zunächst halten wir einige algebraische Eigenschaften der Exponentialfunktion fest.

I.2.1. Proposition.

(i) $(\exp X)(\exp Y) = \exp(X + Y)$ *falls* $XY = YX$.

(ii) $g(\exp X)g^{-1} = \exp(gXg^{-1})$ *für* $X \in \mathrm{M}(n, \mathbb{K}))$ *und* $g \in \mathrm{Gl}(n, \mathbb{K})$.

Beweis. (i)

$$\exp(X + Y) = \sum_{k=0}^{\infty} \frac{(X + Y)^k}{k!} = \sum_{k=0}^{\infty} \sum_{l=0}^{k} \frac{\binom{k}{l} X^l Y^{k-l}}{k!}$$

$$= \sum_{k=0}^{\infty} \sum_{l=0}^{k} \frac{X^l}{l!} \frac{Y^{k-l}}{(k-l)!} = (\sum_{p=0}^{\infty} \frac{Y^p}{p!})(\sum_{l=0}^{\infty} \frac{X^l}{l!}).$$

(ii) Ist klar. ∎

I.2.2. Bemerkung.

(i) $\exp: \mathrm{M}(n, \mathbb{K}) \rightarrow \mathrm{Gl}(n, \mathbb{K})$, d.h. $\exp X$ ist invertierbar für alle $X \in \mathrm{M}(n, \mathbb{K})$.

(ii) Für jedes $X \in \mathrm{M}(n, \mathbb{K})$ ist die Abbildung $\mathbb{R} \rightarrow \mathrm{Gl}(n, \mathbb{K})$, $t \mapsto \exp tX$, ein Gruppen-Homomorphismus.

(iii) Wenn

$$X = \mathrm{diag}(\lambda_1, ..., \lambda_n) + Y$$

mit einer strikt oberen Dreiecksmatrix Y, dann gilt

$$\exp X = \mathrm{diag}(e^{\lambda_1}, ..., e^{\lambda_n}) + Y'$$

mit einer strikt oberen Dreiecksmatrix Y'.

(iv) $\det(\exp X) = e^{TrX}$, wobei TrX die Spur der Matrix X bezeichnet.

Beweis. Die beiden ersten Aussagen folgen sofort aus Proposition I.2.1 und Aussage (iii) erhält man durch elementares Nachrechnen.

(iv) Nach Proposition I.2.1(ii) und dem Satz über die Jordansche Normalform können wir annehmen, daß X eine Dreiecksmatrix ist (dabei rechnen wir in $\mathbb{K} = \mathbb{C}$). Dann folgt aber die Behauptung aus (iii). ∎

Wir haben in der Einleitung zu diesem Kapitel schon erwähnt, daß die Exponentialfunktion der Träger eines Übersetzungsmechanismus von Geometrie in lineare Algebra ist. Die lineare Algebra findet in $\mathrm{M}(n, \mathbb{R})$ statt. Entscheidend für das Funktionieren dieses Mechanismus ist neben der in Bemerkung I.2.2(ii) angegebenen Eigenschaft noch, daß exp ein *lokaler Diffeomorphismus* ist, d.h. in einer Umgebung der Null differenzierbar und invertierbar mit differenzierbarer Umkehrfunktion. Mehr kann man auch nicht erwarten:

I.2.3. Bemerkung.

(i) Sei $n \geq 2$, dann ist die Abbildung $\exp: \mathrm{M}(n, \mathbb{K}) \to \mathrm{Gl}(n, \mathbb{K})$ nicht injektiv.

(ii) Für $||Y|| < 1$ gilt $1 + Y \in \mathrm{Gl}(n, \mathbb{K})$.

(iii) Es gibt eine Umgebung $\mathcal{U}$ von 0 in $\mathrm{M}(n, \mathbb{K})$ mit $\{X \in \mathcal{U} : \exp X = \mathbf{1}\} = \{0\}$.

Beweis. (i) Wenn $\mathbb{K} = \mathbb{C}$ betrachte

$$X = \begin{pmatrix} 2\pi ik & 0 \\ 0 & 2\pi ik' \end{pmatrix}$$

mit $k, k' \in \mathbb{Z}$. Dann gilt

$$\exp X = \begin{pmatrix} e^{2\pi ik} & 0 \\ 0 & e^{2\pi ik'} \end{pmatrix} = \mathbf{1}.$$

Für $\mathbb{K} = \mathbb{R}$ finden wir $\exp X = \mathbf{1}$ für

$$X = \begin{pmatrix} 0 & 2\pi \\ -2\pi & 0 \end{pmatrix},$$

weil diese Matrix im komplexen zu einer der obigen (mit $k = k' = 1$) konjugiert ist.

(ii) Die Reihe $\sum_{k=0}^{\infty}(-Y)^k$ konvergiert absolut, und daher haben wir

$$(\mathbf{1} + Y)(\sum_{k=0}^{\infty}(-Y)^k) = (\mathbf{1} - Y + Y - Y^2 + Y^2 + \ldots) = \mathbf{1}.$$

(iii) Wir definieren $Y \in \mathrm{M}(n, \mathbb{K})$ durch

$$\exp X - \mathbf{1} = X(\mathbf{1} + Y),$$

d.h. $Y = \sum_{k=2}^{\infty} \frac{X^{k-1}}{k!}$ und nehmen an, daß $||X||_{op} \leq \frac{1}{2}$. Dann gilt

$$||Y||_{op} \leq \sum_{k=2}^{\infty} \frac{1}{2^k} = \frac{1}{2}.$$

Wenn nun $\exp X - \mathbf{1} = 0$, dann folgt aber auch $X = 0$, so daß wir $\mathcal{U} = \{X \in \mathrm{M}(n, \mathbb{K}) : ||X||_{op} < \frac{1}{2}\}$ wählen können, weil $\mathbf{1} + Y$ invertierbar ist (vgl. Aufgabe 5). ■

In Übungsaufgabe 8 wird gezeigt, daß im allgemeinen die Exponentialfunktion einer Lie-Gruppe auch nicht surjektiv ist.

I.2.4. Proposition.

(i) *Die Abbildung* $\exp: \mathrm{M}(n, \mathbb{K}) \to \mathrm{Gl}(n, \mathbb{K})$ *ist* $\mathbb{K}$*-analytisch, d.h. die Komponenten sind in absolut konvergente Potenzreihen entwickelbar.*

(ii) *Die Ableitung* $d\exp(0): \mathrm{M}(n, \mathbb{K}) \to \mathrm{M}(n, \mathbb{K})$ *der Exponentialfunktion in* 0 *ist die Identität.*

(iii) *Es existiert eine Umgebung* $\mathcal{U}$ *von* 0 *in* $\mathrm{M}(n, \mathbb{K})$ *für die Einschränkung* $\exp|_{\mathcal{U}}: \mathcal{U} \to \exp \mathcal{U}$ *ein Diffeomorphismus ist.*

Beweis. (i) Die Exponentialfunktion ist nach Definition in jeder Komponente durch eine Potenzreihe (in mehreren Variablen) gegeben. Diese konvergieren absolut, weil die Konvergenz der Reihe bezüglich der Operatornorm auch die Konvergenz der Exponentialreihe bezüglich jeder anderen Norm auf $\mathrm{M}(n, \mathbb{K})$, also insbesondere auch der Maximumsnorm, impliziert (vgl. Übungsaufgabe I.1.1 bis I.1.5).

(ii) Schreibe $\exp X$ als

$$\exp X = \exp 0 + X + \mathcal{R}(X)$$

mit $\mathcal{R}(X) = \sum_{k=2}^{\infty} \frac{X^k}{k!}$. Es genügt nun zu zeigen, daß

$$\frac{\mathcal{R}(X)}{||X||_{op}} \to 0 \quad \text{wenn} \quad ||X||_{op} \to 0.$$

Dies folgt aber aus

$$\frac{||\mathcal{R}(X)||_{op}}{||X||_{op}} \leq \sum_{k=2}^{\infty} \frac{||X||_{op}^{k-1}}{k!} = ||X||_{op} (\sum_{k=0}^{\infty} \frac{||X||_{op}^{k}}{(k+2)!}).$$

(iii) Folgt aus (ii) und dem Satz vom lokalen Inversen. ∎

Wir werden später die Ableitung von exp auch an anderen Punkten berechnen.

Im allgemeinen können topologische Gruppen nicht-triviale Untergruppen in jeder Umgebung der Eins haben. Im Falle von Lie-Gruppen kann das nicht passieren. Wir geben hier den Beweis für $\mathrm{Gl}(n, \mathbb{K})$.

I.2.5. Korollar. $\mathrm{Gl}(n, \mathbb{K})$ *hat keine beliebig kleinen Untergruppen, d.h. es existiert eine Umgebung* $\mathcal{V}$ *von* $\mathbf{1}$ *in* $\mathrm{Gl}(n, \mathbb{K})$, *so daß* $G = \{\mathbf{1}\}$ *für jede Untergruppe* G *von* $\mathrm{Gl}(n, \mathbb{K})$ *mit* $G \subseteq \mathcal{V}$.

Beweis. Wähle $\mathcal{U}$ wie in Proposition I.2.4(iii). Wir können annehmen, daß $\mathcal{U}$ konvex ist. Jetzt setzen wir $\mathcal{V} = \exp \frac{\mathcal{U}}{2}$. Wenn nun G eine Untergruppe von $\mathrm{Gl}(n, \mathbb{K})$ ist und $g \in (G \cap \mathcal{V}) \setminus \{\mathbf{1}\}$, dann gilt $g = \exp X$ für ein von Null verschiedenes $X \in \frac{\mathcal{U}}{2}$. Wegen der Konvexität von $\mathcal{U}$ finden wir ein $k \in \mathbb{N}$ mit $kX \in \mathcal{U} \setminus \frac{\mathcal{U}}{2}$. Dann ist aber $\exp kX = g^k$ nicht in $\mathcal{V}$, was die Behauptung zeigt. ∎

Der Logarithmus

Wir wollen die von Proposition I.2.4 garantierte lokale Umkehrung der Exponentialfunktion explizit beschreiben und bezeichnen dazu die offene Kugel vom Radius r um $X \in \mathrm{M}(n, \mathbb{K})$ bezüglich der Operatornorm mit $\mathcal{B}(X, r)$. Der Beweis von Bemerkung I.2.3(ii) zeigt, daß $\mathcal{B}(\mathbf{1}, 1) \subseteq \mathrm{Gl}(n, \mathbb{K})$. Wir definieren jetzt eine Abbildung $\log: \mathcal{B}(\mathbf{1}, 1) \to \mathrm{M}(n, \mathbb{K})$ durch die Potenzreihe

$$\log(g) = \sum_{k=1}^{\infty} (-1)^{k+1} \frac{(g - \mathbf{1})^k}{k},$$

deren Konvergenz man durch Vergleich mit der geometrischen Reihe erkennt. Die nächste Proposition zeigt, daß diese Abbildung eine lokale Umkehrung der Exponentialfunktion ist.

I.2.6. Proposition.
(i) $\exp(\log g) = g$ *für alle* $g \in \mathcal{B}(\mathbf{1}, 1)$.
(ii) $\log(\exp X) = X$ *für alle* $X \in \mathcal{B}(0, \log 2)$

Beweis. (i) Wegen der absoluten Konvergenz der Potenzreihen kann man $\log(\mathbf{1} + X)$ (beachte, daß diese Reihe kein konstantes Glied hat) in die Exponentialreihe einsetzen, die entstehende Reihe umordnen und so eine Potenzreihe erhalten, deren Koeffizienten wie im bekannten eindimensionalen Fall gerade

$$\exp(\log(\mathbf{1} + X)) = \mathbf{1} + X$$

liefern.

(ii) Wir zeigen zunächst, daß die Exponentialfunktion $\mathcal{B}(0, \log 2)$ nach $\mathcal{B}(\mathbf{1}, 1)$ abbildet:

$$||\exp X - \mathbf{1}||_{op} = ||\sum_{k=0}^{\infty} \frac{X^k}{k!} - \mathbf{1}||_{op} \leq \sum_{k=1}^{\infty} \frac{||X||_{op}^k}{k!} = e^{||X||_{op}} - 1.$$

Seien nun $\mathcal{V}$ eine Umgebung von $\mathbf{1} \in \mathrm{Gl}(n, \mathbb{K})$ und $\mathcal{U} \subseteq \mathcal{B}(0, \log 2)$ eine Umgebung von $0 \in \mathrm{M}(n, \mathbb{K})$, für die

$$\exp: \mathcal{U} \to \mathcal{V}$$

ein Diffeomorphismus ist. Wähle kleinere solche Umgebungen $\mathcal{V}' \subseteq \mathcal{V}$ und $\mathcal{U}' \subseteq \mathcal{U}$ mit

$$\log \mathcal{V}' \subseteq \mathcal{U} \quad \text{und} \quad \exp \mathcal{U}' \subseteq \mathcal{V}'.$$

Behauptung: $\log(\exp X) = X$ für alle $X \in \mathcal{U}'$.

Denn: Für $X \in \mathcal{U}'$ gilt $\exp X \in \mathcal{B}(\mathbf{1}, 1)$ und daher

$$\exp\big(\log(\exp X)\big) = \exp X$$

wegen (i). Weiter gilt nach den Voraussetzungen

$$\exp X \in \mathcal{V}' \quad \text{und} \quad \log(\exp X) \in \mathcal{U}.$$

Aber dann muß $X = \log(\exp X)$ sein, weil die Exponentialfunktion auf $\mathcal{U}$ injektiv ist.

Schließlich halten wir $X \in \mathcal{B}(0, \log 2)$ fest, wählen $\varepsilon > 0$ mit $(1+\varepsilon)\|X\| < \log 2$ und betrachten die analytische Funktion $\phi: \{z \in \mathbb{C}: |z| < 1+\varepsilon\} \to \mathrm{M}(n, \mathbb{C})$, die durch

$$z \mapsto \log(\exp zX)$$

definiert ist. Nach der obigen Behauptung ist $\phi(z) = zX$ für alle z mit $zX \in \mathcal{U}'$. Analytische Fortsetzung zeigt jetzt $\phi(z) = zX$ auf dem ganzen Definitionsbereich von ϕ, also insbesondere $\log(\exp X) = \phi(1) = X$ (vgl. Übungsaufgabe III.1.8). ∎

Es sind auch andere Situationen denkbar, in denen die Logarithmusreihe die Umkehrung der Exponentialfunktion liefert:

I.2.7. Proposition. *Sei* $\mathfrak{n}_p = \{X \in \mathrm{M}(n, \mathbb{K}): X^p = 0\}$ *und* $N_p = \{g \in \mathrm{Gl}(n, \mathbb{K}): g = \mathbf{1} + X, X \in \mathfrak{n}_p\}$, *dann ist*

$$\exp|_{\mathfrak{n}_p}: \mathfrak{n}_p \to N_p$$

ein Diffeomorphismus mit Inverser

$$\log: g \mapsto \sum_{k=1}^{\infty} (-1)^{k+1} \frac{(g-\mathbf{1})^k}{k} = \sum_{k=1}^{p-1} (-1)^{k+1} \frac{(g-\mathbf{1})^k}{k}.$$

Beweis. Die Abbildungen exp und log sind differenzierbar und es gilt $\exp \mathfrak{n}_p \subseteq N_p$ wegen

$$(\exp X - \mathbf{1})^p = (\sum_{k=1}^{p} \frac{X^k}{k!})^p = X^p(\ldots) = 0.$$

Es bleibt noch zu zeigen, daß

$$\log(\exp X) = X \quad \text{und} \quad \exp\big(\log(\mathbf{1} + X)\big) = \mathbf{1} + X$$

für alle $X \in \mathfrak{n}_p$. Betrachte dazu für festes X die analytischen Funktionen

$$z \mapsto \log(\exp zX) \quad \text{und} \quad z \mapsto \exp\big(\log(\mathbf{1} + zX)\big),$$

die auf ganz $\mathbb{C}$ definiert sind und nach Proposition I.2.6 für kleine z mit zX bzw. $\mathbf{1}+zX$ übereinstimmen. Mit analytischer Fortsetzung folgt wieder die Behauptung. ∎

I.2.8. Beispiel.

$$\begin{pmatrix} 0 & a & c \\ 0 & 0 & b \\ 0 & 0 & 0 \end{pmatrix} \overset{\exp}{\mapsto} \mathbf{1} + \begin{pmatrix} 0 & a & c \\ 0 & 0 & b \\ 0 & 0 & 0 \end{pmatrix} + \frac{1}{2}\begin{pmatrix} 0 & 0 & ab \\ 0 & 0 & 0 \\ 0 & 0 & 0 \end{pmatrix}$$

$$\begin{pmatrix} 1 & \alpha & \gamma \\ 0 & 1 & \beta \\ 0 & 0 & 1 \end{pmatrix} \overset{\log}{\mapsto} \begin{pmatrix} 0 & \alpha & \gamma \\ 0 & 0 & \beta \\ 0 & 0 & 0 \end{pmatrix} - \frac{1}{2}\begin{pmatrix} 0 & 0 & \alpha\beta \\ 0 & 0 & 0 \\ 0 & 0 & 0 \end{pmatrix}$$

■

Wir wollen jetzt den Nachweis liefern, daß $\mathrm{PDS}(n,\mathbb{R})$ homöomorph zu einem Vektorraum ist. Dazu stellen wir zunächst fest, daß man Transposition und komplexe Konjugation in die Exponentialfunktion (allgemeiner in jede konvergente reelle Potenzreihe) hineinziehen kann, weil sie stetig sind und $(X^\top)^n = (X^n)^\top$ (analog für $X^* = \overline{X}^\top$):

I.2.9. Bemerkung.

(i) $\exp X^\top = (\exp X)^\top$ für $\mathbb{K} = \mathbb{R}$.

(ii) $\exp X^* = (\exp X)^*$ für $\mathbb{K} = \mathbb{C}$. ■

Setze jetzt

$$\mathrm{Symm}(n,\mathbb{R}) = \{X \in \mathrm{M}(n,\mathbb{R}) : X^\top = X\}$$

$$\mathrm{Herm}(n,\mathbb{C}) = \{X \in \mathrm{M}(n,\mathbb{C}) : X^* = X\}$$

I.2.10. Satz.

(i) $\exp|_{\mathrm{Symm}(n,\mathbb{R})} : \mathrm{Symm}(n,\mathbb{R}) \to \mathrm{PDS}(n,\mathbb{R})$ *ist ein Homöomorphismus.*

(ii) $\exp|_{\mathrm{Herm}(n,\mathbb{C})} : \mathrm{Herm}(n,\mathbb{C}) \to \mathrm{PDH}(n,\mathbb{C})$ *ist ein Homöomorphismus.*

Beweis. Wir beweisen nur die erste Aussage, die Zweite sei dem Leser als Übung überlassen.

Zuerst zeigen wir, daß die Abbildung surjektiv ist. Sei also $g \in \mathrm{PDS}(n,\mathbb{R})$, dann gibt es ein $k \in \mathrm{O}(n)$ und eine Diagonalmatrix $\mathrm{diag}(\lambda_1, ..., \lambda_n)$ mit positiven Einträgen auf der Diagonale mit

$$g = k\,\mathrm{diag}(\lambda_1, ..., \lambda_n)k^{-1}.$$

Setzt man nun $X = k\,\mathrm{diag}(\log\lambda_1, ..., \log\lambda_n)k^{-1}$ so findet man mit Propositior I.2.1(ii), daß

$$g = \exp X.$$

Zur Injektivität: Wenn $\exp X = \exp Y$ mit $X, Y \in \mathrm{Symm}(n, \mathbb{R})$, dann finden wir wie oben Diagonalmatrizen $\mathrm{diag}(x_1, ..., x_n), \mathrm{diag}(y_1, ..., y_n)$ sowie $k, h \in \mathrm{O}(n)$ mit

$$X = k\,\mathrm{diag}(x_1, ..., x_n)k^{-1}, Y = h\,\mathrm{diag}(y_1, ..., y_n)h^{-1}.$$

Dementsprechend ist

$$k\ \mathrm{diag}(e^{x_1}, ..., e^{x_n})k^{-1} = \exp X = \exp Y = h\ \mathrm{diag}(e^{y_1}, ..., e^{y_n})h^{-1}.$$

Es genügt also zu zeigen, daß X und Y simultan diagonalisierbar sind, d.h. mit einander kommutieren. Um dies zu zeigen, benützen wir denselben Trick wie im Beweis von Satz I.1.15: Wähle ein Polynom P mit $P(e^{y_j}) = y_j$, dann gilt $P(\exp Y) = Y$ und damit $YX = P(\exp Y)X = P(\exp X)X = XP(\exp X) = XY$.

Die Stetigkeit unserer Abbildung ist klar. Bleibt also nur noch die Stetigkeit der Umkehrabbildung zu zeigen. Wir nehmen also an, daß

$$X_k \in \mathrm{Symm}(n, \mathbb{R}), g_k = \exp X_k, g_k \to g = \exp X$$

und wollen zeigen, daß eine Teilfolge von $(X_k)_{k\in\mathbb{N}}$ gegen X konvergiert. Sei dazu $D_k = h_k X_k h_k^{-1}$ diagonal und $h_k \in \mathrm{O}(n)$. Da $\mathrm{O}(n)$ kompakt ist, finden wir eine Teilfolge, die wir wieder mit $(X_k)_{k\in\mathbb{N}}$ bezeichnen, so daß die Folge h_k gegen $h \in \mathrm{O}(n)$ konvergiert. Dann konvergiert

$$D_k = \log(h_k e^{X_k} h_k^{-1}) = \log(h_k g_k h_k^{-1})$$

gegen die Diagonalmatrix $D := \log(hgh^{-1})$, weil hgh^{-1} diagonal ist und log stetig auf der Menge der invertierbaren Diagonalmatrizen ist. Folglich ist $\lim X_k = h^{-1}Dh$ und $e^{h^{-1}Dh} = g$, also $\lim X_k = X$, weil exp injektiv auf $\mathrm{Symm}(n, \mathbb{R})$ ist. ∎

Der obige Satz liefert zusammen mit Satz I.1.16 und Bemerkung I.1.24 die folgende Bemerkung.

I.2.11. Bemerkung.

(i) $\mathrm{Gl}(n, \mathbb{R})$ ist homöomorph zu $\mathrm{O}(n) \times \mathbb{R}^{\frac{n(n+1)}{2}}$.

(ii) $\mathrm{Gl}(n, \mathbb{C})$ ist homöomorph zu $\mathrm{U}(n) \times \mathbb{R}^{n^2}$. ∎

Einparametergruppen in $\mathrm{Gl}(n, \mathbb{K})$

Eine *Einparametergruppe* in $\mathrm{Gl}(n, \mathbb{K})$ ist ein stetiger Gruppen-Homomorphismus

$$\gamma: (\mathbb{R}, +) \to (\mathrm{Gl}(n, \mathbb{K}), \circ).$$

Wir werden später sehen, daß man die Menge der Einparametergruppen einer Lie-Gruppe mit ihrer Lie-Algebra identifizieren kann. Der folgende Satz liefert dann den ersten Schritt im Nachweis dafür, daß jeder stetige Homomorphismus zwischen Lie-Gruppen automatisch reell analytisch ist.

I.2.12. Satz. *Sei* $\gamma: \mathbb{R} \to \mathrm{Gl}(n, \mathbb{K})$ *eine Einparametergruppe, dann existiert ein eindeutig bestimmtes Element* $X \in \mathrm{M}(n, \mathbb{K})$ *mit* $\gamma(t) = \exp tX$ *für alle* $t \in \mathbb{R}$. *Insbesondere ist* γ *reell analytisch und* $X = \gamma'(0)$.

Beweis. Angenommen γ ist differenzierbar, dann sieht man aus

$$\begin{aligned}\gamma'(t) &= \lim_{s \to 0} \frac{\gamma(t+s) - \gamma(t)}{s} \\ &= \lim_{s \to 0} \gamma(t) \frac{\gamma(s) - \gamma(0)}{s} = \gamma(t)\gamma'(0),\end{aligned}$$

daß γ mit $X = \gamma'(0)$ die Gleichung

$$\gamma'(t) = \gamma(t)X$$

erfüllt. Wegen der Eindeutigkeit der Lösung dieser Gleichung folgt dann $\gamma(t) = \exp tX$. Wir müssen also nur noch die Differenzierbarkeit von γ zeigen.

Die Idee hierfür ist eine differenzierbare Funktion $\widetilde{\gamma}$ durch "Glättung" aus γ zu konstruieren und hinterher zu zeigen, wie man γ aus $\widetilde{\gamma}$ durch differenzierbare Operationen zurückgewinnt.

Sei also $\theta: \mathbb{R} \to \mathbb{R}^+$ eine glatte (d.h. unendlich oft differenzierbare) Funktion mit kompaktem Träger K und

$$\int_{\mathbb{R}} \theta(s) ds = 1.$$

(In Übungsaufgabe 10 ist eine solche Funktion angegeben). Nun setze

$$\widetilde{\gamma}(t) = \theta * \gamma(t) = \int_{\mathbb{R}} \theta(t-s)\gamma(s) ds \quad (\mathit{Faltung}).$$

Auf diese Weise erhält man eine glatte Funktion (Ableiten unter dem Integral, vgl. Übungsaufgabe 11), die

$$\widetilde{\gamma}(t) = \int_{\mathbb{R}} \theta(u)\gamma(t-u) du = \gamma(t) \int_{\mathbb{R}} \theta(u)\gamma(u)^{-1} du$$

erfüllt. Wir setzen

$$Y = \int_{\mathbb{R}} \theta(u)\gamma(u)^{-1} du$$

und zeigen $||Y - \mathbf{1}||_{op} < 1$. In der Tat:

$$\begin{aligned} ||Y - \mathbf{1}||_{op} &= || \int_{\mathbb{R}} \theta(u)\gamma(u)^{-1} du - \int_{\mathbb{R}} \theta(u)\mathbf{1} du||_{op} \\ &= || \int_{\mathbb{R}} \theta(u)(\gamma(u)^{-1} - \mathbf{1}) du||_{op} \\ &\leq \int_{\mathbb{R}} \theta(u)||\gamma(u)^{-1} - \mathbf{1}||_{op} du \\ &\leq \sup_{u \in K} ||\gamma(u)^{-1} - \mathbf{1}||_{op}. \end{aligned}$$

Wähle K so klein, daß $||\gamma(u)^{-1} - \mathbf{1}||_{op} < \frac{1}{2}$ für alle $u \in K$, was wegen der Stetigkeit von γ und $\gamma(0) = \mathbf{1}$ möglich ist. Nach Bemerkung I.2.3 folgt nun $Y \in \mathrm{Gl}(n, \mathbb{K})$ und daher

$$\gamma(t) = \widetilde{\gamma}(t) Y^{-1}.$$

■

Zum Abschluß dieses Abschnitts geben wir noch an, wie das Produkt und die Kommutatorbildung in der Gruppe $\mathrm{Gl}(n, \mathbb{K})$ für "infinitesimal" kleine Elemente in Addition bzw. antisymmetrisiertes Matrizenprodukt übergehen. Das folgende Lemma wird die Grundlage für die Definition einer Lie-Algebra zu einer abgeschlossenen Untergruppe von $\mathrm{Gl}(n, \mathbb{R})$ sein.

I.2.13. Lemma. *Seien $X, Y \in \mathrm{M}(n, \mathbb{K})$. Dann gilt*

(i) $\lim_{k\to\infty}(\exp \frac{X}{k} \exp \frac{Y}{k})^k = \exp(X + Y)$ (Trotter-Produkt-Formel).

(ii) $\lim_{k\to\infty}(\exp \frac{X}{k} \exp \frac{Y}{k} \exp \frac{-X}{k} \exp \frac{-Y}{k})^{k^2} = \exp(XY - YX)$ (Kommutator-Formel).

Beweis. (i) Definiere $Z_k \in \mathrm{M}(n, \mathbb{K})$ durch

$$\exp \frac{X}{k} = \mathbf{1} + \frac{X}{k} + Z_k$$

dann ist

$$k^2 Z_k = \sum_{j=2}^{\infty} \frac{X^j}{j!} \frac{1}{k^{(j-2)}}$$

beschränkt. Argumentiert man analog für Y und multipliziert die Ergebnisse, findet man $W_k \in \mathrm{M}(n, \mathbb{K})$ mit $k^2 W_k$ beschränkt und

$$\exp \frac{X}{k} \exp \frac{Y}{k} = \mathbf{1} + \frac{X}{k} + \frac{Y}{k} + W_k.$$

Für hinreichend große k gilt

$$\left\|\frac{X}{k} + \frac{Y}{k} + W_k\right\|_{op} < 1$$

und man kann die Logarithmus-Reihe anwenden. Als Ergebnis erhält man

$$\log(\exp\frac{X}{k}\exp\frac{Y}{k}) = \frac{X}{k} + \frac{Y}{k} + W_k + W_k'$$

mit $k^2 W_k'$ beschränkt. Durch Multiplikation mit k findet man

$$k\log(\exp\frac{X}{k}\exp\frac{Y}{k}) = X + Y + A_k$$

mit kA_k beschänkt. Wegen Proposition I.2.1(i) und Proposition I.2.6 folgt nun die Behauptung durch Anwenden der Exponentialfunktion:

$$\begin{aligned}\exp(X+Y) &= \lim_{k\to\infty}\exp(X+Y+A_k) = \lim_{k\to\infty}\exp\left(k\log(\exp\frac{X}{k}\exp\frac{Y}{k})\right)\\ &= \lim_{k\to\infty}\left(\exp\left(\log(\exp\frac{X}{k}\exp\frac{Y}{k})\right)\right)^k = \lim_{k\to\infty}(\exp\frac{X}{k}\exp\frac{Y}{k})^k.\end{aligned}$$

(ii) Ähnlich wie in (i) erhält man

$$\begin{aligned}&\exp\frac{X}{k}\exp\frac{Y}{k}\exp\frac{-X}{k}\exp\frac{-Y}{k}\\ &= (1 + \frac{X}{k} + \frac{X^2}{2k^2} + A_k)(1 + \frac{Y}{k} + \frac{Y^2}{2k^2} + B_k)\\ &\quad (1 - \frac{X}{k} + \frac{X^2}{2k^2} + A_k')(1 - \frac{Y}{k} + \frac{Y^2}{2k^2} + B_k')\\ &= (1 + \frac{XY - YX}{k^2} + W_k)\end{aligned}$$

mit k^3A_k, k^3A_k', k^3B_k, k^3B_k' und k^3W_k beschränkt. Hieraus folgt für hinreichend große k

$$\log(\exp\frac{X}{k}\exp\frac{Y}{k}\exp\frac{-X}{k}\exp\frac{-Y}{k}) = \frac{XY - YX}{k^2} + W_k'$$

mit k^3W_k' beschränkt und dann wie in (i) die Behauptung. ∎

Übungsaufgaben zum Abschnitt I.2

1. a) Für die Matrix

$$N = \begin{pmatrix} 0 & 1 & 0 & \dots & 0 \\ \cdot & 0 & 1 & 0 & \cdot \\ \cdot & & \cdot & \cdot & \cdot \\ \cdot & & & \cdot & 1 \\ 0 & & \dots & & 0 \end{pmatrix} \in \mathrm{M}(n, \mathbb{K})$$

berechne man e^{tN} für $t \in \mathbb{K}$.
b) Ist A eine Blockdiagonalmatrix, so hat e^A die gleiche Blockstruktur.
c) Man berechne e^{tA} für eine Matrix $A \in \mathrm{M}(n, \mathbb{C})$ in Jordanscher Normalform. Hinweis: Man verwende a) und b).

2. Sei $A \in \mathrm{M}(n, \mathbb{C})$. Man zeige, daß die Menge

$$e^{\mathbb{R}A} = \{e^{tA} : t \in \mathbb{R}\}$$

genau dann in $\mathrm{M}(n, \mathbb{C})$ beschränkt ist, wenn A diagonalisierbar mit rein imaginären Eigenwerten ist. Hinweis: Mit der additiven Jordan- Zerlegung $A = D + N$ zeige man zuerst, daß die Beschränktheit von $e^{\mathbb{R}A}$ schon die von $e^{\mathbb{R}D}$ impliziert.

3. Folgende Aussagen sind für $A \in \mathrm{M}(n, \mathbb{C}) \setminus \{0\}$ äquivalent : a) $\exp(\lambda A) = \mathbf{1}$ für ein $\lambda \in \mathbb{R} \setminus \{0\}$.
b) A ist diagonalisierbar mit $\mathrm{Spec}(A) \subseteq \mu 2\pi i \mathbb{Z}$ für ein $\mu \in \mathbb{R} \setminus \{0\}$.
c) $\exp(\mathbb{R}A) \cong \mathbb{R}/\mathbb{Z}$.
Hinweis: Man verwende Aufgabe 2 für a) $\Rightarrow$ b) und Anhang 1 für b) $\Rightarrow$ c).

Ein Banach-Raum A heißt *Banach-Algebra*, wenn eine bilineare assoziative Abbildung, die Multiplikation,

$$\cdot : A \times A \to A$$

existiert, so daß A ein Einselement $\mathbf{1}$ hat, d.h.

$$\mathbf{1} \cdot a = a \cdot \mathbf{1} = a \qquad \forall a \in A$$

und die Beziehung

$$\|a \cdot b\| \leq \|a\| \|b\| \qquad \forall a, b \in A$$

gilt.

4. Mit der in §1 eingeführten Operatornorm ist $\mathrm{M}(n, \mathbb{K})$ eine Banach-Algebra.

5. Sei A eine normierte Algebra. Man zeige :
a) $G(A) = \{a \in A : (\exists b \in A) ab = ba = \mathbf{1}\}$ ist eine topologische Gruppe.

b) Ist $a \in A$ mit $\|a\| < 1$, so ist $1 - a \in G(A)$ und

$$(1-a)^{-1} = \sum_{\nu=0}^{\infty} a^{\nu}$$

(*von Neumannsche Reihe*).

6.* Proposition I.2.4 - Proposition I.2.6 gelten wortwörtlich für die Exponentialfunktion

$$\exp : A \to G(A), \quad a \mapsto \sum_{\nu=0}^{\infty} \frac{1}{\nu!} a^{\nu}$$

in einer Banach-Algebra. Hinweis: Der Satz vom lokalen Inversen gilt auch für Banach-Räume.

7. Die Exponentialfunktion

$$\exp : \mathrm{M}(n, \mathbb{C}) \to \mathrm{Gl}(n, \mathbb{C})$$

ist surjektiv. Hinweis: Proposition I.2.7 und die multiplikative Jordan-Zerlegung. Zu $A \in \mathrm{Gl}(n, \mathbb{C})$ existiert eine Diagonalmatrix D und eine unipotente Matrix T mit $A = DT = TD$.

8. Die Exponentialfunktion

$$\exp : \mathrm{M}(2, \mathbb{R}) \to \mathrm{Gl}(2, \mathbb{R})$$

ist nicht surjektiv. Hinweis: Leite mit der Jordanschen Normalform eine Aussage über das Spektrum der Matrizen der Gestalt e^A her, die nicht von allen Elementen von $\mathrm{Gl}(2, \mathbb{R})$ erfüllt wird. (Entweder ist das Spektrum in der positiven Achse enthalten oder es besteht aus einem Paar zueinander konjugierter komplexer Zahlen. Die Matrix $\begin{pmatrix} 1 & 0 \\ 0 & -1 \end{pmatrix}$ ist also nicht im Exponentialbild enthalten.)

9. Ist $A \subseteq \mathrm{M}(n, \mathbb{C})$ eine abelsche Unteralgebra, so ist e^A eine abelsche Untergruppe von $\mathrm{Gl}(n, \mathbb{C})$ und

$$\exp : (A, +) \to (e^A, \cdot)$$

ist ein Gruppen-Homomorphismus dessen Kern gerade aus den diagonalähnlichen Elementen a mit $\mathrm{Spec}(a) \subseteq 2\pi i \mathbb{Z}$ besteht. Hinweis: Proposition I.2.1 und Aufgabe 3.

Die folgenden Aufgaben ergänzen den Beweis von Satz I.2.12.

10. a) Die Funktion

$$\Phi : \mathbb{R} \to \mathbb{R}, \quad t \mapsto \begin{cases} e^{-\frac{1}{t}}, & \text{für } t > 0 \\ 0, & \text{für } t \leq 0 \end{cases}$$

ist unendlich oft differenzierbar. Hinweis: Durch Ableiten von $e^{-\frac{1}{t}}$ erhält man ein Polynom in $\frac{1}{t}$ als Faktor.
b) Für $\lambda > 0$ ist $\Psi(t) := \Phi(t)\Phi(\lambda - t)$ eine nichtnegative, unendlich oft differenzierbare Funktion mit kompaktem Träger.

11. Ist $f \in C^1(\mathbb{R})$ mit kompaktem Träger und $\gamma \in C(\mathbb{R})$, so ist

$$h := f * \gamma, \quad t \mapsto \int_{\mathbb{R}} f(t-s)\gamma(s)\, ds$$

stetig differenzierbar mit $h' = f' * \gamma$. Hinweis: Beachte

$$\int_{\mathbb{R}} f(t-s)\gamma(s)\, ds = \int_{t-\operatorname{supp}(f)} f(t-s)\gamma(s)\, ds.$$

§3 Abgeschlossene Untergruppen der $\mathrm{Gl}(n, \mathbb{K})$

Eine abgeschlossene Untergruppe G der $\mathrm{Gl}(n, \mathbb{K})$ ist bezüglich der induzierten Topologie eine topologische Gruppe. Wir ordnen ihr die Teilmenge

$$\mathfrak{g} = \mathbf{L}(G) = \{X \in \mathrm{M}(n, \mathbb{K}) : \exp \mathbb{R}X \subseteq G\}$$

von $i\mathrm{M}(n, \mathbb{K})$ zu. Nach Satz I.2.12 kann man $\mathfrak{g}$ als die Menge aller Einparametergruppen in G auffassen. Die folgende Proposition dient dazu, die Lie-Algebra Struktur auf $\mathfrak{g}$ aufzudecken:

I.3.1. Proposition. *Sei G eine abgeschlossene Untergruppe von $\mathrm{Gl}(n, \mathbb{K})$ und $\mathfrak{g} = \{X \in \mathrm{M}(n, \mathbb{K}) : \exp \mathbb{R}X \subseteq G\}$. Dann gilt:*

(i) *$\mathfrak{g}$ ist ein Vektorraum.*

(ii) *$[X, Y] = XY - YX \in \mathfrak{g}$ für alle $X, Y \in \mathfrak{g}$.*

Beweis. (i) Wenn $X, Y \in \mathfrak{g}$, dann gilt auch $\mathbb{R}X, \mathbb{R}Y \subseteq \mathfrak{g}$. Für $t \in \mathbb{R}$ und $k \in \mathbb{N}$ haben also $\exp \frac{tX}{k}, \exp \frac{tY}{k} \in G$ und mit der Trotter-Produkt-Formel I.2.13(i) sehen wir

$$\exp t(X+Y) = \lim_{k \to \infty} (\exp \frac{tX}{k} \exp \frac{tY}{k})^k \in G$$

weil G abgeschlossen ist.

(ii) Analog zu (i) haben wir wegen der Kommutatorformel I.2.13(ii) für $t \geq 0$:

$$\exp t[X, Y] = \lim_{k \to \infty} (\exp \frac{\sqrt{t}X}{k} \exp \frac{\sqrt{t}Y}{k} \exp \frac{-\sqrt{t}X}{k} \exp \frac{-\sqrt{t}Y}{k})^{k^2} \in G.$$

■

I.3.2. Definition. Eine $\mathbb{K}$-*Lie-Algebra* ist ein $\mathbb{K}$-Vektorraum L zusammen mit einer bilinearen Abbildung $[\,,\,]: L \times L \to L$ mit

(i) $[X,Y] = -[Y,X]$ für alle $X,Y \in L$

(ii) $[X,[Y,Z]] = [[X,Y],Z] + [Y,[X,Z]]$ für alle $X,Y,Z \in L$ (Jacobi-Identität).

Man rechnet leicht nach, daß $\mathrm{M}(n,\mathbb{K})$ mit $[X,Y] = XY - YX$ eine Lie-Algebra ist. Sie wird auch mit $\mathrm{gl}(n,\mathbb{K})$ bezeichnet. Weiter ist jeder Unterraum $\mathfrak{g}$ von $\mathrm{M}(n,\mathbb{K})$ mit $[\mathfrak{g},\mathfrak{g}] \subseteq \mathfrak{g}$ eine (Unter)-Lie-Algebra. Wir nennen $\mathfrak{g} = \mathbf{L}(G)$ aus Proposition I.3.1 die *Lie-Algebra von* G. Wie schon wiederholt betont, wird sich später herausstellen, daß man sehr viele Eigenschaften von G an $\mathfrak{g}$ ablesen kann. Im Augenblick benützen wir die Lie-Algebra von G aber nur um zu zeigen, daß jede abgeschlossene Untergruppe von $\mathrm{Gl}(n,\mathbb{K})$ lokal wie ein Vektorraum aussieht.

I.3.3. Satz. *Sei G eine abgeschlossene Untergruppe von $\mathrm{Gl}(n,\mathbb{K})$. Dann existiert eine Umgebung $\mathcal{V}$ von 0 in $\mathfrak{g} = \mathbf{L}(G)$ und eine Umgebung $\mathcal{W}$ von $\mathbf{1}$ in G für die die Abbildung*

$$\exp|_{\mathcal{V}}: \mathcal{V} \to \mathcal{W}$$

ein Homöomorphismus ist.

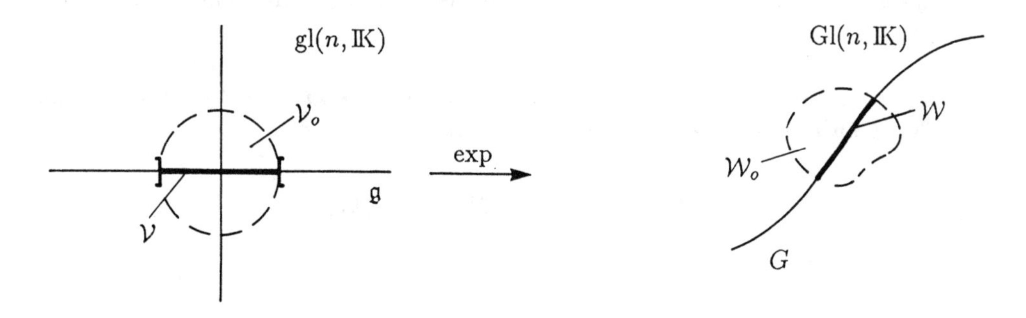

Figur I.3.1

Beweis. Wenn $\mathcal{V}_o$ eine Umgebung von 0 in $\mathrm{gl}(n,\mathbb{K})$ und $\mathcal{W}_o$ eine Umgebung von $\mathbf{1}$ in $\mathrm{Gl}(n,\mathbb{K})$ ist, für die

$$\exp|_{\mathcal{V}_o}: \mathcal{V}_o \to \mathcal{W}_o$$

ein Homöomorphismus ist, dann gilt

- $\mathcal{V}_o \cap \mathfrak{g}$ ist Umgebung der 0 in $\mathfrak{g}$
- $\mathcal{W}_o \cap G$ ist Umgebung der $\mathbf{1}$ in G
- $\exp(\mathcal{V}_o \cap \mathfrak{g}) \subseteq \mathcal{W}_o \cap G$
- $\exp|_{\mathcal{V}_o \cap \mathfrak{g}}$ ist injektiv.

Nicht klar dagegen ist

- $\exp(\mathcal{V}_o \cap \mathfrak{g}) = \mathcal{W}_o \cap G$.

$\mathcal{W}_o \cap G$ könnte zunächst viel größer als $\exp(\mathcal{V}_o \cap \mathfrak{g})$ sein. Man weiß a priori nicht einmal, ob $\exp(\mathcal{V}_o \cap \mathfrak{g})$ offen in $\mathcal{W}_o \cap G$ ist.

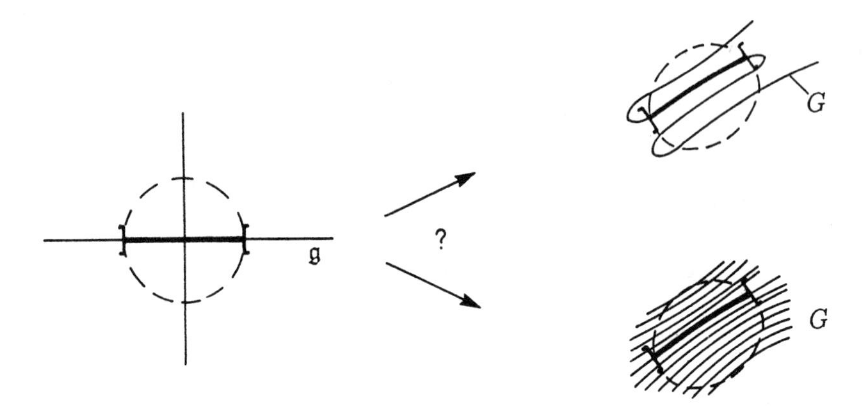

Figur I.3.2

Um diesen letzten Punkt zumindest für geeignet gewählte Umgebungen zu zeigen, müssen wir etwas ausholen:

I.3.4. Lemma. *Sei $g_k \to \mathbf{1}$ eine konvergente Folge in G mit $g_k \neq \mathbf{1}$ für alle $k \in \mathbb{N}$, dann liegt jeder Häufungspunkt der Menge*

$$\{\frac{\log g_k}{||\log g_k||_{op}}, k \in \mathbb{N}\} \subseteq \mathrm{gl}(n, \mathbb{K})$$

in $\mathfrak{g}$.

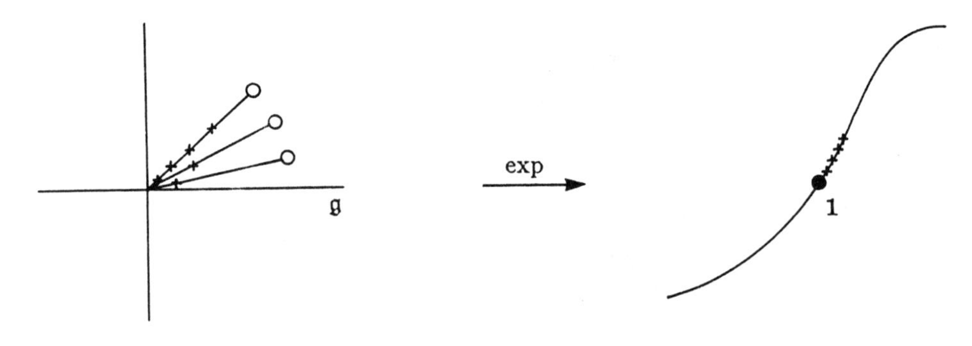

Figur I.3.3

Beweis. Wir können annehmen, daß

$$\frac{\log g_k}{||\log g_k||_{op}} \to X \in \mathrm{gl}(n, \mathbb{K})$$

und dementsprechend

$$\exp tX = \lim_{k\to\infty} \exp(t\frac{\log g_k}{||\log g_k||_{op}}).$$

Setze $Y_k = \log g_k$ und $p_k = \frac{t}{||\log g_k||_{op}}$, dann gilt

$$\exp tX = \lim_{k\to\infty} \exp(p_k Y_k)$$

und

$$\exp(p_k Y_k) = \exp(Y_k)^{[p_k]} \exp\left((p_k - [p_k])Y_k\right)$$

wobei $[p_k] = \max\{l \in \mathbb{Z} : l \leq p_k\}$. Wir haben also

$$||(p_k - [p_k])Y_k||_{op} \leq ||Y_k||_{op} \to 0$$

und schließlich

$$\exp tX = \lim_{k\to\infty} (\exp Y_k)^{[p_k]} \in G$$

woraus die Behauptung $X \in \mathfrak{g}$ folgt. ∎

Sei $\mathfrak{g}^\perp$ ein Vektorraum Komplement von $\mathfrak{g}$ in $\mathrm{gl}(n, \mathbb{K})$.

I.3.5. Lemma. *Es existiert eine Umgebung $\mathcal{U}^\perp$ von 0 in $\mathfrak{g}^\perp$ mit*

$$\exp \mathcal{U}^\perp \cap G = \{\mathbf{1}\}.$$

Beweis. Wenn so eine Umgebung nicht existiert, dann gibt es eine Umgebung $\mathcal{U}_1^\perp$ von 0 in $\mathfrak{g}^\perp$, die wir als kompakt und konvex annehmen können, mit

$$(\exp \frac{\mathcal{U}_1^\perp}{k}) \cap G \neq \{\mathbf{1}\} \quad \forall k \in \mathbb{N}.$$

Wir wählen dann $g_k \in (\exp \frac{\mathcal{U}_1^\perp}{k}) \cap G \backslash \mathbf{1}$ und beachten, daß

$$g_k \to \mathbf{1} \quad \text{und} \quad \log g_k \in \mathfrak{g}^\perp.$$

Sei nun X ein Häufungspunkt von $\{\frac{\log g_k}{||\log g_k||_{op}}\}$, dann gilt wegen Lemma I.3.4

$$X \in \mathfrak{g} \cap \mathfrak{g}^\perp = \{0\},$$

weil $\mathfrak{g}^\perp$ abgeschlossen ist. Nun ist aber nach Konstruktion $||X||_{op} = 1$ und so erhalten wir einen Widerspruch, der die Behauptung beweist. ∎

I.3.6. Lemma. *Sei* $\mathrm{M}(n,\mathbb{K}) = V_1 \oplus ... \oplus V_l$ *eine Vektorraumzerlegung und* $\Phi: V_1 \times ... \times V_l \to \mathrm{Gl}(n,\mathbb{K})$ *durch*

$$(X_1, ..., X_l) \mapsto (\exp X_1)...(\exp X_l)$$

gegeben, dann ist $d\Phi(0,...,0) = \mathrm{id}$.

Beweis. Sei $\mu_l: \mathrm{M}(n,\mathbb{K}) \times ... \times \mathrm{M}(n,\mathbb{K}) \to \mathrm{M}(n,\mathbb{K})$ die Multiplikation

$$(X_1, ..., X_l) \mapsto X_1...X_l.$$

Diese Abbildung ist l-linear, also ist ihre Ableitung durch

$$d\mu_l(X_1, ..., X_l)(Y_1, ..., Y_l) = (Y_1X_2...X_l) + ... + (X_1...X_{l-1}Y_l)$$

gegeben (vgl. Übungsaufgabe 8). Wegen Proposition I.2.4 gilt daher

$$d\Phi(0,...,0)(Y_1,...,Y_l) = d\mu_l(\mathbf{1},...,\mathbf{1})(Y_1,...,Y_l) = Y_1 + ... + Y_l.$$

■

Wir können jetzt den Beweis von Satz I.3.3 abschließen:

Definiere dazu $\Phi: \mathfrak{g} \times \mathfrak{g}^\perp \to \mathrm{Gl}(n,\mathbb{K})$ durch $(X,Y) \mapsto \exp X \exp Y$. Dann existieren nach Lemma I.3.5 und Lemma I.3.5 Umgebungen $\mathcal{V}$ von 0 in $\mathfrak{g}$ und $\mathcal{V}^\perp \subseteq \mathcal{U}^\perp$ von 0 in $\mathfrak{g}^\perp$ sowie $\mathcal{W}_o$ von $\mathbf{1}$ in $\mathrm{Gl}(n,\mathbb{K})$, so daß

$$\Phi|_{\mathcal{V}\times\mathcal{V}^\perp}: \mathcal{V} \times \mathcal{V}^\perp \to \mathcal{W}_o$$

ein Diffeomorphismus ist.

Beachte, daß

$$\exp \mathcal{V} = \Phi(\mathcal{V} \times \{0\}) \subseteq \mathcal{W}_o \cap G$$

und wegen Lemma I.3.5

$$\exp \mathcal{V}^\perp \cap G = \{\mathbf{1}\}.$$

Daraus folgt nun

$$\exp \mathcal{V} = \mathcal{W}_o \cap G$$

weil jedes $g \in \mathcal{W}_o \cap G$ von der Form $\exp X \exp X^\perp = g$ mit $X \in \mathcal{V}$ und $X^\perp \in \mathcal{V}^\perp$ ist, und somit $\exp X^\perp = (\exp X)^{-1} g \in \exp \mathcal{V}^\perp \cap G = \{\mathbf{1}\}$, d.h. $g = \exp X$. Mit $\mathcal{W} = \mathcal{W}_o \cap G$ haben wir jetzt die Behauptung bewiesen. ■

Motiviert durch Satz I.3.3 geben wir hier die Definition einer Untermannigfaltigkeit eines Vektorraumes:

I.3.7. Definition. Sei V ein endlichdimensionaler $\mathbb{K}$-Vektorraum und $M \subseteq V$. Dann heißt M eine $\mathbb{K}$-Untermannigfaltigkeit von V der Dimension m, wenn es zu jedem $x \in M$ eine offene Umgebung $\mathcal{U}$ von x in V, eine offene Menge $\mathcal{U}'$ in V und einen affinen Unterraum W von V der Dimension m gibt, zusammen mit einem $\mathbb{K}$-Diffeomorphismus $\phi: \mathcal{U} \to \mathcal{U}'$, der

$$\phi(\mathcal{U} \cap M) = \mathcal{U}' \cap W$$

erfüllt.

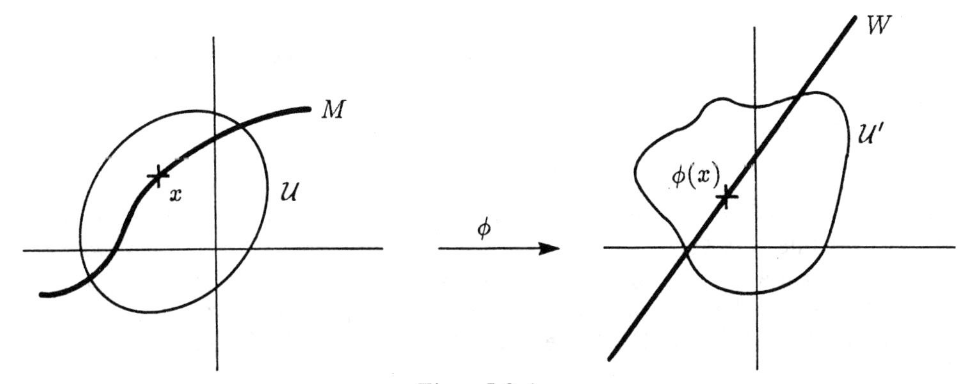

Figur I.3.4

I.3.8. Korollar. *Jede abgeschlossene Untergruppe G von $\mathrm{Gl}(n, \mathbb{K})$ ist eine $\mathbb{R}$-Untermannigfaltigkeit von $\mathrm{M}(n, \mathbb{K})$ der Dimension $\dim_{\mathbb{R}} \mathfrak{g}$.*

Beweis. Sei $g \in G$ und $\lambda_g: \mathrm{Gl}(n, \mathbb{K}) \to \mathrm{Gl}(n, \mathbb{K})$ durch $\lambda_g(h) = gh$ definiert. Weiter seien $\mathcal{V}_o$ und $\mathcal{W}_o$ Umgebungen von 0 in $\mathrm{gl}(n, \mathbb{K})$ bzw. von $\mathbf{1}$ in $\mathrm{Gl}(n, \mathbb{K})$ für die

$$\exp|_{\mathcal{V}_o}: \mathcal{V}_o \to \mathcal{W}_o$$

ein Diffeomorphismus und

$$\exp|_{\mathcal{V}}: \mathcal{V} \to \mathcal{W}$$

ein Homöomorphismus ist. Hierbei setzen wir $\mathcal{V} = \mathcal{V}_o \cap \mathfrak{g}$ und $\mathcal{W} = \mathcal{W}_o \cap G$ und bemerken, daß die Existenz solcher Umgebungen durch Satz I.3.3 gesichert ist. Nun verschieben wir $\mathcal{W}_o$ mit λ_g nach g und erhalten so die gewünschte Umgebung:

$$\mathcal{U} = \lambda_g(\mathcal{W}_o), \quad \mathcal{U}' = \mathcal{V}_o, \quad W = \mathfrak{g}, \quad \phi = (\exp|_{\mathcal{V}_o})^{-1} \circ \lambda_g^{-1}|_{\mathcal{U}}$$

liefert

$$\mathcal{U} \cap G = \lambda_g(\mathcal{W}_o \cap G) = \lambda_g(\mathcal{W})$$

und

$$\phi(\mathcal{U} \cap G) = (\exp|_{\mathcal{V}_o})^{-1}(\mathcal{W}_o \cap G) = \mathcal{V}_o \cap \mathfrak{g} = \mathcal{U}' \cap W.$$

■

I.3.9. Bemerkung. Sei G eine abgeschlossene Untergruppe von $\mathrm{Gl}(n, \mathbb{C})$, dann ist G eine $\mathbb{C}$-Untermannigfaltigkeit genau dann, wenn $\mathfrak{g}$ ein komplexer Unterraum ist (vgl. Übungsaufgabe 2).

Beweis. Die Abbildungen exp und λ_g sind (lokale) $\mathbb{C}$-Diffeomorphismen. ∎

I.3.10. Bemerkung.

(i) Jede Untermannigfaltigkeit M von V ist lokal abgeschlossen, d.h. zu $x \in M$ gibt es eine abgeschlossene Umgebung $\mathcal{V}$ von x in V für die $\mathcal{V} \cap M$ abgeschlossen ist.

(ii) Eine lokal abgeschlossene Untergruppe der $\mathrm{Gl}(n, \mathbb{K})$ ist abgeschlossen.

Beweis. (i) Wähle zu $x \in M$ eine Umgebung $\mathcal{U}$ wie in der Definition I.3.7, dann ist für jede kompakte Umgebung $\mathcal{V} \subseteq \mathcal{U}$ von x in V die Menge $\mathcal{V} \cap M = \phi^{-1}(\phi(\mathcal{V}) \cap W)$ abgeschlossen.

(ii) Sei G eine lokal abgeschlossene Untergruppe von $\mathrm{Gl}(n, \mathbb{K})$ und h im Abschluß von G. Wähle eine Folge $\{g_k\} \subseteq G$ mit $g_k \to h$ und eine Umgebung $\mathcal{U}$ von $\mathbf{1}$ in $\mathrm{Gl}(n, \mathbb{K})$ für die $\mathcal{U} \cap G$ abgeschlossen ist. Wegen der Stetigkeit der Gruppenmultiplikation sowie der Inversion können wir eine Umgebung $\mathcal{V}$ von $\mathbf{1}$ in $\mathrm{Gl}(n, \mathbb{K})$ finden, die $\mathcal{V} = \mathcal{V}^{-1}$ und $\mathcal{V}^2 \subset \mathcal{U}$ erfüllt. Weiter gibt es ein $k_o \in \mathbb{N}$ mit

$$h \in g_k \mathcal{V} \quad \forall k \geq k_o.$$

Es gilt dann

$$h \in g_{k_o} \mathcal{V} \subseteq g_{k_o} \mathcal{U}$$

und

$$g_k = g_{k_o} g_{k_o}^{-1} g_k = g_{k_o} (g_{k_o}^{-1} h)(h^{-1} g_k) \in g_{k_o} \mathcal{V}\mathcal{V}^{-1} \subseteq g_{k_o} \mathcal{U}.$$

Da aber $g_{k_o} \mathcal{U} \cap G = g_{k_o}(\mathcal{U} \cap G)$ abgeschlossen ist, folgt $h \in g_{k_o}(\mathcal{U} \cap G) \subseteq G$. ∎

I.3.11. Bemerkung. Für eine reelle Untermannigfaltigkeit M von V kann man zu jedem Punkt $x \in M$ einen geometrischen Tangentialraum $T_x M$ definieren. Er besteht aus allen $v \in V$, für die es eine differenzierbare Kurve $\gamma:]-\varepsilon, \varepsilon[\to M \subseteq V$ mit $\gamma(0) = x$ und $\gamma'(0) = v$ gibt. Aus der Definition I.3.7 sieht man, daß man $T_x M$ gerade als $d\phi(x)^{-1}(W)$ erhält. Insbesondere ist $T_x M$ ein Vektorraum der Dimension $\dim M$. ∎

I.3.12. Bemerkung. Sei G eine abgeschlossene Untergruppe von $\mathrm{Gl}(n, \mathbb{K})$, dann ist $T_{\mathbf{1}} G = \mathfrak{g}$.

Beweis. Wegen $\exp tX \subseteq G$ für alle $X \in \mathfrak{g}$ und Proposition I.2.4 ist klar, daß $\mathfrak{g} \subseteq T_{\mathbf{1}} G$. Aber dies sind beides Vektorräume der Dimension $\dim_{\mathbb{R}} \mathfrak{g}$, also gleich. ∎

Ein Beispiel - *"the dense wind"*

Wir geben jetzt das Erzbeispiel einer nicht abgeschlossenen zusammenhängenden Untergruppe von $\mathrm{Gl}(n, \mathbb{K})$ an. Genauer betrachten wir die Untergruppen

$$A = \{ \begin{pmatrix} e^{it\sqrt{2}} & 0 \\ 0 & e^{it} \end{pmatrix} : t \in \mathbb{R} \}$$

und

$$\mathbb{T}^2 = \{ \begin{pmatrix} e^{ir} & 0 \\ 0 & e^{is} \end{pmatrix} : r, s \in \mathbb{R} \}$$

von $\mathrm{Gl}(2, \mathbb{C})$. Es ist klar, daß $\mathbb{T}^2$ abgeschlossen ist.

I.3.13. Proposition. *A ist dicht in $\mathbb{T}^2$.*

Beweis. Betrachte die durch

$$(r, s) \mapsto \begin{pmatrix} e^{2\pi i r} & 0 \\ 0 & e^{2\pi i s} \end{pmatrix}$$

definierte Abbildung $\pi : \mathbb{R}^2 \to \mathbb{T}^2$. Für $L = \mathbb{R}(\sqrt{2}, 1)$ und $V = \mathbb{R}(1,0)$ gilt

$$\pi^{-1}(A) = L + \mathbb{Z}^2 = L + \pi^{-1}(A) \cap V.$$

Sei $pr : \mathbb{R}^2 \to V$ die Projektion mit Kern L, dann läßt sich $\pi^{-1}(A) \cap V$ als $pr(\mathbb{Z}^2)$ schreiben. Es genügt also zu zeigen, daß $pr(\mathbb{Z}^2)$ dicht in V ist. In anderen Worten, wir müssen zeigen, daß $\mathbb{Z} + \frac{1}{\sqrt{2}}\mathbb{Z}$ dicht in $\mathbb{R}$ ist. Dies tun wir in einem separaten Lemma.

I.3.14. Lemma. *Sei $r \in \mathbb{R} \backslash \mathbb{Q}$, dann ist $\mathbb{Z} + r\mathbb{Z}$ dicht in $\mathbb{R}$.*

Beweis. Wir stellen zunächst fest, daß jede diskrete Untergruppe H von $\mathbb{R}$ zyklisch ist. Es gilt nämlich

$$H = \mathbb{Z} x_o \quad \text{mit} \quad x_o = \inf\{x \in H : x > 0\}.$$

Andererseits ist $\mathbb{Z} + r\mathbb{Z}$ nicht zyklisch, weil mit $\mathbb{Z} + r\mathbb{Z} = \mathbb{Z} x_o$ folgt

$$1 = k x_o, r = m x_o; \; k, m \in \mathbb{Z} \quad \text{und} \quad r = \frac{m}{k} \in \mathbb{Q}$$

Daher ist $\mathbb{Z} + r\mathbb{Z}$ nicht diskret, enthält also eine Nullfolge $\{x_k\}$. Weiter findet man bei vorgegebenem $x \in \mathbb{R}$ zu jedem $k \in \mathbb{N}$ ein $m_k \in \mathbb{Z}$ mit $|m_k x_k - x| \leq x_k$. Also ist $\{m_k x_k\}$ eine Folge in $\mathbb{Z} + r\mathbb{Z}$, die gegen x konvergiert. ∎

Beispiele für Lie-Algebren abgeschlossener Untergruppen der $\mathrm{Gl}(n, \mathbb{K})$

Wir berechnen hier die Lie-Algebren der Gruppen aus Abschnitt I.1.

I.3.15. Beispiel.

(i) $G = \mathrm{Sl}(n, \mathbb{K}) = \{g \in \mathrm{Gl}(n, \mathbb{K}) : \det g = 1\}$

$$\begin{aligned}\mathfrak{g} = \mathrm{sl}(n, \mathbb{K}) &= \{X \in \mathrm{gl}(n, \mathbb{K}) : \forall t \in \mathbb{R}, \det(\exp tX) = 1\} \\ &= \{X \in \mathrm{gl}(n, \mathbb{K}) : \forall t \in \mathbb{R}, e^{tTr(X)} = 1\} \\ &= \{X \in \mathrm{gl}(n, \mathbb{K}) : Tr(X) = 0\}.\end{aligned}$$

(ii) $G = \mathrm{Gl}(n, \mathbb{K})^+ = \{g \in \mathrm{Gl}(n, \mathbb{K}) : \det g > 0\}$

$$\mathfrak{g} = \{X \in \mathrm{gl}(n, \mathbb{K}) : \forall t \in \mathbb{R}, e^{tTr(X)} > 0\} = \mathrm{gl}(n, \mathbb{K}).$$

(iii) $N = \{g \in \mathrm{Gl}(n, \mathbb{R}) : \forall i > j, g_{ij} = 0, g_{ii} = 1\}$

$$\mathfrak{n} = \{X \in \mathrm{gl}(n, \mathbb{R}) : (\forall i \geq j) X_{ij} = 0\}$$

wegen Proposition I.2.7 (zeigt „ $\supseteq$ ") und Korollar I.3.8 (zeigt, daß die beiden Vektorräume dieselbe Dimension haben und somit „ $=$ ").

(iv) $AN = \{g \in \mathrm{Gl}(n, \mathbb{R}) : (\forall i > j) g_{ij} = 0\}$. Setze

$$\mathfrak{a} = \{X \in \mathrm{gl}(n, \mathbb{R}) : (\forall i \neq j) X_{ij} = 0\},$$

dann gilt

$$\mathbf{L}(AN) = \mathfrak{a} + \mathfrak{n} = \{X \in \mathrm{gl}(n, \mathbb{R}) : (\forall i > j) X_{ij} = 0\}.$$

Dies zeigt man genauso wie (iii). ∎

I.3.16. Beispiel. Sei $\mathcal{B} : \mathbb{R}^n \times \mathbb{R}^n \to \mathbb{R}$ bilinear und $G = \mathrm{O}(\mathcal{B})$ (vgl. I.1.6). Wenn $\mathcal{B}$ durch die Matrix B gegeben ist, dann gilt

$$\mathfrak{g} = \mathrm{o}(\mathcal{B}) = \{X \in \mathrm{gl}(n, \mathbb{R}) : X^\top B + BX = 0\}.$$

Um dies zu zeigen, betrachte für festes $X \in \mathbf{L}(G)$ die Funktion $\phi_X : \mathbb{R} \to \mathrm{M}(n, \mathbb{R})$ definiert durch

$$r \mapsto (\exp rX^\top) B (\exp rX).$$

Einerseits ist diese Funktion konstant, weil $\exp rX \in \mathrm{O}(\mathcal{B})$, andererseits gilt

$$\phi'_X(0) = \big(d\exp(0)(X^\top)\big) B(\exp 0 \cdot X) + (\exp 0 \cdot X^\top) B \big(d\exp(0)(X)\big) = X^\top B + BX,$$

also

$$\mathbf{L}(G) \subseteq \{X \in \mathrm{gl}(n, \mathbb{R}) : X^\top B + BX = 0\}.$$

Umgekehrt folgt aus $X^\top B = -BX$

$$(\exp rX^\top) B = B(\exp -rX),$$

so daß $\exp rX \in \mathrm{O}(\mathcal{B})$ für alle $r \in \mathbb{R}$. ∎

I.3.17. Beispiel. Ganz analog zu Beispiel I.3.16 hat man

$$\mathfrak{g} = \mathrm{u}(\mathcal{B}) = \{X \in \mathrm{gl}(n, \mathbb{C}) : X^* B + BX = 0\}$$

wenn $\mathcal{B}: \mathbb{C}^n \times \mathbb{C}^n \to \mathbb{C}$ sesquilinear und $G = \mathrm{U}(\mathcal{B})$ ist (vgl. I.1.20). Dabei soll $\mathcal{B}$ durch die Matrix B gegeben sein. ■

I.3.18. Beispiel. Wenn G_1 eine offene Untergruppe von G ist, zum Beispiel die Zusammenhangskomponente der Eins, dann gilt $\mathbf{L}(G) = \mathbf{L}(G_1)$. Um das zu sehen kann man annehmen, daß G_1 die Zusammenhangskomponente G_0 der Eins von G ist, weil diese in jeder offenen Untergruppe von G enthalten ist. In der Tat, G_1 ist als Komplement von offenen Nebenklassen auch abgeschlossen, und somit ist $G_1 \cap G_0$ offen und abgeschlossen in G_0, also ganz G_0, weil G_0 zusammenhängend ist. Da aber das Bild einer Einparametergruppe von G zusammenhängend ist, ist es in G_0 enthalten. Damit folgt die Behauptung (vgl. Aufgabe 6). ■

Übungsaufgaben zum Abschnitt I.3

1. (Vgl. Bemerkung I.3.3, Aufgaben §2) a) Eine assoziative $\mathbb{K}$-Algebra ist mit der Klammer

$$[a, b] := ab - ba$$

eine $\mathbb{K}$-Lie-Algebra.
b) Ist $B \subseteq A$ eine $\mathbb{K}$-Unteralgebra, so ist B auch eine $\mathbb{K}$-Lie-Unteralgebra.

2. a) Ist V eine $\mathbb{C}$-Untermannigfaltigkeit von $\mathbb{C}^n$, so ist $T_x(V)$ für alle $x \in V$ ein komplexer Untervektorraum von $T_x(\mathbb{C}^n) = \mathbb{C}^n$.

Wir erinnern daran, daß eine *komplexe Struktur* auf einem reellen Vektorraum eine lineare Abbildung I mit $I^2 = -\mathrm{id}$ ist.
b) $M := \mathbb{R} \times i\mathbb{R}$ ist keine komplexe Untermannigfaltigkeit von $\mathbb{C}^2$. Betrachtet man $\mathbb{C}^2$ als komplexen Vektorraum mit der komplexen Struktur, die durch

$$I = \begin{pmatrix} 0 & i \\ i & 0 \end{pmatrix}$$

definiert ist, so ist M allerdings eine komplexe Untermannigfaltigkeit des komplexen Vektorraums $\mathbb{C}^2$, da $IM \subseteq M$ gilt.

Die folgenden 3 Aufgaben dienen dem Studium der abgeschlossenen Untergruppen des $\mathbb{R}^n$.

3. Zeige : Ist $D \subseteq \mathbb{R}^n$ eine diskrete Untergruppe, so existieren linear unabhängige Elemente $e_1, \ldots, e_k \in \mathbb{R}^n$ mit $D = \sum_{i=1}^k \mathbb{Z} e_i$. Hinweis: Man zeige die Behauptung über vollständige Induktion nach n. Ist D erzeugend in $\mathbb{R}^{n+1}$, so zeige man für den Induktionsschritt mittels der Induktionsvoraussetzung, daß eine Basis $e_1, \ldots, e_n, f$ von $\mathbb{R}^{n+1}$ so existiert, daß

$$D \cap \operatorname{span}\{e_1, \ldots, e_n\} = \sum_{i=1}^{n} \mathbb{Z} e_i$$

und $f \in D$. Man wähle nun e_{n+1} in D so, daß die f-Komponente minimal wird.

4. Die Abbildung

$$\Phi : \mathbb{R}^n \to \mathrm{Gl}(n, \mathbb{R}), \quad (t_1, \ldots, t_n) \mapsto \begin{pmatrix} e^{t_1} & 0 & \ldots & 0 \\ 0 & e^{t_2} & \cdot & \cdot \\ \cdot & & \cdot & \cdot \\ 0 & & \ldots & e^{t_n} \end{pmatrix}$$

ist ein Isomorphismmus topologischer Gruppen und $\Phi(\mathbb{R}^n)$ ist abgeschlossen. Hinweis: $\log : \Phi(\mathbb{R}^n) \to \mathbb{R}^n$ ist stetig.

5. Jede abgeschlossene Untergruppe G von $\mathbb{R}^n$ hat die Gestalt

$$G = F \oplus \mathbb{Z} e_1 \oplus \ldots \oplus \mathbb{Z} e_k,$$

wobei $F \subseteq \mathbb{R}^n$ ein Untervektorraum und $\dim \operatorname{span}(F \cup \{e_1, \ldots e_k\}) = \dim F + k$ ist. Man zeige diese Aussage in folgenden Schritten :

a) Es gibt eine Umgebung U von 0 in $\mathbb{R}^n$, so daß $U \cap G = F \cap U$ für einen Untervektorraum F gilt. Hinweis: Satz I.3.3 und Aufgabe 4.

b) Ist $E \subseteq \mathbb{R}^n$ ein Untervektorraum mit $\mathbb{R}^n = E \oplus F$, so ist

$$G = F \oplus (G \cap E).$$

c) $G \cap E = \mathbb{Z} e_1 \oplus \ldots \oplus \mathbb{Z} e_k$ mit linear unabhängigen Elementen $e_1, \ldots, e_k \in E$. Hinweis: $E \cap G$ ist diskret.

6. a) Eine offene Untergruppe H einer topologischen Gruppe G ist abgeschlossen.

b) Ist G eine zusammenhängende topologische Gruppe und U eine Einsumgebung in G, so ist

$$G = \bigcup_{n=1}^{\infty} U^n$$

c) Ist G eine abgeschlossene zusammenhängende Untergruppe von $\mathrm{Gl}(n, \mathbb{K})$, so ist

$$G = \bigcup_{n=1}^{\infty} (\exp \mathbf{L}(G))^n.$$

Hinweis: Satz I.3.3.

7. Sei G eine abgeschlossene abelsche Untergruppe von $\mathrm{Gl}(n, \mathbb{K})$. Man zeige:
a) $\mathbf{L}(G)$ ist abelsch, d.h. $[\mathbf{L}(G), \mathbf{L}(G)] = \{0\}$. Hinweis: Lemma I.2.13.
b) $\exp \mathbf{L}(G) = G_0$ (die Komponente der $\mathbf{1}$ in G). Hinweis: Aufgabe 6, Aufgabe 2.9.
c) $\exp : \mathbf{L}(G) \to G_0$ ist stetig und offen. Hinweis: exp ist ein lokaler Homöomorphismus bei 0 und ein Gruppen-Homomorphismus.
d) $G_0 \cong \mathbb{R}^n \times \mathbb{T}^m$. Hinweis: Anhang 1 und c).

8. (Ableitung multilinearer Abbildungen) Sei $m: V_1 \times \ldots \times V_n \to W$ eine multilineare Abbildung und $V_1, \ldots, V_n, W$ endlichdimensional. Dann ist

$$dm(x_1, \ldots, x_n)(y_1, \ldots, y_n) = \sum_{i=1}^{n} m(x_1, \ldots, x_{i-1}, y_i, x_{i+1}, \ldots, x_n).$$

§4 Die Campbell-Hausdorff-Formel

Ziel dieses Abschnitts ist es zu zeigen, daß für jede *Unteralgebra* $\mathfrak{g}$ von $\mathrm{gl}(n, \mathbb{K})$, d.h. für jeden unter der Lie-Klammer $[\cdot, \cdot]$ abgeschlossenen Unterraum, eine Umgebung $\mathcal{V}$ von 0 in $\mathfrak{g}$ existiert mit

$$\log(\exp X \exp Y) \in \mathfrak{g} \quad \forall X, Y \in \mathcal{V}.$$

Wir werden $\log(\exp X \exp Y)$ als Potenzreihe $X * Y$ in zwei Variablen schreiben. Die (lokale) Multiplikation $*$ ist die Campbell-Hausdorff-Multiplikation und die Identität $\log(\exp X \exp Y) = X * Y$ die Campbell-Hausdorff-Formel.

Die Herleitung der Campbell-Hausdorff-Formel erfordert etwas Vorbereitung. Wir beginnen mit der *adjungierten Wirkung*: Die allgemeine lineare Gruppe $\mathrm{Gl}(n, \mathbb{K})$ operiert auf den $n \times n$-Matrizen durch Konjugation. Für $g \in \mathrm{Gl}(n, \mathbb{K})$ bezeichnen wir diese Wirkung

$$\mathrm{Ad}(g) : \mathrm{gl}(n, \mathbb{K}) \to \mathrm{gl}(n, \mathbb{K})$$
$$X \mapsto gXg^{-1}$$

als die adjungierte Wirkung von g.

I.4.1. Bemerkung. $\mathrm{Ad}(g)$ ist ein Automorphismus von $\mathrm{gl}(n, \mathbb{K})$, d.h. eine bijektive $\mathbb{K}$-lineare Selbstabbildung, die die Lie-Klammer $[\cdot, \cdot]$ erhält. ■

Für einen $\mathbb{K}$-Vektorraum V bezeichnen wir mit $\mathrm{Gl}(V)$ die Gruppe der $\mathbb{K}$-linearen Isomorphismen von V und mit $\mathrm{gl}(V) := \mathrm{End}_{\mathbb{K}}(V)$ die Menge aller $\mathbb{K}$-linearen Abbildungen von V nach V. Also ist Ad eine Abbildung von $\mathrm{Gl}(n,\mathbb{K})$ nach $\mathrm{Gl}\left(\mathrm{gl}(n,\mathbb{K})\right)$.

I.4.2. Proposition. $\mathrm{Ad}\colon \mathrm{Gl}(n,\mathbb{K}) \to \mathrm{Gl}\left(\mathrm{gl}(n,\mathbb{K})\right)$ *ist ein differenzierbarer Gruppen-Homomorphismus, dessen Ableitung in* $\mathbf{1}$ *durch*

$$d\,\mathrm{Ad}(\mathbf{1}) = \mathrm{ad}\colon \mathrm{gl}(n,\mathbb{K}) \to \mathrm{End}_{\mathbb{K}}\left(\mathrm{gl}(n,\mathbb{K})\right)$$

mit $\mathrm{ad}\,X(Y) = [X,Y]$ *gegeben ist.*

Beweis. Wegen $\mathrm{Ad}(\mathbf{1}) = \mathrm{id}$ und Proposition I.2.4 gilt

$$d(\mathrm{Ad}\circ\exp)(0) = d\,\mathrm{Ad}(\mathbf{1}),$$

so daß die letzte Behauptung eine Konsequenz der folgenden Rechnung ist:

$$\begin{aligned}
\mathrm{Ad}(\exp tX)(Y) - Y &= (\exp tX)Y(\exp -tX) - Y \\
&= (\sum_{k=0}^{\infty} \frac{(tX)^k}{k!})Y(\sum_{k=0}^{\infty} \frac{(-tX)^k}{k!}) - Y \\
&= \left(\mathbf{1} + tX + O(t^2)\right)Y\left(\mathbf{1} - tX + O(t^2)\right) - Y \\
&= \left(Y + tXY + O(t^2)\right)\left(\mathbf{1} - tX + O(t^2)\right) - Y \\
&= Y + tXY - tYX - Y + O(t^2) \\
&= t[X,Y] + O(t^2)
\end{aligned}$$

wobei $O(t^2)$ jeweils für einen Ausdruck steht, der, multipliziert mit $\frac{1}{t^2}$, beschränkt bleibt.

Der Nachweis, daß Ad ein Gruppen-Homomorphismus ist, geschieht durch elementares Nachrechnen.

Wähle schließlich ein $h \in \mathrm{Gl}(n,\mathbb{K})$. Um zu zeigen, daß Ad in h differenzierbar ist, beachte

$$\mathrm{Ad} = \lambda_{\mathrm{Ad}\,h} \circ \mathrm{Ad} \circ \lambda_{h^{-1}}$$

wobei λ_g wie in I.3.8 die Linksverschiebung ist. Weil diese Linksverschiebungen aber differenzierbar sind, sieht man, daß Ad in h differenzierbar ist, weil es in $\mathbf{1}$ differenzierbar ist. ∎

Beachte, daß man wie für $\mathrm{Gl}(n,\mathbb{K})$ auch für ein beliebiges $\mathrm{Gl}(V)$ eine Exponentialfunktion $\mathrm{Exp}\colon \mathrm{End}_{\mathbb{K}}(V) \to \mathrm{Gl}(V)$ definieren kann, indem man V mit einem $\mathbb{K}^n$ identifiziert (vgl. Übungsaufgabe I.2.6). Weil alle Normen auf einem endlichdimensionalen Vektorraum äquivalent sind, hängen die Topologie auf $\mathrm{Gl}(V)$ und die Exponentialfunktion nicht von dieser Identifizierung ab.

I.4.3. Proposition. *Es gilt*

$$\operatorname{Exp}(\operatorname{ad} X) = \operatorname{Ad}(\exp X)$$

wobei

$$\operatorname{Exp}\colon \operatorname{End}_{\mathbb{K}}\left(\mathrm{gl}(n,\mathbb{K})\right) \to \operatorname{Gl}\left(\mathrm{gl}(n,\mathbb{K})\right)$$

die Exponentialfunktion der Gruppe $\operatorname{Gl}\left(\mathrm{gl}(n,\mathbb{K})\right)$ *ist.*

Beweis. Betrachte für $X \in \mathrm{gl}(n,\mathbb{K})$ die Einparametergruppen

$$t \mapsto \operatorname{Exp}(t \operatorname{ad} X) = \gamma_1(t)$$

und

$$t \mapsto \operatorname{Ad}(\exp tX) = \gamma_2(t)$$

in $\operatorname{Gl}\left(\mathrm{gl}(n,\mathbb{K})\right)$. Nach Proposition I.2.4 und Proposition I.4.2 gilt

$$\gamma_1'(0) = d\operatorname{Exp}(0)(\operatorname{ad} X) = \operatorname{ad} X$$

und

$$\gamma_2'(0) = d\operatorname{Ad}(\mathbf{1})(d\exp(0)X) = \operatorname{ad} X.$$

Aus Satz I.2.12 folgt nun $\gamma_1 = \gamma_2$ und somit die Behauptung. ■

Wir können nun das nach Proposition I.2.4 gegebene Versprechen einlösen und die Ableitung der Exponentialfunktion ganz allgemein bestimmen.

I.4.4. Satz. *Sei* $X \in \mathrm{gl}(n,\mathbb{K})$, *dann gilt*

$$d\exp(X) = \lambda_{\exp X} \circ \frac{\operatorname{id} - \operatorname{Exp}(-\operatorname{ad} X)}{\operatorname{ad} X} \colon \mathrm{gl}(n,\mathbb{K}) \to \mathrm{gl}(n,\mathbb{K}),$$

wobei der Bruch als

$$\frac{\operatorname{id} - \operatorname{Exp}(-\operatorname{ad} X)}{\operatorname{ad} X} = \sum_{k=1}^{\infty} \frac{(-\operatorname{ad} X)^{k-1}}{k!}$$

interpretiert werden muß.

Beweis. Betrachte die stetig differenzierbare Kurve

$$\phi(t) = t(d\exp(tX)Y)$$

von $\phi(0) = 0$ nach $\phi(1) = d\exp(X)Y$ in $\mathrm{gl}(n,\mathbb{K})$. Unsere Beweisstrategie ist nun, diese Kurve als Lösung einer Differentialgleichung zu schreiben und diese dann zu integrieren. Als erstes zeigen wir die folgende Identität:

$$(*) \qquad \phi(t+s) = \phi(t)\exp sX + (\exp tX)\phi(s).$$

Dazu leiten wir die Identität

$$\exp(t+s)X = \mu(\exp tX, \exp sX)$$

(μ bezeichnet wie in Definition I.1.1 die Matrizenmultiplikation) nach X ab. Beachtet man hierbei, daß die rechte Seite sich als Verkettung

$$X \mapsto (tX, sX) \mapsto (\exp tX, \exp sX) \mapsto \mu(\exp tX, \exp sX)$$

darstellen läßt, so erhalten wir

$$\begin{aligned} d\exp\big((t+s)X\big)\big((t+s)Y\big) &= d\mu(\exp tX, \exp sX)\big(d\exp(tX)(tY), d\exp(sX)(sY)\big) \\ &= (\exp tX)\big(d\exp(sX)(sY)\big) + \big(d\exp(tX)(tY)\big)(\exp sX), \end{aligned}$$

woraus sich (*) durch Einsetzen der Definition von ϕ ergibt. Aus (*) wiederum erhält man

$$\phi(t+s) - \phi(s) = (\exp tX - \mathbf{1})\phi(s) + \phi(t)\exp sX$$

und daher

$$\phi'(s) = X\phi(s) + \phi'(0)\exp sX$$

sowie

$$\phi'(0) = \lim_{t\to 0}\frac{\phi(t)}{t} = \lim_{t\to 0} d\exp(tX)Y = d\exp(0)Y = Y.$$

Dabei benützt man für die vorletzte Gleichheit, daß die Exponentialfunktion stetig differenzierbar ist. Damit haben wir die folgende Differentialgleichung für ϕ gefunden:

$$\phi'(t) = X\phi(t) + Y\exp tX.$$

Schreibt man nun

$$\psi(t) = \exp(-tX)\phi(t),$$

so ergibt sich

$$\begin{aligned} \psi'(t) &= \exp(-tX)\phi'(t) - X\exp(-tX)\phi(t) \\ &= \exp(-tX)(X\phi(t) + Y\exp tX) - X\exp(-tX)\phi(t) \\ &= \exp(-tX)Y\exp tX \\ &= \operatorname{Ad}\big(\exp(-tX)\big)Y \\ &= \operatorname{Exp}(-\operatorname{ad} tX)Y. \end{aligned}$$

Aber diese Gleichung können wir durch einfaches integrieren lösen:

$$\begin{aligned}\psi(t) &= \int_0^t \operatorname{Exp}(-\operatorname{ad} sX)Y\, ds \\ &= \int_0^t \sum_{k=0}^{\infty} \frac{(-\operatorname{ad} X)^k}{k!} Y s^k\, ds \\ &= \sum_{k=0}^{\infty} (-\operatorname{ad} X)^k Y \int_0^t \frac{s^k}{k!} ds \\ &= \sum_{k=0}^{\infty} \frac{(-\operatorname{ad} X)^k t^{k+1}}{(k+1)!} Y \\ &= \sum_{k=1}^{\infty} \frac{(-\operatorname{ad} X)^{k-1}}{k!} t^k Y.\end{aligned}$$

Zusammenfassend erhalten wir

$$\phi(1) = (\exp X)\psi(1) = (\exp X)(\sum_{k=1}^{\infty} \frac{(-\operatorname{ad} X)^{k-1}}{k!} Y).$$

■

Die Herleitung der Campbell-Hausdorff-Formel folgt einem ähnlichen Schema wie der Beweis von Satz I.4.4. Wir betrachten $X, Y \in \mathcal{V}_o = \mathcal{B}(0, \frac{\log 2}{2})$. Im Beweis von Proposition I.2.6(ii) hatten wir gesehen, daß

$$||\exp X - \mathbf{1}||_{op} \leq e^{||X||_{op}} - 1.$$

Damit können wir rechnen

$$\begin{aligned}||\exp X \exp Y - \mathbf{1}||_{op} &= ||(\exp X - \mathbf{1})(\exp Y - \mathbf{1}) + (\exp Y - \mathbf{1}) + (\exp X - \mathbf{1})||_{op} \\ &\leq ||(\exp X - \mathbf{1})||_{op}||(\exp Y - \mathbf{1})||_{op} + ||(\exp Y - \mathbf{1})||_{op} + ||(\exp X - \mathbf{1})||_{op} \\ &< (\sqrt{2} - 1)^2 + 2(\sqrt{2} - 1) = 1.\end{aligned}$$

Wir können also $\exp X \exp Y$ in die Logarithmusreihe einsetzen. Für $t \in [-1, 1]$ definieren wir

$$F(t) = \log(\exp X \exp tY).$$

Als nächstes berechnen wir $F'(t)$, dann integrieren wir und erhalten die Campbell-Hausdorff-Formel über den Wert $F(1)$. Wenn man die Funktion $t \mapsto \exp F(t)$ nach t ableitet, erhält man

$$\begin{aligned}d\exp\big(F(t)\big)F'(t) &= \exp X\, d\exp(tY)(Y) \\ &= \exp X \exp tY \frac{\operatorname{id} - \operatorname{Exp}(-t \operatorname{ad} Y)}{t \operatorname{ad} Y} Y \\ &= (\exp X \exp tY)Y\end{aligned}$$

wegen $\operatorname{ad}(Y)Y = 0$ und Satz I.4.4. Also haben wir, wieder nach Satz I.4.4,

$$(**) \qquad Y = \exp\big(F(t)\big)^{-1} d\exp\big(F(t)\big)F'(t) = \frac{\mathrm{id} - \operatorname{Exp}\big(-t \operatorname{ad} F(t)\big)}{t \operatorname{ad} F(t)} F'(t).$$

I.4.5. Lemma. *Wenn*

$$\Phi(z) = \frac{1 - e^{-z}}{z} \quad \forall z \in \mathbb{C}$$

und

$$\Psi(z) = \frac{z \log z}{z - 1} = z \sum_{k=1}^{\infty} \frac{(-1)^{k-1}}{k} (z-1)^{k-1} \quad \forall z \text{ mit } |z - 1| < 1$$

dann gilt

$$\Psi(e^z)\Phi(z) = 1 \quad \forall z \text{ mit } |z| < \log 2.$$

Beweis. Wenn $|z| < \log 2$ dann folgt $|e^z - 1| < 1$ und wir können rechnen

$$\frac{e^z z}{e^z - 1} \frac{1 - e^{-z}}{z} = 1.$$

■

Auf diese Weise erhalten wir eine Identität von Potenzreihen, die zeigt, daß

$$\Psi(\operatorname{Exp} L)\Phi(L) = \mathrm{id}$$

wenn $L \in \operatorname{End}_{\mathbb{K}}(\mathrm{gl}(n, \mathbb{K}))$ mit $||L||_{op} < \log 2$, weil dann $||\operatorname{Exp} L - \mathrm{id}||_{op} < 1$. Wir müssen natürlich an dieser Stelle den Vektorraum $\mathrm{gl}(n, \mathbb{K})$ mit einer Norm versehen. Wir wählen die Operatornorm aus Abschnitt I.1, schreiben aber nur $||X||$, um eine Verwechslung mit der Operatornorm auf $\operatorname{End}_{\mathbb{K}}(\mathrm{gl}(n, \mathbb{K}))$ zu vermeiden. Als nächstes schreiben wir $(**)$ um:

$$\Phi\big(\operatorname{ad} F(t)\big)F'(t) = Y.$$

Wenn wir nun zeigen können, daß $||\operatorname{ad}(F(t))||_{op} < \log 2$, dann folgt aus der obigen Diskussion, daß

$$F'(t) = \Psi\big(\exp(\operatorname{ad} F(t))\big)Y.$$

I.4.6. Lemma. *Wenn* $||X||_{op}, ||Y||_{op} < \frac{1}{2}\log(2 - \frac{\sqrt{2}}{2}) < \frac{\log 2}{2}$ *dann gilt*

$$||\operatorname{ad} F(t)||_{op} < \log 2$$

Beweis. Wir bemerken zuerst, daß wegen $||XY - YX|| \leq 2||X||\,||Y||$ gilt

$$||\operatorname{ad} X||_{op} \leq 2||X|| \quad \forall X \in \mathrm{gl}(n, \mathbb{K}).$$

Wir setzen $Z(t) = \exp F(t) = \exp X \exp tY$ und $a = ||Z(t) - \mathbf{1}||$. Es folgt

$$||F(t)|| = ||\log Z(t)|| \leq \sum_{k=1}^{\infty} \frac{1}{k} a^k = \log \frac{1}{1-a}.$$

Für $r = \frac{1}{2}\log(2 - \frac{\sqrt{2}}{2})$ erhalten wir wie oben

$$a < (e^r - 1)^2 + 2(e^r - 1) = e^{2r} - 1$$

und damit

$$\log \frac{1}{1-a} < \log \frac{1}{1-(e^{2r}-1)} = \frac{\log 2}{2}.$$

■

I.4.7. Satz. *Sei* $\mathfrak{g}$ *eine Unteralgebra von* $\mathrm{gl}(n, \mathbb{K})$ *und* $X, Y \in \mathfrak{g}$. *Wenn* $||X||, ||Y|| < \frac{1}{2}\log(2 - \frac{\sqrt{2}}{2})$, *dann folgt*

$$\log(\exp X \exp Y) = X + \int_0^1 \Psi\big(\operatorname{Exp}(\operatorname{ad} X)\operatorname{Exp}(t \operatorname{ad} Y)\big) Y\, dt \in \mathfrak{g},$$

mit ψ *wie in* Lemma I.4.5.

Beweis. Nach Lemma I.4.6 und den diesem Lemma vorangehenden Bemerkungen haben wir

$$\begin{aligned} F'(t) &= \Psi\big(\operatorname{Exp}(\operatorname{ad} F(t))\big) Y \\ &= \Psi\big(\operatorname{Ad}(\exp F(t))\big) Y \\ &= \Psi\big(\operatorname{Ad}(\exp X \exp tY)\big) Y \\ &= \Psi\big(\operatorname{Ad}(\exp X)\operatorname{Ad}(\exp tY)\big) Y \\ &= \Psi\big(\operatorname{Exp}(\operatorname{ad} X)\operatorname{Exp}(\operatorname{ad} tY)\big) Y. \end{aligned}$$

Klar ist außerdem

$$F(0) = \log(\exp X) = X.$$

Damit folgt durch Integration

$$\log(\exp X \exp Y) = X + \int_0^1 \Psi\big(\operatorname{Exp}(\operatorname{ad} X)\operatorname{Exp}(t \operatorname{ad} Y)\big) Y\, dt$$

und es bleibt lediglich zu zeigen, daß dieser Ausdruck in $\mathfrak{g}$ enthalten ist. Aber das ist klar weil $\mathfrak{g}$ abgeschlossen ist und jedes Polynom in $\operatorname{ad} X$ und $\operatorname{ad} Y$ das Element Y in $\mathfrak{g}$ abbildet (vgl. Übungsaufgabe 4). ■

I.4.8. Satz. *Seien* $X, Y \in \mathrm{gl}(n, \mathbb{K})$ *und* $||X||, ||Y|| < \frac{1}{2}\log(2 - \frac{\sqrt{2}}{2})$. *Dann gilt*

$$\begin{aligned} X * Y &:= \log(\exp X \exp Y) \\ &= X + \\ &+ \sum_{\substack{k,m \geq 0 \\ p_i + q_i > 0}} \frac{(-1)^k}{(k+1)(q_1 + \ldots + q_k + 1)} \frac{(\mathrm{ad}\, X)^{p_1}(\mathrm{ad}\, Y)^{q_1} \ldots (\mathrm{ad}\, X)^{p_k}(\mathrm{ad}\, Y)^{q_k}(\mathrm{ad}\, X)^m}{p_1! q_1! \ldots p_k! q_k! m!} Y. \end{aligned}$$

Beweis. Wir müssen nur den Ausdruck aus Satz I.4.7 umschreiben:

$$\begin{aligned} &\int_0^1 \Psi(\mathrm{Exp}(\mathrm{ad}\, X)\, \mathrm{Exp}(\mathrm{ad}\, tY))Y\, dt = \\ &= \int_0^1 \sum_{k=0}^{\infty} \frac{(-1)^k (\mathrm{Exp}(\mathrm{ad}\, X)\, \mathrm{Exp}(\mathrm{ad}\, tY) - \mathrm{id})^k}{(k+1)} (\mathrm{Exp}(\mathrm{ad}\, X)\, \mathrm{Exp}(\mathrm{ad}\, tY))Y\, dt \\ &= \int_0^1 \sum_{k=0}^{\infty} \frac{(-1)^k (\mathrm{Exp}(\mathrm{ad}\, X)\, \mathrm{Exp}(\mathrm{ad}\, tY) - \mathrm{id})^k}{(k+1)} (\mathrm{Exp}(\mathrm{ad}\, X)\, \mathrm{Exp}(\mathrm{ad}\, tY))Y\, dt \\ &= \int_0^1 \sum_{\substack{k \geq 0 \\ p_i + q_i > 0}} \frac{(-1)^k}{(k+1)} \frac{(\mathrm{ad}\, X)^{p_1}(\mathrm{ad}\, tY)^{q_1} \ldots (\mathrm{ad}\, X)^{p_k}(\mathrm{ad}\, tY)^{q_k}}{p_1! q_1! \ldots p_k! q_k!} \mathrm{Exp}(\mathrm{ad}\, X) Y\, dt \\ &= \sum_{\substack{k,m \geq 0 \\ p_i + q_i > 0}} \frac{(-1)^k}{(k+1)} \frac{(\mathrm{ad}\, X)^{p_1}(\mathrm{ad}\, Y)^{q_1} \ldots (\mathrm{ad}\, X)^{p_k}(\mathrm{ad}\, Y)^{q_k}(\mathrm{ad}\, X)^m}{p_1! q_1! \ldots p_k! q_k! m!} Y \int_0^1 t^{q_1 + \ldots q_k}\, dt \\ &= \sum_{\substack{k,m \geq 0 \\ p_i + q_i > 0}} \frac{(-1)^k}{(k+1)(q_1 + \ldots + q_k + 1)} \frac{(\mathrm{ad}\, X)^{p_1}(\mathrm{ad}\, Y)^{q_1} \ldots (\mathrm{ad}\, X)^{p_k}(\mathrm{ad}\, Y)^{q_k}(\mathrm{ad}\, X)^m}{p_1! q_1! \ldots p_k! q_k! m!} Y. \end{aligned}$$

■

Die Potenzreihe aus Satz I.4.8 heißt die *Campbell-Hausdorff-Reihe*. Beachte, daß sie nicht von n, also nicht explizit von der Gruppenmultiplikation abhängt. Für praktische Rechnungen genügt es oft, die ersten Terme der Campbell-Hausdorff-Reihe zu kennen:

I.4.9. Korollar. *Seien* $X, Y \in \mathrm{gl}(n, \mathbb{K})$ *und* $||X||, ||Y|| < \frac{1}{2}\log(2 - \frac{\sqrt{2}}{2})$. *Dann gilt*

$$X * Y = X + Y + \frac{1}{2}[X, Y] + \frac{1}{12}[X, [X, Y]] + \frac{1}{12}[Y, [Y, X]] + \ldots$$

Beweis. Der Beweis besteht darin die Summanden aus der Formel in Satz I.4.8 für $p_1 + q_1 + \ldots p_k + q_k + m \leq 2$ zu sammeln. ■

Übungsaufgaben zum Abschnitt I.4

1. Sie V eine endlichdimensionaler $\mathbb{K}$-Vektorraum mit einer bilinearen Abbildung

$$B : V \times V \to V$$

(Man nennt V auch eine nicht assoziative Algebra). Man zeige:
a) $\mathrm{Aut}(V) := \{g \in \mathrm{Gl}(V) : (\forall x, y \in V) B(gx, gy) = gB(x, y)\}$, d.h. die Automorphismengruppe von V ist abgeschlossen.
b) Die Lie-Algebra $\mathrm{aut}(V) := \mathbf{L}\big(\mathrm{Aut}(V)\big)$ stimmt mit der Lie-Algebra $\mathrm{der}(V) := \{A \in \mathrm{gl}(V) : AB(x,y) = B(Ax, y) + B(x, Ay)\}$ der Derivationen von V überein. Hinweis: Die Inklusion $\mathrm{aut}(V) \subseteq \mathrm{der}(V)$ erhält man durch Ableiten der Kurve $B(e^{tA}x, e^{tA}y)$ an der Stelle $t = 0$. Für die Umkehrung zeige man, daß die Funktionen

$$t \mapsto e^{tA}B(x, y) \quad \text{und} \quad t \mapsto B(e^{tA}x, e^{tA}y)$$

Lösungen der gleichen gewöhnlichen Differentialgleichung mit dem gleichen Anfangswert sind.

2. Ist $(V, \cdot)$ eine assoziative Algebra, so ist

$$\mathrm{Aut}(V, \cdot) \subseteq \mathrm{Aut}(V, [\cdot, \cdot]).$$

3. a) $\mathrm{Ad} : \mathrm{Gl}(n, \mathbb{K}) \to \mathrm{Aut}\big(\mathrm{M}(n, \mathbb{K})\big)$ ist ein Gruppen-Homomorphismus.
b) $\mathrm{ad} : \mathrm{gl}(n, \mathbb{K}) \to \mathrm{der}\big(\mathrm{M}(n, \mathbb{K})\big)$ ist ein Homomorphismus von Lie-Algebren.

4. Sei V ein endlichdimensionaler Vektorraum und $\gamma : [0, T] \to V$ eine stetige Kurve, so daß $\gamma([0, T])$ in dem Unterraum F enthalten ist. Dann gilt

$$I_t := \int_0^t \gamma(\tau)\, d\tau \in F \quad \forall t \in [0, T].$$

Hinweis: Man zeige mit der Linearität des Integrals, daß jedes lineare Funktional auf V, das auf F verschwindet, auch auf I_t verschwindet.

Wir betrachten nun eine allgemeine Lie-Algebra $\mathfrak{g}$.
5. Auf $\mathfrak{g}$ existiert eine Norm mit

$$\|[X, Y]\| \leq \|X\| \|Y\| \qquad \forall X, Y \in \mathfrak{g},$$

d.h. $\|\mathrm{ad}\, X\| \leq 1$. Hinweis: Man beachte die Aufgaben 3 und 5 in §1 und multipliziere eine beliebige Norm mit einem geeigneten Faktor.

6. Auf der Lie-Algebra $\mathfrak{g}$ sei eine Norm wie in Aufgabe 4 gewählt. Dann konvergiert für $\|X\| + \|Y\| < \ln 2$ die Campbell - Hausdorffreihe

$$X * Y = X +$$
$$+ \sum_{\substack{k,m \geq 0 \\ p_i + q_i > 0}} \frac{(-1)^k}{(k+1)(q_1 + \ldots + q_k + 1)} \frac{(\operatorname{ad} X)^{p_1}(\operatorname{ad} Y)^{q_1} \ldots (\operatorname{ad} X)^{p_k}(\operatorname{ad} Y)^{q_k}(\operatorname{ad} X)^m}{p_1! q_1! \ldots p_k! q_k! m!} Y.$$

absolut. Hinweis: Man zeige, daß

$$\|x * y\| \leq \|x\| + e^{\|x\|}\|y\| \sum_{k>0} \frac{1}{k+1}(e^{\|x\|+\|y\|} - 1)^k.$$

7. Man beweise Korollar I.4.9.

8. Sind V und W endlichdimensionale Vektorräume und $q : V \times V \to W$ eine schiefsymmetrische Bilinearform, so wird durch

$$[(v,w),(v',w')] := \big(0, q(v,v')\big)$$

auf $\mathfrak{g} := V \times W$ die Struktur einer Lie-Algebra erklärt. Für $X, Y, Z \in \mathfrak{g}$ gilt $\big[X,[Y,Z]\big] = 0$.

9. Sei $\mathfrak{g}$ eine Lie-Algebra mit $\big[X,[Y,Z]\big] = 0$ für alle $X, Y, Z \in \mathfrak{g}$. Dann definiert

$$X * Y := X + Y + \frac{1}{2}[X,Y]$$

eine Gruppenstruktur auf $\mathfrak{g}$. Eine Beispiel für eine solche Lie-Algebra ist die dreidimensionale *Heisenberg-Algebra*

$$\mathfrak{g} = \left\{ \begin{pmatrix} 0 & x & y \\ 0 & 0 & z \\ 0 & 0 & 0 \end{pmatrix} : x, y, z \in \mathbb{K} \right\}.$$

§5 Analytische Untergruppen

In Abschnitt I.3 haben wir jeder abgeschlossenen Untergruppe H von $\mathrm{Gl}(n,\mathbb{K})$ eine Lie-Algebra $\mathbf{L}(H)$ zugeordnet. Umgekehrt kann man jeder Unteralgebra $\mathfrak{h}$ von $\mathrm{gl}(n,\mathbb{K})$ eine Gruppe $H = \langle \exp \mathfrak{h} \rangle_{Gruppe}$ zuordnen. Hier bedeutet $H = \langle \exp \mathfrak{h} \rangle_{Gruppe}$ einfach die von $\exp \mathfrak{h}$ erzeugte Untergruppe von $\mathrm{Gl}(n,\mathbb{K})$. Es folgt unmittelbar aus der Definition von $L(H)$, daß

$$\langle \exp \mathbf{L}(H) \rangle_{Gruppe} \subseteq H.$$

Umgekehrt enthält nach Satz I.3.3 die Gruppe $\langle \exp \mathbf{L}(H) \rangle_{Gruppe}$, die offensichtlich bogenzusammenhängend ist, eine Umgebung $\mathcal{V}$ von $\mathbf{1}$ in H und damit ganz H, falls H zusammenhängend ist (vgl. Übung 3 in I.3). Dazu muß man beachten, daß die Menge $M = \bigcup_{k\in\mathbb{N}} \mathcal{V}^k$ als Vereinigung offener Mengen offen, wegen $\overline{M} \subseteq M\mathcal{V}$ aber auch abgeschlossen ist (vgl. Aufgabe 3 in I.3). Dabei bezeichnet $\overline{M}$ den Abschluß von M in H.

In diesem Abschnitt wollen wir Untergruppen der $\mathrm{Gl}(n,\mathbb{K})$ studieren, die von Exponentialbildern *beliebiger* Unteralgebren der $\mathrm{gl}(n,\mathbb{K})$ erzeugt werden.

I.5.1. Definition. Eine Untergruppe H von $\mathrm{Gl}(n,\mathbb{K})$ heißt *analytisch*, wenn es eine reelle Unteralgebra $\mathfrak{h}$ von $\mathrm{gl}(n,\mathbb{K})$ mit

$$H = \langle \exp \mathfrak{h} \rangle_{Gruppe}$$

gibt.

I.5.2. Beispiel. Die Untergruppe

$$A = \{ \begin{pmatrix} e^{it\sqrt{2}} & 0 \\ 0 & e^{it} \end{pmatrix}, t \in \mathbb{R} \}$$

von $\mathbb{T} = \{z \in \mathbb{C} \colon |z| = 1\}$ ist analytisch.

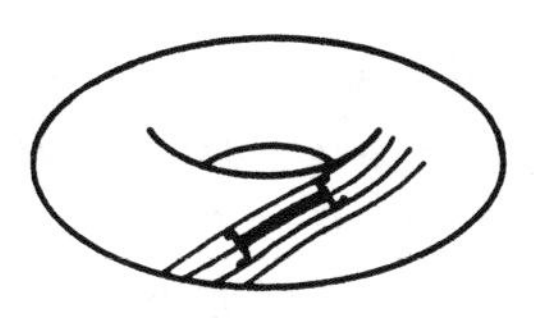

Figur I.5.1

■

Wir versehen jede analytische Untergruppe mit einer Topologie, die gegebenenfalls feiner als die induzierte Topologie ist. In dieser Topologie wird z.B. die Gruppe A aus Beispiel I.5.2 homöomorph zu $\mathbb{R}$. Wir erhalten diese Topologie, indem wir die Topologie von $\mathfrak{h}$ mit Hilfe der Exponentialfunktion in die Gruppe $\langle \exp \mathfrak{h} \rangle_{Gruppe}$ transportieren. Um dieses Programm durchführen zu können, müssen wir uns klar machen, in welcher Weise die Topologie einer topologischen Gruppe durch die offenen Umgebungen der Eins festgelegt ist:

I.5.3. Satz. *Sei G eine Gruppe.*

(i) *Sei $\mathcal{O}$ eine Topologie auf G, für die $(G, \mathcal{O})$ eine topologische Gruppe ist. Weiter sei $\mathcal{O}(g)$ der Umgebungsfilter von $g \in G$. Dann gilt:*

(a) $\forall \mathcal{U} \in \mathcal{O}(\mathbf{1})\ \exists \mathcal{U}_1 \in \mathcal{O}(\mathbf{1})$ *mit* $\mathcal{U}_1 \mathcal{U}_1 \subseteq \mathcal{U}$.

(b) $\forall \mathcal{U} \in \mathcal{O}(\mathbf{1})\ \exists \mathcal{U}_1 \in \mathcal{O}(\mathbf{1})$ *mit* $\mathcal{U}_1^{-1} \subseteq \mathcal{U}$.

(c) $\forall g \in G,\ \forall \mathcal{U} \in \mathcal{O}(\mathbf{1})\ \exists \mathcal{U}_1 \in \mathcal{O}(\mathbf{1})$ *mit* $g\mathcal{U}_1 g^{-1} \subseteq \mathcal{U}$.

(d) $\forall g \in G$ *gilt* $\mathcal{O}(g) = \{g\mathcal{U} : \mathcal{U} \in \mathcal{O}(\mathbf{1})\}$.

(ii) *Wenn $\mathcal{F}$ ein Filter auf G ist, der (a) bis (c) mit $\mathcal{F}$ statt $\mathcal{O}(\mathbf{1})$ erfüllt und dessen Elemente alle $\mathbf{1}$ enthalten, dann existiert genau eine Topologie $\mathcal{O}$ auf G für die $(G, \mathcal{O})$ eine topologische Gruppe mit $\mathcal{F} = \mathcal{O}(\mathbf{1})$ ist. Es gilt*

$$(*) \qquad \mathcal{U} \in \mathcal{O} \Leftrightarrow \forall g \in \mathcal{U}\ \exists \mathcal{U}_1 \in \mathcal{F} \text{ mit } g\mathcal{U}_1 \subseteq \mathcal{U}.$$

Beweis. Der Beweis ist ein reines Abprüfen von Definitionen, das wir dem Leser als Übung überlassen. Beachte, daß ein *Filter* $\mathcal{F}$ auf G eine Teilmenge der Potenzmenge $\mathcal{P}(G)$ ist, die folgende Bedingungen erfüllt (vgl. A.1.17 ff)

(α) $\emptyset \notin \mathcal{F}, \mathcal{F} \neq \emptyset$

(β) $\mathcal{U} \cap \mathcal{U}' \in \mathcal{F}$ für alle $\mathcal{U}, \mathcal{U}' \in \mathcal{F}$

(γ) $\mathcal{U}' \in \mathcal{F}$ für alle $\mathcal{U} \in \mathcal{F}$, $\mathcal{U} \subseteq G$ mit $\mathcal{U} \in \mathcal{F}$ und $\mathcal{U} \subseteq \mathcal{U}'$. ∎

Wir müssen also einen geeigneten Filter auf $\langle \exp \mathfrak{h} \rangle_{Gruppe}$ finden.

I.5.4. Definition. Sei $\mathfrak{h}$ eine reelle Unteralgebra von $\mathrm{gl}(n, \mathbb{K})$ und $H = \langle \exp \mathfrak{h} \rangle_{Gruppe}$ die zugehörige analytische Gruppe. Definiere $\mathcal{F} \subseteq \mathcal{P}(H)$ durch

$$(**) \qquad \mathcal{U} \in \mathcal{F} \Leftrightarrow \exists \mathcal{V}, \text{ Umgebung von } 0 \text{ in } \mathfrak{h} \text{ mit } \exp \mathcal{V} \subseteq \mathcal{U}.$$

Die beiden nächsten Lemmata zeigen, daß die eben definierte Familie von Mengen ein Filter auf H ist, der H zu einer topologischen Gruppe macht.

I.5.5. Lemma. *$\mathcal{F}$ ist ein Filter auf H mit $\mathbf{1} \in \mathcal{U}$ für alle $\mathcal{U} \in \mathcal{F}$.*

Beweis. α) Die Definition von $\mathcal{F}$ zeigt, daß $\mathbf{1} \in \mathcal{U}$ für alle $\mathcal{U} \in \mathcal{F}$. Also ist die leere Menge kein Element von $\mathcal{F}$ und $H \in \mathcal{F}$.

β) Seien $\mathcal{U}, \mathcal{U}' \in \mathcal{F}$, dann existieren $\mathcal{V}, \mathcal{V}' \subseteq \mathfrak{h}$ mit $\exp \mathcal{V} \subseteq \mathcal{U}$ und $\exp \mathcal{V}' \subseteq \mathcal{U}'$. Also gilt $\exp(\mathcal{V} \cap \mathcal{V}') \subseteq \mathcal{U} \cap \mathcal{U}'$ und somit $\mathcal{U} \cap \mathcal{U}' \in \mathcal{F}$.

γ) ist klar. ∎

I.5.6. Lemma. *Der Filter* $\mathcal{F}$ *aus* Definition I.5.4 *genügt den Voraussetzungen von* Satz I.5.3(ii).

Beweis. Wir halten $\mathcal{U} \in \mathcal{F}$ und $h \in H$ fest.

(a) Es existiert eine Umgebung $\mathcal{V}$ von 0 in $\mathfrak{h}$ mit $\exp \mathcal{V} \subseteq \mathcal{U}$ und eine Umgebung $\widetilde{\mathcal{V}}$ von 0 in $\mathrm{gl}(n, \mathbb{K})$ mit $\mathcal{V} = \widetilde{\mathcal{V}} \cap \mathfrak{h}$. Die Stetigkeit der Campbell-Hausdorff-Multiplikation liefert die Existenz einer Umgebung $\widetilde{\mathcal{V}}_1$ von 0 in $\mathrm{gl}(n, \mathbb{K})$ mit $\widetilde{\mathcal{V}}_1 * \widetilde{\mathcal{V}}_1 \subseteq \widetilde{\mathcal{V}}$. Setzt man nun $\mathcal{V}_1 = \widetilde{\mathcal{V}}_1 \cap \mathfrak{h}$, so findet man wegen Satz I.4.8, daß

$$\mathcal{V}_1 * \mathcal{V}_1 \subseteq \widetilde{\mathcal{V}} \cap \mathfrak{h} = \mathcal{V}$$

und daher

$$\log(\exp \mathcal{V}_1 \exp \mathcal{V}_1) \subseteq \mathcal{V}$$

sowie

$$\exp \mathcal{V}_1 \exp \mathcal{V}_1 \subseteq \exp \mathcal{V} \subseteq \mathcal{U}.$$

Also können wir $\mathcal{U}_1 = \exp \mathcal{V}_1$ setzen und erhalten so ein $\mathcal{U}_1 \in \mathcal{F}$ mit $\mathcal{U}_1\mathcal{U}_1 \subseteq \mathcal{U}$.

(b) Wähle eine symmetrische Umgebung $\mathcal{V}_1$ von 0 in $\mathcal{V}$ und setze $\mathcal{U}_1 = \exp \mathcal{V}_1$. Dann rechnet man

$$(\exp \mathcal{V}_1)^{-1} = \exp(-\mathcal{V}_1) = \exp \mathcal{V}_1 \subseteq \exp \mathcal{V} \subseteq \mathcal{U}.$$

(c) Wähle $\mathcal{V}_1$ so klein, daß

$$h\mathcal{V}_1 h^{-1} \subseteq \mathcal{V},$$

dann folgt $h\mathcal{U}_1 h^{-1} \subseteq \mathcal{U}$ wegen Proposition I.2.1(ii). ∎

Wir haben also jetzt neben der induzierten eine weitere Topologie auf jeder analytischen Untergruppe von $\mathrm{Gl}(n, \mathbb{K})$. Um die beiden Topologien vergleichen zu können, prüfen wir zunächst nach, ob die Exponentialfunktion auch bezüglich dieser neuen Topologie stetig ist.

I.5.7. Definition. Eine Umgebung $\mathcal{V}$ von 0 in $\mathfrak{h}$ heißt *Campbell-Hausdorff-Umgebung*, wenn

(a) die Campbell-Hausdorff-Reihe auf $\mathcal{V} \times \mathcal{V}$ konvergiert, und so eine Multiplikation $*: \mathcal{V} \times \mathcal{V} \to \mathfrak{h}$ definiert (vgl. I.4.7);

(b) eine Umgebung $\widetilde{\mathcal{V}}$ von 0 in $\mathrm{gl}(n, \mathbb{K})$ mit $\exp: \widetilde{\mathcal{V}} \to \exp \widetilde{\mathcal{V}}$ homöomorph und $\mathcal{V} * \mathcal{V} \subseteq \widetilde{\mathcal{V}}$ existiert.

I.5.8. Lemma. *Die Abbildung* $\exp|_{\mathfrak{h}}: \mathfrak{h} \to H$ *ist bezüglich der in* Definition I.5.4 *definierten Topologie stetig.*

Beweis. Beachte, daß

$$(\exp \frac{X}{k})^k = \exp X.$$

Außerdem wissen wir nach Lemma I.5.6, daß H bezüglich dieser Topologie eine topologische Gruppe ist. Also genügt es, die Stetigkeit der Exponentialfunktion in einer Umgebung der $0 \in \mathfrak{h}$ zu zeigen (die Stetigkeit *in* Null folgt sofort aus der Definition der Topologie).

Sei nun $\mathcal{V}$ eine Campbell-Hausdorff Umgebung in $\mathfrak{h}$ und $X \in \mathcal{V}$. Wir zeigen, daß es zu jeder Umgebung $\mathcal{V}_1 \subseteq \mathcal{V}$ von $0 \in \mathfrak{h}$ eine Umgebung $\mathcal{V}_2 \subseteq \mathcal{V}$ mit

$$\exp(X + \mathcal{V}_2) \subset (\exp X) \exp \mathcal{V}_1$$

gibt. In anderen Worten, wir zeigen $X + \mathcal{V}_2 \subseteq X * \mathcal{V}_1$. Es genügt also zu zeigen,daß $X * \mathcal{V}_1$ eine Umgebung von X ist. Betrachte die Abbildung

$$\begin{aligned} \phi_X: \mathcal{V} &\to \mathfrak{h} \\ Y &\mapsto X * Y = \log(\exp X \exp Y) \end{aligned}$$

Nach Satz I.4.8 und seinem Beweis (wir benützen die dortige Notation) gilt

$$d\phi_X(0)(Y) = \Psi(\operatorname{Exp} X)Y.$$

Aber das bedeutet, daß $d\phi_X(0) = \Psi(\operatorname{Exp} X)$ für kleine X durch $\Phi(\exp X): \mathfrak{h} \to \mathfrak{h}$ invertiert werden kann. Damit wissen wir nach dem Satz vom lokalen Inversen, daß ϕ_X ein lokaler Diffeomorphismus ist. Dies beweist die Behauptung. ∎

I.5.9. Lemma. *H ist bezüglich der durch* Definition I.5.4 *gegebenen Topologie ein Hausdorff Raum.*

Beweis. Zuerst zeigen wir die Abgeschlossenheit von $\{\mathbf{1}\}$ in H. Ist nämlich $\mathbf{1} \neq h \in H$ und $\mathcal{V}$ eine symmetrische Umgebung von 0 in $\mathfrak{h}$ mit $h^{-1} \notin \exp \mathcal{V}$, dann gilt $\mathbf{1} \notin h(\exp \mathcal{V})$, d.h. $H \setminus \{\mathbf{1}\}$ ist offen.

Seien jetzt $h_1 \neq h_2$ in H. Die Abbildung

$$\begin{aligned} f: H \times H &\to H \\ (g_1, g_2) &\mapsto g_1 h_1 h_2^{-1} g_2^{-1} \end{aligned}$$

ist stetig und erfüllt $f(\mathbf{1}, \mathbf{1}) = h_1 h_2^{-1} \neq \mathbf{1}$. Nach unserer ersten Bemerkung gibt es also eine Umgebung $\mathcal{U}$ von $\mathbf{1}$ in H mit $f(\mathcal{U}, \mathcal{U}) \subseteq H \setminus \{\mathbf{1}\}$. Aber das bedeutet gerade

$$\mathcal{U} h_1 \cap \mathcal{U} h_2 = \emptyset,$$

beweist also das Lemma. ∎

I.5.10. Lemma. *H ist bezüglich der durch* Definition I.5.4 *gegebenen Topologie lokal kompakt und bogenzusammenhängend.*

Beweis. Wir haben in Lemma I.5.8 gesehen, daß die Exponentialfunktion stetig ist, also ist $H = \langle \exp \mathfrak{h} \rangle_{Gruppe}$ bogenzusammenhängend (vgl. Aufgabe 8).

Sei $\mathcal{V}$ eine kompakte Umgebung von 0 in $\mathfrak{h}$, dann folgt mit Lemma I.5.8 und Lemma I.5.9, daß $\exp \mathcal{V}$ eine kompakte Umgebung von $\mathbf{1}$ in H ist. ∎

I.5.11. Lemma. *Es existiert in H bezüglich der durch* Definition I.5.4 *gegebenen Topologie eine Umgebung $\mathcal{U}$ von $\mathbf{1}$ in $\mathfrak{h}$ und eine Umgebung $\mathcal{V}$ von 0 in $\mathfrak{h}$, so daß $\exp|_{\mathcal{V}}: \mathcal{V} \to \mathcal{U}$ ein Homöomorphismus ist.*

Beweis. Sei $\widetilde{\mathcal{V}}$ eine kompakte Umgebung von 0 in $\mathrm{gl}(n, \mathbb{K})$ für die $\exp: \widetilde{\mathcal{V}} \to \widetilde{\mathcal{U}}$ ein Homöomorphismus ist und beachte, daß, wieder wegen Lemma I.5.8 und Lemma I.5.9, die Menge $\mathcal{U} = \exp \mathcal{V} = \exp(\widetilde{\mathcal{V}} \cap \mathfrak{h})$ eine kompakte Umgebung von $\mathbf{1}$ in H ist. Damit ist

$$\exp: \mathcal{V} \to \mathcal{U}$$

eine stetige Bijektion zweier kompakter Hausdorffräume und damit ein Homöomorphismus. Dazu muß man ja nur noch zeigen, daß $\exp(K)$ abgeschlossen in $\mathcal{U}$ ist, wenn K abgeschlossen in $\mathcal{V}$ ist. Das ist aber klar, weil so ein K automatisch kompakt ist. ∎

Zusammenfassend haben wir den folgenden Satz:

I.5.12. Satz. *Sei $\mathfrak{h}$ eine Unteralgebra von $\mathrm{gl}(n, \mathbb{K})$ und H die dazugehörige analytische Untergruppe von $\mathrm{Gl}(n, \mathbb{K})$, dann existiert genau eine Topologie auf H für die gilt:*

(i) *H ist eine lokal kompakte bogenzusammenhängende topologische Gruppe und ein Hausdorff Raum.*

(ii) *$\exp: \mathfrak{h} \to H$ ist bezüglich dieser Topologie stetig.*

(iii) *Es existiert eine Umgebung $\mathcal{V}$ von 0 in $\mathfrak{h}$ und eine Umgebung $\mathcal{U}$ von $\mathbf{1}$ in H, so daß*

$$\exp|_{\mathcal{V}}: \mathcal{V} \to \mathcal{U}$$

ein Homöomorphismus ist (insbesondere ist die vorgegebene Topologie mindestens so fein wie die induzierte Topologie). ∎

Wir nennen die durch Satz I.5.12 gegebene Topologie auf H die *Lie-Gruppen-Topologie* auf H.

Im Gegensatz zu den abgeschlossenen Untergruppen der $\mathrm{Gl}(n, \mathbb{K})$ sind die analytischen Untergruppen im allgemeinen keine Untermannigfaltigkeiten. So kann zum Beispiel der "dense wind" aus Beispiel I.5.2 wegen Bemerkung I.3.10(i) und Proposition I.3.13 keine Untermannigfaltigkeit sein. Aus Satz I.5.12 folgt jedoch daß jede analytische Untergruppe mit ihrer Lie-Gruppen-Topologie zumindest eine *analytische Mannigfaltigkeit* ist.

I.5.13. Definition. Sei M ein Hausdorff Raum und $\{\mathcal{U}_\alpha, \alpha \in I\}$ eine Familie von offenen Teilmengen mit den folgenden Eigenschaften:

(a) $M = \bigcup_{\alpha \in I} \mathcal{U}_\alpha$.

(b) Zu jedem $\alpha \in I$ existiert Homöomorphismus $\phi_\alpha : \mathcal{U}_\alpha \to \mathcal{V}_\alpha \subseteq \mathbb{K}^m$.

(c) Für jedes Paar $\alpha, \beta \in I$ ist

$$\phi_\alpha \circ \phi_\beta^{-1} : \mathcal{V}_\beta \cap \phi_\beta(\mathcal{U}_\alpha) \to \phi_\alpha(\mathcal{U}_\beta) \cap \mathcal{V}_\alpha$$

eine unendlich oft $\mathbb{K}$-differenzierbare (bzw. $\mathbb{K}$-analytische) Abbildung.

Dann nennen wir die Paare $(\mathcal{U}_\alpha, \phi_\alpha)_{\alpha \in I}$ *Karten* und die Menge aller Karten $\{(\mathcal{U}_\alpha, \phi_\alpha)_{\alpha \in I}\}$ einen *differenzierbaren (analytischen) Atlas* auf M. Einen maximalen Atlas nennen wir eine $\mathbb{K}$-*differenzierbare (analytische) Struktur* auf M, sowie die Daten $(M, (\mathcal{U}_\alpha, \phi_\alpha)_{\alpha \in I})$ eine *differenzierbare (analytische)* $\mathbb{K}$-*Mannigfaltigkeit.*

Wenn der Grundkörper $\mathbb{K}$ nicht explizit erwähnt ist, meinen wir $\mathbb{R}$-Mannigfaltigkeiten.

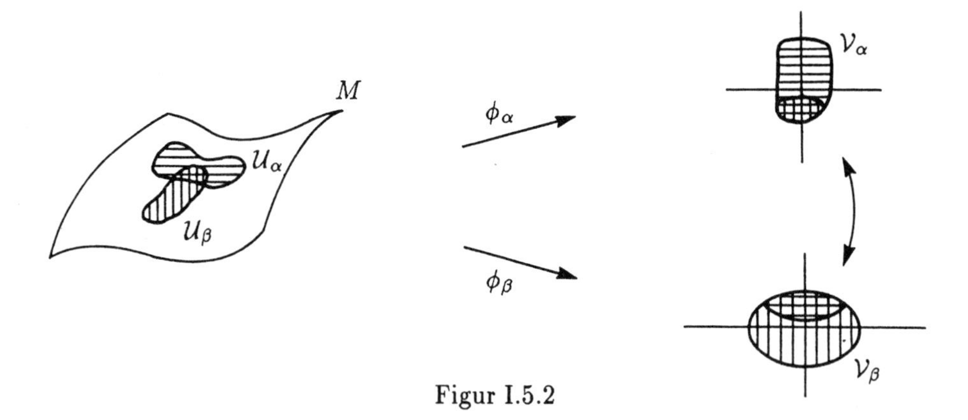

Figur I.5.2

I.5.14. Definition. Seien M und N differenzierbare (analytische) $\mathbb{K}$-Mannigfaltigkeiten und $f: M \to N$ eine Abbildung. Weiter seien $\{(\mathcal{U}_\alpha, \phi_\alpha)_{\alpha \in J}$ und $\{(W_\delta, \psi_\delta)_{\delta \in I}$ Atlanten von M bzw. N. Dann heißt f $\mathbb{K}$-*differenzierbar (analytisch)*, wenn für jedes Paar $\delta \in I, \alpha \in J$ die Abbildung

$$\psi_\delta \circ f \circ \phi_\alpha^{-1}$$

$\mathbb{K}$-differenzierbar (analytisch) ist. Weiter heißt f ein $\mathbb{K}$-*Diffeomorphismus*, wenn f invertierbar ist und sowohl f als auch f^{-1} $\mathbb{K}$-differenzierbar sind.

Wir werden aus Satz I.5.12 auch die $\mathbb{K}$-Analytizität der Gruppenoperationen erhalten, was uns Gelegenheit gibt, die Definition einer Lie-Gruppe festzuhalten:

I.5.15. Definition. Sei G eine Gruppe und gleichzeitig eine analytische $\mathbb{K}$-Mannigfaltigkeit. Dann heißt G eine $\mathbb{K}$-*Lie-Gruppe*, wenn

(a) $\mu: G \times G \to G$, die Gruppenmultiplikation, $\mathbb{K}$-analytisch ist.

(b) $\iota: G \to G$, die Gruppeninversion, $\mathbb{K}$-analytisch ist.

In den Übungen werden wir sehen, daß die Bedingung (b) redundant ist.

I.5.16. Korollar. *Jede analytische Untergruppe H von $\mathrm{Gl}(n,\mathbb{K})$ ist eine reelle Lie-Gruppe.*

Beweis. Wähle eine Umgebung $\widetilde{\mathcal{V}}$ von 0 in $\mathrm{gl}(n,\mathbb{K})$ so, daß $\exp\widetilde{\mathcal{V}} \to \widetilde{\mathcal{U}}$ ein Diffeomorphismus ist und setze $\mathcal{V} = \widetilde{\mathcal{V}} \cap \mathfrak{h}$ sowie $I = H$ und $\mathcal{U}_h = h\exp\mathcal{V}$. Jetzt definiere

$$\phi_h: \mathcal{U}_h \to \mathcal{V}_h = \mathcal{V}$$
$$g \mapsto \log(h^{-1}g).$$

Es folgt

$$\phi_{h_1} \circ \phi_{h_2}^{-1}(X) = \phi_{h_1}(h_2 \exp X) = \log(h_1^{-1} h_2 \exp X)$$

und man sieht, daß H eine $\mathbb{R}$-Mannigfaltigkeit ist.

Um die Differenzierbarkeit der Gruppenoperationen zu zeigen, genügt es nach der Definition der differenzierbaren Struktur über $\mathcal{V}$ zu zeigen, daß sie nahe der $\mathbf{1}$ differenzierbar sind. Wählt man aber $\mathcal{V}$ symmetrisch und so klein, daß es eine Campbell-Hausdorff Umgebung ist, dann ist nach Verknüpfung mit dem Logarithmus für $\mathcal{U} = \exp\mathcal{V}$ die Multiplikation auf $\mathcal{U} \times \mathcal{U}$ durch die Campbell-Hausdorf Multiplikation und die Inversion durch die Negation gegeben. Diese beiden Operation sind reell analytisch. Es folgt nun die Behauptung, weil der Logarithmus (auf der Umgebung der $\mathbf{1}$ in H, die wir betrachten) eine analytische Abbildung im Sinne von Definition I.5.14 ist. ■

Das Korollar I.5.16 erlaubt es uns, die in Lemma I.5.6 konstruierte Topologie auf einer analytischen Untergruppe H von $\mathrm{Gl}(n,\mathbb{K})$ die Lie-Gruppen-Topologie zu nennen.

Der Rest dieses Abschnitts ist der Frage gewidmet, ob man die Lie-Algebra $\mathfrak{h}$ aus der analytischen Gruppe $H = \langle\exp\mathfrak{h}\rangle_{Gruppe}$ zurückgewinnen kann.

I.5.17. Lemma. *Sei $H = \langle\exp\mathfrak{h}\rangle_{Gruppe}$ eine analytische Untergruppe von $\mathrm{Gl}(n,\mathbb{K})$, versehen mit ihrer Lie-Gruppen-Topologie.*

(i) *H ist abzählbar im Unendlichen, d.h. eine abzählbare Vereinigung von kompakten Mengen.*

(ii) *Zu jeder offenen Umgebung $\mathcal{U}$ von $\mathbf{1}$ in H existiert eine Folge $(g_j)_{j\in\mathbb{N}} \subseteq H$ mit*

$$H = \bigcup_{j\in\mathbb{N}} g_j\mathcal{U}.$$

Beweis. (i) Wähle eine kompakte symmetrische Umgebung $\mathcal{U}$ von $\mathbf{1}$ in H, dann folgt (wie zu Beginn dieses Abschnitts) $H = \bigcup_{k\in\mathbb{N}} \mathcal{U}^k$.

(ii) Wir können annehmen, daß $H = \bigcup_{k\in\mathbb{N}} K_k$ mit $K_k \subseteq K_{k+1}$ kompakt. Andererseits gilt $H = \bigcup_{h\in H} h\mathcal{U}$. Also finden wir eine Folge $n_k \in \mathbb{N}$ und endliche Mengen $\{g_j^{(k)} \in H : j = 1,\dots,n_k\}$ mit $K_k \subset \bigcup_{j=1}^{n_k} g_j\mathcal{U}$. Damit läßt sich die gesuchte Folge leicht konstruieren. ∎

I.5.18. Definition. Für eine analytische Untergruppe $H = \langle \exp \mathfrak{h} \rangle_{Gruppe}$ von $\mathrm{Gl}(n,\mathbb{K})$ setze

$$\mathbf{L}(H) = \{X \in \mathrm{gl}(n,\mathbb{K}) : \exp \mathbb{R}X \subseteq H\}.$$

I.5.19. Satz. *Sei $H = \langle \exp \mathfrak{h} \rangle_{Gruppe} \subseteq \mathrm{Gl}(n,\mathbb{K})$ eine analytische Untergruppe. Dann gilt*

$$\mathfrak{h} = \{X \in \mathrm{gl}(n,\mathbb{K}) : \exp \mathbb{R}X \subseteq H\} = \mathbf{L}(H).$$

Beweis. Aus der Definition folgt sofort $\mathfrak{h} \subseteq \mathbf{L}(H)$. Sei umgekehrt $X \in \mathbf{L}(H)$. Wir wählen kompakte Umgebungen $\mathcal{U}$ und $\mathcal{U}_1$ von $\mathbf{1}$ in H (bezüglich der Lie-Gruppen-Topologie) sowie eine Umgebung $\widetilde{\mathcal{U}}$ von $\mathbf{1}$ in $\mathrm{Gl}(n,\mathbb{K})$ derart, daß passend dazu symmetrische Umgebungen $\mathcal{V}$ und $\mathcal{V}_1$ von 0 in $\mathfrak{h}$ und eine Umgebung $\widetilde{\mathcal{V}}$ von $0 \in \mathrm{gl}(n,\mathbb{K})$ mit

$$\exp : \widetilde{\mathcal{V}} \to \widetilde{\mathcal{U}}, \quad \exp : \mathcal{V}_1 \to \widetilde{\mathcal{U}}_1$$

Homöomorphismen und

$$\mathcal{U}\mathcal{U} \subset \mathcal{U}_1 \subset \widetilde{\mathcal{U}}.$$

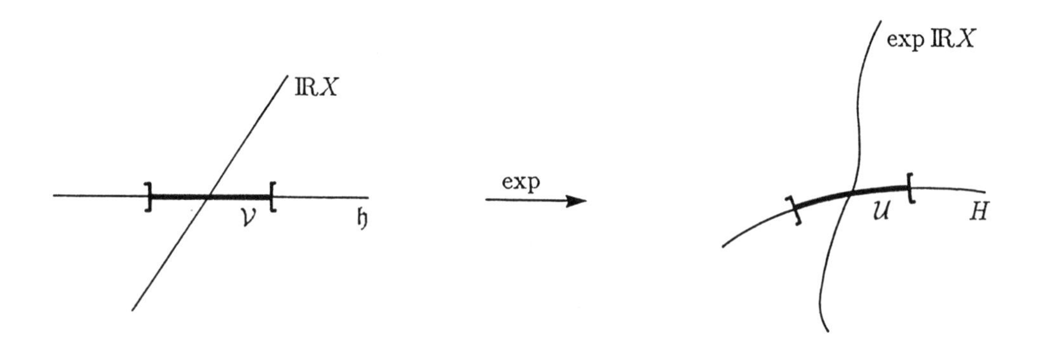

Figur I.5.3

Weiter sei $[-\varepsilon,\varepsilon]X \subseteq \widetilde{\mathcal{V}}$. Wegen Lemma I.5.17 haben wir

$$H = \bigcup_{j\in\mathbb{N}} g_j\mathcal{U}$$

und es existiert ein j_o für das g_{j_o} überabzählbar viele $\exp tX$ mit $t \in [-\varepsilon,\varepsilon]$ enthält. Insbesondere findet man $t_1 \neq t_2$ mit $t_1, t_2 \in [-\varepsilon,\varepsilon]$ und $\exp t_1X, \exp t_2X \in g_{j_o}\mathcal{U}$. D.h. wir haben

$$\exp t_1X = g_{j_o}u_1, \quad \exp t_2X = g_{j_o}u_2, \quad u_1, u_2 \in \mathcal{U}$$

und können rechnen

$$\exp(-t_1+t_2)X = u_1^{-1}g_{j_o}^{-1}g_{j_o}u_2 = u_1^{-1}u_2 \in \mathcal{U}\mathcal{U} \subseteq \mathcal{U}_1 \subseteq \widetilde{\mathcal{U}}.$$

Damit finden wir

$$\exp(t_2-t_1)X = \exp Y$$

für ein $Y \in \mathcal{V}_1 \subseteq \widetilde{\mathcal{V}}$. Also gilt $X = \frac{1}{(t_2-t_1)}Y \in \mathfrak{h}$. ■

I.5.20. Korollar. *Sei H eine analytische Untergruppe von $\mathrm{Gl}(n,\mathbb{K})$, dann ist $L(H)$ eine Lie-Algebra.* ■

Dieses Korollar sieht auf den ersten Blick unbrauchbar aus, weil man einer Gruppe ja nicht unmittelbar ansieht, ob sie von einer Lie-Algebra erzeugt ist. Wir werden aber im nächsten Abschnitt zeigen, daß jede bogenzusammenhängende Untergruppe von $\mathrm{Gl}(n,\mathbb{K})$ analytisch ist. Damit liefert Korollar I.5.20 eine Definition für die Lie-Algebra einer bogenzusammenhängenden Untergruppe.

I.5.21. Korollar. *Sei H eine abgeschlossene analytische Untergruppe von $\mathrm{Gl}(n,\mathbb{K})$, dann stimmt die Lie-Gruppen-Topologie von H mit der induzierten Topologie überein.*

Beweis. Nach Satz I.5.19 gilt $H = \langle \exp L(H) \rangle_{Gruppe}$ und $\exp\colon L(H) \to H$ ist bei Null ein lokaler Homöomorphismus bezüglich der Lie-Gruppen-Topologie von H. Andererseits sagt Satz I.3.3, daß $\exp\colon L(H) \to H$ auch bezüglich der induzierten Topologie ein lokaler Homöomorphismus ist. Also stimmen die beiden Topologien in einer Umgebung der $\mathbf{1} \in H$ überein. Da wegen Satz I.5.12 und Satz I.1.5 beide Topologien H zu einer topologischen Gruppe machen, sind sie nach Satz I.5.3 durch die Umgebungsfilter der $\mathbf{1}$ bestimmt und damit gleich (vgl. Übungsaufgabe 4). ■

Übungsaufgaben zum Abschnitt I.5

1. Sei G eine Gruppe und $\mathcal{O}$ eine Topologie auf G. Dann sind folgende Bedingungen hinreichend dafür, daß $(G,\mathcal{O})$ eine topologische Gruppe ist:

1) Die Inversion $g \mapsto g^{-1}$ ist stetig.
2) Die Linksmultiplikationen $\lambda_g : x \mapsto gx$ sind stetig.
3) Die Konjugationen $I_g : x \mapsto gxg^{-1}$ sind stetig.
4) Die Multiplikation $(x,y) \mapsto xy$ ist stetig in $\mathbf{1}$.

2. Man beweise Satz I.5.3. Hinweis: Aufgabe 1.

3. Sei $\alpha : G \to H$ ein Homomorphismus topologischer Gruppen. Dann ist α genau dann stetig, wenn α stetig in $\mathbf{1}$ ist.

4. Sei $\alpha : G \to H$ ein bijektiver Homomorphismus topologischer Gruppen, so daß eine Einsumgebung U in G existiert, die homöomorph auf die Einsumgebung $V := \alpha(U)$ in H abgebildet wird. Dann ist α ein Homöomorphismus.

5. Ein Homomorphismus $\alpha : G \to H$ topologischer Gruppen ist genau dann offen, wenn das Bild $\alpha(U)$ von jeder Einsumgebung U in G eine Einsumgebung in H ist.

6. Ist $\alpha : G \to H$ ein stetiger Homomorphismus lokalkompakter Gruppen und existiert eine relativ kompakte Einsumgebung U in G, so daß $\alpha(U)$ eine Einsumgebung in H ist. Dann ist $\alpha(G)$ eine offene und abgeschlossene Untergruppe von H und $\alpha : G \to \alpha(G)$ ist ein Homöomorphismus. Hinweis: Anhang A.1, Aufgabe 4.

7. Ist G eine lokalkompakte Gruppe, G_0 die Komponente der Eins in G und G/G_0 abzählbar. Dann ist G abzählbar im Unendlichen.

8. Sind A und B bogenzusammenhängende Mengen der topologischen Gruppe G. Dann sind AB und A^{-1} bogenzusammenhängend. Ist A symmetrisch und $\mathbf{1} \in A$, so ist die Teilmenge

$$H := \langle A \rangle = \bigcup_{n \in \mathbb{N}} A^n$$

eine bogenzusammenhängende Untergruppe von G (vgl. Anhang A.57, A.58).

9. Sei V ein endlichdimensionaler $\mathbb{K}$-Vektorraum und $M \subseteq V$ eine $\mathbb{K}$-Untermannigfaltigkeit der Dimension m, gemäß Definition I.3.7. Man zeige, daß M mit der von V induzierten Topologie eine differenzierbare Mannigfaltigkeit ist, wenn man die Überdeckung $(U_\alpha)_{\alpha \in I}$ so wählt, daß zu jedem α eine offene Menge $V_\alpha \subseteq V$ so existiert, daß $V_\alpha \cap M = U_\alpha$ gilt, und es einen Diffeomorphismus $\Phi_\alpha : V_\alpha \to \Phi_\alpha(V_\alpha) \subseteq \mathbb{R}^n$ so gibt, daß $\Phi_\alpha(U_\alpha) = \mathbb{R}^m \cap \Phi_\alpha(V_\alpha)$.

10. Jeder endlichdimensionale Vektorraum trägt auf kanonische Weise die Struktur einer analytischen $\mathbb{K}$-Mannigfaltigkeit. Sie ist durch die Menge aller linearen Isomorphismen $\phi : V \to \mathbb{R}^n$ gegeben.

11. Jeder endlichdimensionale $\mathbb{K}$-Vektorraum V ist eine Lie-Gruppe, wenn er mit der analytischen Struktur aus Aufgabe 9 versehen ist.

12. Jede abgeschlossene Untergruppe von $\mathrm{Gl}(n, \mathbb{K})$ ist eine Lie-Gruppe. Hinweis: Korollar I.5.16, Korollar I.5.21.

§6 Bogenzusammenhängende Gruppen

Ziel dieses Abschnitts ist es den folgenden Satz zu beweisen und damit eine nachprüfbare Charakterisierung der analytischen Untergruppen der $\mathrm{Gl}(n, \mathbb{K})$ zu geben.

I.6.1. Satz. *Eine Untergruppe H der $\mathrm{Gl}(n, \mathbb{K})$ ist genau dann analytisch, wenn sie bogenzusammenhängend ist.*

Eine Richtung von Satz I.6.1 ist klar: jede analytische Untergruppe ist bogenzusammenhängend. Entscheidend für die Umkehrung ist es, die Lie-Algebra einer bogenzusammenhängenden Gruppe zu finden. In der nachfolgenden Definition führen wir den Kandidaten dafür ein.

I.6.2. Definition. Sei H eine bogenzusammenhängende Untergruppe von $G = \mathrm{Gl}(n, \mathbb{K})$ und $X \in \mathrm{gl}(n, \mathbb{K})$. Dann heißt X *H-erreichbar*, wenn es zu jeder Umgebung $\mathcal{U}$ von $\mathbf{1}$ in G einen stetigen Weg $\gamma: [0,1] \to H$ mit $\gamma(0) = \mathbf{1}$ und

$$\gamma(t) \in (\exp tX)\mathcal{U} \quad \forall t \in [0,1]$$

gibt. Die Menge der H-erreichbaren Punkte wird mit $E(H)$ bezeichnet.

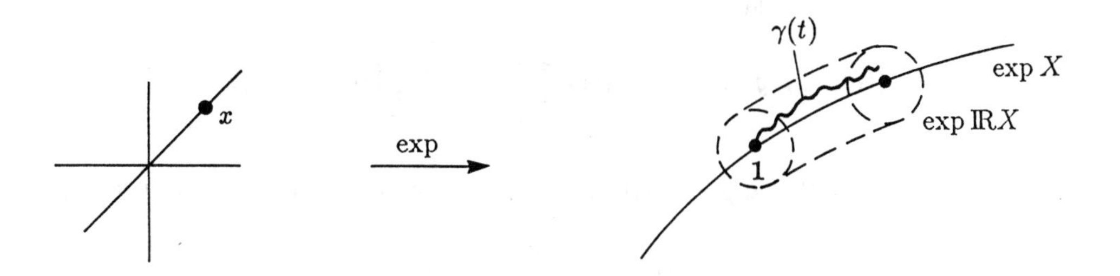

Figur I.6.1

I.6.3. Lemma. *$E(H)$ ist eine Unteralgebra von $\mathfrak{g} = \mathrm{gl}(n, \mathbb{K})$.*

Beweis. Wir spalten den Beweis in mehrere Schritte auf.

1.Schritt: $-X \in E(H)$ für alle $X \in E(H)$.

Sei $\mathcal{U}$ vorgegeben, dann existiert eine Umgebung $\mathcal{U}_1$ von $\mathbf{1} \in G$ mit $\mathcal{U}_1 = \mathcal{U}_1^{-1}$ und

$$(*) \qquad (\exp tX)\mathcal{U}_1(\exp -tX) \subseteq \mathcal{U} \quad \forall t \in [0,1]$$

(vgl. Übungsaufgabe 8), weil $[0,1]$ kompakt und die adjungierte Wirkung stetig ist. Nach Voraussetzung gibt es eine stetige Abbildung $\gamma\colon [0,1] \to H$ mit $\gamma(t) \in (\exp tX)\mathcal{U}_1$ für alle $t \in [0,1]$ und $\gamma(0) = \mathbf{1}$. Setzen wir $\widetilde{\gamma}(t) = \gamma(t)^{-1}$, so finden wir mit $(*)$

$$\widetilde{\gamma}(t) \in \mathcal{U}_1^{-1} \exp(-tX) \subseteq (\exp -tX)\mathcal{U}.$$

Weil aber $\widetilde{\gamma}(t) \in H$ ist, zeigt dies $-X \in E(H)$.

2.Schritt: $\mathbb{R}X \subseteq E(H)$ für alle $X \in E(H)$.

Unmittelbar klar ist $sX \in E(H)$ für alle $s \in [0,1]$. Nach dem 1.Schritt folgt also $sX \in E(H)$ für alle $s \in [-1,1]$. Daher genügt es zu zeigen, daß $kX \in E(H)$ für alle $k \in \mathbb{N}$. Sei also wieder $\mathcal{U}$ vorgegeben, dann existiert, ähnlich wie oben, eine Umgebung $\mathcal{U}_1$ von $\mathbf{1}$ in G mit

$$(**) \qquad \prod_{j=1}^{k} \big((\exp t_jX)\mathcal{U}_1\big) \subseteq \big(\exp(\sum_{j=1}^{k} t_jX)\big)\mathcal{U} \ \forall t_j \in [0,1].$$

Hierzu betrachtet man die stetige Abbildung

$$\mathbb{R}^k \times G^k \to G$$
$$(t_1,\ldots,t_k,g_1,\ldots,g_k) \mapsto (\exp\sum_{j=1}^{k} t_jX)^{-1}(\prod_{j=1}^{k}(\exp t_jX)g_j).$$

Sei nun $\gamma\colon [0,1] \to H$ stetig mit $\gamma(0) = \mathbf{1}$ und $\gamma(t) \in (\exp tX)\mathcal{U}_1$ für alle $t \in [0,1]$. Wir setzen

$$\widetilde{\gamma}(t) = \gamma(1)^{[kt]}\gamma(kt - [kt])$$

wobei $[kt] = \max\{b \in \mathbb{N} : b \leq kt\}$. Damit erhalten wir aus $(**)$

$$\widetilde{\gamma}(t) \in \big((\exp X)\mathcal{U}_1\big)^{[kt]} \exp\big((kt - [kt])X\big)\mathcal{U}_1 \subseteq (\exp tkX)\mathcal{U}$$

und schließlich $kX \in E(H)$.

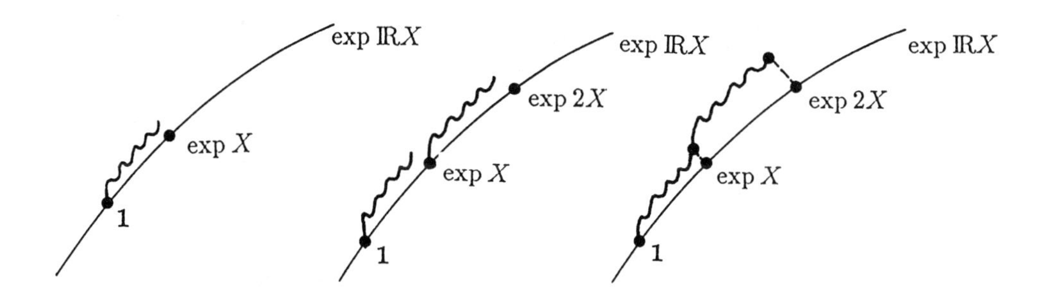

Figur I.6.2

3.Schritt: $X+Y \in E(H)$ für alle $X,Y \in E(H)$.

Wegen Lemma I.2.13 und seinem Beweis konvergiert die Folge

$$\big((\exp \frac{tX}{k})(\exp \frac{tY}{k})\big)^k$$

für $k \to \infty$ gleichmäßig in $t \in [0,1]$ gegen $\exp t(X+Y)$. Daher findet man zu vorgegebem $\mathcal{U}$ eine Umgebung $\mathcal{U}_1$ von $\mathbf{1} \in G$ mit $\mathcal{U}_1^2 \subseteq \mathcal{U}$ und ein $k \in \mathbb{N}$ mit

$$(\dagger) \qquad \big((\exp \frac{tX}{k})(\exp \frac{tY}{k})\big)^k \in \exp\big(t(X+Y)\big)\mathcal{U}_1.$$

Weiter gibt es ein $\mathcal{U}_2$ mit

$$(***) \qquad \big((\exp \frac{tX}{k})\mathcal{U}_2(\exp \frac{tY}{k})\mathcal{U}_2\big)^k \subseteq \big((\exp \frac{tX}{k})(\exp \frac{tY}{k})\big)^k\mathcal{U}_1.$$

Seien nun $\gamma_X, \gamma_Y : [0,1] \to H$ stetig mit $\gamma_X(0) = \gamma_Y(0) = \mathbf{1}$ und $\gamma_X(t) \in (\exp \frac{tX}{k})\mathcal{U}_2$ sowie $\gamma_Y(t) \in (\exp \frac{tY}{k})\mathcal{U}_2$ für alle $t \in [0,1]$. Diese Wege existieren, weil $\frac{X}{k}, \frac{Y}{k} \in E(H)$. Setze $\widetilde{\gamma}(t) = \big(\gamma_X(t)\gamma_Y(t)\big)^k$, so daß mit $(\dagger)$ und $(***)$ gilt

$$\begin{aligned}\widetilde{\gamma}(t) &\in \big((\exp \frac{tX}{k})\mathcal{U}_2(\exp \frac{tY}{k})\mathcal{U}_2\big)^k \subseteq \big((\exp \frac{tX}{k})(\exp \frac{tY}{k})\big)^k\mathcal{U}_1 \\ &\subseteq \exp\big(t(X+Y)\big)\mathcal{U}_1\mathcal{U}_1 \subseteq \exp\big(t(X+Y)\big)\mathcal{U}.\end{aligned}$$

Dies wiederum zeigt $X+Y \in E(H)$.

4.Schritt: $[X,Y] \in E(H)$ für alle $X,Y \in E(H)$.

Ähnlich wie im 3.Schritt finden wir zu $\mathcal{U}$ eine Umgebung $\mathcal{U}_1$ und ein $k \in \mathbb{N}$ mit $\mathcal{U}_1^2 \subseteq \mathcal{U}$ und

$$(\dagger\dagger) \qquad \big(\exp \frac{\sqrt{t}X}{k} \exp \frac{\sqrt{t}Y}{k} \exp \frac{-\sqrt{t}X}{k} \exp \frac{-\sqrt{t}Y}{k}\big)^{k^2} \subseteq (\exp t[X,Y])\mathcal{U}_1.$$

weiter existiert $\mathcal{U}_2$ mit

$$(\dagger\dagger\dagger)\quad \begin{aligned}&\Big((\exp\frac{\sqrt{t}X}{k})\mathcal{U}_2(\exp\frac{\sqrt{t}Y}{k})\mathcal{U}_2(\exp\frac{-\sqrt{t}X}{k})\mathcal{U}_2(\exp\frac{-\sqrt{t}Y}{k})\mathcal{U}_2\Big)^{k^2}\\ &\subseteq \Big(\exp\frac{\sqrt{t}X}{k}\exp\frac{\sqrt{t}Y}{k}\exp\frac{-\sqrt{t}X}{k}\exp\frac{-\sqrt{t}Y}{k}\Big)^{k^2}\mathcal{U}_1.\end{aligned}$$

Seien nun $\gamma_{X_i}, \gamma_{Y_i}: [0,1] \to H$ stetig mit $\gamma_{X_i}(0) = \gamma_{Y_i}(0) = \mathbf{1}$ und

$$\gamma_{X_1}(t) \in (\exp\frac{\sqrt{t}X}{k})\mathcal{U}_2, \quad \gamma_{X_2}(t) \in (\exp\frac{-\sqrt{t}X}{k})\mathcal{U}_2$$

sowie

$$\gamma_{Y_1}(t) \in (\exp\frac{\sqrt{t}Y}{k})\mathcal{U}_2, \quad \gamma_{Y_2}(t) \in (\exp\frac{-\sqrt{t}Y}{k})\mathcal{U}_2$$

für alle $t \in [0,1]$. Setze $\widetilde{\gamma}(t) = \big(\gamma_{X_1}(t)\gamma_{Y_1}(t)\gamma_{X_2}(t)\gamma_{Y_2}(t)\big)^{k^2}$, so daß wegen $(\dagger\dagger)$ und $(\dagger\dagger\dagger)$

$$\widetilde{\gamma}(t) \in (\exp t[X,Y])\mathcal{U}$$

und somit $[X,Y] \in E(H)$ gilt. ∎

Es bleibt zu zeigen, daß die zu $E(H)$ gehörige analytische Gruppe mit H übereinstimmt. Im nächsten Lemma zeigen wir die erste Inklusion.

I.6.4. Lemma. *Sei H eine bogenzusammenhängende Untergruppe von $G = \mathrm{Gl}(n, \mathbb{K})$ und $H^\sharp$ die zu $E(H)$ gehörige analytische Untergruppe, dann gilt $H \subseteq H^\sharp$.*

Beweis. Setze

$$\mathcal{B}(0, \frac{1}{m}) = \{X \in \mathfrak{g}: \|X\|_{op} < \frac{1}{m}\}$$

und

$$\mathcal{U}_m = \exp \mathcal{B}(0, \frac{1}{m}).$$

Wählt man ein Vektorraum Komplement $\mathfrak{p}$ von $E(H)$ in $\mathfrak{g}$, so kann man eine Umgebung $\mathcal{U}'_m$ von $\mathbf{1}$ in G finden, so daß die Abbildung

$$\begin{aligned}\psi: \mathcal{V}_m \times \mathcal{W}_m &\to \mathcal{U}'_m \subseteq \mathcal{U}_m\\ (X,Y) &\mapsto (\exp X)(\exp Y)\end{aligned}$$

ein Diffeomorphismus ist. Hierbei sind $\mathcal{V}_m$ und $\mathcal{W}_m$ geignet gewählte Umgebungen von 0 in $E(H)$ bzw. 0 in $\mathfrak{p}$.

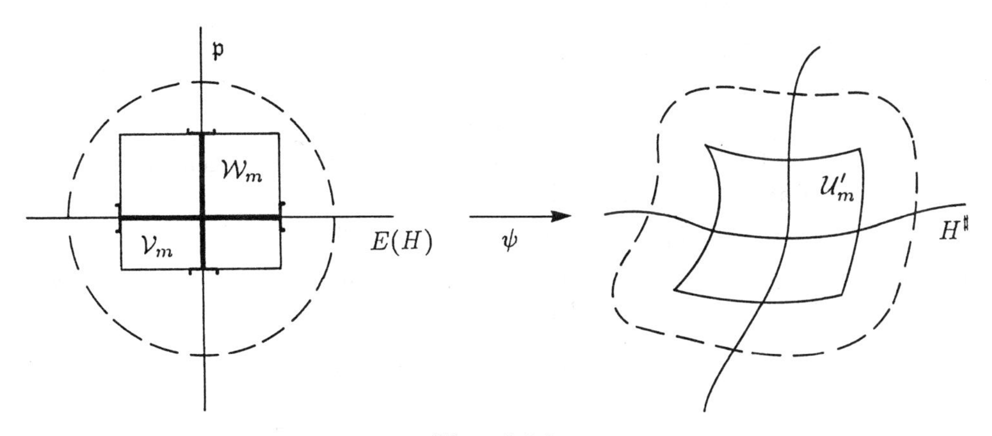

Figur I.6.3

Wir können annehmen, daß $\mathcal{U}'_{m+1} \subseteq \mathcal{U}'_m$. Sei H_m die Bogenkomponente von $H \cap \mathcal{U}'_m$, die $\mathbf{1}$ enthält. Wie zu Beginn von Abschnit I.5 gezeigt, wird eine zusammenhängende Gruppe von jeder Umgebung der $\mathbf{1}$ erzeugt (vgl. Übungsaufgabe I.3.6), also genügt es zu zeigen, daß $H_m \subseteq H^\sharp$ für ein $m \in \mathbb{N}$. Genauer zeigen wir

$$H_m \subseteq \exp E(H)$$

für ein $m \in \mathbb{N}$. Wenn dem nicht so ist, dann finden wir eine Folge

$$h_m = \exp X_m \exp Y_m \in H_m, \qquad X_m \in \mathcal{V}_m, 0 \neq Y_m \in \mathcal{W}_m.$$

Wir betrachten dann die Folge

$$\widetilde{Y}_m = \frac{Y_m}{||Y_m||_{op}}.$$

Diese Folge hat einen Häufungspunkt und wegen $H_{m+1} \subseteq H_m$ können wir annehmen, daß $\widetilde{Y}_m \to Y \in \mathfrak{p}$ mit $||Y||_{op} = 1$. Es genügt nun, zu zeigen, daß $Y \in E(H)$.

Dazu sei m zunächst beliebig, aber fest, und $\mathcal{U}^{(m)}$ eine Umgebung der $\mathbf{1}$ in G. Dann existiert eine Umgebung $\mathcal{U}''_m \subseteq \mathcal{U}^{(m)} \cap \mathcal{U}_m$ mit

$$h_m^{-1} \mathcal{U}''_m h_m \subseteq \mathcal{U}^{(m)}.$$

Weiter gibt es wegen $-X_m \in E(H)$ einen Weg $\gamma_m: [0,1] \to H$ mit $\gamma_m(t) \in (\exp -tX_m)\mathcal{U}''_m$ für alle $t \in [0,1]$ und $\gamma_m(0) = \mathbf{1}$. Sei nun

$$\eta_m: [0,1] \to H_m$$

stetig mit $\eta_m(0) = \mathbf{1}$ und $\eta_m(1) = h_m$ (das geht, weil H_m bogenzusammenhängend ist) und

$$\widetilde{\gamma}(t) = \gamma_m(t)\eta_m(t),$$

dann gilt $\widetilde{\gamma}_m(0) = \mathbf{1}$ und

$$\widetilde{\gamma}_m(1) \in \exp(-X_m)\mathcal{U}_m'' h_m \subseteq \exp(-X_m)h_m\mathcal{U}^{(m)} = (\exp Y_m)\mathcal{U}^{(m)}.$$

Außerdem haben wir

$$\widetilde{\gamma}_m(t) \in (\exp \mathcal{V}_m)\mathcal{U}_m'' H_m \subseteq \mathcal{U}_m^3.$$

Setze jetzt $Z_m = \log \widetilde{\gamma}_m(1)$ (wir nehmen hier an, daß wir alle Umgebungen hinreichend klein gewählt haben), dann gilt

$$Z_m = Y_m * X \quad \text{mit} \quad X \in \log \mathcal{U}^{(m)}.$$

Die obige Konstruktion funktioniert für beliebige (hinreichend kleine) $\mathcal{U}^{(m)}$. Wir wählen jetzt $\mathcal{U}^{(m)} = \exp \mathcal{V}^{(m)}$ so klein, daß

$$(\diamond) \qquad ||Y_m * X - Y_m||_{op} \leq ||Y_m||_{op}^2 \leq \frac{1}{m} \qquad \forall X \in \mathcal{V}^{(m)}$$

und

$$(\diamond\diamond) \qquad Y_m * \mathcal{V}^{(m)} \subseteq \mathcal{B}(0, \frac{1}{m}).$$

Damit gilt

$$\lim_{m\to\infty} \frac{Z_m}{||Y_m||_{op}} = \lim_{m\to\infty} \left(\frac{Z_m - Y_m}{||Y_m||_{op}} + \frac{Y_m}{||Y_m||_{op}}\right) = Y.$$

Für $p_m = ||Y_m||_{op}^{-1}$ und

$$\widetilde{\widetilde{\gamma}}_m(t) = \widetilde{\gamma}_m(1)^{[tp_m]}\widetilde{\gamma}_m(tp_m - [tp_m])$$

gilt also

$$\begin{aligned}
\widetilde{\widetilde{\gamma}}_m(t) &= \exp([tp_m]Z_m)\widetilde{\gamma}_m(tp_m - [tp_m]) \\
&= \exp(tp_m Z_m) \exp\big(([tp_m] - tp_m)Z_m\big)\widetilde{\gamma}_m(tp_m - [tp_m]) \\
&\in \exp(tp_m Z_m)\mathcal{U}_m\mathcal{U}_m^3 \subseteq \exp(tp_m Z_m)\mathcal{U}_m^4.
\end{aligned}$$

Sei schließlich $\mathcal{U}$, eine Umgebung von $\mathbf{1}$ in G, vorgegeben. Dann existiert ein $k \in \mathbb{N}$ mit

$$\mathcal{U}_k^5 \subseteq \mathcal{U}$$

und die Folge $\exp(tp_m Z_m)$ konvergiert für $m \to \infty$ uniform in $t \in [0,1]$ gegen $\exp tY$. Also finden wir ein $m > k$ mit

$$\exp(tp_m Z_m) \subseteq (\exp tY)\mathcal{U}_k \qquad \forall t \in [0,1].$$

Aber dann haben wir

$$\begin{aligned}
\widetilde{\widetilde{\gamma}}_m(t) &\in \exp(tp_m Z_m)\mathcal{U}_m^4 \subseteq (\exp tY)\mathcal{U}_k\mathcal{U}_m^4 \\
&\subseteq (\exp tY)\mathcal{U}_k^5 \subseteq \exp(tY)\mathcal{U}
\end{aligned}$$

und $Y \in E(H)$. ■

Um auch die Umkehrung von Lemma I.6.4 zeigen können, benötigen wir ein Korollar zum Brouwerschen Fixpunktsatz (vgl. A.50), der besagt, daß jede stetige Selbstabbildung der Einheitskugel in $\mathbb{R}^m$ einen Fixpunkt hat.

I.6.5. Hilfssatz. *Sei* $f: [-1,1]^m \to \mathbb{R}^m$ *eine stetige Abbildung mit*

$$||f(x) - x|| \leq \frac{1}{2} \quad \forall x \in [-1,1]^m,$$

dann gilt

$$\{x \in \mathbb{R}^m : ||x|| < \frac{1}{2}\} \subseteq f([-1,1]^m).$$

Beweis. Wähle $y \in \{x \in \mathbb{R}^m : ||x|| < \frac{1}{2}\}$ und setze $g(x) = x - f(x) + y$. Dann ist

$$g: [-1,1]^m \to [-1,1]^m$$

stetig und hat nach dem Brouwerschen Fixpunktsatz einen Fixpunkt x_o. Für diesen Punkt gilt aber $f(x_o) = x_o - g(x_o) + y = y$. ∎

I.6.6. Lemma. *Sei* H *eine bogenzusammenhängende Untergruppe von* $G = \mathrm{Gl}(n, \mathbb{K})$ *und* $H^\sharp$ *die zu* $E(H)$ *gehörige analytische Untergruppe, dann gilt* $H^\sharp \subseteq H$.

Beweis. Es genügt zu zeigen, daß H eine offene Umgebung der $\mathbf{1}$ in $H^\sharp$ bezüglich der Lie-Gruppen-Topologie enthält. Wir wählen eine Basis $\{X_1, ..., X_m\}$ von $E(H)$, für die

$$\phi:]-2,2[^m \to \mathcal{U}$$
$$(t_1, ..., t_m) \mapsto \prod_{j=1}^m \exp t_j X_j$$

ein Homöomorphismus ist. Hierbei ist $\mathcal{U}$ eine geeignete Umgebung von $\mathbf{1}$ in $H^\sharp$, die man durch Anwendung des Satzes über die lokalen Inversen auf die Abbildung $\log \circ \phi$ finden kann.Wegen der Kompaktheit von $[-1,1]$ finden wir eine Umgebung $\mathcal{U}_1$ von $\mathbf{1}$ in $H^\sharp$ mit

(a) $\phi([-1,1]^m)\mathcal{U}_1 \subseteq \mathcal{U}$

(b) $\sum_{j=1}^m (s_j - t_j)^2 \leq \frac{1}{4}$, wenn $s_1, ..., s_m \in]-2,2[, t_1, ..., t_m \in [-1,1]$ und $\phi(s_1, ..., s_m) \in \phi(t_1, .., t_m)\mathcal{U}_1$.

Weiter finden wir eine Umgebung $\mathcal{U}_2$ von $\mathbf{1}$ in $H^\sharp$ mit

$$\prod_{j=1}^m (\exp(t_j X_j)\mathcal{U}_2) \subseteq \phi(t_1, ..., t_m)\mathcal{U}_1 \qquad \forall t_1, ..., t_m \in [-1,1].$$

Wegen $\pm X_j \in E(H)$ finden wir stetige Abbildungen $\gamma_j \in [-1,1] \to H$ mit $\gamma_j(0) = \mathbf{1}$ und $\gamma_j(t) \in (\exp tX_j)\mathcal{U}_2$. Es gilt also

$$\prod_{j=1}^m \gamma_j(t_j) \in \prod_{j=1}^m (\exp(t_j X_j)\mathcal{U}_2) \subseteq \phi(t_1, ..., t_m)\mathcal{U}_1 \subseteq \mathcal{U}.$$

Indem wir ϕ benützen, können wir deswegen schreiben

$$\prod_{j=1}^{m} \gamma_j(t_j) = \prod_{j=1}^{m} \exp(f_j(t_1, ..., t_m)X_j).$$

Jetzt definieren wir

$$f: [-1,1]^m \to \mathbb{R}^m$$
$$(t_1, ..., t_m) \mapsto \big(f_1(t_1, ..., t_m), ..., f_m(t_1, ..., t_m)\big).$$

Beachte

$$\phi\big(f_1(t_1, ..., t_m), ..., f_m(t_1, ..., t_m)\big) = \prod_{j=1}^{m} \gamma_j(t) \in \phi(t_1, ..., t_m)\mathcal{U}_1 \subseteq \mathcal{U},$$

so daß, wegen (b),

$$\sum_{j=1}^{m} (f_j(t_1, ..., t_m) - t_j)^2 \leq \frac{1}{4}.$$

Schließlich wenden wir den Hilfssatz I.6.5 an und sehen, daß $f([-1,1]^m)$ eine Umgebung der Null in $]-2,2[^m$ enthält. Also enthält auch

$$\gamma_1([-1,1]) ... \gamma_m([-1,1])$$

und somit H eine Umgebung der $1 \in \mathcal{U} \subseteq H^\sharp$. ■

Beachte, daß mit Lemma I.6.4 und Lemma I.6.6 auch der Satz I.6.1 bewiesen ist. Insbesondere gilt wegen Satz I.5.19, daß $E(H) = \mathbf{L}(H^\sharp) = \mathbf{L}(H)$. Daher liefert die Konstruktion zu Beginn des Beweises von Lemma I.6.4 das folgende Korollar:

I.6.7. Korollar. *Sei H eine analytische Untergruppe von* $\mathrm{Gl}(n, \mathbb{K})$. *Dann existiert eine Nullumgebung $B \subseteq \mathrm{gl}(n, \mathbb{K})$, so daß $\exp|_B : B \to U := \exp(B)$ ein Diffeomorphismus ist und die Bogenkomponente der $\mathbf{1}$ in $H \cap U$ durch $\exp\big(B \cap \mathbf{L}(H)\big)$ gegeben ist.* ■

Bogenkomponenten

Sei H eine Untergruppe von $G = \mathrm{Gl}(n, \mathbb{K})$, versehen mit der induzierten Topologie, und H_o die Bogenkomponente der $\mathbf{1}$ in H, d.h.

$$H_o = \{h \in H \colon \exists \gamma\colon [0,1] \to H \text{ stetig mit } \gamma(0) = \mathbf{1} \text{ und } \gamma(1) = h\}.$$

I.6.8. Bemerkung. H_o ist Normalteiler in H.

Beweis. Die Abbildungen $\gamma_h(t) = h\gamma(t)h^{-1}$, $\gamma(t)^{-1}$ und $\gamma_1(t)\gamma_2(t)$ sind stetig, wenn γ, γ_1 und γ_2 stetig sind. ■

I.6.9. Bemerkung. Wenn wir für eine beliebige Untergruppe H von G definieren

$$\mathbf{L}(H) = \{X \in \mathrm{gl}(n, \mathbb{K}) \colon \exp \mathbb{R}X \subseteq H\},$$

dann ist $\mathbf{L}(H) = \mathbf{L}(H_o)$ eine Unteralgebra von $\mathrm{gl}(n, \mathbb{K})$.

Beweis. Wegen der Stetigkeit der Exponentialfunktion gilt $\exp \mathbb{R}X \subseteq H_o$ für alle $X \in \mathbf{L}(H)$, d.h. $\mathbf{L}(H) \subseteq \mathbf{L}(H_o)$. Die Umkehrung ist klar. ■

Wir haben im letzten Abschnitt gesehen, daß auf H_o eine weitere Topologie, die Lie-Gruppen-Topologie, existiert. Es stellt sich natürlich die Frage, ob diese Topologie auch für ganz H bedeutsam ist. Diese Frage beantwortet der folgende Satz.

I.6.10. Satz. *Sei H eine Untergruppe von $\mathrm{Gl}(n, \mathbb{K})$ und H_o die Bogenkomponente der $\mathbf{1}$ in H bezüglich der induzierten Topologie.*

(i) *Es existiert genau eine Topologie auf H, die auf H_o mit der Lie-Gruppen-Topologie übereinstimmt und H selbst zu einer Lie-Gruppe macht.*

(ii) *H_o ist bezüglich der Lie-Gruppen-Topologie aus* (i) *auf H sowohl die Bogenkomponente als auch die Zusammenhangskomponente der $\mathbf{1} \in H$.*

(iii) *Die Exponentialabbildung $\exp\colon \mathbf{L}(H) \to H$ ist nahe Null bezüglich der Lie-Gruppen-Topologie aus* (i) *auf H ein lokaler Homöomorphismus in einer Umgebung der Null.*

Beweis. Wir bemerken zuerst, daß nach Satz I.5.3 durch den Umgebungsfilter der $\mathbf{1}$ in H_o (bezüglich der Lie-Gruppen-Topologie auf H_o) in eindeutiger Weise eine Topologie auf H definiert wird, die H zu einer topologischen Gruppe macht, und auf H_o mit der Lie-Gruppen-Topologie übereinstimmt. Insbesondere ist H_o in der neuen Topologie von H bogenzusammenhängend. Wie im Beweis zu Korollar I.5.16 sieht man, daß H mit dieser Topologie sogar eine Lie-Gruppe ist. Da die Lie-Gruppen-Topologie auf H_o mindestens so fein ist wie die induzierte Topologie, gilt das auch für H und somit sieht man, daß H_o die Bogenkomponente von H auch bezüglich der neuen Topologie ist. Weiter ist klar, daß die Abbildung

$$\exp\colon \mathbf{L}(H) = \mathbf{L}(H_o) \to H_o \subseteq H$$

stetig und nahe Null ein lokaler Homöomorphismus ist. Beachte, daß jeder Punkt in H eine zu einer Kugel homöomorphe (bezüglich der neuen Topologie) Umgebung enthält. Also ist jede Bogenkomponente offen (vgl. Übung 2). Dann ist aber auch jede Bogenkomponente abgeschlossen, weil man H ja als disjunkte Vereinigung von Bogenkomponenten schreiben kann. Dies zeigt, daß in der neuen Topologie von H Zusammenhangskomponenten und Bogenkomponenten das gleiche sind (vgl. A.56). Damit ist der Satz bewiesen. ■

I.6.11. Definition. Eine Lie-Gruppe H heißt *linear*, wenn sie als Untergruppe einer $\mathrm{Gl}(n, \mathbb{K})$ mit der durch Satz I.6.10 gegebenen Lie-Gruppen-Struktur geschrieben werden kann.

Aus Definition I.6.11 geht nicht unmittelbar hervor, ob verschiedene Einbettungen in allgemeine lineare Gruppen verschiedene Topologien oder differenzierbare Strukturen liefern. Da die Exponentialfunktion eine entscheidende Rolle bei der Etablierung dieser Strukturen spielt, ist es darüberhinaus wünschenswert zu wissen, inwiefern Lie-Algebra und Exponentialfunktion einer linearen Lie-Gruppe explizit von der Einbettung in eine allgemeine lineare Gruppe abhängen. Eine Antwort auf diese Fragen werden wir erhalten, wenn wir im nächsten Abschnitt Homomorphismen von linearen Lie-Gruppen studieren.

Übungsaufgaben zum Abschnitt I.6

1. Sei G eine topologische Gruppe und $\mathcal{U}(\mathbf{1})$ der Umgebungsfilter der $\mathbf{1}$ in G. Zu $U \in \mathcal{U}(\mathbf{1})$ definieren wir F_U als die Bogenkomponente der $\mathbf{1}$ in U. Man zeige:

a) Das System $\mathcal{F} := \{A : (\exists U \in \mathcal{U}(\mathbf{1}))F_U \subseteq A\}$ ist ein Filter, und auf G existiert genau eine Topologie $\mathcal{O}_\mathcal{F}$ für die $\mathcal{F}$ der Umgebungsfilter der $\mathbf{1}$ ist. Hinweis: Satz I.5.3.

b) Die identische Abbildung $\mathrm{id}_G : (G, \mathcal{O}_\mathcal{F}) \to (G, \mathcal{O})$ ist ein stetiger Gruppen-Homomorphismus, d.h. die Topologie $\mathcal{O}_\mathcal{F}$ ist feiner als $\mathcal{O}$.

c) Eine Abbildung $\gamma : [t_1, t_2] \to (G, \mathcal{O})$ ist genau dann stetig, wenn $\gamma : [t_1, t_2] \to (G, \mathcal{O}_\mathcal{F})$ stetig ist.

d) Für die topologischen Gruppen $(G, \mathcal{O})$ und $(G, \mathcal{O}_\mathcal{F})$ stimmen die Mengen

$$\mathrm{Hom}\,(\mathbb{R}, (G, \mathcal{O})) \quad \text{und} \quad \mathrm{Hom}\,(\mathbb{R}, (G, \mathcal{O}_\mathcal{F}))$$

überein.

e) $(G, \mathcal{O}_{\mathcal{F}})$ ist *lokal bogenzusammenhängend*, d.h. jede Umgebung eines Punktes enthält eine bogenzusammenhängende Umgebung.
f) $\mathcal{O}_F = \mathcal{O}$ genau dann, wenn $(G, \mathcal{O})$ lokal bogenzusammenhängend ist, d.h. $\mathcal{O}_{\mathcal{F}}$ ist die gröbste Gruppentopologie auf G, die feiner als $\mathcal{O}$ ist und für die G lokal bogenzusammenhängend ist.

Sei nun H eine analytische Untergruppe von $\mathrm{Gl}(n, \mathbb{R})$, $\mathcal{O}$ die induzierte Topologie und $\mathcal{O}_{\mathcal{A}}$ die in Definition I.5.4 definierte Topologie.
g) Man zeige, daß $\mathcal{O}_{\mathcal{A}}$ sogar feiner als $\mathcal{O}_{\mathcal{F}}$ ist.
h) Es existiert eine Einsumgebung U in $\mathrm{Gl}(n, \mathbb{R})$, so daß die Bogenkomponente von $H \cap U$ ganz in $\exp \mathbf{L}(H)$ enthalten ist. Hinweis: Beweis von Lemma I.6.4.
i) Man schließe aus h), daß für eine Nullumgebung B in $\mathbf{L}(H)$ die Mengen $\exp(\frac{1}{n}B)$ eine Einsumgebungsbasis für $\mathcal{O}_{\mathcal{F}}$ bilden, und damit, daß $\mathcal{O}_{\mathcal{F}} = \mathcal{O}_{\mathcal{A}}$ ist.

Aufgabe 1 zeigt, daß sich das Verfahren der Verfeinerung der Topologie zu einer lokal bogenzusammenhängenden, das in §I.5 auf analytische Untergruppen von $\mathrm{Gl}(n, \mathbb{R})$ angewandt wurde, ganz allgemein durchführen läßt. Man verliert dabei keine stetigen Kurven und erst recht keine stetigen Einparametergruppen.
2. Ist G eine lokal bogenzusammenhängende topologische Gruppe, so sind die Bogenkomponenten von G offen und abgeschlossen.

Man kann auch ganz allgemein analytische Untergruppen topologischer Gruppen definieren. Für eine Untergruppe H einer topologischen Gruppe G setzen wir dazu $E(H) := \{\gamma \in \mathrm{Hom}(\mathbb{R}, G) : \gamma(\mathbb{R}) \subseteq H\}$. Wir sagen, daß H eine *analytische Untergruppe von* G ist, wenn

$$H = \langle \bigcup_{\gamma \in E(H)} \gamma(\mathbb{R}) \rangle,$$

d.h. wenn H von Einparametergruppen erzeugt wird.
3. Eine analytische Untergruppe einer topologischen Gruppe ist bogenzusammenhängend. Obige Definition stimmt mit der für analytische Untergruppen von $\mathrm{Gl}(n, \mathbb{K})$ überein. Hinweis: Satz I.6.1.

4. Bogenzusammenhängende Untergruppen von $\mathbb{R}^n$ sind Untervektorräume. Hinweis: Aufgabe I.3.4.
5. Alle Untergruppen H von $\mathrm{Gl}(n, \mathbb{K})$ haben bzgl. der induzierten Topologie die Eigenschaft, daß die analytischen Untergruppen genau die bogenzusammenhängenden Untergruppen sind.

Wir werden später sehen (Korollar III.2.28), daß das auch für allgemeine Lie-Gruppen richtig bleibt. Für den Spezialfall von endlichdimensionalen Vektorräumen folgt dies schon mit den Aufgaben I.5.11 und Aufgabe 4. Um Beispiele von topologischen Gruppen zu finden, die bogenzusammenhängende Untergruppen enthalten, die nicht analytisch sind, hat man wegen Aufgabe 5 keine großen Chancen welche im Endlichdimensionalen zu finden. Verläßt man aber diesen Bereich, so treten sie sogar schon in Vektorräumen auf.

6. Sei E ein normierter Vektorraum. Dann ist

$$\mathrm{Hom}(\mathbb{R}, E) = \{\gamma_X : X \in E\}, \qquad \gamma_X : t \mapsto tX.$$

Hinweis: Für $\gamma \in \mathrm{Hom}(\mathbb{R}, E)$ setze man $X := \gamma(1)$. Man zeige nun zunächst für $q \in \mathbb{Q}$, daß $\gamma(q) = qX$ gilt.

7. Wir konstruieren nun ein Beispiel für einen unendlichdimensionalen Vektorraum E und eine bogenzusammenhängende Untergruppe $H \neq \{0\}$ für die $\mathrm{Hom}(\mathbb{R}, H) = \{0\}$ ist.
a) Die Menge E aller Treppenfunktionen auf dem Intervall $[0,1]$, d.h. Funktionen $f : [0,1] \to \mathbb{R}$ für die eine Unterteilung $t_0 = 0 < t_1 < \ldots < t_n = 1$ existiert, so daß $f|_{[t_i, t_{i+1}[}$ konstant ist, bilden einen Vektorraum.
b) $||f|| := \int_0^1 |f(x)|\, dx$ definiert eine Norm auf E.
Sei $H := \{f \in E : f([0,1]) \subseteq \mathbb{Z}\}$.
c) $\mathrm{Hom}(\mathbb{R}, H) = \{0\}$. Hinweis: Aufgabe 6.
d) H ist bogenzusammenhängend. Hinweis: Man definiere

$$\chi_t(x) := \begin{cases} 1 & \text{für } x \in [0,t[\\ 0 & \text{für } x \in [t,1]. \end{cases}$$

Dann ist $t \mapsto f\chi_t$ für jedes $f \in H$ eine stetige Kurve, die f mit 0 verbindet.

8. a) Sind X, Y topologische Räume und $K \subseteq X, L \subseteq Y$ kompakt, so existieren zu jeder offenen Menge $U \subseteq X \times Y$ mit $K \times L \subseteq U$, Umgebungen V von K und W von L, so daß $V \times W \subseteq U$.
b) Ist $f: X \times Y \to Z$ stetig und $U \subseteq Z$ offen, sowie $K \subseteq X$ kompakt und $y \in Y$ mit $f(K \times \{y\}) \subseteq U$, so existiert eine Umgebung V von y mit $f(K \times V) \subseteq U$.
c) Ist G eine topologische Gruppe und $K \subseteq G$ kompakt, so existiert zu jeder Einsumgebung U eine Einsumgebung V, so daß

$$kVk^{-1} \subseteq U \qquad \forall k \in K.$$

§7 Homomorphismen

In diesem Abschnitt untersuchen wir den Zusammenhang von Gruppen-Homomorphismen linearer Lie-Gruppen und Homomorphismen der zugehörigen Lie-Algebren. Inbesondere werden wir sehen, daß jeder stetige Gruppen-Homomorphismus automatisch reell analytisch ist.

Seien also G_1 und G_2 lineare Lie-Gruppen und

$$\varphi: G_1 \to G_2$$

ein stetiger Gruppen-Homomorphismus. Zu $X \in \mathfrak{g}_1 = \mathbf{L}(G_1)$ findet man die Einparametergruppen

$$t \mapsto \exp_1 tX \quad \text{und} \quad t \mapsto (\varphi \circ \exp_1)(tX)$$

in G_1 und G_2. (Mit $\exp_i$ wird natürlich die Exponentialfunktion $\mathfrak{g}_i \to G_i$ bezeichnet). Nach Satz I.2.12 existiert ein eindeutig bestimmtes Element $X' \in \mathfrak{g}_2 = \mathbf{L}(G_2)$ mit $\exp_2 tX' = \varphi \circ \exp_1 tX$. Wir bezeichnen dieses Element X' mit $\mathbf{L}\,\varphi(X)$, d.h. wir haben

$$(*) \qquad \exp_2 \circ \mathbf{L}\,\varphi(X) = \varphi \circ \exp_1(X).$$

I.7.1. Lemma. *Die Abbildung* $\mathbf{L}\,\varphi: \mathfrak{g}_1 \to \mathfrak{g}_2$ *ist* $\mathbb{R}$*-linear.*

Beweis. Aus der Definition von $\mathbf{L}\,\varphi$ folgt sofort, daß $\mathbf{L}\,\varphi(tX) = t\,\mathbf{L}\,\varphi(X)$ für alle $t \in \mathbb{R}$. Wir müssen also nur noch $\mathbf{L}\,\varphi(X+Y) = \mathbf{L}\,\varphi(X) + \mathbf{L}\,\varphi(Y)$ für alle X, Y in einer Umgebung der Null von $\mathfrak{g}_1$ zeigen. Nach Lemma I.2.13(i) und Satz I.4.7 haben wir

$$n(\frac{X}{n} * \frac{Y}{n}) = X + Y + O(\frac{1}{n}) \in \mathfrak{g}_1.$$

Also gibt es eine Folge $(g_n)_{n\in\mathbb{N}}$ in G_1, die gegen $\mathbf{1}$ konvergiert und für die

$$\exp_1(X+Y) = \exp_1\big(n(\frac{X}{n} * \frac{Y}{n})\big) g_n$$

gilt. Anwenden von φ liefert

$$\begin{aligned} \varphi \circ \exp_1(X+Y) &= \big(\varphi(\exp_1 \frac{X}{n} \exp_1 \frac{Y}{n})\big)^n \varphi(g_n) \\ &= (\exp_2 \frac{\mathbf{L}\,\varphi(X)}{n} \exp_2 \frac{\mathbf{L}\,\varphi(Y)}{n})^n \varphi(g_n). \end{aligned}$$

Nach unserer Vorbemerkung können wir X und Y so klein annehmen, daß man $\log_2$ auf diesen Ausdruck anwenden kann. Es ergibt sich für hinreichend große n

$$\begin{aligned} \mathbf{L}\,\varphi(X+Y) &= \log_2\big((\exp_2 \frac{\mathbf{L}\,\varphi(X)}{n} \exp_2 \frac{\mathbf{L}\,\varphi(Y)}{n})^n\big) * \log_2\big(\varphi(g_n)\big) \\ &= \big(n(\frac{\mathbf{L}\,\varphi(X)}{n} * \frac{\mathbf{L}\,\varphi(Y)}{n})\big) * \log_2\big(\varphi(g_n)\big). \end{aligned}$$

Die Behauptung folgt nun mit Lemma I.2.13(i), weil $\log_2\big(\varphi(g_n)\big)$ auf Grund der Stetigkeit von φ gegen 0 konvergiert. ∎

I.7.2. Lemma. *Die Abbildung* $\mathbf{L}\varphi: \mathfrak{g}_1 \to \mathfrak{g}_2$ *ist ein reeller Lie-Algebren-Homomorphismus.*

Beweis. Startet man mit der Formel

$$n^2\left(\frac{X}{n} * \frac{Y}{n} * \frac{-X}{n} * \frac{-Y}{n}\right) = [X,Y] + O\left(\frac{1}{n}\right),$$

so geht der Beweis genauso wie der von Lemma I.7.1. ∎

I.7.3. Satz. *Seien* G_1 *und* G_2 *lineare Lie-Gruppen und* $\varphi: G_1 \to G_2$ *ein stetiger Gruppen-Homomorphismus, dann ist* φ *analytisch.*

Beweis. Die Logarithmen $\log_1$ und $\log_2$ liefern Karten auf Umgebungen der $\mathbf{1}$ in G_1 bzw. G_2 (vgl. Korollar I.5.16). Bezüglich dieser Karten ist φ durch $\mathbf{L}\varphi$ gegeben, d.h.

$$\mathbf{L}\varphi = \log_2 \circ \varphi \circ \log_1^{-1}.$$

Also ist φ in einer Umgebung $\mathcal{U}_1$ der $\mathbf{1}$ in G_1 analytisch. Weil aber die Linksverschiebungen λ_g analytisch sind und

$$\varphi(h) = (\lambda_{\varphi(g)} \circ \varphi|_{\mathcal{U}_1} \circ \lambda_{g^{-1}})(h) \quad \forall h \in g\mathcal{U}_1,$$

ist φ überall analytisch. ∎

An dieser Stelle können wir die am Ende des letzten Abschnitts aufgeworfene Frage beantworten. Ist nämlich eine Gruppe als Untergruppe in zwei verschiedenen linearen Gruppen enthalten, so daß jedoch die Lie-Gruppen-Topologien übereinstimmen, so stimmen auch die analytischen Strukturen überein, die Lie-Algebren sind isomorph, und die Exponentialfunktionen unterscheiden sich nur um diesen Isomorphismus. Um dies zu sehen, braucht man nur die obige Diskussion auf $\varphi = \mathrm{id}: G \to G$ anzuwenden.

I.7.4. Bemerkung. Wenn die Gruppen G_1 und G_2 abgeschlossen bezüglich der induzierten Topologie der jeweiligen allgemeinen linearen Gruppe sind, d.h. wenn sie Untermannigfaltigkeiten sind, dann gilt $\mathbf{L}\varphi = d\varphi(\mathbf{1})$.

Beweis. Beachte, daß in der Notation von Definition I.3.7 und Bemerkung I.3.11 die Abbildung $d\varphi(\mathbf{1})$ durch

$$\begin{aligned} d\varphi(\mathbf{1}): T_{\mathbf{1}}G_1 = \mathfrak{g}_1 &\to T_{\mathbf{1}}G_2 = \mathfrak{g}_2 \\ v &\mapsto \frac{d}{dt}\Big|_{t=0}\varphi\big(\phi^{-1}(\phi(\mathbf{1}) + td\phi(\mathbf{1})(v))\big) \\ &= \frac{d}{dt}\Big|_{t=0}\varphi\big(\exp_1(tv)\big) \end{aligned}$$

gegeben ist. Hier ist $\phi^{-1} = \exp_1$ wie im Beweis von Korollar I.3.8. Weil aber $d\exp_1(0) = \mathrm{id}$ und $d\mathbf{L}\varphi(0) = \mathbf{L}\varphi$ auf Grund der Linearität, folgt die Behauptung aus der Kettenregel. ∎

Die Bemerkung I.7.4 bleibt auch für nicht abgeschlossene Gruppen richtig, wenn man den Ausdruck $d\varphi(\mathbf{1})$ im üblichen differentialgeometrischen Sinn interpretiert (vgl. die Paragraphen III.1 und III.2).

Das nächste Lemma zeigt, daß ein stetiger Homomorphismus φ von zusammenhängenden linearen Lie-Gruppen durch $\mathbf{L}\,\varphi$ eindeutig bestimmt wird.

I.7.5. Lemma. *Seien G_1 und G_2 lineare Lie-Gruppen und $\varphi, \psi: G_1 \to G_2$ stetige Homomorphismen mit $\mathbf{L}\,\varphi = \mathbf{L}\,\psi$. Wenn G_1 zusammenhängend ist, dann folgt $\varphi = \psi$.*

Beweis. Weil jede Umgebung der $\mathbf{1}$ in G_1 die Gruppe G_1 erzeugt, genügt es zu zeigen, daß φ und ψ auf einer solchen Umgebung übereinstimmen. Sei also $\mathcal{V}_1$ eine Campbell-Hausdorff Umgebung in $\mathfrak{g}_1$ und $\mathcal{U}_1 = \exp_1(\mathcal{V}_1)$, dann folgt die Behauptung aus

$$\begin{aligned}\varphi(g_1) &= \exp_2 \circ \mathbf{L}\,\varphi \circ \log_1(g_1)\\ &= \exp_2 \circ \mathbf{L}\,\psi \circ \log_1(g_1) = \psi(g_1)\end{aligned}$$

für alle $g_1 \in \mathcal{U}_1$. ■

Es stellt sich nun natürlich die Frage, ob man für zwei lineare Lie-Gruppen G_1 und G_2 zu einem vorgegebenem Lie-Algebren-Homomorphismus $\alpha: \mathfrak{g}_1 \to \mathfrak{g}_2$ immer einen stetigen Gruppen-Homorphismus $\varphi: G_1 \to G_2$ mit $\mathbf{L}\,\varphi = \alpha$ finden kann. Die erste Antwort auf diese Frage ist: im allgemeinen Nein!

I.7.6. Beispiel. Sei $G_1 = \mathbb{T}^1 = \{e^{it}: t \in \mathbb{R}\} \subseteq \mathrm{Gl}(1, \mathbb{C})$ und $G_2 = \{s \in \mathbb{R}: s \neq 0\} = \mathrm{Gl}(1, \mathbb{R})$. Es gilt dann $\mathfrak{g}_1 = i\mathbb{R} \subseteq \mathbb{C} = \mathrm{gl}(1, \mathbb{C})$ und $\mathfrak{g}_2 = \mathbb{R} = \mathrm{gl}(1, \mathbb{R})$. Wenn nun $\varphi: G_1 \to G_2$ ein stetiger Homomorphismus ist, dann ist $\varphi(G_1)$ eine kompakte zusammenhängende Untergruppe von G_2. Aber die einzige kompakte zusammenhängede Untergruppe von G_1 ist $\{1\}$, so daß φ konstant und $\mathbf{L}\,\varphi = 0$ sein muß. Andererseits ist jede $\mathbb{R}$-lineare Abbildung $\alpha: i\mathbb{R} \to \mathbb{R}$ ein Lie-Algebren-Homomorphismus. ■

Man kann die Antwort auf unsere Frage aber modifizieren in: lokal Ja!

I.7.7. Satz. *Seien G_1 und G_2 zwei lineare Lie-Gruppen und $\alpha: \mathfrak{g}_1 = \mathbf{L}(G_1) \to \mathfrak{g}_2 = \mathbf{L}(G_2)$ ein Homomorphismus von Lie-Algebren. Dann existiert eine Umgebung $\mathcal{U}_1 = \exp_1(\mathcal{V}_1)$ von $\mathbf{1}$ in G_1 und eine Abbildung $\varphi: \mathcal{U}_1 \to G_2$ mit*

$$\varphi(uu') = \varphi(u)\varphi(u') \quad \forall u, u' \in \mathcal{U}_1 \text{ mit } uu' \in \mathcal{U}_1$$

und

$$\varphi \circ \exp_1(X) = \exp_2 \circ \alpha(X) \quad \forall X \in \mathcal{V}_1.$$

Beweis. Seien $\mathcal{V}_1$ und $\mathcal{V}_2$ Campbell-Hausdorff Umgebungen in $\mathfrak{g}_1$ bzw. $\mathfrak{g}_2$ mit $\alpha(\mathcal{V}_1) \subseteq \mathcal{V}_2$. Wir setzen

$$\varphi = \exp_2 \circ \alpha \circ \log_1 : \mathcal{U}_1 = \exp(\mathcal{V}_1) \to G_2.$$

Damit bleibt nur die Multiplikativität von φ zu zeigen. Seien also $u, u' \in \mathcal{U}_1$ mit $uu' \in \mathcal{U}_1$. Es gilt dann

$$u = \exp_1 X, \; u' = \exp_1 X', \; uu' = \exp_1(X * X'), \; X, X', X * X' \in \mathcal{V}_1.$$

Also genügt es

$$\exp_2\left(\alpha(X)\right) \exp_2\left(\alpha(X')\right) = \exp_2\left(\alpha(X * X')\right)$$

zu zeigen, d.h.

$$\alpha(X) * \alpha(X') = \alpha(X * X')$$

Aber α ist ein Lie-Algebren-Homomorphismus, also erhält man mit der Campbell-Hausdorff Formel

$$\begin{aligned}\alpha(X * X') &= \alpha(X + X' + \frac{1}{2}[X, X'] + \text{weitere Klammern}) \\ &= \alpha(X) + \alpha(X') + \frac{1}{2}[\alpha(X), \alpha(X')] + \text{weitere Klammern}) \\ &= \alpha(X) * \alpha(X').\end{aligned}$$

■

Man könnte nun versuchen, jedes $g \in G_1$ als Produkt

$$g = u_1 \ldots u_k$$

von Elementen aus $\mathcal{U}_1$ zu schreiben (das geht, wenn wir G_1 als zusammenhängend voraussetzen) und

$$\varphi(g) = \varphi(u_1) \ldots \varphi(u_k)$$

zu setzen. Dieser Ausdruck hängt aber im allgemeinen von der Wahl der u_j ab (vgl. Beispiel I.7.6). Die Strategie ist jedoch erfolgreich, wenn G_1 *einfach zusammenhängend* ist. Darauf werden wir im nächsten Paragraphen eingehen.

Der Satz von der offenen Abbildung

Wir beenden diesen Abschnitt mit einem Satz, der besagt, daß jeder stetige surjektive Homomorphismus hinreichend regulärer topologischer Gruppen offen ist, d.h. offene Mengen auf offene Mengen abbildet.

I.7.8. Lemma. *Sei M ein lokal kompakter Hausdorff Raum und G eine lokal kompakte topologische Gruppe die abzählbar im Unendlichen ist* (vgl. Lemma I.5.17). *Weiter sei*

$$\rho: G \times M \to M$$
$$(g,m) \mapsto g \cdot m$$

eine stetige transitive Gruppenwirkung, dann gilt für $m_o \in M$:

(i) $G_{m_o} = \{g \in G : g \cdot m_o = m_o\}$ *ist abgeschlossen.*

(ii) *Die Abbildung*

$$\phi: G/G_{m_o} \to M$$
$$gG_{m_o} \mapsto g \cdot m_o$$

ist eine Bijektion.

(iii) *Die Abbildung ϕ ist ein Homöomorphismus, wenn G/G_{m_o} die Quotiententopologie trägt* (vgl. A.13).

Beweis. (i) Betrachte die stetige Abbildung

$$\rho_{m_o}: G \to M$$
$$g \mapsto g \cdot m_o \; .$$

Wegen $G_{m_o} = \rho_{m_o}^{-1}(m_o)$ ist G_{m_o} abgeschlossen.

(ii) ist klar.

(iii) Sei $\pi: G \to G/G_{m_o}$ die kanonische Projektion, dann gilt $\rho_{m_o} = \phi \circ \pi$. Wenn nun $\mathcal{W} \subseteq M$ offen ist, dann ist auch $\rho_{m_o}^{-1}(\mathcal{W})$ und, weil π offen ist, auch

$$\pi\big(\rho_{m_o}^{-1}(\mathcal{W})\big) = \phi^{-1}(\mathcal{W})$$

offen. Dies zeigt, daß ϕ stetig ist. Jetzt wollen wir zeigen, daß ϕ offen ist: Dazu sei $\mathcal{V} \subseteq G/G_{m_o}$ offen. Wegen der Surjektivität von π gilt

$$\phi(\mathcal{V}) = \rho_{m_o}\big(\pi^{-1}(\mathcal{V})\big).$$

Da ϕ stetig ist, genügt es nun zu zeigen, daß ρ_{m_o} eine offene Abbildung ist. Sei also $\mathcal{U}$ offen in G. Wir zeigen, daß

$$\mathcal{N} = \{g \cdot m_o : g \in \mathcal{U}\}$$

offen in M ist, d.h. wir zeigen, jedes $g_o \cdot m_o$ mit $g_o \in \mathcal{U}$ ist im Inneren $\operatorname{inn}\mathcal{N}$ von $\mathcal{N}$. In anderen Worten, weil die Verschiebungen durch Elemente von G Homöomorphismen auf M sind, gilt

$$(*) \qquad m_o \in \operatorname{inn}(g_o^{-1} \cdot \mathcal{N}) = \operatorname{inn}\{h \cdot m_o : h \in g_o^{-1}\mathcal{U}\} \quad \forall g_o \in \mathcal{U}.$$

Beachte, daß $g_o^{-1}\mathcal{U}$ eine Umgebung der **1** in G ist. Sei $\mathcal{U}_1$ eine offene Umgebung der **1** in G mit

$$\mathcal{U}_1 = \mathcal{U}_1^{-1}, \quad \mathcal{U}_1\mathcal{U}_1 \subseteq g_o^{-1}\mathcal{U}.$$

Wir behaupten, daß es eine Folge $\{g_n\}_{n\in\mathbb{N}}$ in G mit

$$(**) \qquad G = \bigcup_{n\in\mathbb{N}} g_n\mathcal{U}_1$$

gibt. Weil G abzählbar im Unendlichen ist, können wir kompakte Mengen $K_k \subseteq K_{k+1}$ in G mit

$$\bigcup_{g\in G} g\mathcal{U}_1 = G = \bigcup_{k\in\mathbb{N}} K_k$$

finden. Aber dann gibt es $n_k \in \mathbb{N}$ und $g_j \in G$ mit

$$K_k \subseteq \bigcup_{j=1}^{n_k} g_j\mathcal{U}_1,$$

woraus man leicht eine Folge, die $(**)$ erfüllt, konstruiert. Wegen der Transitivität der Wirkung gilt nun aber

$$M = \bigcup_{n\in\mathbb{N}} g_n\mathcal{U}_1\cdot m_o.$$

Weil M lokal kompakt ist, folgt jetzt mit dem *Baireschen Kategoriensatz* (vgl. A.48), daß es ein $g_o = g_{n_o}$ mit

$$\operatorname{inn}(g_o\mathcal{U}_1\cdot m_o) \neq \emptyset$$

gibt. Wenn jetzt also $h \in \mathcal{U}_1$

$$g_o h\cdot m_o \in \operatorname{inn}(g_o\mathcal{U}_1\cdot m_o)$$

erfüllt, so gilt

$$\begin{aligned} m_o &\in \operatorname{inn}(h^{-1}g_o^{-1}g_o\mathcal{U}_1\cdot m_o) \\ &= \operatorname{inn}(h^{-1}\mathcal{U}_1\cdot m_o) \\ &\subseteq \operatorname{inn}(g_o^{-1}\mathcal{U}\cdot m_o) \\ &= \operatorname{inn}(g_o^{-1}\cdot\mathcal{N}). \end{aligned}$$

Dies beweist $(*)$ und somit das Lemma. ■

I.7.9. Satz. *Seien G_1 und G_2 zwei lokal kompakte topologische Gruppen und $\varphi: G_1 \to G_2$ ein stetiger surjektiver Homomorphismus. Wenn G_1 abzählbar im Unendlichen ist, dann ist φ offen.*

Beweis. Wir definieren eine Wirkung von G_1 auf G_2 durch

$$g_1 \cdot g_2 = \varphi(g_1) g_2.$$

Es folgt unmittelbar, daß diese Wirkung stetig ist. Sie ist auch transitiv, weil φ als surjektiv vorausgesetzt ist. Schließlich ist der Stabilisator $(G_1)_{\mathbf{1}}$ durch

$$(G_1)_{\mathbf{1}} = \{g_1 \in G_1 : g_1 \cdot \mathbf{1} = \mathbf{1}\} = \ker \varphi$$

gegeben. Aus Lemma I.7.8 folgt nun, daß

$$\begin{aligned} \phi: G_1/\ker \varphi &\to G_2 \\ g_1 \ker \varphi &\mapsto \varphi(g_1) \end{aligned}$$

offen ist. Aber damit ist natürlich auch $\varphi = \phi \circ \pi$ offen, weil die kanonische Projektion $\pi: G_1 \to G/\ker \varphi$ offen ist. ∎

I.7.10. Bemerkung. Nach Satz I.5.12, Lemma I.5.17 und Satz I.6.10 kann man den Satz I.7.9 auf zusammenhängende lineare Lie-Gruppen anwenden. ∎

Übungsaufgaben zum Abschnitt I.7

1. Sei G eine topologische Gruppe. Wir definieren

$$\mathbf{L}(G) := \operatorname{Hom}(\mathbb{R}, G)$$

als die Menge aller stetigen Homomorphismen von $\mathbb{R}$ nach G. Man zeige :
a) Die Abbildung

$$\mathbb{R} \times \mathbf{L}(G) \to \mathbf{L}(G), \qquad (t, X) \mapsto t.X := (s \mapsto X(ts))$$

definiert eine Skalarmultiplikation auf $\mathbf{L}(G)$, d.h. für alle $X \in \mathbf{L}(G)$ gilt:

1) $0.X = \mathbf{1}$ ist der konstante Homomorphismus.
2) $(ts).X = t.(s.X)$.
3) $1.X = X$.

(vgl. Proposition I.3.1, Definition I.5.8, Bemerkung I.6.8).

b) Wir definieren die Exponentialfunktion $\operatorname{Exp} : \mathbf{L}(G) \to G$ durch $X \mapsto X(1)$. Man zeige $\operatorname{Exp}(t.X) = X(t)$ (vgl. Bemerkung I.2.2).
c) Ist $\alpha : G \to H$ ein stetiger Homomorphismus topologischer Gruppen, so existiert genau eine Abbildung $\mathbf{L}(\alpha) : \mathbf{L}(G) \to \mathbf{L}(H)$, die das folgende Diagramm kommutativ macht:

$$\begin{array}{ccc} \mathbf{L}(G) & \xrightarrow{\mathbf{L}(\alpha)} & \mathbf{L}(H) \\ \downarrow \operatorname{Exp}_G & & \downarrow \operatorname{Exp}_H \\ G & \xrightarrow{\alpha} & H \end{array}$$

und für die $\mathbf{L}(\alpha)(t.X) = t.\mathbf{L}(\alpha)X$ gilt (vgl. Lemma I.7.1).

2. Ist G abelsch, so ist G sogar ein Vektorraum, wenn man die Addition über

$$(X+Y)(t) := X(t)Y(t) \qquad \forall t \in \mathbb{R}$$

definiert.

Das Hauptwerkzeug der Lieschen Theorie ist die Korrespondenz zwischen Lie-Algebra und Gruppe via Exponentialfunktion. Daß diese Übersetzung so gut funktioniert liegt daran, daß für eine Lie-Gruppe G die Menge $\mathbf{L}(G)$ sogar die Struktur einer endlichdimensionalen Lie-Algebra trägt und die lokale Struktur von G dadurch vollständig bestimmt ist (Satz III.2.19). Wie wir später in §III.2 sehen werden, braucht man einige Hilfsmittel aus der Differentialgeometrie um für eine allgemeinen Lie-Gruppe die Menge $\mathbf{L}(G)$ mit der Struktur einer Lie-Algebra zu versehen. Für Untergruppen von $\operatorname{Gl}(n, \mathbb{K})$ ist das einfacher, da man sich dort in der Algebra $\operatorname{M}(n, \mathbb{K})$ befindet, die gleichzeitig die Gruppenstruktur auf $\operatorname{Gl}(n, \mathbb{R})$ und auch die Lie-Algebren-Struktur auf $\mathbf{L}(G)$ liefert.

3. Man beweise den Homomorphiesatz für lokalkompakte Gruppen: Sei $\alpha : G \to H$ ein surjektiver Homomorphismus lokalkompakter Gruppen und G sei abzählbar im Unendlichen. Dann induziert α einen Homöomorphismus

$$[\alpha] : G/\ker \alpha \to H,$$

mit $[\alpha](g \ker \alpha) = \alpha(g)$, wenn $G/\ker \alpha$ die Quotiententopologie trägt. Hinweis: Satz I.7.9. Man vergleiche hierzu auch die Aufgaben in §III.2.

4. Sei G eine abgeschlossene Untergruppe der Gruppe $\operatorname{Gl}(n, \mathbb{R})$ und und $\mathbf{L}(G) \cong \operatorname{Hom}(\mathbb{R}, G)$ deren Lie-Algebra. Wir schreiben $\mathbf{L}(G)_k$ für diejenigen Elemente X in $\mathbf{L}(G)$ für die $e^{\mathbb{R}X}$ beschränkt ist.
a) Ist G abelsch, so ist $\mathbf{L}(G)_k$ ein Untervektorraum von $\mathbf{L}(G)$.
b) Man zeige, daß man die Bewegungsgruppe M_2 der euklidischen Ebene als abgeschlossene Untergruppe von $\operatorname{Gl}(3, \mathbb{R})$ realisieren kann. Hinweis: Homogene Koordinaten.

c) Man zeige, daß $\mathbf{L}(M_2)_k$ kein Vektorraum ist. Hinweis: Diese Menge ist das Komplement einer gelochten Ebene (vgl. Übungsaufgabe III.3.5) in dem dreidimensionalen Raum $\mathbf{L}(M_2)$.

5. Beispiel eines stetigen Homomorphismus lokalkompakter Gruppen für den der Satz von der offenen Abbildung nicht anwendbar ist.
a) $\mathbb{R}$ ist als $\mathbb{Q}$-Vektorraum isomorph zu $\mathbb{Q} \oplus \mathbb{R}$. Sei $\alpha: (\mathbb{Q} \oplus \mathbb{R}) \cong \mathbb{R} \to \mathbb{R}$ die Projektion auf den zweiten Summanden. Wir versehen $\mathbb{Q} \oplus \mathbb{R}$ mit der diskreten und $\mathbb{R}$ mit der gewöhnlichen Topologie.
b) α ist stetig und $\mathbb{Q} \oplus \mathbb{R}$ ist lokalkompakt.
c) Die induzierte Abbildung $[\alpha]: \mathbb{Q} \oplus \mathbb{R}/\ker\alpha \to \mathbb{R}$ ist nicht offen.

§8 Fundamentalgruppen und Überlagerungen

Dieser Abschnitt stellt diejenigen Hilfsmittel aus der algebraischen Topologie bereit, die wir später benötigen werden. Er ist unabhängig von den bisherigen Abschnitten und kann vom Leser übersprungen werden, falls er mit elementarer Homotopie- und Überlagerungstheorie vertraut ist. Allerdings werden wir im nächsten Abschnitt die hier eingeführte Notation verwenden.

I.8.1. Definition. Seien M und N Hausdorff Räume und $f, g: M \to N$ stetige Abbildungen. Dann heißen f und g *homotop*, wenn es eine stetige Abbildung $h: M \times [0,1] \to N$ mit

$$f(x) = h(x,0), \quad g(x) = h(x,1)$$

gibt. Die Abbildung h heißt *Homotopie von f nach g*.

I.8.2. Definition. Sei N ein Hausdorff Raum und $y_o \in N$. Eine stetige Abbildung $\gamma: [0,1] \to N$ heißt *Schleife* in y_o, wenn $\gamma(0) = \gamma(1) = y_o$. Die Menge aller Schleifen in y_o wird mit $\Omega(N, y_o)$ bezeichnet. Zwei Schleifen γ, η in y_o heißen *homotop*, wenn es eine Homotopie von γ nach η mit

$$h(0,t) = h(1,t) = y_o \quad \forall t \in [0,1]$$

gibt. Wir schreiben in diesem Fall $\gamma \sim \eta$ und bezeichnen die Klasse $\{\eta : \eta \sim \gamma\}$ mit $[\gamma]$.

I.8.3. Lemma. *Die Relation $\sim$ ist eine Äquivalenzrelation auf $\Omega(N, y_o)$.*

Beweis. Reflexifiät: $\gamma \sim \gamma$ via $h(x,t) = \gamma(x)$.
Symmetrie: Wenn $\gamma \sim \eta$ via h, dann gilt $\eta \sim \gamma$ via $\widetilde{h}(x,t) = h(x, 1-t)$.
Transitivität: Wenn $\gamma \sim \eta$ via h und $\eta \sim \tau$ via k, dann ist $\gamma \sim \tau$ via l, wobei

$$l(x,t) = \begin{cases} h(x, 2t) & \text{für } t \in [0, \frac{1}{2}] \\ k(x, 2t-1) & \text{für } t \in [\frac{1}{2}, 1]. \end{cases}$$

(vgl. Übungsaufgabe 1). ■

Wir definieren ein Produkt auf $\Omega(N, y_o)$ durch

$$\gamma \diamond \eta(x) = \begin{cases} \eta(2x) & \text{für } x \in [0, \frac{1}{2}] \\ \gamma(2x-1) & \text{für } x \in [\frac{1}{2}, 1]. \end{cases}$$

I.8.4. Proposition. *Die Operation $\diamond : \Omega(N, y_o) \times \Omega(N, y_o) \to \Omega(N, y_o)$ definiert auf der Menge $\Omega(N, y_o)/\sim$ der Äquivalenzklassen eine Gruppenmultiplikation, für die die Klasse der konstanten Schleife $\gamma_{y_o}(x) = y_o$ das neutrale Element ist.*

Beweis. Wohldefiniertheit: Wenn $\gamma \sim \gamma'$ via h und $\eta \sim \eta'$ via k, dann gilt $\gamma \diamond \eta \sim \gamma' \diamond \eta'$ via

$$\widetilde{h}(x,t) = \begin{cases} k(2x, t) & \text{für } x \in [0, \frac{1}{2}] \\ h(2x-1, t) & \text{für } x \in [\frac{1}{2}, 1]. \end{cases}$$

Existenz des Inversen: Für $\gamma \in \Omega(N, y_o)$ setze $\widetilde{\gamma}(x) = \gamma(1-x)$. Es ist dann $\widetilde{\gamma} \diamond \gamma \sim \gamma_{y_o}$ via

$$h(x,t) = \begin{cases} \gamma(2tx) & \text{für } x \in [0, \frac{1}{2}] \\ \gamma(2t(1-x)) & \text{für } x \in [\frac{1}{2}, 1]. \end{cases}$$

Assoziativgesetz: Es gilt $\gamma'' \diamond (\gamma' \diamond \gamma) \sim (\gamma'' \diamond \gamma') \diamond \gamma$ via

$$h(x,t) = \begin{cases} \gamma(\frac{4x}{1+t}) & \text{für } x \in [0, \frac{t+1}{4}] \\ \gamma'(4x - 1 - t) & \text{für } x \in [\frac{t+1}{4}, \frac{t+2}{4}] \\ \gamma''(1 - 4\frac{1-x}{2-t}) & \text{für } x \in [\frac{t+2}{4}, 1]. \end{cases}$$

■

I.8.5. Definition. Die Gruppe $(\Omega(N, y_o), \diamond)$ heißt die *Fundamentalgruppe von N in y_o* und wird mit $\pi_1(N, y_o)$ bezeichnet.

I.8.6. Beispiel. Sei $N \subseteq \mathbb{R}^m$ *sternförmig*, d.h. es gibt einen Punkt $y_o \in N$, so daß jeder andere Punkt in N mit y_o durch eine Strecke *in* N verbunden werden kann. Dann ist die Fundamentalgruppe $\pi_1(N, y_o)$ trivial.

Beweis. Es gilt $\gamma \sim \gamma_{y_o}$ via $h(x,t) = (1-t)\gamma(x) + ty_o$. ■

I.8.7. Bemerkung. Wenn N bogenzusammenhängend ist, dann sind für alle $y_o, y_1 \in N$ die Fundamentalgruppen $\pi_1(N, y_o)$ und $\pi_1(N, y_1)$ isomorph.

Beweis. Sei $\tau: [0,1] \to N$ stetig mit $\tau(0) = y_o$ und $\tau(1) = y_1$. Zu $\gamma \in \Omega(N, y_o)$ definiert man

$$\widetilde{\gamma} = \begin{cases} \tau(1-3x) & \text{für } x \in [0, \frac{1}{3}] \\ \gamma(3x-1) & \text{für } x \in [\frac{1}{3}, \frac{2}{3}] \\ \tau(3x-2) & \text{für } x \in [\frac{2}{3}, 1]. \end{cases}$$

Wir überlassen es dem Leser zu verifizieren, daß die Zuordnung $[\gamma] \mapsto [\widetilde{\gamma}]$ der gesuchte Isomorphismus ist. ∎

I.8.8. Definition. Ein bogenzusammenhängender Hausdorff Raum N heißt *einfach zusammenhängend*, wenn $\pi_1(N, y_o)$ für ein $y_o \in N$ (und damit für alle) trivial ist.

I.8.9. Definition. Seien M und N Hausdorff Räume, dann heißt eine stetige Abbildung $p: M \to N$ eine *Überlagerung*, wenn es zu jedem Punkt $y \in N$ eine Umgebung $\mathcal{U}$ gibt, derart daß $p^{-1}(\mathcal{U})$ disjunkte Vereinigung von offenen Teilmengen $\widetilde{\mathcal{U}}_i$ ist, für die die Abbildung $p|_{\widetilde{\mathcal{U}}_i}: \widetilde{\mathcal{U}}_i \to \mathcal{U}$ ein Homöomorphismus ist.

I.8.10. Beispiel. Sei $M = \mathbb{R}$ und $N = \mathbb{T} = \{e^{it} : t \in \mathbb{R}\}$, dann ist die Abbildung $p(t) = e^{it}$ eine Überlagerung. Der Raum $\mathbb{R}$ ist einfach zusammenhängend.

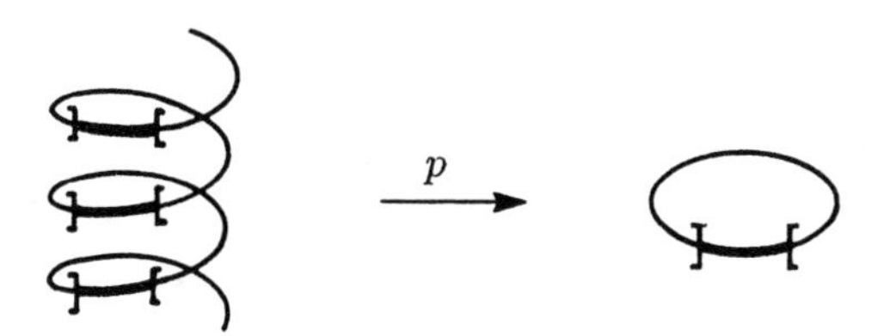

Figur I.8.1

Das folgende Lemma zeigt, daß man Homotopien bei Überlagerungen anheben kann.

I.8.11. Lemma. *Sei $p: M \to N$ eine Überlagerung und $p(m_o) = y_o$. Weiter seien $\gamma, \gamma' : [0,1] \to M$ stetig mit $\gamma(0) = \gamma(1) = \gamma'(0) = m_0$ und $y_o = p \circ \gamma'(0) = p \circ \gamma'(1)$. Wenn $p \circ \gamma$ und $p \circ \gamma'$ homotop via $h: [0,1]^2 \to N$ sind, dann gilt $\gamma'(0) = \gamma'(1) = m_o$ sowie $\gamma \sim \gamma'$ in $\Omega(M, m_o)$ vermöge einer Homotopie $\widetilde{h}: [0,1]^2 \to M$ mit $p \circ \widetilde{h} = h$.*

Beweis. Wir halten zunächst fest, daß man Partitionen

$$0 = x_o < x_1 < \dots < x_r = 1$$

$$0 = t_o < t_1 < \dots < t_s = 1$$

von $[0,1]$ finden kann, so daß

$$h([x_j, x_{j+1}] \times [t_k, t_{k+1}]) \subseteq \mathcal{U}_{jk},$$

wobei die $\mathcal{U}_{jk}$ offene Mengen in N sind, für die

$$p: p^{-1}(\mathcal{U}_{jk}) \to \mathcal{U}_{jk}$$

ein Homöomorphismus auf jeder Zusammenhangskomponente von $p^{-1}(\mathcal{U}_{jk})$ ist. Schreibe J_{jk} für $[x_j, x_{j+1}] \times [t_k, t_{k+1}]$.

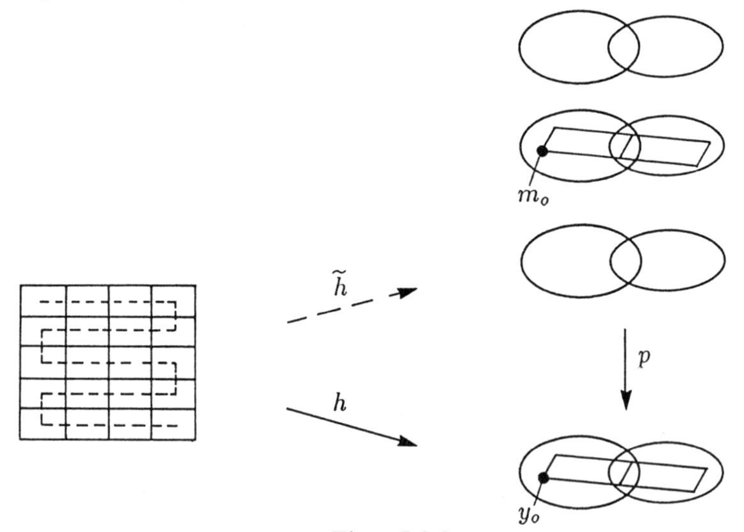

Figur I.8.2

Sei $\widetilde{\mathcal{U}}_{00}$ die Komponente von $p^{-1}(\mathcal{U}_{00})$, die m_o enthält, und $q_{00}: \mathcal{U}_{00} \to \widetilde{\mathcal{U}}_{00}$ die Umkehrung von p. Wir setzen

$$\widetilde{h}|_{J_{00}} = q_{00} \circ h|_{J_{00}}.$$

Nun sei $\widetilde{\mathcal{U}}_{01}$ die Komponente von $p^{-1}(\mathcal{U}_{01})$, die $\widetilde{h}(J_{00} \cap J_{01})$ enthält, und $q_{01}: \mathcal{U}_{01} \to \widetilde{\mathcal{U}}_{01}$ die Umkehrung von p. Wir setzen

$$\widetilde{h}|_{J_{01}} = q_{01} \circ h|_{J_{01}}.$$

Beachte, daß wegen $q_{00} \circ h|_{J_{00} \cap J_{01}} = q_{01} \circ h|_{J_{00} \cap J_{01}}$ die Abbildung $\widetilde{h}|_{J_{00} \cup J_{01}}$ wohldefiniert und stetig ist (vgl. Übung 1).

So fährt man fort bis man $\widetilde{h}$ auf $J_{00} \cup \ldots \cup J_{0(s-1)}$ definiert hat. Dann sei $\widetilde{\mathcal{U}}_{1(s-1)}$ die Komponente von $p^{-1}(\mathcal{U}_{1(s-1)})$, die $\widetilde{h}(J_{1(s-1)} \cap J_{0(s-1)})$ enthält, und $q_{1(s-1)}: \mathcal{U}_{1(s-1)} \to \widetilde{\mathcal{U}}_{1(s-1)}$ die Umkehrung von p. Wir setzen

$$\widetilde{h}|_{J_{1(s-1)}} = q_{1(s-1)} \circ h|_{J_{1(s-1)}}.$$

Im nächsten Schritt muß man etwas aufpassen: Sei $\widetilde{\mathcal{U}}_{1(s-2)}$ die Komponente von $p^{-1}(\mathcal{U}_{1(s-2)})$, die $\widetilde{h}(J_{1(s-1)} \cap J_{1(s-2)})$ enthält, dann enthält diese Komponente auch $\widetilde{h}(J_{0(s-2)} \cap J_{1(s-2)})$, weil $J_{1(s-1)} \cap J_{1(s-2)} \cap J_{0(s-2)} \neq \emptyset$. Also kann man $q_{1(s-2)}$ und $\widetilde{h}|_{J_{1(s-1)}}$ wie zuvor definieren und hat eine stetige Abbildung auf $J_{00} \cup \ldots \cup J_{0(s-1)} \cup J_{1(s-1)} \cup J_{1(s-2)}$.

Wir setzen dieses Verfahren fort, und nach endlich vielen Schritten haben wir eine stetige Abbildung $\widetilde{h}: [0,1]^2 \to M$ mit $p \circ \widetilde{h} = h$ konstruiert. Es bleibt zu zeigen, daß

$$\widetilde{h}(x,0) = \gamma(x), \ \widetilde{h}(x,1) = \gamma'(x), \ \widetilde{h}(0,t) = \widetilde{h}(1,t) = m_o \ \forall x,t \in [0,1].$$

Aber wegen $p \circ \widetilde{h} = h$ und $h(x,0) = p \circ \gamma(x)$ ist die Menge

$$\{x \in [0,1]: \widetilde{h}(x,0) = \gamma(x)\} \neq \emptyset$$

offen in $[0,1]$. Abgeschlossen ist sie ohnehin, weil $\widetilde{h}$ und γ stetig sind. Also ist sie gleich $[0,1]$. Die anderen Identitäten beweist man analog. ■

I.8.12. Korollar. *Sei $p: M \to N$ eine Überlagerung und $\gamma: [0,1] \to N$ stetig. Dann gibt es zu jedem $m_o \in p^{-1}(\gamma(0))$ einen eindeutig bestimmten Weg $\widetilde{\gamma}: [0,1] \to M$ mit $\widetilde{\gamma}(0) = m_o$ und $p \circ \widetilde{\gamma} = \gamma$.*

Beweis. Man kopiere den Beweis von I.8.11 ohne die t-Komponente in den Funktionen. ■

I.8.13. Korollar. *Sei $p: M \to N$ eine Überlagerung. Wenn $p(m_o) = y_o$, dann wird durch*

$$\pi_1(p)([\gamma]) = [p \circ \gamma] \in \pi_1(N, y_o) \quad \forall [\gamma] \in \pi_1(M, m_o)$$

ein injektiver Gruppen-Homomorphismus definiert.

Beweis. Verknüpft man Homotopien in M mit p, so sieht man sofort, daß die Abbildung $\pi_1(p)$ wohldefiniert ist. Wegen

$$p \circ (\gamma \diamond \gamma') = (p \circ \gamma) \diamond (p \circ \gamma')$$

ist $\pi_1(p)$ auch ein Gruppen-Homomorphismus. Bleibt zu zeigen, daß $\pi_1(p)$ injektiv ist. Wenn aber $[p \circ \gamma] = [p \circ \gamma']$, d.h. wenn $p \circ \gamma \sim p \circ \gamma'$, dann sind nach Lemma I.8.11 auch γ und γ' in $\Omega(M, m_o)$ homotop, d.h. $[\gamma] = [\gamma'] \in \pi_1(M, m_o)$. ■

Wir können jetzt das Hauptresultat dieses Abschnitts beweisen:

I.8.14. Satz. *Sei N ein bogenzusammenhängender Hausdorff Raum, in dem jeder Punkt eine Umgebung hat, die homöomorph zu einer Kugel in einem $\mathbb{R}^l$ ist. Dann gibt es einen einfach zusammenhängenden Raum M und eine Überlagerung $p: M \to N$.*

Beweis. Wähle $y_o \in N$ und setze

$$P = \{\gamma: [0,1] \to N : \gamma(0) = y_o\}.$$

Ähnlich wie in Lemma I.8.3 sieht man, daß die folgende Relation auf P eine Äquivalenzrelation ist: Es sei

$$\gamma \approx \gamma',$$

wenn es eine Homotopie h von γ nach γ' mit

$$h(0,t) = y_o, \ h(1,t) = \gamma(1) \quad \forall t \in [0,1]$$

gibt. Der Kandidat für unsere Überlagerung ist durch

$$M = (P/\approx) = \{[\gamma]: \gamma \in P\}, \quad p([\gamma]) = \gamma(1)$$

gegeben. Wir verwenden hier dieselbe Notation für Äquivalenzklassen wie in der Fundamentalgruppe, weil es immer aus dem Zusammenhang klar sein wird, von welcher Relation die Rede ist.

Nach Voraussetzung gibt es zu jedem Punkt in N eine bogenzusammenhängende und einfach zusammenhängende Umgebung $\mathcal{U}$. Wir halten ein solches $\mathcal{U}$ fest und definieren ein Äquivalenzrelation auf

$$p^{-1}(\mathcal{U}) = \{[\gamma]: \gamma \in P, \gamma(1) \in \mathcal{U}\}$$

durch

$$[\gamma] \sim_{\mathcal{U}} [\gamma'],$$

wenn es eine stetige Abbildung $\eta: [0,1] \to \mathcal{U}$ mit

$$\eta(0) = \gamma(1), \ \eta(1) = \gamma'(1), \ [\eta \diamond \gamma] = [\gamma']$$

gibt. An dieser Stelle bemerken wir, daß die Formel für die Verknüpfung $\diamond$ hier sinnvoll ist, weil Anfangs- und Endpunkt der jeweiligen Pfade zusammenpassen.

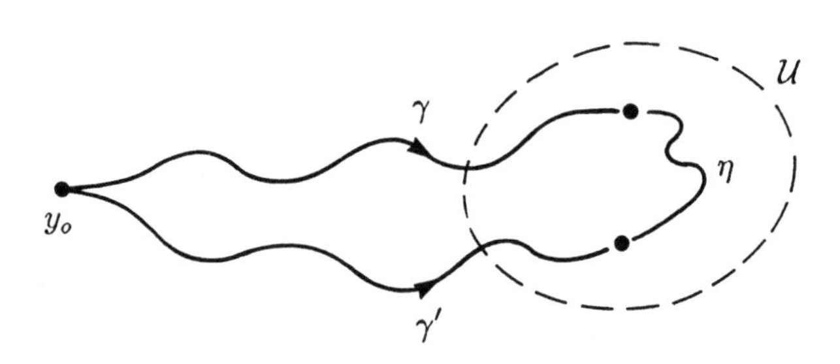

Figur I.8.3

Behauptung 1: Sei $\widetilde{\mathcal{U}}$ eine Äquivalenzklasse in $p^{-1}(\mathcal{U})$ bezüglich der Relation $\sim_{\mathcal{U}}$, dann ist

$$p|_{\widetilde{\mathcal{U}}}: \widetilde{\mathcal{U}} \to \mathcal{U}$$

eine Bijektion.

Um zu zeigen, daß die Abbildung surjektiv ist, wähle $y \in \mathcal{U}$ und ein beliebiges $[\gamma] \in \widetilde{\mathcal{U}}$. Es gilt dann $\gamma(1) \in \mathcal{U}$ und es existiert ein Weg η von $\gamma(1)$ nach y in $\mathcal{U}$. Aber das bedeutet gerade $p([\eta \diamond \gamma]) = y$ und $[\eta \diamond \gamma] \sim_{\mathcal{U}} [\gamma]$, d.h. $[\eta \diamond \gamma] \in \widetilde{\mathcal{U}}$.

Für die Injektivität der Abbildung seien $[\gamma], [\gamma'] \in \widetilde{\mathcal{U}}$ mit $\gamma(1) = \gamma'(1)$. Nach der Definition von $\sim_{\mathcal{U}}$ findet man eine Schleife $\eta \in \Omega(\mathcal{U}, \gamma(1))$ mit $[\eta \diamond \gamma] = [\gamma'] \in P$. Weil aber $\mathcal{U}$ einfach zusammenhängend ist, ist η homotop zur konstanten Schleife $\gamma_{\gamma(1)}$, also γ homotop zu γ'. In anderen Worten $[\gamma] = [\gamma']$.

Behauptung 2: Durch die folgende Vorschrift wird eine Topologie auf M definiert: Eine Menge $\mathcal{W} \subseteq M$ ist offen, wenn für alle offenen, zusammenhängenden und einfach zusammenhängenden Mengen $\mathcal{U} \subset N$ und für alle Äquivalenzklassen $\widetilde{\mathcal{U}}$ von $p^{-1}(\mathcal{U})$ bezüglich $\sim_{\mathcal{U}}$ ist $p(\mathcal{W} \cap \widetilde{\mathcal{U}})$ offen in N.

Es ist klar, daß die leere Menge offen in M ist. Außerdem ist M offen in M, weil $p(\widetilde{\mathcal{U}}) = \mathcal{U}$ offen ist. Wenn nun $\mathcal{W}_1, ..., \mathcal{W}_r$ offen in M sind, dann gilt nach Behauptung 1

$$p(\mathcal{W}_1 \cap ... \cap \mathcal{W}_r \cap \widetilde{\mathcal{U}}) = p(\mathcal{W}_1 \cap \widetilde{\mathcal{U}}) \cap ... \cap p(\mathcal{W}_r \cap \widetilde{\mathcal{U}}).$$

Dies zeigt aber, daß auch $\mathcal{W}_1 \cap ... \cap \mathcal{W}_r$ offen ist. Der Beweis, daß die Vereinigung offener Mengen wieder offen ist, geht analog.

Behauptung 3: Sei $\mathcal{U} \subseteq N$ offen, zusammenhängend und einfach zusammenhängend. Wenn $\widetilde{\mathcal{U}}$ eine Äquivalenzklasse in $p^{-1}(\mathcal{U})$ bezüglich $\sim_{\mathcal{U}}$ ist, dann ist $\widetilde{\mathcal{U}}$ offen in M und $p|_{\widetilde{\mathcal{U}}}: \widetilde{\mathcal{U}} \to \mathcal{U}$ ist ein Homöomorphismus.

Sei $\mathcal{W} \subseteq \widetilde{\mathcal{U}}$ und $p(\mathcal{W})$ offen in $\mathcal{U}$. Wir zeigen, daß $\mathcal{W}$ offen in M ist. Dazu sei $\mathcal{U}'$ offen, zusammenhängend und einfach zusammenhängend in N und $\widetilde{\mathcal{U}}'$ eine Äquivalenzklasse in $p^{-1}(\mathcal{U}')$ bezüglich $\sim_{\mathcal{U}'}$. Wir wollen zeigen, daß $p(\mathcal{W} \cap \widetilde{\mathcal{U}}')$ offen in N ist. Sei $[\gamma] \in \mathcal{W} \cap \widetilde{\mathcal{U}}'$, dann gilt

$$p([\gamma]) = \gamma(1) \in p(\mathcal{W} \cap \widetilde{\mathcal{U}}').$$

Für eine bogenzusammenhängende Umgebung $\mathcal{U}'' \subseteq p(\mathcal{W}) \cap \mathcal{U}'$ von $\gamma(1)$ gilt

$$\mathcal{U}'' \subseteq p(\mathcal{W} \cap \widetilde{\mathcal{U}}').$$

In der Tat, wenn $y \in \mathcal{U}''$, wählen wir einen Weg η von $\gamma(1)$ nach y in $\mathcal{U}''$ und finden $[\eta \diamond \gamma] \in \widetilde{\mathcal{U}} \cap \widetilde{\mathcal{U}}'$. Weil aber

$$y = p([\eta \diamond \gamma]) \in \mathcal{U}'' \subseteq p(\mathcal{W}),$$

zeigt Behauptung 1, daß $[\eta \diamond \gamma] \in \mathcal{W}$ und somit $y \in p(\mathcal{W} \cap \widetilde{\mathcal{U}}')$. Also ist $p(\mathcal{W} \cap \widetilde{\mathcal{U}}')$ offen.

Mit dem obigen haben wir gezeigt, daß $\widetilde{\mathcal{U}}$ offen und $p|_{\widetilde{\mathcal{U}}}: \widetilde{\mathcal{U}} \to \mathcal{U}$ stetig ist. Wenn aber $\mathcal{W} \subseteq \widetilde{\mathcal{U}}$ offen ist, dann ist $p(\mathcal{W}) = p(\mathcal{W} \cap \widetilde{\mathcal{U}})$ nach Definition offen in N, also auch in $\mathcal{U}$.

Behauptung 4: Die Abbildung $p: M \to N$ ist eine Überlagerung.

Zuerst müssen wir überprüfen, ob M ein Hausdorff Raum ist. Wenn $[\gamma], [\gamma'] \in M$ mit $\gamma(1) \neq \gamma'(1)$, dann finden wir zwei disjunkte offene zusammenhängende und einfach zusammenhängende Umgebungen $\mathcal{U}$ und $\mathcal{U}'$ von $\gamma(1)$ bzw. $\gamma'(1)$ in N und die zugehörigen $p^{-1}(\mathcal{U})$ und $p^{-1}(\mathcal{U}')$ liefern die gewünschten disjunkten Umgebungen von $[\gamma]$ und $[\gamma]'$. Wenn dagegen $[\gamma] \neq [\gamma']$ mit $\gamma(1) = \gamma'(1)$ und $\mathcal{U}$ eine zusammenhängende einfach zusammenhängende offene Umgebung von $\gamma(1)$, dann gehören $[\gamma]$ und $[\gamma']$ nach Behauptung 1 zu zwei verschiedenen Komponenten von $p^{-1}(\mathcal{U})$, die nach Behauptung 3 dann auch die gewünschten disjunkten Umgebungen liefern. Also ist M ein Hausdorff Raum.

Der Raum N wird nach Voraussetzung von offenen, zusammenhängenden und einfach zusammenhängenden Mengen überdeckt. Also folgt jetzt die Behauptung 4 aus Behauptung 3, wenn wir nur zeigen, daß p stetig ist. Aber auch das folgt aus Behauptung 3.

Behauptung 5: Der Raum M ist bogenzusammenhängend.

Sei $m_o = [\gamma_{y_o}] \in M$ und halte $[\gamma] \in M$ fest. Jetzt betrachte für $s \in [0,1]$ die Abbildung

$$\gamma_s: [0,1] \to N$$
$$x \mapsto \gamma(sx)$$

sowie

$$\Gamma: [0,1] \to M$$
$$s \mapsto [\gamma_s].$$

Es gilt $[\gamma_0] = m_o$ und $[\gamma_1] = [\gamma]$. Es genügt also zu zeigen, daß Γ stetig ist. Dazu überdecken wir die kompakte Menge $\gamma([0,1])$ durch endlich viele offene zusammenhängende und einfach zusammenhängende Mengen $\mathcal{U}_1, ..., \mathcal{U}_k$. Dann gibt es zu jedem $s \in [0,1]$ eine offene Umgebung I_s von $s \in [0,1]$ mit

$$\gamma(I_s) \subseteq \mathcal{U}_{j,s} \in \{\mathcal{U}_1, ..., \mathcal{U}_k\}.$$

Also finden wir eine endliche Familie $\{I_\alpha\}$ von offenen Mengen in $[0,1]$ mit

$$\gamma(I_\alpha) \subseteq \mathcal{U}_\alpha \in \{\mathcal{U}_1, ..., \mathcal{U}_k\}$$

und

$$[\gamma_s] \sim_{\mathcal{U}_\alpha} [\gamma_{s'}] \quad \forall s, s' \in I_\alpha.$$

Sei $\widetilde{\mathcal{U}}_\alpha$ die Komponente von $p^{-1}(\mathcal{U}_\alpha)$ die $[\gamma_s]$ mit $s \in I_\alpha$ enthält. Wenn nun $\mathcal{W} \subseteq M$ offen ist, dann ist

$$\Gamma^{-1}(\mathcal{W}) = \bigcup_\alpha \Gamma^{-1}(\mathcal{W} \cap \widetilde{\mathcal{U}}_\alpha)$$

offen, weil

$$\Gamma^{-1}(\mathcal{W} \cap \widetilde{\mathcal{U}}_\alpha) = \{s \in [0,1] : \gamma(s) \in p(\mathcal{W} \cap \widetilde{\mathcal{U}}_\alpha)\} = \gamma^{-1}\big(p(\mathcal{W} \cap \widetilde{\mathcal{U}}_\alpha)\big)$$

offen ist. Also ist Γ stetig.

Behauptung 6: Der Raum M ist einfach zusammenhängend.

Nach Korollar I.8.13 genügt es zu zeigen, daß $\pi_1(p)\big(\pi_1(M, m_o)\big)$ nur aus einem Element besteht. Wähle also $\widetilde{\gamma} \in \Omega(M, m_o)$ und betrachte $\gamma = p \circ \widetilde{\gamma}$. Die Abbildungen γ_s für $s \in [0,1]$ und Γ seien wie im Beweis von Behauptung 5 definiert, dann ist $\Gamma: [0,1] \to M$ ein Weg von m_o nach $[\gamma]$. Beachte, daß

$$p \circ \Gamma(s) = \gamma_s(1) = \gamma(s).$$

Nach Korollar I.8.12 folgt dann aber $\Gamma = \widetilde{\gamma}$ und

$$m_o = \widetilde{\gamma}(1) = \Gamma(1) = [\gamma_1] = [\gamma].$$

Dies beweist die Behauptung und damit den Satz. ∎

Als nächstes zeigen wir, daß eine Überlagerung nicht mehr kompliziert sein kann, wenn der überlagerte Raum schon einfach zusammenhängend war.

I.8.15. Lemma. *Sei $p: M \to N$ eine Überlagerung, M lokal bogenzusammenhängend und N einfach zusammenhängend. Dann existiert ein diskreter Raum F und ein Homöomorphismus $f: M \to N \times F$ mit*

$$pr_1 \circ f = p$$

wobei $pr_1: N \times F \to N$ die Projektion auf die erste Komponente ist. Ist insbesondere M bogenzusammenhängend, dann ist p ein Homöomorphismus.

Beweis. Sei F die Menge der Bogenkomponenten von M, versehen mit der diskreten Topologie und $f(m) = (p(m), \bar{m})$, wobei $\bar{m}$ die Bogenkomponente bezeichnet, die m enthält. Die Abbildung f ist offen, weil p eine Überlagerung ist, und stetig, weil M lokal bogenzusammenhängend ist. Es genügt, das Lemma mit diesem f für M bogenzusammenhängend zu beweisen. Dazu aber müssen wir nur zeigen, daß p injektiv ist. Seien also $m, m' \in M$ mit $p(m) = p(m') = y_o$ und $\widetilde{\gamma}$ ein Weg in M von m nach m'. Dann ist $p \circ \widetilde{\gamma} \in \Omega(N, y_o)$, also homotop zum konstanten Weg γ_{y_o}. Wenn $\widetilde{\gamma}_m$ der konstante Weg in $m \in M$ ist, dann gilt nach Lemma I.8.11 $m' = \widetilde{\gamma}(1) = \widetilde{\gamma}_m = m$. ∎

Die folgende Konstruktion zeigt, wie man aus einer Überdeckung eines Raumes und einer Menge von *Verklebungsabbildungen* eine Überlagerung konstruieren kann.

I.8.16. Konstruktion. Sei N ein bogenzusammenhängender Hausdorff Raum und $(\mathcal{U}_\alpha)_{\alpha\in\mathcal{A}}$ eine offene Überdeckung von N. Weiter sei für $\alpha, \beta \in \mathcal{A}$ mit $\mathcal{U}_\alpha \cap \mathcal{U}_\beta \neq \emptyset$ eine lokal konstante Funktion

$$\theta_{\alpha\beta}: \mathcal{U}_{\alpha\beta} = \mathcal{U}_\alpha \cap \mathcal{U}_\beta \to \mathcal{S}_F$$

gegeben, wobei F ein diskreter Raum und $\mathcal{S}_F$ die Menge aller Permutationen von F ist. Wir nehmen an, daß $\theta_{\alpha\beta}$ die folgenden Bedingungen erfüllt:

(i) $\theta_{\alpha\alpha}(u) = \mathrm{id} \quad \forall u \in \mathcal{U}_\alpha$.

(ii) $\theta_{\alpha\beta}(u)\theta_{\beta\alpha}(u) = \mathrm{id} \quad \forall u \in \mathcal{U}_{\alpha\beta}\ \forall \alpha, \beta \in \mathcal{A}$.

(iii) $\theta_{\alpha\beta}(u) = \theta_{\alpha\gamma}(u)\theta_{\gamma\beta}(u) \quad \forall u \in \mathcal{U}_{\alpha\beta\gamma} = \mathcal{U}_\alpha \cap \mathcal{U}_\beta \cap \mathcal{U}_\gamma$.

Sei

$$S = \bigcup_{\alpha\in\mathcal{A}} \{\alpha\} \times \mathcal{U}_\alpha \times F = \{(\alpha, u, f) \in \mathcal{A} \times N \times F : u \in \mathcal{U}_\alpha\}.$$

Wir nennen eine Menge $\mathcal{W} \subseteq S$ offen, wenn für alle $\alpha \in \mathcal{A}$ die Menge

$$\{(u, f) : (\alpha, u, f) \in \mathcal{W}\}$$

offen ist und überlassen es dem Leser zu verifizierern, daß hierdurch eine Topologie auf S definiert wird.

Die angekündigte Überlagerung von N wird ein Quotientenraum von S sein. Wir definieren auf S eine Äquivalenzrelation durch

$$(\alpha, u, f) \sim (\beta, v, g) \quad \Leftrightarrow \quad u = v, f = \theta_{\alpha\beta}(u)g.$$

Setze nun $M = S/\sim$ mit der Quotiententopologie.

Behauptung 1: Wenn $\mathcal{W}$ offen in S ist, dann ist auch

$$\mathcal{W}^\sharp = \{(\alpha, u, f) \in S : \exists (\beta, v, g) \in \mathcal{W} \text{ mit } (\beta, v, g) \sim (\alpha, u, f)\}$$

offen in S.

Die offene Menge $\mathcal{W}$ ist die Vereinigung von Mengen der Form

$$\{(\beta, v, g) : v \in \mathcal{V} \subseteq \mathcal{U}_\beta\}$$

mit β und g fest, sowie $\mathcal{V}$ einer offenen Menge in N. Also genügt es, die Behauptung für solche $\mathcal{W}$ zu zeigen. Aber dann ist

$$\mathcal{W}^\sharp = \{(\alpha, u, \theta_{\beta\alpha}(u)g) \in S : \alpha \in \mathcal{A}, u \in \mathcal{V}\}$$

und daher nach Definition offen.

Behauptung 2: Die Menge $\{(s, s') \in S \times S : s \sim s'\}$ ist abgeschlossen.

Den Beweis dieser Behauptung überlassen wir dem Leser als Übung.

Behauptung 3: Die Abbildung

$$p: M \to N$$
$$[(\alpha, u, f)] \mapsto u$$

ist eine Überlagerung.

Sei $q: S \to M$ die Quotientenabbildung und $\widetilde{p} = p \circ q$, dann gilt $\widetilde{p}(\alpha, u, f) = u$ und $\widetilde{p}$ ist nach der Definition der Quotiententopologie stetig. Nun betrachten wir die Abbildung

$$q|_{\{\alpha\} \times \mathcal{U}_\alpha \times F}: \{\alpha\} \times \mathcal{U}_\alpha \times F \to p^{-1}(\mathcal{U}_\alpha).$$

Diese Abbildung ist injektiv, weil aus $(\alpha, u, f) \sim (\alpha, v, g)$ folgt $g = \theta_{\alpha\alpha}(u)f = f$ und surjektiv, weil für $u \in \mathcal{U}_\alpha$ und $[(\beta, u, g)] \in M$ folgt

$$[(\beta, u, g)] = [(\alpha, u, \theta_{\alpha\beta}(g))] \in q(\{\alpha\} \times \mathcal{U}_\alpha \times F).$$

Weiter sind $\{\alpha\} \times \mathcal{U}_\alpha \times F$ und $p^{-1}(\mathcal{U}_\alpha)$ offen in S (nach Definition) bzw. in M (nach Behauptung 1). Ebenfalls wegen Behauptung 1 ist q stetig und offen, d.h. $q|_{\{\alpha\} \times \mathcal{U}_\alpha \times F}$ ist ein Homöomorphismus von offenen Mengen. Also sind die Zusammenhangskomponenten von $p^{-1}(\mathcal{U}_\alpha)$ gerade von der Form $q(\{\alpha\} \times \mathcal{U}'_\alpha \times f)$ mit $f \in F$, wobei $\mathcal{U}'_\alpha$ eine Zusammenhangskomponente von $\mathcal{U}_\alpha$ ist. Dies zeigt die Behauptung. ∎

I.8.17. Beispiel. Sei $N = \mathbb{T}$, $F = \mathbb{Z}$ und $\mathcal{A} = \{0, 1\}$, sowie

$$\mathcal{U}_0 = \{e^{it}: t \in]-\frac{3}{4}\pi, \frac{3}{4}\pi[\},$$

$$\mathcal{U}_1 = \{e^{it}: t \in]\frac{1}{4}\pi, \frac{7}{4}\pi[\}$$

und

$$\theta_{01}(e^{it})(k) = \begin{cases} k+1 & \text{für } t \in]\frac{1}{4}\pi, \frac{3}{4}\pi[\\ k & \text{für } t \in]\frac{5}{4}\pi, \frac{7}{4}\pi[. \end{cases}$$

Auf diese Weise erhält man eine Kopie von $\mathbb{R}$ als Überlagerung von $\mathbb{T}$. ∎

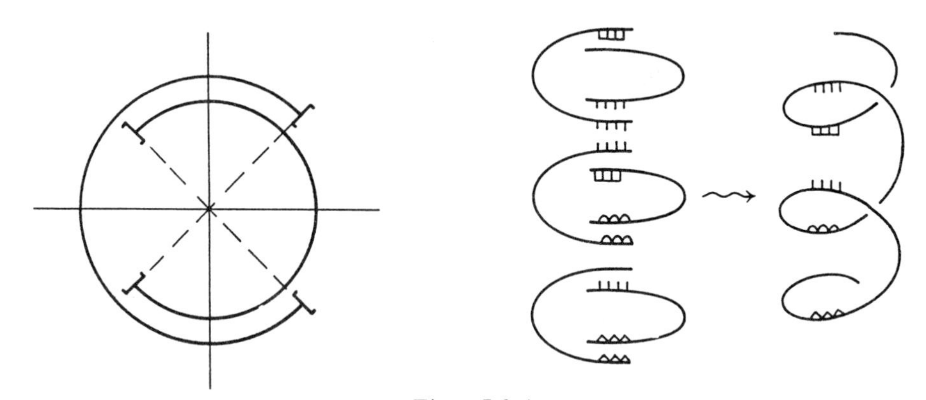

Figur I.8.4

Abschließend zeigen wir noch, wie sich die Multiplikation in der Fundamentalgruppe vereinfacht, wenn der zugrundeliegende Raum eine topologische Gruppe ist.

I.8.18. Lemma. (Hiltons Lemma). *Sei G eine topologische Gruppe (Hausdorffschrm). Dann gilt für $\gamma, \gamma' \in \Omega(G, \mathbf{1})$, daß*

$$[\gamma \diamond \gamma'] = [\gamma\gamma'] = [\gamma'\gamma],$$

wobei $\gamma\gamma'(x) = \gamma(x)\gamma'(x)$ ist. Insbesondere ist $\pi_1(G)$ abelsch.

Beweis. Setze

$$\eta'(x) = \begin{cases} \gamma'(2x) & \text{für } x \in [0, \frac{1}{2}] \\ \gamma'(1) & \text{für } x \in [\frac{1}{2}, 1] \end{cases}$$

und

$$\eta(x) = \begin{cases} \gamma(0) & \text{für } x \in [0, \frac{1}{2}] \\ \gamma(2x-1) & \text{für } x \in [\frac{1}{2}, 1]. \end{cases}$$

Es gilt dann

$$\eta'\eta = \eta\eta' = \gamma \diamond \gamma'.$$

Mit der Homotopie

$$h(x,t) = \begin{cases} \gamma(\frac{2x}{2-t}) & \text{für } 2x \leq 2-t \\ \mathbf{1} & \text{für } 2x \geq 2-t \end{cases}$$

sehen wir $[\eta] = [\gamma]$. Analog zeigt man $[\eta'] = [\gamma']$. Multipliziert man die Homotopien punktweise, so erhält man

$$[\gamma'\gamma] = [\gamma\gamma'] = [\eta\eta'] = [\gamma \diamond \gamma'].$$

Damit ist das Lemma bewiesen. ∎

Übungsaufgaben zum Abschnitt I.8

1. Zusammensetzung stetiger Abbildungen (vgl. Lemma I.8.3, Proposition I.8.4): Seien X, Y topologische Räume und $F_1, ..., F_n$ abgeschlossene Teilmengen von X, sowie $f_i : F_i \to Y$ stetige Abbildungen, so daß

a) $X = \bigcup_{i=1}^n F_i$

b) $f_i|_{U_i \cap U_j} = f_j|_{U_i \cap U_j}$ für $i, j = 1, ..., n$.

Dann wird durch $f(x) := f_i(x)$, für $x \in F_i$, eine stetige Abbildung $f : X \to Y$ definiert. Hinweis: Man zeige, daß die Urbilder abgeschlossener Mengen abgeschlossen sind.

2. Der Kreis $\mathbb{S}^1 = \mathbb{T}$ ist nicht einfach zusammenhängend. Hinweis: Beispiel I.8.10, Lemma I.8.15. Eine Methode zur Berechnung von $\pi_1(\mathbb{S}^1)$ wird im nächsten Abschnitt (Satz I.9.14) angegeben.

3. Für $n > 1$ ist $\mathbb{S}^n$ einfach zusammenhängend. Für den Beweis gehe man in folgenden Schritten vor:

a) Sei $\gamma : [0,1] \to \mathbb{S}^n$ stetig. Dann existiert ein $m > 0$, so daß $||\gamma(t) - \gamma(t')|| < \frac{1}{2}$ für $|t - t'| < \frac{1}{m}$.

b) Man definiere $\widetilde{\alpha} : [0,1] \to \mathbb{R}^{n+1}$ als den Polygonzug, der die Punkte

$$\gamma(0), \gamma(\frac{1}{m}), ..., \gamma(1)$$

so miteinander verbindet, so daß $\widetilde{\alpha}(\frac{k}{m}) = \gamma(\frac{k}{m})$ für $k = 0, ..., m$. Dann ist die durch $\alpha(t) := \frac{1}{||\widetilde{\alpha}(t)||}\widetilde{\alpha}(t)$ definierte Kurve $\alpha : [0,1] \to \mathbb{S}^n$ wohldefiniert und stetig.

c) $[\alpha] = [\gamma]$. Hinweis:

$$h(t,s) := \frac{(1-s)\gamma(t) + s\alpha(t)}{||(1-s)\gamma(t) + s\alpha(t)||}.$$

d) α ist nicht surjektiv. Das Bild von α ist die zentrische Projektion eine Polygonzuges auf die Sphäre.

e) Ist $\beta : [0,1] \to \mathbb{S}^n$ nicht surjektiv, so ist β nullhomotop. Hinweis: Sei $p \in \mathbb{S}^n \setminus \beta([0,1])$. Mittels stereographischer Projektion von p aus überzeuge man sich davon, daß $\mathbb{S}^n \setminus \{p\}$ homöomorph zu $\mathbb{R}^n$ und damit zusammenziehbar ist.

f) $\pi_1(\mathbb{S}^n) = \{0\}$ für $n \geq 2$.

4. Ist S eine *topologische Halbgruppe mit* $\mathbf{1}$, d.h. ein topologischer Raum mit einer stetigen assoziativen Multiplikation $m : S \times S \to S$ für die ein Einselement existiert, so ist $\pi_1(S) := \pi_1(S, \mathbf{1})$ abelsch. Hinweis: Man überzeuge sich davon, daß im Beweis von Hiltons Lemma kein Bezug auf die Existenz des Inversen genommen wird.

5. Auf der Sphäre S^n definieren wir eine Äquivalenzrelation $\sim$ durch $x \sim y$, wenn $y = x$ oder $y = -x$. Den Raum der Äquivalenzklassen versehen wir mit der Quotiententopologie und bezeichnen ihn mit $\mathbb{RP}^n$. Er heißt der *n-dimensionale projektive Raum*, da man die Elemente von $\mathbb{RP}^n$ mit den Geraden durch 0 in $\mathbb{R}^{n+1}$ identifizieren kann. Man zeige, daß die Quotientenabbildung $p : \mathrm{S}^n \to \mathbb{RP}^n$ eine zweiblättrige Überlagerung ist. Die Fundamentalgruppe von $\mathbb{RP}^n$ ist also isomorph zu $\mathbb{Z}_2 = \mathbb{Z}/2\mathbb{Z}$, wenn $n \geq 2$ ist (Aufgabe 3). Wie kann man den Erzeuger der Fundamentalgruppe explizit beschreiben? Was passiert für $n = 1$?

6. a) Auf $X := \mathbb{C}^*$ betrachte man die Abbildung $f : z \mapsto z^n$ für $n \geq 1$. Man zeige, daß f eine n-blättrige Überlagerung ist. Hinweis: Satz vom lokalen Inversen.
b) Die Exponentialfunktion $\exp : \mathbb{C} \to \mathbb{C}^*$ ist eine universelle Überlagerung von $\mathbb{C}^*$.

7. Sind X und Y topologische Räume, so ist

$$\pi_1(X \times Y) \cong \pi_1(X) \times \pi_1(Y).$$

Hinweis: Jede stetige Abbildung $\alpha : [0,1] \to X \times Y$ wird durch das Paar der Komponentenabbildungen beschrieben.

§9 Einfach zusammenhängende Überlagerungsgruppen

In diesem Abschnitt zeigen wir, daß es zu jeder bogenzusammenhängenden Lie-Gruppe G eine einfach zusammenhängende Lie-Gruppe $\widetilde{G}$ und einen surjektiven Gruppen-Homomorphismus $p: \widetilde{G} \to G$ gibt, der eine Überlagerung ist. Anschließend führen wir den Begriff der *lokal linearen Lie-Gruppe* ein und setzen die in Abschnitt 7 begonnene Diskussion über die Existenz von Gruppen-Homomorphismen zu vorgegebenen Lie-Algebren Homomorphismen fort.

I.9.1. Lemma. *Sei G eine bogenzusammenhängende Lie-Gruppe und $\widetilde{G}$ der einfach zusammenhängende Überlagerungsraum von G. Dann trägt $\widetilde{G}$ eine Gruppenstruktur bezüglich der die Überlagerungsabbildung $p: \widetilde{G} \to G$ ein Homomorphismus ist.*

Beweis. In der Notation von Satz I.8.14 und seinem Beweis haben wir

$$\widetilde{G} = \{[\gamma]:\ \gamma: [0,1] \to G, \gamma(0) = \mathbf{1}\}.$$

Definiere eine Verknüpfung auf $\widetilde{G}$ durch die punktweise Multiplikation der Wege

$$[\gamma][\gamma'] = [\gamma\gamma'].$$

Es ist klar, daß diese Abbildung wohldefiniert ist, wenn man sich überlegt, daß punktweise Produkte äquivalenter Wege durch die punktweisen Produkte der entsprechenden Homotopien wieder äquivalent sind. Man verifiziert nun sofort die Gruppenaxiome mit der Klasse des konstanten Wegs **1** als Einselement. Schließlich zeigt

$$\begin{aligned} p([\gamma][\gamma']) &= p([\gamma\gamma']) = \gamma\gamma'(1) \\ &= \gamma(1)\gamma'(1) = p([\gamma])p([\gamma']), \end{aligned}$$

daß p ein Gruppen-Homomorphismus ist. ■

I.9.2. Satz. *Sei G eine Lie-Gruppe und $\tilde{G}$ eine topologische Gruppe. Wenn es einen Homomorphismus $p: \tilde{G} \to G$ gibt, der zugleich eine Überlagerung ist, dann trägt $\tilde{G}$ eine Lie-Gruppen-Struktur, bezüglich der p analytisch ist.*

Beweis. Die analytische Struktur erhält man über die lokalen Homöomorphismen $p|_{\tilde{\mathcal{U}}}: \tilde{\mathcal{U}} \to \mathcal{U}$ (vgl. Definition I.8.9). Damit ist dann p auch analytisch. Es bleibt also nur zu zeigen, daß die Gruppenoperationen analytisch sind. Seien also $\bar{g}, \bar{g}' \in \tilde{G}$ und $g = p(\bar{g})$ sowie $g' = p(\bar{g}')$. Dann existieren bogenzusammenhängende Umgebungen $\mathcal{U}, \mathcal{U}', \mathcal{U}''$ von g, g' und $g'' = gg'$ in G sowie Umgebungen $\tilde{\mathcal{U}}$ und $\tilde{\mathcal{U}}'$ von $\bar{g}$ und $\bar{g}'$ in $\tilde{G}$ mit $\mathcal{U}\mathcal{U}' \subseteq \mathcal{U}''$ und

$$p: \tilde{\mathcal{U}} \to \mathcal{U}, \quad p: \tilde{\mathcal{U}}' \to \mathcal{U}'$$

Homöomorphismen. Weiter können wir annehmen, daß

$$p: p^{-1}(\mathcal{U}'') \to \mathcal{U}''$$

auf den Zusammenhangskomponenten von $p^{-1}(\mathcal{U}'')$ Homöomorphismen liefert. Sei $\tilde{\mathcal{U}}''$ die Zusammenhangskomponente von $p^{-1}(\mathcal{U}'')$, die $\bar{g}\bar{g}'$ enthält und

$$q: \mathcal{U}'' \to \tilde{\mathcal{U}}''$$

die Umkehrung von p. Dann folgt die Analytizität der Multiplikation aus der Formel

$$(*) \qquad \bar{u}\bar{u}' = q\big(p(\bar{u})p(\bar{u}')\big) \quad \forall \bar{u} \in \tilde{\mathcal{U}}, \bar{u}' \in \tilde{\mathcal{U}}'.$$

Um $(*)$ zu beweisen, genügt es $\bar{u}\bar{u}' \in \tilde{\mathcal{U}}''$ zu zeigen, weil p ein Homomorphismus und ein Homöomorphismus auf $\tilde{\mathcal{U}}''$ ist. Verbinde dazu $p(\bar{u})$ durch einen Weg γ in $\mathcal{U}$ mit g und entsprechend $p(\bar{u}')$ durch einen Weg γ' in $\mathcal{U}'$ mit g'. Dann stellt man fest, daß der Weg

$$t \mapsto q\big(\gamma(t)\gamma'(t)\big)$$

in $p^{-1}(\mathcal{U}'')$ und daher in $\tilde{\mathcal{U}}''$. Analog geht man bei der Inversion vor. ■

Wenn G eine bogenzusammenhängende Lie-Gruppe ist, dann bezeichnen wir die in Lemma I.9.1 konstruierte Gruppe mit der in Satz I.9.2 bestimmten Lie-Gruppen-Struktur als die *einfach zusammenhängende Überlagerungsgruppe* von G.

Wir können jetzt alle Einparametergruppen einer Lie-Gruppe bestimmen, die man als Überlagerung einer linearen Lie-Gruppe erhält. Wir merken hier an, daß $\widetilde{\mathrm{Sl}}(2,\mathbb{R})$ keine lineare Lie-Gruppe ist (vgl. III.8 bis III.10).

I.9.3. Lemma. *Sei G eine lineare Lie-Gruppe und $p: G_1 \to G$ ein Überlagerungshomomorphismus. Wenn G_1 die durch p bestimmte Lie-Gruppen-Struktur trägt* (vgl. Satz I.9.2), *dann gibt es eine eindeutig bestimmte analytische Funktion* $\exp_1 : \mathbf{L}(G) \to G_1$ *mit*

$$p \circ \exp_1 = \exp, \quad \exp_1(0) = \mathbf{1}.$$

Die Einparametergruppen von G_1 sind genau die Funktionen $t \mapsto \exp_1 tX$ für ein $X \in \mathbf{L}(G)$.

Beweis. Nach Korollar I.8.12 gibt es zu dem Weg $t \mapsto \exp tX$ genau einen Weg $t \mapsto \widetilde{\gamma}_X(t)$ mit

$$p\big(\widetilde{\gamma}_X(t)\big) = \exp tX, \quad \widetilde{\gamma}_X(0) = \mathbf{1}.$$

Wir setzen $\exp_1 X = \widetilde{\gamma}_X(1)$. Dann gilt $p \circ \exp_1 = \exp$ und wir sehen, daß $\exp_1$ analytisch ist. Sei nun $f: \mathbf{L}(G) \to G_1$ eine weitere Funktion, die die Voraussetzungen erfüllt, dann ist die Menge

$$\{X \in \mathbf{L}(G): f(X) = \exp_1(X)\}$$

offen, abgeschlossen und nicht leer (enthält die 0) also gleich $\mathbf{L}(G)$.

Um die Aussage über die Einparametergruppen zu beweisen, betrachten wir zunächst die Wege

$$t \mapsto \exp_1\big((t + t_o)X\big), \text{ und } t \mapsto \exp_1\big(tX\big)\exp_1\big(t_oX\big)$$

mit festem t_o. Beide werden durch p auf $\exp\big((t+t_o)X\big)$ abgebildet und sie stimmen für $t = 0$ überein. Wieder mit Korollar I.8.12 findet man also

$$\exp_1\big((t + t_o)X\big) = \exp_1(tX)\exp_1(t_oX) \quad \forall t, t_o \in \mathbb{R}.$$

Umgekehrt sei $\widetilde{\gamma}: \mathbb{R} \to G_1$ eine Einparametergruppe. Dann ist auch $p \circ \widetilde{\gamma}$ eine Einparametergruppe, also nach Satz I.2.12 von der Form $t \mapsto p \circ \widetilde{\gamma}(t) = \exp tX$. Noch einmal mit Korollar I.8.12 findet man schließlich $\widetilde{\gamma}(t) = \exp_1 tX$. ∎

Wir bezeichnen die in Lemma I.9.3 bestimmte Funktion $\exp_1$ als die *Exponentialfunktion* von G_1 und betrachten $\mathbf{L}(G)$ als die *Lie-Algebra* dieser Gruppe. Es kann auch vorkommen, daß eine lineare Lie-Gruppe eine Lie-Gruppe überlagert, die selbst keine lineare Lie-Gruppe ist (vgl. Übung 6). Auch in diesem Fall können wir eine Exponentialfunktion und die Einparametergruppen bestimmen.

I.9.4. Lemma. *Sei G eine zusammenhängende Lie-Gruppe und Z ein diskreter Normalteiler von G. Dann ist Z zentral und die Faktorgruppe, versehen mit der Quotiententopologie, trägt eine Lie-Gruppen-Struktur bezüglich der der Quotientenhomomorphismus $p: G \to G/Z$ eine analytische Überlagerung ist.*

Beweis. Wir zeigen zuerst, daß Z zentral ist. Betrachte dazu für jedes feste $z_o \in Z$ die stetige Abbildung

$$\rho_{z_o}: G \to Z, \qquad g \mapsto g^{-1} z_o g.$$

Da Z diskret, d.h. jeder Punkt offen, und G zusammenhängend ist, ist ρ_{z_o} konstant. Wegen $\rho_{z_o}(\mathbf{1}) = z_o$ gilt also $g^{-1} z_o g = z_o$ für alle $g \in G$, d.h. Z ist zentral. Beachte weiter, daß es eine zusammenhängende Umgebung $\mathcal{V}$ von $\mathbf{1}$ in G mit $\mathcal{V} = \mathcal{V}^{-1}$ und $Z \cap \mathcal{V} = \{\mathbf{1}\}$ gibt. Setze $\mathcal{U} = p(\mathcal{V})$, dann gilt $p^{-1}(\mathcal{U}) = Z\mathcal{V}$ und die Zusammenhangskomponenten dieser Menge sind gerade die $z\mathcal{V}$. Außerdem ist $p: z\mathcal{V} \to \mathcal{U}$ ein Homöomorphismus. Nun transportiert man die analytische Struktur nach $\mathcal{U}$ und die restlichen Behauptungen ergeben sich durch Anwendung von Linksverschiebungen. ■

I.9.5. Bemerkung. Sei G eine Lie-Gruppe und $p: G_1 \to G$ ein Überlagerungshomomorphismus. Dann ist $Z = \ker p$ ein diskreter Normalteiler und G ist als Gruppe isomorph zu G_1/Z. Wenn G_1 die durch p bestimmte Lie-Gruppen-Struktur trägt (vgl Satz I.9.2), dann stimmt die durch Lemma I.9.4 gegebene Lie-Gruppen-Struktur von G/Z mit der von G überein.

Beweis. Die erste Behauptung folgt sofort aus der Definition der Überlagerung, weil $\ker p = p^{-1}(\mathbf{1})$. Die restlichen Behauptungen testet man an Umgebungen, wie sie im Beweis zu Lemma I.9.4 konstruiert wurden. ■

I.9.6. Lemma. *Sei G eine lineare Lie-Gruppe und Z ein diskreter Normalteiler in G. Wenn G/Z die durch* Lemma I.9.4 *bestimmte Lie-Gruppen-Struktur trägt, dann gibt es eine eindeutig bestimmte analytische Funktion* $\exp_1: \mathbf{L}(G) \to G/Z$ *mit*

$$p \circ \exp = \exp_1, \quad \exp_1(0) = \mathbf{1}.$$

Die Einparametergruppen von G/Z sind genau die Funktionen $t \mapsto \exp_1 tX$ für ein $X \in \mathbf{L}(G)$.

Beweis. Wir setzen einfach $\exp_1 = p \circ \exp$. Jede Einparametergruppe γ in G/Z läßt sich nach Korollar I.8.12 zu einem Weg in G anheben, der in $\mathbf{1}$ beginnt. Wie im Beweis zu Lemma I.9.3 sieht man, daß dieser Weg eine Einparametergruppe in G, also von der Form $t \mapsto \exp tX$ ist. Damit ist aber $\gamma(t) = p \circ \exp(t) = \exp_1(t)$. Umgekehrt ist klar, daß jeder Weg von der Form $\gamma(t) = p \circ \exp(t)$ eine Einparametergruppe ist. ■

Auch in der Situation von Lemma I.9.6 bezeichnen wir die Abbildung $\exp_1$ als *Exponentialfunktion* und $\mathbf{L}(G)$ als *Lie-Algebra* von G/Z.

I.9.7. Definition. Sei G eine Lie-Gruppe, dann heißt G *lokal linear*, wenn G entweder von einer linearen Gruppe überlagert wird und die Lie-Gruppen-Struktur aus Lemma I.9.4 trägt, oder aber wenn G selbst eine lineare Lie-Gruppe überlagert und die Lie-Gruppen-Struktur aus Satz I.9.2 trägt.

Beachte, daß die hier bewiesenen Eigenschaften über Einparametergruppen in lokal linearen Lie-Gruppen es erlauben, zu einem stetigen Gruppen-Homomorphismen $\varphi: G_1 \to G_2$ zwischen lokal linearen Lie-Gruppen eine Abbildung $\mathbf{L}\,\varphi: \mathbf{L}(G_1) \to \mathbf{L}(G_2)$ durch die Formel

$$\exp_2 \circ \mathbf{L}\,\varphi = \varphi \circ \exp_1$$

zu definieren. Um zeigen zu können, daß $\mathbf{L}\,\varphi$ ein Lie-Algebren Homomorphismus ist (vgl. Lemma I.7.1 und Lemma I.7.2), brauchen wir die Formel

$$\exp(X * Y) = (\exp X)(\exp Y)$$

für hinreichend kleine X, Y, auch wenn G nur *lokal* linear ist.

I.9.8. Lemma. *Sei G eine lokal lineare Lie-Gruppe und $\exp: \mathbf{L}(G) \to G$ die Exponentialfunktion. Dann gibt es Umgebungen $\mathcal{V}$ und $\mathcal{U}$ von 0 in $\mathbf{L}(G)$ und $\mathbf{1}$ in G, so daß $\exp: \mathcal{V} \to \mathcal{U}$ ein Diffeomorphismus mit*

$$\exp(X * Y) = (\exp X)(\exp Y)$$

ist.

Beweis. Wir führen den Beweis für den Fall, daß G die Überlagerung einer linearen Lie-Gruppe $G^\sharp$ ist, der umgekehrte Fall geht ganz ähnlich. Sei also $p: G \to G^\sharp$ die Überlagerung und $\mathcal{U}^\sharp$ eine Umgebung von $\mathbf{1}$ in $G^\sharp$ für die $p: p^{-1}(\mathcal{U}^\sharp) \to \mathcal{U}^\sharp$ ein Homöomorphismus auf den Zusammenhangskomponenten ist. Wir nehmen an, daß $\mathcal{U}^\sharp$ von der Form

$$\exp^\sharp(\mathcal{V}^\sharp) = \mathcal{U}^\sharp$$

ist, wobei $\mathcal{V}^\sharp$ eine Campbell-Hausdorff Umgebung in $\mathbf{L}(G)$ und $\exp^\sharp: \mathbf{L}(G) \to G^\sharp$ die Exponentialfunktion von $G^\sharp$ ist. Weiter sei $\mathcal{U}'$ die Komponente von $p^{-1}(\mathcal{U}^\sharp)$, die $\mathbf{1} \in G$ enthält. Wenn nun $\mathcal{V}$ eine Umgebung von 0 in $\mathbf{L}(G)$ mit

$$\mathcal{V} * \mathcal{V} \subseteq \mathcal{V}^\sharp$$

ist, dann gilt

$$\begin{aligned} p\big(\exp(X * Y)\big) &= \exp^\sharp(X * Y) \\ &= \exp^\sharp(X)\exp^\sharp(Y) \\ &= p(\exp X)p(\exp Y) \\ &= p\big((\exp X)(\exp Y)\big) \end{aligned}$$

und damit die Behauptung für $\mathcal{U} = \exp \mathcal{V}$. ■

Mit diesem Lemma und den alten Beweisen erhalten wir die Analoga von Lemma I.7.2 und Satz I.7.3, sowie von Lemma I.7.5 und Satz I.7.7 auch für lokal lineare Lie-Gruppen. Insbesondere sehen wir, daß analytische Struktur, Lie-Algebra und Exponentialfunktion einer lokal linearen Lie-Gruppe (bis auf Lie-Algebren-Isomorphismen) nur von der Lie-Gruppen-Topologie abhängen.

I.9.9. Satz. *Seien G_1 und G_2 lokal lineare Lie-Gruppen und $\varphi: G_1 \to G_2$ ein stetiger Gruppen-Homomorphismus, dann ist φ differenzierbar und es existiert eine eindeutig bestimmte Abbildung $\mathbf{L}\,\varphi: \mathbf{L}(G_1) \to \mathbf{L}(G_2)$ mit*

$$\exp_2 \circ \mathbf{L}\,\varphi(X) = \varphi \circ \exp_1(X).$$

Diese Abbildung ist ein reeller Lie-Algebren-Homomorphismus. ∎

Wir steuern nun auf den Satz zu, der besagt, daß man zu zwei lokal linearen Lie-Gruppen G_1 und G_2 und einem Lie-Algebren-Homomorphismus $\alpha: \mathbf{L}(G_1) \to \mathbf{L}(G_2)$ einen Lie-Gruppen-Homomorphismus $\varphi: \widetilde{G}_1 \to G_2$ mit

$$\exp_2 \circ \alpha(X) = \varphi \circ \exp_1(X)$$

finden kann. Hier bezeichnet $\widetilde{G}_1$ die einfach zusammenhängende Überlagerungsgruppe von G_1.

I.9.10. Satz. *Sei G eine einfach zusammenhängende topologische Gruppe, H eine Gruppe und $\mathcal{U}$ eine offene zusammenhängende Umgebung der $\mathbf{1}$ in G. Wenn $\varphi_{\mathcal{U}}: \mathcal{U} \to H$ eine Abbildung mit*

$$\varphi_{\mathcal{U}}(gg') = \varphi_{\mathcal{U}}(g)\varphi_{\mathcal{U}}(g') \quad \forall g, g', gg' \in \mathcal{U}$$

ist, dann gibt es genau einen Gruppen-Homomorphismus $\varphi: G \to H$ mit $\varphi|_{\mathcal{U}} = \varphi_{\mathcal{U}}$.

Beweis. Sei $\mathcal{U}_1$ eine zusammenhängende Umgebung der $\mathbf{1}$ in G mit

$$\mathcal{U}_1 = \mathcal{U}_1^{-1},\ \mathcal{U}_1\mathcal{U}_1 \subseteq \mathcal{U}$$

und

$$\mathcal{A} = \{(g\mathcal{U}_1, \theta): g \in G, \theta: g\mathcal{U}_1 \to H \text{ mit } (*)\},$$

wobei

$$(*) \qquad \theta(a)^{-1}\theta(b) = \varphi_{\mathcal{U}}(a^{-1}b) \quad \forall a, b \in g\mathcal{U}_1.$$

Beachte, daß es zu jedem $g \in G$ ein θ mit $(g\mathcal{U}_1, \theta) \in \mathcal{A}$ gibt. Es sei nämlich $c \in g\mathcal{U}_1$ und $\theta(a) = \varphi_{\mathcal{U}}(c^{-1}a)$, dann gilt $c^{-1}b = c^{-1}aa^{-1}b$ und

$$\theta(b) = \varphi_{\mathcal{U}}(c^{-1}b) = \varphi_{\mathcal{U}}(c^{-1}a)\varphi_{\mathcal{U}}(a^{-1}b) = \theta(a)\varphi_{\mathcal{U}}(a^{-1}b).$$

Für $\alpha = (g\mathcal{U}_1, \theta) \in \mathcal{A}$ setzen wir

$$\mathcal{U}_\alpha = g\mathcal{U}_1 \text{ und } \theta_\alpha = \theta.$$

Wenn nun $\alpha, \beta \in \mathcal{A}$ mit $\mathcal{U}_{\alpha\beta} = \mathcal{U}_\alpha \cap \mathcal{U}_\beta \neq \emptyset$ dann haben wir

$$(**) \qquad \theta_\alpha(a)^{-1}\theta_\alpha(b) = \theta_\beta(a)^{-1}\theta_\beta(b) \quad \forall a, b \in \mathcal{U}_{\alpha\beta}.$$

Es existiert also eine Konstante $\theta_{\alpha\beta} \in H$ mit

$$(***) \qquad \theta_\alpha(a) = \theta_{\alpha\beta}\theta_\beta(a) \quad \forall a \in \mathcal{U}_{\alpha\beta}.$$

Sei nun M die Überlagerung von G, die wir mit Hilfe von Konstruktion I.8.16 aus den Daten $(\mathcal{U}_\alpha, \theta_\alpha, \theta_{\alpha\beta})$ erhalten. Dabei betrachten wir H über die Linkstranslationen als eine Menge von Permutationen auf H. Lemma I.8.15 zeigt, daß M homöomorph zu $G \times F$ ist, wobei F ein diskreter Raum ist. Andererseits ist das Urbild eines Punktes unter $p: M \to G$ nach Konstruktion I.8.16 gerade eine Kopie von H, d.h. $H = F$.

Behauptung: Es gibt zu jedem α eine stetige Abbildung $\psi_\alpha: \mathcal{U}_\alpha \to H$ mit

$$\psi_\alpha(u) = \theta_{\alpha\beta}\psi_\beta(u) \quad \forall u \in \mathcal{U}_{\alpha\beta}.$$

Bevor wir diese Behauptung beweisen, halten wir fest, daß diese ψ_α automatisch konstant sein müssen, weil $\mathcal{U}_\alpha$ zusammenhängend und H diskret ist.

Beachte, daß man wegen der speziellen Struktur von M eine stetige Abbildung $\sigma: G \to M$ mit $p \circ \sigma = \mathrm{id}_G$ finden kann. Sei nun

$$\rho_\alpha: p^{-1}(\mathcal{U}_\alpha) \to \{\alpha\} \times \mathcal{U}_\alpha \times H$$

die Umkehrabbildung von $q|_{\{\alpha\} \times \mathcal{U}_\alpha \times H}$. Wir setzen

$$\psi_\alpha = pr_H \circ \rho_\alpha \circ \sigma,$$

wobei pr_H die Projektion auf die H-Komponente bezeichnet, und stellen fest, daß

$$\psi_\alpha(u) = \theta_{\alpha\beta}(u)\psi_\beta(u) = \theta_{\alpha\beta}\psi_\beta(u) \quad \forall u \in \mathcal{U}_{\alpha\beta},$$

weil $(\alpha, u, \theta_{\alpha\beta}(u)h) \sim (\beta, u, h)$. Aus $(***)$ folgt nun

$$\psi_\alpha(u)^{-1}\theta_\alpha(u) = \psi_\beta(u)^{-1}\theta_\beta(u) \quad \forall u \in \mathcal{U}_{\alpha\beta}.$$

Jetzt setzen wir

$$\psi(g) = \psi_\alpha(g)^{-1}\theta_\alpha(g) \quad \forall g \in \mathcal{U}_\alpha \subseteq G$$

und erhalten so eine Abbildung

$$\begin{aligned} \varphi: G &\to H \\ g &\mapsto \psi(\mathbf{1})^{-1}\psi(g). \end{aligned}$$

Es bleibt noch zu zeigen, daß φ ein Gruppen-Homomorphismus ist und $\varphi|_{\mathcal{U}} = \varphi_{\mathcal{U}}$. Für $a, b \in \mathcal{U}_\alpha$ gilt wegen $(*)$ und der Konstanz von ψ_α

$$\begin{aligned}\varphi(a)^{-1}\varphi(b) &= \theta_\alpha(a)^{-1}\psi_\alpha(a)\psi(\mathbf{1})\psi(\mathbf{1})^{-1}\psi_\alpha(b)^{-1}\theta_\alpha(b)\\ &= \theta_\alpha(a)^{-1}\theta_\alpha(b)\\ &= \varphi_{\mathcal{U}}(a^{-1}b).\end{aligned}$$

Also erhalten wir

$$(\dagger) \qquad \varphi(gu) = \varphi(g)\varphi_{\mathcal{U}}(u) \quad \forall g \in G, u \in \mathcal{U}_1.$$

Damit können wir jetzt $\varphi|_{\mathcal{U}} = \varphi_{\mathcal{U}}$ zeigen: Für $g \in \mathcal{U}$ wählen wir eine Umgebung $\mathcal{U}_2$ von $\mathbf{1}$ in G mit $\mathcal{U}_2 \subseteq \mathcal{U}_1$ und $g\mathcal{U}_2 \subseteq \mathcal{U}$. Dann gilt für alle $u \in \mathcal{U}_2$

$$\begin{aligned}\varphi(gu)\varphi_{\mathcal{U}}(gu)^{-1} &= \varphi(g)\varphi_{\mathcal{U}}(u)\big(\varphi_{\mathcal{U}}(g)\varphi_{\mathcal{U}}(u)\big)^{-1}\\ &= \varphi(g)\varphi_{\mathcal{U}}(g)^{-1}.\end{aligned}$$

Also ist die Funktion $g \mapsto \varphi(g)\varphi_{\mathcal{U}}(g)^{-1}$ lokal konstant auf $\mathcal{U}$. Weil aber $\mathcal{U}$ als zusammenhängend vorausgesetzt war, ist die Funktion konstant auf $\mathcal{U}$ und somit folgt $\varphi|_{\mathcal{U}} = \varphi_{\mathcal{U}}$, weil $\varphi(\mathbf{1}) = \varphi_{\mathcal{U}}(\mathbf{1})$.

Schließlich finden wir mit $(\dagger)$ und $\varphi(\mathbf{1}) = \mathbf{1}$

$$\varphi(u_1 \ldots u_k) = \varphi(u_1)\ldots\varphi(u_k) \quad \forall u_j \in \mathcal{U}_1,$$

was zeigt, daß $\varphi: G \to H$ ein Homomorphismus ist, weil G zusammenhängend ist (vgl. auch Übung 6 in I.3). ■

Wir wenden diesen Satz jetzt auf unsere lokal linearen Gruppen an:

I.9.11. Satz. *Seien G_1 und G_2 lokal lineare Lie-Gruppen und $\alpha: \mathbf{L}(G_1) \to \mathbf{L}(G_2)$ ein Lie-Algebren-Homomorphismus. Wenn G_1 einfach zuammenhängend ist, dann gibt es einen analytischen Gruppen-Homomorphismus $\varphi: G_1 \to G_2$ mit*

$$\exp_2 \circ \alpha = \varphi \circ \exp_1.$$

Beweis. Wir wenden Lemma I.9.8 und Satz I.9.10 an und finden einen Gruppen-Homomorphismus $\varphi: G_1 \to G_2$, der $\exp_2 \circ \alpha = \varphi \circ \exp_1$ erfüllt. Es bleibt zu zeigen, daß φ analytisch ist. Nach Konstruktion ist φ in einer Umgebung der $\mathbf{1}$ analytisch. Man sieht dann wie im Beweis von Satz I.7.3 die Analytizität von φ. ■

I.9.12. Korollar. *Sei G eine lokal lineare Lie-Gruppe, dann ist die einfach zusammenhängende Überlagerungsgruppe bis auf Isomorphie eindeutig bestimmt.*

Beweis. Seien G_1 und G_2 einfach zusammenhängende Überlagerungsgruppen von G, Dann sind die Lie-Algebren $\mathbf{L}(G_1)$, $\mathbf{L}(G_2)$ und $\mathbf{L}(G)$ gleich. Nach Satz I.9.11 gibt es differenzierbare Gruppen-Homomorphismen

$$\varphi: G_1 \to G_2 \quad \text{und} \quad \psi: G_2 \to G_1$$

mit

$$\exp_2 = \varphi \circ \exp_1 \quad \text{und} \quad \exp_1 = \psi \circ \exp_2 .$$

Wegen der Eindeutigkeitsaussage in Lemma I.7.5 (genauer gesagt, seines Analogons für *lokal* lineare Gruppen) folgt $\varphi \circ \psi = \mathrm{id}_{G_2}$ und $\psi \circ \varphi = \mathrm{id}_{G_1}$. Dies beweist die Behauptung. ■

Aufgrund der in Satz I.9.11 beschriebenen "universellen Eigenschaft" nennt man die eindeutig bestimmte einfach zusammenhängende Überlagerungsgruppe einer lokal linearen Lie-Gruppe G die *universelle Überlagerung* von G.

I.9.13. Korollar. *Sei $\mathfrak{g}$ eine Unteralgebra von $\mathrm{gl}(n, \mathbb{K})$ und $\widetilde{G}$ die einfach zusammenhängende Überlagerungsgruppe von $\langle \exp \mathfrak{g} \rangle_{Gruppe} \subseteq \mathrm{Gl}(n, \mathbb{K})$. Dann ist jede zusammenhängende lokal lineare Lie-Gruppe G mit $\mathbf{L}(G) = \mathfrak{g}$ von der Form $G = \widetilde{G}/Z$ mit einem diskreten Normalteiler Z von $\widetilde{G}$.*

Beweis. Nach Satz I.9.11 gibt es einen Gruppen-Homomorphismus $\varphi: \widetilde{G} \to G$ mit

$$\exp_G = \varphi \circ \exp_{\widetilde{G}} .$$

Das Bild von φ enthält eine Umgebung der $\mathbf{1}$ in G, also ganz G, d.h. φ ist surjektiv. Andererseits gibt es wegen der obigen Formel auch eine Umgebung $\widetilde{\mathcal{U}}$ von $\mathbf{1}$ in $\widetilde{G}$ mit $\ker \varphi \cap \widetilde{\mathcal{U}} = \{\mathbf{1}\}$. Also sind $\widetilde{G}/Z$ mit $Z = \ker \varphi$ und G als Gruppen gleich. Mit Lemma I.7.8(iii) folgt aber auch, daß $\varphi: \widetilde{G} \to G$ gerade die Quotientenabbildung ist. ■

Man kann die Fundamentalgruppe einer lokal linearen Lie-Gruppe in der einfach zusammenhängenden Überlagerungsgruppe wiederfinden:

I.9.14. Satz. *Sei G eine einfach zusammenhängende Lie-Gruppe und Z ein diskreter Normalteiler in G. Dann gibt es einen injektiven Gruppen-Homomorphismus $\psi: \pi_1(G/Z) \to G$, dessen Bild Z ist.*

Beweis. Sei $\gamma \in \Omega(G/Z, \mathbf{1})$, dann gibt es wegen Lemma I.9.4 und Korollar I.8.12 eine Anhebung $\widetilde{\gamma}: [0,1] \to G$ mit $p \circ \widetilde{\gamma} = \gamma$, wobei $p: G \to G/Z$ die Quotientenabbildung ist. Jetzt zeigt Lemma I.8.11, daß

$$\psi: \pi_1(G/Z) \to G \qquad [\gamma] \mapsto \widetilde{\gamma}(\mathbf{1})$$

■

wohldefiniert ist. Nach Lemma I.8.18 ist sie ein Gruppen-Homomorphismus. Wenn nun γ im Kern von ψ ist, dann ist $\widetilde{\gamma} \in \Omega(G, \mathbf{1})$. Aber G ist nach Voraussetzung einfach zusammenhängend, also ist $\widetilde{\gamma}$ homotop zum konstanten Weg in $\mathbf{1} \in G$. Indem man nun p auf diese Homotopie anwendet, findet man, daß γ homotop zum konstanten Weg in $\mathbf{1} \in G/Z$ ist.

Sei nun $z \in Z$. Da G bogenzusammenhängend ist, findet man einen Weg von $\mathbf{1}$ nach z in G. Projiziert man diesen Weg mit p nach G/Z, so hat man ein Urbild von z in $\pi_1(G/Z, \mathbf{1})$ unter ψ gefunden. ■

In Abschnitt III.7 werden wir sehen, daß jedes $[\gamma] \in \pi_1(G/Z)$ einen Repräsentanten hat, der ein Gruppen-Homomorphismus $\mathbb{T}^1 \to G/Z$ ist.

Zum Abschluß dieses Paragraphen zeigen wir noch das Analogon von Satz I.6.1 für *lokal* lineare Lie-Gruppen.

I.9.15. Satz. (Satz von Yamabe). *Die bogenzusammenhängenden Untergruppen H einer lokal linearen Lie-Gruppe G sind genau diejenigen für die eine Unteralgebra $\mathfrak{h} \subseteq \mathbf{L}(G)$ mit*

$$\langle \exp \mathfrak{h} \rangle_{Gruppe} = H$$

existiert.

Zusätzlich existiert eine Nullumgebung $B \subseteq \mathbf{L}(G)$, so daß $\exp|_B : B \to U := \exp(B)$ ein Diffeomorphismus ist und die Bogenkomponente der $\mathbf{1}$ in $H \cap U$ durch $\exp\big(B \cap \mathbf{L}(H)\big)$ gegeben ist.

Beweis. 1. Fall : Es existiert eine Überlagerung $p : G \to G_1$ mit G_1 linear. Sei $H \subseteq G$ bogenzusammenhängend. Dann ist $p(H)$ bogenzusammenhängend und nach Satz I.6.1 existiert eine Unteralgebra $\mathfrak{h} \subseteq \mathbf{L}(G)$ mit

$$p(H) = \langle \exp_{G_1} \mathfrak{h} \rangle = p(\langle \exp_G \mathfrak{h} \rangle).$$

Für $G_1 \subseteq \mathrm{Gl}(n, \mathbb{K})$ wählen nun eine Einsumgebung $\widetilde{\mathcal{U}} = \exp_{G_1}(\widetilde{B}) \subseteq Gl(n, \mathbb{K})$, so daß $\widetilde{B}$ die Bedingungen von Korollar I.6.7 erfüllt. Wir setzen $B = \widetilde{B} \cap \mathbf{L}(G)$ und $\mathcal{U} = \exp_G(B)$. Durch Verkleinern von $\widetilde{B}$ können wir annehmen, daß $p|_{\exp_G(B)}$ ein Diffeomorphismus ist. Insbesondere ist dann die Bogenkomponente der $\mathbf{1}$ von $\exp_{G_1}(B) \cap p(H)$ in $(\exp_{G_1}|_B(B \cap \mathfrak{h})$ enthalten. Ist $\gamma : [0, T] \to H$ ein Bogen, so finden wir ein $n \in \mathbb{N}$ mit $\gamma(t) \in \gamma(t')\mathcal{U}$ für $|t - t'| \leq \frac{1}{n}T$. Wir setzen $t_i := i\frac{T}{n}$ für $i = 0, \ldots, n$. Damit finden wir Funktionen $\alpha_i : [t_i, t_{i+1}] \to \mathfrak{h}$ mit

$$p\big(\gamma(t)\big) = p\big(\gamma(t_i)\big) \exp_{G_1} \alpha_i(t) = p\big(\gamma(t_i) \exp_G \alpha_i(t)\big) \qquad \forall t \in [t_i, t_{i+1}].$$

Also ist $\gamma(t) = \gamma(t_i) \exp_G \alpha_i(t)$ für $t \in [t_i, t_{i+1}]$ und daher $H \subseteq \langle \exp \mathfrak{h} \rangle$. Die Bogenkomponente H_1 von $(\exp B) \cap H$ wird natürlich in die Bogenkomponente von $p(H) \cap p(\exp B) \subseteq p\big(\exp|_B(B \cap \mathfrak{h})\big)$ abgebildet. Also ist sie in $\exp|_B(B \cap \mathfrak{h})$ enthalten.

2.Fall : Es existiert eine lineare Gruppe G_1 und eine Überlagerung $p : G_1 \to G$. Wir betrachten die Menge aller Bögen $\gamma : [0,T] \to G_1$ mit $\gamma(0) = \mathbf{1}$ und $p(\gamma(t)) \in H$ für alle t. Damit ist die Menge H_1 der Endpunkte all dieser Bögen eine bogenzusammenhängende Untergruppe von G_1. Also existiert eine Unteralgebra $\mathfrak{h} \subseteq \mathfrak{g}$ mit $H_1 = \langle \exp \mathfrak{h} \rangle$. Wegen $p(H_1) = H$ folgt nun $H = \langle p(\exp_{G_1} \mathfrak{h}) \rangle = \langle \exp_G \mathfrak{h} \rangle$. Sei $\widetilde{B}$ wieder gemäß Korollar I.6.7 gewählt und $B = \widetilde{B} \cap \mathbf{L}(G)$, so daß zusätzlich $p|_{\exp_{G_1} B}$ ein Diffeomorphismus ist. Ist nun $\gamma : [0,T] \to \exp_G|_B(B) \cap H$ ein Bogen, so läßt dieser sich zu einem Bogen $\widetilde{\gamma} : [0,T] \to G_1$ mit $\widetilde{\gamma}(0) = \mathbf{1}$ anheben. Damit ist $\widetilde{\gamma}([0,T])$ in der Bogenkomponente von $\mathbf{1}$ in $H_1 \cap \exp_{G_1}|_B$ enthalten, folglich in $\exp_{G_1}|_B(B \cap \mathfrak{h})$. Somit ist $\gamma([0,T]) \subseteq \exp_G|_B(B \cap \mathfrak{h})$. ∎

Übungsaufgaben zum Abschnitt I.9

Wir werden später in §III.10 eine Charakterisierung der linearen Lie-Gruppen kennenlernen, die es erlaubt, direkt zu entscheiden, ob eine gegebene Lie-Gruppe linear ist oder nicht. Die niedrigdimensionalen Beispiele sind allerdings auch direkter zugänglich, wie wir in den folgenden Aufgabe sehen werden. Zuerst überlegen wir uns, daß die universelle Überlagerungsgruppe der $\mathrm{Sl}(2,\mathbb{R})$ nicht linear ist, und dann, daß ein Quotient der dreidimensionalen Heisenberg-Gruppe keine treue endlichdimensionale Darstellung besitzt.

1. Die Gruppe $\mathrm{SU}(2)$ ist einfach zusammenhängend. Hinweis: Jeder Matrix $g = \begin{pmatrix} a & -\overline{b} \\ b & \overline{a} \end{pmatrix}$ ordne man das Element $\alpha(g) := g.(1,0)^{\top} = (a,b)^{\top} \in \mathbb{C}^2 \cong \mathbb{R}^4$ zu. Man zeige, daß dadurch ein Homöomorphismus von $\mathrm{SU}(2)$ auf die 3-Sphäre definiert wird, die nach Aufgabe I.8.3 einfach zusammenhängend ist.

2. Keine Einparametergruppe $\gamma : \mathbb{R} \to \mathrm{SU}(2)$ ist injektiv, insbesondere ist das Bild $\gamma(\mathbb{R})$ eine Kreisgruppe. Hinweis: Jede schiefhermitesche Matrix $X \in \mathrm{su}(2)$ ist zu einer Diagonalmatrix $\lambda \begin{pmatrix} i & 0 \\ 0 & -i \end{pmatrix}$ konjugiert.

3. $\pi_1(\mathrm{S}^1) \cong \mathbb{Z}$ und ein Erzeuger ist gegeben durch die Abbildung $\gamma : [0,1] \to \mathrm{S}^1, t \mapsto e^{2\pi i t}$. Hinweis: Beispiel I.8.17 und Satz I.9.14.

Wir wählen eine Basis von $\mathrm{sl}(2,\mathbb{R})$ wie folgt:

$$H = \begin{pmatrix} 1 & 0 \\ 0 & -1 \end{pmatrix}, \quad T = \begin{pmatrix} 0 & 1 \\ 1 & 0 \end{pmatrix}, \quad \text{und } U = \begin{pmatrix} 0 & 1 \\ -1 & 0 \end{pmatrix}.$$

4. $\pi_1(\mathrm{Sl}(2,\mathbb{R})) \cong \mathbb{Z}$ und der Weg $\gamma : [0,1] \to \mathrm{Sl}(2,\mathbb{R}),\ t \mapsto e^{2\pi t U}$ ist ein Erzeuger. Hinweis: Der Satz I.1.16 liefert einen Homöomorphismus $\mathrm{Sl}(2,\mathbb{R}) \cong e^{\mathbb{R}U} \times \mathbb{R}^2$ und Aufgabe I.8.7.

Wir betrachten nun die Gruppe $G = \mathrm{Sl}(2,\mathbb{R})^{\sim}$ mit $\mathbf{L}(G) = \mathrm{sl}(2,\mathbb{R})$ und schreiben $p: G \to \mathrm{Sl}(2,\mathbb{R})$ für den Überlagerungshomomorphismus.

5. Die Abbildung $\alpha : \mathbb{R} \to \mathrm{Sl}(2,\mathbb{R})^{\sim}$, $t \mapsto \exp(t2\pi U)$ ist injektiv. Hinweis: α ist die eindeutige Anhebung der Einparametergruppe $\gamma : [0,1] \to t \mapsto e^{t2\pi U}$. Ist α nicht injektiv und $\alpha(n) = \mathbf{1}$, so ist $p \circ \alpha\,|_{[0,n]}$ nullhomotop, im Widerspruch zu $[p \circ \alpha|_{[0,n]}] = n[\gamma]$.

6. Man zeige, daß die Gruppe $G = \mathrm{Sl}(2,\mathbb{R})^{\sim}$ keine lineare Lie-Gruppe ist. Dazu gehe man in folgenden Schritten vor: Sei $\alpha : G := \mathrm{Sl}(2,\mathbb{R})^{\sim} \to \mathrm{Gl}(n,\mathbb{C})$ ein analytischer Homomorphismus und $\beta := \mathbf{L}(\alpha)$.

a) Man zeige, daß die Matrizen $\beta(U), i\beta(H)$ und $i\beta(T)$ eine, zu su(2) isomorphe, Unteralgebra von $\mathrm{gl}(n,\mathbb{C})$ aufspannen.

b) $\alpha(\exp \mathbb{R}U)) = e^{\mathbb{R}\beta(U)}$ ist eine Kreisgruppe. Hinweis: a), Satz I.9.11, Aufgaben 1 und 2.

c) α ist nicht injektiv. Hinweis: b) und Aufgabe 5.

7. Sei A eine Banach-Algebra (vgl. Aufg. I.2.3, 4) und $a, b \in A$ mit $[a,b] = \lambda\mathbf{1}$. Dann ist $\lambda = 0$. Hinweis: Sei $\lambda = 1$. Man zeige über vollständige Induktion, daß $ab^{n+1} - b^{n+1}a = (n+1)b^n$ für $n \in \mathbb{N}_0$. Das führt zum Widerspruch $(n+1) \leq 2||a||||b||$. Also ist $\lambda = 0$.

8. (vgl. Aufgabe I.4.9) Wir betrachten die dreidimensionale Heisenberg-Gruppe. Ihre Lie-Algebra $\mathfrak{g}$ wird von drei Elementen p, q, z mit

$$[P,Q] = Z, \qquad [P,Z] = 0, \qquad \text{und} \qquad [Q,Z] = 0$$

aufgespannt. Durch $X * Y := X + Y + \frac{1}{2}[X,Y]$ wird auf $\mathfrak{g}$ eine Gruppenstruktur erklärt (Aufgabe I.4.9). Wir setzen $G := (\mathfrak{g}, *)/\mathbb{Z}Z$. Dann ist G eine lokal lineare Lie-Gruppe, denn $(\mathfrak{g}, *)$ ist linear. Man zeige, daß G nicht linear ist.

a) Ist $\alpha : G \to \mathrm{Gl}(n,\mathbb{C})$ ein Homomorphismus, so ist $\mathbf{L}(\alpha)z$ diagonalisierbar. Hinweis: Aufgabe I.2.2.

b) Auf jedem Eigenraum von $\mathbf{L}(\alpha)z$ zu dem Eigenwert λ gilt

$$[\mathbf{L}(\alpha)p, \mathbf{L}(\alpha)q] = \lambda\mathbf{1}.$$

c) $\mathbf{L}(\alpha)z = 0$. Hinweis: Aufgabe 7.

II Lie-Algebren

Wir haben schon im ersten Kapitel gesehen, daß Lie-Algebren beim Studium lokal linearer Lie-Gruppen in natürlicher Weise auftreten. In diesem Kapitel geben wir eine Einführung in die Strukturtheorie von endlichdimensionalen Lie-Algebren über $\mathbb{R}$ oder $\mathbb{C}$. Es ist unabhängig von Kapitel I, aber in der Stoffauswahl haben wir uns von den Anwendungen auf die Strukturtheorie der Lie-Gruppen, wie wir sie im dritten Kapitel besprechen werden, leiten lassen. Insbesondere gehen wir nicht auf die Klassifikation der einfachen komplexen Lie-Algebren ein, die man in vielen Lehrbüchern (siehe z.B. [Hu72], [Bou75], [Ja62], [He78]) abgehandelt findet, ein. Im ersten Abschnitt geben wir die grundlegenden Definitionen und einige Prinzipien zur Konstruktion von Lie-Algebren an. Der zweite Abschnitt ist der Theorie der nilpotenten und auflösbaren Lie-Algebren gewidmet. Hauptergebnisse sind die Darstellbarkeit solcher Algebren durch Dreiecksmatrizen (zumindest im komplexen Fall) und das *Cartan-Kriterium* für die Auflösbarkeit von Lie-Algebren. Dieses wird im dritten Abschnitt dazu benützt, *halbeinfache* Lie-Algebren durch die Nichtausgeartetheit der *Killing-Form* zu charakterisieren. Wir zeigen weiter, daß jede halbeinfache Lie-Algebra die direkte Summe von einfachen Algebren ist und führen die Wurzelzerlegung bezüglich einer *Cartan-Unteralgebra* ein, die den Ausgangspunkt für die Klassifikation der einfachen Lie-Algebren darstellt. Im vierten Abschnitt besprechen wir *Erweiterungen* und *Moduln* von Lie-Algebren. Die zentralen Aussagen sind zwei Zerfällungssätze für kurze exakte Sequenzen, die als Korollare die Sätze von Levi (jede endlichdimensionale Lie-Algebra ist die halbdirekte Summe eines auflösbaren Ideals mit einer halbeinfachen Unteralgebra) und Weyl (jeder endlichdimensionale Modul über einer halbeinfachen Lie-Algebra ist direkte Summe von einfachen Moduln) haben. Zum Beweis der Zerfällungssätze führen wir in Abschnitt 5 Kohomologie von Lie-Algebren ein und zeigen, daß für halbeinfache Lie-Algebren die erste und zweite Kohomologie verschwindet.

Während man aus jeder assoziativen Algebra eine Lie-Algebra machen kann, indem man das assoziative Produkt ab durch das Klammerprodukt $[a, b] = ab - ba$ ersetzt, ist umgekehrt nicht unmittelbar klar, ob jede Lie-Algebra zumindest Lie-Unteralgebra einer so gewonnenen Lie-Algebra ist. Zweck des sechsten Abschnitts ist es, dies zu zeigen. Man findet sogar eine kanonische assoziative Algebra, die universelle einhüllende Algebra, zu jeder Lie-Algebra. Diese Algebra hat sehr schöne Eigenschaften, besonders in Bezug auf die Homomorphismen der Lie-Algebra, aber sie ist nicht mehr endlichdimensional. Dennoch ist sie das entscheidende Werkzeug im Beweis des Satzes von Ado, der besagt, daß jede endlichdimensionale Lie-Algebra isomorph zu einer Lie-Algebra von Matrizen ist. Diesen Beweis führen wir im letzten Abschnitt dieses Kapitels vor.

§1 Definitionen und Beispiele

In diesem Abschnitt führen wir den Begriff der Lie-Algebra (nochmals, vgl. I.3.2) ein und beschreiben mehrere Klassen von Beispielen. Wie im ersten Kapitel stehe $\mathbb{K}$ auch hier entweder für den Körper der reellen oder den Körper der komplexen Zahlen.

II.1.1. Definition. Ein $\mathbb{K}$-Vektorraum $\mathfrak{g}$ zusammen mit einer $\mathbb{K}$-bilinearen Abbildung $[\cdot,\cdot]\colon \mathfrak{g} \times \mathfrak{g} \to \mathfrak{g}$ heißt *Lie-Algebra* über $\mathbb{K}$, wenn gilt

(i) $[X,Y] = -[Y,X]$ für alle $X,Y \in \mathfrak{g}$.

(ii) $[X,[Y,Z]] + [Y,[Z,X]] + [Z,[X,Y]] = 0$ für alle $X,Y,Z \in \mathfrak{g}$ (*Jacobi-Identität*).

die Operation $[\cdot,\cdot]$ wird als *Lie-Klammer* bezeichnet.

II.1.2. Beispiel. Sei V ein $\mathbb{K}$-Vektorraum und $\mathrm{End}(V)$ die Menge der $\mathbb{K}$-linearen Selbstabbildungen von V, dann ist $\mathrm{End}(V)$ zusammen mit der Lie-Klammer

$$[A,B] = A \circ B - B \circ A$$

eine Lie-Algebra. Sie wird mit $\mathrm{gl}(V)$ bezeichnet. Falls V von der Form $\mathbb{K}^n$ ist und man $\mathrm{End}(V)$ mit den $\mathbb{K}$-wertigen $n \times n$-Matrizen identifiziert, schreibt man auch $\mathrm{gl}(n,\mathbb{K})$ statt $\mathrm{gl}(V)$. ∎

Das Beispiel II.1.2 ist ein Spezialfall eines sehr allgemeinen Konstruktionsprinzips:

II.1.3. Definition. Ein $\mathbb{K}$-Vektorraum $\mathcal{A}$ zusammen mit einer $\mathbb{K}$-bilinearen Abbildung $\cdot\colon \mathcal{A} \times \mathcal{A} \to \mathcal{A}$ heißt *assoziative Algebra* über $\mathbb{K}$, wenn gilt

$a \cdot (b \cdot c) = (a \cdot b) \cdot c$ für alle $a,b,c \in \mathcal{A}$.

II.1.4. Beispiel. Jede assoziative $\mathbb{K}$-Algebra $\mathcal{A}$ ist eine $\mathbb{K}$-Lie-Algebra bezüglich der Lie-Klammer

$$[a,b] = a \cdot b - b \cdot a.$$

II.1.5. Definition. Seien $\mathfrak{g}$ und $\mathfrak{h}$ Lie-Algebren über $\mathbb{K}$. Eine $\mathbb{K}$-lineare Abbildung $\alpha: \mathfrak{g} \to \mathfrak{h}$ heißt *Homomorphismus*, wenn gilt

$$\alpha([X,Y]) = [\alpha(X), \alpha(Y)] \quad \forall X, Y \in \mathfrak{g}.$$

Wenn α bijektiv ist, so heißt α ein *Isomorphismus.*

II.1.6. Definition. Sei $\mathfrak{g}$ eine $\mathbb{K}$-Lie-Algebra. Ein $\mathbb{K}$-Untervektorraum $\mathfrak{h}$ von $\mathfrak{g}$ heißt *Unteralgebra*, wenn gilt

$$[X,Y] \in \mathfrak{h} \quad \forall X, Y \in \mathfrak{h}.$$

Man schreibt $\mathfrak{h} < \mathfrak{g}$. Gilt sogar

$$[X,Y] \in \mathfrak{h} \quad \forall X \in \mathfrak{h}, Y \in \mathfrak{g},$$

so heißt $\mathfrak{h}$ ein *Ideal* von $\mathfrak{g}$. In diesem Fall schreibt man $\mathfrak{h} \lhd \mathfrak{g}$.

Man sieht sofort aus den Definitionen, daß das Bild eines Homomorphismus $\alpha: \mathfrak{g}_1 \to \mathfrak{g}_2$ von Lie-Algebren eine Unteralgebra von $\mathfrak{g}_2$ ist. Darüberhinaus ist $\alpha^{-1}(\mathfrak{h})$ ein Ideal in $\mathfrak{g}_1$, wenn $\mathfrak{h} \lhd \mathfrak{g}_2$, und eine Unteralgebra, wenn $\mathfrak{h} < \mathfrak{g}_2$. Schließlich halten wir noch fest, daß der Schnitt beliebig vieler Unteralgebren einer Lie-Algebra wieder eine Unteralgebra ist.

II.1.7. Beispiel.

(i) Sei $\mathfrak{g}$ eine $\mathbb{K}$-Lie-Algebra und

$$Z(\mathfrak{g}) := \{X \in \mathfrak{g} : (\forall Y \in \mathfrak{g})\, [X,Y] = 0\},$$

dann ist $Z(\mathfrak{g})$, das *Zentrum* von $\mathfrak{g}$, ein Ideal in $\mathfrak{g}$.

(ii) Sei $\mathfrak{g}$ eine $\mathbb{K}$-Lie-Algebra und U, V Teilmengen von $\mathfrak{g}$. Setze $[U, V]$ gleich dem $\mathbb{K}$-linearen Spann aller Elemente der Form $[u, v]$ mit $u \in U$ und $v \in V$. Dann ist $[\mathfrak{g}, \mathfrak{g}]$ ein Ideal in $\mathfrak{g}$. Man nennt dieses Ideal die *Kommutator-Algebra* von $\mathfrak{g}$.

(iii) Jeder eindimensionale Unterraum einer Lie-Algebra ist eine Unteralgebra, weil die Lie-Klammer schiefsymmetrisch ist.

(iv) Die Menge

$$\mathrm{o}(n, \mathbb{K}) = \{X \in \mathrm{gl}(n, \mathbb{K}) : X = -X^{\top}\}$$

ist eine Unteralgebra von $\mathrm{gl}(n, \mathbb{K})$. Sie wird als *orthogonale Algebra* bezeichnet.

(v) Die Menge

$$\mathrm{u}(n) = \{X \in \mathrm{gl}(n, \mathbb{C}) : X = -X^*\}$$

ist eine reelle Unteralgebra von $\mathrm{gl}(n,\mathbb{K})$. Sie wird als *unitäre Algebra* bezeichnet.

(vi) Die Menge

$$\mathrm{sl}(n,\mathbb{K}) = \{X \in \mathrm{gl}(n,\mathbb{K}) : \mathrm{tr}(X) = 0\}$$

ist ein Ideal in $\mathrm{gl}(n,\mathbb{K})$, wobei $\mathrm{tr}(X)$ die *Spur* von X ist. Sie wird als *spezielle lineare Algebra* bezeichnet.

(vii) Für $n = 2m$ ist die Menge

$$\mathrm{sp}(m,\mathbb{K}) = \{X \in \mathrm{gl}(n,\mathbb{K}) : X = \begin{pmatrix} A & B \\ C & D \end{pmatrix}, A, B, C, D \in \mathrm{gl}(m,\mathbb{K}), \\ B = B^\top, C = C^\top, A^\top = -D\}$$

ist eine Unteralgebra von $\mathrm{gl}(n,\mathbb{K})$. Sie wird *symplektische Algebra* genannt.

(viii) Die Mengen

$$\mathfrak{n} = \{X \in \mathrm{gl}(n,\mathbb{K}) : (\forall i \geq j)\, X_{ij} = 0\}$$

und

$$\mathfrak{an} = \{X \in \mathrm{gl}(n,\mathbb{K}) : (\forall i > j)\, X_{ij} = 0\}$$

sind Unteralgebren von $\mathrm{gl}(n,\mathbb{K})$.

(ix) Sei V ein Untervektorraum einer Lie-Algebra $\mathfrak{g}$. Der *Normalisator*

$$N_{\mathfrak{g}}(V) = \{X \in \mathfrak{g} : (\forall Y \in V)\, [X,Y] \in V\}$$

von V in $\mathfrak{g}$ ist eine Unteralgebra von $\mathfrak{g}$. ∎

Wie in Kapitel I erklärt, studiert man gewisse Lie-Algebren um Informationen über Lie-Gruppen zu erhalten, mit denen sie zusammenhängen. Man kann dieses Prinzip auch auf die Gruppe $\mathrm{Aut}(\mathfrak{g})$ der *Automorphismen* (d.h. Isomorphismen $\mathfrak{g} \to \mathfrak{g}$) anwenden. Die zugehörige Lie-Algebra ist die Menge der *Derivationen* auf $\mathfrak{g}$.

II.1.8. Definition. Sei $\mathfrak{g}$ eine $\mathbb{K}$-Lie-Algebra. Eine $\mathbb{K}$-lineare Abbildung $\delta: \mathfrak{g} \to \mathfrak{g}$ heißt *Derivation*, wenn gilt

$$\delta([X,Y]) = [\delta(X), Y] + [X, \delta(Y)] \quad \forall X, Y \in \mathfrak{g}$$

(vgl. Aufgabe I.3.1). Die Menge aller Derivationen wird mit $\mathrm{der}(\mathfrak{g})$ bezeichnet.

II.1.9. Beispiel. Sei $\mathfrak{g}$ eine $\mathbb{K}$-Lie-Algebra und $X \in \mathfrak{g}$, dann ist die $\mathbb{K}$-lineare Abbildung

$$\mathrm{ad}(X): \mathfrak{g} \to \mathfrak{g} \quad Y \mapsto [X,Y]$$

eine Derivation. Derivationen von dieser Form nennt man *innere Derivationen*. Die Abbildung $\mathrm{ad}: \mathfrak{g} \to \mathrm{gl}(\mathfrak{g})$ heißt die *adjungierte Darstellung*.

II.1.10. Proposition. *Sei $\mathfrak{g}$ eine $\mathbb{K}$-Lie-Algebra, dann gilt*

(i) $\mathrm{der}(\mathfrak{g}) < \mathfrak{gl}(\mathfrak{g})$.

(ii) *Die Abbildung* $\mathrm{ad}: \mathfrak{g} \to \mathrm{der}(\mathfrak{g})$ *ist ein Homomorphismus, dessen Bild die inneren Derivationen und dessen Kern das Zentrum von $\mathfrak{g}$ ist.*

Beweis. Die erste Behauptung erhält man durch Einsetzen in die Definitionen und direktes Nachrechnen. Die Behauptung (ii) ist eine Konsequenz der Jacobi-Identität. ∎

Wie in der Ringtheorie kann man für Lie-Algebren und Ideale Quotienten-Algebren betrachten und Isomorphie-Sätze beweisen:

II.1.11. Proposition. *Sei $\mathfrak{g}$ eine $\mathbb{K}$-Lie-Algebra und $\mathfrak{h}$ ein Ideal in $\mathfrak{g}$, dann ist der Quotienten Vektorraum $\mathfrak{g}/\mathfrak{h} = \{X + \mathfrak{h} : X \in \mathfrak{g}\}$ eine $\mathbb{K}$-Lie-Algebra bezüglich der Klammer*

$$[X + \mathfrak{h}, Y + \mathfrak{h}] = [X, Y] + \mathfrak{h}.$$

Beweis. Der entscheidende Teil des Beweises ist es, die Wohldefiniertheit der Lie-Klammer zu zeigen. Diese folgt aber sofort aus der Definition des Ideals. Alle anderen Eigenschaften leitet man dann leicht aus den entsprechenden Eigenschaften der Lie-Klammer auf $\mathfrak{g}$ ab. ∎

Es ist offensichtlich, daß die Quotientenabbildung $\pi: \mathfrak{g} \to \mathfrak{g}/\mathfrak{h}$ ein surjektiver Homomorphismus von Lie-Algebren mit Kern $\mathfrak{h}$ ist. Die Analoga der Isomorphie-Sätze sind:

II.1.12. Satz. *Seien $\mathfrak{g}$ und $\mathfrak{h}$ Lie-Algebren über $\mathbb{K}$.*

(i) *Sei $\alpha: \mathfrak{g} \to \mathfrak{h}$ ein Homomorphismus, dann gilt*

$$\mathfrak{g}/\ker\alpha \cong \alpha(\mathfrak{g}).$$

Wenn $\mathfrak{i} \lhd \mathfrak{g}$ mit $\mathfrak{i} \subseteq \ker\alpha$, dann existiert genau ein Homomorphismus $\beta: \mathfrak{g}/\mathfrak{i} \to \mathfrak{h}$ mit $\beta \circ \pi = \alpha$, wobei $\pi: \mathfrak{g} \to \mathfrak{g}/\mathfrak{i}$ die Quotientenabbildung ist.

(ii) *Seien $\mathfrak{i}, \mathfrak{j} \lhd \mathfrak{g}$ mit $\mathfrak{i} \subseteq \mathfrak{j}$, dann ist $\mathfrak{j}/\mathfrak{i} \lhd \mathfrak{g}/\mathfrak{i}$ und es gilt*

$$(\mathfrak{g}/\mathfrak{i})/(\mathfrak{j}/\mathfrak{i}) \cong \mathfrak{g}/\mathfrak{j}.$$

(iii) *Seien $\mathfrak{i}, \mathfrak{j} \lhd \mathfrak{g}$, dann sind auch $\mathfrak{i} + \mathfrak{j}$ und $\mathfrak{i} \cap \mathfrak{j}$ Ideale von $\mathfrak{g}$ und es gilt*

$$\mathfrak{i}/(\mathfrak{i} \cap \mathfrak{j}) \cong (\mathfrak{i} + \mathfrak{j})/\mathfrak{j}.$$

Beweis. Wir überlassen diesen Beweis, der ganz analog wie in der Gruppen- oder Ringtheorie verläuft, dem Leser als Übung. ∎

Wie in der Gruppentheorie kann man für Lie-Algebren neben *direkten* auch *halbdirekte* Produktstrukturen betrachten, die von Bedeutung sind, weil man mit ihnen Lie-Algebren als in einzelne Blöcke zerlegt betrachten kann, die "möglichst wenig" miteinander zu tun haben (vgl. Aufgabe 1).

II.1.13. Proposition. *Seien* $\mathfrak{n}$ *und* $\mathfrak{h}$ *zwei* $\mathbb{K}$*-Lie-Algebren und* $\alpha: \mathfrak{h} \to \mathrm{der}(\mathfrak{n})$ *ein Homomorphismus. Dann ist die direkte Summe* $\mathfrak{n} \oplus \mathfrak{h}$ *der Vektorräume* $\mathfrak{n}$ *und* $\mathfrak{h}$ *eine* $\mathbb{K}$*-Lie-Algebra bezüglich der Lie-Klammer*

$$[(X,Y),(X',Y')] = (\alpha(Y)X' - \alpha(Y')X + [X,X'],[Y,Y']) \quad \forall X,X' \in \mathfrak{n}, Y,Y' \in \mathfrak{h}.$$

Diese Lie-Algebra heißt die halbdirekte oder semidirekte Summe bezüglich α *von* $\mathfrak{n}$ *und* $\mathfrak{h}$*. Sie wird mit* $\mathfrak{n} \rtimes_\alpha \mathfrak{h}$ *bezeichnet. Ist* $\alpha = 0$*, so heißt* $\mathfrak{n} \rtimes_\alpha \mathfrak{h}$ *die direkte Summe von* $\mathfrak{n}$ *und* $\mathfrak{h}$ *und wird* $\mathfrak{n} \oplus \mathfrak{h}$ *geschrieben. Der Unterraum* $\{(X,0) \in \mathfrak{n} \rtimes_\alpha \mathfrak{h}\}$ *ist ein Ideal in* $\mathfrak{n} \rtimes_\alpha \mathfrak{h}$ *und als Lie-Algebra isomorph zu* $\mathfrak{n}$*. Der Unterraum* $\{(0,Y) \in \mathfrak{n} \rtimes_\alpha \mathfrak{h}\}$ *ist eine Unteralgebra von* $\mathfrak{n} \rtimes_\alpha \mathfrak{h}$ *und isomorph zu* $\mathfrak{h}$*.*

Beweis. Direktes Einsetzen der Definitionen und Nachrechnen. ∎

II.1.14. Beispiel. Sei $\mathfrak{n} = \mathbb{R}X + \mathbb{R}Y + \mathbb{R}E$ mit $[X,Y] = E$ und allen anderen Klammern, die nicht durch diese und die Axiome bestimmt werden, gleich Null. Dann ist $\mathfrak{n}$ eine Lie-Algebra, die *Heisenberg-Algebra* (vgl. Aufgabe I.9.8). Sie ist isomorph zu der Algebra $\mathfrak{n}$ aus Beispiel II.1.7(viii) mit $n = 3$. Sei nun $\mathfrak{h} = \mathbb{R}H$ und $\alpha: \mathfrak{h} \to \mathrm{der}(\mathfrak{n})$ definiert durch

$$\alpha(H)(X) = Y, \ \alpha(H)(Y) = -X, \ \alpha(H)(E) = 0.$$

Dann ist die semidirekte Summe $\mathfrak{n} \rtimes_\alpha \mathfrak{h}$ durch die Klammern

$$[X,Y] = E, \ [H,X] = Y, \ [H,Y] = -X$$

bestimmt. Diese Lie-Algebra heißt *Oszillator-Algebra.*

Bisher haben wir immer pedantisch $\mathbb{K}$-Lie-Algebra für Lie-Algebra geschrieben, obwohl der Grundkörper nie eine besondere Rolle spielte. Es ist dennoch wichtig (man denke nur an die lineare Algebra) festzuhalten, daß z.B. Homomorphismen für komplexe Lie-Algebren automatisch auch komplex linear sein sollen. Wir betrachten daher zu einer reellen Lie-Algebra auch die *Komplexifizierung.* Dazu wiederholen wir dazu kurz, wie man mit der Komplexifizierung eines Vektorraums rechnet:

Sei V ein $\mathbb{R}$-Vektorraum. Die *Komplexifizierung* $V_\mathbb{C}$ von V ist das Tensorprodukt $\mathbb{C} \otimes_\mathbb{R} V$. Die Elemente von $V_\mathbb{C}$ sind Linearkombinationen von Elementen der Form $z \otimes v$ mit $z \in \mathbb{C}$ und $v \in V$. Dabei gilt

$$z_1 \otimes v + z_2 \otimes v = (z_1 + z_2) \otimes v, \qquad z \otimes v_1 + z \otimes v_2 = z \otimes (v_1 + v_2)$$

und

$$zr \otimes v = z \otimes rv.$$

Ist $\{v_1, ..., v_n\}$ eine reelle Basis für V, so ist

$$\{1 \otimes v_1, ..., 1 \otimes v_n\}$$

eine komplexe Basis von $V_\mathbb{C}$.

II.1.15. Proposition. *Sei $\mathfrak{g}$ eine reelle Lie-Algebra.*

(i) $\mathfrak{g}_{\mathbb{C}}$ *ist eine komplexe Lie-Algebra bezüglich der Lie-Klammer*

$$[\sum_{k=1}^{m} z_k \otimes X_k, \sum_{j=1}^{l} z'_j \otimes X'_j] = \sum_{k=1}^{m}\sum_{j=1}^{l} z_k z'_j \otimes [X_k, X'_j].$$

(ii) *Die Lie-Algebren* $[\mathfrak{g}_{\mathbb{C}}, \mathfrak{g}_{\mathbb{C}}]$ *und* $[\mathfrak{g}, \mathfrak{g}]_{\mathbb{C}}$ *sind gleich.*

Beweis. Elementares Nachrechnen. ■

Wir haben gesehen, daß man jeder reellen Lie-Algebra in eindeutiger Weise eine Komplexifizierung zuordnen kann. Es können allerdings nicht-isomorphe reelle Algebren isomorphe Komplexifizierungen haben.

II.1.16. Beispiel. Sei $\mathrm{so}(3) = \mathrm{o}(3,\mathbb{R}) \cap \mathrm{sl}(3) = \mathrm{o}(3,\mathbb{R})$. Dann sind die Komplexifizierungen von so(3) und von $\mathrm{sl}(2,\mathbb{R})$ beide isomorph zu $\mathrm{sl}(2,\mathbb{C})$. Um das zu sehen, führen wir die Basen

$$H = \begin{pmatrix} 1 & 0 \\ 0 & -1 \end{pmatrix}, \quad U = \begin{pmatrix} 0 & 1 \\ -1 & 0 \end{pmatrix}, \quad T = \begin{pmatrix} 0 & 1 \\ 1 & 0 \end{pmatrix}$$

von $\mathrm{sl}(2,\mathbb{R})$ und

$$X = \begin{pmatrix} 0 & 1 & 0 \\ -1 & 0 & 0 \\ 0 & 0 & 0 \end{pmatrix}, \quad Y = \begin{pmatrix} 0 & 0 & 1 \\ 0 & 0 & 0 \\ -1 & 0 & 0 \end{pmatrix}, \quad Z = \begin{pmatrix} 0 & 0 & 0 \\ 0 & 0 & -1 \\ 0 & 1 & 0 \end{pmatrix}$$

von so(3) ein. Dann gilt

$$[H,U] = 2T, \quad [H,T] = 2U, \quad [U,T] = 2H$$

und

$$[X,Y] = Z, \quad [Z,X] = Y, \quad [Y,Z] = X.$$

Sei

$$\mathfrak{h} = \mathbb{R}iH + \mathbb{R}U + \mathbb{R}iT.$$

Dann ist $\mathfrak{h}$ eine Lie-Algebra mit $\mathfrak{h}_{\mathbb{C}} = \mathrm{sl}(2,\mathbb{C})$, die via

$$iH \mapsto 2X, \ U \mapsto 2Y, \ iT \mapsto 2Z$$

isomorph zu so(3) ist. Wir bemerken, daß $\mathfrak{h}$ gerade su(2) ist. Da offensichtlich $\mathrm{sl}(2,\mathbb{R})_{\mathbb{C}} = \mathrm{sl}(2,\mathbb{C})$, bleibt nur noch zu zeigen, daß $\mathrm{sl}(2,\mathbb{R})$ und so(3) nicht isomorph sind. Dazu kann man z.B. nachprüfen, daß $\mathbb{R}H + \mathbb{R}(U+T)$ eine zweidimensionale Unteralgebra von $\mathrm{sl}(2,\mathbb{R})$ ist, während so(3) keine zweidimensionalen Unteralgebren hat. Sie ist nämlich isomorph zu $\mathbb{R}^3$ mit dem Vektorprodukt und weil das Vektorprodukt zweier Vektoren senkrecht auf diesen Vektoren steht, kann eine Ebene keine Unteralgebra sein.

II.1.17. Definition. Sei $\mathfrak{g}$ eine $\mathbb{C}$-Lie-Algebra. Jede reelle Lie-Algebra $\mathfrak{h}$ mit $\mathfrak{h}_{\mathbb{C}} \cong \mathfrak{g}$ heißt eine *reelle Form* von $\mathfrak{g}$.

Übungsaufgaben zum Abschnitt II.1

1. Sei $\mathfrak{g}$ eine Lie-Algebra, $\mathfrak{a}$ ein Ideal und $\mathfrak{b}$ eine Unteralgebra von $\mathfrak{g}$, so daß $\mathfrak{g} = \mathfrak{a} + \mathfrak{b}$ und $\mathfrak{a} \cap \mathfrak{b} = \{0\}$. Dann ist

$$\mathfrak{g} \cong \mathfrak{a} \rtimes_\alpha \mathfrak{b}$$

mit $\alpha : \mathfrak{b} \to \mathrm{der}(\mathfrak{a}), X \mapsto \mathrm{ad}\, X|_\mathfrak{a}$.

2. Sei A eine assoziative Algebra und A_L die zugehörige Lie-Algebra (Beispiel II.1.4).
a) Dann ist $\mathrm{der}(A) \subseteq \mathrm{der}(A_L)$, d.h. jede Derivation der assoziativen Algebra A ist auch eine Derivation der Lie-Algebra A_L.
b) Im allgemeinen ist $\mathrm{der}(A) \neq \mathrm{der}(A_L)$. Hinweis: Ist A abelsch mit $\mathbf{1}$, so ist $\mathrm{der}(A_L) = \mathrm{End}(A)$, aber für jede Derivation D von A ist $D\mathbf{1} = 0$.

3. Man zeige, daß es, bis auf Isomorphie, nur zwei $\mathbb{K}$-Lie-Algebren der Dimension 2 gibt. Eine abelsche und eine, deren beiden Erzeuger X, Y der Relation $[X,Y] = X$ genügen. Hinweis: Ist $\mathfrak{g}$ nicht abelsch, so ist die Kommutatoralgebra eindimensional.

4. Sei U eine offene Teilmenge von $\mathbb{R}^n$ und $\mathfrak{g} = C^\infty(U,\mathbb{R})$ die Menge der unendlich oft differenzierbaren Funktionen auf U. Sei $n = 2m$ gerade und $q_1, \ldots, q_m, p_1, \ldots, p_m$ eine Basis von $\mathbb{R}^n$. Dann ist $\mathfrak{g}$ eine Lie-Algebra bzgl. der *Poisson-Klammer*:

$$\{f,g\} := \sum_{i=1}^m \frac{\partial f}{\partial q_i}\frac{\partial g}{\partial p_i} - \frac{\partial f}{\partial p_i}\frac{\partial g}{\partial q_i}.$$

5. Sei U eine offene Teilmenge von $\mathbb{R}^n$ und $\mathfrak{g} = C^\infty(U,\mathbb{R}^n)$ die Menge der unendlich oft differenzierbaren Vektorfelder auf U. Sei $(x_1, \ldots, x_n)$ eine Basis von $\mathbb{R}^n$. Dann ist $\mathfrak{g}$ eine Lie-Algebra bzgl. der *Lie-Klammer*:

$$[Z,Y] := \sum_{i,j=1}^n Z_i \frac{\partial Y_j}{\partial x_i} - Y_i \frac{\partial Z_j}{\partial x_i},$$

hierbei sind Y_j bzw. Z_j die Komponenten der Vektorfelder bzgl. obiger Basis (vgl. Aufgabe 6).

6. Sei U eine offene Teilmenge von $\mathbb{R}^n$, $A = C^\infty(U,\mathbb{R})$ und $\mathfrak{g} = C^\infty(U,\mathbb{R}^n)$. Für $f \in A$ und $X \in \mathfrak{g}$ definieren wir

$$Xf := \sum_{i=1}^n X_i \frac{\partial f}{\partial x_i}.$$

a) Die Abbildungen $L_X : f \mapsto Xf, A \to A$ sind Derivationen der Algebra A.
b) Es gilt $L_{[X,Y]} = L_X \circ L_Y - L_Y \circ L_X$, wenn $[X,Y]$ wie in Aufgabe 5 definiert ist.
c) Ist $L_X = 0$, so auch X.
d) Mit b) und c) finde man einen einfachen Beweis dafür, daß in $\mathfrak{g}$ die Jacobi-Identität gilt.

e) Jeder linearen Abbildung $A \in \mathrm{gl}(n, \mathbb{R})$ ordne man das Vektorfeld X_A mit $X_A(x) := Ax$ zu. Man zeige, daß in diesem Fall

$$X_{[A,B]} = [X_A, X_B]$$

gilt.

8. Auf der Algebra $A := C^\infty(\mathbb{R}, \mathbb{R})$ betrachte man die Operatoren

$$Pf(x) := f'(x), \qquad Qf(x) := xf(x) \quad \text{und} \quad Zf(x) = f(x).$$

Dann ist die von P, Q und Z erzeugte Lie-Unteralgebra von $\mathrm{der}(A)$ isomorph zur Heisenberg-Algebra, d.h. es gilt $[P,Q] = Z$. Nimmt man den Operator

$$Hf(x) := -\frac{d^2 f}{dx^2}(x) + x^2 f(x)$$

dazu, so erhält man eine vierdimensionale Unteralgebra, die zur Oszillator-Algebra isomorph ist.

§2 Nilpotente und auflösbare Lie-Algebren

In diesem Abschnitt sind alle Vektorräume und Lie-Algebren endlichdimensional. Das heißt aber *nicht*, daß die vorkommenden Begriffe nur in endlicher Dimension sinnvoll sind.

II.2.1. Definition. Sei $\mathfrak{g}$ eine $\mathbb{K}$-Lie-Algebra und $\mathfrak{g}^{(1)} = \mathfrak{g}^1$ die Kommutator Algebra von $\mathfrak{g}$.

(i) Für $n \geq 2$ setze $\mathfrak{g}^n = [\mathfrak{g}, \mathfrak{g}^{n-1}]$, dann heißt $(\mathfrak{g}^n)_{n \in \mathbb{N}}$ die *absteigende Zentralreihe* von $\mathfrak{g}$.

(ii) Für $n \geq 2$ setze $\mathfrak{g}^{(n)} = [\mathfrak{g}^{(n-1)}, \mathfrak{g}^{(n-1)}]$, dann heißt $(\mathfrak{g}^{(n)})_{n \in \mathbb{N}}$ die *abgeleitete Reihe* von $\mathfrak{g}$.

(iii) $\mathfrak{g}$ heißt *nilpotent*, falls es ein $n \in \mathbb{N}$ mit $\mathfrak{g}^n = \{0\}$ gibt.

(iv) $\mathfrak{g}$ heißt *auflösbar*, falls es ein $n \in \mathbb{N}$ mit $\mathfrak{g}^{(n)} = \{0\}$ gibt.

Mit der Jacobi-Identität sieht man durch Induktion sofort, daß $\mathfrak{g}^n$ und $\mathfrak{g}^{(n)}$ Ideale von $\mathfrak{g}$ sind.

Nilpotente und auflösbare Lie-Algebren haben also viele Ideale. Das macht sich z.B. darin bemerkbar, daß viele Aussagen über solche Algebren mit Induktion bewiesen werden können.

II.2.2. Beispiel.

(i) Die Heisenberg-Algebra ist nilpotent.

(ii) Die Oszillator-Algebra ist auflösbar, aber nicht nilpotent.

(iii) Jede *abelsche* Lie-Algebra $\mathfrak{g}$ (d.h. $[X,Y] = 0$ für alle $X, Y \in \mathfrak{g}$) ist nilpotent. Jede nilpotente Lie-Algebra ist auflösbar.

(iv) Betrachte $\mathbb{R}$ und $\mathbb{C}$ als abelsche reelle Lie-Algebren. Dann kann die lineare Abbildung

$$\alpha: \mathbb{R} \to \mathbb{C}$$
$$t \mapsto it$$

als Homomorphismus $\alpha: \mathbb{R} \to \mathrm{der}(\mathbb{C})$ aufgefaßt werden (vgl. Aufgabe 1). Die Lie-Algebra $\mathbb{C} \rtimes_\alpha \mathbb{R}$ ist auflösbar, aber nicht nilpotent. Sie ist isomorph zu $\mathfrak{g}/Z(\mathfrak{g})$, wenn $\mathfrak{g}$ die Oszillator-Algebra ist. ■

II.2.3. Proposition. *Sei $\mathfrak{g}$ eine $\mathbb{K}$-Lie-Algebra und $\mathfrak{a} < Z(\mathfrak{g})$.*

(i) *Wenn $\mathfrak{g}$ nilpotent ist, dann sind alle Unteralgebren und homomorphen Bilder von $\mathfrak{g}$ nilpotent.*

(ii) *Wenn $\mathfrak{g}/\mathfrak{a}$ nilpotent ist, dann ist $\mathfrak{g}$ nilpotent.*

(iii) *Wenn $\mathfrak{g} \neq \{0\}$ nilpotent ist, dann gilt $Z(\mathfrak{g}) \neq \{0\}$.*

(iv) *Wenn $\mathfrak{g}$ nilpotent ist, dann gibt es ein $n \in \mathbb{N}$ mit $\mathrm{ad}(X)^n = 0$ für alle $X \in \mathfrak{g}$.*

(v) *Wenn $\mathfrak{i} \trianglelefteq \mathfrak{g}$ dann sind auch $\mathfrak{i}^n$ und $\mathfrak{i}^{(n)}$ Ideale von $\mathfrak{g}$.*

Beweis. (i) Sei $\mathfrak{h} < \mathfrak{g}$, dann gilt $[\mathfrak{h},\mathfrak{h}] \subseteq [\mathfrak{g},\mathfrak{g}]$ und mit Induktion $\mathfrak{h}^n \subseteq \mathfrak{g}^n$. Sei nun $\alpha: \mathfrak{g} \to \mathfrak{g}_1$ ein Homomorphismus, dann gilt $[\alpha(\mathfrak{g}), \alpha(\mathfrak{g})] = \alpha([\mathfrak{g},\mathfrak{g}])$ und mit Induktion $\alpha(\mathfrak{g})^n = \alpha(\mathfrak{g}^n)$. Wenn also $\mathfrak{g}^n = \{0\}$, dann folgt $\mathfrak{h}^n = \{0\}$ und $\alpha(\mathfrak{g})^n = \{0\}$.

(ii) Wenn $\mathfrak{g}/\mathfrak{a}$ nilpotent ist, dann gibt es ein $n \in \mathbb{N}$ mit

$$(\mathfrak{g}/\mathfrak{a})^n = \{\mathfrak{a}\}.$$

Da aber $\mathfrak{g}/\mathfrak{a} = \pi(\mathfrak{g})$, wobei $\pi: \mathfrak{g} \to \mathfrak{g}/\mathfrak{a}$ der kanonische Homomorphismus ist, haben wir wegen Satz II.1.12

$$(\mathfrak{g}/\mathfrak{a})^n \cong \pi(\mathfrak{g})^n = \pi(\mathfrak{g}^n) \cong \mathfrak{g}^n/(\mathfrak{a} \cap \mathfrak{g}^n) \cong (\mathfrak{g}^n + \mathfrak{a})/\mathfrak{a}.$$

Also gilt $\mathfrak{g}^n \subseteq \mathfrak{a}$, d.h. $[\mathfrak{a}, \mathfrak{g}^n] = \{0\}$ impliziert $\mathfrak{g}^{n+1} = \{0\}$.

(iii) Wenn $\mathfrak{g} \neq \{0\}$ nilpotent ist, dann gibt es ein $n \in \mathbb{N}$ mit $\mathfrak{g}^n = \{0\}$ und $\mathfrak{g}^{n-1} \neq \{0\}$ (wir setzen hier $\mathfrak{g}^0 = \mathfrak{g}$). Aber

$$[\mathfrak{g}^{n-1}, \mathfrak{g}] = \mathfrak{g}^n = \{0\},$$

d.h. $\mathfrak{g}^{n-1} \subseteq Z(\mathfrak{g})$.

(iv) Sei $\mathfrak{g}^n = \{0\}$ und $Y \in \mathfrak{g}$ beliebig. Dann ist das Element

$$\mathrm{ad}(X)^n Y = [X, [...[X, Y]...]]$$

in $\mathfrak{g}^n = \{0\}$ enthalten, d.h. $\mathrm{ad}(X)^n = 0$.

(v) Mit Induktion und der Jacobi Identität rechnet man

$$\begin{aligned}[\mathfrak{g}, \mathfrak{i}^n] &= [\mathfrak{g}, [\mathfrak{i}, \mathfrak{i}^{n-1}]] \\ &\subseteq [\mathfrak{i}, \mathfrak{i}^{n-1}] + [\mathfrak{i}, [\mathfrak{g}, \mathfrak{i}^{n-1}]] \\ &\subseteq \mathfrak{i}^n + [\mathfrak{i}, \mathfrak{i}^{n-1}] = \mathfrak{i}^n.\end{aligned}$$

Für $\mathfrak{i}^{(n)}$ ist die Rechnung

$$\begin{aligned}[\mathfrak{g}, \mathfrak{i}^{(n)}] &= [\mathfrak{g}, [\mathfrak{i}^{(n-1)}, \mathfrak{i}^{(n-1)}]] \\ &\subseteq [\mathfrak{i}^{(n-1)}, \mathfrak{i}^{(n-1)}] + [\mathfrak{i}^{(n-1)}, [\mathfrak{g}, \mathfrak{i}^{(n-1)}]] \\ &\subseteq \mathfrak{i}^{(n)} + [\mathfrak{i}^{(n-1)}, \mathfrak{i}^{(n-1)}] = \mathfrak{i}^{(n)}.\end{aligned}$$

■

Wir haben gerade gesehen, daß für eine nilpotente Lie-Algebra jeder Endomorphismus $\mathrm{ad}(X)$ mit $X \in \mathfrak{g}$ nilpotent ist. Unser Ziel ist nun auch das Umgekehrte zu zeigen, d.h.: Eine Lie-Algebra für die jedes $\mathrm{ad}(X)$ nilpotent ist, ist nilpotent. Wir beginnen mit einem einfachen Lemma, dessen Beweis wir dem Leser als Übung überlassen (vgl. Aufgabe 2).

II.2.4. Lemma.

(i) *Sei $V \neq \{0\}$ ein $\mathbb{K}$-Vektorraum, $\mathfrak{g} < \mathrm{gl}(V)$ und $X \in \mathfrak{g}$. Wenn $X \in \mathrm{gl}(V)$ nilpotent ist, dann ist auch $\mathrm{ad}(X): \mathfrak{g} \to \mathfrak{g}$ nilpotent.*

(ii) *Sei $\mathfrak{g}$ eine $\mathbb{K}$-Lie-Algebra und $\mathfrak{h} < \mathfrak{g}$, dann ist*

$$\begin{aligned}\alpha: \mathfrak{h} &\to \mathrm{gl}(\mathfrak{g}/\mathfrak{h}) \\ X &\mapsto (Y + \mathfrak{h} \mapsto [X, Y] + \mathfrak{h})\end{aligned}$$

ein Homomorphismus. ■

II.2.5. Satz. *Sei $V \neq \{0\}$ ein $\mathbb{K}$-Vektorraum und $\mathfrak{g} < \mathrm{gl}(V)$. Wenn alle $X \in \mathfrak{g}$ nilpotent sind, dann existiert ein von Null verschiedenes $v_o \in V$ mit $X(v_o) = 0$ für alle $X \in \mathfrak{g}$.*

Beweis. Für führen den Beweis mit Induktion über $\dim_{\mathbb{K}} \mathfrak{g}$. Wenn $\dim_{\mathbb{K}} \mathfrak{g} = 1$, d.h. $\mathfrak{g} = \mathbb{K}X$ und $X^n = 0$ sowie $X^{n-1} \neq 0$, dann gibt es ein $v \in V$ mit $v_1 = X^{n-1}(v) \neq 0$ und $X^n(v) = 0$. Aber dann ist $\mathfrak{g}(v_1) = 0$.

Sei jetzt $\mathfrak{h} < \mathfrak{g}$, $\mathfrak{h} \neq \mathfrak{g}$ mit maximaler Dimension und $\alpha: \mathfrak{h} \to \mathrm{gl}(\mathfrak{g}/\mathfrak{h})$ wie in Lemma II.2.4(ii), dann ist $\alpha(X)$ wegen Lemma II.2.4(i) für jedes $X \in \mathfrak{h}$ nilpotent. Mit Induktion folgt nun, daß es ein $X_o \in \mathfrak{g}\backslash\mathfrak{h}$ gibt, das $\alpha(\mathfrak{h})(X_o + \mathfrak{h}) = \{\mathfrak{h}\}$ erfüllt. In anderen Worten $X_o \in N_{\mathfrak{g}}(\mathfrak{h})$. Da der Normalisator nach Beispiel II.1.7(ix) eine Unteralgebra von $\mathfrak{g}$ ist, die $\mathfrak{h}$ enthält, andererseits aber $X_o \notin \mathfrak{h}$ gilt, folgt aus der Maximalität von $\mathfrak{h}$, daß $N_{\mathfrak{g}}(\mathfrak{h}) = \mathfrak{g}$. Damit ist $\mathfrak{h}$ ein Ideal in $\mathfrak{g}$ und $\mathfrak{g}/\mathfrak{h}$ eine Lie-Algebra sowie $\mathbb{K}(X_o + \mathfrak{h}) < \mathfrak{g}/\mathfrak{h}$ (vgl. Aufgabe 3). Daher ist auch das Urbild $\mathbb{K}X_o + \mathfrak{h}$ von $\mathbb{K}(X_o + \mathfrak{h})$ bezüglich des Quotientenhomomorphismus wieder eine Unteralgebra von $\mathfrak{g}$. Wie zuvor folgt $\mathbb{K}X_o + \mathfrak{h} = \mathfrak{g}$. Jetzt wenden wir die Induktion auf $\mathfrak{h} < \mathrm{gl}(V)$ an und finden ein $v \in V$ mit $v \neq 0$ und $\mathfrak{h}(v) = \{0\}$. Also ist der Vektorraum

$$V_o = \{w \in V : \mathfrak{h}(w) = \{0\}\}$$

von Null verschieden. Wegen

$$YX(w) = XY(w) - [X,Y](w) \in X\mathfrak{h}(w) - \mathfrak{h}(w) = \{0\} \quad \forall X \in \mathfrak{g}, Y \in \mathfrak{h}, w \in V_o$$

gilt außerdem $\mathfrak{g}(V_o) \subseteq V_o$. Sei nun $X \in \mathfrak{g}\backslash\mathfrak{h}$, dann gilt $\mathfrak{g} = \mathfrak{h} + \mathbb{K}X$ und $X: V_o \to V_o$ ist nilpotent. Wie im Beweis des Induktionsanfangs findet man nun ein $v_o \in V_o$ mit $v_o \neq 0$ und $X(v_o) = 0$. Zusammen haben wir also

$$\mathfrak{g}(v_o) = \mathfrak{h}(v_o) + \mathbb{K}X(v_o) = \{0\}.$$

■

Mit diesem Satz können wir das angekündigte Kriterium für die Nilpotenz einer Lie-Algebra beweisen.

II.2.6. Korollar. (Satz von Engel) *Sei $\mathfrak{g}$ eine $\mathbb{K}$-Lie-Algebra und* $\mathrm{ad}(X)$ *nilpotent für alle $X \in g$. Dann ist $\mathfrak{g}$ nilpotent.*

Beweis. Die Lie-Algebra $\mathrm{ad}(\mathfrak{g}) < \mathrm{gl}(\mathfrak{g})$ erfüllt die Voraussetzungen von Satz II.2.5, also gibt es ein von Null verschiedenes $X \in \mathfrak{g}$ mit $[\mathfrak{g}, X] = \{0\}$, d.h. das Zentrum $Z(\mathfrak{g})$ ist von Null verschieden. Die Lie-Algebra $\mathfrak{g}/Z(\mathfrak{g})$ besteht aus ad-nilpotenten Elementen und wir haben $\dim\big(\mathfrak{g}/Z(\mathfrak{g})\big) < \dim \mathfrak{g}$. Mit Induktion über die Dimension folgt, daß $\mathfrak{g}/Z(\mathfrak{g})$ nilpotent ist. Also ist wegen Proposition II.2.3(ii) auch $\mathfrak{g}$ nilpotent. ■

Der Satz II.2.5 liefert auch den Induktionsschritt mit dem man zeigt, daß jede Unteralgebra von $\mathrm{gl}(V)$, die aus nilpotenten Elementen besteht, sich als Lie-Algebra von Dreiecksmatrizen schreiben läßt.

II.2.7. Definition. Sei V ein n-dimensionaler $\mathbb{K}$-Vektorraum. Eine *Fahne* in V ist eine Kette von Unterräumen

$$\{0\} = V_o \subseteq \ldots \subseteq V_n = V$$

mit $\dim_{\mathbb{K}} V_k = k$. Man sagt $X \in \operatorname{End}(V)$ läßt die Fahne *invariant*, wenn $X(V_k) \subseteq V_k$ für alle $k \in \{1, \ldots, n\}$.

II.2.8. Korollar. *Sei V ein $\mathbb{K}$-Vektorraum und $\mathfrak{g} < \mathfrak{gl}(V)$ so, daß alle $X \in \mathfrak{g}$ nilpotent sind. Dann existiert eine Fahne (V_k) in V mit $X(V_k) \subseteq V_{k-1}$ für alle $k \in \{1, \ldots, n\}$. Insbesondere existiert eine Basis von V bezüglich der jedes $X \in \mathfrak{g}$ durch eine (strikt) obere Dreiecksmatrix gegeben ist. Darüberhinaus ist $\mathfrak{g}$ nilpotent.*

Beweis. Nach Satz II.2.5 finden wir ein $v_o \in V$, von Null verschieden, mit $\mathfrak{g}(v_o) = \{0\}$ und $V_o = \mathbb{K}v_o$. Dann ist

$$\begin{aligned} \alpha: \mathfrak{g} &\to \mathfrak{gl}(V/V_o) \\ X &\mapsto (v + V_o \mapsto X(v) + V_o) \end{aligned}$$

ein Lie-Algebren-Homomorphismus und $\alpha(\mathfrak{g})$ besteht aus nilpotenten Elementen. Induktion über $\dim V$ zeigt nun, daß V/V_o eine Fahne der geforderten Art hat. Das Urbild dieser Fahne in V, zusammen mit V_o, ist die gesuchte Fahne in V. Die letzte Behauptung folgt sofort, wenn man beachtet, daß der Kommutator von strikt oberen Dreiecksmatrizen jeweils mindestens eine zusätzliche Nebendiagonale mit Nullen hat. ■

Wir wenden uns jetzt den auflösbaren Lie-Algebren zu.

II.2.9. Proposition. *Sei $\mathfrak{g}$ eine $\mathbb{K}$-Lie-Algebra, dann gilt:*

(i) *Wenn $\mathfrak{g}$ auflösbar ist, dann sind auch alle Unteralgebren und alle homomorphen Bilder von $\mathfrak{g}$ auflösbar.*

(ii) *Ist $\mathfrak{i}$ ein Ideal von $\mathfrak{g}$ und $\mathfrak{i}$ sowie $\mathfrak{g}/\mathfrak{i}$ auflösbar, dann ist auch $\mathfrak{g}$ auflösbar.*

(iii) *Sind $\mathfrak{i}$ und $\mathfrak{j}$ auflösbare Ideale in $\mathfrak{g}$, dann ist auch das Ideal $\mathfrak{i}+\mathfrak{j}$ auflösbar.*

Beweis. (i) Diese Behauptung beweist man wie die entsprechende Aussage für nilpotente Lie-Algebren (vgl. Proposition II.2.3).

(ii) Sei $\pi: \mathfrak{g} \to \mathfrak{g}/\mathfrak{i}$ die Quotientenabbildung, dann gilt

$$\pi(\mathfrak{g}^{(n)}) = \left(\pi(\mathfrak{g})\right)^{(n)}.$$

Wenn nun $\left(\pi(\mathfrak{g})\right)^{(n)} = \{0\}$, dann folgt $\mathfrak{g}^{(n)} \subseteq \ker \pi = \mathfrak{i}$. Da aber $\mathfrak{i}$ auflösbar ist, gibt es ein $m \in N$ mit $\mathfrak{i}^{(m)} = \{0\}$, so daß

$$\mathfrak{g}^{(n+m)} \subseteq \mathfrak{i}^{(m)} \subseteq \{0\}.$$

(iii) Wir wissen, daß $\mathfrak{i}, \mathfrak{j}$ und $\mathfrak{i}/(\mathfrak{i} \cap \mathfrak{j})$ auflösbar sind. Nach (ii) und Satz II.1.12(iii) ist also auch $\mathfrak{i} + \mathfrak{j}$ auflösbar. ■

Das Analogon von Proposition II.2.9(iii) für nilpotente Lie-Algebren ist auch richtig (siehe Lemma II.7.5). Dagegen ist das Analogon von Proposition II.2.9(ii) für nilpotente Lie-Algebren falsch (vgl. Beispiel II.2.2(iv)).

Proposition II.2.9(iii) zeigt, daß es in jeder endlichdimensionalen Lie-Algebra $\mathfrak{g}$ ein größtes auflösbares Ideal gibt. Dieses Ideal heißt das *Radikal* von $\mathfrak{g}$ und wird mit $\mathrm{rad}(\mathfrak{g})$ bezeichnet.

Als nächstes beweisen wir ein Analogon zu Satz II.2.5 für auflösbare Lie-Algebren. Das Beispiel II.2.2(iv) zeigt allerdings, daß auflösbare Unteralgebren von $\mathrm{gl}(V)$ keinen gemeinsamen Eigenvektor zum Eigenwert Null haben müssen, ja nicht einmal einen gemeinsamen reell eindimensionalen Eigenraum. Es gilt aber:

II.2.10. Satz. *Sei V ein $\mathbb{C}$-Vektorraum und $\mathfrak{g}$ eine auflösbare Unteralgebra von $\mathrm{gl}(V)$. Wenn $V \neq 0$, dann existiert ein $v \neq 0$ in V mit $\mathfrak{g}(v) \subseteq \mathbb{C}v$.*

Beweis. Wir führen den Beweis durch Induktion über die Dimension von $\mathfrak{g}$. Wenn $\mathfrak{g} = \mathbb{C}X$, dann erfüllt jeder Eigenvektor von X (und ein solcher existiert immer) die Aussage des Satzes. Sei also $\dim_{\mathbb{C}} \mathfrak{g} > 1$ und $\mathfrak{h}$ eine komplexe Hyperebene in $\mathfrak{g}$, die $[\mathfrak{g},\mathfrak{g}] = \mathfrak{g}^{(1)}$ enthält. Hier benützen wir, daß aufgrund der Auflösbarkeit $\mathfrak{g}^{(1)}$ ein echter Unterraum von $\mathfrak{g}$ sein muß. Wegen $[\mathfrak{g},\mathfrak{g}] \subseteq \mathfrak{h}$ gilt $\mathfrak{h} \trianglelefteq \mathfrak{g}$, und mit Induktion finden wir ein von Null verschiedenes $v \in V$ mit $\mathfrak{h}(v) \subseteq \mathbb{C}v$. Da $\mathfrak{h}$ linear auf V wirkt, gibt es eine $\mathbb{C}$-lineare Abbildung $\lambda: \mathfrak{h} \to \mathbb{C}$ mit $X(v) = \lambda(X)v$ für alle $X \in \mathfrak{h}$. Wir wissen mit obigem, daß der Raum

$$V_\lambda = \{w \in V: X(w) = \lambda(X)w \ \forall X \in \mathfrak{h}\}$$

nicht Null ist. Wenn man nun zeigen kann, daß V_λ invariant unter $\mathfrak{g}$ ist, so erhält man mit $Y \in \mathfrak{g}\backslash\mathfrak{h}$ wie im Beweis des Induktionsanfangs die Existenz eines $v_o \in V_\lambda$ mit $v_o \neq 0$ und $Y(v_o) \in \mathbb{C}v_o$, also

$$\mathfrak{g}(v_o) = (\mathfrak{h} + \mathbb{C}Y)(v_o) \subseteq \mathbb{C}v_o.$$

Wir zeigen also jetzt, daß $\mathfrak{g}(V_\lambda) \subseteq V_\lambda$. Dazu rechnen wir wie im Beweis von Satz II.2.5:

$$YX(w) = XY(w) - [X,Y](w) = \lambda(Y)X(w) - \lambda([X,Y])(w) \quad \forall w \in V_\lambda, X \in \mathfrak{g}, Y \in \mathfrak{h}.$$

Es genügt also zu zeigen, daß $[\mathfrak{g},\mathfrak{h}] \subseteq \ker\lambda$. Wir betrachten für festes $w \in V_\lambda$, $X \in \mathfrak{g}$ und $k \in \mathbb{N}$ den Raum

$$W^k = \mathbb{C}w + \mathbb{C}X(w) + \ldots + \mathbb{C}X^k(w).$$

Weil aber

$$(*) \qquad YX^k(w) = XY(X^{k-1}w) - [X,Y](X^{k-1}w)$$

und $X(W^{k-1}) \subseteq W^k$ sowie $Y(w) = \lambda(Y)w$ für $Y \in \mathfrak{h}$, folgt mit Induktion über k, daß $\mathfrak{h}(W^k) \subseteq W^k$.

Wir wählen jetzt k_o maximal bezüglich der Eigenschaft, daß

$$\{w, X(w), ..., X^{k_o}(w)\}$$

eine Basis von W^{k_o} ist. Es gilt dann $W^{k_o+m} = W^{k_o}$ für alle $m \in \mathbb{N}$ und

$$\{0\} \subseteq \mathbb{C}w \subseteq ... \subseteq W^{k_o}$$

ist eine Fahne, die invariant unter $\mathfrak{h}$ ist. Also ist jedes $Y|_{W^{k_o}}$ mit $Y \in \mathfrak{h}$ bezüglich der angegebenen Basis eine obere Dreiecksmatrix (y_{ij}). Die Diagonalelemente y_{ii}, $i = 1, ..., k_o$, dieser Matrix sind alle gleich $\lambda(Y)$, weil aus $Y(w) = \lambda(Y)w$ und $(*)$ mit Induktion folgt

$$YX^k(w) \in \lambda(Y)X^k(w) + W^{k-1}.$$

Da aber der Kommutator zweier Matrizen Spur Null hat, finden wir

$$(k_o + 1)\lambda([X, Y]) = \mathrm{tr}([X, Y]|_{W^{k_o}}) = 0.$$

■

II.2.11. Korollar. (Satz von Lie) *Sei V ein $\mathbb{C}$-Vektorraum und $\mathfrak{g}$ eine auflösbare Unteralgebra von* $\mathrm{gl}(V)$, *dann existiert eine Fahne in V, die invariant unter $\mathfrak{g}$ ist.*

Beweis. Nach Satz II.2.10 existiert ein $v \in V$ mit $v \neq 0$ und $\mathfrak{g}(v) \subseteq \mathbb{C}v = V_1$. Die Abbildung

$$\alpha: \mathfrak{g} \to \mathrm{gl}(V/V_1)$$
$$X \mapsto (v + V_1 \mapsto X(v) + V_1)$$

ist ein wohldefinierter Homomorphismus und somit ist $\alpha(\mathfrak{g})$ auflösbar. Induktion über $\dim_{\mathbb{C}} V$ liefert jetzt die Existenz einer $\alpha(\mathfrak{g})$-invarianten Fahne in V/V_1, deren Urbild in V, zusammen mit V_1 die gesuchte Fahne liefert. ■

Wenn man Korollar II.2.11 auf $V = \mathfrak{g}$ und $\mathrm{ad}(\mathfrak{g})$ mit $\mathfrak{g}$ auflösbar anwendet, so findet man eine Kette von Idealen

$$\{0\} = \mathfrak{g}_o < \mathfrak{g}_1 < ... < \mathfrak{g}_n = \mathfrak{g}$$

von $\mathfrak{g}$ mit $\dim_{\mathbb{C}} \mathfrak{g}_k = k$. Eine solche Kette nennt man eine *Hölder-Reihe* von $\mathfrak{g}$.

II.2.12. Korollar. *Eine* $\mathbb{K}$*-Lie-Algebra* $\mathfrak{g}$ *ist genau dann auflösbar, wenn* $[\mathfrak{g}, \mathfrak{g}]$ *nilpotent ist.*

Beweis. Wir wollen den Satz von Lie benützen, müssen dazu aber erst überprüfen ob Auflösbarkeit und Nilpotenz unter Komplexifizierung erhalten bleiben. Wegen Proposition II.1.15(ii) sieht man aber leicht, daß eine reelle Lie-Algebra $\mathfrak{h}$ auflösbar (nilpotent) genau dann ist, wenn $\mathfrak{h}_{\mathbb{C}}$ auflösbar (nilpotent) ist (vgl. Übung 5). Sei also jetzt ohne Beschränkung der Allgemeinheit $\mathfrak{g}$ eine reelle Lie-Algebra. Wenn $[\mathfrak{g}, \mathfrak{g}] = \mathfrak{g}^{(1)}$ nilpotent ist, dann folgt die Auflösbarkeit von $\mathfrak{g}$ sofort aus der Definition. Ist umgekehrt $\mathfrak{g}$ auflösbar, so ist $\mathfrak{g}_{\mathbb{C}}$ auflösbar und mit dem Satz von Lie folgt, daß $\mathrm{ad}(\mathfrak{g}_{\mathbb{C}})$ aus oberen Dreiecksmatrizen besteht. Also besteht

$$\mathrm{ad}([\mathfrak{g}_{\mathbb{C}}, \mathfrak{g}_{\mathbb{C}}]) = [\mathrm{ad}(\mathfrak{g}_{\mathbb{C}}), \mathrm{ad}(\mathfrak{g}_{\mathbb{C}})] \cong [\mathfrak{g}_{\mathbb{C}}, \mathfrak{g}_{\mathbb{C}}]/(Z(\mathfrak{g}_{\mathbb{C}}) \cap [\mathfrak{g}_{\mathbb{C}}, \mathfrak{g}_{\mathbb{C}}])$$

aus strikt oberen Dreiecksmatrizen, ist also nilpotent. Also folgt mit Proposition II.2.3, daß $[\mathfrak{g}_{\mathbb{C}}, \mathfrak{g}_{\mathbb{C}}] = [\mathfrak{g}, \mathfrak{g}]_{\mathbb{C}}$ nilpotent ist und somit die Behauptung. ■

Der Rest dieses Abschnitts dient dazu, eine Charakterisierung der auflösbaren Lie-Algebren durch Eigenschaften ihrer Elemente zu geben. Das Ergebnis wird sein, daß $\mathfrak{g}$ genau dann auflösbar ist, wenn $\mathrm{tr}\big(\mathrm{ad}(X)\mathrm{ad}(Y)\big) = 0$ für alle $X \in [\mathfrak{g}, \mathfrak{g}]$ und $Y \in \mathfrak{g}$. Wir müssen also die linearen Abbildungen $\mathrm{ad}(X): \mathfrak{g} \to \mathfrak{g}$ genauer studieren. Dazu wiederholen wir einige Begriffe aus der linearen Algebra.

II.2.13. Definition. Sei V ein $\mathbb{K}$-Vektorraum und $T \in \mathrm{End}_{\mathbb{K}}(V)$. Für alle $\lambda \in \mathbb{K}$ setze

$$V_\lambda(T) = \{v \in V : \exists n \in \mathbb{N} \text{ mit } (T - \lambda\mathbf{1})^n v = 0\},$$

und

$$V^\lambda(T) = \ker(T - \lambda\mathbf{1}).$$

Die Abbildung T heißt *zerfallend über* $\mathbb{K}$, wenn

$$V = \sum_{\lambda \in \mathbb{K}} V_\lambda(T).$$

Sei $p(T) = \det(T - t\mathbf{1})$ das charakteristische Polynom von T, dann ist T zerfallend über $\mathbb{K}$ genau dann, wenn alle Nullstellen von $p(T)$ in $\mathbb{K}$ liegen. Dies ist gerade die Aussage des Satzes über die Jordansche Normalform. Insbesondere ist jedes $T \in \mathrm{End}_{\mathbb{C}}(V)$ zerfallend. Die Räume $V_\lambda(T)$ heißen *Haupträume* von T zum Eigenwert λ. Beachte, daß die Haupträume invariant unter T sind und $(T - \lambda\mathbf{1})|_{V_\lambda(T)}$ nilpotent ist.

II.2.14. Definition. Sei V ein $\mathbb{K}$-Vektorraum und $T \in \mathrm{End}_{\mathbb{K}} V$ zerfallend über $\mathbb{K}$. Setze $T_S|_{V_\lambda(T)} = \lambda\mathbf{1}$ und $T_N = T - T_S$. Dann heißt T_S der *halbeinfache Teil* und T_N der *nilpotente Teil* von T. Die Zerlegung $T = T_S + T_N$ heißt *Jordan-Zerlegung* von T. Ist $T = T_S$, so heißt T *halbeinfach* und ist $T = T_N$, so heißt T *nilpotent* (vgl. Aufgabe 11).

II.2.15. Proposition. *Sei V ein $\mathbb{K}$-Vektorraum und $T \in \mathrm{End}_{\mathbb{K}}(V)$ zerfallend über $\mathbb{K}$. Dann gilt*

(i) $T_N T_S = T_S T_N$

(ii) $T = T_N$ *genau dann, wenn es ein $n \in \mathbb{N}$ mit $T^n = 0$ gibt.*

(iii) *Wenn man T als Summe $T = S + N$ mit S halbeinfach und N nilpotent, sowie $SN = NS$, schreiben kann, dann gilt $S = T_S$ und $N = T_N$.*

(iv) *Wenn $A \in \mathrm{End}_{\mathbb{K}}(V)$ mit T vertauscht, d.h. $AT = TA$, dann gilt $AT_S = T_S A$ und $AT_N = T_N A$.*

(v) *Seien W_1 und W_2 Unterräume von V mit $W_2 \subseteq W_1$ und $TW_1 \subseteq W_2$, dann gilt $T_S W_1 \subseteq W_2$ und $T_N W_1 \subseteq W_2$.*

Beweis. (i) Wie schon erwähnt, sind die Haupträume von T invariant unter T. Da sie aber nach Definition auch invariant unter T_S sind, sind sie auch unter T_N invariant. Es genügt daher zu zeigen, daß $T_S T_N|_{V_\lambda(T)} = T_N T_S|_{V_\lambda(T)}$ für jeden Eigenwert λ von T. Sei also $v \in V_\lambda(T)$, dann gilt

$$T_N T_S v = T_N \lambda v = \lambda T_N v = T_S T_N v,$$

weil ja $T_N v \in V_\lambda(T)$.

(ii) Sei $v \in V_\lambda(T)$, dann gilt $(T - \lambda \mathbf{1})^n v = T_N^n v$. Sei jetzt $n \in \mathbb{N}$ so gewählt, daß $v_1 = T_N^{n-1} v \neq 0$ und $T_N v_1 = 0$, dann folgt

$$T v_1 = T_N v_1 + \lambda v_1 = \lambda v_1.$$

Wenn also gilt $T^k = 0$, dann haben wir $\lambda^k = 0$. Weil aber λ ein beliebiger Eigenwert von T war, wissen wir dann $V = V_0(T)$ und damit $T_S v = 0v = 0$ für alle $v \in V$.

Sei umgekehrt $T_S = 0$, dann gilt $V = V_0(T)$, d.h. zu jedem $v \in V$ gibt es ein $n \in N$ mit $T^n v = T_N^n v = 0$. Also ist T nilpotent, weil die Dimension von V endlich ist.

(iii) Die Abbildung S ist nach Voraussetzung zerfallend. Sei $v \in V_\lambda(S)$, dann gilt

$$(T - \lambda \mathbf{1})^n v = (T - S)^n v = N^n v = 0$$

für hinreichend große $n \in \mathbb{N}$. Also gilt $V_\lambda(S) \subseteq V_\lambda(T)$ und wegen

$$\sum_{\lambda \in \mathbb{K}} V_\lambda(T) = V = \sum_{\lambda \in \mathbb{K}} V_\lambda(S)$$

sogar $V_\lambda(S) = V_\lambda(T)$. Aber dann stimmen T_S und S auf $V_\lambda(T)$ überein und Behauptung folgt aus $T_N = T - T_S = N + S - S$.

(iv) Beachte daß jedes $A \in \mathrm{End}_{\mathbb{K}}(V)$, das mit T vertauscht, die Haupträume $V_\lambda(T)$ invariant läßt, weil ja

$$(T - \lambda\mathbf{1})^n Av = A(T - \lambda\mathbf{1})^n v = 0$$

für geeignetes $n \in N$. Es folgt also sofort $AT_S = T_S A$ und dann auch $AT_N = T_N A$, da T_S auf den Haupträumen ein Vielfaches der Identität ist.

(v) Die Abbildung $T|_{W_1}$ ist zerfallend, weil jeder Eigenwert von $T|_{W_1}$ auch Eigenwert von T ist. Nach der Definition sind die Haupträume von $T|_{W_1}$ gerade die Schnitte von W_1 mit den Haupträumen von T. Es gilt also

$$W_1 = \sum_{\lambda \in \mathbb{K}} (V_\lambda(T) \cap W_1).$$

Sei jetzt $\lambda \neq 0$ und $v \in W_1 \cap V_\lambda(T)$. Es gibt dann ein $n \in \mathbb{N}$ mit $(T - \lambda\mathbf{1})^n v = 0$. Da aber

$$(T - \lambda\mathbf{1})^n v = \sum_{k=0}^{n} (-\lambda)^k \binom{n}{k} T^{n-k} v \in (-\lambda)^n v + W_2,$$

haben wir $V_\lambda(T) \cap W_1 \subseteq W_2$ und damit $W_1 = (V_0(T) \cap W_1) + W_2$. Wegen $T_S|_{V_\lambda(T) \cap W_1} = \lambda\mathbf{1}$ gilt dann $T_S W_1 \subseteq W_2$ und schließlich

$$T_N W_1 = (T - T_S)(W_1) \subseteq TW_1 + T_S W_1 \subseteq W_2.$$

■

Man kann sogar zeigen, daß T_N und T_S Polynome in T ohne konstante Koeffizienten sind. Damit folgt II.2.15 automatisch. Wir können jetzt zu jedem zerfallenden $X \in \mathrm{gl}(V)$ die Jordan-Zerlegung von $\mathrm{ad}(X)$ bestimmen.

II.2.16. Proposition. *Sei V ein $\mathbb{K}$-Vektorraum und $X \in \mathrm{gl}(V)$ zerfallend. Dann zerfällt* $\mathrm{ad}(X)$ *mit* $\mathrm{ad}(X_S) = \mathrm{ad}(X)_S$ *und* $\mathrm{ad}(X_N) = \mathrm{ad}(X)_N$.

Beweis. Wir schreiben $\mathrm{ad}(X)$ als $L_X - R_X$, wobei L_X und R_X die Multiplikation mit X von links bzw. rechts bezeichnet. Wegen $X_S X_N = X_N X_S$ und $R_X L_Y = L_Y R_X$ rechnen wir

$$\begin{aligned}
\mathrm{ad}(X_N)\,\mathrm{ad}(X_S) &= (L_{X_N} - R_{X_N}) \circ (L_{X_S} - R_{X_S}) \\
&= L_{X_N X_S} + R_{X_S X_N} - R_{X_N} L_{X_S} - R_{X_S} L_{X_N} \\
&= (L_{X_S} - R_{X_S}) \circ (L_{X_N} - R_{X_N}) \\
&= \mathrm{ad}(X_S)\,\mathrm{ad}(X_N).
\end{aligned}$$

Es genügt also nach Proposition II.2.15(iii) zu zeigen, daß $\mathrm{ad}(X_S)$ halbeinfach und $\mathrm{ad}(X_N)$ nilpotent ist.

Da X_S halbeinfach ist, hat V eine Basis $\{v_1, ..., v_n\}$ aus Eigenvektoren von X_S. Seien λ_j, $j = 1, ..., n$, die zugehörigen (nicht notwendigerweise verschiedenen) Eigenwerte. Wir definieren $X^{ij} \in \mathrm{gl}(V)$ durch

$$X^{ij}(v_k) = \delta_{jk} v_i \quad \forall i, j = 1, ..., n$$

wobei δ_{ij} das Kroneckerdelta ist. Die X^{ij} bilden eine Basis von $\mathrm{gl}(V)$ bezüglich der X_S wie folgt wirkt:

$$\begin{aligned}\big(\mathrm{ad}(X_S)(X^{ij})\big)(v_k) &= X_S X^{ij}(v_k) - X^{ij} X_S(v_k)\\ &= \lambda_i \delta_{jk} v_i - \delta_{jk} \lambda_k v_i\\ &= (\lambda_i - \lambda_j)\delta_{jk} v_i.\end{aligned}$$

Also haben wir

$$\mathrm{ad}(X_S)(X^{ij}) = (\lambda_i - \lambda_j) X^{ij},$$

d.h. $\mathrm{gl}(V)$ hat eine Basis von Eigenvektoren für $\mathrm{ad}(X_S)$ und somit ist $\mathrm{ad}(X_S)$ halbeinfach. Schließlich bemerken wir noch, daß $\mathrm{ad}(X_N)$ nach Lemma II.2.4 nilpotent ist. ∎

II.2.17. Lemma. *Seien V ein $\mathbb{K}$-Vektorraum und $E \subseteq F$ Unterräume von $\mathrm{gl}(V)$. Weiter sei*

$$X \in M = \{Y \in \mathrm{gl}(V) : [Y, F] \subseteq E\}.$$

Wenn $\mathrm{tr}(XY) = 0$ für alle $Y \in M$, dann ist X nilpotent.

Beweis. Indem wir alle Vektorräume komplexifizieren, können wir ohne Beschränkung der Allgemeinheit annehmen, daß $\mathbb{K} = \mathbb{C}$. Insbesondere wissen wir dann, daß X eine Jordan-Zerlegung $X = X_S + X_N$ hat. Sei nun $\{v_1, ..., v_n\}$ eine Basis von V, die aus Eigenvektoren für X_S zu den Eigenwerten λ_j, $j = 1, ..., n$, besteht. Sei Q der $\mathbb{Q}$-Vektorraum in $\mathbb{C}$, der von den λ_j aufgespannt wird. Wir müssen zeigen, daß $Q = \{0\}$ ist. Dazu betrachten wir für ein $f \in Q^*$, dem Dualraum (über $\mathbb{Q}$) von Q. Durch die Matrix

$$Y = \begin{pmatrix} f(\lambda_1) & & & 0\\ & \cdot & & \\ & & \cdot & \\ & & & \cdot \\ 0 & & & f(\lambda_n)\end{pmatrix}$$

wird über die Basis $\{v_1, ..., v_n\}$ ein Element $Y \in \mathrm{gl}(V)$ definiert. Wählt man, wie im Beweis von Proposition II.2.16 eine Basis $\{X^{ij}\}$ von $\mathrm{gl}(V)$ durch $X^{ij}(v_k) = \delta_{jk} v_i$, so findet man

$$\mathrm{ad}(X_S)X^{ij} = (\lambda_i - \lambda_j)X^{ij}, \quad \mathrm{ad}(Y)X^{ij} = f(\lambda_i - \lambda_j)X^{ij}.$$

Wähle nun ein Polynom $P \in \mathbb{C}[t]$ mit

$$P(0) = 0 \quad \text{und} \quad P(\lambda_i - \lambda_j) = f(\lambda_i - \lambda_j).$$

Dann gilt $P(\operatorname{ad}(X_S))X^{ij} = \operatorname{ad}(Y)X^{ij}$, d.h.

$$P(\operatorname{ad}(X_S)) = \operatorname{ad}(Y).$$

Weil nach Proposition II.2.16 $\operatorname{ad}(X_S)$ gerade der halbeinfache Teil von $\operatorname{ad}(X)$ ist folgt aus Proposition II.2.15(v), daß $\operatorname{ad}(X_S)F \subseteq E$, weil $X \in M$ ist. Wegen $P(0) = 0$ folgt also auch $\operatorname{ad}(Y)F \subseteq E$, d.h. $Y \in M$. Aber dann gilt nach Voraussetzung

$$\sum_{k=1}^{n} \lambda_k f(\lambda_k) = \operatorname{tr}(XY) = 0.$$

Insbesondere haben wir

$$\sum_{k=1}^{n} f(\lambda_k)^2 = f\Big(\sum_{k=1}^{n} \lambda_k f(\lambda_k)\Big) = 0.$$

Daher ist $f(\lambda_k) = 0$ für alle λ_k und somit $f = 0$. Weil aber $f \in Q^*$ beliebig war, muß $Q = \{0\}$ gelten. ■

Hier ist das versprochene Kriterium für die Auflösbarkeit von Lie-Algebren.

II.2.18. Satz. (Cartan-Kriterium) *Sei V ein $\mathbb{K}$-Vektorraum und $\mathfrak{g} < \mathrm{gl}(V)$, dann sind die folgenden Aussagen äqivalent.*

(1) $\mathfrak{g}$ *ist auflösbar.*

(2) $\operatorname{tr}(XY) = 0$ *für alle* $X \in [\mathfrak{g}, \mathfrak{g}]$ *und* $Y \in \mathfrak{g}$.

Beweis. (2) $\Rightarrow$ (1). Nach Korollar II.2.12 genügt es zu zeigen, daß $[\mathfrak{g}, \mathfrak{g}]$ nilpotent ist. Dazu wiederum müssen wir wegen Korollar II.2.6 nur nachweisen, daß jedes $X \in [\mathfrak{g}, \mathfrak{g}]$ nilpotent ist. Wir wollen das Lemma II.2.17 mit $E = [\mathfrak{g}, \mathfrak{g}]$ und $F = \mathfrak{g}$ anwenden, d.h. wir setzen

$$M = \{Y \in \mathrm{gl}(V) \colon [Y, \mathfrak{g}] \subseteq [\mathfrak{g}, \mathfrak{g}]\}.$$

Wegen der Linearität der Spur reicht es also zu zeigen, daß $\operatorname{tr}([X, X']Y) = 0$ für alle $X, X' \in \mathfrak{g}$ und alle $Y \in M$. Dies folgt aber wegen $[X', Y] \subseteq [\mathfrak{g}, \mathfrak{g}]$ und (2) aus

$$\begin{aligned} \operatorname{tr}([X, X']Y) &= \operatorname{tr}(XX'Y - X'XY) = \operatorname{tr}(XX'Y - XYX') \\ &= \operatorname{tr}(X[X'Y]) = 0. \end{aligned}$$

(1) $\Rightarrow$ (2). Da die Spurabbildung komplex linear ist, können wir annehmen, daß $\mathbb{K} = \mathbb{C}$ ist. Es existiert dann nach Korollar II.2.11 eine Basis von V bezüglich der alle $X \in \mathfrak{g}$ obere Dreiecksmatrizen sind. Insbesondere sind alle Elemente von $[\mathfrak{g}, \mathfrak{g}]$ durch strikt obere Dreiecksmatrizen gegeben. Multipliziert man aber eine obere Dreiecksmatrix mit einer strikt oberen Dreiecksmatrix, so erhält man eine strikt obere Dreiecksmatrix, und die hat die Spur Null. ■

II.2.19. Korollar. *Sei $\mathfrak{g}$ eine $\mathbb{K}$-Lie-Algebra, dann sind die folgende Aussagen äquivalent.*

(1) $\mathfrak{g}$ *ist auflösbar.*

(2) $\operatorname{tr}\big(\operatorname{ad}(X)\operatorname{ad}(Y)\big) = 0$ *für alle* $X \in [\mathfrak{g},\mathfrak{g}]$ *und alle* $Y \in \mathfrak{g}$.

Beweis. (2) $\Rightarrow$ (1). Nach Satz II.2.18 ist $\operatorname{ad}(\mathfrak{g})$ auflösbar, also folgt mit $\operatorname{ad}(\mathfrak{g}) \cong \mathfrak{g}/Z(\mathfrak{g})$ und Proposition II.2.9, daß $\mathfrak{g}$ auflösbar ist.

(1) $\Rightarrow$ (2). Mit $\mathfrak{g}$ ist auch $\operatorname{ad}(\mathfrak{g})$ auflösbar und dann folgt (2) sofort aus Satz II.2.18. ∎

Übungsaufgaben zum Abschnitt II.2

1. Ist $\mathfrak{g}$ eine Lie-Algebra, V ein Vektorraum und $\alpha : \mathfrak{g} \to \operatorname{End}(V)$ ein Homomorphismus von Lie-Algebren, so ist $V \rtimes_\alpha \mathfrak{g}$ eine Lie-Algebra, die V als abelsches Ideal enthält.

2. Ist V ein endlichdimensionaler $\mathbb{K}$-Vektorraum und $X \in \operatorname{End}(V)$ mit $\operatorname{Spec}(X) = \{\lambda_1, ..., \lambda_n\}$, so ist

$$\operatorname{Spec}(\operatorname{ad} X) = \{\lambda_i - \lambda_j : i,j = 1,...,n\}.$$

Insbesondere ist $\operatorname{ad} X$ nilpotent, wenn X nilpotent ist. Hinweis: Man kann o.B.d.A. annehmen, daß $\mathbb{K} = \mathbb{C}$ ist. Mittels Jordan-Zerlegung findet man eine diagonalisierbare Matrix D und eine nilpotente Matrix N mit $X = D + N$, so daß $[D,N] = 0$. Dann ist $[\operatorname{ad} D, \operatorname{ad} N] = 0$, $\operatorname{ad} D$ ist diagonalisierbar (Was sind die Eigenräume?) und es bleibt zu zeigen, daß $\operatorname{ad} N$ nilpotent ist. Bezeichnet man mit $L_X : \operatorname{End}(V) \to \operatorname{End}(V), Y \mapsto X \circ Y$ die Linksmultiplikation mit X und entsprechend die Rechtmultiplikation mit R_X, so folgt die Behauptung über vollständige Induktion aus

$$\operatorname{ad} X^n = (L_X - R_X)^n = \sum_{i=0}^{n} \binom{n}{i} (-1)^{n-i} L_X^i R_X^{n-i}.$$

3. Sein $\mathfrak{g}$ eine Lie-Algebra, $\mathfrak{h}$ eine Unteralgebra, sowie $X \in N_\mathfrak{g}(\mathfrak{h}) \setminus \mathfrak{h}$. Dann ist $\mathfrak{h} + \mathbb{R}X \cong \mathfrak{h} \rtimes_\alpha \mathbb{R}X$, wobei $\alpha(tX) = \operatorname{ad}(tX)|_\mathfrak{h}$.

4. Für eine reelle Lie-Algebra $\mathfrak{g}$ gilt

$$(\mathfrak{g}_\mathbb{C})^n = (\mathfrak{g}^n)_\mathbb{C}, \quad \text{und} \quad (\mathfrak{g}_\mathbb{C})^{(n)} = (\mathfrak{g}^{(n)})_\mathbb{C}.$$

5. Eine endlichdimensionale Lie-Algebra $\mathfrak{g}$ ist genau dann nilpotent (auflösbar), wenn $\mathfrak{g}_{\mathbb{C}}$ nilpotent (auflösbar) ist.

6. Sei $\mathfrak{g}$ die Heisenberg-Algebra. Gib eine Basis von $\mathfrak{g}$ an bzgl. der $\operatorname{ad}\mathfrak{g}$ aus oberen Dreiecksmatrizen besteht.

7. Sei $\mathfrak{g}$ eine nilpotente Lie-Algebra und $\mathfrak{h}$ ein Ideal in $\mathfrak{g}$. Zeige, daß der Schnitt von $\mathfrak{h}$ mit dem Zentrum von $\mathfrak{g}$ nicht trivial ist, wenn $\mathfrak{h} \neq \{0\}$.

8. Bestimme die Derivationsalgebra der Heisenberg-Algebra. Zeige, daß sie weder nilpotent noch auflösbar ist.

9. Zeige: Sind $\mathfrak{a}, \mathfrak{b}$ nilpotente Ideale in der Lie-Algebra $\mathfrak{g}$, so auch $\mathfrak{a} + \mathfrak{b}$.

10. Finde eine Lie-Algebra $\mathfrak{g}$, die ein nilpotentes Ideal $\mathfrak{a}$ enthält, so daß $\mathfrak{g}/\mathfrak{a}$ nilpotent ist und $\mathfrak{g}$ nicht nilpotent ist.

11. Nach dem Satz über die Jordansche Normalform zerfällt jeder Endomorphismus eines endlichdimensionalen Vektorraums über $\mathbb{C}$. Um den halbeinfachen und nilpotenten Teil auch für nicht zerfallende Endomorphismen zu definieren, geht man den Umweg über die Komplexifizierung. Sei dazu V eine $\mathbb{R}$-Vektorraum. Wir identifizieren $\operatorname{End}_{\mathbb{R}}(V)$ über

$$T_{\mathbb{C}}(z \otimes v) := z \otimes Tv \qquad \text{für} \qquad T \in \operatorname{End}_{\mathbb{R}}(V)$$

mit einer Teilmenge von $\operatorname{End}_{\mathbb{C}}(V_{\mathbb{C}})$. Man zeige:

a) $(T_{\mathbb{C}})_S$ und $(T_{\mathbb{C}})_N$ lassen den Untervektorraum $V \subseteq V_{\mathbb{C}}$ invariant. Hinweis: Man betrachte die Abbildung $\sigma : V_{\mathbb{C}} \to V_{\mathbb{C}}$ definiert durch $\sigma(z \otimes v) = \overline{z} \otimes v$ und zeige, daß $A \in \operatorname{End}_{\mathbb{C}}(V)$ den Unterraum V genau dann invariant läßt, wenn $A\sigma = \sigma A$ gilt.

Man definiert nun $T_S := (T_{\mathbb{C}})_S|_V$ und $T_N := (T_{\mathbb{C}})_N|_V$.

b) Diese Definition ist konsistent mit der bisherigen für zerfallendes T.

c) Proposition II.2.15 gilt für beliebige $T \in \operatorname{End}_{\mathbb{R}}(V)$.

§3 Halbeinfache Lie-Algebren

Halbeinfache Lie-Algebren sind ein Gegenstück zu den auflösbaren und nilpotenten Lie-Algebren, weil sie nur “wenige” Ideale haben. Dafür haben sie eine reichhaltige geometrische Struktur, die sogar eine vollständige Klassifikation (in endlicher Dimension über $\mathbb{K}$) ermöglicht. Darüberhinaus läßt sich zeigen, daß jede endlichdimensionale Lie-Algebra über $\mathbb{K}$ die halbdirekte Summe einer halbeinfachen Unteralgebra und seines Radikals ist. Auch in diesem Paragraphen seien alle betrachteten Vektorräume endlichdimensional.

II.3.1. Definition. Sei $\mathfrak{g}$ eine $\mathbb{K}$-Lie-Algebra, dann heißt $\mathfrak{g}$ *halbeinfach*, wenn $\mathrm{rad}(\mathfrak{g}) = \{0\}$ ist. Die Lie-Algebra $\mathfrak{g}$ heißt *einfach*, falls sie nicht abelsch ist und keine Ideale außer $\mathfrak{g}$ und $\{0\}$ enthält.

Da die Kommutatoralgebra $[\mathfrak{g}, \mathfrak{g}]$ ein Ideal in $\mathfrak{g}$ ist, muß sie für eine einfache Algebra gleich der ganzen Algebra sein. Also ist $\mathfrak{g}$ in diesem Fall nicht auflösbar. Daher ist das Radikal von $\mathfrak{g}$ ein Ideal ungleich $\mathfrak{g}$, also Null. Somit ist jede einfache Lie-Algebra auch halbeinfach. Wir werden später zeigen, daß jede halbeinfache Lie-Algebra die direkte Summe von einfachen Lie-Algebren ist.

II.3.2. Beispiel. Die Lie-Algebren $\mathrm{sl}(2,\mathbb{K})$, $\mathrm{so}(3)$ und $\mathrm{su}(3)$ sind einfach. Man kann das zum Beispiel zeigen, indem man sich eine Basis der entsprechenden Algebra $\mathfrak{g}$ wählt, ein beliebiges Element $X \in \mathfrak{g}$ in dieser Basis ausdrückt und die Klammern mit den Basiselementen betrachtet (vgl. Übung 3). ■

Wir haben schon im Zusammenhang mit dem Cartan-Kriterium für auflösbare Lie-Algebren gesehen, daß die Bilinearform

$$\begin{aligned} \kappa_{\mathfrak{g}}: \mathfrak{g} \times \mathfrak{g} &\to \mathbb{K} \\ (X,Y) &\mapsto \mathrm{tr}\left(\mathrm{ad}(X)\,\mathrm{ad}(Y)\right) \end{aligned}$$

von Interesse ist. Sie heißt die *Killing-Form* von $\mathfrak{g}$ und ist im Falle der halbeinfachen Lie-Algebren verantwortlich für die angesprochene geometrische Struktur, weil man zeigen kann, daß sie für diese Algebren nicht ausgeartet ist. Darüber hinaus ist sie verträglich mit der Lie-Algebren Struktur. Sie erfüllt

$$\kappa_{\mathfrak{g}}([X,Y],Z) = \kappa_{\mathfrak{g}}(X,[Y,Z]) \quad \forall X,Y,Z, \in \mathfrak{g},$$

d.h., sie ist *invariant*. Um dies zu sehen, muß man nur die Definition einsetzen und $\mathrm{tr}(AB) = \mathrm{tr}(BA)$ ausnützen.

II.3.3. Beispiel.

(i) Bezüglich der in Beispiel II.1.16 angegebenen Basis von $\mathrm{sl}(2,\mathbb{K})$ hat die Killing-Form die Matrix

$$\kappa = \begin{pmatrix} 8 & 0 & 0 \\ 0 & -8 & 0 \\ 0 & 0 & 8 \end{pmatrix}.$$

(ii) Bezüglich der in Beispiel II.1.16 angegebenen Basis von $\mathrm{so}(3)$ hat die Killing-Form die Matrix

$$\kappa = \begin{pmatrix} -2 & 0 & 0 \\ 0 & -2 & 0 \\ 0 & 0 & -2 \end{pmatrix}.$$

(iii) Bezüglich der in Beispiel II.1.14 angegebenen Basis $\{H, X, Y, E\}$ hat die Killing-Form der Oszillator-Algebra die Matrix

$$\kappa = \begin{pmatrix} -2 & 0 & 0 & 0 \\ 0 & 0 & 0 & 0 \\ 0 & 0 & 0 & 0 \\ 0 & 0 & 0 & 0 \end{pmatrix}.$$

■

Wenn klar ist, von welcher Lie-Algebra die Rede ist, schreiben wir einfach κ statt $\kappa_{\mathfrak{g}}$. Die Killing-Form einer Unteralgebra ergibt sich nicht ohne weiteres aus der Killing-Form der Lie-Algebra. Für Ideale gilt aber:

II.3.4. Lemma. *Sei $\mathfrak{i} \trianglelefteq \mathfrak{g}$ und κ die Killing-Form von $\mathfrak{g}$ sowie $\kappa_{\mathfrak{i}}$ die Killing-Form von $\mathfrak{i}$. Dann gilt*

$$\kappa_{\mathfrak{i}} = \kappa|_{\mathfrak{i}\times\mathfrak{i}}.$$

Beweis. Wenn $A \in \operatorname{End}(\mathfrak{g})$ den Unterraum $\mathfrak{i}$ invariant läßt, dann kann man A bezüglich einer Basis von $\mathfrak{g}$, die mit einer Basis von $\mathfrak{i}$ beginnt als Blockmatrix

$$A = \begin{pmatrix} A|_{\mathfrak{i}} & * \\ 0 & 0 \end{pmatrix}$$

schreiben, so daß $\operatorname{tr}(A) = \operatorname{tr}(A|_{\mathfrak{i}})$ gilt. Dies wendet man jetzt auf $A = \operatorname{ad}(X)\operatorname{ad}(Y)$ mit $X, Y \in \mathfrak{i}$ an und erhält

$$\operatorname{tr}\left(\operatorname{ad}(X)\operatorname{ad}(Y)\right) = \operatorname{tr}\left(\operatorname{ad}(X)|_{\mathfrak{i}}\operatorname{ad}(Y)|_{\mathfrak{i}}\right) = \kappa_{\mathfrak{i}}(X, Y).$$

■

Da eine (reelle) Basis einer reellen Lie-Algebra $\mathfrak{g}$ auch eine (komplexe) Basis von $\mathfrak{g}_{\mathbb{C}}$ ist, sieht man sofort, daß

$$\kappa_{\mathfrak{g}} = \kappa_{\mathfrak{g}_{\mathbb{C}}}|_{\mathfrak{g}\times\mathfrak{g}}.$$

Wenn V ein $\mathbb{K}$-Vektorraum ist und $\beta: V \times V \to \mathbb{K}$ eine Bilinearform, dann bezeichnen wir die orthogonale Menge

$$\{v \in V: (\forall w \in W)\, \beta(v, w) = 0\}$$

eines Unterraums W bezüglich β mit $W^{\perp,\beta}$. Handelt es sich bei β um die Killing-Form einer Lie-Algebra, so schreiben wir kurz $\perp$ statt $\perp, \beta$. Die Menge $\operatorname{rad}(\beta) := V^{\perp,\beta}$ heißt das *Radikal* von β. Die Form heißt *ausgeartet*, wenn $\operatorname{rad}(\beta) \neq \{0\}$. Mit dieser Bezeichnungsweise kann man das Cartan-Kriterium II.2.18 auch so ausdrücken:

II.3.5. Bemerkung. Eine $\mathbb{K}$-Lie-Algebra $\mathfrak{g}$ ist genau dann auflösbar, wenn $[\mathfrak{g},\mathfrak{g}] \subseteq \mathrm{rad}(\kappa_{\mathfrak{g}})$.

Auch die Halbeinfachheit einer Lie-Algebra läßt sich durch die Killing-Form beschreiben.

II.3.6. Satz. *Eine $\mathbb{K}$-Lie-Algebra $\mathfrak{g} \neq 0$ ist genau dann halbeinfach, wenn $\kappa_{\mathfrak{g}}$ nicht ausgeartet, d.h. $\mathrm{rad}(\kappa_{\mathfrak{g}}) = \{0\}$ ist.*

Beweis. Wir halten zuerst fest, daß $\mathfrak{j} \cap \mathfrak{j}^{\perp} \subseteq \mathrm{rad}(\mathfrak{g})$ für jedes $\mathfrak{j} \trianglelefteq \mathfrak{g}$ gilt. Wenn nämlich $X \in \mathfrak{j}^{\perp}$, $Y \in \mathfrak{g}$ und $Z \in \mathfrak{j}$, dann folgt

$$\kappa_{\mathfrak{g}}([X,Y],Z) = \kappa_{\mathfrak{g}}(X,[Y,Z]) = 0,$$

so daß $\mathfrak{j}^{\perp}$ und dann auch $\mathfrak{i} = \mathfrak{j} \cap \mathfrak{j}^{\perp}$ Ideale in $\mathfrak{g}$ sind. Da $\kappa_{\mathfrak{g}}$ offensichtlich auf $\mathfrak{i} \times \mathfrak{i}$ verschwindet, gilt wegen Lemma II.3.4, daß $\mathrm{rad}(\kappa_{\mathfrak{i}}) = \mathfrak{i}$. Insbesondere ist $\mathfrak{i}$ nach Bemerkung II.3.5 auflösbar. Wir wenden unsere Beobachtung jetzt auf $\mathrm{rad}(\kappa_{\mathfrak{g}}) = \mathfrak{g} \cap \mathfrak{g}^{\perp}$ an und finden

$$\mathrm{rad}(\kappa_{\mathfrak{g}}) \subseteq \mathrm{rad}(\mathfrak{g}).$$

Dies zeigt eine Hälfte des Satzes.

Wenn nun umgekehrt $\mathfrak{r} = \mathrm{rad}(\mathfrak{g}) \neq \{0\}$, dann findet man ein $n \in \mathbb{N}$ mit $\mathfrak{r}^{(n)} = \{0\}$ und $\mathfrak{h} = \mathfrak{r}^{(n-1)} \neq \{0\}$. Sei nun $0 \neq X \in \mathfrak{h}$ und $Y, Z \in \mathfrak{g}$. Wir finden

$$\big(\mathrm{ad}(X)\,\mathrm{ad}(Y)\big)^2(Z) = [X,[Y,[X,[Y,Z]]]] = 0,$$

weil $[Y,[X,[Y,Z]]] \in \mathfrak{h}$ und $\mathfrak{h}$ abelsch ist. Also ist $\mathrm{ad}(X)\,\mathrm{ad}(Y)$ nilpotent und hat daher die Spur Null. Weil $Y \in \mathfrak{g}$ aber beliebig war heißt das, daß $X \in \mathrm{rad}(\kappa_{\mathfrak{g}})$, d.h. $\kappa_{\mathfrak{g}}$ ist ausgeartet. ∎

Mit Satz II.3.6 sieht man, daß eine reelle Lie-Algebra $\mathfrak{g}$ genau dann halbeinfach ist, wenn ihre Komplexifizierung $\mathfrak{g}_{\mathbb{C}}$ halbeinfach ist, weil $\mathrm{rad}(\kappa_{\mathfrak{g}})_{\mathbb{C}} = \mathrm{rad}(\kappa_{\mathfrak{g}_{\mathbb{C}}})$ (vgl. Übung 2).

II.3.7. Satz. *Sei $\mathfrak{g}$ eine halbeinfache $\mathbb{K}$-Lie-Algebra, dann gibt es einfache Ideale $\mathfrak{g}_1, \ldots, \mathfrak{g}_k$ in $\mathfrak{g}$ mit*

$$\mathfrak{g} = \mathfrak{g}_1 \oplus \ldots \oplus \mathfrak{g}_k.$$

Jedes Ideal von $\mathfrak{g}$ ist die direkte Summe $\mathfrak{i} = \sum_{j \in I} \mathfrak{g}_j$, $I \subseteq \{1, \ldots, k\}$ von solchen $\mathfrak{g}_j$.

Beweis. Sei $\mathfrak{j} \trianglelefteq \mathfrak{g}$. Zu Beginn des Beweises von Satz II.3.6 haben wir gesehen, daß $\mathfrak{j} \cap \mathfrak{j}^{\perp} \subseteq \mathrm{rad}(\mathfrak{g}) = \{0\}$. Also ist $\kappa_{\mathfrak{j}}$ nicht ausgeartet und $\mathfrak{j}$ halbeinfach. Man findet eine Orthogonalbasis $\{X_1, \ldots, X_m\}$ von $\mathfrak{j}$, weil $\kappa_{\mathfrak{j}}$ symmetrisch ist. Da für jedes $X \in \mathfrak{g}$

$$X - \sum_{i=1}^{m} \frac{\kappa_{\mathfrak{g}}(X, X_i)}{\kappa_{\mathfrak{g}}(X_i, X_i)} X_i \in \mathfrak{j}^{\perp},$$

gilt $\mathfrak{g} = \mathfrak{j} + \mathfrak{j}^\perp$. Wegen $[\mathfrak{j}, \mathfrak{j}^\perp] \subseteq \mathfrak{j} \cap \mathfrak{j}^\perp = \{0\}$ ist $\mathfrak{g} = \mathfrak{j} \oplus \mathfrak{j}^\perp$ als Lie-Algebra. Mit Induktion können wir jetzt $\mathfrak{j}$ und $\mathfrak{j}^\perp$ als direkte Summe von einfachen Idealen schreiben und erhalten so die Existenz der Zerlegung

$$\mathfrak{g} = \mathfrak{g}_1 \oplus \ldots \oplus \mathfrak{g}_k.$$

Sei schließlich $\mathfrak{i}$ ein Ideal in $\mathfrak{g}$. Wenn $\pi_k : \mathfrak{g} \to \mathfrak{g}_k$ die Projektionen sind, dann gilt $\pi_k(\mathfrak{i}) \neq 0$ für mindestens ein k. Weil aber π_k surjektiv ist, ist $\pi_k(\mathfrak{i})$ sogar ein Ideal in $\mathfrak{g}_k$ und somit gleich $\mathfrak{g}_k$. Also haben wir $\mathfrak{g}_k = [\mathfrak{g}_k, \mathfrak{i}] \subseteq \mathfrak{i}$. Wir haben gezeigt, daß jedes $\mathfrak{g}_k$ mit $\pi_k(\mathfrak{i}) \neq 0$ in $\mathfrak{i}$ enthalten ist. Aber dann ist $\mathfrak{i}$ gerade die direkte Summe dieser $\mathfrak{g}_k$. ■

II.3.8. Korollar. *Sei $\mathfrak{g}$ eine halbeinfache $\mathbb{K}$-Lie-Algebra. Dann gilt*

(i) $\mathfrak{g} = [\mathfrak{g}, \mathfrak{g}]$.

(ii) *Alle homomorphen Bilder von $\mathfrak{g}$ sind halbeinfach.*

(iii) *Alle Ideale in $\mathfrak{g}$ sind halbeinfach.*

Beweis. (i) Sei $\mathfrak{g} = \mathfrak{g}_1 \oplus \ldots \oplus \mathfrak{g}_k$ die Zerlegung von $\mathfrak{g}$ aus Satz II.3.7. Da $\mathfrak{g}_j$ nicht abelsch ist, gilt $[\mathfrak{g}_j, \mathfrak{g}_j] = \mathfrak{g}_j$ und somit

$$[\mathfrak{g}, \mathfrak{g}] = \sum_{i,j} [\mathfrak{g}_i, \mathfrak{g}_j] = \sum_j [\mathfrak{g}_j, \mathfrak{g}_j] = \sum_j \mathfrak{g}_j = \mathfrak{g}.$$

(iii) folgt unmittelbar aus Satz II.3.7.

(ii) folgt aus (iii) und dem Isomorphiesatz II.1.12(i). ■

In Abschnitt II.1 haben wir gesehen, daß die adjungierte Darstellung Derivationen auf der Lie-Algebra liefert. Im Falle der halbeinfachen Lie-Algebren liefert sie sogar *alle*:

II.3.9. Satz. *Sei $\mathfrak{g}$ eine halbeinfache $\mathbb{K}$-Lie-Algebra, dann ist*

$$\mathrm{ad}(\mathfrak{g}) = \mathrm{der}(\mathfrak{g}).$$

Beweis. Nach Korollar II.3.8(ii) ist $\mathfrak{h} = \mathrm{ad}(\mathfrak{g}) < \mathrm{gl}(\mathfrak{g})$ halbeinfach. Aus der Jacobi Identität sieht man , daß $\mathfrak{h} \subseteq \mathrm{der}(\mathfrak{g})$ und wegen

$$\begin{aligned}(\delta \circ \mathrm{ad}(X) - \mathrm{ad}(X) \circ \delta)(Y) &= \delta([X, Y]) - [X, \delta Y] \\ &= [\delta X, Y] + [X, \delta Y] - [X, \delta Y] = [\delta X, Y] \\ &= \mathrm{ad}(\delta X)(Y)\end{aligned}$$

für $\delta \in \mathrm{der}(\mathfrak{g})$ und $X, Y \in \mathfrak{g}$ sogar $\mathfrak{h} \triangleleft \mathrm{der}(\mathfrak{g})$ gilt. Sei κ_d die Killing-Form von $\mathrm{der}(\mathfrak{g})$, dann ist wegen der Invarianz

$$\mathfrak{i} = \{\delta \in \mathrm{der}(\mathfrak{g}) : \kappa_d(\mathrm{ad}(X), \delta) = 0 \ \forall X \in \mathfrak{g}\}$$

ein Ideal in $\operatorname{der}(\mathfrak{g})$. Weil aber $\kappa_{\mathfrak{h}} = \kappa_d|_{\mathfrak{h}\times\mathfrak{h}}$ nicht ausgeartet ist, gilt $\mathfrak{i}\cap\mathfrak{h} = \{0\}$ und somit

$$[\mathfrak{i},\mathfrak{h}] \subseteq \mathfrak{i}\cap\mathfrak{h} = \{0\}.$$

Wenn also $\delta \in \mathfrak{i}$, so gilt $\operatorname{ad}(\delta X) = [\delta, \operatorname{ad}(X)] = 0$ für alle $X \in \mathfrak{g}$. Dies bedeutet $\delta X \in Z(\mathfrak{g}) = \{0\}$, d.h. $\delta = 0$. Wir haben jetzt $\mathfrak{i} = \{0\}$ und schließlich auch $\mathfrak{h} = \operatorname{der}(\mathfrak{g})$, weil jeder echte Unterraum von $\operatorname{der}(\mathfrak{g})$ ein nicht-triviales orthogonales Komplement bezüglich der Killing-Form (von $\operatorname{der}(\mathfrak{g})$) hat. ∎

Unser Ziel dieses Abschnitts ist es, die Struktur einer einfachen Lie-Algebra besser zu verstehen. Dazu werden wir die Algebra in simultane Eigenräume von linearen Abbildungen des Typs $\operatorname{ad}(X)$ zerlegen. Allerdings benötigen wir für dieses Programm etwas Vorbereitung. Zuerst verallgemeinern wir die Definition der Haupträume (vgl. II.2.13).

II.3.10. Definition. Sei V ein $\mathbb{K}$-Vektorraum und $\mathcal{T} \subseteq \operatorname{End}_{\mathbb{K}}(V)$. Für eine Funktion $\lambda: \mathcal{T} \to \mathbb{K}$ setzen wir

$$V_\lambda(\mathcal{T}) = \bigcap_{T\in\mathcal{T}} V_{\lambda(T)}(T).$$

II.3.11. Lemma. *Sei V ein $\mathbb{K}$-Vektorraum und $\mathfrak{g}$ eine nilpotente $\mathbb{K}$-Lie-Algebra. Wenn $\pi: \mathfrak{g} \to \mathfrak{gl}(V)$ ein Homomorphismus ist, für den jedes $\pi(X)$ zerfällt, dann gilt*

$$V = \sum_{\lambda\in\pi(\mathfrak{g})^*} V_\lambda(\pi(\mathfrak{g})),$$

wobei $\pi(\mathfrak{g})^*$ der Dualraum von $\pi(\mathfrak{g})$ über $\mathbb{K}$ und die Summe direkt ist. Die Räume $V_\lambda(\pi(\mathfrak{g}))$ sind invariant unter $\pi(\mathfrak{g})$.

Beweis. Da die Aussage des Lemmas nur $\pi(\mathfrak{g})$ benutzt, können wir $\mathfrak{g}$ durch $\pi(\mathfrak{g})$ ersetzen. Als erstes stellen wir fest, daß die Summe

$$\sum_{\lambda\in\mathfrak{g}^*} V_\lambda(\mathfrak{g})$$

direkt ist. Wenn nämlich $X \in \mathfrak{g}$ so gewählt ist, daß die $\lambda(X)$ mit den λ's aus der Summe paarweise verschieden sind (das geht, weil man nur endlich viele Hyperebenen in $\mathfrak{g}$ vermeiden muß), dann gilt $V_\lambda(\mathfrak{g}) \subseteq V_{\lambda(X)}(X)$ und die Summe

$$\sum_{\lambda(X)} V_{\lambda(X)}(X)$$

ist direkt.

Wir führen den Beweis durch Induktion über $\dim_{\mathbb{K}}(V)$. Da $\mathfrak{g} < \mathfrak{gl}(V)$ nilpotent ist, ist auch $\operatorname{ad}(A)|_{\mathfrak{g}}$ nilpotent für alle $A \in \mathfrak{g}$. Hier fassen wir A als

Element von $\mathrm{gl}(V)$ auf und bemerken, daß $\mathrm{ad}(A)|_{\mathfrak{g}}$ gleich der adjungierten Darstellung von $\mathfrak{g}$ ist. Nach Proposition II.2.16 gilt $\mathrm{ad}(A)_S = \mathrm{ad}(A_S)$ und nach Proposition II.2.15(v) läßt $\mathrm{ad}(A)_S$ den Unterraum $\mathfrak{g}$ von $\mathrm{gl}(V)$ invariant. Also ist $\mathrm{ad}(A_S)|_{\mathfrak{g}} = (\mathrm{ad}(A)|_{\mathfrak{g}})_S = 0$. In anderen Worten,

$$(*) \qquad BA_S = A_S B \quad \forall A, B \in \mathfrak{g}.$$

Betrachte nun die Zerlegungen

$$(**) \qquad V = \sum_{\mu_j(A_S) \in \mathbb{K}} V_{\mu_j(A_S)}(A_S) = \sum_{\mu_j(A_S) \in \mathbb{K}} V_{\mu_j(A_S)}(A)$$

von V in Haupträume bezüglich A_S. Es können zwei Fälle auftreten. Entweder hat jedes A_S und somit jedes $A \in \mathfrak{g}$ nur genau einen Eigenwert $\mu(A_S)$. Es sind nach Proposition II.2.15(iv) alle A_S mit $A \in \mathfrak{g}$ vertauschbar und damit simultan diagonalisierbar. Also ist die Funktion $\lambda(A) = \mu(A_S) = (\dim V)^{-1}\operatorname{tr}(A)$ linear und es gilt

$$V = V_\lambda(\mathfrak{g}).$$

Anderenfalls findet man ein $A \in \mathfrak{g}$, so daß die Haupträume in $(**)$ echt in V enthalten sind. Es ist aber jeder dieser Haupträume wegen $(*)$ invariant unter den Elementen B aus $\mathfrak{g}$. Wir können also Induktion auf jeden dieser Räume anwenden und das Ergebnis dann zusammensetzen. ∎

Betrachte zu jedem $\widetilde{\lambda} \in \pi(\mathfrak{g})^*$ die Linearform $\lambda = \widetilde{\lambda} \circ \pi \in \mathfrak{g}^*$ und setze

$$V_\lambda(\mathfrak{g}) = V_{\widetilde{\lambda}}(\pi(\mathfrak{g})).$$

Die Aussage von Lemmas II.3.11 lautet dann

$$V = \sum_{\lambda \in \mathfrak{g}^*} V_\lambda(\mathfrak{g}).$$

In der folgenden Definition führen wir einige gebräuchliche Sprechweisen und Notationen ein.

II.3.12. Definition. Sei $\mathfrak{g}$ eine $\mathbb{K}$-Lie-Algebra und V ein $\mathbb{K}$-Vektorraum.

(i) Eine *Darstellung* von $\mathfrak{g}$ auf V ist ein Homomorphismus $\pi: \mathfrak{g} \to \mathrm{gl}(V)$. Sie heißt *treu*, wenn π injektiv ist und *zerfallend*, wenn alle $\pi(X)$ zerfallend sind.

(ii) Sei $\pi: \mathfrak{g} \to \mathrm{gl}(V)$ eine Darstellung und $\mathfrak{g}$ nilpotent. Jedes $\lambda \in \mathfrak{g}^*$ mit $V_\lambda(\mathfrak{g}) \neq \{0\}$ heißt ein *Gewicht* von π und der Raum $V_\lambda(\mathfrak{g})$ heißt *Gewichtsraum* zum Gewicht λ.

(iii) Wenn $\mathfrak{h}$ eine nilpotente Unteralgebra von $\mathfrak{g}$ ist, dann heißen die von Null verschiedenen Gewichte von $\pi = \mathrm{ad}|_{\mathfrak{h}}$ *Wurzeln* von $\mathfrak{g}$ bezüglich $\mathfrak{h}$. Die Menge aller Wurzeln wird mit $\Delta(\mathfrak{g}, \mathfrak{h})$ bezeichnet. Die Gewichtsräume heißen in diesem Fall *Wurzelräume* und werden mit $\mathfrak{g}_\lambda$ statt $\mathfrak{g}_\lambda(\mathfrak{h})$ bezeichnet. Wenn $\mu \in \mathfrak{h}^*$ keine Wurzel ist, setzen wir $\mathfrak{g}_\mu = \{0\}$.

II.3.13. Proposition. *Sei $\mathfrak{g}$ eine $\mathbb{K}$-Lie-Algebra und $\mathfrak{h}$ eine nilpotente Unteralgebra von $\mathfrak{g}$. Dann gilt*

(i) *Jede nilpotente Unteralgebra $\mathfrak{n}$ von $\mathfrak{g}$, die $\mathfrak{h}$ enthält, ist in $\mathfrak{g}_0$ enthalten.*

(ii) $[\mathfrak{g}_\lambda, \mathfrak{g}_\mu] \subseteq \mathfrak{g}_{\lambda+\mu}$ *für alle* $\lambda, \mu \in \mathfrak{h}^*$.

(iii) $\mathfrak{g}_0$ *ist eine Unteralgebra von* $\mathfrak{g}$.

Beweis. (i) Da $\mathfrak{n}$ nilpotent ist und $\mathfrak{h} \subseteq \mathfrak{n}$, ist auch $\mathrm{ad}(X)|_{\mathfrak{n}}$ nilpotent für alle $X \in \mathfrak{h}$. Aber das heißt gerade $\mathfrak{n} \subseteq \mathfrak{g}_0$.

(ii) Für $X \in \mathfrak{g}_\lambda$, $Y \in \mathfrak{g}_\mu$ und $H \in \mathfrak{h}$ finden wir mit Induktion über n

$$\big(\mathrm{ad}(H)-\lambda(H)-\mu(H)\big)^n([X,Y]) = \sum_{k=0}^{n} \binom{n}{k} [\big(\mathrm{ad}(H)-\lambda(H)\big)^k X, \big(\mathrm{ad}(H)-\mu(H)\big)^{n-k} Y].$$

Wenn nun n hinreichend groß ist, verschwindet für jeden der Summanden entweder der linke oder der rechte Teil in der Klammer, d.h. die Summe ist Null. Also ist $[X,Y] \in \mathfrak{g}_{\lambda+\mu}$.

(iii) folgt sofort aus (ii). ■

II.3.14. Proposition. *Sei $\mathfrak{g}$ eine $\mathbb{K}$-Lie-Algebra. Eine nilpotente Unteralgebra $\mathfrak{h}$ ist genau dann gleich $\mathfrak{g}_0$, wenn sie ihr eigener Normalisator ist, d.h. $N_{\mathfrak{g}}(\mathfrak{h}) = \mathfrak{h}$ erfüllt.*

Beweis. Sei $\mathfrak{h} = \mathfrak{g}_0$ nilpotent und $X \in N_{\mathfrak{g}}(\mathfrak{h})$, dann ist $\mathrm{ad}(H)X \in \mathfrak{h}$ für alle $H \in \mathfrak{h}$ und somit $\mathrm{ad}(H)^n X = 0$ für hinreichend großes $n \in \mathbb{N}$. Also gilt $X \in \mathfrak{g}_0 = \mathfrak{h}$.

Sei umgekehrt $N_{\mathfrak{g}}(\mathfrak{h}) = \mathfrak{h}$ nilpotent. Betrachte die Abbildung

$$\begin{aligned} \mathfrak{h} &\to \mathrm{gl}(\mathfrak{g}_0/\mathfrak{h}) \\ H &\mapsto (X = \mathfrak{h} \mapsto [H,X] + \mathfrak{h}), \end{aligned}$$

deren Bild aus nilpotenten Elementen besteht. Nach Satz II.2.5 gibt es ein $X \in \mathfrak{g}_0 \backslash \mathfrak{h}$ mit $\mathrm{ad}(H)X \in \mathfrak{h}$ für alle $H \in \mathfrak{h}$. Dies steht aber im Widerspruch zu $N_{\mathfrak{g}}(\mathfrak{h}) = \mathfrak{h}$. ■

Wie angekündigt, wollen wir eine einfache Lie-Algebra in gemeinsame Eigenräume zerlegen. Wünschenswert ist es natürlich gemeinsame Eigenräume zu möglichst vielen Operatoren zu haben. Die obigen Resultate legen daher die folgende Definition nahe.

II.3.15. Definition. Sei $\mathfrak{g}$ eine $\mathbb{K}$-Lie-Algebra. Eine nilpotente Unteralgebra $\mathfrak{h}$ heißt *Cartan-Unteralgebra*, wenn $N_{\mathfrak{g}}(\mathfrak{h}) = \mathfrak{h}$.

II.3.16. Beispiel.

(i) Wenn $\mathfrak{g}$ nilpotent ist, dann ist $\mathfrak{g}$ die einzige Cartan-Unteralgebra von $\mathfrak{g}$. Sei nämlich $\mathfrak{h} < \mathfrak{g}$, dann gilt wegen Proposition II.3.14 $\mathfrak{h} = \mathfrak{g}_0 = \mathfrak{g}$.

(ii) Sei $\mathfrak{g} = \mathbb{R}H + \mathbb{R}X + \mathbb{R}Y + \mathbb{R}E$ die Oszillator-Algebra (vgl. Beispiel II.1.14), dann ist $\mathfrak{h} = \mathbb{R}H + \mathbb{R}E$ eine Cartan-Unteralgebra von $\mathfrak{g}$.

(iii) Wenn $\mathfrak{g} = \mathrm{gl}(n, \mathbb{K})$, dann ist die Algebra $\mathfrak{h}$ der Diagonalmatrizen eine Cartan-Unteralgebra von $\mathfrak{g}$ (vgl. Übung 4).

(iv) Jeder eindimensionale Unterraum von $\mathfrak{g} = \mathrm{so}(3)$ ist eine Cartan-Unteralgebra.

(v) Wenn $\mathfrak{g}_j$ Lie-Algebren mit Cartan-Unteralgebren $\mathfrak{h}_j$ sind, dann ist $\prod_j \mathfrak{h}_j$ eine Cartan-Unteralgebra von $\prod_j \mathfrak{g}_j$. ∎

II.3.17. Bemerkung.

(i) Jede Cartan-Unteralgebra ist maximal nilpotent, aber nicht jede maximal nilpotente Unteralgebra ist eine Cartan-Unteralgebra.

(ii) Wenn $\mathfrak{g}$ eine $\mathbb{R}$-Lie-Algebra ist und $\mathfrak{h} < \mathfrak{g}$, dann ist $\mathfrak{h}$ Cartan-Unteralgebra von $\mathfrak{g}$ genau dann, wenn $\mathfrak{h}_{\mathbb{C}}$ Cartan-Unteralgebra von $\mathfrak{g}_{\mathbb{C}}$ ist.

(iii) Wenn $\phi: \mathfrak{g} \to \mathfrak{g}_1$ ein surjektiver Homomorphismus und $\mathfrak{h} < \mathfrak{g}$ eine Cartan-Unteralgebra ist, dann ist auch $\phi(\mathfrak{h}) < \mathfrak{g}_1$ eine Cartan-Unteralgebra.

Beweis. (i) Sei $\mathfrak{h}$ eine Cartan-Unteralgebra von $\mathfrak{g}$ und $\mathfrak{h} < \mathfrak{n}$ mit $\mathfrak{n}$ nilpotent, dann folgt aus der Definition sofort, daß $\mathfrak{h}$ auch Cartan-Unteralgebra von $\mathfrak{n}$ ist. Dann ist nach Beispiel II.3.16(i) aber $\mathfrak{h} = \mathfrak{n}$. Die Unteralgebra $\mathbb{R}(T+U) < \mathrm{sl}(2, \mathbb{R})$ (in der Notation von Beispiel II.1.16) ist maximal nilpotent, aber nicht ihr eigener Normalisator.

(ii) Dies folgt sofort aus der Verträglichkeit der Kommutatoren mit der Komplexifizierung (vgl. Proposition II.1.15(ii)).

(iii) Wir können wegen (ii) annehmen, daß $\mathbb{K} = \mathbb{C}$. Als nächstes stellen wir fest, daß $\phi(\mathfrak{h})$ nach Proposition II.2.3 nilpotent ist. Es genügt also wegen Proposition II.3.14 die Identität $\phi(\mathfrak{g})_0 = \phi(\mathfrak{h})$ zu zeigen. Beachte dabei, daß, wieder wegen Proposition II.3.14, gilt $\phi(\mathfrak{g}_0) = \phi(\mathfrak{h})$. Eine leichte Rechnung zeigt

$$\phi(\mathfrak{g}_{\lambda \circ \phi}) \subseteq \phi(\mathfrak{g})_\lambda.$$

Insbesondere haben wir also $\phi(\mathfrak{g}_0) \subseteq \phi(\mathfrak{g})_0$. Die Umkehrung folgt jetzt aus Lemma II.3.11, weil einerseits ϕ surjektiv ist und andererseits $\phi(\mathfrak{g})_0$ kein Element aus $\phi(\mathfrak{g}_\lambda)$ mit $\lambda \neq 0$ enthalten kann. ∎

Als nächstes müssen wir sicherstellen, daß Cartan-Unteralgebren überhaupt existieren. Dazu betrachten wir für jedes $X \in \mathfrak{g}$ den Hauptraum $\mathfrak{g}_0(\mathrm{ad}(X))$ zum Eigenwert Null. Dieser ist immer von Null verschieden, weil er ja X enthält. Die Zahl

$$\mathrm{rg}(\mathfrak{g}) = \min\{\dim \mathfrak{g}_0(\mathrm{ad}(X)) : X \in \mathfrak{g}\}$$

heißt der *Rang* von $\mathfrak{g}$. Ein Element $X \in \mathfrak{g}$ heißt *regulär*, wenn $\dim \mathfrak{g}_0(\mathrm{ad}(X)) = \mathrm{rg}(\mathfrak{g})$. Da $\dim \mathfrak{g}_0(\mathrm{ad}(X))$ gerade die Vielfachheit von 0 als Nullstelle des charakteristischen Polynoms

$$\det(\mathrm{ad}(X) - t\mathbf{1}) = \sum_{k=0}^{n} p_k(X)t^k$$

von $\mathrm{ad}(X)$ ist, gilt

$$\mathrm{rg}(\mathfrak{g}) = \min\{k \in \mathbb{N} : p_k \not\equiv 0\}.$$

Wir sehen daraus, daß der Rang und die Regularität von Elementen unter Komplexifizierung erhalten bleiben.

II.3.18. Lemma. *Sei $\mathfrak{g}$ eine $\mathbb{K}$-Lie-Algebra und $\mathfrak{h} < \mathfrak{g}$. Wenn $X \in \mathfrak{h}$ regulär in $\mathfrak{g}$ ist, dann ist X auch regulär in $\mathfrak{h}$.*

Beweis. Setze $V = \mathfrak{g}/\mathfrak{h}$ und betrachte die linearen Abbildungen

$$A(X): V \to V$$
$$Y + \mathfrak{h} \mapsto [X, Y] + \mathfrak{h}$$

und $B(X) = \mathrm{ad}(X)|_{\mathfrak{h}}: \mathfrak{h} \to \mathfrak{h}$. Wir setzen

$$\det(A(X) - t\mathbf{1}) = \sum_{k=0}^{m} a_k(X)t^k$$

und

$$\det(B(X) - t\mathbf{1}) = \sum_{j=0}^{n} b_j(X)t^j.$$

Weiter seien

$$d_A(X) = \dim V_0(A(X))$$

und

$$d_B(X) = \dim \mathfrak{h}_0(B(X)),$$

sowie $r_A = \min_{X \in \mathfrak{h}} d_A(X)$ und $r_B = \min_{X \in \mathfrak{h}} d_B(X)$. Wir wissen, daß $r_A = d_A(X)$ genau dann, wenn $a_{r_A}(X) \neq 0$ und entsprechend $r_B = d_B(X)$ genau dann, wenn $b_{r_B}(X) \neq 0$. Betrachte die Menge

$$S = \{X \in \mathfrak{h}: a_{r_A}(X) b_{r_B}(X) \neq 0\} = \{X \in \mathfrak{h}: r_A = d_A(X), r_B = d_B(X)\}.$$

Nach Definition ist jedes Element von S regulär in $\mathfrak{h}$, wegen $d_B(X) = r_B$. Identifiziert man jetzt aber $V = \mathfrak{g}/\mathfrak{h}$ über eine Basis von $\mathfrak{g}$ mit einem Komplementärraum zu $\mathfrak{h}$ in $\mathfrak{g}$, dann läßt sich die adjungierte Darstellung von $\mathfrak{g}$ durch eine Blockmatrix wie folgt schreiben:

$$\mathrm{ad}(X) = \begin{pmatrix} B(X) & * \\ 0 & A(X) \end{pmatrix}.$$

Also gilt $a_{r_A} b_{r_B} = p_{\mathrm{rg}(\mathfrak{g})}$ und S ist gerade die Menge der Elemente in $\mathfrak{h}$, die in $\mathfrak{g}$ regulär sind. Dies beweist die Behauptung. ■

II.3.19. Satz. *Sei $\mathfrak{g}$ eine $\mathbb{K}$-Lie-Algebra und $X \in \mathfrak{g}$ regulär, dann ist $\mathfrak{h} = \mathfrak{g}_0\big(\operatorname{ad}(X)\big)$ eine Cartan-Unteralgebra von $\mathfrak{g}$. Umgekehrt ist jede Cartan-Algebra von dieser Gestalt. Alle Cartan-Algebren haben dieselbe Dimension.*

Beweis. Nach Lemma II.3.18 ist $X \in \mathfrak{h}$ auch regulär in $\mathfrak{h}$. Weil aber direkt aus der Definition von $\mathfrak{h}$ auch $\mathfrak{h} = \mathfrak{h}_0\big(\operatorname{ad}(X)\big)$ folgt, haben wir

$$\dim_{\mathbb{K}}(\mathfrak{h}) = \operatorname{rg}(\mathfrak{g}) = \operatorname{rg}(\mathfrak{h}).$$

Also gilt $\mathfrak{h}_0\big(\operatorname{ad}(Y)\big) = \mathfrak{h}$ für alle $Y \in \mathfrak{h}$, d.h. jedes $\operatorname{ad}(Y)|_{\mathfrak{h}}$ mit $Y \in \mathfrak{h}$ ist nilpotent. Somit impliziert Korollar II.2.6, daß $\mathfrak{h}$ nilpotent ist. Damit folgt aber auch

$$\mathfrak{h} \subseteq \mathfrak{g}_0\big(\operatorname{ad}(\mathfrak{h})\big) \subseteq \mathfrak{g}_0\big(\operatorname{ad}(X)\big) = \mathfrak{h}$$

und wegen Proposition II.3.14 die erste Behauptung.

Sei jetzt $\mathfrak{h} \subseteq \mathfrak{g}$ eine Cartan-Algebra, dann ist $\mathfrak{h}_{\mathbb{C}} \subseteq \mathfrak{g}_{\mathbb{C}}$ eine zerfallende Cartan-Algebra (vgl. Bemerkung II.3.17). Es existiert ein $X_0 \in \mathfrak{h}$, so daß keine Wurzel aus $\Delta(\mathfrak{g}_{\mathbb{C}}, \mathfrak{h}_{\mathbb{C}})$ auf X_0 verschwindet. Damit ist X_0 regulär in $\mathfrak{g}_{\mathbb{C}}$ und dann auch in $\mathfrak{g}$. Aus Lemma II.3.11, angewandt auf die Lie-Algebra $\mathbb{R} \operatorname{ad} X_0$, folgt jetzt $\mathfrak{g}_0(\mathbb{R} \operatorname{ad} X_0) = \mathfrak{h}$ und $\dim \mathfrak{h} = \operatorname{rg}(\mathfrak{g})$. ∎

Mit diesem Satz haben wir gezeigt, daß jede Lie-Algebra eine Cartan-Unteralgebra besitzt. Man kann weiter zeigen, daß für komplexe oder auflösbare Lie-Algebren alle Cartan-Unteralgebren durch Automorphismen zueinander konjugiert sind. Insbesondere haben alle Cartan-Unteralgebren dieselbe Dimension (betrachte die Komplexifizierung). Die schon mehrfach angesprochene geometrische Struktur der einfachen Lie-Algebren rührt vom Zusammenspiel der Killing-Form mit einer Wurzelzerlegung

$$\mathfrak{g} = \mathfrak{h} + \sum_{\lambda \neq 0} \mathfrak{g}_\lambda$$

bezüglich einer Cartan-Unteralgebra $\mathfrak{h}$ her. So eine Zerlegung existiert nach Lemma II.3.11, wenn die Darstellung $\pi = \operatorname{ad}|_{\mathfrak{h}}$ von $\mathfrak{h}$ zerfallend ist.

II.3.20. Proposition. *Sei $\mathfrak{h}$ eine Cartan-Unteralgebra von $\mathfrak{g}$ und $\pi = \operatorname{ad}|_{\mathfrak{h}}$ von $\mathfrak{h}$ zerfallend.*

(i) *Wenn $d(\lambda) = \dim \mathfrak{g}_\lambda$, dann gilt*

$$\kappa(H, H') = \sum_{\lambda \in \mathfrak{g}^*} d(\lambda)\lambda(H)\lambda(H')$$

für alle $H, H' \in \mathfrak{h}$.

(ii) *Wenn $\lambda + \mu \neq 0$, dann sind $\mathfrak{g}_\lambda$ und $\mathfrak{g}_\mu$ orthogonal bezüglich der Killing-Form.*

Beweis. (i) Beide Seiten der Gleichung definieren eine symmetrische Bilinearform auf $\mathfrak{h}$. Also genügt es die Gleichung für $H = H'$ zu verifizieren. Aber auf $\mathfrak{g}_\lambda$ ist $\lambda(H)$ der einzige Eigenwert von $\operatorname{ad} H$. Damit sieht man aus der Jordan-Normalform, daß $\operatorname{tr}(\operatorname{ad}(H)^2|_{\mathfrak{g}_\lambda}) = d(\lambda)\lambda(H)^2$ und somit die Behauptung.

(ii) Nach Proposition II.3.13 gilt $\operatorname{ad}(X)\operatorname{ad}(Y)\mathfrak{g}_\nu \subseteq \mathfrak{g}_{\lambda+\mu+\nu}$ für $X \in \mathfrak{g}_\lambda$ und $Y \in \mathfrak{g}_\mu$. Wenn wir eine Basis von $\mathfrak{g}$ aus Elementen in den Wurzelräumen wählen, dann ist wegen $\nu + \lambda + \mu \neq \nu$ die Spur von $\operatorname{ad}(X)\operatorname{ad}(Y)$ gleich Null. ∎

II.3.21. Lemma. *Sei $\mathfrak{g}$ eine $\mathbb{K}$-Lie-Algebra und $\mathfrak{h}$ eine Cartan-Unteralgebra von $\mathfrak{g}$ mit $\pi = \operatorname{ad}|_{\mathfrak{h}}$ zerfallend. Wenn $\lambda \neq 0$ und μ Wurzeln bezüglich $\mathfrak{h}$ sind, dann gibt es ganze Zahlen $p, q \in \mathbb{N} \cup \{0\}$ mit*

$$[\mathfrak{g}_{-\lambda}, \mathfrak{g}_{\mu-p\lambda}] = \{0\}, \quad [\mathfrak{g}_\lambda, \mathfrak{g}_{\mu+q\lambda}] = \{0\}$$

und

$$[\mathfrak{g}_{-\lambda}, \mathfrak{g}_{\mu-n\lambda}] \neq \{0\} \quad \forall n \in \mathbb{N}, 0 \leq n < p$$

sowie

$$[\mathfrak{g}_\lambda, \mathfrak{g}_{\mu+m\lambda}] \neq \{0\} \quad \forall m \in \mathbb{N}, 0 \leq m < q.$$

Weiter gilt $\mu(H) = r_{\lambda\mu}\lambda(H)$ für alle $H \in [\mathfrak{g}_\lambda, \mathfrak{g}_{-\lambda}]$ wobei

$$r_{\lambda\mu} = \frac{-\sum_{k=-p}^{q} k d(\mu + k\lambda)}{\sum_{k=-p}^{q} d(\mu + k\lambda)}.$$

Ist $d(\nu) = 1$ für alle $\nu \in \Delta(\mathfrak{g}, \mathfrak{h})$, so folgt

$$r_{\lambda\mu} = \frac{p-q}{2}.$$

Beweis. Die erste Behauptung folgt sofort aus $[\mathfrak{g}_\nu, \mathfrak{g}_\mu] \subseteq \mathfrak{g}_{\mu+\nu}$ und dem Umstand, daß es nur endlich viele Wurzeln gibt. Setze jetzt $H = [X, Y]$ mit $X \in \mathfrak{g}_\lambda$ und $Y \in \mathfrak{g}_{-\lambda}$ sowie

$$V = \sum_{k=-p}^{q} \mathfrak{g}_{\mu+k\lambda}.$$

Aus den Eigenschaften von p und q sieht man, daß $\operatorname{ad}(X)$ und $\operatorname{ad}(Y)$ den Raum V invariant lassen. Also ist V auch invariant unter $\operatorname{ad}(H) = \operatorname{ad}(X)\operatorname{ad}(Y) - \operatorname{ad}(Y)\operatorname{ad}(X)$ und die Spur von $\operatorname{ad}(H)$ ist Null. Auf $\mathfrak{g}_{\mu+k\lambda}$ hat $\operatorname{ad}(H)$ den Eigenwert $\mu(H) + k\lambda(H)$, d.h. es gilt

$$\sum_{k=-p}^{q} d(\mu + k\lambda)\big(\mu(H) + k\lambda(H)\big) = 0.$$

Damit folgt das Lemma sofort. ∎

Für den Rest dieses Abschnitts nehmen wir an, daß $\mathfrak{g}$ eine halbeinfache $\mathbb{K}$-Lie-Algebra und $\mathfrak{h}$ eine Cartan-Unteralgebra mit zerfallendem $\operatorname{ad}|_{\mathfrak{h}}$ ist.

II.3.22. Proposition. *Sei $\mathfrak{g}$ eine halbeinfache $\mathbb{K}$-Lie-Algebra und $\mathfrak{h}$ eine Cartan-Unteralgebra von $\mathfrak{g}$ mit $\pi = \mathrm{ad}|_{\mathfrak{h}}$ zerfallend. Dann gilt*

(i) *Die Killing-Form induziert auf $\mathfrak{g}_\lambda \times \mathfrak{g}_{-\lambda}$ eine Paarung, d.h. $\kappa(X, \mathfrak{g}_{-\lambda}) = \{0\}$ für $X \in \mathfrak{g}_\lambda$ impliziert $X = 0$ und entsprechend $\kappa(\mathfrak{g}_\lambda, Y) = \{0\}$ für $Y \in \mathfrak{g}_{-\lambda}$ impliziert $Y = 0$. Insbesondere ist $d(\lambda) = d(-\lambda)$ und $\kappa_{\mathfrak{h}\times\mathfrak{h}}$ nicht ausgeartet.*

(ii) *Die Algebra $\mathfrak{h}$ ist abelsch und jedes $\mathrm{ad}\, H$ mit $H \in \mathfrak{h}$ ist halbeinfach.*

(iii) *Es gibt $\dim \mathfrak{h}$ linear unabhängige Wurzeln bezüglich $\mathfrak{h}$.*

Beweis. (i) Diese Behauptung folgt sofort aus Proposition II.3.20(ii), weil die Killing-Form nicht ausgeartet ist.

(ii) Sei $H \in \mathfrak{h}$ mit $\lambda(H) = 0$ für alle Wurzeln $\lambda \in \mathfrak{g}^*$. Aber dann gilt wegen Proposition II.3.20(i), daß $\kappa(H, H') = 0$ für alle $H' \in \mathfrak{h}$. Nach (i) ist also $H = 0$. Die $ad(H)$ lassen sich (evtl. nach Komplexifizierung) nach dem Satz von Lie durch Dreiecksmatrizen darstellen und daher sind ihre Kommutatoren nilpotent. Also ist $\lambda|_{[\mathfrak{h},\mathfrak{h}]} \equiv 0$ für alle Wurzeln $\lambda \in \mathfrak{g}^*$ und es gilt $[\mathfrak{h}, \mathfrak{h}] = \{0\}$. Wegen Proposition II.2.15(iv) und $N_{\mathfrak{g}}(\mathfrak{h}) = \mathfrak{h}$ ist dann mit H auch H_S und H_N in $\mathfrak{h}$. Die Definition der Wurzeln zeigt nun, daß $\lambda(H_N) = 0$ für alle Wurzeln, also $H_N = 0$.

(iii) Der Beweis von (ii) zeigt, daß die Wurzeln den Dualraum von $\mathfrak{h}$ aufspannen.∎

Weil die Killing-Form auf der Cartan-Unteralgebra nicht ausgeartet ist, kann man jeder Wurzel λ über die Gleichung

$$\kappa(H, H'_\lambda) = \lambda(H)$$

in eindeutiger Weise ein Element $H'_\lambda \in \mathfrak{h}$ zuordnen und eine Bilinearform auf $\mathfrak{h}^*$ durch

$$(\lambda, \mu) = \kappa(H'_\lambda, H'_\mu) = \lambda(H'_\mu) = \mu(H'_\lambda)$$

einführen.

II.3.23. Lemma. *Sei λ eine von Null verschiedene Wurzel und $E_\lambda \in \mathfrak{g}_\lambda \setminus \{0\}$, dann gilt $(\lambda, \lambda) \neq 0$ und*

$$(*) \qquad [E_\lambda, Y] = \kappa(E_\lambda, Y) H'_\lambda \quad \forall Y \in \mathfrak{g}_{-\lambda}$$

Beweis. Wir beweisen zunächst die letzte Aussage. Beide Seiten der Gleichung sind in $\mathfrak{h}$, also folgt $(*)$ aus

$$\kappa(H, [E_\lambda, Y]) = \kappa([H, E_\lambda], Y) = \lambda(H)\kappa(E_\lambda, Y),$$

weil die Killing-Form auf $\mathfrak{h}$ nicht ausgeartet ist. Nach Proposition II.3.22 findet man ein $Y \in \mathfrak{g}_{-\lambda}$ mit $\kappa(E_\lambda, Y) = 1$ und somit $[E_\lambda, Y] = H'_\lambda$. Nach Lemma II.3.21 impliziert $(\lambda, \lambda) = \lambda(H'_\lambda) = 0$, daß $\mu(H'_\lambda) = r_{\lambda\mu}\lambda(H'_\lambda) = 0$ für alle Wurzeln μ. Da aber die Wurzeln den Raum $\mathfrak{h}^*$ aufspannen, steht dies im Widerspruch zu $H'_\lambda \neq 0$.∎

Der folgende Satz ist der Ausgangspunkt der vollständigen Klassifizierung der einfachen Lie-Algebren und unterstreicht die besondere Rolle, die die Algebra $\mathrm{sl}(2, \mathbb{K})$ in der Theorie spielt.

II.3.24. Satz. *Sei $\mathfrak{g}$ eine halbeinfache $\mathbb{K}$-Lie-Algebra und $\mathfrak{h}$ eine Cartan-Unteralgebra von $\mathfrak{g}$ mit* $\mathrm{ad}\,|_{\mathfrak{h}}$ *zerfallend. Dann gilt*

(i) *Wenn λ eine von Null verschiedene Wurzel ist, dann gilt* $\dim_{\mathbb{K}} \mathfrak{g}_\lambda = 1 = \dim_{\mathbb{K}}([\mathfrak{g}_\lambda, \mathfrak{g}_{-\lambda}])$.

(ii) *Zu jeder Wurzel $\lambda \neq 0$ gibt es Elemente $X_\lambda \in \mathfrak{g}_\lambda$, $Y_\lambda \in \mathfrak{g}_{-\lambda}$ und $H_\lambda \in [\mathfrak{g}_\lambda, \mathfrak{g}_{-\lambda}] = \mathfrak{h}_\lambda$ mit*

$$[H_\lambda, X_\lambda] = 2X_\lambda, \; [H_\lambda, Y_\lambda] = -2Y_\lambda, \; [X_\lambda, Y_\lambda] = H_\lambda.$$

Insbesondere ist $\mathbb{K}Y_\lambda + \mathbb{K}H_\lambda + \mathbb{K}X_\lambda$ isomorph zu $\mathrm{sl}(2, \mathbb{K})$.

Beweis. (i) Wir wählen zunächst $E_\lambda \in \mathfrak{g}_\lambda \backslash \{0\}$ und dazu ein $Y \in \mathfrak{g}_{-\lambda}$ mit $[E_\lambda, Y] = H'_\lambda$. Sei jetzt $X \in \mathfrak{g}_\lambda$. Wir wollen zeigen, daß $X \subseteq \mathbb{K}E_\lambda$. Dazu betrachten wir die Elemente

$$X_k = \mathrm{ad}(E_\lambda)^k X \in \mathfrak{g}_{(k+1)\lambda}$$

und

$$H = [Y, X] \in [\mathfrak{g}_{-\lambda}, \mathfrak{g}_\lambda] \subseteq \mathfrak{h}.$$

Mit der Jacobi Identität finden wir zuerst die Formel

$$[Y, X_1] = [Y, [E_\lambda, X]] = -\lambda(H)E_\lambda - [H'_\lambda, X]$$

und durch Induktion über k

$$(**) \qquad [Y, X_k] = \frac{-k(k+1)}{2}\lambda(H'_\lambda)X_{k-1}$$

für $k > 1$. Da es nur endlich viele Wurzeln gibt, gibt es ein minimales k mit $X_k = 0$. Wegen $(**)$ kann dieses k nicht größer als 1 sein. Also gilt $X_1 = 0$, d.h. wir haben $[H'_\lambda, X] = -\lambda(H)E_\lambda$ und damit die Behauptung.

(ii) Wir setzen

$$H_\lambda = 2\frac{H'_\lambda}{\lambda(H'_\lambda)}.$$

Wenn $E_{\pm\lambda} \in \mathfrak{g}_{\pm\lambda} \backslash \{0\}$ gewählt sind, dann gilt nach Lemma II.3.23, Proposition II.3.22 und (i), daß $\kappa(E_{-\lambda}, E_\lambda) \neq 0$. Wir setzen jetzt

$$Y_\lambda = \frac{2E_{-\lambda}}{\lambda(H'_\lambda)\kappa(E_{-\lambda}, E_\lambda)}, \qquad X_\lambda = E_\lambda.$$

Aus dieser Definition folgt jetzt mit Lemma II.3.23, daß $[X_\lambda, Y_\lambda] = H_\lambda$. Wegen $X_\lambda \in \mathfrak{g}_\lambda$ erhält man $[H_\lambda, X_\lambda] = \lambda(H_\lambda)X_\lambda = 2X_\lambda$ und analog $[H_\lambda, Y_\lambda] = -2Y_\lambda$. ∎

Von nun an nehmen wir an, daß $\mathbb{K} = \mathbb{C}$ ist. Insbesondere ist dann $\mathrm{ad}\,|_{\mathfrak{h}}$ zerfallend. Wir bezeichnen mit

$$\Delta := \{\lambda \in \mathfrak{h}^* : \lambda \neq 0, \mathfrak{g}_\lambda \neq \{0\}\}$$

die Menge $\Delta(\mathfrak{g}, \mathfrak{h})$ aller Wurzeln von $\mathfrak{g}$ bzgl. $\mathfrak{h}$.

II.3.25. Lemma. *Sei* $\mathfrak{h}_{\mathbb{R}} := \sum_{\lambda \in \Delta} \mathbb{R} H'_\lambda$. *Dann gelten folgende Aussagen :*

1) *Für jede Wurzel* $\lambda \in \Delta$ *ist* $\lambda(\mathfrak{h}_{\mathbb{R}}) = \mathbb{R}$.
2) κ *is positiv definit auf* $\mathfrak{h}_{\mathbb{R}}$.
3) $\mathfrak{h}_{\mathbb{R}}$ *spannt den Raum* $\mathfrak{h}$ *auf.*
4) $\mathfrak{h} = \mathfrak{h}_{\mathbb{R}} \oplus i\mathfrak{h}_{\mathbb{R}}$.

Beweis. 1) Wegen $\lambda(H'_\lambda) \neq 0$ (Lemma II.3.23) folgt die Behauptung aus Lemma II.3.20(i) und Lemma II.3.21.
2) Lemma II.3.20 und 1).
3) Proposition II.3.22 und Lemma II.3.23.
4) Für $x \in \mathfrak{h}_{\mathbb{R}} \cap i\mathfrak{h}_{\mathbb{R}}$ ist $0 \leq \kappa(x,x)$ und $0 \leq \kappa(ix,ix) = -\kappa(x,x)$. Also $\kappa(x,x) = 0$ und daher $x = 0$ wegen 2). ∎

II.3.26. Lemma. *Seien* $\alpha, \beta \in \Delta$. *Sind* $-r, s \in \mathbb{N} \cup \{0\}$ *mit*

$$\beta + (r-1)\alpha, \beta + (s+1)\alpha \notin \Delta, \qquad \textit{und} \qquad \beta + t\alpha \in \Delta \qquad \textit{für} \qquad r \leq t \leq s,$$

so ist

$$r + s = -\frac{2(\beta,\alpha)}{(\alpha,\alpha)}.$$

Für $\alpha + \beta \neq 0$ *ist*

$$[\mathfrak{g}_\alpha, \mathfrak{g}_\beta] = \mathfrak{g}_{\alpha+\beta}.$$

Beweis. Für $r \leq t \leq s$ ist $d(\beta + t\alpha) = 1$ (Proposition II.3.20 und Satz II.3.24). Die erste Behauptung folgt nun aus Lemma II.3.23 und durch Auswertung der Formel für $r_{\alpha\beta}$ aus Lemma II.3.21 (sie gilt weil zu ihrer Herleitung nur $[\mathfrak{g}_\alpha, \mathfrak{g}_\beta] \subseteq \mathfrak{g}_{\alpha+\beta}$ benützt wurde). Damit ist

$$-\frac{(\beta,\alpha)}{(\alpha,\alpha)} = -r_{\alpha\beta} = \frac{1}{2}(r+s).$$

Um die zweite Behauptung zu zeigen, nehmen wir an, daß $[\mathfrak{g}_\alpha, \mathfrak{g}_\beta] \neq \mathfrak{g}_{\alpha+\beta}$ ist. Nach Satz II.3.24 ist dann $[\mathfrak{g}_\alpha, \mathfrak{g}_\beta] = \{0\}$. Nun können wir Lemma II.3.21 mit $q = 0$ anwenden und erhalten $2r_{\beta\alpha} = p \leq -r$. Dann ist $s = 0$, d.h., $\alpha + \beta$ ist keine Wurzel und $[\mathfrak{g}_\alpha, g_\beta] = \mathfrak{g}_{\alpha+\beta} = \{0\}$. ∎

II.3.27. Lemma. *Ist* $\alpha \in \Delta$ *und* $c\alpha \in \Delta$, *so ist* $c \in \{1, -1\}$.

Beweis. Nach Lemma II.3.21 und Lemma II.3.26 sind $2/c$ und $2c$ ganze Zahlen. Sei $2c = m$. Dann ist $\frac{2}{c} = \frac{4}{m}$ und somit ist m ein Teiler von 4. Wir haben die Fälle $m = \{\pm 1, \pm 4\}$ auszuschließen. Für $m = 1$ folgt

$$\mathfrak{g}_\alpha = [\mathfrak{g}_{\frac{1}{2}\alpha}, \mathfrak{g}_{\frac{1}{2}\alpha}] = \{0\}$$

aus Lemma II.3.26 und $\dim \mathfrak{g}_\alpha = 1$ (Satz II.3.24). Das wäre ein Widerpruch. Analog sieht man, daß $m \neq -1$ ist. Für $m = 4$ folgt

$$\mathfrak{g}_{2\alpha} = [\mathfrak{g}_\alpha, \mathfrak{g}_\alpha] = \{0\},$$

ebenfalls ein Widerspruch. Ebenso ist $m = -4$ unmöglich. ∎

II.3.28. Lemma. *Seien $\alpha, \beta \in \Delta$ und s, r wie in* Lemma II.3.26. *Für $X \in \mathfrak{g}_\alpha$, $Y \in \mathfrak{g}_{-\alpha}$ und $Z \in \mathfrak{g}_\beta$ ist*

$$[Y,[X,Z]] = \frac{s(1-r)}{2}(\alpha,\alpha)\kappa(X,Y)Z.$$

Beweis. Wir bemerken zuerst, daß für U und V in $\mathfrak{g}$ die Beziehung

$$\text{(1)} \qquad \operatorname{ad} U(\operatorname{ad} V)^t = \sum_{j=1}^{t}(\operatorname{ad} V)^{t-j} \operatorname{ad}[U,V](\operatorname{ad} V)^{j-1} + (\operatorname{ad} V)^t \operatorname{ad} U$$

gilt. Mit (1) und Lemma II.3.23 sehen wir, daß

$$\text{(2)} \qquad \operatorname{ad} Y(\operatorname{ad} X)^t = -\kappa(X,Y)\sum_{u=1}^{t}(\operatorname{ad} X)^{t-u} \operatorname{ad} H'_\alpha(\operatorname{ad} X)^{u-1} + (\operatorname{ad} X)^t \operatorname{ad} Y.$$

Wir wenden nun (1) auf den ersten Term von (2) an und erhalten damit

$$\begin{aligned}\operatorname{ad} Y(\operatorname{ad} X)^t &= -\kappa(X,Y)t(\operatorname{ad} X)^{t-1} \operatorname{ad} H'_\alpha \\ &\quad - \kappa(X,Y)\frac{t(t-1)}{2}\alpha(H'_\alpha)(\operatorname{ad} X)^{t-1} + (\operatorname{ad} X)^t \operatorname{ad} Y.\end{aligned}$$

Sei nun $W \in \mathfrak{g}_{\beta+r\alpha}$, so daß $(\operatorname{ad} X)^{-r}W = Z$ (Lemma II.3.26). Dann ist

$$\begin{aligned}[Y,[X,Z]] &= \operatorname{ad} Y(\operatorname{ad} X)^{1-r} W \\ &= -\kappa(X,Y)(1-r)(\beta+r\alpha)(H'_\alpha)Z - \kappa(X,Y)\alpha(H'_\alpha)\big((1-r)(-r)/2\big)Z,\end{aligned}$$

denn $(\operatorname{ad} Y)W = 0$. Die Behauptung folgt nun aus Lemma II.3.26. ∎

II.3.29. Lemma. *Für $\alpha \in \Delta$ seien Elemente $E_\alpha \in \mathfrak{g}_\alpha$ so gewählt, daß $\kappa(E_\alpha, E_{-\alpha}) = 1$ ist. Ist $\alpha + \beta \neq 0$, so setzen wir $N_{\alpha,\beta} := 0$, wenn $\alpha + \beta$ keine Wurzel ist und definieren $N_{\alpha,\beta}$ durch*

$$[E_\alpha, E_\beta] = N_{\alpha,\beta}E_{\alpha+\beta},$$

wenn $\alpha+\beta$ eine Wurzel ist (Lemma II.3.24, Lemma II.3.26). *Diese Zahlen genügen folgenden Relationen :*

1) *Sind $\alpha, \beta, \gamma \in \Delta$ mit $\alpha + \beta + \gamma = 0$, so ist*

$$N_{\alpha,\beta} = N_{\beta,\gamma} = N_{\gamma,\alpha}.$$

2) *Sind $\alpha, \beta, \gamma, \delta \in \Delta$ mit $\alpha + \beta + \gamma + \delta = 0$ und verschwindet keine Zweiersumme, so ist*

$$N_{\alpha,\beta}N_{\gamma,\delta} + N_{\beta,\gamma}N_{\alpha,\delta} + N_{\gamma,\alpha}N_{\beta,\delta} = 0.$$

Beweis. 1) Mit der Jacobi Identität folgt für E_α, E_β und E_γ die Beziehung

$$N_{\beta,\gamma}H'_\alpha + N_{\gamma,\alpha}H'_\beta + N_{\alpha,\beta}H'_\gamma = 0.$$

Zusätzlich ist $H'_\alpha + H'_\beta + H'_\gamma = 0$. Wäre β proportional zu α, so wäre γ entweder gleich -2α oder 0 (Lemma II.3.27), was aber nach Lemma II.3.27 ausgeschlossen ist. Damit folgt die Behauptung durch Einsetzen von H'_γ in obige Gleichung.
2) Wir nehmen zuerst an, daß $\beta + \gamma$ eine Wurzel ist. Dann ist $\alpha + (\beta + \gamma) = -\delta$ und

$$[E_\alpha, [E_\beta, E_\gamma]] = N_{\beta,\gamma}N_{\alpha,\beta+\gamma}E_{-\delta}.$$

Wir wenden nun 1) hierauf an und finden, daß $N_{\alpha,\beta+\gamma} = N_{\delta,\alpha} = -N_{\alpha,\delta}$ ist. Somit gilt

$$[E_\alpha, [E_\beta, E_\gamma]] = -N_{\beta,\gamma}N_{\alpha,\delta}E_{-\delta}.$$

Ist $\beta + \gamma$ keine Wurzel, so besteht diese Relation ebenfalls, denn dann sind beide Seiten 0. Nun kann man die Indizes zyklisch vertauschen und die Behauptung folgt sofort aus der Jacobi Identität. ∎

II.3.30. Satz. *Es existiert ein Automorphismus A von $\mathfrak{g}$, so daß $A|\mathfrak{h} = -\mathrm{id}_\mathfrak{h}$ ist.*

Beweis. Sei $H_1, ..., H_m$ eine Basis von $\mathfrak{h}_\mathbb{R}$. Wir ordnen Δ lexikographisch bezüglich dieser Basis, d.h. $\alpha > \beta$, wenn ein $k \in \{1, ..., m\}$ so existiert, daß $\alpha(H_j) = \beta(H_j)$ für $j = 1, ..., k$ und $\alpha(H_{k+1}) > \beta(H_{k+1})$. Insbesondere ist $\alpha > 0$, wenn $\alpha(H_k) > 0$ für den kleinsten Index k mit $\alpha(H_k) \neq 0$ gilt. Wir setzen $|\alpha| = \alpha$, wenn $\alpha > 0$ und $|\alpha| = -\alpha$, wenn $\alpha < 0$ ist. Sei Δ^+ die Menge der positiven Wurzeln. Wir wählen die E_α wie in Lemma II.3.29.

Wir nehmen zunächst einmal an, daß A existiert. Wegen

$$[H, AE_\alpha] = A[A^{-1}H, E_\alpha] = -A[H, E_\alpha] = -\alpha(H)AE_\alpha$$

ist $AE_\alpha = c_\alpha E_{-\alpha}$. Da die Killing-Form unter A invariant ist, folgt

$$\kappa(AE_\alpha, AE_{-\alpha}) = c_\alpha c_{-\alpha} = 1.$$

Andererseits ist

$$[AE_\alpha, AE_\beta] = c_\alpha c_\beta N_{-\alpha,-\beta}E_{-\alpha-\beta} = c_{\alpha+\beta}N_{\alpha,\beta}E_{-\alpha-\beta}.$$

Um den Satz zu beweisen, müssen wir also nur Zahlen $c_\alpha \in \mathbb{C}$ so finden, daß

1) $c_{-\alpha} = \frac{1}{c_\alpha}$ und
2) $c_\alpha c_\beta N_{-\alpha,-\beta} = c_{\alpha+\beta}N_{\alpha,\beta}$ für $\alpha, \beta, \alpha + \beta \in \Delta$.

Für $\beta \in \Delta^+$ sei $\Delta_\beta := \{\alpha \in \Delta : |\alpha| < \beta\}$. Wir konstruieren die Zahlen c_α induktiv. Ist α_0 die kleinste positive Wurzel, so setzen wir $c_{\alpha_0} = c_{-\alpha_0} = 1$. Wir nehmen nun an, daß wir die Zahlen c_γ für $\gamma \in \Delta_\beta$ schon so gefunden haben, daß 1) gilt und

$2)_\beta \quad c_\alpha c_\gamma N_{-\alpha,-\gamma} = c_{\alpha+\gamma} N_{\alpha,\gamma}$ für $\alpha, \gamma, \alpha+\gamma \in \Delta_\beta$.

Sei β' die kleinste Wurzel, die größer als β ist. Um den Beweis zu vervollständigen, müssen wir nur noch zeigen, daß wir c_β und $c_{-\beta}$ finden können, die 1) und $2)_{\beta'}$ erfüllen sind.

1. Fall : β ist nicht von der Gestalt $\gamma + \delta$ für $\gamma, \delta \in \Delta_\beta$. Dann setzen wir $c_\beta = c_{-\beta} = 1$. Sind nun $\gamma, \delta, \gamma+\delta \in \Delta_{\beta'}$, so sieht man mit Durchprobieren der möglichen Fälle ein, daß $\gamma, \delta, \gamma+\delta$ schon in Δ_β liegt. In diesem Fall folgt $2)_{\beta'}$ aus $2)_\beta$.

2.Fall : $\beta = \alpha + \gamma$ für $\alpha, \gamma \in \Delta_\beta$. Wir setzen nun $c_\beta := c_\alpha c_\gamma N_{-\alpha,-\gamma}/N_{\alpha,\gamma}$ und $c_{-\beta} := c_\beta^{-1}$. Wir haben nun noch $2)_{\beta'}$ für zwei Wurzeln ρ, δ mit $\rho, \delta, \rho+\delta \in \Delta_{\beta'}$ zu zeigen.

a) Sind diese drei Wurzeln schon in Δ_β, so ist nichts mehr zu zeigen.

b) Sei $\rho, \delta \in \Delta_\beta$ und $\rho + \delta = \beta$. Wir können annehmen, daß $\{\delta, \rho\} \neq \{\alpha, \gamma\}$ ist. Wir haben

$$c_\rho c_\delta N_{-\rho,-\delta} N_{\alpha,\gamma} = c_\alpha c_\gamma N_{-\alpha,-\gamma} N_{\rho,\delta}$$

zu zeigen. Nun ist aber $\alpha + \gamma + (-\rho) + (-\delta) = 0$ und keine Zweiersumme ist 0. Mit Lemma II.3.29 folgt

$$N_{\alpha,\gamma} N_{-\rho,-\delta} + N_{\gamma,-\rho} N_{\alpha,-\delta} + N_{-\rho,\alpha} N_{\gamma,-\delta} = 0$$

und

$$N_{\rho,\delta} N_{-\alpha,-\gamma} + N_{\delta,-\alpha} N_{\rho,-\gamma} + N_{-\alpha,\rho} N_{\delta,-\gamma} = 0.$$

Wir müssen also

$$c_\rho c_\delta (N_{\gamma,-\rho} N_{\alpha,-\delta} + N_{-\rho,\alpha} N_{\gamma,-\delta}) = c_\alpha c_\gamma (N_{\delta,-\alpha} N_{\rho,-\gamma} + N_{-\alpha,\rho} N_{\delta,-\gamma})$$

zeigen. Wenden wir $2)_\beta$ auf diesen Term an, so erhalten wir

$$\begin{aligned} c_\rho c_\delta N_{\gamma,-\rho} N_{\alpha,-\delta} &= c_\delta c_\gamma c_{\rho-\delta} N_{-\gamma,\rho} N_{\alpha,-\delta} \\ &= c_\alpha c_{\delta-\alpha} c_\gamma c_{\rho-\delta} N_{-\gamma,\rho} N_{-\alpha,\delta} \\ &= c_\alpha c_\gamma N_{\rho,-\gamma} N_{\delta,-\alpha}, \end{aligned}$$

da N schiefsymmetrisch ist und $\delta - \alpha = \gamma - \rho$. Vertauschen von α und γ liefert die zweite Identität.

c) Sei $\rho, \delta \in \Delta_\beta$ und $\rho + \delta = -\beta$. Dann können wir den Fall b) auf $-\rho, -\delta$ anwenden.

d) $\rho \in \Delta_\beta$ und $\rho + \beta \in \Delta_{\beta'}$. Dann ist $\rho + \beta$ sogar in Δ_β. Wir haben zu zeigen, daß $c_\beta c_\rho N_{-\beta,-\rho} = c_{\beta+\rho} N_{\beta,\rho}$. Nun ist $\beta + \rho + (-\beta - \rho) = 0$ und daher $N_{\beta,\rho} = N_{\rho,-\beta-\rho}$

und $N_{-\beta,-\rho} = N_{-\rho,\beta+\rho}$ (Lemma II.3.29). Wegen $\beta = (\beta+\rho)+(-\rho)$ impliziert b), daß

$$c_\beta = c_{\beta+\rho}c_{-\rho}N_{-\beta-\rho,\rho}/N_{\beta+\rho,-\rho}$$

und daher gilt

$$c_\beta c_\rho N_{-\beta,-\rho} = c_{\beta+\rho}N_{-\beta-\rho,\rho}N_{-\beta,-\rho}/N_{\beta+\rho,-\rho} = -c_{\beta+\rho}N_{-\beta-\rho,\rho} = c_{\beta+\rho}N_{\beta,\rho}.$$

e) $\rho \in \Delta_\beta$ und $\rho - \beta \in \Delta_{\beta'}$. Dieser Fall folgt genau so wie d).

Damit sind alle Möglichkeiten ausgeschöpft und der Satz ist bewiesen. ∎

Übungsaufgaben zum Abschnitt II.3

1. Man zeige, daß die Dimension einer einfachen Lie-Algebra mindestens 3 ist. Jede halbeinfache Lie-Algebra der Dimension 3 ist einfach. Hinweis: Aufgabe II.1.3, Satz II.3.7.

2. Für eine reelle Lie-Algebra $\mathfrak{g}$ gelten folgende Aussagen:
a) $\mathrm{rad}(\mathfrak{g}_\mathbb{C}) = \mathrm{rad}(\mathfrak{g})_\mathbb{C}$.
b) $\mathrm{rad}(\kappa_\mathfrak{g})_\mathbb{C} = \mathrm{rad}(\kappa_{\mathfrak{g}_\mathbb{C}})$.
c) $\mathfrak{g}$ ist genau dann halbeinfach, wenn $\mathfrak{g}_\mathbb{C}$ halbeinfach ist.

3. Die Lie-Algebren $\mathrm{sl}(2,\mathbb{K})$, $\mathrm{so}(3)$ und $\mathrm{su}(2)$ sind einfach. Hinweis: Aufgaben 1 und 2.

4. Die Diagonalmatrizen bilden eine Cartan-Algebra in $\mathrm{gl}(n,\mathbb{K})$.

5. Man zeige, daß die Killing-Form einer endlichdimensionalen Lie-Algebra invariant ist.

6. Man berechne die Killingformen von $\mathrm{sl}(2,\mathbb{K})$, $\mathrm{so}(3)$ und der Oszillator-Algebra.

7. Sei $\mathfrak{g}$ eine $\mathbb{K}$-Lie-Algebra und $\mathfrak{a} \subseteq \mathfrak{g}$ ein halbeinfaches Ideal der Kodimension 1. Man zeige, daß $\mathfrak{g} \cong \mathfrak{a} \oplus \mathbb{R}$. Hinweis: Satz II.3.9.

8. a) Sei $\alpha : \mathfrak{g} \to \mathrm{gl}(V)$ eine Darstellung der Lie-Algebra $\mathfrak{g}$ auf V und $\mathfrak{n} \subseteq \mathfrak{g}$ ein nilpotentes Ideal. Dann ist der Raum

$$V_0 := \{v \in V : (\forall X \in \mathfrak{n})\alpha(X)v = 0\}$$

invariant unter $\alpha(\mathfrak{g})$.
b) Ist

$$\mathfrak{a}_0 = \{0\} \subseteq \mathfrak{a}_1 \subseteq \ldots \subseteq \mathfrak{a}_n = \mathfrak{g}$$

eine maximale Kette von Idealen von $\mathfrak{g}$ und $X \in \mathfrak{n}$, so gilt $\operatorname{ad} X(\mathfrak{a}_{i+1}) \subseteq \mathfrak{a}_i$ für $i = 0, \dots, n-1$. Hinweis: Satz II.2.5 und a) auf die Darstellung von $\mathfrak{g}$ auf $\mathfrak{a}_{i+1}/\mathfrak{a}_i$ anwenden.

9. Sei $\mathfrak{g}$ eine endlichdimensionale Lie-Algebra. Jedes nilpotente Ideal $\mathfrak{n}$ von $\mathfrak{g}$ ist orthogonal zu $\mathfrak{g}$ bzgl. der Killing-Form. Hinweis: Mit Aufgabe 8 schließe man, daß $\operatorname{ad} X \operatorname{ad} Y$ für $X \in \mathfrak{g}$ und $Y \in \mathfrak{n}$ nilpotent ist.

10. Man zeige, daß $[\mathfrak{g}, \mathfrak{g}]^\perp = \operatorname{rad}(\mathfrak{g})$ für jede endlichdimensionale Lie-Algebra gilt. Hierbei ist $\perp$ auf die Killing-Form bezogen. Hinweis: Man gehe in folgenden Schritten vor: Sei $\mathfrak{a} := [\mathfrak{g}, \mathfrak{g}]^\perp$.
a) $[\mathfrak{a}, \mathfrak{a}] \subseteq \mathfrak{g}^\perp$.
b) $\mathfrak{a}$ ist ein auflösbares Ideal. Hinweis: Cartan-Kriterium auf $[\mathfrak{a}, \mathfrak{a}]$ anwenden.
c) $\mathfrak{a} \subseteq \operatorname{rad}(\mathfrak{g})$.
d) $[\operatorname{rad}(\mathfrak{g}), \mathfrak{g}]$ ist ein nilpotentes Ideal von $\mathfrak{g}$. Hinweis: Für $Y \in \mathfrak{g}$ ist $\mathfrak{g}_1 := \operatorname{rad}(\mathfrak{g}) + \mathbb{R}Y$ eine auflösbare Unteralgebra von $\mathfrak{g}$ und daher ist $[\mathfrak{g}_1, \mathfrak{g}_1]$ nilpotent.
e) $[\operatorname{rad}(\mathfrak{g}), \mathfrak{g}] \subseteq \mathfrak{g}^\perp$.
f) $\operatorname{rad}(\mathfrak{g}) \subseteq \mathfrak{a}$.

11. Man zeige, daß die Unteralgebra der Diagonalmatrizen eine Cartan-Algebra $\mathfrak{h}$ von $\mathrm{sl}(3, \mathbb{C})$ bilden. Man berechne bzgl. $\mathfrak{h}$ das System der Wurzeln, ein System von Elementen E_α (vgl. Lemma II.3.29), die Zahlen $N_{\alpha,\beta}$ und gebe einen Automorphismus α von $\mathfrak{g}$ mit $\alpha|\mathfrak{h} = -\operatorname{id}_{\mathfrak{h}}$ an (vgl. Satz II.3.30).

§4 Erweiterungen und Moduln

In den Abschnitten 2 und 3 haben wir verschiedene Typen von Lie-Algebren studiert, die in mehrerlei Hinsicht konträre Eigenschaften hatten. Nilpotente und auflösbare Lie-Algebren haben viele ineinander geschachtelte Ideale und eine ziemlich ausgeartete Killing-Form. Halbeinfache Lie-Algebren dagegen haben wenige, nebeneinander sitzende, minimale Ideale, dafür aber eine nicht ausgeartete Killing-Form. In diesem Abschnitt werden sehen, daß sich alle (endlichdimensionalen) Lie-Algebren aus halbeinfachen und auflösbaren Lie-Algebren zusammensetzen lassen.

II.4.1. Bemerkung. Sei $\mathfrak{g}$ eine $\mathbb{K}$-Lie-Algebra mit Radikal $\operatorname{rad}(\mathfrak{g})$. Dann ist die Faktoralgebra $\mathfrak{g}/\operatorname{rad}(\mathfrak{g})$ halbeinfach.

Beweis. Sei $\pi\colon \mathfrak{g} \to \mathfrak{g}/\operatorname{rad}(\mathfrak{g})$ die Quotientenabbildung und $\mathfrak{j} \lhd (\mathfrak{g}/\operatorname{rad}(\mathfrak{g}))$

auflösbar. Dann gilt $\pi^{-1}(\mathfrak{j}) \lhd \mathfrak{g}$ und

$$\mathfrak{j} \cong (\pi^{-1}(\mathfrak{j})/\operatorname{rad}(\mathfrak{g})).$$

Also ist nach Proposition II.2.9(ii) auch $\mathfrak{j}$ auflösbar. Weil aber $\operatorname{rad}(\mathfrak{g}) \subseteq \pi^{-1}(\mathfrak{j})$ folgt aus der Maximalität von $\operatorname{rad}(\mathfrak{g})$, daß $\pi^{-1}(\mathfrak{j}) = \operatorname{rad}(\mathfrak{g})$, also $\mathfrak{j} = \{0\}$ in $\mathfrak{g}/\operatorname{rad}(\mathfrak{g})$. ■

Es stellt sich nach dieser Bemerkung die Frage, wieviel Information man über eine Lie-Algebra erhalten kann, wenn man ein Ideal und die dazu gehörige Faktoralgebra kennt. Zur Untersuchung dieser Frage führen wir etwas neue Terminologie ein.

II.4.2. Definition.

(a) Sei $(V_k)_{k\in\mathbb{N}}$ eine Familie von $\mathbb{K}$-Vektorräumen und $\phi_k: V_k \to V_{k+1}$ linear, dann heißt

$$\ldots \to V_k \xrightarrow{\phi_k} V_{k+1} \xrightarrow{\phi_{k+1}} V_{k+2} \to \ldots$$

eine *exakte Sequenz* (von Vektorräumen), wenn gilt $\phi_k(V_k) = \ker \phi_{k+1}$.

(b) Eine exakte Sequenz der Form

$$0 \to V_1 \xrightarrow{\phi_1} V_2 \xrightarrow{\phi_2} V_3 \to 0$$

heißt *kurze exakte Sequenz.*

(c) Sei $(\mathfrak{g}_k)_{k\in\mathbb{N}}$ eine Familie von $\mathbb{K}$-Lie-Algebren. Eine exakte Sequenz

$$\ldots \to \mathfrak{g}_k \xrightarrow{\phi_k} \mathfrak{g}_{k+1} \to \ldots$$

heißt *exakte Sequenz von Lie-Algebren*, wenn die ϕ_k Homomorphismen sind.

(d) Eine kurze exakte Sequenz von Lie-Algebren

$$0 \to \mathfrak{i} \xrightarrow{\iota} \mathfrak{g} \xrightarrow{\pi} \mathfrak{h} \to 0$$

heißt *Erweiterung* von $\mathfrak{h}$ mit $\mathfrak{i}$.

(e) Zwei Erweiterungen

$$0 \to \mathfrak{i} \xrightarrow{\iota} \mathfrak{g} \xrightarrow{\pi} \mathfrak{h} \to 0$$

und

$$0 \to \mathfrak{i} \xrightarrow{\iota'} \mathfrak{g}' \xrightarrow{\pi'} \mathfrak{h} \to 0$$

heißen *äquivalent*, wenn es einen Isomorphismus $\phi: \mathfrak{g} \to \mathfrak{g}'$ mit $\phi \circ \iota = \iota'$ und $\pi = \pi' \circ \phi$ gibt.

Mit diesen Definitionen läßt sich die oben gestellte Frage so umformulieren: Kann man zu gegebenem $\mathfrak{i}$ und $\mathfrak{h}$ bis auf Äquivalenz alle Erweiterungen

$$0 \to \mathfrak{i} \xrightarrow{\iota} \mathfrak{g} \xrightarrow{\pi} \mathfrak{h} \to 0$$

angeben?

Für jede kurze exakte Sequenz

$$0 \to V' \xrightarrow{\rho} V \xrightarrow{\phi} W \to 0$$

kann man eine lineare Abbildung $\psi: W \to V$ mit $\phi \circ \psi = \mathrm{id}_W$ angeben, indem man eine Basis $\{w_1, ..., w_n\}$ und Urbilder $v_k \in V$ mit $\phi(v_k) = w_k$ wählt und $\psi(w_k) = v_k$ setzen. Dies geht, weil ϕ ja nach Definition surjektiv ist. Weil $\phi|_{\psi(W)}$ injektiv und $\phi|_{\rho(V')} \equiv 0$, ist die Abbildung

$$\begin{aligned} \Phi: W \oplus V' &\to V \\ (w, v') &\mapsto \psi(w) + \rho(v') \end{aligned}$$

injektiv. Aus Dimensionsgründen ist also Φ ein linearer Isomorphismus.

Sei nun

$$0 \to \mathfrak{i} \xrightarrow{\iota} \mathfrak{g} \xrightarrow{\pi} \mathfrak{h} \to 0$$

eine exakte Sequenz von Lie-Algebren. Wie wir gerade gesehen haben, gibt es eine lineare Abbildung $\psi: \mathfrak{h} \to \mathfrak{g}$ mit $\pi \circ \psi = \mathrm{id}_{\mathfrak{h}}$ und als Vektorräume sind $\mathfrak{g}$ und $\mathfrak{i} \oplus \mathfrak{h}$ isomorph. Falls ψ sogar ein Lie-Algebren-Homomorphismus ist, so ist $\psi(\mathfrak{h})$ eine Unteralgebra von $\mathfrak{g}$. Wir benützen jetzt den Vektorraum Isomorphismus

$$\begin{aligned} \Phi: \mathfrak{i} \oplus \mathfrak{h} &\to \mathfrak{g} \\ (X, Y) &\mapsto \iota(X) + \psi(Y), \end{aligned}$$

um die Lie-Klammer von $\mathfrak{g}$ auf $\mathfrak{i} \oplus \mathfrak{h}$ zu übertragen:

$$\begin{aligned} &[(X,Y),(X',Y')] = \Phi^{-1}([\iota(X) + \psi(Y), \iota(X') + \psi(Y')]) \\ &= \Phi^{-1}([\iota(X), \iota(X')] + [\psi(Y), \iota(X')] + [\iota(X), \psi(Y')] + [\psi(Y), \psi(Y')]) \\ &= \Phi^{-1}((\mathrm{ad}(\psi(Y)) \circ \iota)(X') - (\mathrm{ad}(\psi(Y') \circ \iota)(X) + \iota([X, X']) + \psi([Y, Y'])) \\ &= (\alpha(Y)(X') - \alpha(Y')(X) + [X, X'], [Y, Y']), \end{aligned}$$

wobei $\alpha(Y)(X) = \iota^{-1}([\psi(Y), \iota(X)])$ für alle $X \in \mathfrak{i}$ und $Y \in \mathfrak{h}$. Man rechnet leicht nach, daß $\alpha: \mathfrak{h} \to \mathrm{der}(\mathfrak{i})$ ein Homomorphismus ist. Also liefert die Lie-Algebren-Struktur von $\mathfrak{g}$ auf dem Vektorraum $\mathfrak{i} \oplus \mathfrak{h}$ gerade die Lie-Algebren-Struktur von $\mathfrak{i} \rtimes_\alpha \mathfrak{h}$.

II.4.3. Definition. Eine Erweiterung

$$0 \to \mathfrak{i} \xrightarrow{\iota} \mathfrak{g} \xrightarrow{\pi} \mathfrak{h} \to 0$$

heißt *zerfallend*, wenn es einen Lie-Algebren-Homomorphismus $\psi: \mathfrak{h} \to \mathfrak{g}$ mit $\pi \circ \psi = \mathrm{id}_{\mathfrak{h}}$ gibt.

Wir haben also

II.4.4. Bemerkung. Sei

$$0 \to \mathfrak{i} \xrightarrow{\iota} \mathfrak{g} \xrightarrow{\pi} \mathfrak{h} \to 0$$

eine zerfallende Erweiterung, dann ist $\mathfrak{g}$ isomorph zu einer semidirekten Summe von $\mathfrak{i}$ und $\mathfrak{h}$. ■

Im nächsten Abschnitt werden wir (mit Hilfe von Lie-Algebra-Kohomologie) das folgende Lemma zeigen:

II.4.5. Lemma. *Sei*

$$0 \to \mathfrak{i} \xrightarrow{\iota} \mathfrak{g} \xrightarrow{\pi} \mathfrak{h} \to 0$$

eine Erweiterung mit abelschem $\mathfrak{i}$ *und halbeinfachem* $\mathfrak{h}$*. Dann ist die Erweiterung zerfallend.* ■

Wir benützen dieses Lemma hier um zu zeigen, daß jede (endlichdimensionale $\mathbb{K}$-Lie-Algebra $\mathfrak{g}$ isomorph zu einer semidirekten Summe von $\mathrm{rad}(\mathfrak{g})$ und $\mathfrak{g}/\mathrm{rad}(\mathfrak{g})$ ist. Wir beweisen zuerst ein einfaches Lemma.

II.4.6. Lemma. *Sei* $\mathfrak{g}$ *eine* $\mathbb{K}$*-Lie-Algebra und* $\mathfrak{r} = \mathrm{rad}(\mathfrak{g})$.

(i) *Wenn* $\mathfrak{i} \triangleleft \mathfrak{g}$ *mit* $\mathfrak{g}/\mathfrak{i}$ *halbeinfach, dann gilt* $\mathfrak{r} \subseteq \mathfrak{i}$.

(ii) *Sei* $\alpha\colon \mathfrak{g} \to \mathfrak{h}$ *ein surjektiver Homomorphismus, dann ist* $\alpha(\mathfrak{r}) = \mathrm{rad}(\mathfrak{h})$.

Beweis. (i) Sei $\pi\colon \mathfrak{g} \to \mathfrak{g}/\mathfrak{i}$ die Quotientenabbildung. Da π surjektiv ist, ist $\pi(\mathfrak{r})$ ein auflösbares Ideal in $\mathfrak{g}/\mathfrak{i}$, also gleich Null, weil $\mathfrak{g}/\mathfrak{i}$ halbeinfach ist. Dies zeigt $\mathfrak{r} \subseteq \mathfrak{i}$.

(ii) Wie in (i) sehen wir, daß $\alpha(\mathfrak{r})$ ein auflösbares Ideal in $\mathfrak{h}$ und daher in $\mathrm{rad}(\mathfrak{h})$ ist. Für die Umkehrung betrachten wir den surjektiven Homomorphimus

$$\bar{\alpha}\colon \mathfrak{g}/\mathfrak{r} \to \mathfrak{h}/\alpha(\mathfrak{r})$$
$$X + \mathfrak{r} \mapsto \alpha(X) + \alpha(\mathfrak{r}).$$

Nach Korollar II.3.8 und Bemerkung II.4.1 ist $\mathfrak{h}/\alpha(\mathfrak{r})$ als homomorphes Bild von $\mathfrak{g}/\mathfrak{r}$ halbeinfach, also folgt mit (i), daß $\mathrm{rad}(\mathfrak{h}) \subseteq \alpha(\mathfrak{r})$. ■

II.4.7. Satz. *Sei* $\mathfrak{g}$ *eine* $\mathbb{K}$*-Lie-Algebra und* $\mathfrak{r} = \mathrm{rad}(\mathfrak{g})$, *dann ist die Erweiterung*

$$0 \to \mathfrak{r} \xrightarrow{\iota} \mathfrak{g} \xrightarrow{\pi} \mathfrak{g}/\mathfrak{r} \to 0$$

zerfallend.

Beweis. Wir führen den Beweis durch Induktion über $\dim \mathfrak{r}$. Für $\mathfrak{r} = 0$ ist nichts zu zeigen. Wenn $\dim \mathfrak{r} \geq 1$ und $[\mathfrak{r}, \mathfrak{r}] = \{0\}$, dann folgt die Behauptung aus Lemma II.4.5. Sei also $[\mathfrak{r}, \mathfrak{r}] \neq \{0\}$. Beachte, daß $[\mathfrak{r}, \mathfrak{r}] \triangleleft \mathfrak{g}$. Sei $\alpha\colon \mathfrak{g} \to \mathfrak{g}/[\mathfrak{r}, \mathfrak{r}] = \mathfrak{h}$

die Quotientenabbildung. Nach Lemma II.4.6(ii) haben wir $\alpha(\mathfrak{r}) = \mathrm{rad}(\mathfrak{h})$. Mit Induktion zerfällt daher die Erweiterung

$$0 \to \alpha(\mathfrak{r}) \xrightarrow{\iota'} \mathfrak{h} \xrightarrow{\pi'} \mathfrak{h}/\alpha(\mathfrak{r}) \to 0.$$

Es gibt also einen Lie-Algebren-Homomorphismus $\psi'\colon \mathfrak{h}/\alpha(\mathfrak{r}) \to \mathfrak{h}$ mit $\pi' \circ \psi' = \mathrm{id}_{\mathfrak{h}/\alpha(\mathfrak{r})}$. Betrachte die Lie-Algebra $\mathfrak{s} = \alpha^{-1}\big(\psi'(\mathfrak{h}/\alpha(\mathfrak{r}))\big)$. Wegen $\ker(\alpha|_{\mathfrak{s}}) = \mathfrak{s} \cap \ker \alpha = \mathfrak{s} \cap [\mathfrak{r}, \mathfrak{r}]$ ist

$$0 \to \mathfrak{s} \cap [\mathfrak{r}, \mathfrak{r}] \xrightarrow{\iota} \mathfrak{s} \xrightarrow{\alpha} \psi'\big(\mathfrak{h}/\alpha(\mathfrak{r})\big) \to 0$$

eine Erweiterung. Weil aber nach Korollar II.3.8 die Algebra $\psi'\big(\mathfrak{h}/\alpha(\mathfrak{r})\big)$ halbeinfach ist, folgt aus Lemma II.4.6(i), daß $\mathfrak{s} \cap [\mathfrak{r}, \mathfrak{r}] = \mathrm{rad}(\mathfrak{s})$. Aber $\dim(\mathfrak{s} \cap [\mathfrak{r}, \mathfrak{r}]) < \dim \mathfrak{r}$, also zerfällt nach Induktion auch diese Erweiterung. Es gibt dann einen Homomorphismus

$$\psi''\colon \psi'\big(\mathfrak{h}/\alpha(\mathfrak{r})\big) \to \mathfrak{s} \subseteq \mathfrak{g}$$

mit $\alpha \circ \psi'' = \mathrm{id}_{\psi'(\mathfrak{h}/\alpha(\mathfrak{r}))}$. Wenn wir jetzt wie im Beweis zu Lemma II.4.6

$$\begin{aligned} &\bar{\alpha}\colon \mathfrak{g}/\mathfrak{r} \to \mathfrak{h}/\alpha(\mathfrak{r}) \\ &X + \mathfrak{r} \mapsto \alpha(X) + \mathrm{rad}(\mathfrak{h}) \end{aligned}$$

setzen, erhalten wir mit $\psi = \psi'' \circ \psi' \circ \bar{\alpha}\colon \mathfrak{g}/\mathfrak{r} \to \mathfrak{g}$ einen Homomorphismus, der

$$\bar{\alpha} \circ \pi \circ \psi = \pi' \circ \alpha \circ \psi'' \circ \psi' \circ \bar{\alpha} = \bar{\alpha}$$

erfüllt. Da aber $\bar{\alpha}$ injektiv ist, folgt schließlich $\pi \circ \psi = \mathrm{id}_{\mathfrak{g}/\mathfrak{r}}$. ∎

Nach der Bemerkung II.4.4 zeigt dieser Satz, daß jede $\mathbb{K}$-Lie-Algebra isomorph zu einer halbdirekten Summe ihres Radikals mit einer halbeinfachen Lie-Algebra ist. Genauer gilt: Wenn $\pi\colon \mathfrak{g} \to \mathfrak{g}/\mathrm{rad}(\mathfrak{g})$ die Quotientenabbildung und $\psi\colon \mathfrak{g}/\mathrm{rad}(\mathfrak{g}) \to \mathfrak{g}$ ein Homomorphismus mit $\pi \circ \psi = \mathrm{id}_{\mathfrak{g}/\mathrm{rad}(\mathfrak{g})}$ ist, dann ist $\mathfrak{s} = \psi\big(\mathfrak{g}/\mathrm{rad}(\mathfrak{g})\big)$ eine halbeinfache Unteralgebra von $\mathfrak{g}$ mit $\mathfrak{s} \cap \mathrm{rad}(\mathfrak{g}) = \{0\}$ und $\mathfrak{s} + \mathrm{rad}(\mathfrak{g}) = \mathfrak{g}$. Eine solche Unteralgebra von $\mathfrak{g}$ nennt man *Levi-Komplement.* Wir erhalten also:

II.4.8. Korollar. (Satz von Levi) *Jede endlichdimensionale* $\mathbb{K}$*-Lie-Algebra hat ein Levi-Komplement.* ∎

Wir können mit dem Satz von Levi den Satz II.4.7 verbessern.

II.4.9. Korollar. *Sei*

$$0 \to \mathfrak{i} \xrightarrow{\iota} \mathfrak{g} \xrightarrow{\pi} \mathfrak{h} \to 0$$

eine Erweiterung mit halbeinfachem $\mathfrak{h}$*, dann zerfällt diese Erweiterung.*

Beweis. Sei $\mathfrak{r} = \mathrm{rad}(\mathfrak{g})$ und $\mathfrak{s}$ ein Levi-Komplement in $\mathfrak{g}$, dann ist $\pi(\mathfrak{r})$ nach Proposition II.2.9 ein auflösbares Ideal in $\mathfrak{h}$, weil π surjektiv ist. Also gilt $\mathfrak{r} \subseteq \mathfrak{i}$ und wir haben eine Erweiterung

$$0 \to \mathfrak{i} \cap \mathfrak{s} \xrightarrow{\iota} \mathfrak{s} \xrightarrow{\pi} \mathfrak{h} \to 0.$$

Nach Satz II.3.7 läßt sich $\mathfrak{s}$ als $\mathfrak{s}_1 \oplus \ldots \oplus \mathfrak{s}_k$ mit einfachen $\mathfrak{s}_j$ schreiben und es gilt

$$\ker \pi = \sum_{j \in I} \mathfrak{s}_j$$

für eine endliche Teilmenge I von $\{1, \ldots, k\}$. Dann ist aber $\mathfrak{h}$ isomorph zu $\sum_{j \notin I} \mathfrak{s}_j$ und die Erweiterung zerfällt. ∎

Beachte, daß trivialerweise jede Erweiterung

$$0 \to \mathfrak{i} \xrightarrow{\iota} \mathfrak{g} \xrightarrow{\pi} \mathfrak{h} \to 0$$

mit eindimensionalem $\mathfrak{h}$ zerfällt. Da aber für auflösbares $\mathfrak{g}$ immer $[\mathfrak{g}, \mathfrak{g}] \neq \mathfrak{g}$ gilt, findet man für solche $\mathfrak{g}$ auch immer Erweiterungen mit eindimensionalem $\mathfrak{h}$. Iteriert man diese Konstruktion, so erhält man

II.4.10. Bemerkung. Ist $\mathfrak{g}$ eine auflösbare $\mathbb{K}$-Lie-Algebra, dann ist $\mathfrak{g}$ isomorph zu einer geschachtelten semidirekten Summe

$$\left(\ldots\left(\left(\mathfrak{g}_1 \rtimes_{\alpha_1} \mathfrak{g}_2\right) \rtimes_{\alpha_2} \mathfrak{g}_3\right) \ldots \rtimes_{\alpha_{n-1}} \mathfrak{g}_n\right),$$

in der jedes $\mathfrak{g}_j$ isomorph zu $\mathbb{K}$ ist.

Setzt man dies noch mit Korollar II.4.9 zusammen und benützt wieder Satz II.3.7, dann erhält man dieselbe Aussage für beliebige $\mathfrak{g}$, nur daß die $\mathfrak{g}_j$ dann auch einfach sein dürfen. Insbesondere findet man eine Folge von Idealen

$$\mathfrak{a}_o = \{0\} \subseteq \mathfrak{a}_1 \subseteq \ldots \subseteq \mathfrak{a}_k = \mathfrak{g}$$

für die $\mathfrak{a}_j / \mathfrak{a}_{j-1}$ entweder eindimensional oder einfach ist. Eine solche Reihe nennen wir *Jordan-Hölder-Reihe* von $\mathfrak{g}$. ∎

Im zweiten Teil dieses Abschnitt befassen wir uns mit der Frage, ob man eine Darstellung (vgl. Definition II.3.12) immer in *irreduzible* Teildarstellungen, d.h. solche für die es keine nicht trivialen invarianten Unterräume gibt, zerlegen kann. Dieses Problem läßt sich mit ähnlichen Methoden angehen, wie der Satz von Levi. Zunächst geben wir eine mehr algebraische Version des Begriffes Darstellung.

II.4.11. Definition. Sei $\mathfrak{g}$ eine $\mathbb{K}$-Lie-Algebra und V ein $\mathbb{K}$-Vektorraum, sowie

$$\mathfrak{g} \times V \to V$$
$$(X, v) \mapsto X \cdot v$$

eine bilineare Abbildung. Wenn gilt

$$[X,Y] \cdot v = X \cdot (Y \cdot v) - Y \cdot (X \cdot v) \quad \forall X, Y \in \mathfrak{g}, v \in V,$$

dann heißt V ein $\mathfrak{g}$-Modul.

Wenn $\pi: \mathfrak{g} \to \mathrm{gl}(V)$ eine Darstellung ist, dann wird durch $X \cdot v = \pi(X)v$ eine $\mathfrak{g}$-Modul-Struktur auf V definiert. Umgekehrt ist für jeden $\mathfrak{g}$-Modul V die Abbildung $\pi: \mathfrak{g} \to \mathrm{gl}(V)$ mit $\pi(X)v = X \cdot v$ eine Darstellung, d.h. Darstellungen von $\mathfrak{g}$ und $\mathfrak{g}$-Moduln sind äquivalente Begriffe.

II.4.12. Definition. Sei $\mathfrak{g}$ eine $\mathbb{K}$-Lie-Algebra und V, W zwei $\mathfrak{g}$-Moduln.

(i) Ein Unterraum V_1 von V heißt $\mathfrak{g}$-*Untermodul*, wenn $X \cdot v \in V_1$ für alle $X \in \mathfrak{g}$ und alle $v \in V_1$.

(ii) V heißt *einfach*, wenn er keine Untermoduln außer $\{0\}$ und V hat.

(iii) V heißt *halbeinfach*, wenn V die direkte Summe von einfachen $\mathfrak{g}$-Moduln ist.

(iv) Eine lineare Abbildung $\phi: V \to W$ heißt (*Modul*) *Homomorphismus*, wenn für alle $X \in \mathfrak{g}$ und alle $v \in V$ gilt

$$\phi(X \cdot v) = X \cdot \phi(v).$$

Einfache Moduln entsprechen den irreduziblen Darstellungen. Dagegen heißt eine Darstellung *vollständig reduzibel*, wenn der entsprechende $\mathfrak{g}$-Modul halbeinfach ist.

II.4.13. Beispiel. Betrachtet man eine $\mathbb{K}$-Lie-Algebra $\mathfrak{g}$ bezüglich der adjungierten Darstellung $\mathrm{ad}: \mathfrak{g} \to \mathrm{gl}(\mathfrak{g})$ als $\mathfrak{g}$-Modul, so sind die Untermoduln gerade die Ideale. Ist also $\mathfrak{g}$ halbeinfach, so ist wegen Satz II.3.7 die adjungierte Darstellung vollständig reduzibel.

Dieses Beispiel spiegelt nur einen viel allgemeineren Sachverhalt wieder:

II.4.14. Satz. (Satz von Weyl). *Sei $\mathfrak{g}$ eine halbeinfache $\mathbb{K}$-Lie-Algebra, dann ist jede endlichdimensionale Darstellung von $\mathfrak{g}$ vollständig reduzibel.*

Wir führen den Beweis dieses Satzes auf ein Lemma zurück, das verwandt ist mit Lemma II.4.5 und auch mit diesem erst im nächsten Abschnitt bewiesen wird. Zur Formulierung unseres Lemmas führen wir *Erweiterungen* von $\mathfrak{g}$-Moduln ein.

II.4.15. Definition. Eine kurze exakte Sequenz

$$0 \to W \xrightarrow{\rho} V \xrightarrow{\phi} W' \to 0$$

von $\mathfrak{g}$-Moduln heißt *Erweiterung* von W' mit W, wenn alle Abbildungen Modul-Homomorphismen sind. Die Erweiterung heißt *zerfallend*, wenn es einen Modul-Homomorphismus $\psi: W' \to V$ mit $\phi \circ \psi = \mathrm{id}_{W'}$ gibt.

Hier das angekündigte Lemma:

II.4.16. Lemma. *Sei $\mathfrak{g}$ eine halbeinfache $\mathbb{K}$-Lie-Algebra, dann zerfällt jede Erweiterung von endlichdimensionalen $\mathfrak{g}$-Moduln.* ■

Beweis. (Des Satzes von Weyl). Der Beweis geht mit Induktion über die Dimension des $\mathfrak{g}$-Moduls und orientiert sich an dem Beweis von Satz II.3.7, wo ja gezeigt wurde, daß die adjungierte Darstellung vollständig reduzibel ist. Sei also V ein $\mathfrak{g}$-Modul und W ein Untermodul von V. Dann ist der Faktorraum V/W ein $\mathfrak{g}$-Modul bezüglich

$$X \cdot (v + W) = X \cdot v + W$$

und die Quotientenabbildung $\pi: V \to V/W$ ist ein $\mathfrak{g}$-Modul-Homomorphismus. Also ist

$$0 \to W \xrightarrow{\iota} V \xrightarrow{\pi} V/W \to 0$$

eine Erweiterung von $\mathfrak{g}$-Moduln. Nach Lemma II.4.16 gibt es einen Modul-Homomorphismus $\psi: V/W \to V$ mit $\pi \circ \psi = \mathrm{id}_{V/W}$. Aber dann ist $\psi(V/W)$ ein Untermodul von V und wir haben

$$V = W \oplus \psi(V/W).$$

Mit Induktion folgt nun, daß W und $\psi(V/W)$ direkte Summen von einfachen $\mathfrak{g}$-Moduln sind und somit die Behauptung. ■

Der Satz von Weyl zeigt, daß es für halbeinfache Lie-Algebren genügt die irreduziblen Darstellungen zu studieren. Wir schließen diesen Abschnitt mit der Beschreibung aller einfachen endlichdimensionalen $\mathrm{sl}(2,\mathbb{C})$-Moduln ab und bemerken, daß diese Beschreibung wegen Satz II.3.24 wichtige Informationen über die Struktur der einfachen komplexen Lie-Algebren liefert.

II.4.17. Proposition. *Sei V ein von Null verschiedener $\mathrm{sl}(2,\mathbb{C})$-Modul. Wir betrachten die Basis*

$$H = \begin{pmatrix} 1 & 0 \\ 0 & -1 \end{pmatrix}, \quad P = \begin{pmatrix} 0 & 1 \\ 0 & 0 \end{pmatrix}, \quad Q = \begin{pmatrix} 0 & 0 \\ 1 & 0 \end{pmatrix}$$

von $\mathrm{sl}(2,\mathbb{C})$. Es gilt

$$[H,P] = 2P, \quad [H,Q] = -2Q, \quad [P,Q] = H.$$

Für $\lambda \in \mathbb{C}$ *sei* $V_\lambda = \{v \in V : H \cdot v = \lambda v\}$ *der Gewichtsraum bezüglich* $\mathfrak{h} = \mathbb{C}H$. *Es gilt*

(i) $P \cdot V_\lambda \subseteq V_{\lambda+2}$

(ii) $Q \cdot V_\lambda \subseteq V_{\lambda-2}$

(iii) *Es gibt ein Gewicht* λ_o *mit* $P \cdot V_{\lambda_o} = \{0\}$.

(iv) *Mit* $v_n = \frac{1}{n!}(Q \cdot \ldots(Q \cdot v)\ldots)$ *(n-mal) und* $v_{-1} = 0$ *und* $v \in V_{\lambda_o}$ *gilt*

   (a) $H \cdot v_n = (\lambda_o - 2n)v_n$

   (b) $Q \cdot v_n = (n+1)v_{n+1}$

   (c) $P \cdot v_n = (\lambda - n + 1)v_{n-1}$

   (d) *Wenn* n_o *die größte Zahl mit* $v_{n_o} \neq 0$ *ist, dann ist* $\{v_1, \ldots, v_{n_o}\}$ *linear unabhängig.*

   (e) *Der Raum* $W = \mathbb{C}v_1 + \ldots + \mathbb{C}v_{n_o}$ *ist ein einfacher* $\mathrm{sl}(2,\mathbb{C})$*-Modul.*

Beweis. Die ersten beiden Aussagen folgen sofort aus den Definitionen.

(iii) Da V endlichdimensional ist, gibt es nur endlich viele Gewichtsräume. Sei $\lambda' \in \mathbb{C}$ ein Gewicht. Wenden wir k-mal P auf $V_{\lambda'}$ an, so landen wir in $V_{\lambda'+2k}$. Sei k_o minimal mit $V_{\lambda'+2k_o} \neq \{0\}$ und $V_{\lambda'+2(k_o+1)} = \{0\}$, dann können wir $\lambda = \lambda' + 2k$ wählen.

(iv) Die erste Aussage folgt aus (ii) und die zweite ist trivial. Die dritte erhält man leicht durch Induktion. Die vierte Aussage ist klar, weil die v_k alle zu verschiedenen Gewichtsräumen gehören. Um die letzte Aussage zu zeigen betrachte

$$w = \sum_{k=0}^{n_o} a_k v_k \in W \setminus \{0\}.$$

Wenn k_o die kleinste Zahl mit $a_{k_o} \neq 0$, dann erhält man aus w durch $(n_o - k_o)$-maliges anwenden von Q ein Vielfaches von v_{n_o} ungleich Null. Also enthält jeder von Null verschiedene Untermodul von W den Vektor v_{n_o} und somit ganz W. ∎

II.4.18. Proposition. *Seien* $\widetilde{H}, \widetilde{P}, \widetilde{Q} \in \mathrm{End}(\mathbb{C}^{m+1})$ *bezüglich der kanonischen Basis von* $\mathbb{C}^{m+1}$ *durch die Matrizen*

$$\widetilde{H} = \begin{pmatrix} m & & & & \\ & m-2 & & & \\ & & \cdot & & \\ & & & \cdot & \\ & & & & \cdot \\ & & & & & -m \end{pmatrix}$$

$$\widetilde{P} = \begin{pmatrix} 0 & m & & & & \\ & 0 & m-1 & & & \\ & & & \cdot & & \\ & & & & \cdot & \\ & & & & \cdot & 1 \\ & & & & & 0 \end{pmatrix}$$

$$\widetilde{Q} = \begin{pmatrix} 0 & & & & & \\ 1 & 0 & & & & \\ & 2 & \cdot & & & \\ & & \cdot & \cdot & & \\ & & & \cdot & \cdot & \\ & & & & m & 0 \end{pmatrix}$$

gegeben. Dann ist $\mathbb{C}^{m+1}$ *bezüglich*

$$H \cdot v = \widetilde{H}(v), \ P \cdot v = \widetilde{P}(v), \ Q \cdot v = \widetilde{Q}(v)$$

ein einfacher $\mathrm{sl}(2, \mathbb{C})$*-Modul. Jeder einfache* $\mathrm{sl}(2, \mathbb{C})$*-Modul der Dimension* $m+1$ *ist isomorph zu* $\mathbb{C}^{m+1}$ *mit dieser Modul-Struktur.*

Beweis. Die einzige Aussage, die man nicht sofort durch elementares Nachrechnen verifizieren kann, ist die letzte. Sei also V ein einfacher $\mathrm{sl}(2, \mathbb{C})$-Modul der Dimension $m+1$. Wendet man Proposition II.4.17 auf V an, so erhält man (in der Notation dieser Proposition) $V = W$. Betrachte die lineare Abbildung $\phi: \mathbb{C}^{m+1} \to V$, die durch $e_k \mapsto v_{k-1}$ gegeben wird, wobei $\{e_1, ..., e_{m+1}\}$ die kanonische Basis von $\mathbb{C}^{m+1}$ ist. Man rechnet leicht nach, daß

$$\widetilde{P}(e_1) = \widetilde{Q}(e_{m+1}) = 0,$$

$$\widetilde{P}(e_k) = (m-k+2)e_{k-1} \quad \forall k \in \{2, ..., m+1\},$$

$$\widetilde{Q}(e_k) = ke_{k+1} \quad \forall k \in \{1, ..., m\}$$

und

$$\widetilde{H}(e_k) = \big(m - 2(k-1)\big)e_k \quad \forall k \in \{1, ..., m+1\}.$$

Zusammen mit Proposition II.4.17(iv) zeigt dies, daß ϕ ein $\mathrm{sl}(2, \mathbb{C})$-Modul-Isomorphismus ist. ∎

Übungsaufgaben zum Abschnitt II.4

1. Sei $\mathfrak{h}$ eine $\mathbb{K}$-Lie-Algebra und $\mathfrak{a}$ eine abelsche Lie-Algebra, sowie $c : \mathfrak{h} \times \mathfrak{h} \to \mathfrak{a}$ eine bilineare Abbildung mit

i) $c(X,Y) = -c(Y,X) \quad \forall X,Y \in \mathfrak{h}$.

ii) $c([X,Y],Z) + c([Y,Z],X) + c([Z,X],Y) = 0 \qquad \forall X,Y,Z \in \mathfrak{h}$.

Man zeige:

1) Durch

$$[(A,X),(A',X')] := \big(c(X,X'),[X,X']\big)$$

wird auf $\mathfrak{a} \oplus \mathfrak{h}$ eine Lie-Klammer definiert.

2) Bezeichne die resultierende Algebra mit $\mathfrak{g}$. Dann ist

$$0 \to \mathfrak{a} \xrightarrow{\iota} \mathfrak{g} \xrightarrow{\pi} \mathfrak{h} \to 0$$

mit $\iota(A) = (A,0)$ und $\pi(A,X) = X$ eine Erweiterung.

3) Wenn es eine lineare Abbildung $\beta : \mathfrak{h} \to \mathfrak{a}$ gibt mit $c(X,Y) = -\beta([X,Y])$, dann zerfällt die Erweiterung.

2. Gib für die folgenden Lie-Algebren treue endlichdimensionale Darstellungen an: $\mathrm{sl}(2,\mathbb{K})$, Heisenberg-Algebra, Oszillator-Algebra, $\mathbb{R}^n$.

3. Seien W und W' zwei $\mathfrak{g}$-Moduln und E der Vektorraum aller linearen Abbildungen $f : W' \to W$. Zeige:

a) E ist ein $\mathfrak{g}$-Modul bzgl. $(X.f)(w') := X.f(w') - f(X.w')$ für $X \in \mathfrak{g}, f \in E$ und $w' \in W'$.

b) Wenn $c : \mathfrak{g} \to E$ eine lineare Abbildung mit $c([X,Y]) = X.c(Y) - Y.c(X)$ ist, dann ist durch

$$X.(w,w') := \big(X.w + c(x)w', X.w'\big)$$

eine Erweiterung

$$0 \to W \xrightarrow{\iota} W \oplus W' \xrightarrow{\pi} W' \to 0$$

mit $\iota(w) = (w,0)$ und $\pi(w,w') = w'$ definiert. Wenn es ein $f \in E$ gibt mit $c(X) = X.f$ für all $X \in \mathfrak{g}$, dann zerfällt diese Erweiterung.

4. Sei V ein halbeinfacher Modul der Lie-Algebra $\mathfrak{g}$ und E ein $\mathfrak{g}$-Untermodul von V: Man zeige, daß in V ein $\mathfrak{g}$-Untermodul F so existiert, daß $V \cong E \oplus F$. Man gehe dazu vor wie folgt:

a) Sei $V = \bigoplus_{i\in I} V_i$, wobei die V_i einfache $\mathfrak{g}$-Moduln sind. Dann existiert eine maximale Teilmenge $K \subseteq I$ mit der Eigenschaft, daß $E \cap \sum_{k\in K} V_k = \{0\}$ ist. Hinweis: Lemma von Zorn (vgl. A.20).

b) Setze $F := \bigoplus_{k\in K} V_k$. Dann ist $E + F = V$, denn jeder Untermodul V_i ist in $E + F$ enthalten.

5. Sei V ein Modul der Lie-Algebra $\mathfrak{g}$ und V^* der Dualraum. Dann wird V^* mit

$$X.f(v) := -f(X.v) \qquad \forall X \in \mathfrak{g}, f \in V^*, v \in V$$

zu einem $\mathfrak{g}$-Modul.

6. Seien $V_1, ..., V_n$ Moduln der Lie-Algebra $\mathfrak{g}$. Dann wird das Tensorprodukt $E := V_1 \otimes ... \otimes V_n$ mit

$$X.(v_1 \otimes ... \otimes v_n) := X.v_1 \otimes ... \otimes v_n + v_1 \otimes X.v_2 \otimes ... \otimes v_n + v_1 \otimes ... \otimes X.v_n$$

zu einem $\mathfrak{g}$-Modul.

7. Identifiziert man für zwei $\mathfrak{g}$-Moduln W' und W den Raum $W'^* \otimes W$ mittels

$$(f \otimes w)(w') := f(w')w \qquad \forall f \in W'^*, w \in W, w' \in W'$$

mit dem Raum E aller linearen Abbildungen von W' nach W, so stimmt die in Aufgabe 3 auf E definierte $\mathfrak{g}$-Modul-Struktur mit der in Aufgaben 5 und 6 auf $W'^* \otimes W$ definierten $\mathfrak{g}$-Modul-Struktur überein.

8. Der $\mathbb{R}^2$ wird durch $X.v := X(v)$ zu einem $\mathrm{sl}(2,\mathbb{R})$-Modul. Man zeige:
a) $\mathbb{R}^2$ ist ein einfacher $\mathrm{sl}(2,\mathbb{R})$-Modul.
b) Der $\mathrm{sl}(2,\mathbb{R})$-Modul $\mathbb{R}^2 \otimes \mathbb{R}^2$ zerfällt in eine direkte Summe zweier einfacher $\mathrm{sl}(2,\mathbb{R})$-Moduln. Hinweis: Man zeige, daß der $\mathrm{sl}(2,\mathbb{R})$-Modul $\mathbb{R}^2 \otimes \mathbb{R}^2$ isomorph zu dem $\mathrm{sl}(2,\mathbb{R})$-Modul $\mathrm{gl}(2,\mathbb{R})$ mit $X.Y := [X,Y]$ ist.

§5 Lie-Algebra-Kohomologie

Zweck dieses Abschnitts ist, die Beweise der Sätze von Levi und Weyl nachzutragen. Wir führen die Kohomologieräume in größerer Allgemeinheit als dafür *notwendig* ein, um die gemeinsame Struktur der Beweise besser herausarbeiten zu können. In diesem Abschnitt seien wieder alle Vektorräume endlichdimensional.

II.5.1. Definition. Sei $\mathfrak{g}$ eine $\mathbb{K}$-Lie-Algebra und $\pi: \mathfrak{g} \to \mathrm{gl}(V)$ eine Darstellung.

(i) Eine *k-Kokette* für $k \in \mathbb{N}$ ist eine k-lineare, alternierende (d.h. schiefsymmetrische) Abbildung

$$c: \mathfrak{g} \times ... \times \mathfrak{g} \to V.$$

Den Raum der k-Koketten bezeichnen wir mit C_π^k. Eine 0-*Kokette* ist ein Element von V.

(ii) Die Abbildung $\delta_k : C_\pi^k \to C_\pi^{k+1}$, definiert durch

$$(\delta_k c)(X_0, \dots, X_k) = \sum_{i=0}^{k} (-1)^i \pi(X_i) c(X_0, \dots, \widehat{X_i}, \dots, X_k) + \\ + \sum_{i<j} (-1)^{i+j} c([X_i, X_j], X_0, \dots, \widehat{X_i}, \dots, \widehat{X_j}, \dots, X_k),$$

heißt *Korand-Operator*. (Die mit ^ gekennzeichneten Terme werden ausgelassen.)

(iii) Die Elemente von

$$Z_\pi^k = \{c \in C_\pi^k : \delta_k c = 0\}$$

heißen k-*Kozykel*.

(iv) Die Elemente von

$$B_\pi^k = \delta_{k-1}(C_\pi^{k-1})$$

heißen k-*Koränder*.

Die Namen (Ko)zykel, (Ko)rand und (Ko)rand-Operator leiten sich aus der simplizialen Homologietheorie ab, die große formale Ähnlichkeit mit der Kohomologietheorie für Lie-Algebren aufweist. In der simplizialen Homologie betrachtet man *Simplexe*, wie z.B. Dreiecke oder Tetraeder. Ein Dreieck wird durch seine Ecken x_1, x_2, x_3 beschrieben. Seine Seiten sind x_{12}, x_{23}, x_{31}. Das ganze Dreieck wird mit x_{123} bezeichnet. Ketten sind formale Linearkombinationen $\sum a_{ij} x_{ij}$. Zyklen sind Ketten, die keinen Rand haben, z.B. $x_{12} + x_{23} + x_{31}$ oder $2x_{12} + 2x_{23} + 2x_{31}$. Bei letzterem wird der Zyklus $x_{12} + x_{23} + x_{31}$ zweimal durchlaufen. Der Rand von x_{12} ist $x_2 - x_1$, der Rand von x_{123} ist $x_{12} + x_{23} + x_{31}$. Ketten, die selbst Rand von etwas sind, haben keinen Rand, d.h. sie sind Zyklen. Eine analoge Aussage gilt auch für die Lie-Algebra-Kohomologie.

II.5.2. Proposition. *Sei $\mathfrak{g}$ eine $\mathbb{K}$-Lie-Algebra und $\pi : \mathfrak{g} \to \mathrm{gl}(V)$ eine Darstellung. Dann gilt*

(i) $\delta_{k+1}\delta_k = 0$.

(ii) $B_\pi^k \subseteq Z_\pi^k$.

Beweis. Die zweite Aussage folgt sofort aus der ersten. Um diese Aussage zu verifizieren, muß man eine elementare, aber beschwerliche Rechnung durchführen. Wir überlassen sie dem Leser als Übung. ■

II.5.3. Definition. Der Faktorraum $H_\pi^k = Z_\pi^k / B_\pi^k$ heißt k-*ter* (*Chevalley*)-*Kohomologieraum von $\mathfrak{g}$ mit Werten in V bezüglich π*.

Wir werden nur mit dem ersten und dem zweiten Kohomologieraum rechnen. In diesem Fall sehen die Formeln noch verhältnismäßig einfach aus

$$\begin{aligned}
(\delta_0 c)(X) &= \pi(X)c \quad \forall c \in C_\pi^0 = V \\
(\delta_1 c)(X,Y) &= \pi(X)c(Y) - \pi(Y)c(X) - c([X,Y]) \quad \forall c \in C_\pi^1 \\
(\delta_2 c)(X,Y,Z)) &= \pi(X)c(Y,Z) - c([X,Y],Z) \\
&\quad + \pi(Y)c(Z,X) - c([Y,Z],X) \\
&\quad + \pi(Z)c(X,Y) - c([Z,X],Y) \quad \forall c \in C_\pi^2.
\end{aligned}$$

Beispiele für Kozyklen ergeben sich aus den Problemstellungen der Sätze von Weyl und Levi.

II.5.4. Beispiel. Sei $\mathfrak{g}$ eine $\mathbb{K}$-Lie-Algebra und

$$0 \to W \xrightarrow{\iota} V \xrightarrow{\phi} W' \to 0$$

eine $\mathfrak{g}$-Modul-Erweiterung. Betrachte den $\mathbb{K}$-Vektorraum E aller linearen Abbildungen von W' nach W, dann ist $\pi: \mathfrak{g} \to \mathrm{gl}(E)$, definiert durch

$$\big(\pi(X)f\big)(w') = X \cdot f(w') - f(X \cdot w'),$$

eine Darstellung von $\mathfrak{g}$. Wenn jetzt $\psi: W' \to V$ eine lineare Abbildung mit $\phi \circ \psi = \mathrm{id}_{W'}$ ist, dann betrachtet man die Abbildung $c_\psi(X): W' \to V$, definiert durch

$$c_\psi(X)(w') = X \cdot \psi(w') - \psi(X \cdot w'),$$

um ein $\mathfrak{g}$-Modul-Komplement von W in V zu finden. Da aber $\phi \circ \psi = \mathrm{id}_{W'}$, folgt

$$\phi\big(c_\psi(X)(w')\big) = \phi\big(X \cdot \psi(w')\big) - \phi \circ \psi(X \cdot w') = 0,$$

weil ϕ ein $\mathfrak{g}$-Modul-Homomorphismus ist. Also läßt sich $c_\psi(X)$ als Abbildung von W' nach W betrachten, d.h. $c_\psi(X) \in E$. Also ist die Abbildung $c_\psi: \mathfrak{g} \to E$ eine 1-Kokette. Man rechnet leicht nach, daß $(\delta_1 c_\psi)(X,Y)(w') = 0$ für alle $X, Y \in \mathfrak{g}$ und $w' \in W'$. Das bedeutet, daß c_ψ ein Kozykel ist.

Wenn c_ψ sogar ein Korand ist, dann findet man ein $f \in E$ mit $c_\psi(X) = \delta_0 f(X)$ und es gilt

$$\begin{aligned}
X \cdot \psi(w') - \psi(X \cdot w') &= c_\psi(X)(w') = \delta_0 f(X) \\
&= \big(\pi(X)f\big)(w') = X \cdot f(w') - f(X \cdot w').
\end{aligned}$$

Das heißt aber gerade, daß

$$\begin{aligned}
\psi - \iota \circ f: W' &\to V \\
w' &\mapsto \psi(w') - \iota\big(f(w')\big)
\end{aligned}$$

ein $\mathfrak{g}$-Modul-Homomorphismus ist. Da aber

$$\phi \circ (\psi - \iota \circ f) = \phi \circ \psi = \mathrm{id}_{W'}$$

ist, zerfällt die exakte Sequenz und $(\psi - \iota \circ f)(W')$ ist ein $\mathfrak{g}$-Modul-Komplement von W in V. Wenn wir also zeigen können, daß jeder Kozykel ein Korand ist, dann hat W ein $\mathfrak{g}$-Modul-Komplement. ■

Die Diskussion von Beispiel II.5.4 liefert die folgende Proposition:

II.5.5. Proposition. *Sei* $\mathfrak{g}$ *eine* $\mathbb{K}$*-Lie-Algebra mit* $H^1_\pi = \{0\}$ *für jede Darstellung* $\pi: \mathfrak{g} \to \mathrm{gl}(V)$*, dann zerfällt jede Erweiterung von* $\mathfrak{g}$*-Moduln.* ■

Wenn wir statt $\mathfrak{g}$-Moduln jetzt Lie-Algebren-Erweiterungen betrachten, stoßen wir auf 2-Kozyklen.

II.5.6. Beispiel. Sei

$$0 \to \mathfrak{i} \xrightarrow{\iota} \mathfrak{g} \xrightarrow{\pi} \mathfrak{h} \to 0$$

eine Erweiterung von Lie-Algebren und $\psi: \mathfrak{h} \to \mathfrak{g}$ eine lineare Abbildung mit $\pi \circ \psi = \mathrm{id}_\mathfrak{h}$. Um zu testen, ob ψ ein Lie-Algebren-Homomorphismus ist, betrachtet man die bilineare Abbildung $c_\psi: \mathfrak{h} \times \mathfrak{h} \to \mathfrak{g}$, die durch

$$c_\psi(X,Y) = \psi([X,Y]) - [\psi(X), \psi(Y)]$$

definiert wird. Es gilt

$$\pi \circ c_\psi(X,Y) = [X,Y] - \pi([\psi(X), \psi(Y)]) = 0,$$

weil π ein Homomorphismus ist, d.h. wir können c_ψ als Abbildung $c_\psi: \mathfrak{h} \times \mathfrak{h} \to \mathfrak{i}$ auffassen. Wenn $\mathfrak{i}$ abelsch ist, dann rechnet man leicht nach, daß

$$\rho_\psi(X)(v) = [\psi(X), \iota(v)] \quad \forall X \in \mathfrak{h}, v \in \mathfrak{i}$$

eine Darstellung $\rho_\psi: \mathfrak{h} \to \mathrm{gl}(\mathfrak{i})$ definiert. Wenn $\psi': \mathfrak{h} \to \mathfrak{g}$ ebenfalls $\pi \circ \psi' = \mathrm{id}_\mathfrak{h}$ erfüllt, gilt $\psi(X) - \psi'(X) \in \iota(\mathfrak{i})$ und

$$\rho_\psi(X)(v) - \rho_{\psi'}(X)(v) = [\psi(X) - \psi'(X), \iota(v)] = 0$$

für alle $X \in \mathfrak{h}$. Also hängt $\rho = \rho_\psi$ nicht explizit von ψ, sondern nur von der exakten Sequenz ab. Die Abbildung c_ψ ist eine 2-Kokette in C^2_ρ und man zeigt durch einfaches Nachrechnen, daß $(\delta_2 c_\psi)(X,Y,Z) = 0$ für alle $X,Y,Z \in \mathfrak{h}$. Also ist $c_\psi \in Z^2_\rho$.

Wenn c_ψ sogar ein Korand ist, dann findet man ein $c \in C^1_\psi$ mit $\delta_1 c = c_\psi$, d.h. für $X, Y \in \mathfrak{h}$ gilt

$$\begin{aligned}
\psi([X,Y]) - [\psi(X), \psi(Y)] &= c_\psi(X,Y) = (\delta_1 c)(X,Y) \\
&= \rho(X)c(Y) - \rho(Y)c(X) - c([X,Y]) \\
&= [\psi(X), \iota \circ c(Y)] - [\psi(Y), \iota \circ c(X)] - c([X,Y]).
\end{aligned}$$

Also gilt für $\psi' = \psi + \iota \circ c$, daß

$$\begin{aligned}
&[\psi'(X), \psi'(Y)] = \\
&\quad = [\psi(X), \psi(Y)] + [\psi, \iota \circ c(Y)] + [\iota \circ c(X), \psi(Y)] + [\iota \circ c(X), \iota \circ c(Y)] \\
&\quad = [\psi(X), \psi(Y)] + [\psi, \iota \circ c(Y)] + [\iota \circ c(X), \psi(Y)] \\
&\quad = \psi([X,Y]) + c([X,Y]),
\end{aligned}$$

d.h. die Erweiterung zerfällt. ■

Mit Beispiel II.5.6 erhalten wir

II.5.7. Proposition. *Sei* $\mathfrak{h}$ *ein* $\mathbb{K}$*-Lie-Algebra mit* $H^2_\rho = \{0\}$ *für jede Darstellung* $\rho: \mathfrak{h} \to \mathrm{gl}(V)$*, dann zerfällt jede Erweiterung von* $\mathfrak{h}$ *mit einer abelschen Lie-Algebra.* ■

Nach den Propositionen II.5.5 und II.5.7 sind die Lemmata II.4.5 und II.4.16 (und damit auch die Sätze von Weyl und Levi) bewiesen, wenn wir zeigen können, daß für halbeinfache Lie-Algebren die ersten und zweiten Kohomologie Räume sämtlich verschwinden. Das ist aber gerade die Aussage der beiden Lemmata von Whitehead, die wir jetzt beweisen wollen. Allerdings brauchen wir dazu etwas Vorbereitung.

II.5.8. Definition. Sei $\mathfrak{g}$ eine $\mathbb{K}$-Lie-Algebra und $\rho: \mathfrak{g} \to \mathrm{gl}(V)$ eine Darstellung, dann heißt die Abbildung

$$\begin{aligned}\beta_\rho: \mathfrak{g} \times \mathfrak{g} &\to \mathbb{K} \\ (X, Y) &\mapsto \mathrm{tr}\left(\rho(X)\rho(Y)\right)\end{aligned}$$

die zu ρ gehörige *Spurform* von $\mathfrak{g}$.

Die Killing-Form ist die zur adjungierten Darstellung gehörige Spurform. Wie für die Killing-Form sieht man auch, daß β_ρ eine symmetrische invariante Bilinearform ist.

II.5.9. Proposition. *Sei* $\mathfrak{g}$ *eine* $\mathbb{K}$*-Lie-Algebra und* $\rho: \mathfrak{g} \to \mathrm{gl}(V)$ *eine Darstellung, dann gilt*

$$\rho\left(\mathrm{rad}(\beta_\rho)\right) \subseteq \mathrm{rad}\left(\rho(\mathfrak{g})\right).$$

Insbesondere ist β_ρ *auf dem orthogonalen (bezüglich der Killing-Form) Komplement* $(\ker \rho)^\perp$ *von* $\ker \rho$ *nicht ausgeartet, wenn* $\mathfrak{g}$ *halbeinfach ist.*

Beweis. Sei $\mathfrak{g}_1 = \rho\left(\mathrm{rad}(\beta_\rho)\right) < \mathrm{gl}(V)$, dann gilt $\mathrm{tr}(XY) = 0$ für alle $X, Y \in \mathfrak{g}_1$ und $\mathfrak{g}_1$ ist nach Satz II.2.18 auflösbar. Da aber β_ρ invariant ist, ist $\mathrm{rad}(\beta_\rho)$ ein Ideal in $\mathfrak{g}$ und daher haben wir $\mathfrak{g}_1 \lhd \rho(\mathfrak{g})$. Dies zeigt die erste Behauptung.

Sei nun $\mathfrak{g}$ halbeinfach und $\mathfrak{h} = (\ker \rho)^\perp$ sowie $\rho_1 = \rho|_\mathfrak{h}$. Es sind dann nach Korollar II.3.8 auch $\mathfrak{h}$ und $\rho_1(\mathfrak{h})$ halbeinfach, so daß

$$\mathrm{rad}(\beta_{\rho_1}) \subseteq (\ker \rho_1) \cap (\ker \rho)^\perp \subseteq (\ker \rho) \cap (\ker \rho)^\perp = \{0\}.$$

■

Sei jetzt $\mathfrak{g}$ eine halbeinfache $\mathbb{K}$-Lie-Algebra und $\rho: \mathfrak{g} \to \mathrm{gl}(V)$ eine Darstellung. Weiter sei $\{X_1, \ldots, X_k\}$ eine Basis von $(\ker \rho)^\perp$. Da β_ρ auf $(\ker \rho)^\perp$ nicht ausgeartet ist, wird durch

$$\beta_\rho(X_i, X^j) = \delta_{ij}$$

(Kronecker-Delta), eine weitere, die *duale* Basis von $(\ker\rho)^\perp$ definiert. Der *Casimir-Operator* $\Omega_\rho: V \to V$ wird dann durch

$$\Omega_\rho = \sum_{i=1}^{k} \rho(X_i)\rho(X^i)$$

definiert. So, wie man zeigt, daß die Spur (definiert als Summe der Diagonalelemente) eines Operators nicht von der Wahl der Basis abhängt, zeigt man auch hier, daß Ω_ρ nicht von der Wahl der Basis abhängt. Der Casimir-Operator ist ein nützliches Werkzeug beim Studium von Darstellungen, weil er mit den $\rho(X)$ vertauscht:

II.5.10. Lemma. *Sei $\mathfrak{g}$ eine halbeinfache $\mathbb{K}$-Lie-Algebra und $\rho: \mathfrak{g} \to \mathrm{gl}(V)$ eine Darstellung, sowie Ω_ρ der Casimir-Operator dieser Darstellung. Dann gilt*

$$\Omega_\rho \rho(X) = \rho(X)\Omega_\rho \quad \forall X \in \mathfrak{g}.$$

Beweis. Sei $X \in \mathfrak{g}$. Wenn $A = (a_{ij})$ und $B = (b_{ij})$ die Matrizen von $\mathrm{ad}(X)|_{(\ker\rho)^\perp}$ bezüglich der Basen $\{X_1, ..., X_k\}$ bzw. $\{X^1, ..., X^k\}$ sind, dann gilt wegen der Invarianz von β_ρ

$$\begin{aligned} a_{im} &= \sum_j a_{ij}\beta_\rho(X_j, X^m) = \beta_\rho(\sum_j a_{ij}X_j, X^m) \\ &= \beta_\rho([X, X_i], X^m) = -\beta_\rho(X_i, [X, X^m]) \\ &= -\beta_\rho(X_i, \sum_j b_{mj}X^m) = -b_{mi}. \end{aligned}$$

Damit rechnet man

$$\begin{aligned} \Omega_\rho\rho(X) - \rho(X)\Omega_\rho &= \sum_i \big(\rho(X_i)\rho(X^i)\rho(X) - \rho(X)\rho(X_i)\rho(X^i)\big) \\ &= \sum_i \big(\rho(X_i)(\rho(X^i)\rho(X) - \rho(X)\rho(X^i)) - (\rho(X)\rho(X_i) - \rho(X_i)\rho(X))\rho(X^i)\big) \\ &= \sum_i \big(\rho(X_i)\rho([X^i, X]) - \rho([X, X_i])\rho(X^i)\big) \\ &= \sum_{i,j} \big(-b_{ij}\rho(X_i)\rho(X^j) - a_{ij}\rho(X_j)\rho(X^i)\big) \\ &= \sum_{i,j} \big(a_{ji}\rho(X_i)\rho(X^j)\big) - \sum_{i,j} \big(a_{ij}\rho(X_j)\rho(X^i)\big) = 0. \end{aligned}$$

■

Beachte auch, daß

$$\operatorname{tr}(\Omega_\rho) = \sum_{i=1}^{k} \operatorname{tr}\left(\rho(X_i)\rho(X^i)\right) = \sum_{i=1}^{k} \beta_\rho(X_i, X^i) = k = \dim(\ker \rho)^\perp.$$

II.5.11. Lemma. *Sei V ein $\mathbb{K}$-Vektorraum und $T \in End_{\mathbb{K}}(V)$. Wenn $V_+(T) = \bigcap_{n\in\mathbb{N}} T^n(V)$, dann gilt*

$$V = V_0(T) \oplus V_+(T).$$

Beweis. Wir nehmen zuerst an, daß T zerfällt. Betrachte dann die Zerlegung

$$V = V_0(T) \oplus \sum_{\lambda\neq 0} V_\lambda(T)$$

und beachte

$$\det(T^n|_{V_\lambda(T)}) = \lambda^{n \dim V_\lambda(T)}.$$

Daraus folgt $V_\lambda \subseteq V_+(T)$ für alle $\lambda \neq 0$ und somit die Behauptung, wenn wir zeigen, daß $V_0(T) \cap V_+(T) = \{0\}$ ist. Nehmen wir also an, daß $v \in V_0(T) \cap V_+(T)$. Dann gibt es ein n mit $T^n V_0 = 0$, weil $T|_{V_0(T)}$ nilpotent und V endlichdimensional ist. Andererseits gibt es ein $w \in V$ mit $T^n w = v$, weil $v \in T^n(V)$. Also haben wir $T^{2n} w = 0$ und $w \in V_0(T)$. Aber dann gilt $v = T^n w = 0$.

Um die Behauptung auch im allgemeinen zu zeigen betrachten wir T als komplexen Endomorphismus $T_{\mathbb{C}}$ von $V_{\mathbb{C}}$. Der erste Teil des Beweises zeigt dann

$$V_{\mathbb{C}} = V_0(T_{\mathbb{C}}) \oplus \bigcap_{n\in\mathbb{N}} T_{\mathbb{C}}^n(V_{\mathbb{C}}).$$

Wegen $V_0(T)_{\mathbb{C}} = V_0(T_{\mathbb{C}})$ und $T_{\mathbb{C}}^n(V_{\mathbb{C}}) = T^n(V)_{\mathbb{C}}$ folgt dann auch

$$V = V_0(T) \oplus V_+(T).$$

■

II.5.12. Lemma. *Sei $\mathfrak{g}$ eine halbeinfache $\mathbb{K}$-Lie-Algebra und $\rho: \mathfrak{g} \to \mathrm{gl}(V)$ eine Darstellung. Dann ist V die direkte Summe der $\mathfrak{g}$-Moduln*

$$K_V = \bigcap_{X\in\mathfrak{g}} \ker \rho(X) \quad \text{und} \quad B_V = \sum_{X\in\mathfrak{g}} \rho(X)(V).$$

Beweis. Beachte, daß $\rho(X)(K_V) = \{0\}$ und $\rho(X)(B_V) \subseteq B_V$ für alle $X \in \mathfrak{g}$, d.h. K_V und B_V sind tatsächlich $\mathfrak{g}$-Moduln. Der Beweis läuft nun mit Induktion über $\dim V$. Für $\dim V = 1$ ist nichts zu zeigen. Wenn V die direkte Summe zweier

$\mathfrak{g}$-Untermoduln ist, dann kann man K_V und B_V entsprechend in Untermoduln zerlegen und die Behauptung folgt mit Induktion.

Sei jetzt Ω_ρ der Casimir-Operator von ρ und

$$K_\Omega = \bigcup_{n\in\mathbb{N}} \ker \Omega_\rho^n, \quad B_\Omega = \bigcap_{n\in\mathbb{N}} \Omega_\rho^n(V).$$

Lemma II.5.11 besagt gerade

$$V = K_\Omega \oplus B_\Omega$$

und Lemma II.5.10 zeigt, daß K_Ω und B_Ω Untermoduln sind. Es reicht also zu zeigen, daß keiner dieser beiden Untermoduln Null ist. Da die Aussage des Lemmas für $\rho = 0$ trivial ist, können wir $\rho \neq 0$ annehmen. Dann ist aber auch $(\ker\rho)^\perp \neq \{0\}$, d.h. die Spur von Ω_ρ verschwindet nicht und Ω_ρ ist insbesondere nicht nilpotent. Deswegen gilt $B_\Omega \neq \{0\}$. Wenn $K_\Omega = \{0\}$, dann ist Ω_ρ bijektiv, d.h. jedes $v \in V$ ist von der Form

$$v = \Omega_\rho w = \sum_{i=1}^{\mathrm{tr}(\Omega_\rho)} \rho(X_i)\rho(X^i)w \in B_V.$$

Aber dann ist $B_V = V$ und $K_V \subseteq K_\Omega = \{0\}$, so daß das Lemma auch im Fall $K_\Omega = \{0\}$ bewiesen ist. ∎

Wir haben jetzt die Vorarbeiten abgeschlossen und beweisen

II.5.13. Satz. (1. Lemma von Whitehead). *Sei $\mathfrak{g}$ eine halbeinfache $\mathbb{K}$-Lie-Algebra und $\rho: \mathfrak{g} \to \mathrm{gl}(V)$ eine Darstellung. Dann gilt $H_\rho^1 = \{0\}$.*

Beweis. Durch

$$(\pi(X)c)(Y) = \rho(Y)c(X) \quad \forall X, Y \in \mathfrak{g}, c \in Z_\rho^1$$

wird eine Darstellung $\pi: \mathfrak{g} \to \mathrm{gl}(Z_\rho^1)$ definiert. In der Tat, es gilt $\rho(Y)c(X) = \delta_0\big(c(X)\big)(Y)$, d.h.

$$\rho(\cdot)c(X) \in B_\rho^1 \subseteq Z_\rho^1$$

und

$$\begin{aligned}[\pi(X), \pi(X')](c)(Y) &= \rho(Y)(\pi(X')c)(X) - \rho(Y)(\pi(X)c)(X') \\ &= \rho(Y)\big(\rho(X)c(X') - \rho(X')c(X)\big) \\ &= \rho(Y)c([X, X']) = \pi([X, X'])(c)(Y),\end{aligned}$$

da $\delta_1 c = 0$. Sei nun

$$c \in \bigcap_{X\in\mathfrak{g}} \ker \pi(X),$$

dann gilt

$$c([X,Y]) = \rho(X)c(Y) - \rho(Y)c(X) = 0 \quad \forall X,Y \in \mathfrak{g}.$$

Da aber $[\mathfrak{g},\mathfrak{g}] = \mathfrak{g}$ nach Korollar II.3.8, folgt $c = 0$. Also folgt mit Lemma II.5.12, daß

$$Z_\rho^1 = \sum_{X\in\mathfrak{g}} \pi(X)(Z_\rho^1) \subseteq B_\rho^1 \subseteq Z_\rho^1$$

und somit $H_\rho^1 = \{0\}$. ■

II.5.14. Satz. (2. Lemma von Whitehead). *Sei $\mathfrak{g}$ eine halbeinfache $\mathbb{K}$-Lie-Algebra und $\rho\colon \mathfrak{g} \to \mathrm{gl}(V)$ eine Darstellung. Dann gilt $H_\rho^2 = \{0\}$.*

Beweis. Durch

$$(\pi(X)c)(Y,Z) = \rho(Y)c(X,Z) - \rho(Z)c(X,Y) - c(X,[Y,Z])$$

für $X,Y,Z \in \mathfrak{g}$ und $c \in Z_\rho^2$ wird ein Darstellung $\pi\colon \mathfrak{g} \to \mathrm{gl}(Z_\rho^2)$ definiert: Mit $c_X(Y) = c(X,Y)$ gilt nämlich $(\pi(X)c)(Y,Z) = \delta_1 c_X(Y,Z)$, so daß

$$\pi(X)c \in B_\rho^2 \subseteq Z_\rho^2.$$

Weiter rechnet man

$$\begin{aligned}
\big(\pi(X)\pi(X')\big)(c)(Y,Z) &= \pi(X)(\delta_1 c_{X'})(Y,Z) \\
&= \rho(Y)(\delta_1 c_{X'})(X,Z) - \rho(Z)(\delta_1 c_{X'})(X,Y) - \delta_1 c_{X'}(X,[Y,Z]) \\
&= \rho(Y)\big(\rho(X)c(X',Z) - \rho(Z)c(X',X) - c(X',[X,Z])\big) \\
&\quad - \rho(Z)\big(\rho(X)c(X',Y) - \rho(Y)c(X',X) - c(X',[X,Y])\big) \\
&\quad - \rho(X)c(X',[Y,Z]) + \rho([Y,Z])c(X',X) + c(X',[X,[Y,Z]]).
\end{aligned}$$

Also haben wir wegen der Antisymmetrie von c

$$\begin{aligned}
&\big([\pi(X),\pi(X')]\big)(c)(Y,Z) = \\
&\quad = \rho(Y)\big(\rho(X)c(X',Z) - c(X',[X,Z]) - \rho(X')c(X,Z) + c(X,[X',Z])\big) \\
&\qquad - \rho(Z)\big(\rho(X)c(X',Y) - c(X',[X,Y]) - \rho(X')c(X,Y) + c(X,[X',Z])\big) \\
&\qquad - \rho(X)c(X',[Y,Z]) + \rho(X')c(X,[Y,Z]) \\
&\qquad + c(X',[X,[Y,Z]]) - c(X,[X',[Y,Z]]) \\
&\quad = \rho(Y)\big(-\rho(Z)c(X,X') + c([X,X'],Z)\big) \\
&\qquad - \rho(Z)\big(-\rho(Y)c(X,X') + c([X,X'],Y)\big) \\
&\qquad + \rho([Y,Z])c(X,X') - c([X,X'],[Y,Z]) \\
&\quad = \rho(Y)c([X,X'],Z) - \rho(Z)c([X,X'],Y) - c([X,X'],[Y,Z]) \\
&\quad = \pi([X,X'])(c)(Y,Z).
\end{aligned}$$

Nach Lemma II.5.12 gilt

$$Z_\rho^2 = \bigcap_{X\in\mathfrak{g}} \ker \pi(X) \oplus \sum_{X\in\mathfrak{g}} \pi(X)(Z_\rho^2) \subseteq \bigcap_{X\in\mathfrak{g}} \ker \pi(X) + B_\rho^2.$$

Es bleibt also zu zeigen, daß

$$\bigcap_{X\in\mathfrak{g}} \ker \pi(X) \subseteq B_\rho^2.$$

Sei jetzt $c \in \bigcap_{X\in\mathfrak{g}} \ker \pi(X)$, dann gilt

$$0 = (\pi(X)c)(Y,Z) = \rho(Y)c_X(Z) - \rho(Z)c_X(Y) - c_X([Y,Z]) \quad \forall X,Y,Z \in \mathfrak{g}$$

und daher

$$c_X([Y,Z]) \in \sum_{R\in\mathfrak{g}} \rho(R)(V) = B_V.$$

Weil aber $\mathfrak{g}$ halbeinfach ist und somit $[\mathfrak{g},\mathfrak{g}] = \mathfrak{g}$ gilt, folgt $c_X(\mathfrak{g}) \subseteq B_V$. Wir können also durch $\rho'(X) = \rho(X)|_{B_V}$ eine Darstellung $\rho'\colon \mathfrak{g} \to \mathrm{gl}(B_V)$ definieren und c_X als Element von $C_{\rho'}^1$ betrachten. Wegen

$$\delta_1 c_X(Y,Z) = (\pi(X)c)(Y,Z) = 0$$

gilt sogar $c_X \in Z_{\rho'}^1$. Dann zeigt aber Satz II.5.13, daß $c_X \in B_{\rho'}^1$, d.h. es gibt ein $v_X \in B_V$ mit $\delta_0 v_X = c_X$. Dieses v_X ist eindeutig bestimmt, weil für jedes $v'_X \in B_V$ mit $c_X = \delta_0 v'_X$ gilt

$$0 = \delta_0(v_X - v'_X)(Y) = \rho(Y)(v_X - v'_X) \quad \forall Y \in \mathfrak{g}$$

und daher wegen Lemma II.5.12

$$v_X - v'_X \in \Big(\bigcap_{Y\in\mathfrak{g}} \ker \rho(Y)\Big) \cap B_V = \{0\}.$$

Wir haben also jetzt eine lineare (weil c bilinear ist) Abbildung

$$v\colon \mathfrak{g} \to B_V, \quad X \mapsto v_X,$$

die also insbesondere in C_ρ^1 liegt. Wir behaupten, daß $\delta_1(v) = -c$.

$$\begin{aligned}
\delta_1 v(X,Y) &= \rho(X)v(Y) - \rho(Y)v(X) - v([X,Y]) \\
&= \delta_0\big(v(Y)\big)(X) - \delta_0\big(v(X)\big)(Y) - v([X,Y]) \\
&= c_Y(X) - c_X v(Y) - v([X,Y]) \\
&= -c(X,Y) - \big(c(X,Y) + v([X,Y])\big).
\end{aligned}$$

Wir müssen also zeigen, daß $c(X,Y) = v([Y,X])$. Weil aber $c(X,Y) - v([Y,X]) \in B_V$, genügt es zu zeigen, daß

$$\rho(Z)\big(c(X,Y) - v([Y,X])\big) = 0 \quad \forall Z \in \mathfrak{g}.$$

Da c von jedem $\pi(R)$ mit $R \in \mathfrak{g}$ annulliert wird, rechnen wir

$$\begin{aligned}
\rho(Z)c(X,Y) - \rho(Z)v([Y,X]) &= \rho(Z)c(X,Y) - \delta_0\big(v([Y,X])\big)(Z) \\
&= \rho(Z)c(X,Y) - c_{[Y,X]}(Z) = \rho(Z)c(X,Y) - c([Y,X],Z) \\
&= \rho(Z)c(X,Y) + c(Z,[Y,X]) \\
&= \rho(Y)c(X,Z) - c(X,[Y,Z]) + \rho(Y)c(Z,X) - \rho(X)c(Z,Y) \\
&= \rho(X)c(Y,Z) + c(X,[Z,Y]) = \rho(Y)c(Z,X) + c(Y,[X,Z]).
\end{aligned}$$

Damit finden wir

$$\begin{aligned}
3\big(\rho(Z)c(X,Y) - \rho(Z)v([Y,X])\big) = \rho(Z)c(X,Y) - c(Z,[X,Y]) \\
+ \rho(X)c(Y,Z) - c(X,[Y,Z]) \\
+ \rho(Y)c(Z,X) - c(Y,[Z,X]).
\end{aligned}$$

Beachte weiter

$$\begin{aligned}
0 &= \big(\pi(X)\big)c(Y,Z) + \big(\pi(Y)\big)c(Z,X) + \big(\pi(Z)\big)c(X,Y) \\
&= \rho(Y)c(X,Z) - \rho(Z)c(X,Y) - c([Z,Y],X) \\
&\quad + \rho(Z)c(Y,X) - \rho(X)c(Y,Z) - c([X,Z],Y) \\
&\quad + \rho(X)c(Z,Y) - \rho(Y)c(Z,X) - c([Y,X],Z) \\
&= (\delta_2 c)(Y,X,Z) - \big(\rho(Z)c(X,Y) + \rho(Y)c(Z,X) + \rho(X)c(Y,Z)\big) \\
&= -\big(\rho(Z)c(X,Y) + \rho(Y)c(Z,X) + \rho(X)c(Y,Z)\big)
\end{aligned}$$

für alle $X,Y,Z \in \mathfrak{g}$. Wenn wir noch einmal $c \in \bigcap_{R\in\mathfrak{g}} \ker \pi(R)$ ausnützen, sehen wir, daß

$$\begin{aligned}
c(X,[Z,Y]) + c(Y,[X,Z]) + c(Z,[Y,X]) = \\
= -2\big(\rho(Y)c(X,Z) + \rho(Z)c(Y,X) + \rho(X)c(Z,Y)\big).
\end{aligned}$$

Jetzt setzen wir die letzten drei Gleichungen zusammen und finden

$$\rho(Z)c(X,Y) - \rho(Z)v([Y,X]) = 0$$

für alle $X,Y,Z \in \mathfrak{g}$. Also ist $\delta_1(v) = -c$ und somit $c \in B^1_\rho$. Zusammen haben wir gezeigt $Z^2_\rho = B^2_\rho$, d.h. $H^2_\rho = \{0\}$. ■

Übungsaufgaben zum Abschnitt II.5

1. Die Bezeichnungen seien wie in Beispiel II.5.4 und $\psi' : W' \to V$ eine weitere Abbildung mit $\phi \circ \psi' = \mathrm{id}_{W'}$. Zeige, daß $c_\psi - c_{\psi'} \in B^1_\pi$. Also läßt sich jeder $\mathfrak{g}$-Modul-Erweiterung

$$0 \to W \xrightarrow{\iota} V \xrightarrow{\phi} W' \to 0$$

ein eindeutiges Element $h_V \in H^1_\pi$ zuordnen, wobei $\pi : \mathfrak{g} \to \mathrm{gl}(E)$ mit

$$\pi(X)f(w') = X.f(w') - f(X.w').$$

Beachte, daß π nur von W und W', nicht aber von ι, π und V abhängt. Zeige: Wenn

$$0 \to W \xrightarrow{\iota'} V' \xrightarrow{\phi'} W' \to 0$$

eine weitere kurze exakte Sequenz von $\mathfrak{g}$-Moduln ist, dann sind V und V' als $\mathfrak{g}$-Moduln genau dann isomorph, wenn $h_V = h_{V'}$.

2. Seien $\mathfrak{a}$ und $\mathfrak{h}$ zwei $\mathbb{K}$-Lie-Algebren und $\mathfrak{a}$ abelsch. Eine Erweiterung

$$0 \to \mathfrak{a} \xrightarrow{\iota} \mathfrak{g} \xrightarrow{\pi} \mathfrak{h} \to 0$$

heißt *zentral*, wenn $\mathfrak{a} \subseteq Z(\mathfrak{g})$. Zeige:

a) Jeder zentralen Erweiterung ist in eindeutiger Weise ein $[c] \in H^2_0$ zugeordnet, wobei $0 : \mathfrak{h} \to \mathrm{gl}(\mathfrak{a})$ die triviale Darstellung ist.

b) Sei $c \in Z^2_0$, dann definiert

$$[(A, X), (A', X')] = \big(c(X, X'), [X, X']\big)$$

eine Lie-Klammer auf $\mathfrak{a} \oplus \mathfrak{h}$.

c) Es gibt eine Bijektion zwischen den Äquivalenzklassen von zentralen Erweiterungen von $\mathfrak{h}$ mit $\mathfrak{a}$ und H^2_0.

3. Sei $\mathfrak{g}$ eine endlichdimensionale $\mathbb{K}$-Lie-Algebra. Wir betrachten die triviale Darstellung $\pi : \mathfrak{g} \to \mathrm{gl}(1, \mathbb{K}), X \mapsto 0$. Man zeige:

a) Ist $\mathfrak{g}$ abelsch, so ist $H^k_\pi = C^k_\pi$.

b) $H^0_\pi = \mathbb{K}$.

c) $H^1_\pi = [\mathfrak{g}, \mathfrak{g}]^\perp = \big\{\omega \in \mathfrak{g}^* : \omega([\mathfrak{g}, \mathfrak{g}] = \{0\}\big\}$. Insbesondere verschwindet H^1_π für alle Lie-Algebren mit $\mathfrak{g} = [\mathfrak{g}, \mathfrak{g}]$.

d) H^2_π läßt sich bijektiv auf die Äquivalenzklassen der zentralen eindimensionalen Erweiterungen von $\mathfrak{g}$ abbilden (Aufgabe 3). Man bestimme H^2_π im abelschen Fall. Hinweis: Klassifikation der schiefsymmetrischen Bilinearformen.

e) Sei κ eine invariante symmetrische Bilinearform auf $\mathfrak{g}$. Dann ist

$$c(X,Y,Z) := \langle X,[Y,Z]\rangle$$

ein 3-Kozyklus. Bemerkung: Wir werden im dritten Kapitel auch zeigen können, daß für Lie-Algebren, auf denen ein invariantes Skalarprodukt $\langle\cdot,\cdot\rangle$ existiert, $[c]$ sogar von 0 verschieden ist.

4. Man zeige, daß zwei Levi-Algebren $\mathfrak{s}$ und $\mathfrak{s}'$ einer endlichdimensionalen reellen Lie-Algebra $\mathfrak{g}$ zueinander konjugiert sind. Und zwar existiert ein $X \in [\mathfrak{g}, \mathrm{rad}(\mathfrak{g})]$ mit $e^{\mathrm{ad}\,X}\mathfrak{s}' = \mathfrak{s}$. Man gehe in folgenden Schritten vor:
a) 1.Fall: $[\mathfrak{g}, \mathrm{rad}(\mathfrak{g})] = \{0\}$. Dann ist $\mathfrak{s} = \mathfrak{s}' = [\mathfrak{g},\mathfrak{g}]$.
b) 2.Fall: $\mathfrak{r} := \mathrm{rad}(\mathfrak{g})$ enthält kein Ideal außer $\{0\}$ und $\mathfrak{r}$. Dann gilt:

i) $[\mathfrak{g},\mathfrak{r}] = \mathfrak{r}$ und $[\mathfrak{r},\mathfrak{r}] = \{0\}$.

ii) Sei $h : \mathfrak{s}' \to \mathfrak{r}$ die Abbildung mit $X + h(X) \in \mathfrak{s}$ für $X \in \mathfrak{s}'$. Dann ist $h \in Z^1_\pi$ bzgl. der Darstellung $\pi : \mathfrak{s}' \to \mathrm{gl}(\mathfrak{r}), X \mapsto \mathrm{ad}\, X\,|_{\mathfrak{r}}$.

iii) Es existiert ein $Y \in \mathfrak{r}$ mit $h(X) = [Y,X]$ für alle $X \in \mathfrak{s}'$. Hinweis: 1.Lemma von Whitehead.

iv) $e^{\mathrm{ad}\,Y}\mathfrak{s}' = \mathfrak{s}$ und $Y \in [\mathfrak{g},\mathfrak{r}]$.

c) Nun zeige man die Behauptung durch Induktion nach $n = \dim[\mathfrak{g},\mathfrak{r}]$.

i) $Z([\mathfrak{g},\mathfrak{r}]) \neq \{0\}$. Hinweis: $[\mathfrak{g},\mathfrak{r}]$ ist nilpotent (Aufgabe II.3.10.d).

ii) Sei $\mathfrak{a}$ ein minimales nichttriviales Ideal in $Z([\mathfrak{g},\mathfrak{r}])$. Für $\mathfrak{a} = \mathfrak{r}$ folgt die Behauptung aus b).

iii) Nun wende man die Induktionsvoraussetzung auf die Levialgebren $\mathfrak{s} + \mathfrak{a}/\mathfrak{a}$ und $\mathfrak{s}' + \mathfrak{a}/\mathfrak{a}$ in $\mathfrak{g}/\mathfrak{a}$ an und finde so ein $Y \in [\mathfrak{g},\mathfrak{r}]$ mit $e^{\mathrm{ad}\,Y}\mathfrak{s}' \subseteq \mathfrak{s} + \mathfrak{a}$.

iv) Jetzt wende man die Induktionsvoraussetzung auf die Levialgebren $\mathfrak{s}$ und $e^{\mathrm{ad}\,Y}\mathfrak{s}'$ in $\mathfrak{s}+\mathfrak{a}$ an und finde damit ein $Z \in \mathfrak{a}$ mit $e^{\mathrm{ad}\,Z}e^{\mathrm{ad}\,Y}\mathfrak{s}' = e^{\mathrm{ad}(Z+Y)}\mathfrak{s}' = \mathfrak{s}$.

5. Zu jeder halbeinfachen Unteralgebra $\mathfrak{h}$ einer endlichdimensionalen Lie-Algebra $\mathfrak{g}$ existiert eine Levi-Algebra $\mathfrak{s}$ mit $\mathfrak{h} \subseteq \mathfrak{s}$. Hinweis: Sei $\mathfrak{s}'$ eine Levi-Algebra in $\mathfrak{g}$. Dann sind $\mathfrak{h}$ und $\mathfrak{s}' \cap (\mathfrak{h} + \mathfrak{r})$ Levi-Algebren in $\mathfrak{h} + \mathfrak{r}$. Ist $e^{\mathrm{ad}\,X}\big(\mathfrak{s}' \cap (\mathfrak{h}+\mathfrak{r})\big) = \mathfrak{h}$, so ist $\mathfrak{h} \subseteq e^{\mathrm{ad}\,X}\mathfrak{s}'$.

§6 Einhüllende Algebren

In Beispiel II.1.4 haben wir Lie-Algebren aus assoziativen Algebren konstruiert, indem wir die assoziative Multiplikation $a \cdot b$ durch die Lie-Klammer $[a,b] = a \cdot b - b \cdot a$ ersetzten. Wir werden in diesem Abschnitt zeigen, daß jede endlichdimensionale $\mathbb{K}$-Lie-Algebra in dieser Weise als in einer assoziativen Algebra liegend aufgefaßt werden kann. Allerdings können wir vorerst nicht garantieren, daß diese assoziative Algebra von endlicher Dimension ist. Also müssen wir unsere Konvention, daß alle betrachteten Vektorräume endlichdimensional sind, jetzt fallen lassen.

Wir sammeln zuerst einige Definitionen und Fakten aus der multilinearen Algebra, die wir hier nicht vollständig behandeln können. Seien V und W $\mathbb{K}$-Vektorräume. Ein $\mathbb{K}$-Vektorraum E zusammen mit einer bilinearen Abbildung $\tau: V \times W \to E$ heißt *Tensorprodukt* von V und W, wenn es zu jeder bilinearen Abbildung $\beta: V \times W \to F$ in einen $\mathbb{K}$-Vektorraum F genau eine lineare Abbildung $\phi: E \to F$ mit $\phi \circ \tau = \beta$ gibt. Wir halten fest, daß so ein Tensorprodukt immer existiert (nämlich der Raum aller $\mathbb{K}$-bilinearen Abbildungen $\psi: V^* \times W^* \to \mathbb{K}$, wobei V^* und W^* die Dualräume von V und W sind, vgl. Übung 1). Es ist bis auf Isomorphie eindeutig bestimmt, wie man aus der Eindeutigkeit der Abbildung ϕ leicht sieht. Wir bezeichnen das obige Tensorprodukt von V und W mit $V \otimes W$. Wenn $\{v_i\}_{i\in I}$ und $\{w_j\}_{j\in J}$ Basen von V und W sind, dann ist $\{\tau(v_i, w_j)\}_{i\in I, j\in J}$ eine Basis von $V \otimes W$. Die Elemente $\tau(v, w)$ werden mit $v \otimes w$ bezeichnet. Die Räume $V \otimes (W \otimes F)$ und $(V \otimes W) \otimes F$ sind in natürlicher Weise isomorph und es gilt $v \otimes (w \otimes f) = (v \otimes w) \otimes f$ bezüglich dieses Isomorphismus.

II.6.1. Definition. Sei V ein $\mathbb{K}$-Vektorraum, $V^{\otimes n}$ das n-fache Tensorprodukt von V mit sich und $V^{\otimes 0} = \mathbb{K}$. Der Vektorraum $\mathcal{T}(V) = \oplus_{n=0}^{\infty} V^{\otimes n}$ mit der Multiplikation

$$\left((v_i)_{i\in\mathbb{N}}, (v'_j)_{j\in\mathbb{N}}\right) \mapsto (w_n)_{n\in\mathbb{N}},$$

wobei

$$w_n = \sum_{i+j=n} (v_i \otimes v'_j),$$

heißt die *Tensoralgebra* von V.

Aus den obigen Vorbemerkungen ist klar, daß $\mathcal{T}(V)$ eine assoziative Algebra ist. Mehr noch, wenn $\mathcal{A}$ eine assoziative $\mathbb{K}$-Algebra mit Eins $\mathbf{1}_{\mathcal{A}}$ ist (d.h. $\mathbf{1}_{\mathcal{A}} a = a$ für alle $a \in \mathcal{A}$), dann gibt es zu jeder linearen Abbildung $\jmath: V \to \mathcal{A}$ genau einen Homomorphismus $\phi: \mathcal{T}(V) \to \mathcal{A}$ mit $\phi(\mathbf{1}) = \mathbf{1}_{\mathcal{A}}$ und $\phi \circ \imath = \jmath$, wobei

$$\imath: V \to V^{\otimes 1} \subseteq \mathcal{T}(V)$$

die kanonische Inklusion und $\mathbf{1} = 1 \in \mathbb{K} = V^{\otimes 0} \subseteq \mathcal{T}(V)$ die Identität der Tensoralgebra von V ist (man nennt dies die *universelle Eigenschaft* von $\mathcal{T}(V)$). Auf Elementen der Form $v_1 \otimes \ldots \otimes v_k \in V^{\otimes k} \subseteq \mathcal{T}(V)$ ist ϕ durch

$$\phi(v_1 \otimes \ldots \otimes v_k) = \jmath(v_1) \ldots \jmath(v_k)$$

gegeben (vgl. Übung 4).

Sei $\mathcal{A}$ eine assoziative $\mathbb{K}$-Algebra, dann heißt ein Unterraum J von $\mathcal{A}$ ein *Ideal* von $\mathcal{A}$, wenn $ba \in J$ und $ab \in J$ für alle $b \in J$ und $a \in \mathcal{A}$. Sei M eine Teilmenge von $\mathcal{A}$, dann ist das von M *erzeugte Ideal* das kleinste Ideal in $\mathcal{A}$, das M enthält. Da der Schnitt von Idealen wieder ein Ideal ist, ist das von M erzeugte Ideal J_M gerade der Schnitt über alle Ideale von $\mathcal{A}$, die M enthalten. Die *Faktoralgebra* $\mathcal{A}/J$ zu einem Ideal J ist gerade der Quotientenraum mit der Multiplikation

$$(a_1 + J)(a_2 + J) = a_1 a_2 + J.$$

II.6.2. Definition. Sei $\mathfrak{g}$ eine $\mathbb{K}$-Lie-Algebra und

$$M = \{a \in \mathcal{T}(\mathfrak{g}) : a = X \otimes Y - Y \otimes X - [X,Y], X, Y \in \mathfrak{g}\}.$$

Dann heißt die assoziative Algebra $\mathcal{U}(\mathfrak{g}) = \mathcal{T}(\mathfrak{g})/J_M$ die *universelle einhüllende Algebra* von $\mathfrak{g}$. Die Abbildung $X \mapsto X + J_M$ nennen wir die kanonische Abbildung.

Das Wort *universelle* einhüllende Algebra leitet sich von der folgenden *universellen Eigenschaft* her, die man aus der entsprechenden Eigenschaft der Tensoralgebra bekommt:

II.6.3. Lemma. *Sei $\sigma: \mathfrak{g} \to \mathcal{U}(\mathfrak{g})$ die kanonische Abbildung und $\mathcal{A}$ eine assoziative Algebra mit Eins. Weiter sei $\mathcal{A}_L$ die aus $\mathcal{A}$ gewonnene Lie-Algebra und $\alpha: \mathfrak{g} \to \mathcal{A}_L$ ein Homomorphismus. Dann gibt es genau einen Homomorphismus $\alpha': \mathcal{U}(\mathfrak{g}) \to \mathcal{A}$ mit $\alpha'(\mathbf{1}) = \mathbf{1}$ und $\alpha' \circ \sigma = \alpha$.*

Beweis. Wegen der universellen Eigenschaft von $\mathcal{T}(\mathfrak{g})$ gibt es einen Homomorphismus $\widehat{\alpha}: \mathcal{T}(\mathfrak{g}) \to \mathcal{A}$ mit $\widehat{\alpha}(\mathbf{1}) = \mathbf{1}$ und $\widehat{\alpha} \circ \imath = \alpha$. Für $X, Y \in \mathfrak{g}$ gilt

$$\widehat{\alpha}(X \otimes Y - Y \otimes X - [X,Y]) = \alpha(X)\alpha(Y) - \alpha(Y)\alpha(X) - \alpha([X,Y]) = 0.$$

Da aber $\ker \widehat{\alpha}$ ein Ideal in $\mathcal{T}(\mathfrak{g})$ ist, das M enthält, gilt

$$J_M \subseteq \ker \widehat{\alpha},$$

d.h. $\widehat{\alpha}$ faktorisiert zu einer Abbildung $\alpha': \mathcal{U}(\mathfrak{g}) \to \mathcal{A}$. Aus dieser Konstruktion folgt sofort, daß α' die gewünschten Eigenschaften hat. Um die Eindeutigkeit von α' zu zeigen, genügt es zu bemerken, daß $\sigma(\mathfrak{g}^{\otimes 0} \oplus \mathfrak{g}^{\otimes 1})$ die Algebra $\mathcal{U}(\mathfrak{g})$ erzeugt und daher α' durch seine Werte auf dieser Menge eindeutig bestimmt ist. ∎

Beachte, daß nach der Definition die kanonische Abbildung $\sigma: \mathfrak{g} \to \mathcal{U}(\mathfrak{g})_L$ ein Homomorphismus ist. Sei jetzt $\{X_1, \ldots, X_n\}$ eine Basis von $\mathfrak{g}$ und $\xi_i = \sigma(X_i)$. Für eine endliche Folge $I = (i_1, \ldots, i_k)$ natürlicher Zahlen zwischen 1 und n setzen wir $\xi_I = \xi_{i_1} \cdots \xi_{i_k}$. Wenn $i \in \mathbb{N}$, so schreiben wir $i \leq I$, wenn $i \leq i_j$ für alle $j = 1, \ldots, k$ gilt. Schließlich bezeichnen wir noch den Raum $\sigma\left(\sum_{k=0}^{p} \mathfrak{g}^{\otimes k}\right)$ mit $\mathcal{U}_p(\mathfrak{g})$. Wir steuern jetzt auf einen Satz zu, der die Injektivität der kanonischen Abbildung sicherstellt. Die Strategie ist, eine geeignete Basis von $\mathcal{U}(\mathfrak{g})$ zu finden.

II.6.4. Lemma. *Seien $Y_1, \ldots, Y_p \in \mathfrak{g}$ und π eine Permutation von $\{1, \ldots, p\}$, dann gilt*

$$\sigma(Y_1)\ldots\sigma(Y_p) - \sigma(Y_{\pi(1)})\ldots\sigma(Y_{\pi(p)}) \in \mathcal{U}_{p-1}(\mathfrak{g}).$$

Beweis. Da jede Permutation eine Hintereinanderausführung von Transpositionen benachbarter Elemente ist, genügt es, die Behauptung für $\pi(j) = j$ für $j \notin \{i, i+1\}$ und $\pi(i) = i+1$ zu zeigen. Dann gilt aber

$$\begin{aligned}
&\sigma(Y_1)\ldots\sigma(Y_p) - \sigma(Y_{\pi(1)})\ldots\sigma(Y_{\pi(p)}) = \\
&= \sigma(Y_1)\ldots\sigma(Y_{i-1})\big(\sigma(Y_i)\sigma(Y_{i+1}) - \sigma(Y_{i+1})\sigma(Y_i)\big)\sigma(Y_{i+2})\ldots\sigma(Y_p) \\
&= \sigma(Y_1)\ldots\sigma(Y_{i-1})\sigma([Y_i, Y_{i+1}])\sigma(Y_{i+2})\ldots\sigma(Y_p) \in \mathcal{U}_{p-1}(\mathfrak{g}).
\end{aligned}$$

■

II.6.5. Lemma. *Der Vektorraum $\mathcal{U}_p(\mathfrak{g})$ wird von den ξ_I mit monoton wachsenden Folgen I der Länge kleiner gleich p erzeugt.*

Beweis. Klar ist, daß $\mathcal{U}_p(\mathfrak{g})$ von den ξ_I zu *allen* Folgen I der Länge kleiner gleich p erzeugt wird. Mit Induktion über p haben wir die Behauptung für $\mathcal{U}_{p-1}(\mathfrak{g})$. Da aber nach Lemma II.6.4 für eine Umordnung I' der Folge I

$$\xi_I - \xi_{I'} \in \mathcal{U}_{p-1}(\mathfrak{g})$$

gilt, erhält man die Behauptung auch für $\mathcal{U}_p(\mathfrak{g})$. ■

Sei nun $\mathcal{P} = \mathbb{K}[z_1, \ldots, z_n]$ die assoziative Algebra aller Polynome über $\mathbb{K}$ in den (vertauschbaren) Variablen $z_1, \ldots, z_n$. Für $i \in \mathbb{N} \cup \{0\}$ sei $\mathcal{P}_i$ die Menge der Polynome vom Grad kleiner gleich i. Wie in $\mathcal{U}(\mathfrak{g})$ schreiben wir $z_I = z_{i_1} \ldots z_{i_k}$ für eine endliche Folge I von natürlichen Zahlen zwischen 1 und n. Für die leere Folge setzen wir $z_\emptyset = 1$.

II.6.6. Lemma. *Zu $k \geq 0$ gibt es eine lineare Abbildung $f_k : \mathfrak{g} \otimes \mathcal{P}_k \to \mathcal{P}$ mit den folgenden Eigenschaften:*

(a$_k$) *$f_k(X_i \otimes z_I) = z_i z_I$ für alle $i \leq I$, und $z_I \in \mathcal{P}_k$.*

(b$_k$) *$f_k(X_i \otimes z_I) - z_i z_I \in \mathcal{P}_j$ für alle $z_I \in \mathcal{P}_j$ und $j \leq k$.*

(c$_k$) *Für alle $z_J \in \mathcal{P}_{k-1}$ gilt*

$$f_k\big(X_i \otimes f_k(X_j \otimes z_J)\big) - f_k\big(X_j \otimes f_k(X_i \otimes z_J)\big) = f_k([X_i, X_j] \otimes z_J).$$

Darüberhinaus gilt $f_k|_{\mathfrak{g} \otimes \mathcal{P}_{k-1}} = f_{k-1}$.

Beweis. Wir führen den Beweis durch Induktion über k. Für $k = 0$ muß nach (a$_0$) gelten

$$f_0(X_i \otimes 1) = z_i,$$

so daß (b_0) für so ein f_0 automatisch erfüllt ist. Da $\{X_i \otimes 1\}$ eine Basis von $\mathfrak{g} \otimes \mathcal{P}_0$ ist, ist die Existenz von f_0 also sichergestellt, weil (c_0) eine leere Bedingung ist.

Wegen der Forderung $f_k|_{\mathfrak{g}\otimes\mathcal{P}_{k-1}} = f_{k-1}$ bleibt also nur zu zeigen, daß man f_{k-1} auf $\mathfrak{g} \otimes \mathcal{P}_k$ in geeigneter Weise fortsetzen kann. Da die Variablen $\{z_1, ..., z_n\}$ vertauschen, bilden die z_I mit monoton wachsenden I eine Basis von $\mathcal{P}$. Sei also $I = (i_1, ..., i_k)$ monoton wachsend. Wir setzen $I_1 = (i_2, ..., i_k)$, dann gilt wegen (a_{k-1})

$$z_I = z_{i_1} z_{I_1} = f_{k-1}(X_{i_1} \otimes z_{I_1}).$$

Nach (b_{k-1}) haben wir

$$w(I,i) := f_{k-1}(X_i \otimes z_{I_1}) - z_i z_{I_1} \in \mathcal{P}_{k-1}.$$

Setze

$$f_k(X_i \otimes z_I) = \begin{cases} z_i z_I & \text{falls } i \leq I \\ z_i z_I + f_{k-1}(X_{i_1} \otimes w(I,i)) + f_{k-1}([X_i, X_{i_1}] \otimes z_{I_1}) & \text{sonst.} \end{cases}$$

Nach dieser Definition sind (a_k) und (b_k) offensichtlich erfüllt. Wir müssen aber noch (c_k) überprüfen. Es treten zwei Fälle auf:

1. Fall: Es gilt $i \neq j$ und eines von beiden ist kleiner als J.

In diesem Fall können wir wegen $[X_i, X_j] = -[X_j, X_i]$ annehmen, daß $j < i$ und $j \leq J$. Dann rechnen wir mit (a_{k-1}) und (b_{k-1})

$$\begin{aligned} & f_k(X_i \otimes f_{k-1}(X_j \otimes z_J)) - f_k(X_j \otimes f_{k-1}(X_i \otimes z_J)) = \\ &= f_k(X_i \otimes z_j z_J) - f_k(X_j \otimes z_i z_J) - f_{k-1}(X_j \otimes (f_{k-1}(X_i \otimes z_J) - z_i z_J)) \\ &= z_i z_j z_J + f_{k-1}(X_j \otimes (f_{k-1}(X_i \otimes z_J) - z_i z_J)) + f_{k-1}([X_i, X_j] \otimes z_J) \\ &\quad - z_i z_j z_J - f_{k-1}(X_j \otimes (f_{k-1}(X_i \otimes z_J) - z_i z_J)) \\ &= f_{k-1}([X_i, X_j] \otimes z_J) \\ &= f_k([X_i, X_j] \otimes z_J). \end{aligned}$$

2.Fall: $J = (j_1, ..., j_m)$ und $j_1 < i, j$.

Wir setzen $l = j_1$, $L = (j_2, ..., j_m)$ und kürzen $f_k(X_i \otimes z_I)$ durch $x_i(z_I)$ ab. Dann folgt aus (a_{k-1}) und dem 1. Fall

$$X_j(z_J) = X_j(X_l(z_L)) = X_l(X_j(z_L)) + [X_j, X_l](z_L)$$

sowie

$$\begin{aligned} X_i(X_j(z_J)) &= X_i(X_l(X_j(z_L))) + X_i([X_j, X_l](z_L)) = \\ &= X_l(X_i(X_j(z_L))) + [X_i, X_l](X_j(z_L)) \\ &\quad + [X_j, X_l](X_i(z_L)) + [X_i, [X_j, X_l]](z_L). \end{aligned}$$

Schließlich erhalten wir aus (c_{k-1}) und dem 1. Fall

$$\begin{aligned} X_i\big(X_j(z_J)\big) - X_j\big(X_i(z_J)\big) &= \\ &= X_l\big(X_i\big(X_j(z_L)\big)\big) - X_l\big(X_j\big(X_i(z_L)\big)\big) \\ &+ [X_i,[X_j,X_l]](z_L) - [X_j,[X_i,X_l]](z_L) \\ &= X_l\big([X_i,X_j](z_L)\big) + [X_i,[X_j,X_l]](z_L) + [X_j,[X_l,X_i]](z_L) \\ &= [X_i,X_j]\big(X_l(z_L)\big) + [X_l,[X_i,X_j]](z_L) \\ &+ [X_i,[X_j,X_l]](z_L) + [X_j,[X_l,X_i]](z_L) \\ &= [X_i,X_j]\big(X_l(z_L)\big) \\ &= [X_i,X_j]z_J. \end{aligned}$$

Damit ist das Lemma bewiesen. ∎

II.6.7. Lemma. *Die ξ_I mit I monoton wachsend sind eine Basis von $\mathcal{U}(\mathfrak{g})$. Insbesondere ist die kanonische Abbildung $\sigma: \mathfrak{g} \to \mathcal{U}(\mathfrak{g})$ injektiv.*

Beweis. Betrachte $\mathbb{K}$-bilineare Abbildung $\beta: \mathfrak{g} \times \mathcal{P} \to \mathcal{P}$, die man durch $\beta(X,p) = f_k(X \otimes p)$ für $p \in \mathcal{P}_k$ erhält. Es gilt dann $\beta(X_i, z_I) = z_i z_I$ für $i \leq I$ und

$$\beta\big(X_i, \beta(X_j, z_J)\big) - \beta\big(X_j, \beta(X_i, z_J)\big) = \beta([X_i, X_j], z_J).$$

Also definiert $\rho(X)(p) = \beta(X,p)$ eine Darstellung von $\mathfrak{g}$ auf $\mathcal{P}$ mit

$$\rho(X_i) z_I = z_i z_I$$

für $i \leq I$. Nach Lemma II.6.3 gibt es einen Homomorphismus $\rho': \mathcal{U}(\mathfrak{g}) \to \mathrm{End}_{\mathbb{K}}(\mathcal{P})$ mit $\rho'(\xi_i)(z_I) = z_i z_I$ für $i \leq I$. Wenn also $i_1 \leq \ldots \leq i_k$, dann gilt

$$\rho'(\xi_{i_1} \ldots \xi_{i_k})(\mathbf{1}) = z_{i_1} \ldots z_{i_k}.$$

Die lineare Abbildung

$$\begin{aligned} \phi: \mathcal{U}(\mathfrak{g}) &\to \mathcal{P} \\ \xi &\mapsto \rho'(\xi)(\mathbf{1}) \end{aligned}$$

bildet dann die Menge Z der ξ_I mit monoton wachsendem I auf die (linear unabhängige) Menge der z_I mit monoton wachsendem I ab. Daher ist auch Z linear unabhängig, so daß die Behauptung jetzt aus Lemma II.6.5 folgt. ∎

Wenn man nun die X_i mit den $\xi_i = \sigma(X_i)$ identifiziert, erhält man:

II.6.8. Satz. (Satz von Poincaré-Birkhoff-Witt). *Sei $\mathfrak{g}$ eine $\mathbb{K}$-Lie-Algebra und $\{X_1, \ldots, X_n\}$ eine Basis von $\mathfrak{g}$, dann ist*

$$\{X_1^{\mu_1} \ldots X_n^{\mu_n} \in \mathcal{U}(\mathfrak{g}) : \mu_k \in \mathbb{N} \cup \{0\}\}$$

eine Basis von $\mathcal{U}(\mathfrak{g})$. ∎

Wir merken zum Schluß an, daß die endliche Dimension von $\mathfrak{g}$ für den Beweis von Satz II.6.8 nicht wesentlich war. Geringfügige Änderungen liefern denselben Satz auch für Lie-Algebren mit abzählbarer Basis.

Übungsaufgaben zum Abschnitt II.6

1. Es seien V und W Vektorräume über $\mathbb{K}$. Man zeige:
a) Der Raum E aller $\mathbb{K}$-bilinearen Abbildunge $\psi : V^* \times W^* \to \mathbb{K}$ ist ein Tensorprodukt von V und W mit der Abbildung

$$\tau : (v, w) \mapsto \big((\omega, \nu) \mapsto \langle \omega, v\rangle\langle \nu, w\rangle\big).$$

b) Sind (E, τ) und (E', τ') Tensorprodukte von V und W, so sind sie isomorph. Es gibt also bis auf Isomorphie genau ein Tensorprodukt von V und W.
c) Man betrachte den Spezialfall $V = W = \mathbb{K}^n$ und zeige, daß man in diesem Fall $\mathrm{M}(n, \mathbb{K})$ zu einem Tensorprodukt $\mathbb{R}^n \otimes \mathbb{R}^n$ machen kann. Hierbei ist die Abbildung τ auf den Basisvektoren $e_i = (0, ..., 1, ...0)$ gegeben durch

$$\tau(e_i, e_j) := E_{ij},$$

wobei E_{ij} die Matrix ist, die in der i. Zeile und j.Spalte eine 1 und sonst nur Nullen hat.

2. Seien U, V und W Vektorräume über $\mathbb{K}$. Man zeige:
a) $U \otimes V \cong V \otimes U$.
b) $(U \otimes V) \otimes W \cong U \otimes (V \otimes W)$.

3. Seien V und W zwei $\mathbb{K}$-Vektorräume. Man zeige, daß die Abbildung

$$V^* \otimes W \to \mathrm{Hom}(V, W), \qquad \omega \otimes w \mapsto (v \mapsto \langle \omega, v\rangle w)$$

einen Isomorphismus von $\mathbb{K}$-Vektorräumen induziert.

4. Sei $\mathcal{T}(V)$ die Tensoralgebra des $\mathbb{K}$-Vektorraumes V und $\mathcal{A}$ eine assoziative Algebra. Man weise die universelle Eigenschaft von $\mathcal{T}(V)$ nach: Zu jeder linearen Abbildung $j : V \to \mathcal{A}$ existiert genau ein Homomorphismus assoziativer Algebren $\Phi : \mathcal{T}(V) \to \mathcal{A}$ mit der Eigenschaft, daß $\Phi \circ i = j$, wobei $i : V \to \mathcal{T}(V)$ die Inklusionsabbildung ist.

5. Sei $\mathfrak{g}$ eine endlichdimensionale Lie-Algebra. Wir nehmen an, daß auf $\mathfrak{g}$ eine nicht entartete invariante symmetrische Bilinearform β existiert. Sei nun $X_1, ..., X_n$ eine Basis von $\mathfrak{g}$ und $X^1, ..., X^n$ die duale Basis, d.h. $\beta(X_i, X^j) = \delta_{ij}$.
a) Das Element $\Omega := \sum_{i=1}^n X^i X_i$ liegt im Zentrum von $\mathcal{U}(\mathfrak{g})$. Hinweis: Beweis von Lemma II.5.10.
b) Man zeige, daß auf der Oszillator-Algebra eine nichtentartete symmetrische invariante Bilinearform existiert. Solche Formen existieren also nicht nur auf halbeinfachen Lie-Algebren. Hinweis: Ist X, Y, H, E die Basis aus Beispiel II.1.14, so mache man den Ansatz

$$\beta(aX + bY + cH + dE, a'X + b'Y + c'H + d'E) = aa' + bb' + cd' + c'd.$$

c) Sei $\mathfrak{g} = \mathrm{so}(n)$. Man zeige, daß $\beta(X,Y) = -\mathrm{tr}(XY)$ sogar ein invariantes Skalarprodukt auf $\mathrm{so}(n)$ definiert. Für eine Orthonormalbasis $X_1, \ldots, X_n$ ist also $\Omega := \sum_{i=1}^n X_i^2 \in Z(\mathcal{U}(\mathrm{so}(n)))$.
d) Man zeige, daß die *Drehimpulsoperatoren*

$$x_i \frac{\partial}{\partial x_j} - x_j \frac{\partial}{\partial x_i} : C^\infty(\mathbb{R}^n) \to C^\infty(\mathbb{R}^n), \qquad i,j = 1, \ldots, n$$

eine Lie-Algebra erzeugen, die isomorph zu $\mathrm{so}(n)$ ist. Hinweis: Aufgabe II.1.7.
e) Der *Laplace-Operator* $\Delta = \sum_{i=1}^n \frac{\partial^2}{\partial x_i^2}$ vertauscht mit den Drehimpulsoperatoren. Hinweis: Mit c) und d) schließe man, daß Δ im Zentrum der, von den Drehimpulsoperatoren erzeugten, assoziativen Unteralgebra von $\mathrm{End}\,(C^\infty(\mathbb{R}^n))$ liegt.

§7 Der Satz von Ado

Wir wollen in diesem Abschnitt zeigen, daß man jede endlichdimensionale $\mathbb{K}$-Lie-Algebra als Lie-Algebra von Matrizen auffassen kann.

II.7.1. Satz. (Satz von Ado). *Jede endlichdimensionale $\mathbb{K}$-Lie-Algebra hat eine treue endlichdimensionale Darstellung.*

Der Beweis dieses Satzes ist relativ technisch. Wir skizzieren daher die wesentlichen Ideen, bevor wir in die Details gehen: Sei $\mathfrak{g}$ eine endlichdimensionale $\mathbb{K}$-Lie-Algebra und $\rho\colon \mathfrak{g} \to \mathrm{gl}(V)$ eine endlichdimensionale Darstellung. Beachte, daß in der Notation von Lemma II.6.3 gilt $\mathrm{gl}(V) = \mathrm{End}(V)_L$. Es gibt also nach diesem Lemma einen Algebren Homomorphismus $\rho'\colon \mathcal{U}(\mathfrak{g}) \to \mathrm{End}(V)$, der ρ fortsetzt. Da $\mathrm{End}(V)$ endlichdimensional ist, ist auch $\mathcal{U}(\mathfrak{g})/\ker \rho'$ endlichdimensional, d.h. $\ker \rho'$ hat endliche Kodimension.

Wir haben in Proposition II.1.10 gesehen, daß die adjungierte Darstellung nur das Zentrum von $\mathfrak{g}$ als Kern hat. Angenommen, es gilt $\ker \rho \cap Z(\mathfrak{g}) = \{0\}$, dann definiert

$$\widehat{\rho}(X)(v,Y) = (\rho(X)v, \mathrm{ad}(X)Y)$$

eine treue endlichdimensionale Darstellung $\widehat{\rho}\colon \mathfrak{g} \to \mathrm{gl}(V \oplus \mathfrak{g})$. Es ist klar, daß man eine treue endlichdimensionale Darstellung von $Z(\mathfrak{g})$ finden kann (z.B. durch Diagonalmatrizen). Die Frage ist, ob man so eine Darstellung auf ganz $\mathfrak{g}$ "ausdehnen" kann. Dabei kommt es nicht darauf an, daß die Darstellung auf $Z(\mathfrak{g})$ dieselbe bleibt. Wichtig ist nur, daß der Kern weiterhin Null ist. Den "Ausdehnungsprozeß" führt man Schritt für Schritt durch, so daß man eine Aussage von folgendem Typus benötigt: Sei $\mathfrak{i} \rtimes_\alpha \mathfrak{h} = \mathfrak{g}$ eine halbdirekte Summe und $\rho: \mathfrak{i} \to \mathrm{gl}(V)$ eine endlichdimensionale Darstellung, dann gibt es auch eine endlichdimensionale Darstellung $\rho_1: \mathfrak{g} \to \mathrm{gl}(V_1)$ mit $\ker \rho_1 \cap \mathfrak{i} = \ker \rho$. Wenn $\rho_1': \mathcal{U}(\mathfrak{i}) \to \mathrm{End}(V)$ die Fortsetzung von $\rho_1|_\mathfrak{i}$ ist, dann hat $\ker \rho_1'$ endliche Kodimension und ist enthalten in $\ker \rho'$. Man muß also zu dem vorgegebenen Ideal in $\mathcal{U}(\mathfrak{i})$ mit endlicher Kodimension ein geeignetes kleineres finden, das immer noch endliche Kodimension hat. Da $\mathfrak{i} \trianglelefteq \mathfrak{g}$ und $\rho_1(\mathrm{ad}(X)Y) = [\rho_1(X), \rho_1(Y)] = 0$ für $X \in \mathfrak{g}$ und $Y \in \ker \rho_1$, wird geeignet zumindest heißen müssen, daß

$$(\mathrm{ad}(X)|_\mathfrak{i})': \mathcal{U}(\mathfrak{i}) \to \mathcal{U}(\mathfrak{i})$$

den Kern von $\rho_1|_\mathfrak{i}$ invariant lassen muß. Man beweist das folgende Lemma:

II.7.2. Lemma. *Sei $\mathfrak{r}$ eine auflösbare (endlichdimensionale) $\mathbb{K}$-Lie-Algebra und $\mathfrak{n}$ das größte nilpotente Ideal in $\mathfrak{r}$. Weiter sei $\mathcal{U}(\mathfrak{r})$ die universelle einhüllende Algebra von $\mathfrak{r}$ und I ein Ideal von endlicher Kodimension in $\mathcal{U}(\mathfrak{r})$, so daß für alle $X \in \mathfrak{n}$ das Element $X + I \in \mathcal{U}(\mathfrak{r})/I$ nilpotent ist. Dann gibt es ein Ideal J in $\mathcal{U}(\mathfrak{r})$ mit:*

(i) $J \subseteq I$.

(ii) $\dim \mathcal{U}(\mathfrak{r})/J < \infty$.

(iii) *$X + J$ ist nilpotent in $\mathcal{U}(\mathfrak{r})/J$ für alle $X \in \mathfrak{n}$.*

(iv) *Für jede Derivation $D: \mathcal{U}(\mathfrak{r}) \to \mathcal{U}(\mathfrak{r})$ mit $D(\mathfrak{r}) \subseteq \mathfrak{r}$ gilt $D(J) \subseteq J$ (Derivation heißt in diesem Zusammenhang $D(ab) = D(a)b + aD(b)$).*

Die Bedingung über die Nilpotenz der $X + I$ für $X \in \mathfrak{n}$ braucht man, um die endliche Kodimension von J zu garantieren. Die zugrunde liegende Idee ist: Wenn ein Element in einer assoziativen Algebra nilpotent ist, dann ist die von diesem Element erzeugte Algebra endlichdimensional.

Wenn nun $\mathfrak{g} = \mathfrak{r} \rtimes_\alpha \mathfrak{h}$ dann wirkt $\mathfrak{g}$ auf $\mathcal{U}(\mathfrak{r})$ durch Multiplikation und die Derivationen $\alpha(H)$ für $H \in \mathfrak{h}$, d.h. man hat einen Homomorphismus $\mathfrak{g} \to \mathrm{der}\big(\mathcal{U}(\mathfrak{r})\big)$. Mit Lemma II.7.2 kann man dann aus einer Darstellung ρ von $\mathfrak{r}$ eine Darstellung ρ_1 von $\mathfrak{g}$ machen, indem man $I = \ker \rho'$ setzt, ein J wie im Lemma findet und zeigt, daß der obige Homomorphismus zu einer Darstellung auf $\mathcal{U}(\mathfrak{r})/J$ faktorisiert.

Wir kommen zu den technischen Details:

II.7.3. Lemma. *Sei $\mathfrak{g}$ eine $\mathbb{K}$-Lie-Algebra. Dann gilt*

$$\mathrm{rad}(\mathfrak{g}) = [\mathfrak{g}, \mathfrak{g}]^\perp = \{X \in \mathfrak{g} : (\forall Y \in [\mathfrak{g}, \mathfrak{g}])\ \kappa_\mathfrak{g}(X, Y) = 0\}$$

und jedes nilpotente Ideal von $\mathfrak{g}$ ist in $\mathrm{rad}(\mathfrak{g})$ enthalten. Der Raum $[\mathrm{rad}(\mathfrak{g}), \mathfrak{g}]$ ist ein nilpotentes Ideal.

Beweis. Sei $\mathfrak{j} = [\mathfrak{g}, \mathfrak{g}]^\perp$, dann folgt aus der Invarianz von $\kappa_\mathfrak{g}$, daß

$$[\mathfrak{j}, \mathfrak{g}] \subseteq \mathfrak{g}^\perp = \mathrm{rad}(\kappa_\mathfrak{g}).$$

Also ist nach dem Cartan-Kriterium II.2.18 die Algebra $[\mathfrak{j},\mathfrak{j}]$, also auch $\mathfrak{j}$ auflösbar. Es genügt daher $\mathrm{rad}(\mathfrak{g}) \subseteq [\mathfrak{g},\mathfrak{g}]^{\perp}$ zu zeigen.

Seien also $R \in \mathrm{rad}(\mathfrak{g})$ und $X, Y \in \mathfrak{g}$. Wegen $\kappa_{\mathfrak{g}}(R,[X,Y]) = \kappa_{\mathfrak{g}}([R,X],Y)$ müssen wir $[\mathrm{rad}(\mathfrak{g}),\mathfrak{g}] \subseteq \mathrm{rad}(\kappa_{\mathfrak{g}})$ zeigen, d.h.

$$\mathrm{tr}\left(\mathrm{ad}(X)\,\mathrm{ad}(Y)\right) = 0 \quad \forall X \in [\mathrm{rad}(\mathfrak{g}),\mathfrak{g}], Y \in \mathfrak{g}.$$

Wir setzen $\mathfrak{g}_1 = \mathrm{rad}(\mathfrak{g}) + \mathbb{K}Y$ und stellen fest, daß $\mathfrak{g}_1$ wegen $[\mathfrak{g}_1,\mathfrak{g}_1] \subseteq \mathrm{rad}(\mathfrak{g})$ auflösbar ist. Aber dann ist nach Korollar II.2.12 die Kommutator Algebra $[\mathfrak{g}_1,\mathfrak{g}_1]$ nilpotent. Weil $Y \in \mathfrak{g}$ beliebig war, folgt jetzt aus Lemma II.2.4(i), daß $\mathrm{ad}(X)$ für jedes $X \in [\mathrm{rad}(\mathfrak{g}),\mathfrak{g}]$ nilpotent ist. Wegen Korollar II.2.6 und der Jacobi-Identität ist also $[\mathrm{rad}(\mathfrak{g}),\mathfrak{g}]$ ein nilpotentes Ideal in $\mathfrak{g}$.

Sei nun $\mathfrak{j}$ ein beliebiges nilpotentes Ideal von $\mathfrak{g}$. Wenn $\{X_1,\ldots,X_m\}$ eine Basis von $\mathfrak{j}$ mit $\kappa_{\mathfrak{g}}(X_i,X_j) = 0$ falls $i \neq j$ ist, dann gilt

$$X - \sum \frac{\kappa_{\mathfrak{g}}(X,X_i)}{\kappa_{\mathfrak{g}}(X_i,X_i)} X_i \in \mathfrak{j}^{\perp},$$

wobei nur über die i mit $\kappa_{\mathfrak{g}}(X_i,X_i) \neq 0$ summiert wird (vgl. den Beweis von Satz II.3.7). Also haben wir $\mathfrak{j} + \mathfrak{j}^{\perp} = \mathfrak{g}$ und mit Lemma II.3.4

$$\kappa_{\mathfrak{g}}(\mathfrak{j},\mathfrak{g}) = \kappa_{\mathfrak{g}}(\mathfrak{j},\mathfrak{j}) = \kappa_{\mathfrak{j}}(\mathfrak{j},\mathfrak{j}) = \{0\},$$

weil man $\mathfrak{j}$ nach Korollar II.2.8 als Lie-Algebra von strikt oberen Dreiecksmatrizen auffassen kann. Damit ist das Lemma bewiesen. ∎

Mit Lemma II.7.3 sehen wir, daß $\mathrm{rad}(\mathfrak{g})$ ein *charakteristisches Ideal* von $\mathfrak{g}$, d.h. invariant unter allen Derivationen von $\mathfrak{g}$ ist. Wenn nämlich $\phi\colon \mathbb{R} \to \mathrm{der}(\mathfrak{g})$ durch $\phi(r) = r\delta$ gegeben ist, betrachten wir $\mathfrak{g}$ als Unteralgebra von $\mathfrak{g}_1 = \mathfrak{g} \rtimes_{\phi} \mathbb{R}$. Es gilt wegen Lemma II.3.4

$$\kappa_{\mathfrak{g}}(\delta X, Y) = \kappa_{\mathfrak{g}_1}([Z,X],Y) = -\kappa_{\mathfrak{g}_1}(X,[Z,Y]) = -\kappa_{\mathfrak{g}}(X,\delta Y)$$

für $X, Y \in \mathfrak{g}$ und $Z = (0,1) \in \mathfrak{g}_1$. Für $X \in \mathrm{rad}(\mathfrak{g})$ und $Y \in [\mathfrak{g},\mathfrak{g}]$ haben wir dann $\kappa_{\mathfrak{g}}(\delta X, Y) = 0$ und $\delta X \in \mathrm{rad}(\mathfrak{g})$ nach Lemma II.7.3.

II.7.4. Korollar. *Sei $\mathfrak{g}$ eine $\mathbb{K}$-Lie-Algebra.*

(i) $\mathrm{rad}(\mathfrak{g})$ *ist ein charakteristisches Ideal.*

(ii) *Wenn $\mathfrak{b} \lhd \mathfrak{g}$ und $\mathfrak{a} \lhd \mathfrak{b}$ charakteristisch ist, dann gilt $\mathfrak{a} \lhd \mathfrak{g}$.*

Beweis. Die erste Behauptung haben wir schon gezeigt. Sei jetzt $X \in \mathfrak{g}$ und $\delta = \mathrm{ad}\, X$, dann gilt $\delta\mathfrak{b} \subseteq \mathfrak{b}$, und somit ist die Einschränkung von δ auf $\mathfrak{b}$ eine Derivation und wir haben $\delta\mathfrak{a} \subseteq \mathfrak{a}$. ∎

Wir brauchen im folgenden ein nilpotentes Analogon des Radikals. Dazu beweisen wir

II.7.5. Lemma. *Sei $\mathfrak{g}$ eine $\mathbb{K}$-Lie-Algebra und $\mathfrak{i},\mathfrak{j}$ nilpotente Ideale in $\mathfrak{g}$, dann ist auch $\mathfrak{i}+\mathfrak{j}$ nilpotent.*

Beweis. Seien $Y \in \mathfrak{i}$, $Z \in \mathfrak{j}$ und $X = Y + Z$. Dann ist $\mathrm{ad}(X)^n$ eine Linearkombination von Elementen der Form

$$\phi = \mathrm{ad}(Y)^{i_1} \mathrm{ad}(Z)^{j_1} \ldots \mathrm{ad}(Y)^{i_n} \mathrm{ad}(Z)^{j_n}$$

mit $i_k, j_k \in \{0,1\}$ und $i_k + j_k = 1$. Nach Proposition II.2.3(v) gilt $\phi(\mathfrak{i}) \subseteq \mathfrak{i}^{i_\phi}$ und $\phi(\mathfrak{j}) \subseteq \mathfrak{j}^{j_\phi}$ mit $i_\phi = \sum i_k$ und $j_\phi = \sum j_k$. Wegen $\mathrm{ad}(Z)(\mathfrak{i}) \subseteq \mathfrak{j}$ und $\mathrm{ad}(Y)(\mathfrak{j}) \subseteq \mathfrak{i}$, gilt aber auch $\phi(\mathfrak{i}) \subseteq \mathfrak{j}^{j_\phi - 1}$ und $\phi(\mathfrak{j}) \subseteq \mathfrak{i}^{i_\phi - 1}$. Da aber $i_\phi + j_\phi = n$, muß wegen der Nilpotenz von $\mathfrak{i}$ und $\mathfrak{j}$ für großes n sowohl $\phi(\mathfrak{i})$ als auch $\phi(\mathfrak{j})$ Null sein. Wir haben damit $\mathrm{ad}(X)|_{(\mathfrak{i}+\mathfrak{j})} \equiv 0$ gezeigt, so daß die Behauptung aus Korollar II.2.6 folgt. ■

Nach diesem Lemma gibt es in jeder endlichdimensionalen Lie-Algebra $\mathfrak{g}$ ein *größtes* nilpotentes Ideal. Es heißt das *Nilradikal* von $\mathfrak{g}$ und wird mit $\mathrm{nil}(\mathfrak{g})$ bezeichnet. Nach Lemma II.7.3 gilt $[\mathrm{rad}(\mathfrak{g}), \mathfrak{g}] \subseteq \mathrm{nil}(\mathfrak{g})$.

II.7.6. Lemma. *Sei $\mathfrak{g}$ eine $\mathbb{K}$-Lie-Algebra, $\delta: \mathfrak{g} \to \mathfrak{g}$ eine Derivation und $\mathfrak{i}$ ein Ideal in $\mathfrak{g}$. Dann gilt*

(i) $\delta(\mathrm{rad}(\mathfrak{g})) \subseteq \mathrm{nil}(\mathfrak{g})$.

(ii) $\mathfrak{i} \cap \mathrm{nil}(\mathfrak{g}) = \mathrm{nil}(\mathfrak{i})$.

Beweis. (i) Sei wie oben $\mathfrak{g}_1 = \mathfrak{g} \rtimes_\alpha \mathbb{R}$, dann gilt wegen Korollar II.7.4(i), daß $\mathrm{rad}(\mathfrak{g}) \triangleleft \mathfrak{g}_1$ und somit $\mathrm{rad}(\mathfrak{g}) \subseteq \mathrm{rad}(\mathfrak{g}_1)$. Nach Lemma II.7.3 ist $[\mathfrak{g}_1, \mathrm{rad}(\mathfrak{g}_1)]$ ein nilpotentes Ideal in $\mathfrak{g}_1$, also haben wir

$$\delta(\mathrm{rad}(\mathfrak{g})) \subseteq [\mathfrak{g}_1, \mathrm{rad}(\mathfrak{g}_1)] \cap \mathfrak{g} \subseteq \mathrm{nil}(\mathfrak{g}).$$

(ii) Die Inklusion $\mathfrak{i} \cap \mathrm{nil}(\mathfrak{g}) \subseteq \mathrm{nil}(\mathfrak{i})$ ist klar. Umgekehrt ist wegen Korollar II.7.4(ii) $\mathrm{nil}(\mathfrak{i})$ ein nilpotentes Ideal in $\mathfrak{g}$, also in $\mathrm{nil}(\mathfrak{g}) \cap \mathfrak{i}$. ■

II.7.7. Lemma. *Sei $\mathcal{A}$ eine assoziative Algebra und $M \subseteq \mathcal{A}$ eine Teilmenge mit $[a,b] = ab - ba \in M$ für alle $a,b \in M$. Wir nehmen an, daß der von M aufgespannte Vektorraum E endlichdimensional ist. Wenn alle $a \in M$ nilpotent sind, dann gibt es ein $k \in \mathbb{N}$ mit*

$$M^k = \{e_1 \ldots e_k : e_j \in M\} = \{0\}.$$

Beweis. Sei $F \subseteq E$ ein maximaler Unterraum mit $F = \mathrm{span}(F \cap M)$ und

$$F^p = \{f_1 \ldots f_p : f_j \in F\} = \{0\}$$

für ein $p \in \mathbb{N}$. Dann gilt

$$[\ldots[a, b_1] \ldots b_{2p-1}] = 0 \quad \forall a \in M, b_i \in F.$$

Es ist nämlich $[...[a,b_1]...b_{2p-1}]$ eine Linearkombination von Elementen der Form bac mit $b = b_{i_1}...b_{i_k}$ und $c = b_{i_{k+1}}...b_{i_{2p-1}}$ und entweder b oder c enthält mindestens p Faktoren aus F. Sei $N := F \cap M$. Wir können jetzt setzen

$$n_o = \min\{n \in \mathbb{N} \cup \{0\}: (\forall a \in M, b_i \in N)\, [...[a,b_1]...b_n] \in F\} \leq 2p-1.$$

Wenn $n_o = 0$, d.h. $M \subseteq F$, dann gilt $F = E$ und wir sind fertig. Andernfalls beachte, daß $[...[a,b_1]...b_n] \in M$ für alle $a \in M, b_i \in N$. Dann gibt es einen Ausdruck $a_o = [...[a,b_1]...b_{n_o-1}] \in M \backslash F$, für den dann gilt

$$[a_o, F] \subseteq F.$$

Sei jetzt $\widetilde{a} = c_1...c_r$ mit $c_i \in F \cup \{a_o\}$. Wenn die Anzahl der Faktoren aus F größer ist als $p-1$, dann ist $\widetilde{a} = 0$, weil man wegen

$$bca_od = ba_ocd + b[c,a_o]d$$

die a_o-Faktoren nach links verschieben kann, ohne die Anzahl der Faktoren aus F zu verringern. Es gibt wegen $a_o \in M$ ein $k_o \in \mathbb{N}$ mit $a_o^{k_o} = 0$. Auch für $r > pk_o - 1$ erhalten wir $\widetilde{a} = 0$, weil dann entweder mehr als $p-1$ Faktoren aus F sind, oder aber an irgendeiner Stelle mindestens k_o Faktoren a_o nebeneinanderstehen. Wir haben, im Widerspruch zur Maximalität von F, gezeigt, daß $\mathrm{span}(N \cup \{a_o\})^{pk_o} = \{0\}$. Also gilt $F = E$ und das Lemma ist bewiesen. ∎

II.7.8. Lemma. *Sei $\mathcal{A}$ eine endlichdimensionale assoziative Algebra, dann gibt es ein größtes Ideal J in $\mathcal{A}$ mit $J^n = \{0\}$ für ein $n \in \mathbb{N}$ (d.h. J ist nilpotent). Dieses Ideal bezeichnen wir mit $\mathcal{R}_{\mathcal{A}}$. Wenn $a \in \mathcal{R}_{\mathcal{A}}$ und $b \in \mathcal{A}$ nilpotent ist, dann ist auch $a+b$ nilpotent.*

Beweis. Seien I und J nilpotente Ideale in $\mathcal{A}$, dann gilt

$$\begin{aligned}(I+J)^k &\subseteq \sum_{k_1+...k_{2n}=k} I^{k_1}J^{k_2}...I^{k_{2n-1}}J^{k_{2n}} \\ &\subseteq \left(\sum J^{k_2+k_4+...k_{2n}}\right) \cap \left(\sum I^{k_1+k_3+...k_{2n-1}}\right) = \{0\},\end{aligned}$$

falls $I^m = J^m = \{0\}$ und $k \geq 2m$. Also ist die Summe zweier nilpotenter Ideale nilpotent und es gibt ein größtes solches Ideal. Die letzte Behauptung folgt sofort aus Lemma II.7.7, angewendet auf $M = \mathcal{R}_{\mathcal{A}} \cup \{b\}$. ∎

II.7.9. Lemma. *Sei $\mathcal{A}$ ein assoziative endlichdimensionale Algebra und $\mathfrak{u}$ eine Unteralgebra von $\mathcal{A}_L$, die $\mathcal{A}$ als assoziative Algebra erzeugt. Dann ist jedes Ideal $\mathfrak{i} \lhd \mathfrak{u}$, das aus nilpotenten Elementen besteht, in $\mathcal{R}_{\mathcal{A}}$ enthalten.*

Beweis. Sei J das von $\mathfrak{i}$ erzeugte Ideal in $\mathcal{A}$. Es genügt zu zeigen, daß J nilpotent ist. Weil $\mathfrak{u}$ ganz $\mathcal{A}$ erzeugt, gilt

$$J = \{\sum a_1...a_k : a_i \in \mathfrak{u}, \exists a_i \in \mathfrak{i}\}.$$

Will man J^p bestimmen, so muß man nur fordern, daß mindestens p Faktoren in jedem Summand aus $\mathfrak{i}$ sind. Wegen $[a,b] \in \mathfrak{i}$ für alle $b \in \mathfrak{i}$ kann man die $\mathfrak{i}$-Faktoren nach rechts ziehen, ohne die Anzahl pro Summand zu verringern (vgl. den Beweis von Lemma II.7.7). Daher ist J^p gerade die von $(\mathfrak{i})^p$ (hier wird $\mathfrak{i}$ als Teilmenge von $\mathcal{A}$ aufgefaßt, wir sprechen also *nicht* von Kommutatoren) erzeugte Algebra. Weil aber $\mathfrak{i}$ aus nilpotenten Elementen besteht, können wir Lemma II.7.7 auf $M = \mathfrak{i}$ anwenden und finden so ein $k \in N$ mit $(\mathfrak{i})^k = \{0\}$. Dies zeigt dann nach obigem $J^k = \{0\}$ und somit die Behauptung. ∎

II.7.10. Lemma. *Sei $\mathfrak{g}$ eine $\mathbb{K}$-Lie-Algebra und I, J Ideale in $\mathcal{U}(\mathfrak{g})$.*

(i) *J hat genau dann endliche Kodimension, wenn es eine Basis $\{X_1, ..., X_n\}$ von $\mathfrak{g}$ gibt, für die die Elemente $X_i + J \in \mathcal{U}(\mathfrak{g})/J$ algebraisch sind (d.h. Nullstellen eines Polynoms).*

(ii) *Wenn I und J endliche Kodimension haben, dann auch das Ideal*

$$IJ = \{\sum a_i b_i : a_i \in I, b_i \in J\}.$$

Beweis. (i) Sei $\{X_1, ... X_n\}$ eine Basis von $\mathfrak{g}$. Dann ist nach Satz II.6.8 $\{X_1^{k_1} ... X_n^{k_n} : k_j \geq 0\}$ eine Basis von $\mathcal{U}(\mathfrak{g})$. Wenn alle $X_i + J$ algebraisch sind, gibt $m_i \in \mathbb{N}$, für die $X_i^{m_i} + J$ Linearkombinationen der $X_i^k + I$ mit $k < m_i$ sind. Also sind alle Elemente der Form $X_1^{k_1} ... X_n^{k_n} + J$ Linearkombinationen von Elementen der Form $X_1^{l_1} ... X_n^{l_n} + J$ mit $l_i < m_i$. Das bedeutet aber $\dim(\mathcal{U}(\mathfrak{g})/J) < \infty$. Umgekehrt ist jedes Element a einer endlichdimensionalen assoziativen Algebra mit Eins algebraisch, weil ja sonst $\{\mathbf{1}, a, a^2, ...\}$ linear unabhängig wären.

(ii) Wir benützen (i). Seien also p_i, q_i Polynome mit $p_i(X_i) \in I$ und $q_i(X_i) \in J$, dann gilt $(p_i q_i)(X_i) \in IJ$, d.h. $X_i + IJ$ ist algebraisch. ∎

Wir können jetzt Lemma II.7.2 beweisen.

Beweis. (von Lemma II.7.2): Betrachte die Lie-Unteralgebren $\mathfrak{h} = (\mathfrak{r}+I)/I$ und $\mathfrak{h}_1 = (\mathfrak{n}+I)/I$ von $\mathcal{U}(\mathfrak{r})/I$. Nach Lemma II.7.9 ist $\mathfrak{h}_1$ in $\mathcal{R}_{\mathcal{U}(\mathfrak{r})/I}$ enthalten. Also ist auch das von $\mathfrak{h}_1$ in $\mathcal{U}(\mathfrak{r})/I$ erzeugte Ideal K in $\mathcal{R}_{\mathcal{U}(\mathfrak{r})/I}$ enthalten. Wenn $K^k = \{0\}$ ist und $\pi: \mathcal{U}(\mathfrak{r}) \to \mathcal{U}(\mathfrak{r})/I$ die Quotientenabbildung, dann gilt für $\mathcal{K} = \pi^{-1}(K)$ und $J = \mathcal{K}^k$, daß $J \subseteq I$. Mit Lemma II.7.10(ii) und Induktion folgt jetzt $\dim \mathcal{U}(\mathfrak{r})/J < \infty$. Wenn jetzt $X \in \mathfrak{n}$, dann gilt $X \in \mathcal{K}$ und daher $X^k \in J$. Dies zeigt $(X + J)^k = J$ und damit die Nilpotenz von $X + J$. Damit sind (i), (ii) und (iii) von Lemma II.7.2 bewiesen.

(iv) Wegen

$$\begin{aligned} D([a,b]) &= D(ab) - D(ba) \\ &= D(a)b + aD(b) - D(b)a - bD(a) = [D(a), b] + [a, D(b)] \end{aligned}$$

ist $D|_{\mathfrak{r}}$ eine Derivation. Also gilt nach Lemma II.7.6, daß $D(\mathfrak{r}) \subseteq \mathfrak{n}$. Weil aber dann D jedes Produkt von Elementen aus $\mathfrak{r}$ auf eine Summe von Produkten von Elementen aus $\mathfrak{r}$ mit mindestens einem Faktor aus $\mathfrak{n}$ abbildet, gilt sogar $D(\mathcal{U}(\mathfrak{r})) \subseteq \mathcal{K}$. Insbesondere haben wir $D(\mathcal{K}) \subseteq \mathcal{K}$ und daher auch $D(\mathcal{K}^k) \subseteq \mathcal{K}^k = J$. ∎

II.7.11. Lemma. *Sei $\mathfrak{g}$ eine $\mathbb{K}$-Lie-Algebra und $\sigma: \mathfrak{g} \to \mathcal{U}(\mathfrak{g})$ die kanonische Abbildung. Zu jeder Derivation $\delta: \mathfrak{g} \to \mathfrak{g}$ gibt es genau eine Derivation $D: \mathcal{U}(\mathfrak{g}) \to \mathcal{U}(\mathfrak{g})$ mit $\sigma \circ \delta = D \circ \sigma$.*

Beweis. Wie zuvor identifizieren wir $\mathfrak{g}$ mit $\sigma(\mathfrak{g})$. Wir müssen also δ zu einer Derivation von $\mathcal{U}(\mathfrak{g})$ fortsetzen. Sei $\mathcal{A}$ die Algebra der 2×2-Matrizen mit Einträgen in $\mathcal{U}(\mathfrak{g})$ und der üblichen Matrizenmultiplikation. Betrachte die Abbildung $\phi: \mathfrak{g} \to \mathcal{A}$, die durch

$$\phi(X) = \begin{pmatrix} X & \delta(X) \\ 0 & X \end{pmatrix}$$

gegeben ist. Man rechnet leicht nach, daß

$$\phi(X)\phi(Y) - \phi(Y)\phi(X) = \phi([X, Y]),$$

d.h. $\phi: \mathfrak{g} \to \mathcal{A}_L$ ist ein Homomorphismus. Nach Lemma II.6.3 gibt es also einen Homomorphismus $\phi': \mathcal{U}(\mathfrak{g}) \to \mathcal{A}$ mit $\phi'(\mathbf{1}) = \mathbf{1}$ der ϕ fortsetzt. Da $\mathcal{U}(\mathfrak{g})$ von $\mathbf{1}$ und $\mathfrak{g}$ erzeugt wird, gilt

$$\phi'(a) = \begin{pmatrix} a & \phi'_{12}(a) \\ 0 & a \end{pmatrix}$$

für alle $a \in \mathcal{U}(\mathfrak{g})$. Wir setzen $D = \phi'_{12}: \mathcal{U}(\mathfrak{g}) \to \mathcal{U}(\mathfrak{g})$ und finden, daß D eine Derivation ist, weil ϕ' ein Homomorphismus ist. Darüberhinaus folgt sofort aus der Definition, daß $D(X) = \delta(X)$ für alle $X \in \mathfrak{g}$. Die Eindeutigkeit ist klar, weil $\mathfrak{g}$ und $\mathbf{1}$ die Algebra $\mathcal{U}(\mathfrak{g})$ erzeugen und eine Derivation die Eins annulieren muß und durch ihre Werte auf einem Erzeugendensystem bestimmt ist. ∎

II.7.12. Lemma. *Sei $\mathfrak{g} = \mathfrak{r} \rtimes_\alpha \mathfrak{h}$ eine halbdirekte Summe von $\mathbb{K}$-Lie-Algebren mit auflösbarem $\mathfrak{r}$, und $\rho: \mathfrak{r} \to \mathrm{gl}(V)$ eine endlichdimensionale Darstellung von $\mathfrak{r}$, für die jedes $\rho(X)$ mit $X \in \mathfrak{n} = \mathrm{nil}(\mathfrak{r})$ nilpotent ist. Dann gibt es eine Darstellung $\rho_1: \mathfrak{g} \to \mathrm{gl}(V_1)$ mit $\ker \rho_1 \cap \mathfrak{r} = \ker \rho$. Wenn $\mathfrak{g}$ selbst nilpotent ist, oder aber $\mathfrak{n} = \mathrm{nil}(\mathfrak{g})$, dann kann man ρ_1 so wählen, daß $\rho_1(X)$ für alle $X \in \mathrm{nil}(\mathfrak{g})$ nilpotent ist.*

Beweis. Wir definieren eine lineare Abbildung $\bar{\rho}_1: \mathfrak{g} \to \mathrm{End}\big(\mathcal{U}(\mathfrak{r})\big)$ durch

$$\bar{\rho}_1(S, H)a = Sa + D_H(a),$$

wobei D_H die in Lemma II.7.11 bestimmte Fortsetzung von $\alpha(H)$ ist. Mit Proposition II.1.13 und $X = (R, H)$ sowie $X' = (R', H')$ rechnen wir

$$\bar{\rho}_1([X, X'])a = D_H(R')a - D_{H'}(R)a + [R, R']a + D_{[H,H']}(a)$$

und

$$\begin{aligned}
&\bar{\rho}_1(X)\bar{\rho}_1(X')a - \bar{\rho}_1(X')\bar{\rho}_1(X)a = \\
&\quad = \bar{\rho}_1(X)\big(R'a + D_{H'}(a)\big) - \bar{\rho}_1(X')\big(Ra + D_H(a)\big) \\
&\quad = RR'a + RD_{H'}(a) + D_H(R'a) + D_H\big(D_{H'}(a)\big) \\
&\qquad - R'Ra - R'D_H(a) - D_{H'}(Ra) - D_{H'}\big(D_H(a)\big) \\
&\quad = [R,R']a + R\big(D_{H'}(a)\big) + D_H(R'a) + (D_H \circ D_{H'} - D_{H'} \circ D_H)(a) \\
&\qquad - R'(D_H(a)) - D_{H'}(Ra) \\
&\quad = [R,R']a - D_{H'}(R)a + D_H(R')a + (D_H \circ D_{H'} - D_{H'} \circ D_H)(a).
\end{aligned}$$

Beachte, daß

$$D_{[H,H']}(R) = (D_H \circ D_{H'} - D_{H'} \circ D_H)(R),$$

weil $\alpha\colon \mathfrak{h} \to \operatorname{der}(\mathfrak{r})$ ein Homomorphismus ist. Da aber, wie schon zuvor gezeigt, eine Derivation auf $\mathcal{U}(\mathfrak{r})$ durch ihre Werte auf $\mathfrak{r}$ bestimmt wird, gilt $D_{[H,H']} = D_H \circ D_{H'} - D_{H'} \circ D_H$. Dies zeigt aber, daß $\bar{\rho}_1$ ein Homomorphismus von Lie-Algebren ist.

Wende jetzt Lemma II.7.2 auf $I = \ker \rho'$ an, wobei $\rho'\colon \mathcal{U}(\mathfrak{r}) \to \operatorname{End}(V)$ die durch Lemma II.6.3 gegebene zu ρ gehörige Abbildung ist. Wenn J das mit Lemma II.7.2 gefundene Ideal von $\mathcal{U}(\mathfrak{r})$ ist, dann gilt $D_H(J) \subseteq J$ für alle $H \in \mathfrak{h}$. Daher gilt $\bar{\rho}_1(S,H)a = Sa + D_H a \in J$ für alle $a \in J$. Wir können also durch

$$\rho_1(S,H)(a+J) = Sa + D_H a + J$$

eine endlichdimensionale Darstellung $\rho_1\colon \mathfrak{g} \to \operatorname{End}(\mathcal{U}(\mathfrak{r})/J)$ definieren. Sei jetzt $X \in \mathfrak{r} \cap \ker \rho_1$, dann gilt $\bar{\rho}_1(X)a = Xa \subseteq J$ für alle $a \in \mathcal{U}(\mathfrak{r})$, insbesondere für $a = \mathbf{1}$. Also haben wir $X \in J \subseteq I = \ker \rho'$ und somit $\rho(X) = \rho'(X) = 0$, d.h. $X \in \ker \rho$.

Wenn $X \in \mathfrak{n}$, dann ist $X + J$ wegen Lemma II.7.2(iii) nilpotent und somit

$$\rho_1(X)^k(a+J) = \rho_1(X)^{k-1}(Xa+J) = \ldots = X^k a + J = J$$

für k hinreichend groß. Also ist $\rho_1(X)$ nilpotent. Damit ist das Lemma für den Fall $\operatorname{nil}(\mathfrak{g}) = \mathfrak{n}$ bewiesen.

Wir nehmen jetzt an, daß $\mathfrak{g}$ nilpotent ist. Dann ist auch $\mathfrak{r} = \mathfrak{n}$ nilpotent und $\rho_1(X)$ ist für *alle* $X \in \mathfrak{r}$ nilpotent. Sei $\mathcal{A}$ die von den $\rho_1(X)$ mit $X \in \mathfrak{g}$ erzeugte assoziative Algebra. Nach Lemma II.7.9 gilt $\rho_1(\mathfrak{r}) = \rho_1(\mathfrak{n}) \subseteq \mathcal{R}_{\mathcal{A}}$. Es genügt also nach Lemma II.7.8(ii), angewandt auf $\mathcal{A}$, zu zeigen, daß alle D_H mit $H \in \mathfrak{h}$ nilpotent sind, um zu sehen, daß $\rho_1(X)$ für alle $X \in \mathfrak{g}$ nilpotent ist.

Mit Induktion erhält man für jede Derivation D

$$D^m(ab) = \sum_{k=0}^{m} \binom{m}{k} D^k a D^{m-k} b.$$

Wenn also $\{X_1,...,X_n\}$ eine Basis von $\mathfrak{r}$ ist und $a = X_1^{k_1}...X_n^{k_n} \in \mathcal{U}(\mathfrak{g})$ mit $k_i \leq m_o$, dann ist $D_H^m(a)$ eine Linearkombination von Elementen der Form

$$D_H^{l_1^{(1)}}(X_1)...D_H^{l_1^{(m_1)}}(X_1)...D_H^{l_n^{(1)}}(X_n)...D_H^{l_n^{(m_n)}}(X_n),$$

wobei $m = l_1^{(1)} + ... + l_1^{(m_1)} + ... + l_n^{(1)} + ... + l_n^{(m_n)}$ und $m_i \leq m_o$. Da aber $\mathfrak{g}$ nilpotent ist, ist auch jedes $D_H|_\mathfrak{r}$ nilpotent, und für hinreichend großes m sind dann alle Summanden in $D_H^m(a)$ gleich Null. Die Behauptung folgt nun, weil nach Lemma II.7.10 die Algebra $\mathcal{U}(\mathfrak{r})/J$ von Monomen mit beschränktem Grad erzeugt wird. ■

Beweis. (Des Satzes von Ado): Sei $\dim\big(Z(\mathfrak{g})\big) = k$ und $V = \mathbb{K}^{k+1}$. Sei $\{Z_1,...,Z_k\}$ eine Basis von $Z(\mathfrak{g})$ und

$$\phi = \begin{pmatrix} 0 & 1 & & & \\ & \cdot & \cdot & & \\ & & \cdot & \cdot & \\ & & & \cdot & 1 \\ & & & & 0 \end{pmatrix} \in \mathrm{End}(V),$$

dann definiert

$$\rho_0\Big(\sum_{i=1}^{k} r_i Z_i\Big) = \sum_{i=1}^{k} r_i \phi^i$$

eine treue Darstellung von $Z(\mathfrak{g})$ auf V, für die alle $\rho_0(X)$ mit $X \in Z(\mathfrak{g})$ nilpotent sind.

Sei jetzt $\mathfrak{n} = \mathrm{nil}(\mathfrak{g})$. Nach Bemerkung II.4.10, angewendet auf $\mathfrak{n}/Z(\mathfrak{g})$, können wir $\mathfrak{n}$ als geschachtelte semidirekte Summe von $Z(\mathfrak{g})$ mit eindimensionalen Summanden betrachten:

$$\mathfrak{n} = \big(...(Z(\mathfrak{g}) \rtimes \mathfrak{g}_1)... \rtimes \mathfrak{g}_m\big)$$

$$\mathfrak{n}_j = \big(...(Z(\mathfrak{g}) \rtimes \mathfrak{g}_1)... \rtimes \mathfrak{g}_j\big) \lhd \mathfrak{n}.$$

Mit Lemma II.7.12 gibt es dann Darstellungen $\rho_i : \mathfrak{n}_i \to \mathrm{gl}(V_i)$ mit

$$\ker \rho_i \cap \mathfrak{n}_{i-1} = \ker \rho_{i-1}$$

und $\rho_i(X)$ nilpotent für jedes $X \in \mathfrak{n}_i$. Insbesondere gilt $\ker \rho_m \cap Z(\mathfrak{g}) = \{0\}$.

Für $\mathfrak{r} = \mathrm{rad}(\mathfrak{g})$ wenden wir Bemerkung II.4.10 auf

$$\mathfrak{r}/\mathfrak{n} > (\mathfrak{r}/\mathfrak{n})^{(1)} > ... > (\mathfrak{r}/\mathfrak{n})^{(k)} = \{0\}$$

an und finden eine Kette von Unteralgebren

$$\{0\} = \bar{\mathfrak{r}}_0 < ... < \bar{\mathfrak{r}}_l = \mathfrak{r}/\mathfrak{n}$$

mit $\bar{\mathfrak{r}}_i \lhd \bar{\mathfrak{r}}_{i+1}$ und $\dim \bar{\mathfrak{r}}_{i+1} = \dim \bar{\mathfrak{r}}_i + 1$. Sei $\mathfrak{r}_i$ das Urbild von $\bar{\mathfrak{r}}_i$ unter der Quotientenabbildung. Wegen Lemma II.7.6 gilt

$$\mathfrak{n} = \mathfrak{n} \cap \mathfrak{r} = \mathrm{nil}(\mathfrak{g}) \cap \mathfrak{r} = \mathrm{nil}(\mathfrak{r}),$$

also auch $\mathfrak{n} = \mathrm{nil}(\mathfrak{r}_i)$ für alle i, weil $\mathfrak{r}_i \lhd \mathfrak{r}_{i+1}$ ist. Wir betrachten wieder $\mathfrak{r}_i$ als $\mathfrak{r}_{i-1} \rtimes_\alpha \mathbb{R}$, so daß Lemma II.7.12 die Existenz einer Darstellung $\rho_\mathfrak{r}: \mathfrak{r} \to \mathrm{gl}(V_\mathfrak{r})$ mit $\ker \rho_\mathfrak{r} \cap Z(\mathfrak{g})$ und $\rho_\mathfrak{r}(X)$ nilpotent für alle $X \in \mathfrak{n}$ garantiert.

Als nächstes wendet man Lemma II.7.12 auf eine Levi-Zerlegung $\mathfrak{g} = \mathrm{rad}(\mathfrak{g}) \oplus_\alpha \mathfrak{s}$ an (vgl. Korollar II.4.8). Dies geht weil

$$\mathfrak{n} = \mathrm{nil}(\mathfrak{g}) = \mathrm{nil}(\mathfrak{r})$$

nach Lemma II.7.6(ii). Als Ergebnis findet man eine Darstellung $\rho: \mathfrak{g} \to \mathrm{gl}(V)$ mit $\ker \rho \cap Z(\mathfrak{g}) = \{0\}$. Die Darstellung $\rho_1 = \rho \oplus \mathrm{ad}: \mathfrak{g} \to \mathrm{gl}(V \oplus \mathfrak{g})$, definiert durch

$$\rho(X)(v, Y) = (\rho(X)v, [X, Y])$$

ist dann die gewünschte treue Darstellung. ∎

Übungsaufgaben zum Abschnitt II.7

1. Sei $\mathfrak{g}$ eine Lie-Algebra, $\mathfrak{b}$ ein charakteristisches Ideal in $\mathfrak{g}$ und $\mathfrak{a}$ ein charakteristisches Ideal in $\mathfrak{b}$. Dann ist $\mathfrak{a}$ charakteristisch in $\mathfrak{g}$.

2. Man gebe ein Beispiel dafür an, daß ein Ideal eines Ideals einer Lie-Algebra nicht immer ein Ideal sein muß (vgl. II.7.4).

3. Sei $\mathfrak{g}$ eine endlichdimensionale Lie-Algebra, $\mathcal{U}(\mathfrak{g})$ ihre einhüllende Algebra und $i : \mathfrak{g} \to \mathcal{U}(\mathfrak{g})$ die kanonische Einbettung. Mit $\mathcal{U}_i(\mathfrak{g})$ bezeichnen wir den Unterraum der von Produkten des Grades kleiner gleich i erzeugt wird (vgl. Lemma II.6.5). Man zeige:
a) Zu jedem Automorphismus α der Lie-Algebra $\mathfrak{g}$ existiert genau ein Automorphismus $\mathcal{U}(\alpha)$ von $\mathcal{U}(\mathfrak{g})$ mit $\mathcal{U}(\alpha) \circ i = i \circ \alpha$. Dieser Automorphismus läßt $\mathcal{U}_i(\mathfrak{g})$ für jedes $i \in \mathbb{N}$ invariant. Hinweis: Die universelle Eigenschaft von $\mathcal{U}(\mathfrak{g})$.
b) Ist $\gamma : \mathbb{R} \to \mathrm{Aut}\big(\mathcal{U}(\mathfrak{g})\big)$ eine Einparametergruppe von Automorphismen von $\mathcal{U}(\mathfrak{g})$ für die

$$\gamma(t)\mathcal{U}_i(\mathfrak{g}) \subseteq \mathcal{U}_i(\mathfrak{g}) \qquad \forall i \in \mathbb{N},$$

dann ist $D := \frac{d}{dt}\Big|_{t=0} \gamma(t)$ wohldefiniert und eine Derivation von $\mathcal{U}(\mathfrak{g})$.
c) Man verwende a) und b) zu einem neuen Beweis von Lemma II.7.11.

Nach a) ist für jedes $X \in \mathfrak{g}$ die Abbildung $\mathcal{U}(e^{\operatorname{ad} X})$ ein wohldefinierter Automorphismus von $\mathcal{U}(\mathfrak{g})$ und die Derivation $\operatorname{ad} X$ läßt sich auf $\mathcal{U}(\mathfrak{g})$ unmittelbar durch

$$\operatorname{ad} X(Z) := XZ - ZX \qquad \text{für} \quad X \in \mathfrak{g}, Z \in \mathcal{U}(\mathfrak{g})$$

fortsetzen.

d) Für $Z \in \mathcal{U}(\mathfrak{g})$ sind folgende Aussagen äquivalent:

1) $Z \in Z(\mathcal{U}(\mathfrak{g}))$.
2) $\operatorname{ad} X(Z) = 0$ für alle $X \in \mathfrak{g}$.
3) $\mathcal{U}(e^{\operatorname{ad} X})Z = Z$ für alle $X \in \mathfrak{g}$.

4. Sei $\alpha : \mathfrak{g} \to \operatorname{End}(V)$ eine Darstellung der Lie-Algebra $\mathfrak{g}$ und $\mathcal{U}(\alpha) : \mathcal{U}(\mathfrak{g}) \to \operatorname{End}(V)$ die zugehörige Darstellung der einhüllenden Algebra. Man zeige: Ist $Z \in Z(\mathcal{U}(\mathfrak{g}))$ und V_α ein Eigenraum zu $\mathcal{U}(\alpha)Z$, so ist V_α invariant unter $\alpha(\mathfrak{g})$.

5. Eine Funktion $f \in C^\infty(\mathbb{R}^n)$ heißt *harmonisch*, wenn $\Delta(f) = 0$ für den Laplaceoperator $\Delta = \sum_{i=1}^n \frac{\partial^2}{\partial x_i^2}$ gilt. Zeige, daß der Raum der harmonischen Funktionen $H \subseteq C^\infty(\mathbb{R}^n)$ invariant unter den Drehimpulsoperatoren ist (vgl. Aufgabe II.6.5).

III Strukturtheorie von Lie-Gruppen

Im dritten Teil dieses Buches werden wir die Resultate der ersten beiden Teile zusammenbringen und daraus wichtige Resultate über die Struktur Liescher Gruppen herleiten. Der leitende Gedanke bei der Strukturtheorie Liescher Gruppen ist es, die Resultate so weit wie möglich auf der Stufe der Lie-Algebren vorzubereiten, und sie dann mittels der Exponentialfunktion auf die Gruppen zu übertragen.

Die ersten beiden Abschnitte dieses Kapitels dienen dazu zu zeigen, daß jede abstrakte Lie-Gruppe, d.h. jede analytische Mannigfaltigkeit mit einer analytischen Gruppenstruktur, schon lokal linear ist. Dadurch werden die Resultate aus Teil 1 im abstrakten Rahmen verfügbar. Im dritten Abschnitt werden wir sehen, wie die Exponentialfunktion die Struktur der Gruppe mit der Struktur ihrer Lie-Algebra verbindet. Der darauf folgende Abschnitt führt das Haarsche Maß ein, eines der wichtigsten Werkzeuge in der Darstellungstheorie und Strukturtheorie lokalkompakter Gruppen. Diese ersten vier Abschnitte dienen im wesentlichen der Vorbereitung.

In Abschnitt 5 schauen wir uns die Struktur der Gruppen mit kompakter Lie-Algebra an. Wir zeigen die Surjektivität der Exponentialfunktion, die Konjugiertheit der maximalen Tori und die Kompaktheit der Gruppen mit halbeinfacher kompakter Lie-Algebra. Eine andere wichtige Klasse ist die der halbeinfachen Lie-Gruppen, deren Zerlegungen wir in Abschnitt 6 behandeln. Im siebten Abschnitt werden die Früchte dessen geerntet, was in den ersten 6 Abschnitten gesät wurde. Wir erhalten die Existenz maximal kompakter Untergruppen K von zusammenhängenden Lie-Gruppen G, deren Konjugiertheit und die Existenz einer Untermannigfaltigkeit $M \cong \mathbb{R}^n$, so daß G diffeomorph zu $M \times K$ ist.

Der nächste Abschnitt greift ein Phänomen auf, daß wir schon im ersten Teil beobachtet haben und zwar die nicht abgeschlossenen analytischen Untergruppen. Wir schauen uns an, was bei der Abschließung hinzukommt und zeigen einige Abgeschlossenheitskriterien.

In Abschnitt 9 wenden wir die Resultate aus Abschnitt 7 auf komplexe Lie-Gruppen an und studieren deren Struktur. Besonders interessante Beispiele sind die halbeinfachen komplexen Gruppen. Der folgende Abschnitt schlägt wieder den Bogen zurück zum ersten Teil. Wir charakterisieren die linearen Lie-Gruppen unter den zusammenhängenden Lie-Gruppen. Zu guter Letzt betrachten wir die klassischen Gruppen und verwenden die erzielten Resultate, um ihre Struktur zu beschreiben.

§1 Analytische Mannigfaltigkeiten

Dieser Abschnitt stellt einige Grundlagen aus der Theorie der differenzierbaren Mannigfaltigkeiten vor, die wir im weiteren benötigen werden. Er dient als Basis für den zweiten Paragraphen, in dem die Lie-Algebra und die Exponentialfunktion einer Lie-Gruppe definiert werden. Daher werden wir auch nur die Definitionen und Sätze bringen, die nötig sind um dieses Ziel zu erreichen. Für die Definition einer analytischen (differenzierbaren) Mannigfaltigkeit und analytischer (differenzierbarer Abbildungen) beziehen wir uns auf den Paragraphen I.5.

III.1.1. Definition. Sei M eine differenzierbare (analytische) Mannigfaltigkeit. Wir bezeichnen die Algebra der glatten (analytischen) Funktionen auf M mit $C^\infty(M)$ bzw. $C^\omega(M)$. Für $f \in C(M)$ definieren wir den *Träger* durch

$$\mathrm{supp}(f) = \overline{\{x \in M : f(x) \neq 0\}}.$$

Die Menge der glatten Funktionen mit kompaktem Träger wird mit $C_c^\infty(M)$ bezeichnet. Ein *Vektorfeld* auf M ist eine Derivation der Algebra $C^\infty(M)$, d.h. eine lineare Selbstabbildung $\mathcal{X}$ mit

$$\mathcal{X}(fg) = f(\mathcal{X}g) + (\mathcal{X}f)g \qquad \forall f, g \in C^\infty(M).$$

Wir schreiben daher auch $\mathcal{V}(M) :=$ der $(C^\infty(M))$ für die Menge der Vektorfelder auf M. Für $f \in C^\infty(M)$ und $\mathcal{X} \in \mathcal{V}(M)$ definieren wir $f\mathcal{X} \in \mathcal{V}(M)$ durch

$$(f\mathcal{X})(g) := f\mathcal{X}g. \qquad \forall g \in C^\infty(M)$$

(vgl. Aufgabe 1). ∎

III.1.2. Bemerkung. $\mathcal{V}(M)$ ist eine Lie-Algebra mit

$$[\mathcal{X}, \mathcal{Y}] := \mathcal{X} \circ \mathcal{Y} - \mathcal{Y} \circ \mathcal{X}$$

(vgl. Aufgabe 2). ∎

III.1.3. Satz. *Sei $U \subseteq \mathbb{R}^n$ offen. Dann sind die Operatoren*

$$\frac{\partial}{\partial x_i} : f \mapsto \frac{\partial f}{\partial x_i}$$

Vektorfelder. Ist umgekehrt $\mathcal{X} \in \mathcal{V}(U)$ und sind

$$\omega_i : \mathbb{R}^n \to \mathbb{R}, \qquad x = (x_1, \ldots, x_n) \mapsto x_i$$

die Koordinatenfunktionen, so ist

$$\mathcal{X} = \sum_{i=1}^{n} (\mathcal{X}\omega_i) \frac{\partial}{\partial x_i}.$$

Beweis. Sei $x_0 \in U$, $f \in C^\infty(U)$ und B eine Kugel um x, die vollständig in U enthalten ist. Für $x \in B$ gilt dann

$$\begin{aligned} f(x) = f\big(x_0 + (x - x_0)\big) &= f(x_0) + \int_0^1 \frac{\partial}{\partial t} f\big(x_0 + t(x - x_0)\big)\, dt \\ &= f(x_0) + \sum_{i=1}^{n} \omega_i(x - x_0) \int_0^1 \frac{\partial f}{\partial x_i}\big(x_0 + t(x - x_0)\big)\, dt \\ &= f(x_0) + \sum_{i=1}^{n} \omega_i(x - x_0) g_i(x) \end{aligned}$$

für

$$g_i(x) := \int_0^1 \frac{\partial f}{\partial x_i}\big(x_0 + t(x - x_0)\big)\, dt.$$

Wegen $\omega_i(x - x_0) = \omega_i(x) - \omega_i(x_0)$ folgt daher

$$\mathcal{X} f(x_0) = \sum_{i=1}^{n} \big(g_i(x_0)\mathcal{X}\omega_i(x_0) + \omega_i(x_0 - x_0)\mathcal{X} g_i(x_0)\big) = \sum_{i=1}^{n} \mathcal{X}\omega_i(x_0) \frac{\partial f}{\partial x_i}(x_0),$$

denn jede Derivation verschwindet auf den konstanten Funktionen (Aufgabe 3). ∎

III.1.4. Lemma. *Sei C eine kompakte Teilmenge einer differenzierbaren Mannigfaltigkeit M und V eine offene Teilmenge, die C enthält. Dann existiert $\psi \in C^\infty(M)$ mit*

$$\psi(C) = \{1\} \quad \textit{und} \quad \psi(M \setminus V) = \{0\}.$$

Beweis. Wir nehmen zuerst an, daß $M = \mathbb{R}^n$ ist. Dann ist

$$\delta := \frac{1}{3} \inf\{||x - y|| : x \in C, y \notin V\} > 0.$$

Wir finden nun mit Aufgabe I.2.10 eine nicht-negative, nicht-verschwindende glatte Funktion $\phi_1 \in C^\infty(\mathbb{R})$ mit $\operatorname{supp}(\phi_1) \subseteq [\frac{1}{3}\delta, \frac{2}{3}\delta]$. Wir setzen

$$\phi_2 \colon \mathbb{R}^n \to \mathbb{R}, \qquad x \mapsto \phi_1(||x||).$$

Dann ist $\phi_2 \in C^\infty(\mathbb{R}^n)$ und $\operatorname{supp}(\phi_2) \subseteq \{x \colon \frac{\delta}{3} \leq ||x|| \leq \frac{2\delta}{3}\}$. Nach einer geeigneten Skalierung können wir annehmen, daß $\int_{\mathbb{R}^n} \phi_2(x)\, dx = 1$ ist. Wir setzen nun $\widetilde{C} := \{x \colon \operatorname{dist}(x, C) \leq \delta\}$ (Aufgabe 4.a) und $\widetilde{V} := \{x \colon \operatorname{dist}(x, C) < 2\delta\}$. Dann ist $\widetilde{C} \subseteq \widetilde{V}$ kompakt und mit Aufgabe 4.b) finden wir eine stetige Funktion $\phi_3 \in C(\mathbb{R}^n)$ mit

$$\phi_3(\widetilde{C}) = \{1\} \quad \text{und} \quad \phi_3(\mathbb{R}^n \setminus \widetilde{V}) = \{0\}.$$

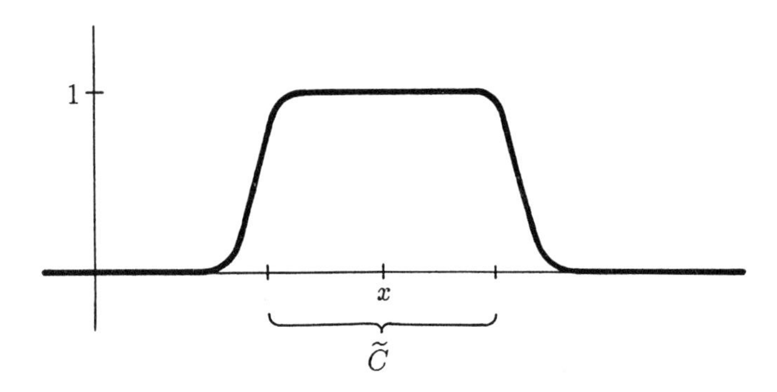

Figur III.1.1

Sei nun

$$\psi := \phi_2 * \phi_3, \qquad x \mapsto \int_{\mathbb{R}^n} \phi_3(x - y)\phi_2(y)\, dy.$$

Nach Aufgabe I.2.11 ist $\psi \in C^\infty(\mathbb{R}^n)$. Für $x \in C$ und $\phi_2(y) \neq 0$ ist $||y|| < \delta$ und daher $\phi_3(x - y) = 1$. Also $\psi(x) = \int_{\mathbb{R}^n} \Phi_2(y)\, dy = 1$. Für $x \notin V$ und $\phi_2(y) \neq 0$ ist $x - y \notin \widetilde{V}$ und folglich $\phi_3(x - y) = 0$. Damit ist $\psi(x) = 0$.

Sei nun M beliebig. Da C kompakt ist, existieren endlich viele Karten (U_α, ϕ_α) von M und kompakte Teilmengen $S_\alpha \subseteq U_\alpha$ mit $C \subseteq \bigcup S_\alpha$ und $\bigcup U_\alpha \subseteq V$. Wie oben gezeigt wurde, existieren Funktionen $F_\alpha \in C^\infty(M)$ mit

$$F_\alpha(S_\alpha) = \{1\} \quad \text{und} \quad F_\alpha(M \setminus U_\alpha) = \{0\}.$$

Die Funktion

$$\phi := 1 - (1 - F_{\alpha_1}) \cdot \ldots \cdot (1 - F_{\alpha_n})$$

hat nun die verlangten Eigenschaften. ∎

III.1.5. Lemma. *Ist* $\mathcal{X} \in \mathcal{V}(M)$, $U \subseteq M$ *offen und* $f \in C^\infty(M)$ *mit* $f(U) = \{0\}$, *so ist*

$$\mathcal{X} f|_U = 0.$$

Beweis. Sei $p \in U$. Nach Lemma III.1.4 finden wir eine Funktion $\phi \in C^\infty(M)$ mit $\phi(p) = 0$ und $\phi(M \setminus U) = \{1\}$. Daher ist $f\phi = f$ und somit

$$\mathcal{X} f(p) = \mathcal{X}(f\phi)(p) = f(p)\mathcal{X}\phi(p) + \phi(p)\mathcal{X} f(p) = 0 + 0 = 0.$$

■

III.1.6. Definition. Eine lineare Selbstabbildung D der Algebra $C_c^\infty(M)$ heißt ein *Differentialoperator*, wenn

$$\operatorname{supp}(Df) \subseteq \operatorname{supp}(f) \qquad \forall f \in C_c^\infty(M).$$

Wir schreiben $\mathcal{D}(M)$ für die Menge der Differentialoperatoren auf M. ■

III.1.7. Korollar.

a) *Ist* $\mathcal{X} \in \mathcal{V}(M)$, *so ist die Einschränkung auf* $C_c^\infty(M)$ *ein Differentialoperator.*

b) $\mathcal{D}(M)$ *ist eine assoziative Algebra.*

Beweis. a) folgt aus Lemma III.1.5 und b) ist klar. ■

III.1.8. Definition. Sei $p \in M$. Wir schreiben $\mathcal{U}(p)$ für die Menge aller Umgebungen von p und setzen

$$I_p := \{f \in C^\infty(M) : (\exists U \in \mathcal{U}(p)) f|_U = 0\}.$$

I_p ist ein Ideal der Algebra $C^\infty(M)$. Der Quotient

$$C_p^\infty(M) := C^\infty(M)/I_p$$

heißt *Algebra der Funktionskeime in* p und

$$\delta_p : C_p^\infty(M) \to \mathbb{R}, \qquad f + I_p \mapsto f(p)$$

der *Auswertungshomomorphismus.* ■

III.1.9. Definition. Sind A, B assoziative $\mathbb{K}$-Algebren und $\delta: A \to B$ ein Homomorphismus, so heißt eine lineare Abbildung $\gamma: A \to B$ eine *δ-Derivation*, wenn

$$\gamma(ab) = \delta(a)\gamma(b) + \gamma(a)\delta(b) \qquad \forall a, b \in A.$$

Wir bezeichnen die Menge der δ-Derivationen mit $\operatorname{der}_\delta(A, B)$. Man beachte, daß $\operatorname{der}(A) = \operatorname{der}_{\operatorname{id}_A}(A, A)$. ■

Ist nun $\mathcal{X} \in \mathcal{V}(M)$, so gilt nach Lemma III.1.5, daß $\mathcal{X}(I_p) \subseteq I_p$ und daher induziert $\mathcal{X}$ eine δ_p-Derivation

$$\mathcal{X}_p \in \operatorname{der}_{\delta_p}\big(C_p^\infty(M), \mathbb{R}\big), \quad f + I_p \mapsto \mathcal{X}f(p).$$

Im folgenden werden wir die vereinfachte Schreibweise

$$\mathcal{X}_p(f) := \mathcal{X}_p(f + I_p)$$

verwenden. Wir benützen die Bezeichnung $\gamma'(t) := d\gamma(t)1$ für differenzierbare Abbildungen $\gamma: I \to \mathbb{R}^n$. Sei $I \subseteq \mathbb{R}$ eine Nullumgebung und $\gamma: I \to M$ eine differenzierbare Kurve mit $\gamma(0) = p$. Dann ist

$$f \mapsto (f \circ \gamma)'(0), \quad C^\infty(M) \to \mathbb{R}$$

eine δ_p-Derivation, die auf I_p verschwindet und daher eine δ_p-Derivation

$$[\gamma]: C_p^\infty(M) \to \mathbb{R}$$

induziert. Sei nun $\Phi: U \to \mathbb{R}^n$ eine Karte von M um p, d.h. $\Phi(p) = 0$ und $\Phi: U \to \Phi(U)$ ist ein Diffeomorphismus. Mit der Kettenregel erhalten wir nun

$$\begin{aligned}(f \circ \gamma)'(0) &= d(f \circ \Phi^{-1})\big(\Phi(p)\big) \circ d(\Phi \circ \gamma)(0)\\ &= d(f \circ \Phi^{-1})\big(\Phi(p)\big) \circ \big(\Phi \circ \gamma)'(0),\end{aligned}$$

wobei $\Phi \circ \gamma$ auf $\gamma^{-1}(U)$ definiert ist. Also hängt $[\gamma]$ nur von dem Tangentialvektor $(\Phi \circ \gamma)'(0)$ an der Stelle 0 an die Kurve $\Phi \circ \gamma$ ab. Ist $v \in \mathbb{R}^n$ und $\widetilde{\gamma}: I \to \mathbb{R}^n$ eine glatte Kurve mit $\widetilde{\gamma}(0) = 0$, und $\widetilde{\gamma}'(0) = v$, so definieren wir

$$\beta(v) := [\Phi^{-1} \circ \widetilde{\gamma}] \in \operatorname{der}_{\delta_p}\big(C_p^\infty(M), \mathbb{R}\big).$$

Mit obiger Rechnung sieht man sofort, daß diese Abbildung linear ist. Um die Injektivität zu zeigen, nehmen wir an, daß $v \neq 0$ ist und $\widetilde{\gamma}'(0) = v$. Dann existiert eine Funktion $\widetilde{f} \in C_c^\infty\big(\Phi(U)\big)$ mit $d\widetilde{f}(0)v = 1$ (Aufgabe 6). Die Funktion $\widetilde{f} \circ \Phi: U \to \mathbb{R}$ läßt sich nun durch 0 zu einer glatten Funktion $f \in C^\infty(M)$ fortsetzen und wir erhalten

$$\beta(v)(f + I_p) = d\widetilde{f}(0)v = 1 \neq 0.$$

Der nächste Schritt ist die Identifikation des Bildes von β.

III.1.10. Lemma. $\beta(\mathbb{R}^n) = \{\mathcal{X}_p : \mathcal{X} \in \mathcal{V}(M)\}$.

Beweis. Wir nehmen zunächst an, daß M eine offene Teilmenge von $\mathbb{R}^n$ und $p = 0$ ist. Sei $f \in C^\infty(M)$. Dann ist

$$\mathcal{X}f(0) = \sum_{i=1}^{n} \mathcal{X}\omega_i(0)\frac{\partial f}{\partial x_i}(0)$$

(Satz III.1.3). Andererseits ist

$$(f \circ \gamma)'(0) = \sum_{i=1}^{n} (\omega_i \circ \gamma)'(0)\frac{\partial f}{\partial x_i}(0)$$

für eine Kurve $\gamma: I \to \mathbb{R}^n$ mit $\gamma(0) = 0$. Da sich jeder Vektor $\big(\mathcal{X}\omega_1(0), ..., \mathcal{X}\omega_n(0)\big)$ als $\gamma'(0)$ für eine glatte Kurve darstellen läßt, ist $\mathcal{X}_p \in \beta(\mathbb{R}^n)$. Sei nun umgekehrt $v = \gamma'(0)$ und $B \subseteq M$ eine Kugel um 0. Wir definieren

$$\widetilde{\mathcal{X}}f(y) := \frac{d}{dt}\Big|_{t=0} f(y + tv) \qquad \forall y \in B.$$

Ist $h \in C^\infty(M)$ mit $h(\frac{1}{2}B) = \{1\}$ und $\operatorname{supp}(h) \subseteq B$ (Lemma III.1.4), so gilt

$$\mathcal{X}: f \mapsto h(\widetilde{\mathcal{X}}f) \in \operatorname{der}\big(C^\infty(M)\big)$$

und $\mathcal{X}_p = \widetilde{\mathcal{X}}_p = \beta(v)$ wegen $\widetilde{\mathcal{X}}f(0) = (f \circ \gamma)'(0)$. Für den Fall, daß M eine offene Teilmenge von $\mathbb{R}^n$ ist, haben wir damit das Lemma bewiesen. Sei nun M wieder beliebig. Wir haben das Lemma natürlich auch für alle offenen Untermannigfaltigkeiten von M bewiesen, die diffeomorph zu einer offenen Teilmenge von $\mathbb{R}^n$ sind. Sei also $p \in M$ und U eine offene Umgebung von p, die diffeomorph zu einer offenen Kugel in $\mathbb{R}^n$ ist. Der Restriktionshomomorphismus

$$f \mapsto f|_U, \quad C^\infty(M) \to C^\infty(U)$$

induziert einen Isomorphismus von $C_p^\infty(M)$ auf $C_p^\infty(U)$. Sei zusätzlich $\phi \in C_c^\infty(U) \subseteq C_c^\infty(M)$ eine Funktion, die auf einer Umgebung von p konstant gleich 1 ist. Ist $\beta(v) = \mathcal{X}_p$ für $\mathcal{X} \in \mathcal{V}(U)$, so läßt sich $\phi\mathcal{X} \in \mathcal{V}(U)$ mit einem Vektorfeld $\widetilde{X}$ auf M identifizieren, für das $\widetilde{\mathcal{X}}_p = \mathcal{X}_p$ ist. Umgekehrt ist $\mathcal{X}_p = (\phi\mathcal{X})_p$ für $\mathcal{X} \in \mathcal{V}(M)$, und $\mathcal{X}$ läßt sich mit einem Vektorfeld auf U identifizieren. Wir finden also auch ein v mit $\beta(v) = (\phi\mathcal{X})_p = \mathcal{X}_p$. ∎

III.1.11. Definition. Die Menge

$$T_p(M) := \{\mathcal{X}_p : \mathcal{X} \in \mathcal{V}(M)\}$$

heißt *Tangentialraum von M im Punkt p*. Die Elemente von $T_p(M)$ heißen *Tangentialvektoren im Punkte p*. ∎

Auf Grund von Lemma III.1.10 können wir den sehr abstrakt definierten Tangentialraum in p, so wie er für Untermannigfaltigkeiten des $\mathbb{R}^n$ definiert war (vgl. Bemerkung I.3.11), mit dem geometrischen Tangentialraum, d.h. der Menge aller Tangentialvektoren an glatte Kurven durch p, identifizieren.

III.1.12. Definition. Seien M und N differenzierbare Mannigfaltigkeiten, $\Phi: M \to N$ glatt, $p \in M$ und $v \in T_p(M)$. Wir definieren

$$d\Phi(p)v := [\Phi \circ \gamma] \in T_{\Phi(p)}(N) \quad \text{für} \quad v = [\gamma].$$

Ist M offen in $\mathbb{R}$, so setzen wir wieder

$$\Phi'(p) := d\Phi(p)1.$$

■

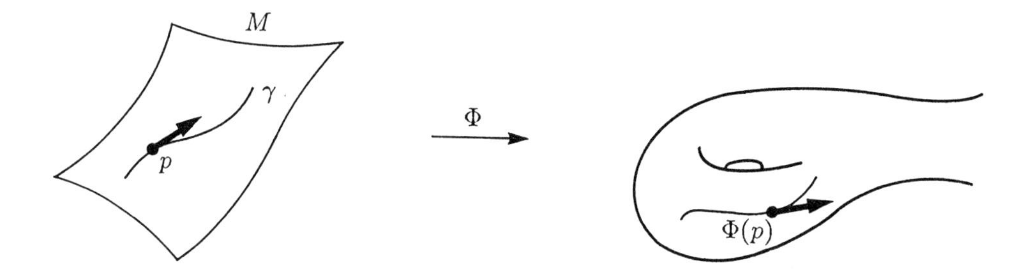

Figur III.1.2

III.1.13. Bemerkung. Ist $M \subseteq \mathbb{R}^n$ offen und $N \subseteq \mathbb{R}^m$, so wird $d\Phi(p)v$ durch die Kurve $\Phi \circ \gamma$ repräsentiert. Deren Ableitung ist aber gerade $d\Phi(p)v$, wobei $d\Phi(p)$ die lineare Abbildung von $T_p(M) = \mathbb{R}^n$ in $T_{\Phi(p)}(N) \subseteq \mathbb{R}^m$ ist, die durch die Jacobi-Matrix von Φ an der Stelle p repräsentiert wird. Die allgemeinere Definition III.1.12 ist also mit der bisherigen konsistent. ■

III.1.14. Satz. (Kettenregel) *Sind $f: M \to N$ und $g: M \to L$ glatte Abbildungen differenzierbarer Mannigfaltigkeiten und $p \in M$, so ist*

$$d(f \circ g)(p) = df\big(g(p)\big) \circ dg(p).$$

Beweis. Ist $v = [\gamma] \in T_p(M)$, so ist

$$d(f \circ g)(p)v = [f \circ g \circ \gamma] = df\big(g(p)\big)[g \circ \gamma] = df\big(g(p)\big) \circ dg(p)[\gamma].$$

■

III.1.15. Lemma. *Sei $v = [\gamma] \in T_p(M)$ und $f \in C^\infty(M)$. Dann gelten folgende Aussagen :*

a) $v = d\gamma(0)1$,

b) $df(p)v = (f \circ \gamma)'(0) = v(f)$ *und*

c) $\mathcal{X} f(p) = df(p)\mathcal{X}_p$ *für* $\mathcal{X} \in \mathcal{V}(M)$.

Beweis. a) Der Tangentialvektor $1 \in T_0(\mathbb{R}) \cong \mathbb{R}$ wird durch die Kurve $\mathrm{id}_{\mathbb{R}}$ repräsentiert. Also ist

$$d\gamma(0)1 = [\gamma \circ \mathrm{id}_{\mathbb{R}}] = [\gamma] = v.$$

b) Durch Einsetzen der Definitionen erhalten wir mit a) und Satz III.1.14, daß

$$\begin{aligned} v(f) &= [\gamma](f) = (f \circ \gamma)'(0) \\ &= d(f \circ \gamma)(0)1 = df(p)d\gamma(0)1 = df(p)v. \end{aligned}$$

c) Folgt direkt aus b) und der Definition von $\mathcal{X}_p$. ∎

Differentialgleichungen und Integralkurven

III.1.16. Definition. Sei M eine differenzierbare Mannigfaltigkeit. Unter einem *lokalen Fluß* auf M versteht man eine glatte Abbildung

$$\Phi: A \to M,$$

einer $\{0\} \times M$ enthaltenden offenen Teilmenge $A \subseteq \mathbb{R} \times M$, so daß für jedes $x \in M$ der Durchschnitt $I_x := A \cap (\mathbb{R} \times \{x\})$ ein Intervall ist und folgende Beziehungen gelten :

$$\Phi(0, x) = x \quad \text{und} \quad \Phi(t, \Phi(s, x)) = \Phi(t + s, x)$$

für alle t, s, x für die beide Seiten erklärt sind. Die Abbildungen

$$\alpha_x: I_x \to M, \qquad t \mapsto \Phi(t, x)$$

heißen *Flußlinien.* Der Fluß Φ heißt *global,* wenn $A = \mathbb{R} \times M$ ist. ∎

III.1.17. Lemma. *Ist $\Phi: A \to M$ ein lokaler Fluß, so wird durch*

$$\mathcal{X}^\Phi: f \mapsto \left.\frac{d}{dt}\right|_{t=0} f(\Phi(x, t))$$

ein Vektorfeld mit $\mathcal{X}_x^\Phi = \alpha_x'(0)$ erklärt. Es heißt das Geschwindigkeitsfeld des lokalen Flusses.

Beweis. Klar. ∎

III.1.18. Definition. Sei $\mathcal{X} \in \mathcal{V}(M)$ und $I \subseteq \mathbb{R}$ ein offenes Intervall, das die 0 enthält. Eine glatte Abbildung $\gamma: I \to M$ heißt *Integralkurve* von $\mathcal{X}$, wenn

$$\gamma'(t) = \mathcal{X}_{\gamma(t)} \qquad \forall t \in I.$$

∎

III.1.19. Korollar. *Ist $\Phi: A \to M$ ein Fluß auf M, so sind die Flußlinien Integralkurven des Vektorfeldes $\mathcal{X}^\Phi$.*

Beweis. Sei $\alpha_x: I_x \to M$ eine Flußlinie und $s \in I_x$. Für hinreichend kleine $t \in \mathbb{R}$ gilt dann

$$\alpha_x(s+t) = \Phi(s+t, x) = \Phi\big(t, \Phi(s,x)\big) = \Phi\big(t, \alpha_x(s)\big)$$

und daher ist

$$\alpha_x'(s) = \mathcal{X}^\Phi_{\alpha_x(s)}.$$

∎

III.1.20. Definition. Eine Vektorfeld $\mathcal{X}$ auf einer analytischen Mannigfaltigkeit M heißt *analytisch*, wenn für jede offene Teilmenge $U \subseteq M$ die Beziehung

$$\mathcal{X} C^\omega(U) \subseteq C^\omega(U)$$

gilt. Wir schreiben $\mathcal{V}^\omega(M)$ für die Menge der analytischen Vektorfelder auf M. ∎

Viel wichtiger als Korollar III.1.19 ist seine Umkehrung.

III.1.21. Satz. *Jedes Vektorfeld $\mathcal{X}$ auf einer differenzierbaren Mannigfaltigkeit M ist Geschwindigkeitsfeld genau eines maximalen lokalen Flußes. Ist M analytisch und $\mathcal{X}$ ein analytisches Vektorfeld auf M, so ist auch der Fluß analytisch.*

Beweis. Mit dem Existenz- und Eindeutigkeitssatz für gewöhnliche Differentialgleichungen in offenen Mengen des $\mathbb{R}^n$ erhalten wir mittels einer Karte für jeden Punkt $x \in M$ eine Integralkurve $\gamma_x: I \to M$ von $\mathcal{X}$ mit $\gamma_x(0) = x$, wobei I eine offenes Intervall in $\mathbb{R}$ ist, das 0 enthält. Sei $\alpha_x: J \to M$ eine andere Integralkurve von $\mathcal{X}$ mit $\alpha_x(0) = 0$ und $L := I \cap J$. Dann ist L ist ein offenes Intervall, das 0 enthält. Aus der Stetigkeit beider Kurven folgt, daß $\{t \in L: \alpha_x(t) = \gamma_x(t)\}$ abgeschlossen ist. Diese Menge enthält 0 und aus dem Eindeutigkeitssatz erhält man sofort, daß diese Menge auch offen ist. Nun folgt aus dem Zusammenhang von L, daß α_x und γ_x auf L übereinstimmen. Daher existiert ein maximales Intervall I_x, die Vereinigung aller Definitionsbereiche von Integralkurven α durch x mit $\alpha(0) = x$, auf dem eine Integralkurve $\alpha_x: I_x \to M$ definiert ist. Wir setzen

$$A := \bigcup_{x \in M} I_x \times \{x\} \quad \text{und} \quad \Phi(t,x) := \alpha_x(t) \quad \forall (t,x) \in A.$$

Sind $(s,x), (t, \Phi(s,x))$ und $(s+t,x) \in A$, so folgt die Beziehung

$$\Phi(s+t,x) = \Phi(t, \Phi(s,x))$$

daraus, daß die beiden Kurven

$$t \mapsto \Phi(t+s,x) \quad \text{und} \quad t \mapsto \Phi(t, \Phi(s,x))$$

beide Integralkurven von $\mathcal{X}$ mit dem Anfangswert $\Phi(s,x)$ sind und daher übereinstimmen. Daß der Fluß maximal ist, folgt aus der Maximalität der Integralkurven.

Der lokale Existenzsatz liefert sogar zu jedem $x \in M$ eine zu einem offenen Würfel diffeomorphe Umgebung U_x und ein $\varepsilon_x > 0$, sowie eine glatte Abbildung

$$\phi_x \colon]-\varepsilon_x, \varepsilon_x[\times U_x \to M$$

mit $\frac{d}{dt}\Big|_{t=s} \phi_x(t,x) = \mathcal{X}_{\phi_x(s,x)}$. Also ist $]-\varepsilon_x, \varepsilon_x[\times U_x \subseteq A$ und die Einschränkung von Φ auf diese Menge, die wegen der Eindeutigkeit mit ϕ_x übereinstimmt, ist glatt. Damit haben wir eine Umgebung von $\{0\} \times M$ in A auf der Φ glatt ist. Sei nun J_x die Menge aller $t \in \mathbb{R}^+$, so daß A noch eine Umgebung von $[0,t] \times \{x\}$ enthält, auf der Φ glatt ist.

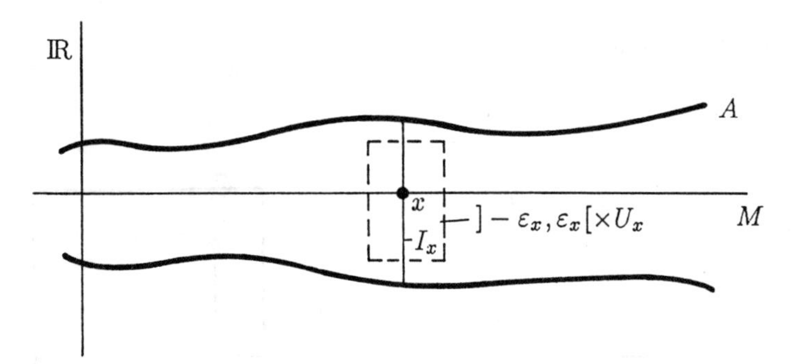

Figur III.1.3

Nach Definition ist J_x offen und wegen $0 \in J_x$ nicht leer. Wir zeigen, daß $J_x = I_x \cap \mathbb{R}^+$ ist. Damit ist dann gezeigt, daß A offen ist, denn man kann ja das gleiche Argument für $I_x \cap \mathbb{R}^-$ verwenden. Wir nehmen das Gegenteil an und finden daher ein minimales $\tau \in I_x \cap \mathbb{R}^+ \setminus J_x$, da dieses Intervall abgeschlossen ist. Setze $p := \Phi(\tau, x)$ und $I \times W \subseteq A$, wobei W eine Umgebung von p und $I =]-2\varepsilon, 2\varepsilon[$ eine Nullumgebung ist, so daß $2\varepsilon < \tau$ ist und $\phi_p : I \times W \to M$ definiert ist. Nach Voraussetzung existiert eine Umgebung U von x, so daß $[0, \tau - \varepsilon] \times U \subseteq A$ und Φ auf dieser Menge glatt ist. Auf U betrachten wir die Abbildung $\Phi_{\tau-\varepsilon} \colon U \to M, \quad u \mapsto \Phi(\tau - \varepsilon, u)$. Wendet man den Eindeutigkeitssatz auf das Vektorfeld $-\mathcal{X}$ an, so sieht man, daß diese Abbildung injektiv ist, denn ist $\alpha_x \colon I_x \to M$ eine

Integralkurve von $\mathcal{X}$, so ist $t \mapsto \alpha_x(-t)$ eine Integralkurve von $-\mathcal{X}$ und umgekehrt. Wäre also $\Phi_{\tau-\varepsilon}(a) = \Phi_{\tau-\varepsilon}(b) = c$, so würden zwei Integralkurven α_c und β_c von $-\mathcal{X}$ mit $a = \alpha_c(\tau - \varepsilon)$ und $b = \beta_c(\tau - \varepsilon)$ existieren. Das widerspricht dem Eindeutigkeitssatz (siehe oben).

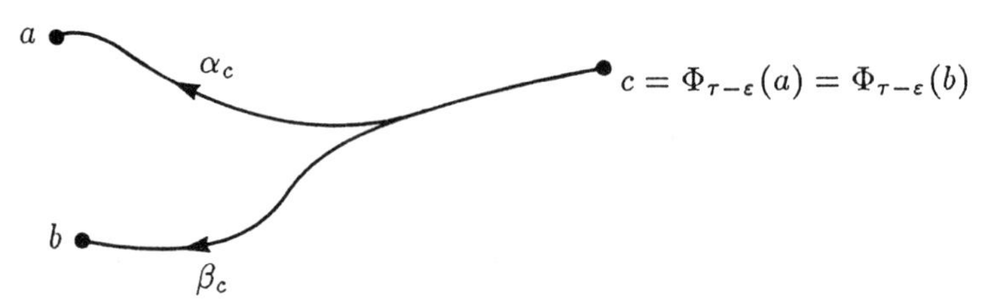

Figur III.1.4

Wir definieren nun

$$U' := \Phi_{\tau-\varepsilon}^{-1}\big(\phi_p(-\varepsilon, W)\big).$$

Dann ist $[0, \tau + \varepsilon] \times U'$ eine Umgebung von $[0, \tau + \varepsilon] \times \{x\}$ in A und Φ ist glatt auf dieser Umgebung, denn die Abbildung

$$]\tau - 2\varepsilon, \tau + 2\varepsilon[\times U' \to M, \quad (t, y) \mapsto \phi_p\big(t - \tau, \Phi(\tau, y)\big)$$

setzt die Integralkurven von $\mathcal{X}$ richtig fort.

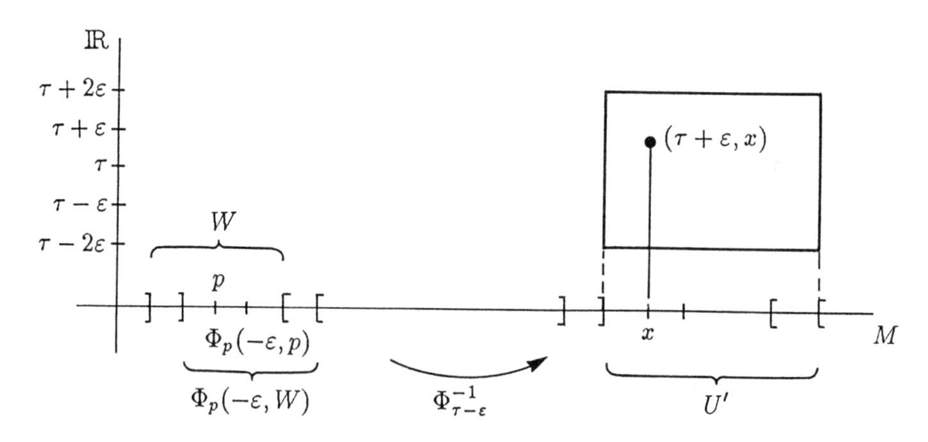

Figur III.1.5

Damit ist $\tau \in J_x$, ein Widerspruch. Hiermit ist die Offenheit von A und die Differenzierbarkeit von Φ gezeigt. Die Eindeutigkeit des Flußes folgt aus der Eindeutigkeit der Integralkurven. Für die Analytizität des Flußes verweisen wir auf [Di85], 10.8.1, 10.8.2. Die wesentliche Idee im Beweis ist, die Differentialgleichung lokal als eine komplexe Differentialgleichung zu interpretieren, indem man in die auftretenden Potenzreihen komplexe Zahlen einsetzt. Dann bekommt man aus der Differenzierbarkeit des Flusses lokal die Holomorphie und durch Einschränkung die reelle Analytizität. ■

III.1.22. Definition. Sei M eine analytische Mannigfaltigkeit, V ein endlichdimensionaler Vektorraum und $\Psi: V \to \mathcal{V}^\omega(M)$. Die Abbildung Ψ heißt *analytisch*, wenn für jede offene Teilmenge $U \subseteq M$ und jede analytische Funktion f auf U die Abbildung

$$V \times U \to \mathbb{R}, \qquad (u, x) \mapsto \Psi_u(f)(x)$$

analytisch ist. ■

III.1.23. Satz. *Seien M, V und Ψ wie in* Definition III.1.22 *gegeben und Ψ sei analytisch. Dann existiert zu jedem Punkte $p \in M$ eine offene Umgebung I von 0 in $\mathbb{R}$, eine offene Umgebung V' von 0 in V und eine analytische Abbildung $\Phi: I \times V' \to M$, so daß für jedes $v' \in V'$ die Abbildung $\Phi_v: I \to M, t \mapsto \Phi(t, v)$, eine Integralkurve von $\Psi(v)$ mit dem Anfangswert p ist.*

Beweis. Die Aussage des Satzes ist lokal, man kann also annehmen, daß M offen in $\mathbb{R}^n$ ist. Die Behauptung folgt nun mit Satz III.1.3 aus [Di85], 10.7.5, da die Funktionen $(u, x) \mapsto \big(\Psi(u)\omega_i\big)(x), i = 1, \ldots, n$ analytisch sind. ■

III.1.24. Satz. (Taylorscher Satz) *Ist M eine analytische Mannigfaltigkeit, $p \in M$, $f \in C^\omega(M)$, $\mathcal{X} \in \mathcal{V}^\omega(M)$ und $\gamma: I \to M$ eine Integralkurve von $\mathcal{X}$ mit $\gamma(0) = 0$, so existiert ein $\varepsilon > 0$ mit*

$$f\big(\gamma(t)\big) = \sum_{\nu=0}^{\infty} \frac{t^\nu}{\nu!} (\mathcal{X}^\nu f)(0) \quad \textit{für} \quad |t| < \varepsilon.$$

Beweis. Die Funktion $f \circ \gamma: I \to \mathbb{R}$ ist analytisch mit

$$(f \circ \gamma)'(t) = df\big(\gamma(t)\big) \circ \gamma'(t) = df\big(\gamma(t)\big) \circ \mathcal{X}\big(\gamma(t)\big) = \mathcal{X} f\big(\gamma(t)\big).$$

Induktiv erhalten wir, daß $(f \circ \gamma)^{(n)} = \mathcal{X}^n f$, und mit dem Taylorschen Satz für reelle analytische Funktionen folgt nun die Behauptung. ■

III.1.25. Satz. *Sei M eine zusammenhängende analytische Mannigfaltigkeit und $f \in C^\omega(M)$. Existiert eine offene Menge $U \subseteq M$ auf der f verschwindet, so ist $f = 0$.*

Beweis. Sei N das Innere der Menge $f^{-1}(0)$. Dies ist eine offene Teilmenge von M, die U enthält. Da M zusammenhängend ist, reicht es also zu zeigen, daß N auch abgeschlossen ist. Sei dazu $x \in \overline{N}$, $V \subseteq \mathbb{R}^n$ eine Nullumgebung und $\alpha: V \to M$ eine analytische Karte mit $\alpha(0) = x$. Dann ist $h := f \circ \alpha \in C^\omega(V)$ und verschwindet auf der offenen Teilmenge $W := \alpha^{-1}(N) \subseteq V$. Wir haben zu zeigen, daß h auf einer Nullumgebung verschwindet. Auf W verschwinden alle partiellen Ableitungen von h und damit natürlich auch in $0 \in \overline{W}$, da es sich hierbei um stetige Funktionen handelt. Gemäß der Definition einer analytische Funktion gilt

$$h(x) = h(x_1, ..., x_n) = \sum_{\nu_i \in \mathbb{N}} \frac{1}{\nu_1! ... \nu_n!} \frac{\partial^{\nu_1 + ... + \nu_n} h}{\partial x_1^{\nu_1} ... \partial x_n^{\nu_n}}(0) x_1^{\nu_1} \cdot ... \cdot x_n^{\nu_n}$$

auf einer hinreichend kleinen Nullumgebung in V. Also verschindet h auf einer Nullumgebung. ∎

Übungsaufgaben zum Abschnitt III.1

1. Sei A eine kommutative assoziative Algebra. Dann wird $\operatorname{der}(A)$ mittels

$$A \times \operatorname{der}(A) \to A, \qquad (a, D) \mapsto aD \colon \big(b \mapsto a(Db)\big)$$

zu einem A-Modul.

2. Sei A eine, eventuell nicht assoziative, Algebra. Dann wird $\operatorname{der}(A)$ mittels

$$[D_1, D_2] := D_1 \circ D_2 - D_2 \circ D_1$$

zu einer Lie-Algebra.

3. Sei D eine Derivation der Algebra A und $\mathbf{1}$ deren Einselement. Dann ist $D\mathbf{1} = 0$.

4. Sei (M, d) ein metrischer Raum.

a) Für eine Teilmenge $A \subseteq M$ und $x \in M$ setzen wir

$$\operatorname{dist}_A(x) := \inf\{d(x, y) \colon y \in A\}.$$

Zeige, daß diese Funktion gleichmäßig stetig ist.

b) Sei nun $C \subseteq M$ kompakt und $F \subseteq M$ abgeschlossen mit $C \cap F = \emptyset$. Dann existiert eine stetige Funktion

$$f \colon M \to \mathbb{R}^+ \quad \text{mit} \quad f|_C = 1 \quad \text{und} \quad f|_F = 0.$$

Hinweis: Setze $f := \frac{\operatorname{dist}_F}{\operatorname{dist}_F + \operatorname{dist}_C}$.

Zu dieser Aufgabe vergleiche man auch den Satz von Urysohn (Satz A.42), der die entsprechende Aussage für lokalkompakte Räume liefert, aber wesentlich schwieriger zu beweisen ist. Obige Aussage ist allerdings auch keine direkte Folgerung von Satz A.42, da nicht jeder metrische Raum lokalkompakt ist (z.B. $\mathbb{Q} \subseteq \mathbb{R}$).

5. Sei $\delta: A \to B$ ein Homomorphismus von $\mathbb{K}$-Algebren und $D \in \operatorname{der}(A)$. Dann ist $\delta \circ D \in \operatorname{der}_\delta(A, B)$.

6. Sei $U \subseteq \mathbb{R}^n$ eine Nullumgebung und $\omega \in (\mathbb{R}^n)^*$. Dann existiert eine glatte Funktion f mit kompaktem Träger in U, so daß

$$\langle \omega, x \rangle = \langle df(0), x \rangle \qquad \forall x \in \mathbb{R}^n.$$

Hinweis: Man wähle zuerst eine glatte Funktion ϕ mit kompaktem Träger in U, die auf einer Nullumgebung konstant 1 ist und setze $f := \phi\omega, x \mapsto \phi(x)\langle \omega, x \rangle$.

7. Zeige, daß sich jeder Differentialoperator $D: C_c^\infty(M) \to C_c^\infty(M)$ auf eindeutige Weise zu einer linearen Selbstabbildung $\widetilde{D}: C^\infty(M) \to C^\infty(M)$ fortsetzen läßt. Hinweis: Ist $f \in C^\infty(M)$, $x \in M$ und $h \in C_c^\infty(M)$ konstant 1 in einer Umgebung von x, so setze man $\widetilde{D}f(x) := D(hf)(x)$.

8. a) Sei V ein endlichdimensionaler Vektorraum, $F \subseteq V$ ein Untervektorraum, M eine zusammenhängende analytische Mannigfaltigkeit und $f: M \to V$ eine analytische Abbildung. Existiert eine nicht-eere offene Teilmenge $U \subseteq M$, so daß $f(U) \subseteq F$ ist, so ist sogar $f(M) \subseteq F$. Hinweis: Satz III.1.25.
b) Sei $f: M \to N$ eine analytische Abbildung analytischer Mannigfaltigkeiten, M zusammenhängend und $F \subseteq N$ eine abgeschlossene Untermannigfaltigkeit, d.h. um jeden Punkt $x \in N$ existiert eine Karte $\alpha: U \to \mathbb{R}^n$, so daß $\alpha(N \cap U)$ eine Untermannigfaltigkeit des $\mathbb{R}^n$ ist (Definition I.3.7). Existiert eine offene Teilmenge $U \subseteq M$, so daß $f(U) \subseteq F$ ist, so ist sogar $f(M) \subseteq F$. Hinweis: Man wende a) lokal an um zu zeigen, daß $f^{-1}(F)$ offen und abgeschlossen in M ist.

9. Sei $f: M \to N$ eine glatte Abbildung differenzierbarer Mannigfaltigkeiten und $x \in M$. Ist $df(x): T_x(M) \to T_{f(x)}(N)$ surjektiv, so ist $f(M)$ eine Umgebung von $f(x)$. Hinweis: Man reduziere das Problem auf den Fall $M \subseteq \mathbb{R}^n, N \subseteq \mathbb{R}^m$ und $f(0) = 0$. Man wähle nun konstante Vektorfelder $\frac{\partial}{\partial x_j}, j = 1, \ldots, k$ auf M so, daß die Bilder in 0 den $\mathbb{R}^k$ aufspannen. Dann ist aber die Einschränkung von f auf die von obigen Vektoren aufgespannte Ebene ein lokaler Diffeomorphismus.

10. Sei $M = \mathbb{R}^n$. Für eine lineare Abbildung $A \in \mathrm{M}(n, \mathbb{R})$ und $b \in \mathbb{R}^n$ definiere man das Vektorfeld

$$\mathcal{X}_{A,b}(x) := Ax + b.$$

Man berechne den Fluß $\Phi: \mathbb{R} \times \mathbb{R}^n \to \mathbb{R}^n$ dieses Vektorfeldes und die Lie-Klammer $[\mathcal{X}_{A,b}, \mathcal{X}_{B,b}]$. Hinweis: Für jedes $t \in \mathbb{R}$ ist die Abbildung Φ_t wieder affin und der Translationsanteil ist $\frac{e^{tA}-\mathbf{1}}{A} b$.

§2 Die Lie-Algebra und die Exponentialfunktion

Dieser Abschnitt besteht durchweg aus Analysis. Wir stellen die Grundelemente der Lieschen Theorie zusammen: Die Exponentialfunktion, den Satz von Yamabe, den Satz über abgeschlossene Untergruppen und den Satz über die lokale Linearität von Lie-Gruppen. Der Satz über die Existenz von Gruppen-Homomorphismen einfach zusammenhängender Gruppen zu vorgegebenen Lie-Algebra-Homomorphismen wurde schon in §I.9 bewiesen und steht uns durch die lokale Linearität auch zur Verfügung. Diese Werkzeuge werden es im folgenden erlauben, die Struktur der Lieschen Gruppen weitgehend über ihre Lie-Algebren zu untersuchen, die in einem gewissen Sinne zugänglichere Objekte sind.

Bevor wir zu diesen Resultaten kommen, werden wir die in §III.1 entwickelte Differentialgeometrie verwenden, um die Lie-Algebra einer Lieschen Gruppe zu definieren. Dann müssen wir uns überlegen, daß diese Definition mit der bisherigen für lokal lineare Gruppen konsistent ist, um das erste Teilziel, nämlich die lokale Linearität der Lie-Gruppen, zu erreichen. Damit stehen uns die Resultate aus Kapitel I für allgemeine Lie-Gruppen zur Verfügung.

Das Hauptwerkzeug hierzu ist der Satz von Ado aus Kapitel II, der zu jeder endlichdimensionalen Lie-Algebra auch eine treue endlichdimensionale Darstellung liefert. Der Bogen von den allgemeinen Lie-Gruppen zu den linearen bzw. lokal linearen Lie-Gruppen wird also über die jeweiligen Lie-Algebren geschlagen, und der Satz von Ado stellt die Verbindung her.

III.2.1. Definition. Ein Differentialoperator D auf G heißt *invariant*, (genauer linksinvariant), wenn für $f \in C_c^\infty(G)$ und $g \in G$ die Beziehung

$$D(f \circ \lambda_g) = Df \circ \lambda_g$$

gilt. Hierbei bezeichnet $\lambda_g : x \mapsto gx, G \to G$ die Linksmultiplikation mit g. Wir schreiben $\mathcal{D}_0(G)$ für die Menge der invarianten Differentialoperatoren auf G. ■

III.2.2. Definition. Wir setzen

$$\mathcal{V}_0(G) := \mathcal{V}(G) \cap \mathcal{D}_0(G)$$

und schreiben $\mathcal{U}(G)$ für die Unteralgebra von $\mathcal{D}(G)$, die von $\mathcal{V}_0(G)$ erzeugt wird.■

III.2.3. Satz. *$\mathcal{U}(G) \subseteq \mathcal{D}_0(G)$ sind Unteralgebren von $\mathcal{D}(G)$ und $\mathcal{V}_0(G)$ ist eine Lie-Unteralgebra von $\mathcal{V}(G)$.*

Beweis. Für $D_1, D_2 \in \mathcal{D}_0(G)$, $g \in \lambda_g$ und $f \in C_c^\infty(G)$ ist

$$(D_1D_2)(f \circ \lambda_g) = D_1\big(D_2(f \circ \lambda_g)\big) = D_1\big(D_2(f) \circ \lambda_g\big) = D_1D_2(f) \circ \lambda_g.$$

Da $\mathcal{V}(G)$ eine Lie-Unteralgebra und $\mathcal{D}_0(G)$ eine Unteralgebra von $\mathcal{D}(G)$ ist, ist auch $\mathcal{V}_0(G)$ eine Lie-Unteralgebra von $\mathcal{D}(G)$ bzw. $\mathcal{V}(G)$. ■

III.2.4. Satz. *Für* $\mathcal{X} \in \mathcal{V}_0(G)$ *ist*

$$\mathcal{X}_g = d\lambda_g(\mathbf{1})\mathcal{X}_{\mathbf{1}}.$$

Die Abbildung

$$\alpha: \mathcal{X} \to \mathcal{X}_{\mathbf{1}}, \quad \mathcal{V}_0(G) \to T_{\mathbf{1}}(G)$$

ist ein linearer Isomorphismus und $\mathcal{V}_0(G) \subseteq \mathcal{V}^\omega(G)$.

Beweis. Für $f \in C^\infty(G)$ gilt nach Lemma III.1.15, daß

$$\begin{aligned}\mathcal{X}_g(f) &= df(g)\mathcal{X}_g = \mathcal{X}f(g) = \mathcal{X}f \circ \lambda_g(\mathbf{1})\\ &= \mathcal{X}(f \circ \lambda_g)(\mathbf{1}) = d(f \circ \lambda_g)(\mathbf{1})\mathcal{X}_{\mathbf{1}}\\ &= df(g)d\lambda_g(\mathbf{1})\mathcal{X}_{\mathbf{1}} = (d\lambda_g(\mathbf{1})\mathcal{X}_{\mathbf{1}})(f).\end{aligned}$$

Also ist $\mathcal{X}_g = d\lambda_g(\mathbf{1})\mathcal{X}_{\mathbf{1}}$. Ist $\alpha(\mathcal{X}) = 0$, so folgt aus dieser Formel, daß $\mathcal{X}_g$ für alle $g \in G$ verschwindet. Folglich ist $\mathcal{X} = 0$ (Lemma III.1.15). Es bleibt die Surjektivität zu zeigen. Sei dazu $v = [\gamma] \in T_{\mathbf{1}}(G)$ für eine analytische Kurve $\gamma: I \to G$ mit $\gamma(0) = \mathbf{1}$. Wir definieren

$$(\mathcal{X}f)(g) := v(f \circ \lambda_g) = (f \circ \lambda_g \circ \gamma)'(0) \qquad \forall g \in U, f \in C^\infty(U).$$

Diese Funktion ist glatt, da die Abbildung

$$(g,t) \mapsto f \circ \lambda_g \circ \gamma(t) = f\big(g\gamma(t)\big), \quad U \times G \to \mathbb{R}$$

glatt ist. Ist f sogar analytisch, so gilt dies auch für $\mathcal{X}f$. Somit ist $\mathcal{X} \in \mathcal{V}^\omega(G)$ mit $\mathcal{X}_{\mathbf{1}} = v$. Für $g' \in G$ erhalten wir

$$\mathcal{X}(f \circ \lambda_{g'})(g) = (f \circ \lambda_{g'} \circ \lambda_g \circ \gamma)'(0) = (f \circ \lambda_{g'g} \circ \gamma)'(0) = \mathcal{X}f \circ \lambda_{g'}(g).$$

Also ist $\mathcal{X}$ sogar invariant. Da sich alle invarianten Vektorfelder auf diese Art und Weise darstellen lassen, sind sie auch alle analytisch. ∎

III.2.5. Bemerkung. Wir definieren die *Lie-Algebra* $\mathbf{L}(G)$ *der Gruppe* G als die Menge $T_{\mathbf{1}}(G)$ versehen mit der durch

$$[X,Y] := \alpha[\alpha^{-1}(X), \alpha^{-1}(Y)] \qquad \forall X, Y \in T_{\mathbf{1}}(G)$$

definierten Struktur einer Lie-Algebra. ∎

III.2.6. Definition. Eine Vektorfeld $\mathcal{X}$ heißt *vollständig*, wenn der zugehörige maximale Fluß global ist. ∎

III.2.7. Satz. *Jedes invariante Vektorfeld $\mathcal{X}$ auf G ist vollständig.*

Beweis. Sei $g \in G$ und $\gamma: I \to G$ eine maximale Integralkurve von $\mathcal{X}$ mit $\gamma(0) = g$. Ist $t \in I \cap]0, \infty[$, so ist

$$s \mapsto \eta(s) := \gamma(t)g^{-1}\gamma(s), \quad I \to G$$

eine differenzierbare Kurve mit

$$\begin{aligned}\eta'(s) &= d\lambda_{\gamma(t)g^{-1}}\big(\gamma(s)\big)\gamma'(s) = d\lambda_{\gamma(t)g^{-1}}\big(\gamma(s)\big)\mathcal{X}_{\gamma(s)} \\ &= \mathcal{X}_{\gamma(t)g^{-1}\gamma(s)} = \mathcal{X}_{\eta(s)}\end{aligned}$$

und $\eta(0) = \gamma(t)$. Also existiert auf I eine Integralkurve von $\mathcal{X}$, die bei $\gamma(t)$ startet. Das ist aber nur möglich, wenn $I \cap \mathbb{R}^+ = \mathbb{R}^+$ ist. Entsprechend zeigt man $I \cap \mathbb{R}^- = \mathbb{R}^-$. ∎

III.2.8. Definition. Für $X = \mathcal{X}_{\mathbf{1}} \in \mathbf{L}(G)$ setzen wir

$$\exp(X) := \gamma_{\mathcal{X}}(\mathbf{1}),$$

wobei $\gamma_{\mathcal{X}}$ eine Integralkurve von $\mathcal{X}$ mit $\gamma_{\mathcal{X}}(0) = \mathbf{1}$ ist. ∎

III.2.9. Lemma.

a) *Die Kurve*

$$t \mapsto \exp(tX), \quad \mathbb{R} \to G$$

ist die Integralkurve des invarianten Vektorfeldes $\mathcal{X} \in \mathcal{V}_0(G)$ mit $\mathcal{X}_{\mathbf{1}} = X$, die in $\mathbf{1}$ startet. Insbesondere ist $d\exp(0)X = X$.

b) *Der Fluß des Vektorfeldes $\mathcal{X}$ ist gegeben durch*

$$\mathbb{R} \times G \to G, \qquad (t, g) \mapsto g\exp(tX).$$

c) $\exp: \mathbb{R} \to G$ *ist ein analytischer Homomorphismus von Lie-Gruppen.*

Beweis. a) Das folgt sofort aus der Relation

$$\exp(tX) = \gamma_{t\mathcal{X}}(1) = \gamma_{\mathcal{X}}(t) \qquad \forall t \in \mathbb{R}.$$

b) Für $g \in G$ haben wir nach a), daß

$$\left.\frac{d}{dt}\right|_{t=0} g\exp(tX) = d\lambda_g(\mathbf{1})X = \mathcal{X}_g.$$

c) Die Analytizität folgt aus Satz III.1.21 und a). Da die Abbildung $\Phi: \mathbb{R} \times G \to G, (t, g) \mapsto g\exp(tX)$ der Fluß eines Vektorfeldes ist, folgt

$$\exp(tX)\exp(sX) = \Phi(s, \exp(tX)) = \Phi(s, \Phi(t, \mathbf{1})) = \Phi(s + t, \mathbf{1}) = \exp\big((t + s)X\big).$$

Wegen $\exp(0X) = \mathbf{1}$ ist $t \mapsto \exp(tX)$ ein Gruppenhomomorphismus. ∎

III.2.10. Korollar. *Die Abbildung* $\exp: \mathbf{L}(G) \to G$ *ist eine analytische Abbildung und bildet eine hinreichend kleine Umgebung der* 0 *in* $\mathbf{L}(G)$ *diffeomorph auf eine Einsumgebung in* G *ab.*

Beweis. Sei $U \subseteq G$ offen, $f \in C^\omega(U)$. Für jedes $X = \mathcal{X}_\mathbf{1} \in T_\mathbf{1}(G)$ ist die Abbildung

$$g \mapsto df(g)d\lambda_g(\mathbf{1})X = \mathcal{X}f(g), \quad U \to \mathbb{R}$$

analytisch. Also ist $g \mapsto df(g)d\lambda_g(\mathbf{1}), U \to \mathbf{L}(G)^\wedge$ analytisch. Damit ist aber auch

$$(X,g) \mapsto \alpha^{-1}(X)f(g) = df(g)d\lambda_g(\mathbf{1})X, \quad \mathbf{L}(G) \times U \to \mathbb{R}$$

analytisch. Nach Satz III.1.23 und Lemma III.2.9 finden wir ein offenes Intervall $I \subseteq \mathbb{R}$, das 0 enthält, und eine Nullumgebung $U \subseteq \mathbf{L}(G)$, so daß die Abbildung

$$\Phi: U \times I \to G, \quad (X,t) \mapsto \exp(tX)$$

analytisch ist. Für ein hinreichend großes $n \in \mathbb{N}$ ist $\frac{1}{n} \in I \cap -I$. Also ist die Abbildung

$$\exp|_U: U \to G, \qquad X \mapsto \exp(\frac{1}{n}X)^n$$

analytisch. Sei nun $X_0 \in \mathbf{L}(G)$ und $\frac{1}{m}X_0 \in U$. Wegen $\exp(Y) = \exp(\frac{1}{m}Y)^m$ für $Y \in mU$ ist exp auch auf mU und damit in einer Umgebung von X_0 analytisch.

Darüber hinaus haben wir für $X = \mathcal{X}_\mathbf{1}$, daß

$$d\exp(0)X = \frac{d}{dt}\bigg|_{t=0} \exp(tX) = X$$

(Lemma III.2.9). Also ist $d\exp(0) = \mathrm{id}_{\mathbf{L}(G)}$ und der Rest folgt aus dem Satz vom lokalen Inversen. ∎

III.2.11. Lemma. (Taylorscher Satz) *Ist* $f \in C^\omega(G)$, $g \in G$ *und* $X \in \mathbf{L}(G)$, *so gilt für hinreichend kleine* t, *daß*

$$f\big(g\exp(tX)\big) = \big(\exp(t\mathcal{X})f\big)(g) := \sum_{\nu=0}^{\infty} \frac{1}{\nu!}t^\nu (\mathcal{X}^\nu f)(g).$$

Beweis. Lemma III.2.9 und Satz III.1.24. ∎

III.2.12. Lemma. (Kanonische Koordinaten) *Sei* $\mathcal{B} := \{X_1, ..., X_n\}$ *eine Basis von* $\mathbf{L}(G)$. *Dann sind folgende Abbildungen lokale Diffeomorphismen um* 0:

i) $x_1X_1 + ... + x_nX_n \mapsto \exp(x_1X_1 + ... + x_nX_n)$ (Kanonische Koordinaten 1. Art), und

ii) $x_1X_1 + \ldots + x_nX_n \mapsto \exp(x_1X_1) \cdot \ldots \cdot \exp(x_nX_n)$ (Kanonische Koordinaten 2. Art).

Beweis. i) Korollar III.2.10.
ii) Mit Aufgabe 1) ergibt sich induktiv, daß die Abbildung

$$\Phi: x_1X_1 + \ldots + x_nX_n \mapsto \exp(x_1X_1) \cdot \ldots \cdot \exp(x_nX_n)$$

in 0 die Ableitung $d\Phi(0) = \mathrm{id}_{\mathbf{L}(G)}$ hat. Die Behauptung folgt daher aus dem Satz vom lokalen Inversen. ∎

III.2.13. Satz. *Sei G eine Lie-Gruppe mit der Lie-Algebra $\mathbf{L}(G)$. Dann existiert für $X, Y \in \mathbf{L}(G)$ ein $\varepsilon > 0$, so daß folgende Beziehungen für $|t| < \varepsilon$ gelten:*

a) $\exp(tX)\exp(tY) = \exp\left(t(X+Y) + \frac{t^2}{2}[X,Y] + O(t^3)\right)$,

b) $\exp(-tX)\exp(-tY)\exp(tX)\exp(tY) = \exp\left(t^2[X,Y] + O(t^3)\right)$, *und*

c) $\exp(tX)\exp(tY)\exp(-tX) = \exp\left(tX + t^2[X,Y] + O(t^3)\right)$.

Hierbei bezeichnet $O(t^3) \in \mathbf{L}(G)$ eine Funktion für die $\frac{1}{t^3}O(t^3)$ beschränkt ist.

Beweis. Sei f analytisch in $\mathbf{1}$ und $X = \mathcal{X}_\mathbf{1}$, $Y = \mathcal{Y}_\mathbf{1}$. Mit der Taylorschen Formel (Lemma III.2.11) erhalten wir

$$\mathcal{X}^n\mathcal{Y}^m f(\mathbf{1}) = \frac{d^n}{dt^n}\bigg|_{t=0} \frac{d^m}{ds^m}\bigg|_{s=0} f\big(\exp(tX)\exp(sY)\big).$$

Als Taylorentwicklung bekommen wir daher

$$f\big(\exp(tX)\exp(sY)\big) = \sum_{m,n\geq 0} \frac{t^n}{n!}\frac{s^m}{m!}\mathcal{X}^n\mathcal{Y}^m f(\mathbf{1}) \tag{2.1}$$

für ausreichend kleine t, s. Andererseits ist

$$\exp(tX)\exp(tY) = \exp\big(Z(t)\big)$$

für kleine t, wobei $Z(t)$ eine $\mathbf{L}(G)$-wertige analytische Funktion ist. Also $Z(t) = tZ_1 + t^2Z_2 + O(t^3)$. Ist f eine der kanonischen Koordinatenfunktionen $\exp(x_1X_1 + \ldots + x_nX_n) \mapsto x_i$, wobei $X_1, \ldots, X_n$ eine Basis von $\mathbf{L}(G)$ ist, so haben wir

$$f\big(\exp Z(t)\big) = f\big(\exp(tZ_1 + t^2Z_2)\big) + O(t^3) = \sum_{\nu=0}^{\infty} \frac{1}{\nu!}(t\mathcal{Z}_1 + t^2\mathcal{Z}_2)^\nu f(\mathbf{1}) + O(t^3).$$

Vergleichen wir das mit (2.1), so ergibt sich

$$\mathcal{Z}_1 = \mathcal{X} + \mathcal{Y}, \quad \text{und} \quad \frac{1}{2}\mathcal{Z}_1^2 + \mathcal{Z}_2 = \frac{1}{2}(\mathcal{X}^2 + \mathcal{Y}^2) + \mathcal{X}\mathcal{Y}.$$

Folglich gilt $Z_1 = X + Y$ und $Z_2 = \frac{1}{2}[X,Y]$. Damit ist a) bewiesen und b) erhält man durch zweimalige Anwendung von a). Für c) gehen wir wie oben vor. Wir haben für analytische Funktionen in $\mathbf{1}$ die Entwicklung

$$f\big(\exp(tX)\exp(tY)\exp(-tX)\big) = \sum_{m,n,p\geq 0} \frac{t^m}{m!}\frac{t^n}{n!}\frac{t^p}{p!}\mathcal{X}^m\mathcal{Y}^n(-\mathcal{X})^p f(\mathbf{1})$$

und

$$\exp(tX)\exp(tY)\exp(-tX) = \exp S(t) \quad \text{mit} \quad S(t) = tS_1 + t^2S_2 + O(t^3).$$

Für kanonische Koordinatenfunktionen führt dies wieder zu

$$f\big(\exp S(t)\big) = f\big(\exp(tS_1 + t^2S_2)\big) + O(t^3) = \sum_{\nu=0}^{\infty} \frac{1}{\nu!}(t\mathcal{S}_1 + t^2\mathcal{S}_2)^\nu f(\mathbf{1}) + O(t^3).$$

Durch Vergleich ergibt sich wie oben $S_1 = Y$ und $S_2 = [X,Y]$. ∎

Seien nun wieder $X_1, \ldots, X_n$ eine Basis von $\mathbf{L}(G)$ und $\mathcal{X}_i$ die entsprechenden invarianten Vektorfelder. Für $t \in \mathbb{R}^n$ setzen wir $\mathcal{X}(t) := \sum_{i=1}^n t_i\mathcal{X}_i$, für einen Multiindex $M = (m_1, \ldots, m_n) \in \mathbb{N}_0^n$ schreiben wir $|M| := \sum_i m_i$, $t^M := t_1^{m_1}\ldots t_n^{m_n}$ und bezeichnen den Koeffizienten von t^M in der Entwicklung von $\frac{1}{|M|!}\mathcal{X}(t)^{|M|}$ mit $\mathcal{X}(M)$. Für $|M| = 0$ setzen wir $\mathcal{X}(M) = \mathrm{id}$. Es ist klar, daß $\mathcal{X}(M) \in \mathcal{U}(G)$ ist (Definition III.2.2). Ist $\mathcal{U}\big(\mathbf{L}(G)\big)$ die universelle einhüllende Algebra von $\mathbf{L}(G)$, so definieren wir die Elemente $X(M)$ und $X(t) \in \mathcal{U}\big(\mathbf{L}(G)\big)$ ganz entsprechend.

III.2.14. Lemma. *Die universelle einhüllende Algebra $\mathcal{U}\big(\mathbf{L}(G)\big)$ wird von den Elementen $X(M)$ aufgespannt.*

Beweis. Nach dem Satz von Poincaré-Birkhoff-Witt reicht es aus zu zeigen, daß die Elemente $X_1^{\mu_1} \cdot \ldots \cdot X_n^{\mu_n}$ alle in dem von den $X(M)$ erzeugten Unterraum liegen. Für $\sum_i \mu_i = 1$ ist das klar. Wir nehmen an, die Behauptung gilt für $\sum \mu_i \leq m$. Sei nun $\sum_i \mu_i = m + 1$. Für $M = (\mu_1, \ldots, \mu_n)$ erhalten wir mit Lemma II.6.4, daß

$$X(M) - X_1^{\mu_1} \cdot \ldots \cdot X_n^{\mu_n} \in \mathcal{U}\big(\mathbf{L}(G)\big)_m$$

ist. Nach Induktionsannahme liegt diese Differenz im Erzeugnis der $X(M)$ und somit auch $X_1^{\mu_1} \cdot \ldots \cdot X_n^{\mu_n}$. ∎

III.2.15. Satz.

a) *Die Elemente $\mathcal{X}(M), M \in \mathbb{N}_0^n, n \in \mathbb{N}$ bilden eine Basis von $\mathcal{U}(G)$.*

b) *Es existiert ein Isomorphismus der einhüllenden Algebra von $\mathbf{L}(G)$ auf $\mathcal{U}(G)$, der $X(M)$ in $\mathcal{X}(M)$ abbildet.*

Beweis. Für eine, in **1** analytische, Funktion f folgt aus dem Taylorschen Satz (Lemma III.2.11) für hinreichend kleine t_i die Beziehung

$$f(g \exp X(t)) = \sum_{\nu=0}^{\infty} \frac{1}{\nu!}(\mathcal{X}(t)^\nu f)(g) = \sum_M t^M \mathcal{X}(M) f(g). \tag{2.2}$$

Damit können wir die Funktionen $\mathcal{X}(M)f$ als partielle Ableitungen von f schreiben:

$$\mathcal{X}(M)f(g) = \frac{1}{m_1!...m_n!} \frac{\partial^{|M|}}{\partial t_1^{m_1} \dots \partial t_n^{m_n}}\bigg|_{t=0} f(g \exp X(t)). \tag{2.3}$$

Damit erhält man sofort die lineare Unabhängigkeit der $\mathcal{X}(M)$, indem man f so wählt, daß die Beziehung $f(g \exp X(t)) = t^M$ in einer Einsumgebung gilt (Lemma III.2.12). Mit den Bezeichnungen aus Satz III.2.4 hat die Lie-Algebra $\mathbf{L}(G)$ eine Darstellung $\rho := \alpha^{-1}$ durch Differentialoperatoren auf $C^\infty(G)$, die sich zu einer Darstellung $\mathcal{U}(\rho)$ von $\mathcal{U}(\mathbf{L}(G))$ fortsetzen läßt (Lemma II.6.3). Nach Definition ist $\mathcal{U}(\rho)\mathcal{U}(\mathbf{L}(G)) = \mathcal{U}(G)$. Da die Elemente $X(M) \in \mathcal{U}(\mathbf{L}(G))$ die Lie-Algebra erzeugen (Lemma III.12.14) und $\mathcal{U}(\rho)X(M) = \mathcal{X}(M)$ gilt, sind sie linear unabhängig und daher auch eine Basis von $\mathcal{U}(\mathbf{L}(G))$. Also ist ist $\mathcal{U}$ ein Isomorphismus. ■

III.2.16. Korollar. *Die Elemente* $\mathcal{X}_1^{m_1} \dots \mathcal{X}_n^{m_n}$ *bilden eine Basis von* $\mathcal{U}(G)$.

Beweis. Satz II.6.8 und Satz III.2.15.b). ■

III.2.17. Bemerkung. Man kann sogar zeigen, daß $\mathcal{U}(G) = \mathcal{D}_0(G)$ ist. Dazu zeigt man zuerst, daß zu jedem Punkt x einer offenen Teilmenge $V \subseteq \mathbb{R}^n$ und jedem Differentialoperator $D \in \mathcal{D}(V)$ auf einer hinreichend kleinen Umgebung U eine endliche Zahl von Multiindizes $\alpha = (\alpha_1, ..., \alpha_n)$ existiert, so daß

$$Df(x) = \sum_\alpha a_\alpha(x) \frac{\partial^{|\alpha|} f}{\partial x_1^{\alpha_1} ... x_n^{\alpha_n}}(x)$$

mit Funktionen $a_\alpha \in C^\infty(U)$ gilt ([He84, S.236]). Ist nun $D \in \mathcal{D}_0(G)$ so findet man damit schnell heraus, daß D ein Polynom in den Vektorfeldern $\mathcal{X}_i$ sein muß. Details hierzu findet man in [He84, S.280]. ■

III.2.18. Definition. Zwei Lie-Gruppen G und G' heißen *lokal isomorph*, wenn offene Einsumgebungen $U \subseteq G$ und $U' \subseteq G'$ und ein analytischer Diffeomorphismus $f: U \to U'$ so existieren, daß

a) $f(xy) = f(x)f(y)$ für $x, y, xy \in U$.

b) $f^{-1}(x'y') = f^{-1}(x')f^{-1}(y')$ für $x', y', x'y' \in U'$. ■

III.2.19. Satz. *Zwei Lie-Gruppen sind lokal isomorph, wenn ihre Lie-Algebren isomorph sind.*

Beweis. Sei G eine Lie-Gruppe mit Lie-Algebra $\mathfrak{g}$ und $X_1, \ldots, X_n$ eine Basis von $\mathfrak{g}$. Nach Satz III.2.15 bilden die Elemente $X(M)$ eine Basis der einhüllenden Algebra und daher existieren Zahlen C_{MN}^P mit

$$X(M)X(N) = \sum_P C_{MN}^P X(P).$$

Mit Satz III.12.15 bekommen wir die gleiche Formel für die linksinvarianten Differentialoperatoren $\mathcal{X}(M)$. Sei $N \subseteq G$ eine kanonische offene Koordinatenumgebung erster Art, deren Bild in $\mathbb{R}^n$ konvex ist. Für $x, y, xy \in N$ schreiben wir

$$x = \exp(x_1 X_1 + \ldots + x_n X_n), \qquad y = \exp(y_1 X_1 + \ldots + y_n X_n),$$

$$xy = \exp(\alpha_1 X_1 + \ldots + \alpha_n X_n)$$

und

$$x^M = x_1^{m_1} \cdot \ldots \cdot x_n^{m_n}, \quad y^M = y_1^{m_1} \cdot \ldots \cdot y_n^{m_n}.$$

Mit (2.1) erhalten wir jetzt

$$\alpha_k = \sum_{M,N} x^M y^N \mathcal{X}(M)\mathcal{X}(N)\alpha_k(\mathbf{1}).$$

Schreiben wir ω_k für die Funktion $x \mapsto x_k$, so sehen wir mit Hilfe von (2.3), daß

$$\mathcal{X}(P)\omega_k(\mathbf{1}) = \begin{cases} 1, & \text{für } P = [k] := (\delta_{k1}, \ldots, \delta_{kn}) \\ 0, & \text{sonst.} \end{cases}$$

Also gilt

$$\alpha_k = \sum_{M,N} C_{MN}^{[k]} x^M y^N$$

für hinreichende kleine x, y. Die Funktionen α_k hängen auf einer ausreichend kleinen Umgebung also nur von der Lie-Algebra ab. Insbesondere sind Gruppen mit isomorphen Lie-Algebren lokal isomorph. ∎

Unser nächstes Ziel ist es, die Hauptresultate aus Kapitel I für allgemeine Lie-Gruppen zu beweisen. Das wichtigste Hilfsmittel dazu ist die lokale Linearität der Lie-Gruppen (Satz III.2.24). Um diesen Satz zu beweisen, müssen wir uns zuerst vergewissern, daß die Matrizenexponentialfunktion bzw. die Exponentialfunktion der linearen Lie-Gruppen, wie sie in Kapitel I definiert wurde, mit der oben definierten Exponentialfunktion einer Lie-Gruppe übereinstimmt. Ein erster Schritt hierzu ist das nächste Beispiel.

III.2.20. Beispiel. Für $G = \mathrm{Gl}(n, \mathbb{R})$ identifizieren wir $T_{\mathbf{1}}(G)$ mit $\mathrm{gl}(n, \mathbb{R}) = \mathrm{M}(n, \mathbb{R})$. Für $X \in \mathrm{gl}(n, \mathbb{R})$ definiert

$$\mathcal{X} f(g) := \frac{d}{dt}\Big|_{t=0} f(ge^{tX}) \qquad \forall f \in C^\infty(G)$$

ein linksinvariantes Vektorfeld (Nachweis !) mit

$$\mathcal{X}_{\mathbf{1}} = \frac{d}{dt}\Big|_{t=0} e^{tX} = X.$$

Die Integralkurven γ_g dieses Vektorfeldes mit $\gamma(0) = g$ sind gegeben durch $\gamma_g(t) = ge^{tX}$, wie man sofort nachprüft. Also ist

$$\exp(X) = \gamma_{\mathbf{1}}(1) = e^X \qquad \forall X \in \mathbf{L}(G) = T_{\mathbf{1}}(G).$$

■

III.2.21. Satz. *Für einen Homomorphismus $\alpha: G \to H$ von Lie-Gruppen gelten folgende Aussagen:*

1) $(\forall x, g \in G)\ d\alpha(gx) \circ d\lambda_g(x) = d\lambda_{\alpha(g)}(\alpha(x)) \circ d\alpha(x)$.
2) *Sei $\mathcal{X}$ das linksinvariante Vektorfeld auf G mit $\mathcal{X}_{\mathbf{1}} = X \in \mathbf{L}(G)$ und $\mathcal{Y} \in \mathcal{V}_0(H)$ mit $\mathcal{Y}_{\mathbf{1}} = d\alpha(\mathbf{1})X$. Dann ist*
$$d\alpha(g)\mathcal{X}_g = \mathcal{Y}_{\alpha(g)} \qquad \forall g \in G.$$
3) *$d\alpha(\mathbf{1}): \mathbf{L}(G) \to \mathbf{L}(H)$ ist ein Homomorphismus von Lie-Algebren und es gilt*
$$\alpha(\exp_G X) = \exp_H\big(d\alpha(\mathbf{1})X\big) \qquad \forall X \in \mathbf{L}(G).$$

Beweis. 1) Wegen $\alpha \circ \lambda_g = \lambda_{\alpha(g)} \circ \alpha$ folgt die Formel durch Ableiten sofort aus der Kettenregel.

2) Wir rechnen mit 1):

$$d\alpha(g)\mathcal{X}_g = d\alpha(g) d\lambda_g(\mathbf{1})X = d\lambda_{\alpha(g)}(\mathbf{1}) d\alpha(\mathbf{1})X = \mathcal{Y}_{\alpha(g)}.$$

3) Wegen 2) ist die Kurve $\alpha(\exp tX)$ eine Integralkurve des linksinvarianten Vektorfelds $\mathcal{Y}$ auf H mit $\mathcal{Y}_{\mathbf{1}} = d\alpha(\mathbf{1})X$. Somit ist $\exp_H\big(d\alpha(\mathbf{1})X\big) = \alpha(\exp_G tX)$. Wegen Satz III.2.13 ist

$$\begin{aligned}
&\exp_H\Big(d\alpha(\mathbf{1})t(X+Y) + \frac{t^2}{2}[d\alpha(\mathbf{1})X, d\alpha(\mathbf{1})Y] + O(t^3)\Big)\\
&= \exp_H\big(td\alpha(\mathbf{1})X\big)\exp_H\big(td\alpha(\mathbf{1})X\big)\\
&= \alpha(\exp_G tX)\alpha(\exp_G tY)\\
&= \alpha\big(\exp_G(tX)\exp_G(tY)\big)\\
&= \alpha\Big(\exp_G\big(t(X+Y) + \frac{t^2}{2}[X,Y] + O(t^3)\big)\Big)\\
&= \exp_H\Big(d\alpha(\mathbf{1})\big(t(X+Y) + \frac{t^2}{2}[X,Y] + O(t^3)\big)\Big)\\
&= \exp_H\Big(d\alpha(\mathbf{1})t(X+Y) + \frac{t^2}{2}d\alpha(\mathbf{1})[X,Y] + O(t^3)\big)\Big).
\end{aligned}$$

Durch Vergleich der Terme zweiter Ordnung folgt die Behauptung. ∎

III.2.22. Korollar. *Sei G eine lineare Lie-Gruppe und $i: G \to \mathrm{Gl}(n, \mathbb{R})$ ein injektiver Homomorphismus von Lie-Gruppen. Dann ist*

$$\exp(X) = i^{-1}(e^{di(\mathbf{1})X}) \qquad \forall X \in \mathbf{L}(G).$$

Beweis. Das folgt aus Beispiel III.2.20 und Satz III.2.21. ∎

III.2.23. Korollar. *Für eine lokal lineare Lie-Gruppe stimmt die Exponentialfunktion, wie sie in* Kapitel I *definiert wurde, mit der oben definierten überein.*

Beweis. 1.Fall: Es existiert eine Überlagerung $p: G \to G_1$ einer linearen Lie-Gruppe G_1 mit $dp(\mathbf{1}) = \mathrm{id}_{\mathbf{L}(G)}$. Wir bezeichnen die Exponentialfunktion aus Kapitel I mit Exp. Dann folgt mit Korollar III.2.22, daß

$$p \circ \mathrm{Exp}_G = \mathrm{Exp}_{G_1} = \exp_{G_1} \qquad \text{und} \qquad p \circ \exp_G = \exp_{G_1}.$$

Die Kurven $t \mapsto \exp_G(tX)$ und $t \mapsto \mathrm{Exp}_G(tX)$ sind für $X \in \mathbf{L}(G)$ beide Anhebungen der gleichen Kurve mit dem Anfangspunkt $\mathbf{1}$, also gleich.

2.Fall: Es existiert eine Überlagerung $p: G_1 \to G$, wobei G_1 linear ist und $dp(\mathbf{1}) = \mathrm{id}_{\mathbf{L}(G)}$. Dann ist

$$\mathrm{Exp}_G(X) = p \circ \mathrm{Exp}_{G_1}(X) = p\big(\exp_{G_1}(X)\big) = \exp_G\big(dp(\mathbf{1})X\big) = \exp_G X.$$

∎

Der nächste Satz ist die Brücke zu den Resultaten aus Kapitel I.

III.2.24. Satz. *Jede Lie-Gruppe ist lokal linear.*

Beweis. Sei G eine Lie-Gruppe und $\mathfrak{g}$ ihre Lie-Algebra. Da G lokal isomorph (vgl. Definition III.2.18) zur einfach zusammenhängenden Überlagerung ist, können wir o.B.d.A. annehmen, daß G einfach zusammenhängend ist. Mit dem Satz von Ado finden wir eine treue Darstellung $\alpha: \mathfrak{g} \to \mathrm{gl}(n, \mathbb{R})$. Sei G_1 die lineare Lie-Gruppe mit $\mathbf{L}(G_1) = \alpha(\mathfrak{g})$ (Satz I.5.19). Dann sind G und G_1 nach Satz III.2.19 lokal isomorph und der Homomorphismus $\beta: G \to G_1$, der wegen Satz I.9.10 existiert, erfüllt

$$\beta \circ \exp_G = \exp_{G_1} \circ \alpha.$$

Folglich ist der Kern von β diskret, d.h. β ist eine Überlagerung (Lemma I.9.4) und G ist daher lokal linear (vgl. Definition I.9.7). ∎

Jetzt können wir die Ergebnisse aus Kapitel I nach und nach auf allgemeine Lie-Gruppen übertragen.

III.2.25. Korollar. *Sei G eine Lie-Gruppe und auf $\mathbf{L}(G)$ sei $\|\cdot\|$ eine Norm mit*

$$\|[X,Y]\| \leq \|X\|\,\|Y\| \qquad \forall X,Y \in \mathbf{L}(G).$$

Dann gilt

$$\exp(X*Y) = \exp(X)\exp(Y) \qquad \textit{für} \quad \|X\|+\|Y\| < \log 2,$$

wobei $X*Y = X+Y+\frac{1}{2}[X,Y]+\ldots$ die Campbell-Hausdorff-Reihe ist.

Beweis. Die Campbell-Hausdorff-Multiplikation ist für X,Y mit $\|X\|+\|Y\| < \log 2$ definiert (Aufgabe I.4.6). Sei G zunächst einfach zusammenhängend. Dann existiert ein surjektiver Überlagerungshomomorphismus $\alpha: G \to G_1$ von G auf eine lineare Lie-Gruppe G_1. Also ist

$$\begin{aligned}\alpha\big(\exp_G(X*Y)\big) &= \exp_{G_1}\big(d\alpha(\mathbf{1})(X*Y)\big) = \exp_{G_1}\big(d\alpha(\mathbf{1})X * d\alpha(\mathbf{1})Y\big) \\ &= \exp_{G_1}\big(d\alpha(\mathbf{1})X\big)\exp_{G_1}\big(d\alpha(\mathbf{1})Y\big) = \alpha\big(\exp_G(X)\big)\alpha\big(\exp_G(Y)\big) \\ &= \alpha\big(\exp_G(X)\exp_G(Y)\big).\end{aligned}$$

Da α ein lokaler Isomorphismus ist, folgt die Behauptung für alle Paare (X,Y) in einer Umgebung von $(0,0)$. Nach dem Identitätssatz für analytische Funktionen gilt sie damit für $\|X\|+\|Y\| < \log 2$ (vgl. Aufgabe III.1.8).

Sei nun G beliebig und $p: \widetilde{G} \to G$ die universelle Überlagerung mit $dp(\mathbf{1}) = \mathrm{id}_{\mathbf{L}(G)}$. Dann ist

$$\exp_G(X*Y) = p\big(\exp_{\widetilde{G}}(X*Y)\big) = p\big(\exp_{\widetilde{G}}(X)\exp_{\widetilde{G}}(Y)\big) = \exp_G(X)\exp_G(Y).$$

∎

III.2.26. Korollar. *Ist G eine Lie-Gruppe, so ist die Ableitung der Exponentialfunktion $\exp: \mathbf{L}(G) \to G$ gegeben durch*

$$d\exp(X) = d\lambda_{\exp(X)}(\mathbf{1})f(\operatorname{ad} X) \qquad \textit{für} \quad X \in \mathbf{L}(G).$$

Hierbei ist $f(z) = \frac{1-e^{-z}}{z}$.

Beweis. Für lineare Lie-Gruppen ist das Satz I.4.4. Ist $p: \widetilde{G} \to G$ die universelle Überlagerung von G mit $dp(\mathbf{1}) = \mathrm{id}_{\mathbf{L}(G)}$, so reicht es aus die Behauptung für $\widetilde{G}$ zu zeigen, denn damit gilt für $X \in \mathbf{L}(G)$ nach Satz III.2.21 auch

$$\begin{aligned}d\exp_G(X) &= dp(\exp X) \circ d\exp_{\widetilde{G}}(X) = dp(\exp X) \circ d\lambda_{\exp_{\widetilde{G}}(X)}(\mathbf{1})f(\operatorname{ad} X) \\ &= d\lambda_{\exp_G(X)}dp(\mathbf{1})f(\operatorname{ad} X) = d\lambda_{\exp_G(X)}f(\operatorname{ad} X).\end{aligned}$$

Für $\widetilde{G}$ finden wir mit Satz III.2.24 einen Homomorphismus $q: \widetilde{G} \to \mathrm{Gl}(n,\mathbb{R})$, so daß $dq(\mathbf{1})$ injektiv ist. Mit Satz I.4.4 rechnen wir nun wie oben:

$$\begin{aligned}dq\big(\exp_{\widetilde{G}}(X)\big)d\exp_{\widetilde{G}}(X) &= d\exp_{\mathrm{Gl}(n,\mathbb{R})}\big(dq(\mathbf{1})X\big) \\ &= d\lambda_{q\left(\exp_{\widetilde{G}}(X)\right)}(\mathbf{1})f\big(\operatorname{ad} dq(\mathbf{1})X\big) \\ &= dq(\exp_{\widetilde{G}}(X))\,d\lambda_{\exp_{\widetilde{G}}(X)}(\mathbf{1})f\big(\operatorname{ad} X\big).\end{aligned}$$

Die Behauptung folgt damit aus der Injektivität von $dq\big(\exp_{\widetilde{G}}(X)\big)$. ∎

III.2.27. Definition. Sei G eine Lie-Gruppe. Eine Untergruppe $H \subseteq G$ heißt *analytisch*, wenn eine Unteralgebra $\mathfrak{h} \subseteq \mathbf{L}(G)$ so existiert, daß $H = \langle \exp \mathfrak{h} \rangle := \langle \exp \mathfrak{h} \rangle_{Gruppe}$. ■

III.2.28. Satz. *Für eine analytische Untergruppe $H = \langle \exp \mathfrak{h} \rangle$ stimmt*

$$\mathbf{L}(H) := \{X \in \mathbf{L}(G) : \exp(\mathbb{R}X) \subseteq H\}$$

mit $\mathfrak{h}$ überein.

Beweis. Zunächst ist klar, daß $\mathfrak{h} \subseteq \mathbf{L}(H)$. Ist $X \in \mathbf{L}(H)$, so folgt aus der zweiten Aussage in Satz I.9.15 aber auch, daß eine Nullumgebung $B \subseteq \mathbf{L}(G)$ und ein $t > 0$ existiert, so daß $tX \in B \cap \mathfrak{h}$ ist. Also gilt $X \in \mathfrak{h}$. ■

III.2.29. Satz. *Zu jeder Lie-Algebra $\mathfrak{g}$ existiert eine einfach zusammenhängende Lie-Gruppe G mit $\mathbf{L}(G) = \mathfrak{g}$.*

Beweis. Folgt aus dem Satz von Ado, Satz I.5.19 und Satz I.9.2. ■

III.2.30. Korollar. *Ist H eine analytische Untergruppe der Lie-Gruppe G, so existiert eine Lie-Gruppe $G(H)$ und ein injektiver analytischer Homomorphismus $i: G(H) \to G$ mit $i(G(H)) = H$.*

Beweis. Für lineare Gruppen wurde das in §I.5 gezeigt. Wird G durch eine lineare Lie-Gruppe G_1 überlagert, so folgt die Behauptung sofort aus diesem Spezialfall. Sei nun $p: G \to G_1$ ein Überlagerung mit einer linearen Gruppe G_1 und $i: G_2 \to G_1$ ein analytischer Homomorphismus mit $i(G_2) = p(H)$. Für die universelle Überlagerung $\pi: \widetilde{G}_2 \to G_2$ bekommen wir damit einen Homomorphismus $\alpha = i \circ \pi: \widetilde{G}_2 \to G_1$ und daher auch einen Homomorphismus $\widetilde{\alpha}: \widetilde{G}_2 \to G$ mit $p \circ \widetilde{\alpha} = \alpha = i \circ \pi$ (Satz I.9.11). Dann ist aber $d\widetilde{\alpha}\,\mathbf{L}(\widetilde{G}_2) = \mathfrak{h}$ und $\ker \widetilde{\alpha}$ ist diskret und zentral. Folglich ist die kanonische Faktorisierung

$$\widetilde{G}_2 / \ker \widetilde{\alpha} \to G, \qquad g \ker \widetilde{\alpha} \mapsto \widetilde{\alpha}(g)$$

der gesuchte Homomorphismus. ■

III.2.31. Satz. *Stetige Homomorphismen von Lie-Gruppen sind analytisch.*

Beweis. Sei $f: G \to H$ ein stetiger Homomorphismus von Lie-Gruppen und $U \subseteq \mathbf{L}(H)$ eine Nullumgebung, so daß $\exp|_{2U}$ ein Diffeomorphismus ist. Dann hat jedes Element $h \in H$ höchstens eine Quadratwurzel in $\exp(U)$, denn für $u, u' \in U$ mit $h = (\exp u)^2 = \exp(2u) = \exp(2u') = (\exp u')^2$ folgt $u' = u$.

Sei zunächst $G = \mathbb{R}$. Dann existiert ein $\varepsilon > 0$ mit $f(]-\varepsilon, \varepsilon[) \subseteq \exp(U)$. Sei $f(\varepsilon) = \exp(u)$. Die Abbildung

$$\phi: \mathbb{R} \to H, t \mapsto \exp(\frac{t}{\varepsilon} u)$$

ist ein analytischer Homomorphismus mit $\phi(\varepsilon) = f(\varepsilon)$. Sei $R = \{r \in \mathbb{R}: f(r) = \phi(r)\}$. Dann ist R eine abgeschlossene Untergruppe. Ist $R \neq \mathbb{R}$, so ist R diskret und daher $R = \mathbb{Z}b$ mit einem $b > 0$ (vgl. Beweis von Lemma I.3.14). Daher ist $b \leq \varepsilon$ und $\phi([-b,b]) \cup f([-b,b]) \subseteq \exp(U)$. Wegen

$$\phi(b) = \phi(\frac{b}{2})^2 = f(\frac{b}{2})^2 = f(b)$$

folgt $\frac{b}{2} \in R$, ein Widerspruch. Also ist $R = \mathbb{R}$ und f analytisch.

Sei nun G beliebig und $X_1, \ldots, X_n$ eine Basis von $\mathbf{L}(G)$. Dann ist die Abbildung

$$(x_1X_1 + \ldots + x_nX_n) \mapsto f(\exp x_1X_1) \cdot \ldots \cdot f(\exp x_nX_n) = f\big(\exp(x_1X_1) \cdot \ldots \cdot \exp(x_nX_n)\big)$$

analytisch. Die Analytizität von f folgt nun auf einer kleinen Einsumgebung aus Lemma III.2.12. Da f ein Homomorphismus ist und die Linkstranslationen ebenfalls analytisch sind, ist f überall analytisch. ■

III.2.32. Bemerkung. Ist G eine topologische Gruppe, für die topologische Isomorphismen auf zwei Lie-Gruppen G_1 und G_2 exisitieren, so sind G_1 und G_2 nach dem vorangegangenen Satz als Lie-Gruppen isomorph, d.h. es existiert ein analytischer Isomorphismus. Folglich trägt eine topologische Gruppe höchstens eine Lie-Gruppen-Struktur. Daher können wir im folgenden von Lie-Gruppen sprechen, ohne die analytische Struktur zu spezifizieren.

An dieser Stelle ist es natürlich interessant, sich zu fragen, welche topologischen Gruppen Lie-Gruppen sind. Die Antwort auf diese Frage ist im wesentlichen die Lösung des 5. Hilbertschen Problems. Sie besagt, daß jede der folgenden Eigenschaften die Lie-Gruppen unter den topologischen Gruppen charakterisiert (siehe auch [MZ55], [Ka71]):

a) G ist eine topologische Mannigfaltigkeit (lokal euklidisch), d.h. jeder Punkt hat eine Umgebung, die zu einer offenen Kugel im $\mathbb{R}^n$ homöomorph ist.

b) G ist lokalkompakt und es existiert eine Einsumgebung U in G, die außer $\{\mathbf{1}\}$ keine weiteren Untergruppen enthält. ■

III.2.33. Satz. *Eine Untergruppe einer Lie-Gruppe ist genau dann bzgl. der induzierten Topologie eine Lie-Gruppe, wenn sie abgeschlossen ist.*

Beweis. Sei H abgeschlossen in G. Wörtlich wie in Satz I.3.3 zeigt man, daß eine Umgebung $U \subseteq \mathbf{L}(H) := \{x \in \mathbf{L}(G): \exp(\mathbb{R}x) \subseteq H\}$ so existiert, daß

$$\exp|_U : U \to \exp(U)$$

ein Homöomorphismus auf eine Einsumgebung in H ist. Also ist die Komponente H_0 der $\mathbf{1}$ sogar bogenzusammenhängend und offen in H. Die Untergruppe H_0 ist ebenfalls abgeschlossen und wir können daher annehmen, daß H zusammenhängend ist. Wir finden nun eine zusammenhängende Lie-Gruppe $G(H)$ und einen surjektiven Homomorphismus $i: G(H) \to H$. Nach dem Satz der offenen Abbildung (Lemma I.7.8) ist i sogar ein Homöomorphismus und daher H eine Lie-Gruppe.

Ist H nicht abgeschlossen, so ist H nicht lokalkompakt (Aufgabe 1) und kann somit auch keine Lie-Gruppe sein. ∎

Übungsaufgaben zum Abschnitt III.2

1. Sei G eine Lie-Gruppe und $m: G \times G \to G$ die Multiplikation $(g,h) \mapsto gh$. Dann ist

$$dm(g,h)(X,Y) = d\lambda_g(h)Y + d\rho_h(g)X \qquad \text{für} \qquad X \in T_g(G), Y \in T_h(G).$$

Für $g = h = \mathbf{1}$ ergibt sich insbesondere, daß

$$dm(\mathbf{1},\mathbf{1})(X,Y) = X + Y.$$

Das ist eine verallgemeinerte Produktregel.

2. Sei H eine Untergruppe einer lokalkompakten Gruppe. Man zeige die Äquivalenz folgender Aussagen:
a) H ist lokalkompakt.
b) H ist lokal abgeschlossen, d.h. es existiert eine Einsumgebung U in G, so daß $U \cap H$ in U abgeschlossen ist.
c) H ist abgeschlossen.
Hinweis: a)⇒b): Man wähle kompakte Einsumgebungen $V \subseteq H$ und $U \subseteq G$, so daß $U \cap H \subseteq V$ (vgl. A.8). Dann ist $\overline{U \cap H} \cap U \subseteq H$.
b)⇒c): Sei $x \in \overline{H}$ und V eine offene Umgebung von x mit $VV^{-1} \subseteq U$. Ist $h \in V \cap H$, so ist damit

$$x \in hU^0 \cap \overline{H} = h(U^0 \cap \overline{H}) \subseteq hH = H.$$

Man nennt eine topologische Gruppe G *metrisch*, wenn auf G eine linksinvariante Metrik d existiert, die auf G die vorgegebene Topologie induziert, d.h es gilt $d(gx,gy) = d(x,y)$ für alle $x,y,g \in G$.
3. a) Eine metrische lokalkompakte Gruppe G ist vollständig.
b) Es gibt vollständige metrische Gruppen, die nicht lokalkompakt sind. Hinweis Man betrachte einen unendlichdimensionalen Banachraum.

4. Sei H eine Untergruppe einer metrischen lokalkompakten Gruppe. Dann sind folgende Aussagen äquivalent:
a) H ist abgeschlossen.
b) H ist lokalkompakt.
c) H ist vollständig.

5. Für jeden Multiindex $\alpha = (\alpha_1, ..., \alpha_n)$ sei eine Funktion $a_\alpha \in C^\infty(\mathbb{R}^n)$ gegeben, so daß nur endlich viele dieser Funktionen von 0 verschieden sind. Man betrachte den Differentialoperator, der durch

$$Df(x) = \sum_\alpha a_\alpha(x) \frac{\partial^{|\alpha|} f}{\partial x_1^{\alpha_1} ... x_n^{\alpha_n}}(x)$$

definiert wird, und zeige, daß er genau dann invariant ist, wenn die Funktionen a_α alle konstant sind (vgl. Bemerkung III.2.17).

6. a) Sei M eine differenzierbare Mannigfaltigkeit, $\mathcal{X}$ ein Vektorfeld auf M und $K \subseteq M$ eine kompakte Menge. Dann existiert ein $\varepsilon > 0$, so daß der Fluß Φ von $\mathcal{X}$ noch auf $[-\varepsilon, \varepsilon] \times K$ definiert ist.
b) Ist $x \in M$ und $I_x \cap \mathbb{R}^+ = [0, a[$ (vgl. Satz III.1.21), so verläßt die Kurve $[0, a[\to M, t \mapsto \Phi(t, x)$ schließlich jede kompakte Teilmenge von M, d.h. zu jeder kompakten Teilmenge K von M existiert ein $\varepsilon > 0$, so daß $\gamma(t) \notin K$ für $t \geq a - \varepsilon$ gilt.
c) Sei $\mathcal{X}$ ein beschränktes Vektorfeld auf $\mathbb{R}^n$. Man zeige, daß $\mathcal{X}$ vollständig ist. Hinweis: Die Integralkurven können in endlicher Zeit nur eine "endliche Strecke zurücklegen".

7. Sei $G = \mathbb{R}^n$.
a) Dann sind die Vektorfelder $\mathcal{X}_i := \frac{\partial}{\partial x_i}$ eine Basis des Raumes der invarianten Vektorfelder.
b) Identifiziert man $\mathbb{R}^n$ mit $T_0(\mathbb{R}^n)$, so zeige man, daß $\exp = \mathrm{id}$ gilt.
c) Die universelle einhüllende Algebra $\mathcal{U}(\mathbb{R}^n)$ ist isomorph zur Polynomalgebra $\mathbb{R}[X_1, ..., X_n]$.

8. Man zeige direkt (ohne Satz III.2.31), daß jede stetige Funktion $f : \mathbb{R} \to \mathbb{R}$, die der Funktionalgleichung $f(x + y) = f(x)f(y)$ genügt, analytisch ist.

Zur Illustration von Bemerkung III.2.32 betrachten wir folgendes Beispiel:
9. Man betrachte die diskrete Gruppe $\mathbb{Z}_2 := \mathbb{Z}/2\mathbb{Z}$ und setze $G := \mathbb{Z}_2^{\mathbb{N}}$. Man zeige:
a) Bzgl. der Produkttopologie ist G eine kompakte topologische Gruppe.
b) Jede Umgebung des Einselements enthält nicht-triviale Untergruppen.

§3. Anwendungen der Exponentialfunktion

Ehe wir zu den Anwendungen der Exponentialfunktion kommen, rekapitulieren wir kurz, was wir über die Exponentialfunktion bisher wissen. Im folgenden bezeichnen wir einen analytischen Homomorphismus von Lie-Gruppen kurz als einen Morphismus von Lie-Gruppen.

1) Für einem Morphismus $\alpha: G_1 \to G_2$ von Lie-Gruppen ist
$$\mathbf{L}(\alpha) := d\alpha(\mathbf{1}): \mathbf{L}(G_1) \to \mathbf{L}(G_2)$$
ein Homomorphismus, der das Diagramm
$$\begin{array}{ccc} \mathbf{L}(G_1) & \xrightarrow{\mathbf{L}(\alpha)} & \mathbf{L}(G_2) \\ \downarrow{\scriptstyle \exp_{G_1}} & & \downarrow{\scriptstyle \exp_{G_2}} \\ G_1 & \xrightarrow{\alpha} & G_2 \end{array}$$
kommutativ macht (Satz III.2.21).

2) Lie's dritter Fundamentalsatz: Zu einer endlichdimensionalen Lie-Algebra $\mathfrak{g}$ existiert bis auf Isomorphie genau eine einfach zusammenhängende Lie-Gruppe, die wir kurz mit $G(\mathfrak{g})$ bezeichnen (Satz III.2.29).

3) Ist $\mathfrak{g}$ eine Lie-Algebra und $\beta: \mathfrak{g} \to \mathbf{L}(G)$ ein Homomorphismus in die Lie-Algebra einer Lie-Gruppe G, so existiert ein Morphismus $\alpha: G(\mathfrak{g}) \to G$, so daß das Diagramm
$$\begin{array}{ccc} \mathfrak{g} & \xrightarrow{\beta} & \mathbf{L}(G) \\ \downarrow{\scriptstyle \exp_{G(\mathfrak{g})}} & & \downarrow{\scriptstyle \exp_{G}} \\ G(\mathfrak{g}) & \xrightarrow{\alpha} & G \end{array}$$
kommutiert (Satz I.9.11).

4) Die homomorphen Bilder von Lie-Gruppen in einer Lie-Gruppe G sind genau die Untergruppen der Gestalt $\langle \exp \mathfrak{h} \rangle$ für eine Unteralgebra $\mathfrak{h} \subseteq \mathbf{L}(G)$, d.h. die analytischen Untergruppen bzw. die bogenzusammenhängenden Untergruppen (Korollar III.2.9 und Satz I.9.15).

5) Zusammenhängende abgeschlossene Untergruppen einer Lie-Gruppe sind analytisch (Satz III.2.33).

Diese 5 Fakten bilden die Basis eines Übersetzungsmechanismus, der es erlaubt, die Struktur von G über die Struktur von $\mathbf{L}(G)$ zu beschreiben bzw. die Gruppe an Hand der Lie-Algebra zu verstehen. Wie dieser Mechanismus eingesetzt wird, werden wir in diesem Abschnitt sehen. Es seien hier alle Lie-Gruppen als abzählbar im Unendlichen vorausgesetzt, d.h. G habe höchstens abzählbar viele Komponenten. Die Einskomponente von G bezeichnen wir mit G_0.

Die adjungierte Darstellung

III.3.1. Definition. Sei G eine Lie-Gruppe. Für $g \in G$ sei

$$I_g : G \to G, \qquad h \mapsto ghg^{-1}$$

der durch Konjugation mit g definierte innere Automorphismus von G. Da I_g analytisch ist, existiert $\mathrm{Ad}(g) := dI_g(\mathbf{1}) \in \mathrm{Aut}\,(\mathbf{L}(G))$. Der Homomorphismus $\mathrm{Ad}: G \to \mathrm{Aut}\,(\mathbf{L}(G))$ heißt *adjungierte Darstellung* von G. ■

III.3.2. Satz.

1) $\ker \mathrm{Ad} = Z(G_0, G) := \{g \in G: (\forall h \in G_0)\ gh = hg\}$.

2) *Ist $\alpha: G_1 \to G_2$ ein Homomorphismus von Lie-Gruppen, so ist*

$$\Big(\mathrm{Ad}_{G_2}\big(\alpha(g_1)\big)\Big) \circ d\alpha(\mathbf{1}) = d\alpha(\mathbf{1}) \circ \mathrm{Ad}_{G_1}(g_1) \qquad \forall g_1 \in G_1.$$

3) *Die adjungierte Darstellung ist analytisch, und es gilt*

$$\mathrm{Ad}\,(\exp X) = e^{\mathrm{ad}\, X} \qquad \forall X \in \mathbf{L}(G).$$

4) *Für eine Überlagerung $p: G_1 \to G_2$ zusammenhängender Liescher Gruppen ist*

$$p\big(Z(G_1)\big) = Z(G_2).$$

Beweis. 1) Ist $g \in Z(G_0, G)$, so ist $I_g\,|_{G_0} = \mathrm{id}_{G_0}$ und daher auch $\mathrm{Ad}(g) = \mathrm{id}_{\mathbf{L}(G)}$. Sei umgekehrt $\mathrm{Ad}(g) = \mathrm{id}_{\mathbf{L}(G)}$. Dann ist

$$I_g(\exp X) = \exp\big(\mathrm{Ad}(g)X\big) = \exp X \qquad \forall X \in \mathbf{L}(G).$$

Da $\exp \mathbf{L}(G)$ die ganze zusammenhängende Gruppe G_0 erzeugt (vgl. Aufgabe I.3.6), folgt die Behauptung.

2) Wegen $\alpha \circ I_g = I_{\alpha(g)} \circ \alpha$ für $g \in G_1$ erhält man 2) durch Ableiten in $\mathbf{1}$.

3) Die Abbildung $\Phi: G \times G \to G, (g, x) \mapsto gxg^{-1}$ ist analytisch. Wegen $\Phi(g, \mathbf{1}) = \mathbf{1}$ für alle $g \in G$ ist die Abbildung

$$G \to \mathbf{L}(G), \qquad g \mapsto d\Phi(g, \mathbf{1})(0, v) = \mathrm{Ad}(g)v$$

für alle $v \in \mathbf{L}(G)$ analytisch und damit ist Ad analytisch. Für lineare Lie-Gruppen folgt die Gleichheit $\mathrm{Ad} \circ \exp_G = \exp \circ\, \mathrm{ad}$ aus Proposition I.4.3. Ist $p: G_1 \to G_2$ eine Überlagerung mit $dp(\mathbf{1}) = \mathrm{id}_{\mathbf{L}(G_1)}$, so impliziert 2), daß

$$\mathrm{Ad}_{G_2} \circ p = \mathrm{Ad}_{G_1}$$

und damit, daß

$$\mathrm{Ad}_{G_2} \circ \exp_{G_2} = \mathrm{Ad}_{G_2} \circ p \circ \exp_{G_1} = \mathrm{Ad}_{G_1} \circ \exp_{G_1}.$$

Also ist die linke Seite der obigen Gleichung identisch für alle Gruppen mit der gleichen Lie-Algebra. Die Behauptung folgt nun aus Satz III.2.24.
4) Wir können o.B.d.A. $dp(\mathbf{1}) = \mathrm{id}_{\mathbf{L}(G_1)}$ annehmen. Damit wird 3) zu $\mathrm{Ad}_{G_2} \circ p = \mathrm{Ad}_{G_1}$. Also ist

$$Z(G_1) = \ker \mathrm{Ad}_{G_1} = p^{-1} \ker \mathrm{Ad}_{G_2} = p^{-1} Z(G_2)$$

und daraus folgt die Behauptung, da p surjektiv ist. ∎

III.3.3. Lemma. *Sei G eine Gruppe, $\mathfrak{g} = \mathbf{L}(G)$ und $\mathfrak{a} \subseteq \mathfrak{g}$ ein Unterraum. Defininieren wir*

$$N_G(\mathfrak{a}) := \{g \in G : \mathrm{Ad}(g)\mathfrak{a} \subseteq \mathfrak{a}\} \quad \textit{und} \quad N_{\mathfrak{g}}(\mathfrak{a}) := \{X \in \mathfrak{g} : [X, \mathfrak{a}] \subseteq \mathfrak{a}\},$$

so ist $N_G(\mathfrak{a})$ eine abgeschlossene Untergruppe von G und

$$\mathbf{L}\left(N_G(\mathfrak{a})\right) = N_{\mathfrak{g}}(\mathfrak{a}).$$

Insbesondere ist die analytische Untergruppe $\langle \exp N_{\mathfrak{g}}(\mathfrak{a}) \rangle$ in G abgeschlossen.

Beweis. Die Abgeschlossenheit von $H := N_G(\mathfrak{a})$ folgt aus der Stetigkeit der adjungierten Darstellung. Sei $X \in \mathbf{L}(H) = \{Y \in \mathfrak{g} : \exp \mathbb{R} Y \subseteq H\}$ und $Z \in \mathfrak{a}$. Dann ist

$$[X, Y] = \frac{d}{dt}\Big|_{t=0} e^{\mathrm{ad}\, tX} Y \in \mathfrak{a}$$

und daher $X \in N_{\mathfrak{g}}(\mathfrak{a})$. Ist umgekehrt $X \in N_{\mathfrak{g}}(\mathfrak{a})$, so findet man induktiv, daß $(\mathrm{ad}\, X)^n \mathfrak{a} \subseteq \mathfrak{a}$, und daher ist auch

$$\mathrm{Ad}(\exp tX)\mathfrak{a} = e^{\mathrm{ad}\, tx} \mathfrak{a} \subseteq \mathfrak{a}. \qquad \forall t \in \mathbb{R}$$

Also $X \in \mathbf{L}(H)$. ∎

III.3.4. Satz. *Sei G eine Lie-Gruppe und $\mathfrak{g}$ deren Lie-Algebra. Dann sind folgende Aussagen für eine Unteralgebra $\mathfrak{h} \subseteq \mathfrak{g}$ äquivalent:*

1) *$\mathfrak{h}$ ist ein Ideal von $\mathfrak{g}$.*
2) *$e^{\mathrm{ad}\, X}\mathfrak{h} \subseteq \mathfrak{h}$ für alle $X \in \mathfrak{g}$.*
3) *$\mathrm{Ad}(G_0)\mathfrak{h} = \mathfrak{h}$.*
4) *$H := \langle \exp \mathfrak{h} \rangle$ ist eine normale Untergruppe von G_0.*

Beweis. 1) $\Rightarrow$ 2): Ist $\mathfrak{h}$ ein Ideal, so ist $\mathfrak{g} = N_{\mathfrak{g}}(\mathfrak{h})$ und damit auch

$$\mathrm{Ad}(\exp X)\mathfrak{h} = e^{\mathrm{ad}\, X}\mathfrak{h} \subseteq \mathfrak{h} \qquad \forall X \in \mathfrak{g}$$

(Lemma III.3.3).
2) $\Rightarrow$ 3): Das folgt sofort aus $e^{\mathrm{ad}\, X} = \mathrm{Ad}(\exp X)$ und aus der Tatsache, daß $\langle \exp \mathbf{L}(G)\rangle = G_0$ ist.
3) $\Rightarrow$ 4): Da H zusammenhängend ist, ist H in G_0 enthalten. Für $g \in G$ erhalten wir mit 3), daß

$$I_g(H) = \langle I_g(\exp \mathfrak{h})\rangle = \langle \exp dI_g(\mathbf{1})\mathfrak{h}\rangle = \langle \exp \mathrm{Ad}(g)\mathfrak{h}\rangle = \langle \exp \mathfrak{h}\rangle = H.$$

4) $\Rightarrow$ 1): Sei $Z \in \mathfrak{h} = \{Y \in \mathfrak{g} \colon \exp \mathbb{R}Y \subseteq H\}$ und $X \in \mathbf{L}(G)$. Dann ist

$$\exp(e^{\mathrm{ad}\, X}\mathbb{R}Z) = \exp\big(\mathrm{Ad}(\exp X)\mathbb{R}Z\big) = I_{\exp X}(\exp \mathbb{R}Z) \subseteq H.$$

Somit ist $e^{\mathrm{ad}\, X}\mathfrak{h} = \mathfrak{h}$. Für $Z \in \mathfrak{h}$ ist daher auch

$$[X,Z] = \frac{d}{dt}\Big|_{t=0} e^{\mathrm{ad}\, tX} Z \in \mathfrak{h}$$

(vgl. Bemerkung III.2.20, §I.4). ∎

Das Fundamentalgruppen-Diagramm

Bevor wir zu dem Homomorphiesatz für Lie-Gruppen kommen, müssen wir uns überlegen, wie wir den Quotienten einer Lie-Gruppe nach einer abgeschlossenen Untergruppe mit einer Topologie versehen. Ist H eine normale Untergruppe, so werden wir im nächsten Abschnitt sehen, daß G/H auch die Struktur einer Lie-Gruppe trägt. Im allgemeinen Fall kann man G/H aber immer noch mit einer analytischen Struktur versehen. Da wir das aber im weiteren nicht benötigen, und nicht mehr Differentialgeometrie als nötig hinzuziehen wollen, geben wir uns mit der Topologie auf G/H zufrieden.

III.3.5. Lemma. *Sei G eine lokalkompakte Gruppe und H eine abgeschlossene Untergruppe. Wir bezeichnen den Raum der Linksnebenklassen gH, $g \in G$ mit G/H und die Quotientenabbildung von G nach G/H mit π. Dann hat die Quotiententopologie auf G/H folgende Eigenschaften.*

1) *G/H ist lokalkompakt.*
2) *Die Abbildung $\pi\colon G \times G/H \to G/H$, $(g, xH) \mapsto gxH$ ist stetig.*

3) *Die Abbildung* π *ist stetig und offen.*

4) *Ist* H *normal, so ist* G/H *eine lokalkompakte Gruppe und* π *ein stetiger Homomorphismus.*

Beweis. Ist U offen in G, so sind die Mengen gUH für alle $g \in G$ offen (Aufgabe 2). Aus der Definition der Quotiententopologie folgt, daß die Mengen $\pi(gU) = \pi(gUH)$ in G/H offen sind. Also ist π offen. Die Separiertheit von G/H ist nun eine Konsequenz von Aufgabe 1 und die Lokalkompaktheit folgt sofort aus der Offenheit von π. Man überzeugt sich nun noch davon, daß auf $G \times G/H$ die Quotiententopologie mit der Produkttopologie übereinstimmt. Dann folgt die Stetigkeit der Abbildung $G \times G/H \to G/H$ daraus, daß die Multiplikation $m: G \times G \to G$ stetig ist, damit auch $\pi \circ m: G \times G \to G/H$. Diese Abbildung ist aber auf den Mengen $g \times g'H$ konstant und faktorisiert daher zu einer stetigen Abbildung $G \times G/H \to G/H$. Das war zu zeigen. Der vierte Punkt folgt mit analogen Argumenten (Aufgabe 3). ∎

III.3.6. Lemma. *Sei* H *eine abgeschlossene Untergruppe einer Lie-Gruppe* G, H_0 *deren Einskomponente und* $H_1 \subseteq H$ *eine Untergruppe, die* H_0 *enthält. Dann ist* H_1 *eine offene Untergruppe von* H *und die Abbildung*

$$\alpha: G/H_1 \to G/H, \qquad xH_1 \mapsto xH$$

ist eine Überlagerung. Das Urbild des Punktes $H \in G/H$ *entspricht der Gruppe* H/H_1. *Ist* H, *und damit auch* H_1, *normal in* G, *so ist* α *auch ein Gruppenhomomorphismus.*

Beweis. Da H eine Lie-Gruppe ist (Satz III.2.33), ist H_0 in H offen. Damit ist H_1 eine offene und somit auch abgeschlossene Untergruppe von H. Die Stetigkeit von α folgt durch zweimalige Anwendung von Satz A.14. Wir bezeichnen die Quotientenabbildungen $G \to G/H_1$ bzw. $G \to G/H$ mit π_1 bzw. π. Sei nun $y = gH \in G/H$, U eine zusammenhängende kompakte symmetrische Einsumgebung in G, so daß $U^2 \cap H \subseteq H_1$ gilt, und $\mathcal{U} := \pi(gUH)$. Sei $\widetilde{\mathcal{U}}$ eine Zusammenhangskomponente von $\alpha^{-1}(\mathcal{U}) = \pi_1(gUH)$. Dann ist $\alpha\,|_{\widetilde{\mathcal{U}}}$ injektiv, denn aus $guH = gu'H$, $u, u' \in U$ folgt, daß $u'^{-1}u \in U^2 \cap H \subseteq H_1$ ist und folglich $guH_1 = gu'H_1$. Für eine offene Menge $U \subseteq G$ ist $\alpha(UH_1) = \pi(UH)$ offen in G/H. Also ist α eine offene Abbildung. Insbesondere ist $\alpha\,|_{\widetilde{\mathcal{U}}}$ ein Homöomorphismus und gemäß Definition I.8.9 ist α eine Überlagerung. Ist H normal in G, so auch H_0, denn jeder innere Automorphismus bildet Zusammenhangskomponenten in Zusammenhangskomponenten ab und läßt die $\mathbf{1}$ fest. Damit ist auch H_1 normal und es ist klar, daß α dann ein Gruppenhomomorphismus ist. ∎

Ein Fall, der sehr oft auftritt, ist $H_0 = H_1 = \{\mathbf{1}\}$, d.h. H eine diskrete zentrale Untergruppe ist (vgl. Lemma I.9.4 und Bemerkung I.9.5). Da wir in diesem Buch nicht so weit in die Homotopietheorie gehen können, um die exakte Homotopiesequenz für das Faserbündel $G \to G/H$ zur Verfügung zu haben, werden wir uns jetzt systematisch anschauen, welche Informationen über die Fundamentalgruppen wir direkt bekommen können. Wir betrachten folgende Situation:

H sei eine zusammenhängende abgeschlossene Untergruppe der zusammenhängenden Lie-Gruppe G und $i: H \to G$ die Inklusion. Die induziert über $di(\mathbf{1}): \mathbf{L}(H) \to \mathbf{L}(G)$ einen Homomorphismus $\widetilde{i} : \widetilde{H} \to \widetilde{G}$ der einfach zusammenhängenden Überlagerungen, und der Homotopiegruppen $\pi_1(i): \pi_1(H) \to \pi_1(G)$, die wir mit Satz I.9.14 als Untergruppen der entsprechenden universellen Überlagerung auffassen. Die Überlagerungsabbildungen für H und G werden mit p_H und p_G bezeichnet. Ist $\pi: G \to G/H$ die Projektion auf die Linksnebenklassen, so induziert π ebenfalls einen Homomorphismus $\pi_1(\pi): \pi_1(G) \to \pi_1(G/H)$. Die Abbildung $\pi \circ p_G: \widetilde{G} \to G/H$ faktorisiert zu einer Überlagerung (Lemma III.3.6) $q: \widetilde{G}/H_1 \to G/H$, wobei $H_1 := \widetilde{i}(\widetilde{H})$. Wir schreiben $\widetilde{\pi}: \widetilde{G} \to \widetilde{G}/H_1$ für die entsprechende Quotientenabbildung.

Das kann man in folgendem Diagramm zusammenfassen:

$$\begin{array}{ccccc}
\pi_1(H) & \xrightarrow{\pi_1(i)} & \pi_1(G) & \xrightarrow{\pi_1(\pi)} & \pi_1(G/H) \\
\downarrow & & \downarrow & & \\
\widetilde{H} & \xrightarrow{\widetilde{i}} & \widetilde{G} & \xrightarrow{\widetilde{\pi}} & \widetilde{G}/H_1 \\
\downarrow{\scriptstyle p_H} & & \downarrow{\scriptstyle p_G} & & \downarrow{\scriptstyle q} \\
H & \xrightarrow{i} & G & \xrightarrow{\pi} & G/H
\end{array}$$

Die Kommutativität des Diagramms ist klar, wenn man bedenkt, daß man den Homomorphismus $\pi_1(i)$ als Einschränkung von $\widetilde{i}$ auf die entsprechende Untergruppe von $\widetilde{H}$ bekommt. Die Gruppe $\widetilde{H}$ einfach zusammenhängend, also ist $\widetilde{i}: \widetilde{H} \to H_1$ die universelle Überlagerung von H_1, weil $\mathbf{L}(\widetilde{H}) = \mathbf{L}(H_1)$. Man beachte hierbei, daß wegen der Abgeschlossenheit von H auch die Untergruppe $p_G^{-1}(H)$ und damit auch deren Einskomponente H_1 abgeschlossen ist. Den Kern von $\widetilde{i}$ kann man also nach Satz I.9.14 mit $\pi_1(H_1)$ identifizieren.

III.3.7. Lemma. *Der Homomorphismus $\pi_1(\pi): \pi_1(G) \to \pi_1(G/H)$ ist surjektiv, wenn H zusammenhängend ist.*

Beweis. Sei $[\gamma] \in \pi_1(G/H)$ mit $\gamma: [0,1] \to G/H$. Wir liften γ zu einem Weg $\beta: [0,1] \to G$, so daß $\pi \circ \beta = \gamma$ und $\beta(0) = \mathbf{1}$. Sei dazu $\mathfrak{a} \subseteq \mathfrak{g}$ ein Vektorraumkomplement, $B \subseteq \mathfrak{g}$ eine relativ kompakte offene Nullumgebung, so daß

$$\Phi: (B \cap \mathfrak{a}) \times (B \cap \mathfrak{h}) \to G, \qquad (X, Y) \mapsto \exp(X)\exp(Y)$$

ein Diffeomorphismus aufs Bild ist (Satz vom lokalen Inversen und Korollar III.2.10) und $A \subseteq B \cap \mathfrak{a}$ eine kompakte symmetrische Nullumgebung in $\mathfrak{a}$, so daß $\exp(A)^2 \cap H \subseteq \exp(B \cap H)$ ist.

Dann ist $\alpha := \pi \circ \exp|_A : A \to G/H$ stetig und $\alpha(A) = \pi \circ \Phi(A \times \overline{B \cap \mathfrak{h}})$ ist eine Umgebung von $\pi(\mathbf{1})$, da π offen ist (Lemma III.3.5). Sei nun $\alpha(X) =$

$\alpha(Y)$. Dann ist $\exp(Y) \in \exp(X)H$ und $h := \exp(-X)\exp(Y) \in H \cap \exp(A)^2 \subseteq \exp(B \cap H)$. Das widerspricht aber der Bedingung, daß Φ injektiv ist. Also ist α injektiv und folglich, da A kompakt ist, ein Homöomorphismus auf eine kompakte Umgebung von $\pi(\mathbf{1})$. Wir können nun die kompakte Menge $\gamma([0,1])$ mit endlich vielen der offenen Mengen $\gamma(t)\pi(A)^0$ überdecken. Wir finden also eine Unterteilung

$$0 = t_0 < t_1 < t_2 < \ldots < t_n = 1,$$

so daß $\gamma([t_i, t_{i+1}]) \subseteq \gamma(t_i)\pi(A)$ ist. Wir definieren β auf $[t_0, t_1]$ durch $\beta(t) := \alpha^{-1}(\gamma(t))$. Auf $[t_1, t_2]$ durch

$$\beta(t) := \beta(t_1)\alpha^{-1}\big(\beta(t_1)^{-1}\gamma(t)\big)$$

usw. Man verifiziert unmittelbar, daß β stetig ist und die gewünschten Eigenschaften hat. Da H zusammenhängend ist, finden wir einen Weg $\beta' : [0,1] \to H$ mit $\beta'(0) = \beta(1)$ und $\beta'(1) = \mathbf{1}$. Damit gilt mit den Bezeichnungen aus §I.8, daß

$$\pi_1(\pi)[\beta' \diamond \beta] = [\pi \circ (\beta' \diamond \beta)] = [\pi \circ \beta] = [\gamma].$$

Also ist $d\pi_1(\pi)$ surjektiv. ■

Wie bisher bezeichnen wir die Einskomponente einer topologischen Gruppe A mit A_0.

III.3.8. Korollar. *Ist A eine abgeschlossene Untergruppe einer einfach zusammenhängenden Lie-Gruppe G, so ist*

$$\pi_1(G/A) \cong \pi_0(A) := A/A_0.$$

Insbesondere ist A zusammenhängend, wenn G und G/A einfach zusammenhängend sind.

Beweis. Der Raum G/A_0 ist einfach zusammenhängend (Lemma III.3.7), und

$$q : G/A_0 \to G/A, \quad xA_0 \mapsto xA$$

ist eine einfach zusammenhängende Überlagerung von G/A (Lemma III.3.6), wobei $q^{-1}(A) \cong A/A_0$ ist. Wir bezeichnen die kanonische Projektion $G \to G/A$ mit π. Identifiziert man G bzw. G/A_0 wie im Beweis von Satz I.8.14 mit einer Menge von Homotopieklassen von Wegen in G bzw. G/A, so ist die Abbildung $\widetilde{\pi} : G \to G/A_0, g \mapsto gA_0$ gegeben durch $[\gamma] \mapsto [\pi \circ \gamma]$. Insbesondere ist

$$\widetilde{\pi}|_A : A \to \pi_1(G/A) = q^{-1}(A)$$

ein Gruppen-Isomorphismus (Lemma I.8.18). ■

Da $G/H \cong \widetilde{G}/p_G^{-1}(H)$ ist, können wir mit Korollar III.3.8 die Fundamentalgruppe $\pi_1(G/H)$ mit $\pi_0(p^{-1}/H) = p^{-1}(H)/H_1$ identifizieren. Wir haben daher eine Inklusion $j : \pi_1(G/H) \to \widetilde{G}/H_1$. Damit können wir das Diagramm von oben zu einem kommutativen Diagramm auffüllen. Zusammenfassend haben wir:

III.3.9. Satz. (Das Homotopiegruppen Diagramm) *Das folgende Diagramm ist kommutativ. Zusätzlich sind alle Pfeile, die vom Rand weg zeigen, injektiv; die Pfeile, die zum Rand zeigen, sind surjektiv. An allen anderen Stellen stimmt das Bild des hereinzeigenden Pfeiles mit dem Kern des herauszeigenden Pfeiles überein. In diesem Sinn ist das Diagramm also "exakt".*

$$\begin{array}{ccccccc}
\pi_1(H_1) & \xrightarrow{\pi_1(p_G|_{H_1})} & \pi_1(H) & \xrightarrow{\pi_1(i)} & \pi_1(G) & \xrightarrow{\pi_1(\pi)} & \pi_1(G/H) \\
\downarrow{\cong} & & \downarrow & & \downarrow & & \downarrow{j} \\
\pi_1(H_1) & \longrightarrow & \widetilde{H} & \xrightarrow{\widetilde{i}} & \widetilde{G} & \xrightarrow{\widetilde{\pi}} & \widetilde{G}/H_1 \\
 & & \downarrow{p_H} & & \downarrow{p_G} & & \downarrow{q} \\
 & & H & \xrightarrow{i} & G & \xrightarrow{\pi} & G/H
\end{array}$$

Beweis. Da $p_G|_{H_1}: H_1 \to H$ eine Überlagerung ist, ist $\pi_1(H_1)$ eine Untergruppe von $\pi_1(H)$. Die Injektivität der Pfeile, die vom Rand weg zeigen, ist damit klar. Die Surjektivitätsaussage folgt aus Lemma III.3.7. Die Exaktheit der Spalten ist klar, ebenso die Exaktheit der unteren beiden Zeilen, da $\widetilde{i}: \widetilde{H} \to H_1$ die universelle Überlagerung von H_1 ist. Wegen

$$\operatorname{im} \pi_1(p_G|_{H_1}) = \pi_1(H_1) = \ker \widetilde{i} = \ker \pi_1(i)$$

ist die obere Zeile bei $\pi_1(H)$ exakt. Weiter ist

$$\operatorname{im} \pi_1(i) = H_1 \cap \pi_1(G) = \ker \pi_1(\pi),$$

da $j \circ \pi_1(\pi) = \widetilde{\pi}|_{\pi_1(G)}$ ist. Dies zeigt die Exaktheit bei $\pi_1(G)$. ∎

III.3.10. Bemerkung. Für diejenigen, die sich mit Homotopietheorie auskennen. Man kann zeigen, daß für jede zusammenhängende Lie-Gruppe die zweite Homotopiegruppe $\pi_2(G)$ verschwindet (Mit den Resultaten aus §III..7 muß man das nur noch für kompakte einfache Lie-Gruppen zeigen). Die exakte Homotopiesequenz für das Faserbündel $G \to G/H$ liefert damit, für zusammenhängendes H, eine exakte Sequenz.

$$\{1\} = \pi_2(G) \to \pi_2(G/H) \to \pi_1(H) \to \pi_1(G) \to \pi_1(G/H) \to \pi_0(H) = \{1\}$$

D.h., die Gruppe, die oben als $\pi_1(H_1)$ auftaucht, ist nichts anderes als $\pi_2(G/H)$. Ist H eine normale Untergruppe von G, so werden wir zeigen, daß G/H eine Lie-Gruppe ist. Dann ist $\pi_2(G/H) = \pi_1(H_1) = \{1\}$ und daher $\pi_1(G/H) \cong \pi_1(G)/\pi_1(H)$. Das ist aber auch eine direkte Konsequenz von Satz III.3.17. ∎

Der Homomorphiesatz für Lie-Gruppen

III.3.11. Lemma. *Sei G eine Lie-Gruppe. Dann gelten folgende Aussagen.*

a) *Ist $\alpha: G \to H$ ein Morphismus von Lie-Gruppen, so ist*

$$\mathbf{L}(\ker \alpha) = \ker d\alpha.$$

b) $\mathbf{L}\left(Z(G_0)\right) = Z\left(\mathbf{L}(G)\right)$.

Beweis. a) Ein Element $X \in \mathbf{L}(G)$ ist genau dann in $\mathbf{L}(\ker \alpha)$, wenn

$$\alpha\left(\exp(\mathbb{R}X)\right) = \exp\left(d\alpha(\mathbf{1})\mathbb{R}X\right) = \{\mathbf{1}\}$$

gilt, also wenn $d\alpha(\mathbf{1})X = 0$ ist.
b) Das folgt aus a), Satz III.3.2 und $Z(G_0, G) \cap G_0 = Z(G_0)$. ∎

III.3.12. Satz. *Sei G eine Lie-Gruppe.*

a) *Ist H ein abgeschlossener Normalteiler von G, so ist G/H eine Lie-Gruppe mit*

$$\mathbf{L}(G/H) \cong \mathbf{L}(G)/\mathbf{L}(H)$$

und die Projektion $\pi: G \to G/H, g \mapsto gH$ ist analytisch.

b) (Homomorphiesatz für Lie-Gruppen) *Ist $\alpha: G \to G_1$ ein Morphismus von Lie-Gruppen und $H := \ker \alpha$, so ist die induzierte Abbildung*

$$[\alpha]: G/H \to G_1, \qquad \pi(x) = xH \mapsto \alpha(x)$$

ein Morphismus von Lie-Gruppen und genau dann ein Isomorphismus auf das Bild, wenn $\alpha(G) \subseteq G_1$ abgeschlossen ist.

Beweis. a) Zunächst ist H_0 eine normale Untergruppe von G_0. Nach Satz III.3.4 ist $\mathbf{L}(H) = \mathbf{L}(H_0)$ ein Ideal in $\mathbf{L}(G)$. Wir können daher den Quotienten $\mathfrak{a} := \mathbf{L}(G)/\mathbf{L}(H)$ mit dem Quotientenhomomorphismus $\beta: \mathbf{L}(G) \to \mathfrak{a}$ bilden. Sei nun $p: \widetilde{G}_0 \to G_0$ die universelle Überlagerung von G_0 mit $dp(\mathbf{1}) = \mathrm{id}_{\mathbf{L}(G)}$. Dann existiert ein analytischer Homomorphismus $\alpha: \widetilde{G}_0 \to G(\mathfrak{a})$ mit $d\alpha(\mathbf{1}) = \beta$. Da $G(\mathfrak{a})$ zusammenhängend ist, ist α surjektiv und nach Lemma III.3.11 ist $\mathbf{L}(\ker \alpha) = \mathbf{L}(H)$. Mit Aufgabe 4 schließen wir aus Satz I.7.9, daß α einen Homöomorphismus $[\alpha]: \widetilde{G}/\ker \alpha \to G(\mathfrak{a})$ induziert. Nach Korollar III.3.8 ist $\ker[\alpha]$ zusammenhängend und stimmt daher mit $\langle \exp_{\widetilde{G}} \mathfrak{h} \rangle$ überein. Der Homomorphismus

$$\widetilde{G}_0/\ker[\alpha] \cong G(\mathfrak{a}) \to \widetilde{G}_0/p^{-1}(H) \cong G_0/(H \cap G_0), \qquad x[\ker \alpha] \mapsto xp^{-1}(H)$$

ist nach Lemma III.3.6 eine Überlagerung und folglich ist $E := G_0/(H \cap G_0)$ eine Lie-Gruppe mit $\widetilde{E} = G(\mathfrak{a})$ (§I.9). Lemma III.3.5 zeigt, daß E eine offene Untergruppe von G/H ist. Also ist auch G/H eine Lie-Gruppe (Aufgabe 6). Damit haben wir

$$\mathbf{L}(G/H) = \mathbf{L}(E) \cong \mathbf{L}(G)/\mathbf{L}(H).$$

Die Analytizität von α folgt nun aus Satz III.2.31.
b) Die Stetigkeit von $[\alpha]$ folgt aus der Definition der Quotiententopologie auf G/H und die Analytizität aus Satz III.2.31. Der Rest ist eine Konsequenz von Satz III.2.33 und dem Satz der offenen Abbildung (Satz I.7.9), da wir nur Lie-Gruppen mit abzählbar vielen Komponenten betrachten (vgl. Aufgabe 4). ■

Semidirekte Produkte

III.3.13. Definition. Sind N und H Lie-Gruppen und ist $\alpha: H \to \operatorname{Aut}(N)$ ein Homomorphismus, so daß die Abbildung $N \times H \to N, (n,h) \mapsto \alpha(h)n$ analytisch ist, so wird auf $N \times H$ durch

$$(n,h)(n',h') \mapsto \big(n\alpha(h)n', hh'\big)$$

die Struktur einer Lie-Gruppe definiert. Man nennt $N \times H$ mit dieser Multiplikation auch das *semidirekte Produkt von N und H*, und schreibt $N \rtimes_\alpha H$ dafür. ■

III.3.14. Satz. *Sei G eine Lie-Gruppe mit abgeschlossenen Untergruppen N und H, so daß $H \subseteq N(N,G) = \{g \in G: gNg^{-1} \subseteq N\}$. Dann ist G genau dann zum semidirekten Produkt $N \rtimes_\alpha H$ mit $\alpha(h)n = hnh^{-1}$ isomorph, wenn N ein Normalteiler ist und*

$$N \cap H = \{0\} \quad \textit{sowie} \quad NH = G$$

gilt.

Beweis. Die Notwendigkeit obiger Bedingungen ergibt sich sofort aus der Definition des semidirekten Produktes. Sei also N normal und $N \cap H = \{\mathbf{1}\}$. Die Abbildung $N \times H \to N, (n,h) \mapsto hnh^{-1}$ ist analytisch und daher ist das semidirekte Produkt $G_1 := N \rtimes_\alpha H$ definiert. Man sieht nun sofort, daß die Abbildung $\beta : G_1 \to G, (n,h) \mapsto nh$ ein surjektiver Morphismus von Lie-Gruppen ist. Der Kern $\{(n,n^{-1}): n \in N \cap H\}$ ist ebenfalls trivial und daher ist β nach dem Satz von der offenen Abbildung ein Isomorphismus. ■

III.3.15. Satz. $\mathbf{L}(N \rtimes_\alpha H) = \mathbf{L}(N) \rtimes_{d\beta(\mathbf{1})} \mathbf{L}(H)$, *wobei*

$$\beta: H \to \operatorname{Aut}\big(\mathbf{L}(H)\big), \qquad h \mapsto d\alpha(h)(\mathbf{1}),$$

der durch α *definierte analytische Homomorphismus ist.*

Beweis. Wir identifizieren den Vektorraum

$$\mathfrak{g} := \mathbf{L}(N \rtimes_\alpha H) = T_{(\mathbf{1},\mathbf{1})}(N \times H)$$

mit $T_\mathbf{1}(N) \oplus T_\mathbf{1}(H) \cong \mathbf{L}(N) \oplus \mathbf{L}(H)$. Damit ist klar, daß für $X \in \mathbf{L}(N)$ und $Y \in \mathbf{L}(H)$ die Beziehung

$$[(X,0),(X',0)] = ([X,X'],0) \quad \text{und} \quad [(0,Y),(0,Y')] = (0,[Y,Y'])$$

gilt. Es bleibt also $[(0,Y),(X,0)] = \big(d\beta(\mathbf{1})Y\big)X$ zu zeigen. Zunächst ist klar, daß $\mathbf{L}(N) \oplus 0$ ein Ideal von $\mathfrak{g}$ ist (Satz III.3.4), und daß $\exp(X,0) = (\exp X, \mathbf{1})$ gilt. Für $t \in \mathbb{R}$ ist daher (vgl. Definition III.3.1)

$$\begin{aligned} I_{\exp(0,tY)} \exp(X,0) &= I_{\exp(0,tY)}(\exp X, \mathbf{1}) = \Big(\alpha\big(\exp(tY)\big)(\exp X), \mathbf{1}\Big) \\ &= \Big(\exp\Big(d\big(\alpha(\exp tY)\big)(\mathbf{1})X\Big), \mathbf{1}\Big) = \Big(\exp\big(\beta(\exp tY)X\big), \mathbf{1}\Big) \\ &= \Big(\exp\Big(\exp\big(d\beta(\mathbf{1})(tY)\big)X\Big), \mathbf{1}\Big). \end{aligned}$$

Also ist $\operatorname{Ad}\big(\exp(0,tY)\big)(X,0) = \big(e^{d\beta(\mathbf{1})(tY)}X, 0\big)$ und durch Ableiten an der Stelle $t = 0$ ergibt sich

$$[(0,Y),(X,0)] = \big(d\beta(\mathbf{1})Y\big)(X,0).$$

■

III.3.16. Korollar. *Ist* G *eine einfach zusammenhängende Lie-Gruppe und* $\mathbf{L}(G) \cong \mathfrak{a} \rtimes_\beta \mathfrak{b}$, *so ist* $G \cong G(\mathfrak{a}) \rtimes G(\mathfrak{b})$.

Beweis. Es existiert ein analytischer Homomorphismus $\alpha: G(\mathfrak{a}) \to \operatorname{Aut}(\mathfrak{b})$, so daß $d\alpha(\mathbf{1}) = \beta$ (Satz I.9.11). Da $G(\mathfrak{b})$ einfach zusammenhängend ist, finden wir für jedes $g \in G$ einen Automorphismus $\gamma(g) \in \operatorname{Aut}\big(G(\mathfrak{b})\big)$ mit $d\gamma(g)(\mathbf{1}) = \alpha(g)$. Es ist klar, daß die Abbildung $\gamma: G \to \operatorname{Aut}\big(G(\mathfrak{b})\big)$ damit zu einem Homomorphismus wird. Um zu zeigen, daß die Abbildung

$$G \times G(\mathfrak{b}) \to G(\mathfrak{b}), \qquad (g,x) \mapsto \gamma(g)x$$

analytisch ist, reicht es wegen der Analytizität der Abbildungen $\gamma(g)$ und der Rechtsmultiplikationen in $G(\mathfrak{b})$, die Analytizität in $(\mathbf{1},\mathbf{1})$ zu zeigen. Wir rechnen also

$$\begin{aligned} \big(\exp(a), \exp(x)\big) &\mapsto \gamma\big(\exp(a)\big)\exp(b) \\ &= \exp\Big(d\gamma\big(\exp(a)\big)(\mathbf{1})b\Big) = \exp\Big(\alpha\big(\exp(a)\big)(\mathbf{1})b\Big) \\ &= \exp(e^{\beta(a)}b). \end{aligned}$$

Die Analytizität obiger Abbildung folgt nun sofort aus der Analytizität von $(a,b) \mapsto e^{\beta(a)}b$. Damit können wir die einfach zusammenhängende Gruppe $G(\mathfrak{a}) \rtimes_\gamma G(\mathfrak{b})$ bilden, deren Lie-Algebra wegen Satz III.3.15 zu $\mathbf{L}(G)$ isomorph ist. Also sind auch die Gruppen G und $G(\mathfrak{a}) \rtimes_\gamma G(\mathfrak{b})$ isomorph. ■

III.3.17. Satz. *Sei G eine einfach zusammenhängende Lie-Gruppe und $N \subseteq G$ eine normale analytische Untergruppe. Dann ist N abgeschlossen und G ist diffeomorph zu dem Produkt $N \times G/N$. Insbesondere sind die Gruppen N und G/N einfach zusammenhängend.*

Beweis. Nach Satz III.3.4 ist $\mathbf{L}(N)$ ein Ideal in $\mathbf{L}(G)$. Gemäß Korollar II.4.9 und Bemerkung III.4.10 finden wir daher eine aufsteigende Folge von Unteralgebren

$$\mathbf{L}(N) = \mathfrak{g}_0 \subseteq \mathfrak{g}_1 \subseteq \ldots \subseteq \mathfrak{g}_n = \mathbf{L}(G),$$

so daß $\mathfrak{g}_i$ ein Ideal in $\mathfrak{g}_{i+1}$ ist und die Quotienten $\mathfrak{a}_i := \mathfrak{g}_{i+1}/\mathfrak{g}_i$ entweder isomorph zu $\mathbb{R}$ oder einfach sind. Mit diesen Resultaten haben wir also, daß

$$\mathfrak{g}_{i+1} \cong \mathfrak{g}_i \rtimes \mathfrak{a}_i \qquad \forall i = 0, \ldots, n-1.$$

Wir können nun Korollar III.3.16 induktiv anwenden um zu sehen, daß

$$G \cong \Bigg(\bigg(\ldots\Big(\big(N \rtimes G(\mathfrak{a}_0)\big) \rtimes G(\mathfrak{a}_1)\Big)\ldots\bigg) \rtimes G(\mathfrak{a}_{n-1})\Bigg).$$

Als Mannigfaltigkeit ist also

$$G \cong N \times G(\mathfrak{a}_0) \times \ldots \times G(\mathfrak{a}_{n-1}).$$

Also ist N abgeschlossen und für den Quotienten gilt

$$G/N \cong \bigg(\Big(\ldots\big(G(\mathfrak{a}_0) \rtimes G(\mathfrak{a}_1)\big)\ldots\Big) \rtimes G(\mathfrak{a}_{n-1})\bigg).$$

Damit ist alles gezeigt. ■

Kommutatoren

III.3.18. Definition. Sei G eine Gruppe.

1) Für zwei Untergruppen $A, B \subseteq G$ definieren wir (A, B) als die von den Kommutatoren $xyx^{-1}y^{-1}$, $x \in A$, $y \in B$ erzeugte Untergruppe.
2) Setze $G^1 := (G, G)$ und $G^n := (G, G^{n-1})$, dann heißt $(G^n)_{n \in \mathbb{N}}$ die *absteigende Zentralreihe* von G.
3) Setze $G^{(1)} := (G, G)$ und $G^{(n)} := (G^{(n-1)}, G^{(n-1)})$, dann heißt $(G^{(n)})_{n \in \mathbb{N}}$ die *abgeleitete Reihe* von G.
4) G heißt *nilpotent*, falls es ein $n \in \mathbb{N}$ mit $G^n = \{\mathbf{1}\}$ gibt.
5) G heißt *auflösbar*, falls es ein $n \in \mathbb{N}$ mit $G^{(n)} = \{\mathbf{1}\}$ gibt. ∎

Um mehr über nilpotente und auflösbare Lie-Gruppen zu erfahren, werden wir diese Begriffe zuerst zu den entsprechenden Begriffen für Lie-Algebren in Beziehung setzen.

III.3.19. Lemma. *Sind $A, B \subseteq G$ analytische Untergruppen, so ist auch (A, B) eine analytische Untergruppe.*

Beweis. Wegen Yamabes Satz ist nur zu zeigen, daß (A, B) bogenzusammenhängend ist. Nun sind aber A und B bogenzusammenhängend. Also auch die Menge $\{aba^{-1}b^{-1} : a \in A, b \in B\}$ als stetiges Bild von $A \times B$ und somit auch die hiervon erzeugte Untergruppe. ∎

III.3.20. Lemma. *Sind A, B und C analytische Untergruppen der zusammenhängenden Lie-Gruppe G mit*

$$[\mathbf{L}(A), \mathbf{L}(C)] \subseteq \mathbf{L}(C) \quad \textit{und} \quad [\mathbf{L}(B), \mathbf{L}(C)] \subseteq \mathbf{L}(C),$$

so ist $(A, B) \subseteq C$, und für $[\mathbf{L}(A), \mathbf{L}(B)] = \mathbf{L}(C)$ gilt sogar die Gleichheit $(A, B) = C$.

Beweis. Aus den Voraussetzungen folgt sofort, daß $\mathbf{L}(A) + \mathbf{L}(B) + \mathbf{L}(C)$ eine Unteralgebra von $\mathbf{L}(G)$ ist und wir können annehmen, daß sie mit $\mathbf{L}(G)$ übereinstimmt. Damit ist $\mathbf{L}(C)$ ein Ideal von $\mathbf{L}(G)$. Wir nehmen zuerst an, daß G einfach zusammenhängend ist. Dann ist C nach Satz III.3.17 eine abgeschlossene Untergruppe von G. Sei $\Phi : G \to G/C$ der kanonische Quotientenmorphismus. Dann ist

$$[d\Phi(\mathbf{1})\,\mathbf{L}(A), d\Phi(\mathbf{1})\,\mathbf{L}(B)] = \{0\}$$

und daher $\mathbf{L}(G/C) \cong d\Phi(\mathbf{1})\,\mathbf{L}(A) \oplus d\Phi(\mathbf{1})\,\mathbf{L}(B)$. Da die Gruppe G/C ebenfalls einfach zusammenhängend ist, ist sie isomorph zu $\Phi(A) \times \Phi(B)$, insbesondere kommutieren beide Gruppen. Daher ist $\Phi\big((A, B)\big) = \{\mathbf{1}\}$ und somit $(A, B) \subseteq C$.

Sei nun G beliebig und $\pi: \widetilde{G} \to G$ die universelle Überlagerung von G, sowie $\widetilde{A}$, $\widetilde{B}$ bzw. $\widetilde{C}$ die zu $\mathbf{L}(A)$, $\mathbf{L}(B)$ bzw. $\mathbf{L}(C)$ gehörigen analytischen Untergruppen von $\widetilde{G}$. Nach dem oben gezeigten ist $(\widetilde{A}, \widetilde{B}) \subseteq \widetilde{C}$ und folglich

$$(A, B) = \pi\big((\widetilde{A}, \widetilde{B})\big) \subseteq \pi(\widetilde{C}) = C.$$

Der Beweis des Lemmas ist also vollständig, wenn wir noch zeigen, daß

$$[\mathbf{L}(A), \mathbf{L}(B)] \subseteq \mathbf{L}\left((A, B)\right)$$

ist, denn (A, B) ist nach Lemma III.3.19 eine analytische Untergruppe. Seien dazu $X \in \mathbf{L}(A)$ und $Y \in \mathbf{L}(B)$. Wir betrachten die Kurve

$$\gamma: \mathbb{R} \to (A, B) \subseteq G, \qquad t \mapsto \exp(tX)\exp(tY)\exp(-tX)\exp(-tY).$$

Nach Korollar I.6.7 finden wir ein $\varepsilon > 0$ und eine Kurve $\alpha:]-\varepsilon, \varepsilon[\to \mathbf{L}\left((A, B)\right)$, so daß

$$\exp \circ \alpha(t) = \gamma(t) \qquad \forall t \in]-\varepsilon, \varepsilon[.$$

Wegen Satz III.2.13 ist nun

$$\alpha(t) = t^2[X, Y] + O(t^3)$$

und somit $[X, Y] \in \mathbf{L}\left((A, B)\right)$. ∎

III.3.21. Satz. *Sei G eine zusammenhängende Lie-Gruppe. Die Lie-Algebren der Gruppen aus der absteigenden Zentralreihe und der abgeleiteten Reihe sind gegeben durch*

$$\mathbf{L}(G^n) = \mathbf{L}(G)^n \quad \textit{und} \quad \mathbf{L}(G^{(n)}) = \mathbf{L}(G)^{(n)}.$$

Beweis. Das folgt sofort aus Lemma III.3.20. ∎

III.3.22. Korollar. *Eine zusammenhängende Lie-Gruppe G ist genau dann nilpotent (auflösbar), wenn ihre Lie-Algebra $\mathbf{L}(G)$ nilpotent (auflösbar) ist.*

Beweis. Das folgt direkt aus den Definitionen und Satz III.3.21, da die Lie-Algebra einer analytischen Untergruppe genau dann $\{0\}$ ist, wenn die Untergruppe $\{1\}$ ist. ∎

Nilpotente Lie-Gruppen

Mit den Informationen des letzten Abschnitts lassen sich sofort wichtige Resultate über die Struktur der auflösbaren und der nilpotenten Lie-Gruppen gewinnen. Wir wenden uns zuerst den nilpotenten Gruppen zu, da sie die einfacheren Objekte sind.

III.3.23. Satz. *Ist $\mathfrak{g}$ eine nilpotente Lie-Algebra, so definiert die Campbell-Hausdorff-Reihe eine polynomiale Abbildung*

$$*\colon \mathfrak{g} \times \mathfrak{g} \to \mathfrak{g}, \qquad (X,Y) \mapsto X + Y + \frac{1}{2}[X,Y] + \ldots.$$

Mit der durch $*$ definierten Multiplikation wird $(\mathfrak{g},*)$ zu einer einfach zusammenhängenden nilpotenten Lie-Gruppe für die $\exp = \mathrm{id}_{\mathfrak{g}}$ *ist.*

Beweis. Da $\mathfrak{g}$ nilpotent ist, existiert ein $n \in \mathbb{N}$ mit $\mathfrak{g}^n = \{\mathbf{1}\}$. Also verschwinden in der Campbell-Hausdorff-Reihe alle Glieder der Ordnung $\geq n$ und damit ist die Abbildung $*\colon \mathfrak{g} \times \mathfrak{g} \to \mathfrak{g}$ polynomial, insbesondere ist sie global definiert und analytisch. Es ist klar, daß

$$0 * X = X * 0 = X \qquad X * (-X) = (-X) * X = 0 \qquad \forall X \in \mathfrak{g}.$$

Sei nun G eine einfach zusammenhängende Lie-Gruppe mit $\mathbf{L}(G) = \mathfrak{g}$ und $\exp\colon \mathfrak{g} \to G$ die Exponentialfunktion. Nach Korollar III.2.25 gilt

$$\exp(X * Y) = \exp(X)\exp(Y)$$

für hinreichend kleine $X, Y \in \mathfrak{g}$. Also ist die analytische Abbildung

$$\mathfrak{g} \times \mathfrak{g} \to G, \qquad (X,Y) \mapsto \exp(X * Y)\exp(-Y)\exp(-X)$$

auf einer offenen Teilmenge von $\mathfrak{g} \times \mathfrak{g}$ konstant $\mathbf{1}$ und daher überall konstant $\mathbf{1}$. Ebenso zeigt man, daß

$$X * (Y * Z) = (X * Y) * Z \qquad \forall X, Y, Z \in \mathfrak{g},$$

da dies wegen

$$\exp\big(X * (Y * Z)\big) = \exp(X)\exp(Y)\exp(Z) = \exp\big((X * Y) * Z\big)$$

zumindest für kleine $X, Y, Z \in \mathfrak{g}$ gilt. Also ist $(\mathfrak{g},*)$ eine einfach zusammenhängende Lie-Gruppe und $\exp_G\colon (\mathfrak{g},*) \to G$ ein Isomorphismus von Lie-Gruppen. Insbesondere ist also $\mathbf{L}\big((\mathfrak{g},*)\big) = \mathfrak{g}$ und daher ist

$$\exp_{\mathfrak{g}} = \exp_G^{-1} \circ \exp_G = \mathrm{id}_{\mathfrak{g}}$$

deren Exponentialfunktion. ■

III.3.24. Korollar. *Ist G eine zusammenhängende nilpotente Lie-Gruppe, so ist*

$$\exp\colon (\mathfrak{g}, *) \to G$$

die universelle Überlagerung von G. Insbesondere ist die Exponentialfunktion surjektiv.

Beweis. Aus Satz III.3.23 folgt, daß $(\mathfrak{g}, *)$ isomorph zu $G(\mathfrak{g})$ ist. Ebenso wie dort zeigt man, daß $\exp(X*Y) = \exp(X)\exp(Y)$ für alle $X, Y \in \mathfrak{g}$ gilt. Also ist $\exp\colon \mathfrak{g} \to G$ ein Homomorphismus von Lie-Gruppen mit diskretem Kern, denn exp ist ein lokaler Diffeomorphismus. Folglich ist exp eine universelle Überlagerungsabbildung für G. ∎

III.3.25. Korollar. (Struktursatz für abelsche Lie-Gruppen) *Sei G eine zusammenhängende abelsche Lie-Gruppe. Dann induziert die Exponentialabbildung* $\exp\colon \mathbf{L}(G) \to G$ *einen Isomorphismus*

$$\mathbf{L}(G)/\ker\exp \to G.$$

Die Gruppe ist isomorph zu dem direkten Produkt eines Vektorraums $\mathbb{R}^m$ mit einem Torus $\mathbb{R}^n/\mathbb{Z}^n$.

Beweis. Die erste Aussage folgt aus dem Homomorphiesatz für Lie-Gruppen, die zweite aus Aufgabe I.3.5. ∎

III.3.26. Lemma. *Das Zentrum der Gruppe $(\mathfrak{g}, *)$ besteht genau aus dem Zentrum der Lie-Algebra $\mathfrak{g}$.*

Beweis. Sei $X \in Z(\mathfrak{g}, *)$. Dann ist

$$\mathrm{id}_{\mathfrak{g}} = dI_{\exp X}(\mathbf{1}) = \mathrm{Ad}(\exp X) = e^{\mathrm{ad}\, X}$$

und daher $\mathrm{ad}\, X = 0$, weil $\mathrm{ad}\, X$ nilpotent ist (Jordansche Normalform). Somit ist $Z(\mathfrak{g}, *) \subseteq Z(\mathfrak{g})$. Die andere Inklusion ist trivial, denn für $X \in Z(\mathfrak{g})$ und $Y \in \mathfrak{g}$ gilt $X * Y = Y * X = X + Y$. ∎

III.3.27. Satz. *Das Zentrum einer nilpotenten Lie-Gruppe ist zusammenhängend.*

Beweis. Lemma III.3.26, Korollar III.3.24 und Satz III.3.2.4). ∎

III.3.28. Satz. (Struktursatz für nilpotente Lie-Gruppen) *Sei G eine zusammenhängende nilpotente Lie-Gruppe. Dann existiert ein zentraler Torus $T \subseteq G$, so daß die Faktorgruppe G/T einfach zusammenhängend ist und G diffeomorph zu $T \times G/T$ ist.*

Beweis. Sei $\exp\colon (\mathbf{L}(G), *) \to G$ die universelle Überlagerung von G. Dann ist $D := \ker\exp \subseteq Z(\mathbf{L}(G), *) = Z(\mathbf{L}(G))$ (Satz III.3.26). Sei $\mathfrak{t} := \operatorname{span} D \subseteq$

$Z(\mathbf{L}(G))$. Dann ist $\mathfrak{t}/D$ ein Torus (Aufgabe I.3.5) und als stetiges Bild der kompakten Gruppe $\mathfrak{t}/D$ (Korollar III.2.30) ist $T := \exp \mathfrak{t}$ ebenfalls kompakt und somit ein Torus. Außerdem ist T zentral. Sei nun $\mathfrak{a} \subseteq \mathfrak{g}$ ein Vektorraumkomplement zu $\mathfrak{t}$ und $\pi: G \to G/T$ die kanonische Projektion. Dann ist

$$\exp_{G/T} \circ d\pi = \pi \circ \exp .$$

Also ist $\exp_{G/T}$ injektiv, denn $d\pi(x) \mid_{\mathfrak{a}}$ ist ein linearer Isomorphismus und für $X, Y \in \mathfrak{a}$ mit $\pi(\exp X) = \pi(\exp Y)$ gilt

$$\exp(Y) \in \exp(X)T = \exp(X)\exp(\mathfrak{t}) = \exp(X + \mathfrak{t}),$$

was $X = Y$ zur Folge hat. Dann muß aber G/T einfach zusammenhängend sein (Korollar III.3.24), und die Abbildung

$$T \times G/T \mapsto G, \qquad (t, \pi(\exp X)) \mapsto t \exp(X)$$

ist ein Diffeomorphismus (Übung, vgl. auch §III.7). ■

III.3.29. Bemerkung. Der größte Unterschied dieses Resultats zum Struktursatz für abelsche Gruppen ist, daß die exakte Sequenz

$$\{1\} \to T \to G \to G/T \to \{1\}$$

im nilpotenten Fall nicht spaltet, d.h., daß es im allgemeinen keinen Homomorphismus $\alpha: G/T \to G$ mit $\pi \circ \alpha = \mathrm{id}_{G/T}$ gibt, obwohl eine analytische Abbildung mit dieser Eigenschaft existiert. Ein einfaches Beispiel hierzu findet man, wenn man für $\mathfrak{g}$ die dreidimensionale Heisenberg-Algebra mit den Relationen

$$[P, Q] = Z, \qquad [Z, P] = [Z, Q] = 0$$

nimmt und $G := (\mathfrak{g}, *)/\mathbb{Z}Z$ setzt. Dann spaltet die entsprechende Sequenz

$$\{0\} \to \mathbb{R}Z \to \mathfrak{g} \to \mathfrak{g}/\mathbb{R}Z \to \{0\}$$

von Lie-Algebren nicht und daher ist dies auch nicht auf der Ebene der Gruppen der Fall. ■

Auflösbare Lie-Gruppen

Die Struktur der auflösbaren Lie-Gruppen ist wesentlich komplizierter als die der nilpotenten, das zeigt sich unter anderem darin, daß die Exponentialfunktion einer auflösbaren zusammenhängenden Lie-Gruppe nicht mehr surjektiv sein muß. Ein einfaches Beispiel hierzu ist die einfach zusammenhängende Überlagerung der Gruppe der Bewegungen der euklidischen Ebene, $\mathrm{M}(2)$, das in Aufgabe 5 näher besprochen wird. Wir werden in §III.7 ein Kriterium für auflösbare Lie-Algebren kennenlernen, das die einfach zusammenhängenden auflösbaren Lie-Gruppen mit surjektiver Exponentialfunktion charakterisiert. Andere Schwierigkeiten kommen daher, daß das Zentrum im allgemeinen nicht mehr zusammenhängend ist (siehe Aufgabe 5) und daher der Zugriff auf das Zentrum von der Lie-Algebra aus erschwert ist. Wir werden in §III.7 auch sehen, wie man diese Schwierigkeiten meistern kann. Zunächst können wir nur zeigen, daß die einfach zusammenhängenden auflösbaren Gruppen diffeomorph zu Vektorräumen sind.

III.3.30. Satz. *In einer einfach zusammenhängenden auflösbaren Lie-Gruppe G der Dimension n existieren n zu $\mathbb{R}$ isomorphe Einparametergruppen $R_1 = \exp(\mathbb{R}X_1), \ldots, R_n = \exp(\mathbb{R}X_n)$, so daß*

$$G \cong \Big(\Big(\ldots\Big((R_1 \rtimes R_2) \rtimes R_3\Big)\ldots\Big) \rtimes R_n\Big).$$

Insbesondere ist G diffeomorph zu $\mathbb{R}^n$.

Beweis. Wir gehen vor wie im Beweis zu Satz III.3.17. Zunächst existieren Ideale

$$\mathfrak{g}_0 = \{0\} \subseteq \mathfrak{g}_1 \subseteq \mathfrak{g}_2 \subseteq \ldots \subseteq \mathfrak{g}_n = \mathfrak{g},$$

so daß $\mathfrak{g}_{i+1}/\mathfrak{g}_i \cong \mathbb{R}$ ist. Daher finden wir $X_i \in \mathfrak{g}_i$, so daß $\mathbb{R}X_i + \mathfrak{g}_{i-1} = \mathfrak{g}_i$ ist und daher

$$\mathbf{L}(G) \cong \Big(\Big(\ldots\Big((\mathbb{R}X_1 \rtimes \mathbb{R}X_2) \rtimes \mathbb{R}X_3\Big)\ldots\Big) \rtimes \mathbb{R}X_n\Big).$$

Die Behauptung folgt nun aus Satz III.3.17 und Korollar III.3.16. ■

III.3.31. Satz. *Eine analytische Untergruppe einer einfach zusammenhängenden auflösbaren Lie-Gruppe ist abgeschlossen und einfach zusammenhängend.*

Beweis. Wir verwenden die Bezeichnungen aus Satz III.3.30 und dessen Beweis. Sei $H = \langle \exp \mathfrak{h} \rangle$ eine analytische Untergruppe von G. Seien $k = \dim \mathfrak{h}$ und $i_1 < \ldots < i_k$ die Indizes mit $\mathfrak{g}_{i_j - 1} \cap \mathfrak{h} \neq \mathfrak{g}_{i_j} \cap \mathfrak{h}$. Wir können nun o.B.d.A. annehmen, daß $X_{i_j} \in \mathfrak{h}$ für $j = 1, \ldots, k$. Aus Dimensionsgründen ist dann $\{X_{i_1}, \ldots, X_{i_k}\}$

eine Basis von $\mathfrak{h}$. Sei $\alpha: G(\mathfrak{h}) \to G$ der Morphismus auflösbarer Lie-Gruppen mit $d\alpha(\mathbf{1}) = i_{\mathfrak{h}}: \mathfrak{h} \to \mathbf{L}(G)$. Aus Satz III.3.30 folgt nun für $Y_j = d\alpha(\mathbf{1})^{-1} X_{i_j}$, daß

$$G(\mathfrak{h}) = \exp(\mathbb{R}Y_1) \cdot \ldots \cdot \exp(\mathbb{R}Y_k)$$

ist. Folglich ist

$$H = \alpha\big(G(\mathfrak{h})\big) = \exp(\mathbb{R}X_{i_1}) \cdot \ldots \cdot \exp(\mathbb{R}X_{i_k}).$$

Gemäß der semidirekten Zerlegung von G ist also

$$H = \Big(\Big(\ldots\Big(\big(R_{i_1} \rtimes R_{i_2}\big) \rtimes R_{i_3}\Big)\ldots\Big) \rtimes R_{i_k}\Big)$$

und daher eine zu $\mathbb{R}^k$ diffeomorphe abgeschlossene Untermannigfaltigkeit von G. ∎

Übungsaufgaben zum Abschnitt III.3

1. Sei G eine topologische Gruppe und $H \subseteq G$ eine abgeschlossene Untergruppe. Dann existiert zu jedem Punkt $g \notin H$ eine Einsumgebung U mit $gUH \cap UH = \emptyset$. Hinweis: Wähle U so klein, daß $U^{-1}gU \cap H = \emptyset$ ist.

2. In einer topologischen Gruppe G ist das Produkt $AB = \{ab: a \in A, b \in B\}$ einer offenen Menge mit einer beliebigen Menge offen.

3. Ist G eine topologische (lokalkompakte) Gruppe und $H \subseteq G$ ein abgeschlossener Normalteiler, so ist G/H mit der Quotiententopologie eine (lokalkompakte) topologische Gruppe und die Quotientenabbildung $\pi: G \to G/H, g \mapsto gH$ ist offen. Hinweis: Die Stetigkeit von Inversion und Multiplikation folgt mit den gleichen Argumenten wie in Lemma III.3.5 aus Satz A.14.

4. Jede Lie-Gruppe mit abzählbar vielen Komponenten ist abzählbar im Unendlichen. Hinweis: Aufgabe I.5.7.

5. Sei $\alpha: \mathbb{R} \to \mathrm{Aut}(\mathbb{C})$ definiert durch

$$\alpha(t)z = e^{it}z.$$

Man zeige :

a) $G := \mathbb{C} \rtimes_\alpha \mathbb{R}$ ist eine dreidimensionale einfach zusammenhängende auflösbare Lie-Gruppe.

b) $Z(G) = \{0\} \times \mathbb{Z}$. Insbesondere ist $Z(G)$ nicht zusammenhängend.

c) $G/Z(G)$ ist isomorph zur Gruppe der Bewegungen der (komplexen) Ebene. Hinweis: Man definiere den Homomorphismus von $\beta: G \to \mathrm{M}_2$ durch

$$\alpha(z,t)(a) := e^{it}a + z.$$

d) Identifiziert man $\mathbf{L}(G)$ mit dem entsprechenden semidirekten Produkt $\mathbb{C} \rtimes \mathbb{R}$ von Lie-Algebren (Satz III.3.15), so ist die Exponentialfunktion durch

$$\exp(z,t) = \begin{cases} (z,0), & \text{für } t = 0 \\ \left(z\frac{e^{it}-1}{it}, t\right), & \text{für } t \neq 0 \end{cases}$$

gegeben.
e) Die Exponentialfunktion von G ist nicht surjektiv.

6. Eine lokalkompakte Gruppe G ist genau dann eine Lie-Gruppe, wenn die Einskomponente G_0 eine Lie-Gruppe ist (vgl. Bemerkung III.2.32).

7. Seien A und B Untergruppen einer topologischen Gruppe G. Dann gelten folgende Aussagen:
1) $\overline{(\overline{A}, \overline{B})} = \overline{(A,B)}$.
2) $\overline{\overline{A}^{(n)}} = \overline{A^{(n)}}$ und $\overline{\overline{A}^{n}} = \overline{A^n}$.
3) A ist genau dann nilpotent (auflösbar), wenn das für $\overline{A}$ der Fall ist.

§4 Das Haarsche Maß

Dieser Abschnitt kann unabhängig von allen anderen gelesen werden. Wir werden die Existenz und Eindeutigkeit des Haarschen Maßes auf lokalkompakten Gruppen zeigen. Die dazu notwendigen topologischen Hilfsmittel sind alle im Anhang zu finden. Da wir das Haarsche Maß nur auf Lie-Gruppen benötigen werden, hätten wir es auch über die Integration auf Mannigfaltigkeiten einführen können. Dieser Zugang scheint uns aber weiter von dem Geist dieses Buches entfernt zu sein als der gewählte.

In diesem Paragraphen bezeichnet G eine lokalkompakte topologische Gruppe, $K(G)$ den Raum der stetigen Funktionen auf G mit kompaktem Träger

$$\mathrm{supp}(f) = \overline{\{x \in G: f(x) \neq 0\}}$$

und $K_+(G)$ darin den Kegel der nicht-negativen Funktionen. Wir definieren eine Norm auf $K(G)$ durch $\|f\| := \max\{|f(g)|: g \in G\}$. Die Gruppe G wirkt auf dem Raum $K(G)$ durch

$$G \times K(G) \to K(G), \qquad (g,f) \mapsto \lambda_g(f) := f \circ \lambda_{g^{-1}}$$

und durch

$$G \times K(G) \to K(G), \qquad (g, f) \mapsto \rho_g(f) := f \circ \rho_g.$$

III.4.1. Definition. Ein *positives Maß* auf G ist ein lineares Funktional μ auf $K(G)$, das auf $K_+(G)$ nicht-negativ ist, d.h.

$$\mu(f) \geq 0 \qquad \forall f \in K_+(G).$$

Man schreibt auch

$$\int_G f(x) d\mu(x) := \mu(f).$$

Ein positives Maß μ auf G heißt *linksinvariant*, wenn

$$\int_G f(gx) d\mu(x) = \int_G f(x) d\mu(x) \qquad \forall g \in G$$

und *rechtsinvariant*, wenn

$$\int_G f(xg) d\mu(x) = \int_G f(x) d\mu(x) \qquad \forall g \in G.$$

Ein links- bzw. rechtsinvariantes positives Maß μ auf G heißt *links- bzw. rechtsinvariantes Haarsches Maß* , wenn $\mu(f) > 0$ für $f \in K_+(G) \setminus \{0\}$ gilt. ∎

Wir setzen nun $K := K(G), K_+ := K_+(G)$ und $K_+^* := K_+ \setminus \{0\}$. Für eine kompakte Teilmenge $C \subseteq G$ bezeichnen wir mit $K(C)$ die Menge aller Funktionen in K, deren Träger in C enthalten ist und setzen $K_+^*(C) := K(C) \cap K_+^*$.

III.4.2. Lemma. *Für $g \in K_+^*$ und $f \in K$ existieren $s_1, \ldots, s_n \in G$, so daß $f \leq \sum_{i=1}^n c_i \lambda_{s_i}(g)$.*

Beweis. Sei U eine offene Teilmenge von G mit $\inf_{s \in U} g(s) > 0$. Dann kann man $\operatorname{supp}(f)$ mit endlich vielen Mengen der Gestalt sU überdecken und erhält damit die Behauptung für hinreichend große c_i. ∎

III.4.3. Lemma. *Sei $(f : g)$ die untere Schranke der Zahlen $\sum_{i=1}^n c_i$ für alle Systeme $(c_1, \ldots, c_n, s_1, \ldots, s_n)$ mit $f \leq \sum_{i=1}^n c_i \lambda_{s_i}(g)$. Dann gelten folgende Aussagen :*

i) $(\lambda_s f : g) = (f : g)$ $\qquad \forall f \in K, g \in K_+^*, s \in G.$

ii) $(rf : g) = r(f : g)$ $\qquad \forall f \in K, g \in K_+^*, r \in \mathbb{R}^+.$

iii) $((f + f') : g) \leq (f : g) + (f' : g)$ $\qquad \forall f, f' \in K, g \in K_+^*.$

iv) $(f : g) \geq \sup(f)/\sup(g)$ $\qquad \forall f \in K, g \in K_+^*.$

v) $(f : h) \leq (f : g)(g : h)$ $\qquad \forall f \in K, g, h \in K_+^*.$

vi) $0 < \frac{1}{(f_0:f)} \leq \frac{(f:g)}{(f_0:g)} \leq (f : f_0)$ $\quad \forall f, f_0, g \in K_+^*$.

vii) *Seien $f, f', h \in K_+$ mit $h(s) \geq 1$ im Träger von $(f+f')$ und $\varepsilon > 0$. Dann existiert eine kompakte Einsumgebung V von $\mathbf{1}$ in G, so daß*

$$(f : g) + (f' : g) \leq \big((f + f') : g\big) + \varepsilon(h : g) \qquad \forall g \in K_+^*(V).$$

Beweis. Die Eigenschaften i) bis iii) sind evident.
iv) Ist $f \leq \sum_i c_i \lambda_{s_i}(g)$ mit $c_i \geq 0$, so gilt

$$\sup f \leq (\sum_i c_i) \sup g.$$

v) Ist $f \leq \sum_i c_i \lambda_{s_i}(g)$ und $g \leq \sum_j d_j \lambda_{t_j}(h)$ mit $c_i, d_j \geq 0$, so ist

$$f \leq \sum_{i,j} c_i d_j \lambda_{s_i t_j}(h)$$

und somit $(f : h) \leq \sum_{i,j} c_i d_j = (\sum_i c_i)(\sum_j d_j)$.

vi) Hierzu wendet man v) auf f_0, f, g an.

vii) Wir setzen $F := f + f' + \frac{1}{2}\varepsilon h$. Die Funktionen ϕ, ϕ', die auf dem Träger von $f + f'$ mit f/F, f'/F übereinstimmen und außerhalb verschwinden, gehören zu K_+^*. Also sind sie gleichmäßig stetig (Aufgabe 1) und wir finden zu jedem $\eta > 0$ eine Einsumgebung $V \subseteq G$, so daß

$$|\phi(x) - \phi(y)| \leq \eta, \quad |\phi'(x) - \phi'(y)| \leq \eta, \quad \text{für} \quad y \in xV.$$

Sei nun $g \in K_+^*(V)$. Dann gilt $\phi\lambda_s(g) \leq \big(\phi(s) + \eta\big)\lambda_s(g)$ und $\phi'\lambda_s(g) \leq \big(\phi'(s) + \eta\big)\lambda_s(g)$ (Nachweis !). Sind $c_1, ..., c_n \geq 0$ und $s_1, ..., s_n \in G$ mit $F \leq \sum_i c_i \lambda_{s_i}(g)$, so haben wir

$$f = \phi F \leq \sum_i c_i \phi \lambda_{s_i} g \leq \sum_i c_i \big(\phi(s_i) + \eta\big)\lambda_{s_i} g$$

und ebenso für f'. Damit ist

$$(f : g) + (f' : g) \leq \sum_i c_i \big(\phi(s_i) + \phi'(s_i) + 2\eta\big) \leq (1 + 2\eta) \sum_i c_i,$$

da $\phi + \phi' \leq 1$. Mit der Definition von F und ii), iii) und v) schließen wir nun

$$\begin{aligned}(f : g) + (f' : g) &\leq (1 + 2\eta)(F : g) \\ &\leq (1 + 2\eta)\big((f + f' : g) + \frac{1}{2}\varepsilon(h : g)\big) \\ &\leq (f + f' : g) + \frac{1}{2}\varepsilon(h : g) + 2\eta(f + f' : h)(h : g) + \varepsilon\eta(h : g).\end{aligned}$$

Hieraus folgt vii) sofort, wenn man η ausreichend klein wählt. ∎

III.4.4. Satz. *Auf einer lokalkompakten Gruppe existiert ein linksinvariantes und ein rechtsinvariantes Haarsches Maß.*

Beweis. Die Familie der Obermengen der Mengen $K_+^*(V)$ für $V \in \mathcal{U}(\mathbf{1})$ bilden einen Filter auf K_+^*. Sei $\mathcal{F}$ ein feinerer Ultrafilter und $f_0 \in K_+^*$ fest. Für $f \in K_+^*$ setzen wir

$$I_g(f) := \frac{(f:g)}{(f_0:g)} \quad \text{und} \quad \alpha : K_+^* \to [\frac{1}{(f_0:f)}, (f:f_0)],\ g \mapsto I_g(f)$$

(Lemma III.4.3.vi). Dann ist $\alpha(\mathcal{F})$ ein Ultrafilter auf dem kompakten Raum $[\frac{1}{(f:f_0)}, (f:f_0)]$ (Satz A.27) und daher existiert $I(f) := \lim \alpha(\mathcal{F})$ (Satz A.30) und der Limes ist eindeutig, da Intervalle separiert sind. Nach iii) ist $I(f+f') \leq I(f) + I(f')$ und mit vii) folgt $I(f) + I(f') \leq I(f+f') + \varepsilon I(h)$ für $\varepsilon > 0$ und für jede Funktion $h \in K_+^*$ mit $h\,|_{\mathrm{supp}(f+f')} = 1$. Die Existenz so einer Funktion folgt aus Satz A.42. Also ist $I(f+f') = I(f) + I(f')$. Ist nun $f \in K$, so setzen wir zunächst $f_+ := \max(0, f)$ und $f_- := f_+ - f$. Wir definieren nun $I(0) = 0$ und $I(f) := I(f_+) - I(f_-)$. Dadurch wird auf K ein lineares Funktional definiert (Übung). Nach Lemma III.4.3.i) gilt sogar

$$I(\lambda_g f) = I(f) \qquad \forall g \in G, f \in K$$

und damit ist I ein linksinvariantes Haarsches Maß. Die Existenz eines rechtsinvarianten Haarschen Maßes folgt aus der Existenz des linksinvarianten für die Gruppe $G^{op} = (G, *)$ mit dem Produkt $x * y = yx$. ∎

Unser nächstes Ziel ist es, die Eindeutigkeit bis auf einen positiven Faktor zu zeigen.

III.4.5. Lemma. *Sei μ ein positives Maß auf G. Dann gelten folgende Aussagen :*

a) *$\mu(f) \leq \mu(f')$ für $f, f' \in K(G)$ mit $f \leq f'$.*

b) *$|\mu(f)| \leq \mu(|f|)$ für $f \in K$.*

c) *Zu jeder kompakten Teilmenge $V \subseteq G$ existiert ein $C_V > 0$ mit*

$$|\mu(f)| \leq C_V \|f\| \qquad \forall f \in K(V).$$

Beweis. a) Das folgt aus $\mu(f') - \mu(f) = \mu(f' - f) \geq 0$.

b) Aus a) folgt $\mu(f) \leq \mu(|f|)$ und $-\mu(f) = \mu(-f) \leq \mu(|f|)$ und damit die Behauptung.

c) Nach Satz A.42 finden wir $h \in K_+$ mit $h\,|_V = 1$. Für $f \in K(V)$ ist daher $|f| \leq \|f\| h$. Also gilt

$$|\mu(f)| \leq \mu(|f|) \leq \|f\| \mu(h).$$

∎

III.4.6. Lemma. *Sind $V, V_1, V_2 \subseteq G$ kompakt mit $VV_1 \cup V_1V^{-1} \subseteq V_2$, so sind die Abbildungen*

$$V \times (K(V_1), \|\cdot\|) \to (K(V_2), \|\cdot\|), \qquad (g, f) \mapsto \lambda_g f$$

und

$$V \times (K(V_1), \|\cdot\|) \to (K(V_2), \|\cdot\|), \qquad (g, f) \mapsto \rho_g f$$

stetig.

Beweis. Wegen $\mathrm{supp}(\lambda_g f) = g\,\mathrm{supp}(f)$ ist $\lambda_g f \in K(V_2)$ für $f \in K(V_1)$. Sei nun $\varepsilon > 0$ und $(g, f) \in V \times K(V_1)$. Da f gleichmäßig stetig ist (Aufgabe 1), finden wir eine symmetrische Einsumgebung $W \subseteq G$ mit

$$|f(y^{-1}x) - f(x)| \qquad \forall y \in W, x \in G.$$

Ist nun $(g', f') \in V \times K(V_1)$ mit $g' \in Wg$ und $\|f - f'\| \leq \varepsilon$, so folgt

$$\|\lambda_{g'}f' - \lambda_g f\| \leq \|\lambda_{g'}(f' - f)\| + \|\lambda_{g'}f - \lambda_g f\| \leq \varepsilon + \varepsilon = 2\varepsilon.$$

Die zweite Behauptung folgt analog. ∎

III.4.7. Lemma. *Sei $h \in K(G \times G)$ mit* $\mathrm{supp}(h) \subseteq V \times V$ *für eine kompakte Menge $V \subseteq G$. Dann gelten folgende Aussagen :*

a) *Die Abbildungen*

$$G \to K(V), \qquad g \mapsto (x \mapsto h(g, x))$$

und

$$G \to K(V), \qquad g \mapsto (x \mapsto h(x, g))$$

sind stetig.

b) (Fubini) *Sind μ und μ' positive Maße auf G, so sind die Funktionen $g \mapsto \int_G h(x, g)\, d\mu(x)$ und $g \mapsto \int_G h(g, x)\, d\mu'(x)$ stetig mit*

$$\int_G \int_G h(x, y)\, d\mu(x) d\mu'(y) = \int_G \int_G h(x, y)\, d\mu'(y) d\mu(x).$$

Beweis. a) Das folgt sofort aus der gleichmäßigen Stetigkeit von h (Aufgabe 1).
b) Die Stetigkeit der beiden Funktionen folgt aus a) und Lemma III.4.5. Damit sind beide Doppelintegrale wohldefiniert, da die Träger beider Funktionen wieder in V liegen. Nach Lemma III.4.5 sind die linearen Abbildungen

$$\alpha: K(V \times V) \to \mathbb{R}, \qquad f \mapsto \int_G \int_G f(x, y)\, d\mu(x) d\mu'(y)$$

und

$$\beta: K(V \times V) \to \mathbb{R}, \qquad f \mapsto \int_G \int_G f(x, y)\, d\mu'(y) d\mu(x)$$

beide stetig bzgl. $\|f\| := \max\{|f(x, y)| : x, y \in V\}$. Wie man sofort sieht, stimmen sie auf den Funktionen der Gestalt $f(x, y) = f_1(x) f_2(y)$ überein. Nach dem Satz von Stone-Weierstraß liegt der von diesen Funktionen aufgespannte Untervektorraum dicht in $K(V \times V)$. Daher stimmen die beiden stetigen Funktionen α und β sogar auf $K(V \times V)$ überein. ∎

III.4.8. Satz. *Sind μ und μ' linksinvariante Haarsche Maße auf G, so existiert $\lambda > 0$ mit $\mu' = \lambda\mu$.*

Beweis. Sei $f \in K$ mit $\mu(f) \neq 0$. Nach Lemma III.4.5 und III.4.6 ist die Funktion

$$D_f : G \to \mathbb{R}, \qquad s \mapsto \frac{1}{\mu(f)} \int_G f(ts)\, d\mu'(t)$$

stetig. Sei $g \in K$. Die Funktion $(s,t) \mapsto f(s)g(t^{-1}s)$ hat kompakten Träger in $G \times G$. Wir setzen $\check{g}(x) := g(x^{-1})$. Damit folgt

$$\begin{aligned}
\mu(f)\mu'(\check{g}) &= \int_G f(s)\, d\mu(s) \int_G g(t^{-1})\, d\mu'(t) \\
&= \int_G f(s)\, d\mu(s) \int_G g(t^{-1}s)\, d\mu'(t) && \text{Linksinvarianz von } \mu' \\
&= \int_G \int_G f(s)g(t^{-1}s)\, d\mu'(t)\, d\mu(s) \\
&= \int_G \int_G f(s)g(t^{-1}s)\, d\mu(s)\, d\mu'(t) && \text{Fubini} \\
&= \int_G \int_G f(ts)g(s)\, d\mu(s)\, d\mu'(t) && \text{Linksinvarianz von } \mu \\
&= \int_G g(s) \int_G f(ts)\, d\mu'(t)\, d\mu(s) && \text{Fubini} \\
&= \mu(g \cdot \mu(f)D_f) = \mu(f)\mu(g \cdot D_f).
\end{aligned}$$

Also ist

$$\mu'(g) = \mu(\check{g} \cdot D_f).$$

Aus Aufgabe 2 folgt damit $D_f = D_{f'}$ für $f, f' \in K_+^*$. Wir setzen $D := D_f$. Hiermit ist

$$\mu'(f) = D(\mathbf{1})\mu(f) \quad \forall f \in K_+^*$$

und damit für alle $f \in K$. Die Ungleichung $D(\mathbf{1}) > 0$ folgt, weil μ' ein linksinvariantes Haarsches Maß ist. ■

III.4.9. Beispiel. a) Auf den reellen Zahlen $\mathbb{R}$ definiert das Riemann-Integral ein Haarsches Maß .

b) Auf den ganzen Zahlen $\mathbb{Z}$ ist

$$\mu(f) := \sum_{n \in \mathbb{Z}} f(n) \qquad \forall f \in K(\mathbb{Z})$$

ein Haarsches Maß.

c) Auf dem Kreis $\mathbb{R}/\mathbb{Z}$ definiert

$$\mu(f) = \int_0^1 f(t + \mathbb{Z})\, dt \qquad \forall f \in C(\mathbb{R}/\mathbb{Z})$$

ein Haarsches Maß.

d) Auf einer endlichen Gruppe (mit der diskreten Topologie) ist durch

$$\mu(f) = \sum_{g \in G} f(g)$$

ein Haarsches Maß gegeben. ∎

III.4.10. Satz. *Sei μ ein linksinvariantes Haarsches Maß auf der lokalkompakten Gruppe G. Dann existiert ein stetiger Homomorphismus*

$$\Delta: G \to \mathbb{R}_*^+ := (\mathbb{R}^+ \setminus \{0\}, \cdot)$$

mit

$$\mu \circ \rho_g = \Delta(g)\mu \qquad \forall g \in G.$$

Beweis. Zunächst ist

$$\mu \circ \rho_g(\lambda_x f) = \mu(\rho_g \lambda_x f) = \mu(\lambda_x \rho_g f) = \mu(\rho_g f) = \mu \circ \rho_g(f).$$

Also ist $\mu \circ \rho_g$ ein linksinvariantes Haarsches Maß und es existiert $\Delta(g) \in]0, \infty[$ mit $\mu \circ \rho_g = \Delta(g)\mu$. Sei $f \in K_+^*$. Dann ist

$$\Delta(g) = \frac{1}{\mu(f)} \mu(\rho_g f)$$

und nach Lemma III.4.6 ist Δ stetig. Die Homomorphie folgt sofort. ∎

III.4.11. Definition. Man nennt die Funktion Δ auch den *modularen Faktor* von G (er hängt nicht von μ ab). Eine lokalkompakte Gruppe G heißt *unimodular*, wenn ein linksinvariantes Haarsches Maß auf G auch rechtsinvariant ist, d.h. wenn $\Delta(G) = \{1\}$ ist. ∎

III.4.12. Satz.

a) *Kompakte Gruppen sind unimodular.*

b) *Abelsche lokalkompakte Gruppen sind unimodular.*

c) *Lokalkompakte Gruppen mit dichter Kommutatorgruppe $G' = (G, G)$ sind unimodular.*

Beweis. a) In diesem Fall ist $\Delta(G)$ eine kompakte Untergruppe von $\mathbb{R}_*^+$ und damit gleich $\{1\}$.

b) Klar, da $\rho_g f = \lambda_{g^{-1}} f$ für $f \in K(G)$ und $g \in G$.

c) Die Untergruppe $\Delta\big((G, G)\big) \subseteq (\mathbb{R}_*^+, \mathbb{R}_*^+) = \{1\}$ ist dicht in $\Delta(G)$ und damit ist $\Delta(G) = \{1\}$. ∎

III.4.13. Korollar. *Auf einer kompakten Gruppe G existiert genau ein biinvariantes Haarsches Maß μ mit $\mu(1) = 1$.*

Beweis. Das folgt aus Satz III.4.12, dem Eindeutigkeitssatz und $1 \in K_+^*$. ■

Im folgenden werden wir ein Haarsches Maß μ auf einer kompakten Gruppe G mit $\mu(G) = 1$ ein *normiertes Haarsches Maß* nennen.

Eine der wichtigsten Anwendungen des Haarschen Maßes auf kompakten Gruppen ist die folgende :

III.4.14. Satz. (Weylscher Trick) *Sei G eine kompakte Gruppe, V ein endlichdimensionaler Hilbertraum mit dem Skalarprodukt $(\cdot,\cdot)$ und $\pi\colon G \to \mathrm{Gl}(V)$ ein stetiger Homomorphismus. Dann existiert auf V ein Skalarprodukt $\langle\cdot,\cdot\rangle$, für das alle Abbildungen $\pi(g)$ orthogonal sind.*

Beweis. Wir setzen

$$\langle x, y\rangle := \int_G \big(\pi(g)x, \pi(g)y\big)\, d\mu(g) \qquad \forall x, y \in V$$

für ein normiertes Haarsches Maß μ auf G. Das Integral ist wohldefiniert, da alle Funktionen $g \mapsto \big(\pi(g)x, \pi(g)y\big)$ stetig sind. Man prüft sofort nach, daß $\langle\cdot,\cdot\rangle$ symmetrisch und bilinear ist. Für $x = y$ ist $\langle x, x\rangle > 0$, da der Integrand eine positive Funktion ist. Also ist $\langle\cdot,\cdot\rangle$ ein Skalarprodukt. Für $g' \in G$ ist

$$\langle \pi(g')x, \pi(g')y\rangle = \langle x, y\rangle$$

wegen der Linksinvarianz des Haarschen Maßes. Also sind die Abbildungen $\pi(g)$ bzgl. $\langle\cdot,\cdot\rangle$ alle orthogonal. ■

Übungsaufgaben zum Abschnitt III.4

1. Sei G eine lokalkompakte Gruppe und $f \in K(G)$. Dann ist f gleichmäßig stetig in dem Sinne, daß zu $\varepsilon > 0$ eine Einsumgebung $V \subseteq G$ so existiert, daß

$$|f(x) - f(y)| \leq \varepsilon \quad \text{für} \quad y \in xV.$$

2. Sei μ ein Haarsches Maß auf der lokalkompakten Gruppe G und $h \in C(G)$ mit $\mu(fh) = 0$ für alle $f \in K(G)$. Dann ist $h = 0$. Hinweis: Ist $f \in K_+^*$, so ist auch $\mu(fh^2) = 0$. Man verwende nun Satz A.42, um für alle $g \in G$ eine Funktion $f \in K_+^*$ mit $f(g) = 1$ zu finden.

3. Zeige, daß der Weylsche Trick für beliebige Hilberträume H funktioniert, wenn man nur voraussetzt, daß die Funktionen

$$g \mapsto \pi(g)y$$

für $y \in H$ stetig sind.

4. Sei G eine lokalkompakte Gruppe, μ ein linksinvariantes Haarsches Maß auf G und $K(G)$ der Raum der stetigen Funktionen mit kompaktem Träger auf G. Für $f, h \in K(G)$ definiere man *die Faltung*

$$f * h(g) := \int_G f(gx^{-1})h(x)\, d\mu(x)$$

und setze

$$||f||_1 := \int_G |f(x)|\, d\mu(x).$$

Man zeige:

a) Mit dem Faltungsprodukt wird $K(G)$ zu einer assoziativen $\mathbb{R}$-Algebra.

b) Für $f, h \in K(G)$ gilt $||f * h||_1 \leq ||f||_1 ||h||_1$, d.h. $\big(K(G), *, ||\cdot||_1\big)$ ist eine *normierte Algebra.*

c) Die Vervollständigung von $K(G)$ bzgl. der Norm $||\cdot||_1$ wird mit $L^1(G)$ bezeichnet. Man kann die Faltung zu einer assoziativen Multiplikation auf $L^1(G)$ fortsetzen, so daß $L^1(G)$ zu einer Banachalgebra wird.

d) Man überlege sich, wie die Faltung auf einer endlichen Gruppe aussieht.

e) Was ist $L^1(G)$ für eine diskrete Gruppe, z.B. für $\mathbb{Z}$?

5. Wir behalten die Bezeichnungen aus Aufgabe 4 bei. Auf $K(G)$ betrachte man die Bilinearform

$$\langle f, h \rangle := \int_G f(x)h(x)\, d\mu(x).$$

Man zeige:

a) Diese Bilinearform ist positiv definit auf $K(G)$.

b) Die Vervollständigung von $K(G)$ bzgl. der induzierten Norm

$$||f||_2 := \sqrt{\langle f, f \rangle}$$

bezeichnet man mit $L^2(G)$. Durch die Fortsetzung des Skalarprodukts auf $L^2(G)$ wird dieser Banachraum zu einem Hilbertraum.

c) Man zeige, daß die Abbildungen $\lambda_g \colon f \mapsto f \circ \lambda_{g^{-1}}, K(G) \to K(G)$ sich zu unitären Abbildungen von $L^2(G)$ auf sich fortsetzen lassen.

§5. Lie-Gruppen mit kompakter Lie-Algebra

Wie wir im zweiten Kapitel gesehen haben, ist der Satz von Levi (II.4.8) ein zentrales Resultat aus der Strukturtheorie Liescher Algebren. Er erlaubt es sehr oft Probleme aufzuspalten. Man betrachtet auflösbare und halbeinfache Lie-Algebren getrennt und setzt die Ergebnisse aus beiden Bereichen zusammen. Diese Strategie überträgt sich natürlich auch auf die Gruppen. Nachdem wir uns im dritten Paragraphen mit nilpotenten und auflösbaren Lie-Gruppen beschäftigt haben, wenden wir uns nun dem anderen Ende des Spektrums zu, nämlich den Gruppen mit halbeinfacher bzw. reduktiver Lie-Algebra. Eine wichtige Teilklasse hiervon sind die Gruppen mit kompakter Lie-Algebra bzw. die kompakten Lie-Gruppen. Auf sie lassen sich sehr viele Probleme zurückführen und sie sind wesentlich leichter zu handhaben als die nicht-kompakten. Der wesentliche Grund hierfür ist die Existenz eines endlichen Haarschen Maßes, die im letzen Paragraphen bewiesen wurde und nun zum Einsatz kommen wird.

III.5.1. Definition.

a) Eine Lie-Algebra $\mathfrak{g}$ heißt *kompakt*, wenn auf B eine positiv definite invariante symmetrische Bilinearform B existiert.

b) Eine Lie-Algebra $\mathfrak{g}$ heißt *reduktiv*, wenn $\mathfrak{g}$ direkte Summe einer abelschen und einer halbeinfachen Lie-Algebra ist. ■

III.5.2. Lemma.

1) *Jede Unteralgebra einer kompakten Lie-Algebra ist kompakt.*

2) *Endliche direkte Summen von Lie-Algebren sind genau dann kompakt, wenn alle Summanden kompakt sind.*

3) *Für jedes Ideal $\mathfrak{a}$ einer kompakten Lie-Algebra $\mathfrak{g}$ gilt*

$$\mathfrak{g} \cong \mathfrak{a} \oplus \mathfrak{a}^{\perp},$$

wobei $\mathfrak{a}^{\perp}$ das orthogonale Komplement von $\mathfrak{a}$ bezüglich einem invarianten Skalarprodukt auf $\mathfrak{g}$ bezeichnet.

4) *Jede kompakte Lie-Algebra ist reduktiv.*

Beweis. 1) Sei $\mathfrak{g}$ eine kompakte Lie-Algebra und B eine positiv definite symmetrische invariante Bilinearform auf $\mathfrak{g}$. Die Einschränkung von B auf jede Unteralgebra ist wieder invariant und positiv definit. Also ist jede Unteralgebra von $\mathfrak{g}$ kompakt.

2) Übung.

3) Zunächst ist $\mathfrak{a}^{\perp}$ ein zu $\mathfrak{a}$ supplementärer Unterraum von $\mathfrak{g}$. Für $A \in \mathfrak{a}$, $X \in \mathfrak{g}$ und $Y \in \mathfrak{a}^{\perp}$ gilt wegen $[A,X] \in \mathfrak{a}$

$$B(A,[X,Y]) = B([A,X],Y) = 0.$$

Also ist $[\mathfrak{g}, \mathfrak{a}^p erp] \subseteq \mathfrak{a}^p erp$ und daher $\mathfrak{a}^p erp$ ein Ideal.
4) Sei nun $\mathfrak{r}$ das Radikal von $\mathfrak{g}$. Nach 3) ist $\mathfrak{s} := \mathfrak{r}^\perp$ wieder ein Ideal und $\mathfrak{g} \cong \mathfrak{r} \oplus \mathfrak{s}$, wobei $\mathfrak{s} \cong \mathfrak{g}/\mathfrak{r}$ halbeinfach ist (Korollar II.4.8). Es bleibt also zu zeigen, daß eine auflösbare kompakte Lie-Algebra $\mathfrak{r}$ abelsch ist. Wir zeigen dies über vollständige Induktion nach der Dimension. Für $\dim \mathfrak{r} = 1$ ist nichts zu zeigen. Ist $\dim \mathfrak{r} > 1$, so ist $\mathfrak{r}' = [\mathfrak{r}, \mathfrak{r}] \subseteq \mathfrak{r}$ ein Ideal kleinerer Dimension und daher zerfällt $\mathfrak{r}$ in die direkte Summe

$$\mathfrak{r} = \mathfrak{r}' \oplus \mathfrak{r}'^\perp,$$

wobei $\mathfrak{r}'^\perp$ ein abelsches Ideal ist. Nach Induktionsvoraussetzung ist $\mathfrak{r}'$ aber auch abelsch. ∎

III.5.3. Definition. Sei $\mathfrak{g}$ eine Lie-Algebra und $\mathrm{ad}\colon \mathfrak{g} \to \mathrm{der}(\mathfrak{g})$ deren adjungierte Darstellung. Für eine Unteralgebra $\mathfrak{a} \subseteq \mathfrak{g}$ setzen wir

$$\mathrm{Inn}_{\mathfrak{g}}(\mathfrak{a}) := \langle e^{\mathrm{ad}\,\mathfrak{a}} \rangle \subseteq \mathrm{Aut}(\mathfrak{g}) \qquad \text{und} \qquad \mathrm{INN}_{\mathfrak{g}}(\mathfrak{a}) := \overline{\mathrm{Inn}_{\mathfrak{g}}(\mathfrak{a})}.$$

Wir erinnern uns daran, daß $\mathbf{L}\left(\mathrm{Aut}(\mathfrak{g})\right) = \mathrm{der}\,\mathfrak{g}$ gilt (Aufgabe I.4.1). ∎

Der folgende Satz beschreibt einige wichtige Eigenschaften kompakter Lie-Algebren.

III.5.4. Satz. *Sei $\mathfrak{g}$ eine endlichdimensionale Lie-Algebra. Dann sind folgende Aussagen äquivalent :*

1) *Es existiert eine kompakte Gruppe G mit $\mathbf{L}(G) = \mathfrak{g}$.*
2) *$\mathrm{INN}_{\mathfrak{g}}(\mathfrak{g}) \subseteq \mathrm{Aut}(\mathfrak{g})$ is kompakt.*
3) *$\mathfrak{g}$ ist kompakt.*

Beweis. 1) $\Rightarrow$ 2): Sei G eine kompakte Gruppe mit $\mathbf{L}(G) = \mathfrak{g}$. Dann ist

$$\mathrm{INN}_{\mathfrak{g}}(\mathfrak{g}) = \overline{\langle e^{\mathrm{ad}\,\mathfrak{g}} \rangle} = \mathrm{Ad}(G)$$

kompakt.
2) $\Rightarrow$ 3): Wir wenden den Weylschen Trick an (Satz III.4.14). Danach existiert auf $\mathfrak{g}$ ein Skalarprodukt B, so daß alle Abbildungen in $\mathrm{INN}_{\mathfrak{g}}(\mathfrak{g})$ orthogonal sind, d.h. $\mathrm{INN}_{\mathfrak{g}}(\mathfrak{g}) \subseteq \mathrm{SO}(B)$ (siehe Aufgabe I.1.6). Folglich ist

$$\mathrm{ad}(\mathfrak{g}) \subseteq \mathbf{L}\left(\mathrm{INN}_{\mathfrak{g}}(\mathfrak{g})\right) \subseteq \mathbf{L}\left(\mathrm{SO}(B)\right) = \mathrm{so}(B).$$

Damit rechnen wir für $X, Y, Z \in \mathfrak{g}$:

$$\begin{aligned} B([X,Y],Z) &= B\big(-\mathrm{ad}\,Y(X), Z\big) = -B\big(X, \mathrm{ad}\,Y^\top(Z)\big) \\ &= B\big(X, \mathrm{ad}\,Y(Z)\big) = B(X,[Y,Z]). \end{aligned}$$

Also ist B invariant.

3) $\Rightarrow$ 1): Nach Lemma III.5.2 ist $\mathfrak{g}$ die direkte Summe einer abelschen Lie-Algebra $\mathfrak{a}$ und einer halbeinfachen kompakten Lie-Algebra $\mathfrak{s}$. Ist $\mathfrak{a} \cong \mathbb{R}^n$, so setzen wir $A := \mathbb{R}^n/\mathbb{Z}^n$ und erhalten eine kompakte Gruppe mit $\mathbf{L}(A) = \mathfrak{a}$. Auf $\mathfrak{s}$ existiert nach Lemma III.5.2 eine positiv definite symmetrische invariante Bilinearform B. Damit ist

$$\mathrm{Inn}_{\mathfrak{s}}(\mathfrak{s}) \subseteq \mathrm{SO}(B) \cap \mathrm{Aut}(\mathfrak{s}).$$

Wegen Satz II.3.9 ist

$$\mathbf{L}\left(\mathrm{Inn}_{\mathfrak{s}}(\mathfrak{s})\right) = \mathrm{ad}\,\mathfrak{s} = \mathrm{der}\,\mathfrak{s} = \mathbf{L}\left(\mathrm{Aut}(\mathfrak{s})\right),$$

und daher ist $\mathrm{Inn}_{\mathfrak{s}}(\mathfrak{s})$ die Komponente der $\mathbf{1}$ in $\mathrm{Aut}(\mathfrak{s})$ insbesondere abgeschlossen und folglich kompakt. Da $\ker \mathrm{ad}_{\mathfrak{s}} = \{0\}$ ist, folgt

$$\mathbf{L}\left(A \times \mathrm{Aut}(\mathfrak{s})\right) \cong \mathfrak{a} \oplus \mathfrak{s} \cong \mathfrak{g}.$$

■

Wir kommen nun zur Strukturtheorie der Lie-Gruppen mit kompakter Lie-Algebra. Ein wichtiges Element hiervon sind Abspaltungssätze. Ähnlich wie für Lie-Algebren im Paragraphen II.4 kann man diese Sätze mit kohomologischen Methoden gewinnen.

III.5.5. Definition. Seien G und N topologische Gruppen und $\alpha: G \to \mathrm{Aut}(N)$ ein Homomorphismus, so daß

$$(g, n) \to g.n := \alpha(g)(n), \qquad G \times N \to N$$

stetig ist. Eine stetige Funktion $f: G \to N$ heißt 1-*Kozyklus*, wenn

$$f(g_1 g_2) = \left(g_1.f(g_2)\right)f(g_1) \qquad \forall g_1, g_2 \in G.$$

■

Den Zusammenhang mit semidirekten Produktzerlegungen stellt das folgende Lemma her.

III.5.6. Lemma. *Sei G eine lokalkompakte Gruppe und N ein abgeschlossener Normalteiler, so daß G/N kompakt ist. Die Gruppe G wirke auf N durch*

$$G \times N \to N, \qquad (g, n) \mapsto gng^{-1}.$$

Dann sind die folgenden Aussagen äquivalent :

1) *Es existiert eine kompakte Untergruppe $A \subseteq G$, so daß $N \cap A = \{\mathbf{1}\}$ und $G = AN$.*

2) *Die Identität auf N läßt sich zu einem 1-Kozyklus $f: G \to N$ fortsetzen.*

Beweis. 1) $\Rightarrow$ 2): Zunächst ist $A \cong G/N$, da A kompakt ist. Jedes $h \in G$ läßt sich eindeutig in $h = f(h)\phi(h)$ mit $\phi(h) \in A$ und $f(h) \in N$ zerlegen, wobei die Abbildung ϕ, und damit auch f, stetig ist. Darüber hinaus ist Φ ein Homomorphismus. Für $h \in N \cap A$ ist $\phi(h) = \mathbf{1}$ und daher $f(h) = h$. Wegen

$$\begin{aligned} f(h_1h_2) &= h_1h_2\phi(h_1h_2)^{-1} = h_1h_2\phi(h_2)^{-1}\phi(h_1)^{-1} \\ &= h_1f(h_2)h_1^{-1}h_1\phi(h_1)^{-1} = \big(h_1.f(h_2)\big)f(h_1) \end{aligned}$$

ist f der gewünschte Kozyklus.
2) $\Rightarrow$ 1): Sei $f: G \to N$ ein 1-Kozyklus, der die Identität auf N fortsetzt. Wir definieren

$$\alpha: G \to G, \qquad g \mapsto f(g)^{-1}g.$$

Dann ist

$$\alpha(x)\alpha(y) = f(x)^{-1}xf(y)^{-1}y = f(x)^{-1}\big(xf(y)^{-1}x^{-1}\big)xy = f(xy)^{-1}xy = \alpha(xy)$$

und

$$\alpha(n) = f(n)^{-1}n = n^{-1}n = \mathbf{1} \qquad \forall n \in N.$$

Damit existiert ein stetiger Homomorphismus $\beta: G/N \to G$ mit $\beta(gN) = \alpha(g)$ für $g \in G$. Ist $\pi: G \to G/N$ die Quotientenabbildung, so gilt damit

$$\pi \circ \beta(gN) = \pi \circ \alpha(g) = \pi\big(f(g)^{-1}g\big) = \pi(g) = gN,$$

d.h. $\pi \circ \beta = \mathrm{id}_{G/N}$. Also ist $A := \beta(G/N)$ eine kompakte Untergruppe von G mit $A \cap N = \{\mathbf{1}\}$ und $AN = G$ (Aufgabe 1). ∎

Bevor wir zu Existenzaussagen für 1-Kozyklen kommen, benötigen wir noch ein weiteres Lemma.

III.5.7. Lemma. *Sei G eine lokalkompakte topologische Gruppe und K eine abgeschlossene Untergruppe, so daß G/K kompakt ist. Dann existiert eine nichtnegative stetige Funktion $w: G \to \mathbb{R}$ mit kompaktem Träger, so daß*

$$\int_K w(xk)\, dm(k) = 1 \qquad \forall x \in G,$$

wobei dm ein linksinvariantes Haarsches Maß auf K ist.

Beweis. Sei C eine kompakte Einsumgebung in G und $\pi: G \to G/K, g \mapsto gK$ die kanonische Projektion. Dann existieren endlich viele Elemente $g_1, \ldots, g_n \in G$, so daß

$$G/K = \bigcup_{i=1}^{n} \pi(g_iC) = \bigcup_{i=1}^{n} g_i\pi(C).$$

Setzen wir $D := \bigcup_{i=1}^n g_i C$, so gilt daher $G = DK$. Jetzt finden wir eine nicht-negative stetige Funktion $h: G \to \mathbb{R}$ mit kompaktem Träger, so daß $h(D) = \{1\}$ (Satz v. Urysohn, A.42). Wir setzen

$$\phi(x) := \int_K h(xk)\, dm(k) \qquad \forall x \in G.$$

Da h gleichmäßig stetig ist, ist ϕ stetig auf G (Lemma III.4.5). Ist nun $x \in G = DK$, so existieren $k \in K$ und $d \in D$ mit $x = dk$. Also ist $h(xk^{-1}) = h(d) = 1$ und somit $\phi(x) > 0$. Wir definieren

$$w(x) := h(x)/\phi(x) \qquad \forall x \in G.$$

Dann hat w kompakten Träger, da h kompakten Träger hat. Für $y \in K$ ist $\phi(xy) = \phi(x)$ und daher

$$\int_K w(xk)\, dm(k) = \frac{1}{\phi(x)} \int_K h(xk)\, dm(k) = 1 \qquad \forall x \in G.$$

■

Das folgende Lemma ist der Schlüssel zu dem Abspaltungssatz :

III.5.8. Lemma. *Sei G eine topologische Gruppe und $A \subseteq G$ ein abgeschlossener Normalteiler, so daß G/A kompakt ist. Sei $\rho: G \to \mathrm{Gl}(V)$ eine endlich-dimensionale Darstellung von G, mit $\rho(A) = \{\mathrm{id}_V\}$ und $f: A \to V$ ein stetiger Homomorphismus mit*

$$f(xyx^{-1}) = \rho(x)\big(f(y)\big) \qquad \forall y \in A, x \in G.$$

Dann läßt sich f zu einem 1-Kozyklus $f^*: G \to V$ fortsetzen.

Beweis. Sei I_A das Haarsche Maß auf A. Wir dehnen I_A auf V-wertige Funktionen aus, indem wir für eine V-wertige Funktion f mit kompaktem Träger auf A setzen

$$\langle \alpha, I_A(f)\rangle = I_A(\alpha \circ f) \qquad \forall \alpha \in V^*.$$

Sei nun $w \in K(G)$ die Funktion aus Lemma III.5.7. Für $x \in G$ und $h \in C(G)$ bzw. $C(G,V)$ schreiben wir $x.h := h \circ \lambda_{x^{-1}}$. Für $y \in A$ gilt damit $y.f = f + f(y)$ und Integration führt zu

$$I_A(x.w|_A y.f) = I_A(x.w|_A) f(y) + I_A(x.w|_A f) = f(y) + I_A(x.w|_A f),$$

so daß

$$\begin{aligned} f(y) &= I_A(x.w|_A y.f) - I_A(x.w|_A f) \\ &= I_A(y^{-1}x.w|_A f) - I_A(x.w|_A f). \end{aligned}$$

Wir definieren nun die Abbildung $f_1 : G \to V$ durch

$$f_1(x) := I_A(x.w|_A f) - y.I_A(w|_A f).$$

Damit ist f_1 stetig und obige Rechnung zeigt, daß

$$f(y) = f_1(y^{-1}x) - f_1(x),$$

da $\rho(y)v = v$ für alle $v \in V$ gilt. Für $x \in G$ definieren wir die Abbildung

$$g_x : G \to V, \qquad t \mapsto \rho(t^{-1})\big(f_1(t) - f_1(tx)\big).$$

Die Stetigkeit von g_x is klar. Zusätzlich ist

$$\begin{aligned} g_x(yt) &= \rho(t^{-1})\rho(y^{-1})\big(f_1(yt) - f_1(ytx)\big) \\ &= \rho(t^{-1})\big(f(y^{-1}) + f_1(t) - f(y^{-1}) - f_1(tx)\big) \\ &= \rho(t^{-1})\big(f_1(t) - f_1(tx)\big) = g_x(t). \end{aligned}$$

Damit existiert eine stetige Abbildung $\widetilde{g}_x : G/A \to V$ mit $\widetilde{g}_x \circ \pi = g_x$, wobei $\pi : G \to G/A$ die kanonische Projektion ist. Ist $I_{G/A}$ das normierte Haarsche Maß auf G/A, so definieren wir

$$f^* : G \to V, \qquad x \mapsto I_{G/A}(\widetilde{g}_x).$$

Die Stetigkeit von f^* folgt aus der Stetigkeit der Abbildung $(x,y) \to \widetilde{g}_x(y)$, $G \times G/A \to V$. Für $y \in A$ ist

$$\begin{aligned} g_y(t) &= \rho(t^{-1})\big(f_1(t) - f_1(ty)\big) = \rho(t^{-1})\big(f_1(t) - f_1(tyt^{-1}t)\big) \\ &= \rho(t^{-1})\big(-f(ty^{-1}t^{-1})\big) = -f(y^{-1}) = f(y). \end{aligned}$$

Damit ist $f^*|_A = f$. Weiter gilt

$$\begin{aligned} g_{xt}(u) &= \rho(u^{-1})\big(f_1(u) - f_1(uxt)\big) \\ &= \rho(u^{-1})\big(f_1(u) - f_1(ux) + f_1(ux) - f_1(uxt)\big) = g_x(u) + x.g_t(ux). \end{aligned}$$

Also ist

$$\widetilde{g}_{xt} = \widetilde{g}_x + x.\widetilde{g}_t \circ \widetilde{\rho}_x,$$

wobei $\widetilde{\rho}_x = \rho_{\pi(x)} : G/A \to G/A, yA \mapsto yxA = yAxA$. Integration über G/A ergibt damit

$$f^*(xt) = f^*(x) + x.I_{G/A}(\widetilde{g}_t \circ \rho_{\pi(x)}) = f^*(x) + x.f^*(t),$$

denn G/A ist unimodular. Also ist f^* der gesuchte Kozyklus. ■

III.5.9. Satz. (Abspaltungssatz) *Sei G eine topologische Gruppe und $V \subseteq G$ eine normale Vektoruntergruppe, so daß G/V kompakt ist. Dann existiert eine kompakte Untergruppe $K \subseteq G$ mit $K \cap V = \{\mathbf{1}\}$ und $KV = G$, d.h. V ist ein semidirekter Faktor* (siehe Satz III.3.9).

Beweis. Das folgt nun sofort aus Lemma III.5.6 und Lemma III.5.8, wenn wir $A := V$, $\rho(g)v := gvg^{-1}$ und $f(v) := v$ setzen. ■

Man sollte den Abspaltungssatz als einen Satz vom Typ des Struktursatzes für nilpotente Lie-Gruppen (Satz III.3.28) verstehen. Wie dieser liefert er eine Zerlegung einer Lie-Gruppe G in ein Produkt aus einer kompakten Gruppe und einer zu einem Vektorraum diffeomorphen Mannigfaltigkeit.

Sind die Gruppen G und N in Definition III.5.5 abelsch und $N \subseteq G$, so ist $f: G \to N$ genau dann ein 1-Kozyklus, wenn f ein Homomorphismus ist. In diesem Sinne ist das folgende Lemma ebenfalls ein Fortsetzungssatz für 1-Kozyklen.

III.5.10. Lemma. *Sei T ein Torus und $A \subseteq T$ eine abgeschlossene zusammenhängende Untergruppe. Dann existiert ein Homomorphismus $f: T \to A$ mit $f|_A = \mathrm{id}_A$.*

Beweis. Wir betrachten die Exponentialfunktion $\exp: \mathfrak{t} = \mathbf{L}(T) \to T$ und $D := \exp^{-1}(A)$. Dann ist D eine abgeschlossene Untergruppe des Vektorraums $\mathfrak{t}$, und gemäß Aufgabe I.3.5 finden wir einen Untervektorraum $\mathfrak{a} = \mathbf{L}(A) \subseteq \mathfrak{t}$ und linear unabhängige Elemente $E_1, \ldots, E_k$ mit

$$D = \mathfrak{a} \oplus \mathbb{Z}E_1 \oplus \mathbb{Z}E_2 \oplus \ldots \oplus \mathbb{Z}E_k.$$

Da $\ker\exp \subseteq D$ und $T \cong \mathfrak{t}/\ker\exp$ kompakt ist, wird $\mathfrak{t}$ von $\mathfrak{a}$ und $\{E_1, \ldots, E_k\}$ aufgespannt. Nach Voraussetzung ist $\exp(E_i) \in A = \exp(\mathfrak{a})$ und wir finden $A_i \in \mathfrak{a}$ mit $\exp(A_i) = \exp(E_i)$. Folglich ist

$$D = \mathfrak{a} \oplus \mathbb{Z}(E_1 - A_1) \oplus \mathbb{Z}(E_2 - A_2) \oplus \ldots \oplus \mathbb{Z}(E_k - A_k)$$

und

$$\ker\exp = \ker\exp \cap \big(\mathfrak{a} \oplus \mathbb{Z}(E_1 - A_1) \oplus \mathbb{Z}(E_2 - A_2) \oplus \ldots \oplus \mathbb{Z}(E_k - A_k)\big).$$

Wir definieren einen Homomorphismus $\beta: \mathfrak{t} \to \mathfrak{a}$ von Lie-Algebren durch $\beta|_\mathfrak{a} = \mathrm{id}_\mathfrak{a}$ und $\beta(E_i - A_i) = 0$. Damit ist $\beta(\ker\exp) \subseteq \ker\exp$ und daher existiert ein Homomorphismus $f: T \to A$ mit $df(\mathbf{1}) = \beta$. Für $a = \exp(X)$ mit $X \in \mathfrak{a}$ ist daher $f(\exp X) = \exp\beta(X) = \exp X$. ■

III.5.11. Definition. Wir nennen eine Lie-Gruppe G *halbeinfach* (*einfach*), wenn ihre Lie-Algebra halbeinfach (einfach) ist. ■

Unser nächstes Ziel ist es zu zeigen, daß zusammenhängende halbeinfache Lie-Gruppen mit kompakter Lie-Algebra immer kompakt sind. Dazu benötigen wir das folgende Lemma.

III.5.12. Lemma. *Sei G eine zusammenhängende lokalkompakte Gruppe, D eine diskrete zentrale Untergruppe, so daß G/D kompakt ist und die Kommutatorgruppe dicht in G/D ist. Dann ist D endlich und G kompakt.*

Beweis. Wir zeigen zuerst, daß D endlich erzeugt ist. Für eine Teilmenge $C \subseteq G$ schreiben wir C^0 für die Menge der inneren Punkte von C. Sei also C eine kompakte Menge in G mit $G = CD$. Wir können annehmen, daß C die Gruppe G erzeugt, da G von jeder kompakten Einsumgebung erzeugt wird, und daß $G = C^0 D$ gilt. Also existieren $s_1, \ldots, s_n \in D$ mit $C^2 \subseteq \bigcup_{i=1}^n s_i C^0$. Sei Γ die von den s_i erzeugte Untergruppe. Dann ist $C^2 \subseteq \Gamma C$ und induktiv erhält man $C^n \subseteq \Gamma C$, woraus $G = \Gamma C$ folgt. Jedes Element d aus D läßt sich also als $d = ab$ mit $a \in \Gamma$ und $b \in C$ schreiben. Dann gilt $b \in C \cap D$. Folglich wird D von den s_i und $C \cap D$ erzeugt. Das ist aber eine endliche Menge.

Nach dem oben gezeigten ist D eine endlich erzeugte abelsche Gruppe und daher isomorph zu $\mathbb{Z}^r \times D_1$ für eine endliche abelsche Gruppe D_1. Wir haben zu zeigen, daß $r = 0$ ist. Dazu nehmen wir $r > 0$ an. In diesem Fall existiert ein nicht-konstanter Homomorphismus $f : D \to \mathbb{Z} \subseteq \mathbb{R}$. Wir möchten Lemma III.5.8 anwenden. Dazu setzen wir $\rho(g) = \mathrm{id}_{\mathbb{R}}$ für $g \in G$ und $A := D$. Dann existiert zu f eine Fortsetzung zu einem 1-Kozyklus bzw. zu einem Homomorphismus $f^* : G \to \mathbb{R}$. Die Untergruppe $f^*(G)$ ist zusammenhängend und enthält $\mathbb{Z}$; somit ist f^* surjektiv. Wegen $f^*(D) \subseteq \mathbb{Z}$ induziert f^* einen surjektiven Homomorphismus $\widetilde{f^*} : G/D \to \mathbb{R}/\mathbb{Z}$. Dies ist ein Widerspruch dazu, daß die Kommutatorgruppe in G/D dicht ist, denn die wird auf das Einselement von $\mathbb{R}/\mathbb{Z}$ abgebildet. Also ist $r = 0$ und D endlich. Der Rest folgt aus Aufgabe 2. ∎

III.5.13. Satz. (H. Weyl) *Ist G eine zusammenhängende halbeinfache Lie-Gruppe und $\mathbf{L}(G)$ kompakt, so ist G kompakt und $Z(G)$ endlich.*

Beweis. Wegen $\mathrm{Ad}(G) \cong G/Z(G) \cong \mathrm{INN}_{\mathbf{L}(G)} \mathbf{L}(G)$ ist $G/Z(G)$ kompakt und wegen $\mathbf{L}\left(Z(G)\right) = Z\left(\mathbf{L}(G)\right) = \{0\}$ ist $Z(G)$ diskret. Nach Satz III.3.21 stimmt die halbeinfache zusammenhängende Lie-Gruppe $\mathrm{Ad}(G)$ mit ihrer Kommutatorgruppe überein. Also können wir Lemma III.5.12 mit $D = Z(G)$ anwenden und der Beweis ist vollständig. ∎

III.5.14. Satz. (Struktursatz für Lie-Gruppen mit kompakter Lie-Algebra) *Jede zusammenhängende Lie-Gruppe G mit kompakter Lie-Algebra zerfällt in ein direktes Produkt einer Vektorgruppe V und einer kompakten Gruppe K. Ist T ein maximaler Torus in $Z(G)_0$ und $D := G' \cap T$, so ist D endlich und der Homomorphismus $(t, g) \mapsto tg, T \times G' \to K$ liefert eine exakte Sequenz*

$$\{1\} \longrightarrow D \xrightarrow{\ i\ } T \times G' \xrightarrow{\ \pi\ } K \longrightarrow \{1\},$$

wobei $i(d) = (d, d^{-1})$ ist. Jede kompakte Untergruppe von G ist in K enthalten.

Beweis. Sei $\mathfrak{g} = \mathbf{L}(G)$. Dann ist $\mathfrak{g} = Z(\mathfrak{g}) \oplus \mathfrak{g}'$, wobei $\mathfrak{g}'$ kompakt halbeinfach ist (Lemma III.5.2). Die Einskomponente $Z(G)_0$ des Zentrums von G ist eine zusammenhängende abelsche Lie-Gruppe. Nach Korollar III.3.25 existiert also eine abgeschlossene Vektorgruppe $V \subseteq Z(G)_0$ und ein Torus $T \subseteq Z(G)_0$ mit $Z(G)_0 \cong V \times T$. Nach Satz III.5.13 ist die normale Untergruppe $G' := \langle \exp \mathfrak{g}' \rangle$ kompakt, denn sie ist stetiges Bild einer zusmmenhängenden halbeinfachen Lie-Gruppe mit kompakter Lie-Algebra (Korollar III.2.30). Folglich ist $K := TG'$ eine kompakte Untergruppe von G. Wegen $\mathbf{L}(V) + \mathbf{L}(K) = \mathbf{L}(G)$ ist $G = VK$, und da V keine nicht-trivialen kompakten Untergruppen enthält, gilt $V \cap K = \{\mathbf{1}\}$, also $G \cong V \times K$. Die Aussage über die Struktur von K folgt aus der Konstruktion. Ist $U \subseteq G$ eine kompakte Untergruppe, so ist die Projektion von U entlang K auf V trivial, und daher ist U in K enthalten. ∎

Nach dem Struktursatz kennen wir also die zusammenhängenden Lie-Gruppen mit kompakter Lie-Algebra, wenn wir die kompakten zusammenhängenden Lie-Gruppen kennen. Für diese liefert er allerdings keine direkte Zerlegung. Das wird man auch im allgemeinen nicht erreichen können, denn eine direkte Zerlegung müßte auf der Ebene der Lie-Algebren der Zerlegung $\mathfrak{g} = Z(\mathfrak{g}) \oplus \mathfrak{g}'$ entsprechen, aber die Untergruppen $Z(G)_0$ und G' haben im allgemeinen eine nicht-leeren Schnitt. Ein Beispiel hierfür kann man sofort konstruieren. Man nehme eine halbeinfache kompakte Lie-Gruppe mit nicht-trivialem Zentrum Z, z.B. $S := \mathrm{SU}(2)$. Man wähle $z \in Z \setminus \{\mathbf{1}\}$ und setze $G := (\mathbb{R} \times S)/D$, wobei D die von $(1, z)$ erzeugte Untergruppe ist. Wir werden weiter unten sehen, daß man trotzdem eine semidirekte Zerlegung einer kompakten zusammenhängenden Lie-Gruppe erreichen kann (Satz von Scheerer). Dazu benötigen wir allerdings noch einige Informationen über maximale Tori in kompakten Lie-Gruppen.

Maximale Tori in kompakten Lie-Gruppen

Gemäß unserer Philosophie die Lie-Gruppen mittels ihrer Lie-Algebren zu studieren, nähern wir uns den maximalen Tori über die Cartan-Algebren.

III.5.15. Lemma. *Die Cartan-Algebren einer kompakten Lie-Algebra $\mathfrak{g}$ sind genau die maximal abelschen Unteralgebren. Ist $\mathfrak{h}$ eine Cartan-Algebra von $\mathfrak{g}$, so ist*

$$\mathfrak{g} = \bigcup_{\gamma \in \mathrm{Inn}_{\mathfrak{g}} \mathfrak{g}} \gamma(\mathfrak{h}),$$

und zwei Cartan-Algebren von $\mathfrak{g}$ sind unter $\mathrm{Inn}_{\mathfrak{g}}(\mathfrak{g})$ zueinander konjugiert.

Beweis. Sei $\mathfrak{h}$ eine Cartan-Algebra von $\mathfrak{g}$. Nach Lemma III.5.2 ist $\mathfrak{h}$ eine kompakte nilpotente Lie-Algebra und als solche abelsch. Da $\mathfrak{h}$ selbstnormalisierend ist, muß $\mathfrak{h}$ auch maximal abelsch sein. Sei umgekehrt $\mathfrak{a}$ eine maximal abelsche Unteralgebra von $\mathfrak{g}$. Um zu zeigen, daß $\mathfrak{a}$ eine Cartan-Algebra ist, müssen wir aus

$[X, \mathfrak{a}] \subseteq \mathfrak{a}$ auf $X \in \mathfrak{a}$ schließen. In diesem Fall ist aber $\mathfrak{a} + \mathbb{R}X$ eine auflösbare Unteralgebra von $\mathfrak{g}$, also eine kompakte auflösbare Lie-Algebra und daher abelsch (Lemma III.5.2). Wegen der Maximalität von $\mathfrak{a}$ ist daher $X \in \mathfrak{a}$.

Ist $X \in \mathfrak{g}$, so existiert natürlich eine maximal abelsche Unteralgebra, die X enthält. Also ist jedes Element in einer Cartan-Algebra enthalten.

Wir fixieren nun zwei Cartan-Algebren $\mathfrak{h}, \mathfrak{h}'$ von $\mathfrak{g}$. Nach Satz III.5.4 finden wir eine kompakte Gruppe G mit $\mathbf{L}(G) = \mathfrak{g}$ und ein $\mathrm{Ad}(G)$ invariantes Skalarprodukt B auf $\mathfrak{g}$. Seien X bzw. X' reguläre Elemente mit $\mathfrak{h} = \mathfrak{g}_0(\mathrm{ad}\, X)$ bzw. $\mathfrak{h}' = \mathfrak{g}_0(\mathrm{ad}\, X')$ (Satz II.3.19). Da die Operatoren $\mathrm{ad}\, X$ und $\mathrm{ad}\, X'$ bzgl. B schiefsymmetrisch sind, sind sie halbeinfach und daher gilt $\mathfrak{h} = \mathfrak{g}^0(\mathrm{ad}\, X)$, sowie $\mathfrak{h}' = \mathfrak{g}^0(\mathrm{ad}\, X')$ (vgl. Definition II.2.13). Sei nun $g_0 \in G$ so gewählt, daß die Funktion

$$G \to \mathbb{R}, \qquad g \mapsto B\big(Ad(g)X, X'\big)$$

ihr Minimum in g_0 annimmt. Für $Y \in \mathfrak{g}$ folgt damit

$$\begin{aligned} 0 &= \frac{d}{dt}\Big|_{t=0} B\Big(\mathrm{Ad}\,\big(\exp(tY)g_0\big)X, X'\Big) = \frac{d}{dt}\Big|_{t=0} B\big(e^{\mathrm{ad}\, tY}\,\mathrm{Ad}(g_0)X, X'\big) \\ &= \frac{d}{dt}\Big|_{t=0} B\big(\mathrm{Ad}(g_0)X, e^{-\,\mathrm{ad}\, tY}X'\big) = B\big(\mathrm{Ad}(g_0)X, -[Y, X']\big) \\ &= B\big([\mathrm{Ad}(g_0)X, X'], Y\big). \end{aligned}$$

Also ist $[\mathrm{Ad}(g_0)X, X'] = 0$, denn B ist positiv definit, und daher $\mathrm{Ad}(g_0)X \in \mathfrak{g}^0(X') = \mathfrak{h}'$. Folglich ist

$$\mathfrak{h}' \subseteq \mathfrak{g}^0\big(\mathrm{Ad}(g_0)X\big) = \mathrm{Ad}(g_0)\mathfrak{g}^0(X) = \mathrm{Ad}(g_0)\mathfrak{h}$$

und da alle Cartan-Algebren die Dimension $\operatorname{rang} \mathfrak{g}$ haben (Satz II.3.19), ist sogar $\mathfrak{h}' = \mathrm{Ad}(g_0)\mathfrak{h}$. ∎

III.5.16. Satz. (Hauptsatz über maximale Tori) *Sei G eine kompakte zusammenhängende Lie-Gruppe.*

1) *Die Lie-Algebren der maximalen Tori sind genau die Cartan-Algebren von $\mathbf{L}(G)$.*
2) *Sind T und T' maximale Tori in G, so existiert ein $g \in G$ mit $gTg^{-1} = T'$.*
3) *Jedes Element von G ist in einem maximalen Torus enthalten.*

Beweis. 1) Sei $\mathfrak{h}$ eine Cartan-Algebra in $\mathfrak{g}$. Nach Lemma III.3.3 ist $T := \overline{\langle \exp \mathfrak{h} \rangle}$ eine abgeschlossene zusammenhängende abelsche Untergruppe von G, also ein Torus. Da $\mathfrak{h}$ maximal abelsch ist, ist T maximaler Torus. Sei umgekehrt T ein maximaler Torus. Dann ist $\mathbf{L}(T)$ eine abelsche Unteralgebra von $\mathfrak{g}$. Ist $\mathfrak{a} \supseteq \mathbf{L}(T)$ eine abelsche Unteralgebra von $\mathfrak{g}$, so ist $\overline{\langle \exp \mathfrak{a} \rangle}$ ein Torus, daher stimmt $\mathbf{L}(T)$ mit $\mathfrak{a}$ überein, und ist somit eine Cartan-Algebra (Lemma III.5.15).

2) Das folgt sofort aus 1) und Lemma III.5.15.
3) Sei M die Vereinigung aller maximaler Tori von G und T ein maximaler Torus. Dann ist

$$M = \bigcup_{g \in G} gTg^{-1}$$

und daher kompakt, weil man diese Menge als stetiges Bild einer kompakten Menge (nämlich $G \times T$) auffassen kann. Es reicht also zu zeigen, daß M offen ist. Da M invariant unter den inneren Automorphismen von G ist, müssen wir nur für ein Element $a = \exp Z \in T$ mit $Z \in \mathbf{L}(T)$ zeigen, daß M eine Umgebung von a ist. Wir zeigen dies über Induktion nach der Dimension von G und unterscheiden dabei zwei Fälle :

1. Fall: $a \in Z(G)$. Dann reicht es zu zeigen, daß $a\exp(Y)$ für alle $Y \in \mathfrak{g}$ zu M gehört. Sei also $Y \in \mathfrak{g}$. Dann existiert nach Lemma III.5.15 eine Cartan-Algebra $\mathfrak{h} \subseteq \mathfrak{g}$, die Y enthält. Nach 1) ist $T' := \exp \mathfrak{h}$ ein maximaler Torus von G. Da T' zu T konjugiert ist, ist auch a in T' enthalten und daher $a\exp(Y) \in T' \subseteq M$.

2. Fall: $a \notin Z(G)$. Sei H die Einskomponente des Zentralisators von a, d.h. der Fixgruppe des Automorphismus $I_a: g \mapsto aga^{-1}$. Dann ist H eine Untergruppe von G, die T enthält und von G verschieden ist. Nach Induktionsvoraussetzung ist H in M enthalten. Die Lie-Algebra von H stimmt mit der Fixunteralgebra des Automorphismus $dI_a(\mathbf{1}) = \mathrm{Ad}(a) = e^{\mathrm{ad}\, Z}$ von $\mathfrak{g}$ überein, d.h.

$$\mathbf{L}(H) = \ker(e^{\mathrm{ad}\, Z} - \mathbf{1}) = \bigoplus_{n \in \mathbb{Z}} \ker\left((\mathrm{ad}\, Z)^2 + n^2 4\pi^2\right)$$

(Aufgabe 3). Sei $\mathfrak{b} \subseteq \mathfrak{g}$ ein zu $\mathbf{L}(H)$ komplementärer Unterraum, der unter $\mathrm{ad}\, Z$ invariant ist. Wir betrachten die Abbildung

$$\Phi: \mathfrak{g} \times H \to G, \qquad (Y, h) \mapsto I_{\exp Y}(h) = \exp(Y) h \exp(-Y).$$

Nach Aufgabe III.1.8 bleibt nur noch zu zeigen, daß die lineare Abbildung

$$d\Phi(0, a): \mathfrak{g} \oplus T_a(H) \to T_a(G)$$

surjektiv ist. Es ist klar, daß $T_a(G) = d\lambda_a(\mathbf{1})\,\mathbf{L}(H) \oplus d\lambda_a(\mathbf{1})\mathfrak{b}$ und wegen $\Phi(0, h) = h$ ist auch $d\lambda_a(\mathbf{1})\,\mathbf{L}(H)$ im Bild von $d\Phi(0, a)$ enthalten. Andererseits gilt

$$d\Phi(0, a)(Y, 0) = d\Phi(0, \exp Z)(Y, 0) = d\exp(Z)([Y, Z]) = d\lambda_a(\mathbf{1}) f(\mathrm{ad}\, Z)([Y, Z])$$

mit der holomorphen Funktion $f(z) = \frac{1 - e^{-z}}{z}$ (Korollar III.2.26). Also ist

$$d\lambda_a(\mathbf{1})^{-1} d\Phi(0, a)(\mathfrak{b} \oplus \{0\}) = (e^{-\mathrm{ad}\, Z} - \mathbf{1})\mathfrak{b} = \mathfrak{b},$$

denn $(e^{-\mathrm{ad}\, Z} - \mathbf{1}) = e^{-\mathrm{ad}\, Z}(\mathbf{1} - e^{\mathrm{ad}\, Z})$ läßt $\mathfrak{b}$ invariant, und ist auf $\mathfrak{b}$ nach Konstruktion invertierbar. Damit ist die Surjektivität von $d\Phi(0, a)$ gezeigt. Folglich ist M eine Umgebung von a und hieraus folgt die Offenheit von M. ∎

Mit dem Hauptsatz über maximale Tori haben wir jetzt ein sehr wirksames Werkzeug um kompakte Lie-Gruppen zu studieren.

III.5.17. Korollar. *Die Exponentialfunktion einer zusammenhängenden Lie-Gruppe mit kompakter Lie-Algebra ist surjektiv.*

Beweis. Sei G eine zusammenhängende Lie-Gruppe mit kompakter Lie-Algebra. Nach dem Struktursatz ist G ein direktes Produkt einer Vektorgruppe mit einer kompakten Gruppe. Wir können daher annehmen, daß G kompakt ist. Dann ist aber jedes Element von G in einem maximalen Torus enthalten (Satz III.5.16) und damit natürlich im Bild der Exponentialfunktion.

III.5.18. Korollar. *Das Zentrum einer zusammenhängenden kompakten Lie-Gruppe ist der Durchschnitt der maximalen Tori.*

Beweis. Ist z zentral, so existiert zunächst nach Satz III.5.16 ein maximaler Torus T, der z enthält. Da alle anderen maximalen Tori zu T konjugiert sind, ist z auch in diesen enthalten. Ist g nicht zentral, so gibt es ein Element g', das nicht mit g vertauscht. Ist nun T ein maximaler Torus, der g' enthält (Satz III.5.16), so kann T nicht g enthalten. ∎

Damit können wir nun endlich den schon oben angekündigten Abspaltungssatz von Scheerer beweisen.

III.5.19. Satz. (Satz von Scheerer) *Sei G eine zusammenhängende kompakte Lie-Gruppe und G' ihre Kommutatorgruppe. Dann existiert ein Torus $A \subseteq G$, so daß*

$$G \cong G' \rtimes A.$$

Beweis. Sei $H := Z(G)_0$ die Einskomponente des Zentrums und $N := G'$. Dann ist $H \cap N$ nach Satz III.5.14 diskret und zentral, also in einer Torusgruppe $A \subseteq G'$ enthalten (Korollar III.5.18). Wir setzen $T := HA$. Dies ist eine kompakte zusammenhängende abelsche Lie-Gruppe und A ist abgeschlossen und zusammenhängend in T. Nach Lemma III.5.10 und Lemma III.5.6 existiert ein Torus $B \subseteq T$ mit $B \cap A = \{\mathbf{1}\}$ und $AB = T$. Damit ist $NB = NAB = NT = NAH = NH = G$ und

$$N \cap B \subseteq N \cap AB = N \cap HA \subseteq (N \cap H)A = A.$$

Folglich ist $N \cap B \subseteq A \cap B = \{\mathbf{1}\}$. ∎

III.5.20. Beispiel. Der Zusammenhang in obigem Satz ist eine wesentliche Voraussetzung. Sei $S^3 \cong \mathrm{SU}(2)$ die Gruppe der Quaternionen der Norm $\mathbf{1}$ und $F := \{\pm 1, \pm i, \pm j, \pm k\}$. Wir setzen $G := (S^3 \times F)/\{(1,1),(-1,-1)\}$. Dann ist G' das Bild von $S^3 \times \{(1,1)\}$ und $G/G' \cong \mathbb{Z}_2^2$, aber die Sequenz

$$\{\mathbf{1}\} \longrightarrow G' \xrightarrow{\ i\ } G \xrightarrow{\ \pi\ } G/G' \cong \mathbb{Z}_2^2 \longrightarrow \{\mathbf{1}\}$$

zerfällt nicht.

III.5.21. Korollar. *Für eine kompakte zusammenhängende Lie-Gruppe G mit* $\dim Z(G) = r$ *ist*

$$\pi_1(G) \cong \mathbb{Z}^r \times \pi_1(G').$$

Insbesondere ist $\operatorname{rang} \pi_1(G) = \dim Z(G)$.

Beweis. Das folgt sofort daraus, daß $\pi_1(X \times Y) \cong \pi_1(X) \times \pi_1(Y)$ für zwei topologische Räume gilt (Aufgabe I.8.7) und daß $\pi_1(G')$ endlich ist, denn $\widetilde{G}'$ ist eine halbeinfache zusammenhängende Lie-Gruppe mit kompakter Lie-Algebra und hat nach dem Satz von Weyl daher ein endliches Zentrum. Insbesondere ist die universelle Überlagerung $\widetilde{G}' \to G'$ endlichblättrig (Satz III.5.13). ∎

Übungsaufgaben zum Abschnitt III.5

1. Sei

$$\{\mathbf{1}\} \longrightarrow H \xrightarrow{\;i\;} G \xrightarrow{\;\pi\;} G/H \longrightarrow \{\mathbf{1}\}$$

eine exakte Sequenz von Gruppen. Dann sind folgende Aussagen äquivalent :

a) Es existiert ein Homomorphismus $\sigma: G/H$ to G mit $\pi \circ \sigma = \mathrm{id}_{G/H}$.

b) Es existiert eine Untergruppe $K \subseteq G$ mit $K \cap i(H) = \{\mathbf{1}\}$ und $Ki(H) = G$.

2. Sei

$$\{\mathbf{1}\} \longrightarrow H \xrightarrow{\;i\;} G \xrightarrow{\;\pi\;} G/H \longrightarrow \{\mathbf{1}\}$$

eine exakte Sequenz lokalkompakter Gruppen und H, sowie G/H kompakt. Dann ist G kompakt.

3. a) Sei A ein halbeinfacher Endomorphismus des komplexen Vektorraums V und h eine komplexwertige Funktion, die auf dem Spektrum von A holomorph ist. Dann ist

$$\ker h(A) = \bigoplus_{z \in h^{-1}(0) \cap \mathrm{Spec}(A)} \ker(A - z\mathbf{1}).$$

b) Ist A ein halbeinfacher Endomorphismus des reellen Vektorraums V und

$$A_{\mathbb{C}}: V_{\mathbb{C}} \to V_{\mathbb{C}}$$

dessen Erweiterung auf die Komplexifizierung von V, so zerlegen wir $\mathrm{Spec}(A) = \mathrm{Spec}(A_{\mathbb{C}})$ in die Teilmengen

$$S_{\mathrm{re}} := \mathrm{Spec}(A) \cap \mathbb{R} \quad \text{und} \quad S_{\mathrm{im}} := \mathrm{Spec}(A) \setminus S_{\mathrm{re}}.$$

Sei nun h eine komplexwertige Funktion, die auf Spec(A) holomorph ist und der Bedingung $h(\overline{z}) = \overline{h(z)}$ genügt. Dann ist $h(A)V \subseteq V$ und

$$\ker h(A) = \bigoplus_{h^{-1}(0)\cap S_{\mathrm{re}}} \ker(A - z\mathbf{1}) \oplus \bigoplus_{x+iy\in h^{-1}(0)\cap S_{\mathrm{im}}} \ker\left(A^2 - 2xA + (x^2 + y^2)\right).$$

4. Sei $\mathfrak{g}$ eine kompakte Lie-Algebra, $\langle\cdot,\cdot\rangle$ ein invariantes Skalarprodukt auf $\mathfrak{g}$ und $X_1, ..., X_n$ eine Orthonormalbasis. Man zeige:

a) Das Element $\Omega := \sum_{i=1}^{n} X_1^2$ liegt im Zentrum der universelle einhüllenden Algebra $\mathcal{U}(\mathfrak{g})$ (vgl. Aufgabe II.6.5).

Sei G eine kompakte Lie-Gruppe mit $\mathbf{L}(G) = \mathfrak{g}$, und $\alpha: G \to \mathrm{Gl}(V)$ eine endlichdimensionale irreduzible Darstellung von G auf V.

b) Betrachtet man hierzu die induzierte Darstellung

$$\mathcal{U}\big(d\alpha(\mathbf{1})\big): \mathcal{U}(\mathfrak{g}) \to \mathrm{gl}(V),$$

so ist $\mathcal{U}(d\alpha(\mathbf{1}))\Omega$ für jedes G-invariante Skalarprodukt auf V ein negativ definiter Operator. Hinweis: Jedes Element der Lie-Algebra $\mathfrak{g}$ wird durch eine schiefsymmetrische Matrix E dargestellt. Also ist E^2 negativ semidefinit. Nun verwende man a).

c) Sei $\beta: \mathrm{so}(3) \to \mathrm{gl}(3, \mathbb{R})$ die kanonische Darstellung auf $\mathbb{R}^3$. Man berechne $\mathcal{U}(\beta)\Omega$ für ein invariantes Skalarprodukt auf $\mathrm{so}(3)$.

Man kann die Sätze aus diesem Paragraphen auch dazu verwenden, einige Sätze aus der linearen Algebra zu beweisen.

5. Man zeige, daß die Diagonalmatrizen in $\mathrm{su}(n)$ bzw. $\mathrm{u}(n)$ eine Cartan-Algebra bilden.

6. Sei $A \in \mathrm{gl}(n, \mathbb{C})$ eine schiefhermitesche (hermitesche) Matrix. Dann existiert eine unitäre Matrix $U \in \mathrm{SU}(n)$ so, daß UAU^{-1} eine Diagonalmatrix ist. Hinweis: Lemma III.5.15 und Aufgabe 5. Für den Fall der hermiteschen Matrizen multipliziere man mit i.

7. Sei $A \in \mathrm{U}(n, \mathbb{C})$ eine unitäre Matrix. Dann existiert eine unitäre Matrix $U \in \mathrm{SU}(n)$ so, daß UAU^{-1} eine Diagonalmatrix ist. Hinweis: Hauptsatz über maximale Tori und Aufgabe 5.

§6 Halbeinfache Lie-Gruppen

Im vorhergegangenen Paragraphen haben wir uns mit kompakten Lie-Gruppen und etwas allgemeiner mit Lie-Gruppen mit kompakten Lie-Algebren beschäftigt. Wie im dritten Paragraphen haben wir für diese Gruppen Zerlegungssätze bewiesen, die es erlaubten, die Gruppe in ein Produkt aus einer kompakten Gruppe und einer zu einem $\mathbb{R}^n$ diffeomorphen Mannigfaltigkeit zu zerlegen. Dieses Programm, nämlich so eine Zerlegung für eine beliebige zusammenhängende Lie-Gruppe zu bekommen, werden wir erst im nächsten Abschnitt bis zum letzten Schritt ausführen können. Vorher wenden wir uns dem Spezialfall der halbeinfachen Lie-Gruppen zu. Die Hauptresultate in diesem Abschnitt werden die Cartan-Zerlegung und die Iwasawa-Zerlegung einer zusammenhängenden halbeinfachen Lie-Gruppe sein. Beides sind Zerlegungen von G in Untermannigfaltigkeiten $K \times V$, wobei K eine kompakte Untergruppe von G ist und V diffeomorph zu einem Vektorraum. Im Falle der Cartan-Zerlegung hat V den Vorteil, daß V invariant unter Konjugation mit K ist und im Falle der Iwasawa-Zerlegung ist V eine auflösbare Untergruppe von G.

Die Cartan-Zerlegung

Wir schauen uns zuerst ein typisches Beispiel an, um unsere Vorstellung davon leiten zu lassen. Sei dazu $G = \mathrm{Sl}(n, \mathbb{R})$. Wir definieren eine Involution θ auf G durch

$$\theta: g \to (g^\top)^{-1}, \qquad \mathrm{Sl}(n,\mathbb{R}) \to \mathrm{Sl}(n,\mathbb{R}).$$

Diese Abbildung ist ein Isomorphismus und die Fixgruppe von θ ist

$$G^\theta = \{g : g^\top = g^{-1}\} = \mathrm{SO}(n,\mathbb{R}).$$

Ist P eine symmetrische Matrix in $\mathrm{sl}(n,\mathbb{R})$, so ist

$$\theta(e^P) = e^{-P} = (e^P)^{-1}.$$

Das Differential $\tau := d\theta(\mathbf{1}), X \mapsto -X^\top$ definiert eine Zerlegung

$$\mathrm{sl}(n,\mathbb{R}) = \mathrm{so}(n,\mathbb{R}) \oplus \mathfrak{p},$$

wobei $\mathrm{so}(n,\mathbb{R})$ der Eigenraum von θ zum Eigenwert 1 und $\mathfrak{p}$, der Raum der symmetrischen Matrizen mit Spur 0, der Eigenraum zum Eigenwert -1 ist. Wie man nun mit Satz I.1.16 sieht, ist die Abbildung

$$\Phi: \mathrm{SO}(n,\mathbb{R}) \times \mathfrak{p} \to \mathrm{Sl}(n,\mathbb{R}), \qquad (g,P) \mapsto g\exp(P)$$

ein Diffeomorphismus.

Beachte: Die Eigenwerte von X^2 sind für $X \in \mathfrak{p}$ nicht-negativ und für $X \in \mathrm{so}(n, \mathbb{R})$ nicht-positiv. D. h. die invariante Bilinearform $\mathrm{tr}(XY)$ ist negativ definit auf $\mathrm{so}(n, \mathbb{R})$ und positiv definit auf $\mathfrak{p}$. Nun ist diese Form aber ein positives Vielfaches der Killing-Form auf $\mathrm{sl}(n, \mathbb{R})$. Damit haben wir für allgemeine halbeinfache Lie-Gruppen den Zugang zur Cartan-Zerlegung gefunden.

III.6.1. Definition. Sei $\mathfrak{g}$ eine reelle halbeinfache Lie-Algebra und κ die Killing-Form von $\mathfrak{g}$. Ein Automorphismus τ von $\mathfrak{g}$ heißt *Cartan-Involution*, wenn

1) $\tau^2 = \mathrm{id}_{\mathfrak{g}}$,
2) $\kappa|_{\mathfrak{k}\times\mathfrak{k}}$ negativ definit ist, wobei $\mathfrak{k} := \{X \in \mathfrak{g} : \tau(X) = X\}$, und
3) $\kappa|_{\mathfrak{p}\times\mathfrak{p}}$ positiv definit ist, wobei $\mathfrak{p} := \{X \in \mathfrak{g} : \tau(X) = -X\}$.

Die Zerlegung $\mathfrak{g} = \mathfrak{k} \oplus \mathfrak{p}$ heißt *Cartan-Zerlegung* der Lie-Algebra $\mathfrak{g}$. ■

III.6.2. Lemma. *Sei τ eine Cartan-Involution von $\mathfrak{g}$. Dann gilt :*

1) *$\mathfrak{k}$ und $\mathfrak{p}$ stehen bezüglich κ senkrecht aufeinander.*
2) *$[\mathfrak{k}, \mathfrak{k}] \subseteq \mathfrak{k}$, $[\mathfrak{k}, \mathfrak{p}] \subseteq \mathfrak{p}$ und $[\mathfrak{p}, \mathfrak{p}] \subseteq \mathfrak{k}$.*

Beweis. 1) Für jeden Automorphismus α von $\mathfrak{g}$ ist

$$\mathrm{ad}\,\alpha(X) = \alpha \circ \mathrm{ad}\,X \circ \alpha^{-1}$$

und daher folgt für $X \in \mathfrak{k}$ und $Y \in \mathfrak{p}$ die Beziehung:

$$\begin{aligned} -\kappa(X,Y) &= \kappa(\tau X, \tau Y) = \mathrm{tr}\left(\mathrm{ad}(\tau X)\,\mathrm{ad}(\tau Y)\right) \\ &= \mathrm{tr}(\tau\,\mathrm{ad}\,X\,\mathrm{ad}\,Y\tau^{-1}) = \mathrm{tr}(\mathrm{ad}\,X\,\mathrm{ad}\,Y) = \kappa(X,Y) \end{aligned}$$

und daher $\kappa(X,Y) = 0$.
2) Das folgt sofort aus der Definition von $\mathfrak{k}$, $\mathfrak{p}$ und aus $\tau \in \mathrm{Aut}(\mathfrak{g})$. ■

III.6.3. Lemma. *Sei τ eine Cartan-Involution auf $\mathfrak{g}$. Definieren wir die Bilinearform B_τ auf $\mathfrak{g}$ durch*

$$B_\tau : \mathfrak{g} \times \mathfrak{g} \to \mathbb{R}, \qquad (X,Y) \mapsto -\kappa(X, \tau Y),$$

so gelten folgende Aussagen.

1) *B_τ ist positiv definit.*
2) *$\mathrm{ad}\,\mathfrak{k} \subseteq \mathrm{so}(B_\tau) := \{Y \in \mathrm{gl}(\mathfrak{g}) : Y^\top = -Y\}$.*
3) *$\mathrm{ad}\,\mathfrak{p} \subseteq \mathrm{symm}(B_\tau) := \{Y \in \mathrm{gl}(\mathfrak{g}) : Y^\top = Y\}$.*

Beweis. 1) Sei $X = Y + P$ mit $Y \in \mathfrak{k}$ und $P \in \mathfrak{p}$. Dann ist

$$B_\tau(X,X) = -\kappa(Y+P, Y-P) = -\kappa(Y,Y) + \kappa(P,P),$$

denn $\kappa(\mathfrak{k}, \mathfrak{p}) = \{0\}$. Also folgt 1) aus der Definition einer Cartan-Involution.
2) Sei $Z \in \mathfrak{k}$ und $X, Y \in \mathfrak{g}$. Dann ist

$$\begin{aligned} B_\tau\left(\mathrm{ad}\,Z(X), Y\right) &= -\kappa([Z,X], \tau Y) = \kappa(X, [Z, \tau Y]) \\ &= -B_\tau\left(X, \tau([Z, \tau Y])\right) = -B_\tau\left(X, \mathrm{ad}\,Z(Y)\right). \end{aligned}$$

3) Analog zu 2). ■

III.6.4. Lemma. *Sei $\mathfrak{g}$ eine halbeinfache Lie-Algebra und τ eine Cartan-Involution von G sowie $\mathfrak{g} = \mathfrak{k} \oplus \mathfrak{p}$ die zugehörige Cartan-Zerlegung. Dann ist* $\mathrm{Inn}_{\mathfrak{g}} \mathfrak{k}$ *kompakt und* $\mathrm{Inn}_{\mathfrak{g}} \mathfrak{g}$ *ist die Einskomponente von* $\mathrm{Aut}(\mathfrak{g})$.

Beweis. Da G halbeinfach ist, gilt $\mathrm{ad}\,\mathfrak{g} = \mathrm{der}\,\mathfrak{g} = \mathbf{L}(\mathrm{Aut}\,\mathfrak{g})$ (Satz II.3.9). Also ist $\mathrm{Inn}_{\mathfrak{g}} \mathfrak{g} = \langle e^{\mathrm{ad}\,\mathfrak{g}} \rangle$ die Einskomponente von $\mathrm{Aut}(\mathfrak{g})$ und somit abgeschlossen. Wegen Lemma III.6.3 ist

$$\mathrm{Inn}_{\mathfrak{g}} \mathfrak{k} \subseteq \mathrm{SO}(B_\tau)$$

und daher ist $\mathrm{INN}_{\mathfrak{g}}(\mathfrak{k})$ kompakt. Andererseits ist die Gruppe

$$K := \{\gamma \in \mathrm{Inn}_{\mathfrak{g}}(\mathfrak{g}) : \gamma(\mathfrak{k}) \subseteq \mathfrak{k}\}$$

abgeschlossen, enthält $\mathrm{Inn}_{\mathfrak{g}}(\mathfrak{k})$, und ihre Lie-Algebra ist

$$\mathbf{L}(K) = \{\mathrm{ad}\,X : X \in \mathfrak{g}, \mathrm{ad}\,X(\mathfrak{k}) \subseteq \mathfrak{k}\} = \mathrm{ad}\,\mathfrak{k} + \mathrm{ad}\,\{P \in \mathfrak{p} : [P, \mathfrak{k}] = \{0\}\}.$$

Wir zeigen, daß $[P, \mathfrak{k}] = \{0\}$ und $P \in \mathfrak{p}$ schon $P = 0$ impliziert, denn für so ein P ist

$$\{0\} = \kappa(\mathfrak{p}, [P, \mathfrak{k}]) = \kappa([P, \mathfrak{p}], \mathfrak{k})$$

und daher $[P, \mathfrak{p}] = \{0\}$, da κ auf $\mathfrak{k}$ negativ definit ist. Also ist $P \in Z(\mathfrak{g}) = \{0\}$. Damit haben wir nun, daß

$$\mathbf{L}(K) = \mathrm{ad}\,\mathfrak{k} = \mathbf{L}(\mathrm{Inn}_{\mathfrak{g}} \mathfrak{k}).$$

Also ist $\mathrm{Inn}_{\mathfrak{g}} \mathfrak{k}$ abgeschlossen und somit auch kompakt. ∎

III.6.5. Satz. *Sei $K := \mathrm{Inn}_{\mathfrak{g}} \mathfrak{k}$. Dann ist die Abbildung*

$$\Phi : K \times \mathfrak{p} \to \mathrm{Inn}_{\mathfrak{g}} \mathfrak{g}, \qquad (k, P) \mapsto k e^{\mathrm{ad}\,P}$$

ein Diffeomorphismus.

Beweis. Sei $\Phi_B : (k, P) \mapsto k e^P$ der in den Sätzen I.1.16 und I.2.10 beschrieben Homöomorphismus ist und $i : K \to \mathrm{O}(B_\tau)$ die Inklusion (vgl. Lemma III.6.3), sowie $j : \mathrm{Inn}_{\mathfrak{g}} \mathfrak{g} \to \mathrm{Gl}(\mathfrak{g})$ die Inklusionsabbildung. Das folgende Diagramm ist kommutativ.

$$\begin{array}{ccc} K \times \mathfrak{p} & \xrightarrow{\Phi} & \mathrm{Inn}_{\mathfrak{g}} \mathfrak{g} \\ \downarrow{\scriptstyle i \times \mathrm{ad}|_{\mathfrak{p}}} & & \downarrow{\scriptstyle j} \\ \mathrm{O}(B) \times \mathrm{symm}(B) & \xrightarrow{\Phi_B} & \mathrm{Gl}(\mathfrak{g}) \end{array}$$

Damit ist sofort klar, daß Φ injektiv ist. Es bleibt also zu zeigen, daß Φ surjektiv und $d\Phi$ überall regulär ist. Daraus folgt dann die Offenheit von Φ (Aufgabe III.1.9). Die Injektivität von $d\Phi(k, P)$ folgt aber wieder aus der Kommutativität des entsprechenden Diagramms für die Differentiale. Wegen $\dim \mathrm{Inn}_{\mathfrak{g}} \mathfrak{g} = \dim \mathfrak{g} = \dim \mathfrak{k} + \dim \mathfrak{p}$ folgt damit überall die Regularität von $d\Phi(k, P)$ und Φ ist eine offene Abbildung. Insbesondere ist $\Phi(K \times \mathfrak{p})$ offen in $\mathrm{Inn}_{\mathfrak{g}} \mathfrak{g}$. Da Φ_B ein Homöomorphismus ist, ist $\Phi(K \times \mathfrak{p})$ auch abgeschlossen, und somit ist Φ surjektiv, da $\mathrm{Inn}_{\mathfrak{g}} \mathfrak{g}$ zusammenhängend ist. ∎

III.6.6. Lemma. *Sei G eine reelle halbeinfache zusammenhängende Lie-Gruppe, $\mathfrak{g}$ deren Lie-Algebra und τ eine Cartan-Involution von $\mathfrak{g}$. Sei $K := \langle \exp \mathfrak{k} \rangle$. Dann ist*

$$Z(G) \subseteq K \qquad \textit{und} \qquad K = \mathrm{Ad}^{-1}(\mathrm{Inn}_{\mathfrak{g}} \mathfrak{k}).$$

Beweis. Nach Satz III.3.2 ist $Z(G) = \ker \mathrm{Ad}$, denn G ist zusammenhängend. Sei $H := \mathrm{Ad}^{-1}(\mathrm{Inn}_{\mathfrak{g}} \mathfrak{k})$. Wir betrachten einen Pfad $\gamma: [0,1] \to G$ mit $\gamma(0) = \mathbf{1}$ und $\gamma(1) = h \in H$. Nach Satz III.6.5 gilt

$$\mathrm{Ad}\big(\gamma(t)\big) = k(t)e^{\mathrm{ad}\, P(t)}$$

mit Pfaden $k: [0,1] \to \mathrm{Inn}_{\mathfrak{g}} \mathfrak{k}$ und $P: [0,1] \to \mathfrak{p}$. Zusätzlich ist $P(0) = P(1) = \mathbf{1}$, da $\mathrm{Ad}\big(\gamma(1)\big) \in \mathrm{Inn}_{\mathfrak{g}} \mathfrak{k}$. Wir setzen nun $\widetilde{\gamma}(t) := \gamma(t) \exp\big(-P(t)\big)$. Dann ist $\widetilde{\gamma}$ ein Pfad in H, der $\mathbf{1}$ mit h verbindet. Daher ist H zusammenhängend. Nun ist aber

$$\mathbf{L}(H) = \mathrm{ad}^{-1}(\mathrm{Inn}_{\mathfrak{g}} \mathfrak{k}) = \mathfrak{k}$$

und schließlich $H = K$. Insbesondere ist $Z(G) \subseteq K$. ∎

III.6.7. Satz. (Cartan-Zerlegung der Gruppe) *Sei G eine reelle halbeinfache zusammenhängende Lie-Gruppe, $\mathfrak{g}$ deren Lie-Algebra und τ eine Cartan-Involution von $\mathfrak{g}$. Sei $K := \langle \exp \mathfrak{k} \rangle$. Dann ist die Abbildung*

$$\Phi: K \times \mathfrak{p} \to G, \qquad (k, P) \mapsto k \exp(P)$$

ein Diffeomorphismus.

Beweis. Wir zeigen zuerst, daß Φ bijektiv ist. Sei $g \in G$ und $\mathrm{Ad}(g) = k_0 e^{\mathrm{ad}\, P_0} = k_0 \mathrm{Ad}(\exp P_0)$. Dann ist $g \exp(-P_0) \in K = \mathrm{Ad}^{-1}(\mathrm{Inn}_{\mathfrak{g}} \mathfrak{k})$. Also ist Φ surjektiv. Für $k \exp P = k' \exp P'$ ist $\mathrm{Ad}(k) e^{\mathrm{ad}\, P} = \mathrm{Ad}(k') e^{\mathrm{ad}\, P'}$ und daher $P = P'$. Damit ist aber auch $k = k'$. Also ist Φ bijektiv. Die Kommutativität des Diagramms

$$\begin{array}{ccc} K \times \mathfrak{p} & \xrightarrow{\quad \Phi \quad} & G \\ \Big\downarrow {\scriptstyle \mathrm{Ad}|_K \times \mathrm{id}_{\mathfrak{p}}} & & \Big\downarrow {\scriptstyle \mathrm{Ad}} \\ \mathrm{Inn}_{\mathfrak{g}} \mathfrak{k} \times \mathfrak{p} & \xrightarrow{\quad \Phi_B \quad} & \mathrm{Ad}(G) \end{array}$$

und die Tatsache, daß alle vertikalen Abbildungen und Φ_B lokale Diffeomorphismen sind impliziert nun, daß Φ regulär und damit ein Diffeomorphismus ist. ∎

III.6.8. Korollar. *Mit den Bezeichnungen von* Satz III.6.7 *ist $K = N_G(K)$, d.h. K ist sein eigener Normalisator.*

Beweis. Ist $g = k \exp P \in N_G(K)$, so ist $(\exp P) K \exp(-P) \subseteq K$ und daher $e^{\mathrm{ad}\, P} \mathfrak{k} \subseteq \mathfrak{k}$. Da $e^{\mathrm{ad}\, P} \in \mathrm{Aut}(\mathfrak{g})$ ist, folgt damit auch

$$e^{\mathrm{ad}\, P} \mathfrak{p} = e^{\mathrm{ad}\, P} \mathfrak{k}^{\perp} = (e^{\mathrm{ad}\, P} \mathfrak{k})^{\perp} = \mathfrak{k}^{\perp} = \mathfrak{p}$$

(Lemma III.6.2). Bezüglich $B_\tau \mid_{\mathfrak{k}\times\mathfrak{k}}$ ist $e^{\operatorname{ad} P} \mid_{\mathfrak{k}}$ also symmetrisch und positiv definit. Es existiert daher ein symmetrischer Endomorphismus A von $\mathfrak{k}$ mit $e^A = e^{\operatorname{ad} P}|_{\mathfrak{k}}$. Analog findet man einen symmetrischen Endomorphismus B von $\mathfrak{p}$, so daß $e^B = e^{\operatorname{ad} P}|_{\mathfrak{p}}$. Dann ist aber $A \oplus B$ symmetrisch und $e^{A+B} = e^{\operatorname{ad} P}$. Folglich ist $A + B = \operatorname{ad} P$. Also $[P,\mathfrak{k}] \subseteq \mathfrak{k} \cap \mathfrak{p} = \{0\}$ und $[P,\mathfrak{p}] \subseteq \mathfrak{p} \cap \mathfrak{k} = \{0\}$. Daher gilt $P \in Z(\mathfrak{g}) = \{0\}$. Das zeigt, daß $N_G(K) = K$ ist. ∎

III.6.9. Definition. Sei G eine halbeinfache zusammenhängende Lie-Gruppe, deren Lie-Algebra eine Cartan-Zerlegung $\mathfrak{g} = \mathfrak{k} + \mathfrak{p}$ zuläßt. Die Abbildung

$$\theta: G \to G, \qquad g = k \exp P \mapsto k \exp(-P)$$

heißt *Cartan-Involution* von G. ∎

III.6.10. Lemma. *$\theta \in \operatorname{Aut}(G)$ mit $d\theta(\mathbf{1}) = \tau$.*

Beweis. Sei $\pi: \widetilde{G} \to G$ die universelle Überlagerung von G mit $d\pi(\mathbf{1}) = \operatorname{id}_{\mathfrak{g}}$. Dann existiert ein Automorphismus $\widetilde{\theta} \in \operatorname{Aut}(\widetilde{G})$ mit $d\widetilde{\theta}(\mathbf{1}) = \tau$ (Satz I.9.11). Sei $\widetilde{K} := \langle \exp_{\widetilde{G}} \mathfrak{k} \rangle$ und $\widetilde{G}^{\widetilde{\theta}} := \{g \in \widetilde{G}: \widetilde{\theta}(g) = g\}$. Dann ist $\mathbf{L}(\widetilde{G}^{\widetilde{\theta}}) = \mathfrak{k}$ und daher ist $\widetilde{K}$ die Einskomponente von $\widetilde{G}^{\widetilde{\theta}}$. Da $\widetilde{K}$ nach Korollar III.6.8 sein eigener Normalisator ist, folgt $\widetilde{K} = \widetilde{G}^{\widetilde{\theta}}$. Nach Lemma III.6.6 läßt $\widetilde{\theta}$ das Zentrum also punktweise fest und induziert daher eine Abbildung $\theta: G \to G$, so daß das Diagramm

$$\begin{array}{ccc} \widetilde{G} & \xrightarrow{\ \widetilde{\theta}\ } & \widetilde{G} \\ \downarrow{\scriptstyle\pi} & & \downarrow{\scriptstyle\pi} \\ G & \xrightarrow{\ \theta\ } & G \end{array}$$

kommutativ wird. Damit ist

$$\theta(\exp_G X \exp_G P) = \pi \circ \widetilde{\theta}\big(\exp_{\widetilde{G}} X \exp_{\widetilde{G}} P\big) = \exp_G X \exp_G(-P)$$

für $X \in \mathfrak{k}$ und $P \in \mathfrak{p}$. Also ist $\theta(k \exp P) = k \exp(-P)$ für $k \in K$ und $P \in \mathfrak{p}$. ∎

Die Existenz einer Cartan-Zerlegung

Wir haben im ersten Teil dieses Paragraphen die Eigenschaften einer Cartan-Zerlegung τ einer halbeinfachen Lie-Algebra $\mathbf{L}(G)$ untersucht und daraus die Existenz einer Zerlegung der Gruppe G, sowie eines involutiven Automorphismus auf G gezeigt, dessen Ableitung mit τ übereinstimmt. Was uns noch fehlt ist die Existenz einer Cartan-Zerlegung.

Wir erinnern an einige Begriffe aus Kapitel II. Sei $\mathfrak{g}$ eine $\mathbb{C}$-Lie-Algebra. Dann läßt sich $\mathfrak{g}$ auch als reelle Lie-Algebra $\mathfrak{g}^{\mathbb{R}}$ auffassen. Eine *reelle Form* von $\mathfrak{g}$ ist eine reelle Unteralgebra $\mathfrak{g}_0$ von $\mathfrak{g}^{\mathbb{R}}$ für die $\mathfrak{g}^{\mathbb{R}} = \mathfrak{g}_0 \oplus_{\mathbb{R}} i\mathfrak{g}_0$ ist. Dann ist die Abbildung

$$\sigma: \mathfrak{g}^{\mathbb{R}} \to \mathfrak{r}^{\mathbb{R}}, \quad x + iy \mapsto x - iy$$

ein Automorphismus, wie man sofort nachrechnet. Weiter ist

$$\kappa(\sigma(x), \sigma(y)) = \overline{\kappa(x,y)} \qquad \forall x, y \in \mathfrak{g},$$

wobei κ die Killing-Form von $\mathfrak{g}$ ist,

$$\sigma_{\mathfrak{g}_0} = \mathrm{id}_{\mathfrak{g}_0} \quad \text{und} \quad \sigma_{i\mathfrak{g}_0} = -\mathrm{id}_{i\mathfrak{g}_0}.$$

Nach Definition III.6.1 ist σ genau dann eine Cartan-Involution von $\mathfrak{g}^{\mathbb{R}}$, wenn $B^{\mathbb{R}}$, die Killing-Form von $\mathfrak{g}^{\mathbb{R}}$, auf $\mathfrak{g}_0$ negativ und auf $i\mathfrak{g}_0$ positiv definit ist.

III.6.11. Lemma. *Sei $\mathfrak{g}$ eine $\mathbb{C}$-Lie-Algebra mit Killing-Form κ und $\kappa^{\mathbb{R}}$ die Killing-Form von $\mathfrak{g}^{\mathbb{R}}$. Dann ist*

$$\kappa^{\mathbb{R}}(X,Y) = 2\,\mathrm{Re}\,\kappa(X,Y) \qquad \forall X, Y \in \mathfrak{g}^{\mathbb{R}}.$$

Beweis. Sei $\{X_1, ..., X_n\}$ eine $\mathbb{C}$-Basis von $\mathfrak{g}$ und $A + iB \in \mathrm{gl}(\mathbb{C}^n)$ die Matrix von $\mathrm{ad}\,X \circ \mathrm{ad}\,Y$ bezüglich dieser Basis, wobei $A, B \in \mathrm{gl}(n, \mathbb{R})$ sind. Da $\{X_1, ..., X_n, iX_1, ..., iX_n\}$ eine $\mathbb{R}$-Basis von $\mathfrak{g}$ bildet und $\mathrm{ad}\,X \circ \mathrm{ad}\,Y(iZ) = i\,\mathrm{ad}\,X \circ \mathrm{ad}\,Y(Z)$ gilt, ist die Matrix von $\mathrm{ad}\,X \circ \mathrm{ad}\,Y$ bezüglich dieser Basis durch

$$\begin{pmatrix} A & B \\ -B & A \end{pmatrix}$$

gegeben. D.h.

$$\mathrm{tr}_{\mathbb{R}}(\mathrm{ad}\,X \circ \mathrm{ad}\,Y) = 2\,\mathrm{tr}(A) = 2\,\mathrm{Re}\,\mathrm{tr}(A + iB) = 2\,\mathrm{Re}\,\mathrm{tr}_{\mathbb{C}}(\mathrm{ad}\,X \circ \mathrm{ad}\,Y).$$

■

Falls nun $\kappa^{\mathbb{R}}$ auf $\mathfrak{g}_0$ negativ definit ist, folgt für $X, Y \in \mathfrak{g}_0$ die Beziehung

$$\kappa^{\mathbb{R}}(iX, iY) = 2\,\mathrm{Re}\,\kappa(iX, iY) = -2\,\mathrm{Re}\,\kappa(X,Y) = -\kappa^{\mathbb{R}}(X,Y).$$

Also ist $B^{\mathbb{R}}$ auf $i\mathfrak{g}_0$ positiv definit, d.h. σ ist eine Cartan-Involution.

III.6.12. Definition. Sei $\mathfrak{g}$ eine $\mathbb{C}$-Lie-Algebra und $\mathfrak{g}_0$ eine reelle Form von $\mathfrak{g}$. Dann heißt $\mathfrak{g}_0$ eine *kompakte Form* von $\mathfrak{g}$, wenn $\kappa^{\mathbb{R}}$ auf $\mathfrak{g}_0$ negativ definit ist.■

III.6.13. Bemerkung. Sei $\mathfrak{g}$ eine $\mathbb{C}$-Lie-Algebra und $\mathfrak{g}_k$ eine kompakte Form von $\mathfrak{g}$ mit zugehöriger Involution $\sigma\colon \mathfrak{g}^{\mathbb{R}} \to \mathfrak{g}^{\mathbb{R}}$. Dann ist σ eine Cartan-Involution. ■

III.6.14. Beispiel. Betrachte $\mathfrak{g} = \mathrm{sl}(2,\mathbb{C})$ mit der komplexen Basis

$$H = \begin{pmatrix} 1 & 0 \\ 0 & -1 \end{pmatrix}, \quad T = \begin{pmatrix} 0 & 1 \\ 1 & 0 \end{pmatrix} \quad \text{und} \quad U = \begin{pmatrix} 0 & 1 \\ -1 & 0 \end{pmatrix}.$$

Dann ist $\mathfrak{g}_k = \mathrm{su}(2) = \mathbb{R}iH + \mathbb{R}iT + \mathbb{R}U$ eine kompakte Form, da die Killing-Form κ bezüglich dieser Basis die Matrix

$$(*) \qquad B = \begin{pmatrix} 4 & 0 & 0 \\ 0 & 4 & 0 \\ 0 & 0 & -4 \end{pmatrix}$$

hat. Beachte, daß die zugehörige Cartan-Involution τ die reelle Form $\mathfrak{g}_0 = \mathrm{sl}(2,\mathbb{R})$ invariant läßt. Sei $\tau_0 := \tau|_{\mathfrak{g}_0}$. Dann ist $\mathfrak{k}_0 = \mathbb{R}U$ der 1-Eigenraum von τ_0 und $\mathfrak{p}_0 = \mathbb{R}H + \mathbb{R}T$ der -1-Eigenraum von τ_0. Nach $(*)$ ist κ auf $\mathfrak{k}_0$ negativ und auf $\mathfrak{p}_0$ positiv definit. Da aber die Killing-Form κ_0 von $\mathfrak{g}_0$ gerade die Einschränkung von κ auf $\mathfrak{g}_0 \times \mathfrak{g}_0$ ist (siehe §II.3), ist τ_0 eine Cartan-Involution von $\mathfrak{g}_0$. ■

Dieses Prinzip funktioniert ganz allgemein:

III.6.15. Satz.

1) *Sei $\mathfrak{g}_0$ eine $\mathbb{R}$-Lie-Algebra und $\mathfrak{g}_k$ eine kompakte Form von $\mathfrak{g}_{0\mathbb{C}}$ mit Involution $\tau\colon (\mathfrak{g}_{0\mathbb{C}})^{\mathbb{R}} \to (\mathfrak{g}_{0\mathbb{C}})^{\mathbb{R}}$. Wenn $\mathfrak{g}_0$ invariant unter τ ist, dann ist $\tau_0 := \tau|_{\mathfrak{g}_0}$ eine Cartan-Involution von $\mathfrak{g}_0$.*
2) *Ist umgekehrt $\mathfrak{g}_0 = \mathfrak{k} + \mathfrak{p}$ eine Cartan-Zerlegung von $\mathfrak{g}_0$, so ist $\mathfrak{g}_k := \mathfrak{k} + i\mathfrak{p}$ eine kompakte Form von $\mathfrak{g}_{0\mathbb{C}}$.*

Beweis. 1) Sei $X \in \mathfrak{g}_0$. Dann ist $X + \tau X \in \mathfrak{g}_0 \cap \mathfrak{g}_k$ und $X - \tau X \in \mathfrak{g}_0 \cap i\mathfrak{g}_k$. Also ist

$$\mathfrak{g}_0 = \mathfrak{g}_0 \cap \mathfrak{g}_k \oplus \mathfrak{g}_0 \cap i\mathfrak{g}_k.$$

Setze $\mathfrak{k} := \mathfrak{g}_k \cap \mathfrak{g}_0$ und $\mathfrak{p} := i\mathfrak{g}_k \cap \mathfrak{g}_0$. Dann ist $\mathfrak{k}$ der 1-Eigenraum und $\mathfrak{p}$ der -1-Eigenraum von τ_0. Ist κ die Killing-Form von $\mathfrak{g}_{0\mathbb{C}}$, so ist $\kappa_0 = B|_{\mathfrak{g}_0 \times \mathfrak{g}_0}$ die Killing-Form von $\mathfrak{g}_0$ und daher gilt

$$\kappa_0|_{\mathfrak{k}\times\mathfrak{k}} = \kappa|_{\mathfrak{k}\times\mathfrak{k}} = \mathrm{Re}\,\kappa|_{\mathfrak{k}\times\mathfrak{k}} = \frac{1}{2}\kappa^{\mathbb{R}}|_{\mathfrak{k}\times\mathfrak{k}}.$$

Somit ist $\kappa_0|_{\mathfrak{k}\times\mathfrak{k}}$ negativ definit, und analog ist die Einschränkung auf $\mathfrak{p} \times \mathfrak{p}$ positiv definit.

2) Sei $X \in \mathfrak{k}$ und $P \in \mathfrak{p}$ mit $X + iP \neq 0$. Dann ist

$$\begin{aligned}\kappa^{\mathbb{R}}(X+iP, X+iP) &= 2\,\mathrm{Re}\,\kappa(X+iP, X+iP) = 2\,\mathrm{Re}\,\big(\kappa(X,X) - \kappa(P,P)\big) \\ &= 2\kappa(X,X) - 2\kappa(P,P) < 0.\end{aligned}$$

Also ist $\mathfrak{g}_k = \mathfrak{k} + i\mathfrak{p}$ eine kompakte Form von $\mathfrak{g}_{0\mathbb{C}}$. ■

Diese Beobachtung hat eine wichtige Konsequenz, die wir später noch brauchen werden.

III.6.16. Korollar. *Sei $\mathfrak{g}_0 = \mathfrak{k} + \mathfrak{p}$ eine Cartan-Zerlegung einer reellen halbeinfachen Lie-Algebra und G eine komplexe halbeinfache Lie-Gruppe mit $\mathbf{L}(G) = \mathfrak{g}_{0\mathbb{C}}$. Dann ist $K := \langle \exp \mathfrak{k} \rangle$ kompakt in G. Für jeden Homomorphismus $\pi: \mathfrak{g}_0 \to \mathrm{gl}(n, \mathbb{R})$ ist $\langle e^{\mathrm{ad}\, \pi(\mathfrak{k})} \rangle$ kompakt und $Z(\langle e^{\mathrm{ad}\, \pi(\mathfrak{g}_0)} \rangle)$ ist endlich.*

Beweis. Sei $\mathfrak{g}_k := \mathfrak{k} + i\mathfrak{p} \subseteq \mathbf{L}(G)$. Nach Lemma III.6.15 ist $\mathfrak{g}_k$ eine kompakte Form der komplexen halbeinfachen Lie-Algebra $\mathfrak{g}_{0\mathbb{C}}$. Insbesondere ist $\mathfrak{g}_k$ eine halbeinfache kompakte Lie-Algebra und daher ist $G_k := \langle \exp \mathfrak{g}_k \rangle$ eine kompakte Untergruppe von G (Satz III.5.13). Damit ist die Untergruppe K von G_k ebenfalls relativ kompakt. Da K im Normalisator $N_G(\mathfrak{g}_0)$ von $\mathfrak{g}_0$ enthalten ist und $\mathbf{L}\left(N_G(\mathfrak{g}_0)\right) = N_{\mathfrak{g}}(\mathfrak{g}_0) = \mathfrak{g}_0$ gilt (Lemma III.3.3), ist

$$\mathbf{L}(\overline{K}) \subseteq \mathfrak{g}_k \cap \mathfrak{g}_0 = \mathfrak{k},$$

und somit ist K abgeschlossen.

Ist nun $\pi: \mathfrak{g}_0 \to \mathrm{gl}(n, \mathbb{R})$ ein Homomorphismus und $G := G(\mathfrak{g}_{0\mathbb{C}})$ die einfach zusammenhängende Lie-Gruppe mit $\mathbf{L}(G) = \mathfrak{g}_{0\mathbb{C}}$, so induziert π einen Homomorphismus $\pi_{\mathbb{C}}: \mathfrak{g}_{0\mathbb{C}} \to \mathrm{gl}(n, \mathbb{C})$ und damit auch einen Gruppenhomomorphismus $\alpha: G \to \mathrm{Gl}(n, \mathbb{C})$ mit $d\alpha(\mathbf{1}) = \pi_{\mathbb{C}}$. Dann ist aber $\langle \exp_G \mathfrak{k} \rangle$ nach dem oben Gesagten kompakt in G und folglich auch

$$\alpha(\langle \exp_G \mathfrak{k} \rangle) = \langle e^{\pi(\mathfrak{k})} \rangle \subseteq \mathrm{Gl}(n, \mathbb{C}).$$

Die Endlichkeit des Zentrums von $\langle e^{\pi(\mathfrak{g}_0)} \rangle$ folgt nun aus der Diskretheit, der Kompaktheit von $\langle e^{\pi(\mathfrak{k})} \rangle$ und Lemma III.6.6. ■

Wir haben unser ursprüngliches Problem damit auf ein anderes zurückgeführt. Es bleibt noch die Existenz einer kompakten Form von $\mathfrak{g}_{0\mathbb{C}}$ zu zeigen, deren Involution $\mathfrak{g}_0$ invariant läßt. Im folgenden Satz und in dessen Beweis verwenden wir die Bezeichnungen des Paragraphen II.3.

III.6.17. Satz. *Sei $\mathfrak{g}$ eine halbeinfache komplexe Lie-Algebra und $\mathfrak{h}$ eine Cartan-Algebra von $\mathfrak{g}$. Dann existiert eine kompakte Form $\mathfrak{g}_k$ von $\mathfrak{g}$, so daß $i\mathfrak{h}_{\mathbb{R}}$ eine Cartan-Algebra von $\mathfrak{g}_k$ ist.*

Beweis. Nach Satz II.3.29 existiert ein Automorphismus A von $\mathfrak{g}$, so daß $A|_{\mathfrak{h}} = -\mathrm{id}_{\mathfrak{h}}$ ist. Sei Δ das Wurzelsystem von $\mathfrak{g}$ bezüglich $\mathfrak{h}$ und $E_\alpha \in \mathfrak{g}_\alpha$ mit $B(E_\alpha, E_{-\alpha}) = 1$. Aus dem Beweis von Satz II.3.29 wissen wir, daß $AE_\alpha = c_\alpha E_{-\alpha}$ ist. Wir wählen nun für $\alpha \in \Delta$ komplexe Zahlen a_α, so daß $a_\alpha a_{-\alpha} = 1$ und $a_\alpha^2 = -c_{-\alpha}$ gilt. Sei $X_\alpha := a_\alpha E_\alpha$. Wir definieren $N_{\alpha,\beta} := 0$ für $\alpha, \beta \in \Delta$ mit $\alpha + \beta \notin \Delta$ und sonst durch

$$[X_\alpha, X_\beta] = N_{\alpha,\beta} X_{\alpha+\beta}.$$

Man rechnet mit Hilfe der Beziehung $c_\alpha c_{-\alpha} = 1$ nach, daß $AX_\alpha = -X_{-\alpha}$ für alle Wurzeln α gilt.

Nun ist aber $A[X_\alpha, X_\beta] = -N_{\alpha,\beta}X_{-\alpha-\beta}$ und

$$[AX_\alpha, AX_\beta] = N_{-\alpha,-\beta}X_{-\alpha-\beta}.$$

Also

$$N_{-\alpha,-\beta} = -N_{\alpha,\beta}.$$

Aus der Definition der X_α folgt $\kappa(X_\alpha, X_{-\alpha}) = 1$ und somit

$$\begin{aligned}\kappa([X_\alpha, X_\beta], [X_{-\alpha}, X_{-\beta}]) &= N_{\alpha,\beta}N_{-\alpha,-\beta}\ \kappa(X_{\alpha+\beta}, X_{-\alpha-\beta}) \\ &= N_{\alpha,\beta}N_{-\alpha,-\beta} = -N_{\alpha,\beta}^2.\end{aligned}$$

Um zu zeigen, daß die $N_{\alpha,\beta}$ reell sind, müssen wir also nur noch

$$\kappa([X_\alpha, X_\beta], [X_{-\alpha}, X_{-\beta}]) \leq 0$$

zeigen. Aus Lemma II.3.27 folgt aber

$$\begin{aligned}\kappa([X_\alpha, X_\beta], [X_{-\alpha}, X_{-\beta}]) &= -\kappa([X_{-\alpha}, [X_\alpha, X_\beta]], X_{-\beta}) \\ &= -\frac{1}{2}s(1-r)(\alpha,\alpha)\kappa(X_\alpha, X_{-\alpha})\kappa(X_\beta, X_{-\beta}) \\ &= -\frac{1}{2}s(1-r)(\alpha,\alpha) \leq 0.\end{aligned}$$

Wir setzen nun

$$\mathfrak{g}_k := i\mathfrak{h}_{\mathbb{R}} \oplus \bigoplus_{\alpha\in\Delta} \mathbb{R}(X_\alpha - X_{-\alpha}) \oplus \bigoplus_{\alpha\in\Delta} \mathbb{R}i(X_\alpha + X_{-\alpha}).$$

Wegen

$$\begin{aligned}[X_\alpha + \varepsilon X_{-\alpha}, X_\beta + \delta X_{-\beta}] &= N_{\alpha,\beta}X_{\alpha+\beta} + \varepsilon N_{-\alpha,\beta}X_{-\alpha+\beta} \\ &\quad + \delta N_{\alpha,-\beta}X_{\alpha-\beta} + \varepsilon\delta N_{-\alpha,-\beta}X_{-\alpha-\beta} \\ &= N_{\alpha,\beta}(X_{\alpha+\beta} - \varepsilon\delta X_{-\alpha-\beta}) + N_{-\alpha,\beta}(\varepsilon X_{-\alpha+\beta} - \delta X_{\alpha-\beta})\end{aligned}$$

ergibt sich aus den Fällen $\varepsilon = \delta = -1$, $\varepsilon = \delta = 1$ und $\varepsilon = -\delta = 1$, daß $\mathfrak{g}_k$ eine Unteralgebra von $\mathfrak{g}^{\mathbb{R}}$ ist. Die Beziehung $\mathfrak{g}^{\mathbb{R}} = \mathfrak{g}_k \oplus_{\mathbb{R}} i\mathfrak{g}_k$ ist klar. Wegen Lemma III.6.11 bleibt nur noch zu zeigen, daß $\kappa(X,X) < 0$ für $X \in \mathfrak{g}_k \setminus \{0\}$ gilt. Das folgt nun aus Proposition II.3.20,

$$\kappa(X_\alpha - X_{-\alpha}, X_\alpha + X_{-\alpha}) = 1 - 1 = 0$$

und

$$\kappa(X_\alpha - X_{-\alpha}, X_\alpha - X_{-\alpha}) = -2, \quad \kappa\big(i(X_\alpha + X_{-\alpha}), i(X_\alpha + X_{-\alpha})\big) = -2.$$

■

III.6.18. Lemma. *Sei $\mathfrak{g}$ eine $\mathbb{C}$-Lie-Algebra und $\mathfrak{g}_k$ eine kompakte Form von $\mathfrak{g}$ mit der Involution τ. Für jeden Automorphismus γ von $\mathfrak{g}$ ist $\gamma(\mathfrak{g}_k)$ eine kompakte Form von $\mathfrak{g}$ mit der Involution $\gamma \circ \tau \circ \gamma^{-1}$.*

Beweis. Da γ ein Automorphismus ist, ist $\gamma(\mathfrak{g}_k)$ wieder eine reelle Form von $\mathfrak{g}$. Nun läßt γ aber auch die Killing-Form invariant und damit auch $B^{\mathbb{R}}$. Folglich ist $B^{\mathbb{R}}$ auch auf $\gamma(\mathfrak{g}_k)$ negativ definit. ∎

Sei nun $\mathfrak{g}_0$ eine $\mathbb{R}$-Lie-Algebra und $\mathfrak{g}_k$ eine kompakte Form von $\mathfrak{g} = \mathfrak{g}_{0\mathbb{C}}$. Wenn die zu $\mathfrak{g}_k$ gehörige Involution $\tau: \mathfrak{g}^{\mathbb{R}} \to \mathfrak{g}^{\mathbb{R}}$ die Algebra $\mathfrak{g}_0$ invariant läßt, so ist nach III.6.15

$$\mathfrak{g}_0 = \mathfrak{g}_k \cap \mathfrak{g}_0 \oplus_{\mathbb{R}} i\mathfrak{g}_k \cap \mathfrak{g}_0$$

und daher

$$i\mathfrak{g}_0 = i\mathfrak{g}_k \cap \mathfrak{g}_0 \oplus_{\mathbb{R}} \mathfrak{g}_k \cap \mathfrak{g}_0.$$

Wenn σ die zu $\mathfrak{g}_0$ gehörige Involution von $\mathfrak{g}^{\mathbb{R}}$ ist, so folgt daraus $\sigma\tau = \tau\sigma$. Umgekehrt rechnet man sofort nach, daß aus dem Vertauschen von τ und σ die Invarianz von $\mathfrak{g}_0$ unter τ folgt. Wir suchen also eine kompakte Form deren Involution mit σ kommutiert. Man betrachtet dazu den Kommutator $\rho := \sigma\tau\sigma^{-1}\tau^{-1} = \sigma\tau\sigma\tau$. Dann ist ρ sogar komplex linear und in $\mathrm{Aut}(\mathfrak{g})$. Aus der Definition errechnet man

$$\rho\sigma = (\rho\sigma)^{-1} = \sigma\rho^{-1} \quad \text{und} \quad \rho\tau = (\rho\tau)^{-1} = \tau\rho^{-1}.$$

Kann $\rho(\mathfrak{g}_k)$ schon die gesuchte kompakte Form sein? Um das zu überprüfen muß man testen ob

$$\sigma(\rho\tau\rho^{-1}) = (\rho\tau\rho^{-1})\sigma,$$

oder, was gleichwertig ist, ob $(\sigma\rho\tau\rho^{-1})^2 = \mathrm{id}_{\mathfrak{g}}$. Es gilt

$$\sigma\rho\tau\rho^{-1}\sigma\rho\tau\rho^{-1} = \sigma\tau\rho^{-2}\sigma\rho\tau\rho^{-1} = \sigma\tau\sigma\rho^3\tau\rho^{-1} = \sigma\tau\sigma\tau\rho^{-4} = \rho^{-3}.$$

Also ist $\rho(\mathfrak{g}_k)$ noch nicht die gesuchte kompakte Form. Wenn man aber einen Automorphismus γ von $\mathfrak{g}$ mit $\gamma^4 = \rho$, $\gamma\sigma = \sigma\gamma^{-1}$ und $\gamma\tau = \tau\sigma^{-1}$ finden könnte, dann zeigt die Rechnung, daß $\gamma(\mathfrak{g}_k)$ eine kompakte Form der gesuchten Art ist. Man muß also versuchen "Wurzeln" zu ziehen. Wieder kann man dies bewerkstelligen indem man ein Skalarprodukt einführt, so daß ρ positiv definit wird. Da aber auch die "Wurzeln" komplex linear sein sollen, braucht man ein komplexes Skalarprodukt und das folgende Lemma:

III.6.19. Lemma.

a) *Ist F eine Polynomfunktion auf $\mathrm{M}(n, \mathbb{C})$ und Z eine hermitesche Matrix mit $F(e^{mZ}) = 0$ für alle $m \in \mathbb{N}$. Dann ist $F(e^{tZ}) = 0$ für alle $t \in \mathbb{R}$.*

b) *Ist $\mathfrak{g}$ eine komplexe Lie-Algebra der Dimension N, so existieren N^3 Polynome auf $\mathrm{gl}(\mathfrak{g}, \mathbb{C})$, so daß $\mathrm{Aut}(\mathfrak{g})$ deren Nullstellenmenge ist.*

Beweis. a) Sei U eine unitäre Matrix, so daß UZU^{-1} diagonal ist. Dann ist $\widetilde{F}(X) := F(UXU^{-1})$ wieder eine Polynomfunktion und wir können o.B.d.A. annehmen, daß Z Diagonalgestalt mit reellen Einträgen $b_1, ..., b_n$ hat. Schränken wir F auf den Unterraum der Diagonalmatrizen ein, so ist $f(m) := F(e^{mb_1}, ..., e^{mb_n}) = 0$ für $m \in \mathbb{N}$ und $f(t) = \sum_{i=1}^k c_i e^{tB_i}$ für gewisse reelle Zahlen $B_1 > B_2 > ... > B_k$ und $c_1 \neq 0$. Dann ist aber

$$\lim_{t\to\infty} e^{-tB_1} f(t) = c_1 \neq 0.$$

Das ist ein Widerpruch zu $f(m) = 0$ für $m \in \mathbb{N}$.

b) Sei $\{X_1, ..., X_n\}$ eine Basis von $\mathfrak{g}$ und die Zahlen c_{ij}^k seien definiert durch $[X_i, X_j] = \sum_k c_{ij}^k X_k$. Wir definieren

$$p_{i,j,l}(A) := \sum_{k,t} a_{ki} a_{tj} c_{kt}^l - \sum_k c_{ij}^k a_{lk} \qquad \forall A = (a_{ij}) \in \mathrm{gl}(\mathfrak{g}, \mathbb{C}).$$

Wegen

$$A([X_i, X_j]) = \sum_{k,l} c_{ij}^k a_{lk} X_l$$

und

$$[AX_i, AX_j] = \sum_{k,t,l} a_{ki} a_{tj} c_{kt}^l X_l$$

ist A genau dann ein Automorphismus von $\mathfrak{g}$, wenn $p_{i,j,l}(A) = 0$ für alle i, j, k gilt. ∎

III.6.20. Lemma. *Sei $\mathfrak{g}_0$ eine halbeinfache $\mathbb{R}$-Lie-Algebra und $\mathfrak{g}_k$ eine kompakte Form von $\mathfrak{g} = \mathfrak{g}_{0\mathbb{C}}$ mit Involution τ. Sei κ die Killing-Form von $\mathfrak{g}$ und σ die Involution von $\mathfrak{g}_0$. Es gilt:*

1) *$\langle X, Y\rangle := -\kappa(X, \tau Y)$ für $X, Y \in \mathfrak{g}$ definiert ein komplexes Skalarprodukt auf $\mathfrak{g}$.*
2) *$\sigma\tau$ ist ein selbstadjungierter Automorphismus von $\mathfrak{g}$,*
3) *$\rho := (\sigma\tau)^2$ ist positiv definit.*
4) *Es gibt eine komplex lineare Abbildung $\delta: \mathfrak{g} \to \mathfrak{g}$ mit*
   a) *$e^{t\delta} \in \mathrm{Aut}(\mathfrak{g})$ für alle $t \in \mathbb{R}$.*
   b) *$e^{\delta} = \rho$.*
   c) *$e^{t\delta}\sigma = \sigma e^{-t\delta}$ und $e^{t\delta}\tau = \tau e^{-t\delta}$ für alle $t \in \mathbb{R}$.*

Beweis. 1) Es gilt

$$\langle X, Y\rangle = -\kappa(X, \tau Y) = -\overline{\kappa(\tau X, \tau^2 Y)} = -\overline{\kappa(Y, \tau X)} = \overline{\langle Y, X\rangle}.$$

Für $X = A + iB$ mit $A, B \in \mathfrak{g}_k$ ist

$$\langle X, X\rangle = -\kappa(A,A) - \kappa(iB,-iB) = -\kappa(A,A) - \kappa(B,B)$$
$$= -\kappa_k(A,A) - \kappa_k(B,B) < 0$$

für $X \neq 0$. Also ist $\langle\cdot,\cdot\rangle$ positiv definit.
2) $\langle \sigma\tau X, Y\rangle = -\kappa(\sigma\tau X, \tau Y) = -\overline{\kappa(\tau X, \sigma\tau Y)} = -\kappa(X, \tau\sigma\tau Y) = \langle X, \sigma\tau Y\rangle$.
3) Das folgt aus 2).
4) Da ρ positiv definit ist, ist $\delta := \log\rho \in \mathrm{gl}(\mathfrak{g}, \mathbb{C})$ wohldefiniert und hermitesch. Nun ist $e^{m\delta} = \rho^m \in \mathrm{Aut}(\mathfrak{g})$ für alle $m \in \mathbb{N}$ und nach Lemma III.6.19 ist $e^{\mathbb{R}\delta} \subseteq \mathrm{Aut}(\mathfrak{g})$. Die Funktion $F_\sigma(A) := \sigma A \sigma A - \mathbf{1}$ ist ein Polynom auf $\mathrm{gl}(\mathfrak{g}, \mathbb{C})$, das nach Voraussetzung auf $\rho = e^\delta$ und daher auch auf $e^{m\delta}$ verschwindet, denn $F_\sigma(A) = 0$ ist äquivalent zu $A\sigma = \sigma A^{-1}$. Wieder folgt $P_\sigma(e^{t\delta}) = 0$ für alle $t \in \mathbb{R}$ aus Lemma III.6.19. Analog sieht man, daß $e^{t\delta}\tau = \tau e^{t\delta}$ für alle $t \in \mathbb{R}$ gilt. ∎

Nach den Bemerkungen vor Lemma III.6.19 gilt nun für $\gamma = e^{\frac{1}{4}\delta}$ und $\tau_\gamma = \gamma\tau\gamma^{-1}$, daß $\sigma\tau_\gamma = \tau_\gamma\sigma$, d.h. die kompakte Form $\gamma(\mathfrak{g}_k)$ ist invariant unter σ. Damit haben wir das gesuchte Resultat :

III.6.21. Satz. *Jede reelle halbeinfache Lie-Algebra hat eine Cartan-Zerlegung.* ∎

Als nächstes Problem stellt sich natürlich die Frage nach der Vielfalt der Cartan-Zerlegungen einer halbeinfachen Lie-Algebra.

III.6.22. Satz. *Sei $\mathfrak{g}$ eine halbeinfache reelle Lie-Algebra mit der Cartan-Zerlegung $\mathfrak{g} = \mathfrak{k} \oplus \mathfrak{p}$ und $U \subseteq \mathrm{Aut}(\mathfrak{g})_0 = \mathrm{Inn}_\mathfrak{g}\,\mathfrak{g}$ eine kompakte Untergruppe. Dann existiert ein $\gamma \in \mathrm{Inn}_\mathfrak{g}\,\mathfrak{g}$ mit $\gamma U \gamma^{-1} \subseteq K := \mathrm{Inn}_\mathfrak{g}\,\mathfrak{k}$.*

Beweis. Sei τ die zugehörige Cartan-Involution und B_τ das assoziierte Skalarprodukt auf $\mathfrak{g}$. Dann ist durch

$$U \times \mathrm{symm}(B_\tau) \to \mathrm{symm}(B_\tau), \qquad (u, A) \mapsto \pi(u)A := uAu^\top$$

eine lineare Wirkung der kompakten Gruppe U auf dem Vektorraum $\mathrm{symm}(B_\tau)$ definiert. Wir nehmen an, daß A_0 ein positiv definiter Automorphismus von $\mathfrak{g}$ ist, der unter dieser Wirkung fix ist. Setzen wir das Skalarprodukt B_τ zu einem komplexen Skalarprodukt auf $\mathfrak{g}_\mathbb{C}$ fort und A_0 zu dem Automorphismus $A_{0\,\mathbb{C}}$ von $\mathfrak{g}_\mathbb{C}$, so ist $A_{0\,\mathbb{C}}$ wieder positiv definit bzgl. der hermiteschen Form $(B_\tau)_\mathbb{C}$, und vertauscht mit der Konjugation σ bezüglich $\mathfrak{g} \subseteq \mathfrak{g}_\mathbb{C}$. Also existiert eine hermitesche Matrix $B \in \mathrm{gl}(\mathfrak{g}_\mathbb{C}, \mathbb{C})$ mit $e^B = A_0$. Mit Lemma III.6.19 sieht man nun, daß $B \in \mathrm{der}\,\mathfrak{g}_\mathbb{C}$ ist, d.h. $e^{\mathbb{R}B} \subseteq \mathrm{Aut}(\mathfrak{g}_\mathbb{C})$ und $\sigma B = B\sigma$ gilt. Damit ist aber $B\mathfrak{g} \subseteq \mathfrak{g}$ und $A = e^B$ in $\mathrm{Aut}(\mathfrak{g})_0 = \mathrm{Inn}_\mathfrak{g}\,\mathfrak{g}$. Wir setzen $\gamma := e^{-\frac{1}{2}B} \in \mathrm{Inn}_\mathfrak{g}\,\mathfrak{g}$. Dann ist

$$u\gamma^{-2} = uA_0 = A_0(u^\top)^{-1} = \gamma^{-2}(u^\top)^{-1}$$

und daher

$$(\gamma u\gamma^{-1})^\top = (\gamma^{-1}u^{\top -1}\gamma)^\top = \gamma u^{-1}\gamma^{-1} = (\gamma u\gamma^{-1})^{-1}.$$

Also ist $\gamma U\gamma^{-1} \subseteq K = \{g \in \mathrm{Aut}(\mathfrak{g})_0 : g^\top = g^{-1}\}$.

Es bleibt also ein positiv definiter Fixpunkt von U in $\mathrm{Aut}(\mathfrak{g})$ zu finden. Wir machen einen ersten Versuch. Dazu definieren wir

$$A := \int_U \pi(u)\mathbf{1}\; dm(u),$$

wobei dm ein normiertes Haarsches Maß auf U ist. Dann ist $A^\top = A$. Für $X \in \mathfrak{g}\setminus\{0\}$ ist

$$\begin{aligned} B_\tau(AX,X) &= B_\tau\Big(\int_U uu^\top\; dm(u)X, X\Big) \\ &= \int_U B_\tau\big(uu^\top X, X\big)\; dm(u) = \int_U B_\tau\big(u^\top X, u^\top X\big)\; dm(u) > 0, \end{aligned}$$

denn $B_\tau(X,X) > 0$. Daher ist A positiv definit und A ist fix unter der Wirkung von U, denn

$$\pi(u_0)A = \int_U \pi(u_0 u)\mathbf{1}\; dm(u) = \int_U \pi(u)\mathbf{1}\; dm(u),$$

da dm linksinvariant ist. Man beachte, daß obige Konstruktion ganz allgemein für eine lineare Wirkung einer kompakten Gruppe, die einen spitzen Kegel mit nichtleerem Inneren invariant läßt, einen Fixpunkt im Inneren dieses Kegels liefert. Wir wären also fertig, wenn A ein Automorphismus von $\mathfrak{g}$ wäre. Das wird aber im allgemeinen nicht der Fall sein (vgl. Beispiel III.6.23). Wir können A allerdings dazu verwenden, um A_0 zu finden. Dazu definieren wir

$$H : \mathrm{Aut}(\mathfrak{g}) \cap \mathrm{PDS}(B_\tau) \to \mathbb{R}, \qquad g \mapsto \mathrm{tr}(Ag^{-1} + gA^{-1}).$$

Für $u \in U$ ist damit

$$\begin{aligned} H\big(\pi(u)g\big) &= \mathrm{tr}(A(u^{-1})^\top g^{-1}u^{-1} + ugu^\top A^{-1}) \\ &= \mathrm{tr}(uAu^\top(u^{-1})^\top g^{-1}u^{-1} + ugu^\top(u^{-1})^\top A^{-1}u^{-1}) \\ &= \mathrm{tr}(uAg^{-1}u^{-1} + ugA^{-1}u^{-1}) \\ &= \mathrm{tr}(Ag^{-1} + gA^{-1}) = H(g). \end{aligned}$$

Wegen

$$H(g) = \mathrm{tr}(A^{\frac{1}{2}}g^{-1}A^{\frac{1}{2}} + A^{-\frac{1}{2}}gA^{-\frac{1}{2}})$$

ist $H(g) > 0$ für alle $g \in \mathrm{PDS}(B_\tau) \cap \mathrm{Aut}(\mathfrak{g})$. Wir werden zeigen, daß H ein eindeutiges Minimum hat, das unser Automorphismus A_0 sein wird.

Existenz eines Minimums: Wir wählen dazu ein orthonormierte Basis $X_1, ..., X_n$ von $\mathfrak{g}$, so daß A Diagonalform hat. Sei $e_1, ..., e_n$ die zugehörige Menge von Rang-1 Operatoren auf $\mathfrak{g}$, d.h. es gilt $e_i(X_j) = \delta_{ij} X_i$. Dann ist $A = \sum_{i=1}^n e^{r_i} e_i$ mit $r_i \in \mathbb{R}$ und

$$H(g) = \sum_{i=1}^n \left(e^{r_i} \operatorname{tr}(e_i g^{-1}) + e^{-r_i} \operatorname{tr}(g e_i)\right).$$

Für $M > 0$ betrachten wir die Menge aller g für die $H(g) \leq M$ ist. Das ist eine abgeschlossene Menge. Für $H(g) \leq M$ gilt $e^{r_i} \operatorname{tr}(e_i g^{-1}) + e^{-r_i} \operatorname{tr}(g e_i) \leq M$ für alle i und daher existiert ein $M' > 0$ mit $\operatorname{tr}(g e_i) = \operatorname{tr}(e_i g e_i) \leq M'$. Insbesondere ist $\operatorname{tr}(g) = \operatorname{tr}(g^{\frac{1}{2}} g^{\frac{1}{2}^{\top}}) \leq nM'$ und das ist gerade die Summe der Quadrate der Einträge von $g^{\frac{1}{2}}$. Also ist obige Menge sogar beschränkt und daher kompakt. Wählt man speziell $M := H(\mathrm{id})$, so folgt die Existenz eines Minimus von H sofort daraus, daß man sich auf eine kompakte Menge einschränkten kann.

Eindeutigkeit des Minimums: Wir nehmen an, es existieren zwei Minima B und C. Dann finden wir P und Q in $\operatorname{ad} \mathfrak{p}$ mit $e^{2P} = B$ und $e^Q = e^{-P} C e^{-P}$. Wir setzen $\eta(t) := e^P e^{tQ} e^P$. Dann ist $\eta(0) = B$ und $\eta(1) = C$. Wir zeigen, daß $H \circ \eta$ strikt konvex ist. Dazu setzen wir $A' := e^{-P} A e^{-P}$, wählen eine Basis wie oben, so daß Q Diagonalgestalt $Q = \sum_{i=1}^n s_i e_i$ hat und rechnen wie folgt:

$$\begin{aligned} H \circ \eta(t) &= \operatorname{tr}(A e^{-P} e^{-tQ} e^{-P} + e^P e^{tQ} e^P A^{-1}) \\ &= \operatorname{tr}(e^P e^{-P} A e^{-P} e^{-tQ} e^{-P} + e^P e^{tQ} e^P A^{-1} e^P e^{-P}) \\ &= \operatorname{tr}(A' e^{-tQ} + e^{tQ} A'^{-1}) \\ &= \sum_{i=1}^n \left(e^{-ts_i} \operatorname{tr}(A' e_i) + e^{ts_i} \operatorname{tr}(e_i A'^{-1})\right). \end{aligned}$$

Da A' positiv definit ist, existiert ein e_i mit $\operatorname{tr}(A' e_i) > 0$ und daher ist obige Funktion strikt konvex. Wegen $H \circ \eta(0) = H \circ \eta(1)$ folgt damit $\eta(0) = B = \eta(1) = C$.

Wir haben also die Existenz eines eindeutigen Minimus A_0 gezeigt. Für $u \in U$ ist $H(u.A_0) = H(A_0)$ und damit muß auch $u.A_0 = A_0$ sein. ∎

Hierzu schauen wir uns zuerst einmal ein Beispiel an.

III.6.23. Beispiel. Wir nehmen $\mathfrak{g} = \mathrm{sl}(2, \mathbb{R})$ mit der Basis H, T, U wie in Beispiel III.6.14. Wir setzen

$$\gamma := e^{\operatorname{ad} H}, \quad \theta := e^{\frac{\pi}{2} \operatorname{ad} U} \quad \text{und} \quad \alpha := \gamma \theta \gamma^{-1}.$$

Dann ist $\theta^2 = \mathrm{id}_{\mathfrak{g}}$ und ebenso $\alpha^2 = \mathrm{id}_{\mathfrak{g}}$. Insbesondere ist $V := \{\mathrm{id}_{\mathfrak{g}}, \alpha\}$ eine kompakte Untergruppe von $\operatorname{Inn}_{\mathfrak{g}} \mathfrak{g}$. Wir zeigen, daß die lineare Abbildung A aus dem Beweis von Satz III.6.22 im allgemeinen kein Automorphismus von $\mathfrak{g}$ ist. In unserem Fall ist

$$A = \frac{1}{2}(\mathbf{1} + \alpha\alpha^{\top})$$

und

$$\alpha\alpha^{\top} = \gamma\theta\gamma^{-2}\theta\gamma = \gamma^3\theta^2\gamma = \gamma^4,$$

denn $\theta\gamma\theta = e^{\operatorname{ad}\theta H} = e^{-\operatorname{ad}H} = \gamma^{-1}$. Man rechnet nun nach, daß

$$A[U,T] = 2H \quad \text{und} \quad [AU, AT] = (1 + \cosh^2 8)H \neq 2H$$

ist. Also ist A kein Automorphismus von $\mathfrak{g}$. ■

III.6.24. Korollar. *Sind $\mathfrak{g} = \mathfrak{k} + \mathfrak{p} = \mathfrak{k}_1 + \mathfrak{p}_1$ zwei Cartan-Zerlegungen von $\mathfrak{g}$, so existiert ein $\gamma \in \operatorname{Inn}_{\mathfrak{g}} \mathfrak{g}$ mit*

$$\gamma(\mathfrak{k}) = \mathfrak{k}_1 \quad \textit{und} \quad \gamma(\mathfrak{p}) = \mathfrak{p}_1.$$

Beweis. Nach Lemma III.6.4 ist $U := \operatorname{Inn}_{\mathfrak{g}} \mathfrak{k}_1$ kompakt. Mit Satz III.6.22 finden wir nun ein $\gamma \in \operatorname{Inn}_{\mathfrak{g}} \mathfrak{g}$ mit $\gamma U \gamma^{-1} \subseteq \operatorname{Inn}_{\mathfrak{g}} \mathfrak{k}$. Also ist

$$\operatorname{ad}\gamma(\mathfrak{k}_1) = I_\gamma(\operatorname{ad}\mathfrak{k}_1) = \mathbf{L}(\gamma U \gamma^{-1}) \subseteq \mathbf{L}(\operatorname{Inn}_{\mathfrak{g}} \mathfrak{k}) = \operatorname{ad}\mathfrak{k}.$$

Folglich ist $\gamma(\mathfrak{k}_1) \subseteq \mathfrak{k}$. Da die Killing-Form unter γ invariant ist, folgt damit auch

$$\gamma(\mathfrak{p}_1) = \gamma(\mathfrak{k}_1^{\perp}) = \gamma(\mathfrak{k}_1)^{\perp} \supseteq \mathfrak{k}^{\perp} = \mathfrak{p}.$$

Nun haben aber alle Operatoren $\operatorname{ad} p_1$ für $p_1 \in \mathfrak{p}_1$ reelles Spektrum und sind halbeinfach. Alle $\operatorname{ad} k$, $k \in \mathfrak{k}$ haben rein imaginäres Spektrum und folglich ist $\gamma(\mathfrak{p}_1) \cap \mathfrak{k} = \{0\}$. Also $\gamma(\mathfrak{p}_1) = \mathfrak{p}$. Damit ist aber auch $\gamma(\mathfrak{k}_1) = \mathfrak{k}$. ■

III.6.25. Satz. *Sei G eine halbeinfache zusammenhängende Lie-Gruppe, $\mathfrak{g} = \mathfrak{k} + \mathfrak{p}$ eine Cartan-Zerlegung ihrer Lie-Algebra und $K = \langle \exp \mathfrak{k} \rangle$. Dann existiert zu jeder kompakten Untergruppe U von G ein $g \in G$ mit $gUg^{-1} \subseteq K$.*

Beweis. Sei $\operatorname{Ad}: G \to G/Z(G)$ die adjungierte Darstellung und U eine kompakte Untergruppe von G. Dann existiert nach Satz III.6.22 ein $g \in G$ mit $\operatorname{Ad}(g)\operatorname{Ad}(U)\operatorname{Ad}(g)^{-1} = \operatorname{Ad}(gUg^{-1}) \subseteq \operatorname{Inn}_{\mathfrak{g}} \mathfrak{k}$. Also ist

$$gUg^{-1} \subseteq \operatorname{Ad}^{-1}(\operatorname{Inn}_{\mathfrak{g}} \mathfrak{k}) = K$$

nach Lemma III.6.6. ■

Die Iwasawa-Zerlegung

Wir haben nun gesehen, wie man die Polarzerlegung von $\mathrm{Gl}(n, \mathbb{R})$ zur Cartan-Zerlegung zusammenhängender halbeinfacher Lie-Gruppen verallgemeinern kann. Wir werden uns nun eine andere Zerlegung von zusammenhängenden halbeinfachen Lie-Gruppen anschauen, die die Zerlegung einer Matrix in eine orthogonale und eine obere Dreiecksmatrix verallgemeinert, nämlich die Iwasawa-Zerlegung. Am Ende des Paragraphen werden wir dann sehen, wie die Cartan-Zerlegungen und die Iwasawa-Zerlegungen zusammenhängen.

In diesem Unterabschnitt sei $\mathfrak{g}$ eine reelle halbeinfache Lie-Algebra, $\mathfrak{g} = \mathfrak{k} + \mathfrak{p}$ eine Cartan-Zerlegung von $\mathfrak{g}$ mit der Involution τ und G eine zusammenhängende Lie-Gruppe mit $\mathbf{L}(G) = \mathfrak{g}$. Auf $\mathfrak{g}$ sei κ die Killing-Form und B_τ das assoziierte Skalarprodukt.

Wir wählen eine maximal abelsche Unteralgebra $\mathfrak{a} \subseteq \mathfrak{p}$. Bezüglich B_τ sind alle Operatoren $\operatorname{ad} X$, $X \in \mathfrak{a}$ symmetrisch, insbesondere diagonalisierbar. Nach Lemma II.3.11 ist also

$$\mathfrak{g} = \mathfrak{g}^0 \oplus \bigoplus_{\alpha \in \Delta} \mathfrak{g}^\alpha$$

mit

$$\mathfrak{g}^\alpha := \{X \in \mathfrak{g} : (\forall Z \in \mathfrak{a})[Z, X] = \alpha(Z)X\}$$

und $\Delta := \{\alpha \in \mathfrak{a}^* \setminus \{0\} : \mathfrak{g}^\alpha \neq \{0\}\}$. Wir nennen Δ das *System der Wurzeln* bezüglich $\mathfrak{a}$.

III.6.26. Lemma. *Es gelten folgende Aussagen:*

1) $\tau(\mathfrak{g}^\alpha) = \mathfrak{g}^{-\alpha}$ *für* $\alpha \in \Delta$.
2) $\tau(\mathfrak{g}^0) = \mathfrak{g}^0$.

Beweis. Für $X \in \mathfrak{g}^\alpha$ und $Z \in \mathfrak{a}$ ist

$$[Z, \tau(X)] = \tau[\tau(Z), X] = -\tau[Z, X] = -\alpha(Z)\tau(X)$$

und daraus folgen beide Behauptungen. ∎

Das System Δ ist endlich und daher existiert ein $Z_0 \in \mathfrak{a}$ mit $\alpha(Z_0) \neq 0$ für alle $\alpha \in \Delta$. Wir setzen

$$\Delta^+ := \{\alpha \in \Delta : \alpha(Z_0) > 0\} \quad \text{und } \Delta^- := -\Delta^+.$$

Es ist klar, daß damit Δ die disjunkte Vereinigung von Δ^+ und Δ^- ist. Wir setzen

$$\mathfrak{n} := \sum_{\alpha \in \Delta^+} \mathfrak{g}^\alpha \quad \text{und} \quad \mathfrak{b} := \mathfrak{a} + \mathfrak{n}.$$

III.6.27. Satz. (Die Iwasawa-Zerlegung einer halbeinfachen Lie-Algebra) $\mathfrak{n}$ *ist eine nilpotente Lie-Algebra,* $\mathfrak{b}$ *ist auflösbar, und der Vektorraum* $\mathfrak{g}$ *zerfällt direkt als*

$$\mathfrak{g} = \mathfrak{k} + \mathfrak{a} + \mathfrak{n}.$$

Beweis. Wegen $\Delta^+ + \Delta^+ \subseteq \Delta^+$ folgt aus $[\mathfrak{g}^\alpha, \mathfrak{g}^\beta] \subseteq \mathfrak{g}^{\alpha+\beta}$ (Proposition II.3.13), daß $\mathfrak{n}$ eine nilpotente Unteralgebra ist. Nun ist aber auch $[\mathfrak{b}, \mathfrak{b}] \subseteq \mathfrak{n}$ und somit ist $\mathfrak{b}$ eine auflösbare Unteralgebra von $\mathfrak{g}$.

Sei nun $X \in \mathfrak{g}$. Gemäß der Wurzelzerlegung bezüglich $\mathfrak{a}$ zerfällt X als

$$X = A_0 + K_0 + \sum_{\alpha \in \Delta} X_\alpha$$

mit $X_\alpha \in \mathfrak{g}^\alpha$, $A_0 \in \mathfrak{a}$ und $K_0 \in \mathfrak{k} \cap \mathfrak{g}^0$, denn nach Lemma III.6.26 ist $\mathfrak{g}^0$ unter τ invariant und somit

$$\mathfrak{g}^0 = \mathfrak{g}^0 \cap \mathfrak{k} \oplus \mathfrak{g}^0 \cap \mathfrak{p}.$$

Für $\alpha \in \Delta^-$ schreiben wir

$$X_\alpha = (X_\alpha + \tau X_\alpha) - \tau X_\alpha.$$

Hierbei ist der erste Summand in $\mathfrak{k}$ enthalten, da er invariant unter τ ist und der zweite in $\mathfrak{g}^{-\alpha} \subseteq \mathfrak{n}$. Also ist $X \in \mathfrak{k} + \mathfrak{a} + \mathfrak{n}$.

Es bleibt die Eindeutigkeit der Zerlegung zu zeigen. Dazu sei $X + Y + Z = 0$ mit $X \in \mathfrak{k}$, $Y \in \mathfrak{a}$ und $Z \in \mathfrak{n}$. Durch Anwendung von τ erhalten wir $X - Y + \tau(Z) = 0$. Ersetzen von X liefert nun $2Y = \tau(Z) - Z$. Nach Lemma II.3.11 ist die Summe $\mathfrak{a} + \mathfrak{n} + \tau(\mathfrak{n})$ aber direkt und daher $Y = Z = 0$. Also auch $X = 0$. ∎

III.6.28. Lemma. *Sind* $\alpha, \beta \in \mathfrak{a}^*$ *mit* $\alpha + \beta \neq 0$, *so ist* $\kappa(\mathfrak{g}^\alpha, \mathfrak{g}^\beta) = 0$.

Beweis. Sei $X \in \mathfrak{g}^\alpha$, $Y \in \mathfrak{g}^\beta$ und $A \in \mathfrak{a}$ mit $\alpha(A) + \beta(A) = 1$. Dann ist

$$-\alpha(A)\kappa(X, Y) = \kappa([X, A], Y) = \kappa(X, [A, Y]) = \beta(A)\kappa(X, Y).$$

Daher ist $0 = \big(\alpha(A) + \beta(A)\big)\kappa(X, Y) = \kappa(X, Y)$. ∎

Die Analogie zur Zerlegung $\mathrm{Gl}(n, \mathbb{R}) = \mathrm{O}(n)AN$ (mit der Notation aus Kapitel I) wird nun deutlich.

III.6.29. Lemma. *Es existiert eine Basis von* $\mathfrak{g}$, *so daß die Matrizen, die* $\mathrm{ad}(\mathfrak{g})$ *repräsentieren, folgende Eigenschaften haben:*

1) $\mathrm{ad}\, X$ *ist schiefsymmetrisch für* $X \in \mathfrak{k}$.
2) $\mathrm{ad}\, A$ *ist eine Diagonalmatrix für* $A \in \mathfrak{a}$.
3) $\mathrm{ad}\, N$ *ist eine strikt obere Dreiecksmatrix für* $N \in \mathfrak{n}$.

Beweis. Wir wählen bezüglich B_τ eine Orthogonalbasis $H_1, ..., H_n$ von $\mathfrak{g}^0$ und eine Orthogonalbasis $E_\alpha^1, ..., E_\alpha^{n_\alpha} \in \mathfrak{g}^\alpha$ für $\alpha \in \Delta^+$. Wir zeigen, daß

$$\{H_1, ..., H_n\} \cup \{E_\alpha^i, \tau E_\alpha^i : \alpha \in \Delta^+, i = 1, ..., n_\alpha\}$$

eine Basis von der gewünschten Art ist. Da B_τ invariant unter τ ist, haben alle Basisvektoren die Länge 1. Wir wenden nun Lemma III.6.28 an. Danach sind zunächst alle H_j senkrecht auf allen E_α^i und τE_α^i. Ebenso ist

$$B_\tau(E_\alpha^i, E_\beta^j) = -\kappa(E_\alpha^i, \tau E_\beta^j) = 0$$

für $\alpha \neq \beta$. Die anderen Fälle gehen analog. Damit wissen wir, daß unsere Basis orthonormal bezüglich B_τ ist, und 1) und 2) erfüllt sind. Wir ordnen Δ^+ nun so zu

$$\alpha_1, ..., \alpha_k$$

an, daß

$$\alpha_i(Z_0) \leq \alpha_j(Z_0) \quad \text{für} \quad i \leq j$$

und setzen

$$\mathcal{B} := (\tau E_{\alpha_k}^{n_{\alpha_k}}, ..., \tau E_{\alpha_k}^1, ..., \tau E_{\alpha_1}^1, H_1, ..., H_n, E_{\alpha_1}^1, ..., E_{\alpha_k}^{n_{\alpha_k}})$$

Ist X ein Basisvektor in $\mathfrak{g}^\alpha$ und $N \in \mathfrak{g}^\beta \subseteq \mathfrak{n}$, so ist $[N, X] \in \mathfrak{g}^{\alpha+\beta}$ mit $(\alpha + \beta)(Z_0) > \alpha(Z_0)$. Also läßt sich $[N, X]$ als Linearkombination von Basisvektoren schreiben, die in $\mathcal{B}$ echt später kommen. Daraus folgt 3). ∎

III.6.30. Beispiel. Eine Iwasawa-Zerlegung von $\mathfrak{g} = \mathrm{sl}(n, \mathbb{R})$ kann man zum Beispiel wie folgt angeben. Wir wählen $\mathfrak{k} = \mathrm{so}(n, \mathbb{R})$ die Lie-Algebra der schiefsymmetrischen Matrizen. Dann ist $\mathfrak{p}$ der Raum der symmetrischen Matrizen mit Spur 0, $\mathfrak{a}$ die Diagonalmatrizen in $\mathfrak{p}$ und $\mathfrak{n}$ die strikt die oberen Dreiecksmatrizen in $\mathfrak{g}$. ∎

III.6.31. Lemma. *Sei G eine Lie-Gruppe mit Lie-Algebra $\mathfrak{g}$, und $\mathfrak{k}, \mathfrak{b}$ seien Unteralgebren mit $\mathfrak{g} = \mathfrak{k} + \mathfrak{b}$ und $\mathfrak{k} \cap \mathfrak{b} = \{0\}$. Für $K := \langle \exp \mathfrak{k} \rangle$ und $B := \langle \exp \mathfrak{b} \rangle$ ist dann die Abbildung*

$$\Phi: K \times B \to G, \qquad (k, b) \mapsto kb$$

überall regulär.

Beweis. Zunächst ist $\Phi(kk', b'b) = k\Phi(k', b')b$ und daher gilt für $X \in \mathfrak{k}$ und $Y \in \mathfrak{b}$ die Beziehung

$$\begin{aligned} d\Phi(k, b)\big(d\lambda_k(\mathbf{1})X, d\rho_b(\mathbf{1})Y\big) &= d\lambda_k(b) d\rho_b(\mathbf{1}) d\Phi(\mathbf{1}, \mathbf{1})(X, Y) \\ &= d\lambda_k(b) d\rho_b(\mathbf{1})(X + Y). \end{aligned}$$

Wir nehmen an, daß dieser Ausdruck verschwindet. Dann ist $X + Y = 0$ und damit auch $X = Y = 0$. ∎

III.6.32. Satz. (Die Iwasawa-Zerlegung einer halbeinfachen Lie-Gruppe) *Sei* $\mathfrak{g} = \mathfrak{k} + \mathfrak{a} + \mathfrak{n}$ *eine Iwasawa-Zerlegung einer halbeinfachen Lie-Algebra* $\mathfrak{g}$ *und* G *eine zusammenhängende Lie-Gruppe mit* $\mathbf{L}(G) = \mathfrak{g}$. *Wir setzen* $K := \langle \exp \mathfrak{k} \rangle$, $A := \exp \mathfrak{a}$ *und* $N := \exp \mathfrak{n}$. *Dann ist die Abbildung*

$$\Phi: K \times A \times N \to G, \qquad (k, a, n) \mapsto kan$$

ein Diffeomorphismus. Die Gruppen A *und* N *sind einfach zusammenhängend.*

Beweis. Wir nehmen zuerst an, daß $Z(G) = \{\mathbf{1}\}$, d.h., daß $G \cong \mathrm{Ad}(G) \cong \mathrm{Inn}_{\mathfrak{g}} \mathfrak{g}$ ist. Wir wählen eine Basis von $\mathfrak{g}$ gemäß Lemma III.6.29. Dann werden die Elemente von K durch orthogonale Matrizen, die von A durch Diagonalmatrizen mit positiven Einträgen und die von N durch unipotente Matrizen repräsentiert.

Wir beginnen mit der Injektivität. Ist $kan = k'a'n'$, so ist $k^{-1}k' = ann'^{-1}a'^{-1}$ eine orthogonale obere Dreiecksmatrix mit positiven Diagonalelementen. Also eine Diagonalmatrix mit Einsen auf der Diagonalen. Daraus folgt $n = n'$ und $a = a'$. Damit ist aber auch $k = k'$. Die Einschränkung der Exponentialfunktion auf $\mathfrak{n}$ ist nach Proposition I.2.7 ein Diffeomorphismus, und N ist einfach zusammenhängend und abgeschlossen in G. Die Gruppe A ist einfach zusammenhängend und abgeschlossen in G. Ebenso sieht man direkt ein, daß das Produkt $B := AN$ eine abgeschlossene Untergruppe, nämlich die Gruppe der oberen Dreiecksmatrizen mit positiven Diagonaleinträgen in G ist. Insbesondere ist die Abbildung $A \times N \to B, (a, n) \mapsto an$ ein Diffeomorphismus (Lemma III.6.31). Die Untergruppe K von G ist kompakt (Lemma III.6.4) und B ist abgeschlossen. Also ist auch KB abgeschlossen. Aus Lemma III.6.31 folgt aber gleichzeitig die Offenheit dieser Menge und, da G zusammenhängend ist, auch die Surjektivität von Φ. Damit ist der Satz für $\mathrm{Ad}(G)$ bewiesen.

Wir wenden uns nun dem allgemeinen Fall zu. Die Gruppen A bzw. N stimmen mit den Einskomponenten der Urbilder von $\mathrm{Ad}(A) = \mathrm{Inn}_{\mathfrak{g}} \mathfrak{a}$ bzw. $\mathrm{Ad}(N) = \mathrm{Inn}_{\mathfrak{g}} \mathfrak{n}$ überein, sind also abgeschlossen. Da die Gruppen $\mathrm{Ad}(A)$ und $\mathrm{Ad}(N)$ einfach zusammenhängend sind, ist $Z(G) \cap A = Z(G) \cap N = \{\mathbf{1}\}$ und somit sind die Abbildungen $\mathrm{Ad} \mid_A$ und $\mathrm{Ad} \mid_N$ Diffeomorphismen. Weiter ist $K = \mathrm{Ad}^{-1}(\mathrm{Inn}_{\mathfrak{g}} \mathfrak{k})$ (Lemma III.6.6) und damit folgt sofort die Injektivität von Φ. Ist $g \in G$ und $\mathrm{Ad}(g) = \mathrm{Ad}(k)\mathrm{Ad}(e^{\mathrm{ad}\, X})\mathrm{Ad}(e^{\mathrm{ad}\, Y})$ mit $X \in \mathfrak{a}, Y \in \mathfrak{n}$, so ist $g \exp(-Y) \exp(-X) \in K$ und damit ist Φ auch surjektiv. Die Regularität folgt nun wieder durch zweimaliges Anwenden von Lemma III.6.31. ■

Das folgende Resultat stellt die Verbindung zwischen der Cartan-Zerlegung und der Iwasawa-Zerlegung her.

III.6.33. Korollar. *Mit den Bezeichnungen aus* Satz III.6.32 *sei* $B = \langle \exp \mathfrak{b} \rangle$, $P := \exp \mathfrak{p}$ *und* θ *die zugehörige Cartan-Involution von* G. *Dann ist die Abbildung*

$$\psi: b \mapsto \theta(b) b^{-1}$$

ein Diffeomorphismus von B auf P.

Beweis. Sei $b = \exp(X)k$ mit $X \in \mathfrak{p}$ (Satz III.6.7). Dann ist $\theta(b)b^{-1} = \exp(-2X) \in P$. Insbesondere ist $\psi(B) \subseteq P$.
ψ ist injektiv: Für $\theta(b)b^{-1} = \theta(b')b'^{-1}$ ist $\theta(b^{-1}b') = b^{-1}b'$ und daher $b^{-1}b' \in K \cap B = \{\mathbf{1}\}$.
ψ ist surjektiv: Sei $p = \exp X \in P$ mit $X \in \mathfrak{p}$. Dann existiert nach Satz III.6.32 ein $b \in B$ und ein $k \in K$ mit $\exp(\frac{1}{2}X) = kb^{-1}$. Damit ist $\psi(b) = p$.

Die Glattheit von ψ^{-1} folgt daraus, daß sie eine Verkettung der Abbildungen $(\exp|_{\mathfrak{p}})^{-1}: p \mapsto X$, der Multiplikation mit $\frac{1}{2}$ auf $\mathfrak{p}$, der Projektion auf die B-Komponente $g = kb \to b$ und der Inversion $b \mapsto b^{-1}$ ist. ∎

Übungsaufgaben zum Abschnitt III.6

Wir haben in diesem Paragraphen einige Methoden kennengelernt, nicht--kompakte halbeinfache Lie-Gruppen zu zerlegen. Um zu sehen, wie diese Zerlegungen in konkreten Fällen aussehen, schauen wir sie uns in dem wichtigsten Beispiel $\mathrm{Sl}(2,\mathbb{R})$ an.

1. Sei $\exp: \mathrm{sl}(2,\mathbb{R}) \to \mathrm{Sl}(2,\mathbb{R})$ die Exponentialfunktion und $k(X) := \frac{1}{2}\mathrm{tr}(X^2)$. Dann gilt

$$\exp X = C\big(k(X)\big)\mathbf{1} + S\big(k(X)\big)X \qquad \forall X \in \mathrm{sl}(2,\mathbb{R}),$$

wobei die Funktionen $C, S: \mathbb{R} \to \mathbb{R}$ durch

$$C(t) = \begin{cases} \cosh\sqrt{t}, & \text{für } t \geq 0 \\ \cos\sqrt{-t}, & \text{für } t < 0 \end{cases} \quad \text{und} \quad S(t) = \begin{cases} \frac{1}{\sqrt{|t|}}\sinh\sqrt{t}, & \text{für } t \geq 0 \\ \frac{1}{\sqrt{|t|}}\sin\sqrt{-t}, & \text{für } t < 0\,. \end{cases}$$

definiert sind. Hinweis: $X^2 \in \mathbb{R}\mathbf{1}$ für alle $X \in \mathrm{sl}(2,\mathbb{R})$.

2. Eine Einparametergruppe $\exp \mathbb{R}X$ ist genau dann kompakt, wenn $\mathrm{tr}(X^2) < 0$ gilt.

Wir wählen wie bisher folgende Basis in $\mathrm{sl}(2,\mathbb{R})$:

$$H = \begin{pmatrix} 1 & 0 \\ 0 & -1 \end{pmatrix}, \quad T = \begin{pmatrix} 0 & 1 \\ 1 & 0 \end{pmatrix} \quad \text{und} \quad U = \begin{pmatrix} 0 & 1 \\ -1 & 0 \end{pmatrix}.$$

3. Bzgl. dieser Basis gilt:
a) $k(hH + tT + xU) = \frac{1}{2}\mathrm{tr}(hH + tT + xU)^2 = h^2 + t^2 - x^2$.
b) $\exp(hH + tT) = \cosh\sqrt{h^2+t^2}\mathbf{1} + \frac{1}{\sqrt{h^2+t^2}}\sinh\sqrt{h^2+t^2}(hH + tT)$.

c) $\det(z\mathbf{1} + hH + tT + xU) = z^2 + x^2 - h^2 - t^2$.
d) $\mathrm{Sl}(2,\mathbb{R})$ ist ein dreidimensionales Hyperboloid in $\mathrm{gl}(2,\mathbb{R}) = \mathrm{span}\{\mathbf{1}, H, T, U\}$.
e) Man leite aus der Cartan-Zerlegung $\mathrm{Sl}(2,\mathbb{R}) = \mathrm{SO}(2)\exp(\mathbb{R}H + \mathbb{R}T)$ eine Parametrisierung dieses Hyperboloids her. Hinweis: Aufgabe 1 und b).

4. Man setze $P := \frac{1}{2}(T + U)$. Dann gilt:
a) $\exp(sP) = \mathbf{1} + sP$.
b) $\mathfrak{g} = \mathbb{R}U \oplus \mathbb{R}H \oplus \mathbb{R}P$ ist eine Iwasawa-Zerlegung von $\mathrm{sl}(2,\mathbb{R})$ mit $\mathfrak{k} = \mathbb{R}U$, $\mathfrak{a} = \mathbb{R}H$ und $\mathfrak{n} = \mathbb{R}P$. Hinweis: Man wähle $Z_0 := H \in \mathfrak{a}$ um Δ^+ zu definieren.
c) Man berechne die Parametrisierung von $\mathrm{Sl}(2,\mathbb{R})$, die man durch die Iwasawa-Zerlegung $\mathrm{Sl}(2,\mathbb{R}) = \mathrm{SO}(2)\exp(\mathbb{R}H)\exp(\mathbb{R}P)$ erhält.

§7 Maximal kompakte Untergruppen, das Zentrum und Mannigfaltigkeitsfaktoren

In diesem Abschnitt werden wir nun endlich unser erstes großes Ziel erreichen, nämlich den allgemeinen Satz über das Abspalten von Mannigfaltigkeitsfaktoren und maximal kompakte Untergruppen. Auf diesen Satz haben wir schon lange hin gearbeitet. Die Spezialfälle der nilpotenten Lie-Gruppen (§3), der Lie-Gruppen mit kompakter Lie-Algebra (§5) und der halbeinfachen Lie-Gruppen (§6) haben wir schon behandelt. Diese Vorgehensweise ist ganz typisch für die Liesche Theorie. Möchte man einen Satz beweisen, so schaut man sich zuerst die abelschen, nilpotenten und die auflösbaren Gruppen an. Dann wendet man sich der anderen Seite des Spektrums, nämlich den halbeinfachen Lie-Gruppen zu. Oft ist es so, daß die Methoden, die man in beiden Fällen benötigt, sehr verschieden sind. Das ist im Moment unser Stand, was obigen Satz angeht. Nun müssen wir den allgemeinen Fall ins Auge fassen. Um die vorhandenen Resultate zusammenzusetzen, ist der Satz von Levi ein hervorragendes Werkzeug. Er liefert ja nicht nur eine semidirekte Zerlegung einer Lie-Algebra, sondern indirekt auch eine semidirekte Zerlegung der zugehörigen einfach zusammenhängenden Gruppe. Damit kann man das Problem für einfach zusammenhängende Gruppen behandeln. Um zu nicht einfach zusammenhängenden Gruppen übergehen zu können, ist es oft erforderlich sehr genau zu wissen, welche Rolle das Zentrum spielt und wie man es beschreiben kann. Dann schaut man sich an, was beim Faktorisieren von diskreten zentralen Untergruppen passiert und kann damit das allgemeine Problem lösen. Diese Lösungsstrategie läßt sich auf sehr viele Probleme im Bereich der Lie-Gruppen anwenden. Es ist oft nicht zu sagen, auf welcher Stufe die größten Schwierigkeiten liegen. In unserem Beispiel war das sicher der Fall der halbeinfachen Gruppen. Dort mußte eine immense

Maschinerie aufgefahren werden, um die Cartan-Zerlegung zu bekommen, und der Konjugationssatz (Satz III.6.22) gehört sicher auch zu den schwierigeren Sätzen der Theorie. Das Zusammensetzen der Resultate und der Übergang zu nicht einfach zusammenhängenden Gruppen wird in unserem Fall keine wesentlichen Probleme bereiten.

Maximal kompakte Untergruppen

Das Ziel dieses Abschnitts ist es zu zeigen, daß jede zusammenhängende Lie-Gruppe G eine kompakte Untergruppe K enthält, in die man alle anderen kompakten Untergruppen von G hinein konjugieren kann. Diese Gruppe wird später ein Faktor in der Mannigfaltigkeitszerlegung sein.

Wir bereiten zuerst mit einigen Lemmata ein Induktionsargument vor.

III.7.1. Lemma. *Ist $G = V \rtimes K$, wobei V eine Vektorgruppe und K kompakt ist. Dann existiert zu jeder kompakten Untergruppe A von G ein $v \in V$ mit $vAv^{-1} \subseteq K$.*

Beweis. Wir schreiben die Elemente $a \in A$ als $a = \sigma(a)\tau(a)$, wobei $\sigma(a) \in V$ und $\tau(a) \in K$. Zusätzlich schreiben wir die Multiplikation in V mit $+$. Dann ist

$$\sigma(a_1 a_2) = \sigma(a_1) + I_{\tau(a_1)}\sigma(a_2).$$

Sei I_V das normierte Haarsche Maß auf A für V-wertige Funktionen. Wegen $\sigma \circ \lambda_a = \sigma(a) + I_{\tau(a)} \circ \sigma$ gilt daher

$$I_V(\sigma) = I_V(\sigma \circ \lambda_a) = \sigma(a) + I_{\tau(a)}\big(I_V(\sigma)\big).$$

Für $v := I_V(\sigma)^{-1}$ erhalten wir damit in der multiplikativen Schreibweise, daß $\sigma(a) = v^{-1} I_{\tau(a)}(v)$ ist. Daher gilt

$$a = \sigma(a)\tau(a) = v^{-1} I_{\tau(a)}(v)\tau(a) = v^{-1}\tau(a)v \in K$$

und das Lemma ist bewiesen. ■

III.7.2. Lemma. *Ist G eine zusammenhängende Lie-Gruppe, die nicht halbeinfach ist. Dann enthält G eine nicht-triviale normale Vektoruntergruppe oder einen nicht-trivialen normalen Torus.*

Beweis. Sei $\mathfrak{r} \neq \{0\}$ das Radikal von $\mathfrak{g} = \mathbf{L}(G)$ und $\mathfrak{a} = \mathfrak{r}^{(n)} \neq \{0\}$ der letzte nicht verschwindende Term in der abgeleiteten Reihe

$$\mathfrak{r}^{(0)} = \mathfrak{r}, \quad \mathfrak{r}^{(1)} = [\mathfrak{r}, \mathfrak{r}], \quad \mathfrak{r}^{(2)} = [\mathfrak{r}^{(1)}, \mathfrak{r}^{(1)}], \ldots.$$

Dann ist $\mathfrak{a}$ ein nicht-triviales abelsches Ideal von $\mathfrak{g}$. Sei $A := \overline{\langle \exp \mathfrak{a} \rangle}$. Das ist eine abelsche abgeschlossene normale Untergruppe von G. Ist A eine Vektorgruppe, so sind wir fertig. Falls nicht, ist

$$A \cong V \times K,$$

wobei V eine Vektorgruppe ist, und K die eindeutig bestimmte maximal kompakte Untergruppe von A ist, die natürlich auch unter allen Automorphismen $I_g|_A$, $g \in G$ invariant und damit normal in G ist (Korollar III.3.25). Da K abelsch ist, muß K ein Torus sein, und wir sind fertig. ∎

Aus dem vorangegangenen Lemma wird nun klar, was wir noch brauchen um den allgemeinen Satz über maximal kompakte Untergruppen zu beweisen.

III.7.3. Satz. (Hauptsatz über maximal kompakte Untergruppen) *Ist G eine zusammenhängende Lie-Gruppe, so enthält G eine kompakte Untergruppe K mit folgenden Eigenschaften. Zu jeder kompakten Untergruppe U von G existiert ein $g \in G$ so, daß $gUg^{-1} \subseteq K$ ist. Die Untergruppe K ist zusammenhängend und maximal kompakt.*

Beweis. Wir beweisen den Satz durch Induktion nach der Dimension von G. Ist diese 0, so ist nichts zu zeigen. Wir nehmen also an, daß der Satz für zusammenhängende Gruppen kleinerer Dimension gilt. Ist G halbeinfach, so folgt er für G aus Satz III.6.7 und Satz III.6.22. Ist G nicht halbeinfach, so treten gemäß Lemma III.7.2 zwei Fälle auf.

Fall 1: G enthält einen normalen nicht-trivialen Torus T. Dann gilt der Satz für $G_1 := G/T$. Sei K_1 also eine kompakte Untergruppe von G_1 mit obiger Eigenschaft. Wir setzen $K := \pi^{-1}(K_1)$. Das ist eine zusammenhängende kompakte Untergruppe von G. Sei U eine andere kompakte Untergruppe von G und $\pi : G \to G_1, g \mapsto gT$. Dann ist $\pi(U)$ kompakt in G_1 und wir finden $g_1 \in G_1$ mit $g_1\pi(U)g_1^{-1} \subseteq K_1$. Wegen der Surjektivität von π existiert ein $g \in G$ mit $\pi(g) = g_1$. Damit gilt

$$\pi(gUg^{-1}) = g_1\pi(U)g_1^{-1} \subseteq K_1$$

und folglich $gUg^{-1} \subseteq K$.

Fall 2: G enthält eine normale nicht-triviale Vektorgruppe V. Dann gilt der Satz für $G_1 := G/V$. Sei K_1 also eine kompakte Untergruppe von G_1 mit obiger Eigenschaft. Wir setzen $M := \pi^{-1}(K_1)$. Das ist eine Untergruppe von G, die die normale Vektorgruppe V enthält und M/V ist kompakt. Nach Satz III.5.9 ist $M \cong V \rtimes K$ für eine kompakte Gruppe K. Daher ist $K \cong K_1$ zusammenhängend. Sei U eine andere kompakte Untergruppe von G und $\pi : G \to G_1, g \mapsto gV$. Dann ist $\pi(U)$ kompakt in G_1, und wir finden $g_1 \in G_1$ mit $g_1\pi(U)g_1^{-1} \subseteq K_1$. Wegen der Surjektivität von π existiert ein $g \in G$ mit $\pi(g) = g_1$. Damit gilt

$$\pi(gUg^{-1}) = g_1\pi(U)g_1^{-1} \subseteq K_1$$

und folglich $gUg^{-1} \subseteq M$. Nun berufen wir uns auf Lemma III.7.1 um ein $m \in M$ mit $mgUg^{-1}m^{-1} \subseteq K$ zu finden.

Wir zeigen noch, daß K maximal kompakte Untergruppe von G ist. Ist dies nicht der Fall, so finden wir eine größere kompakte Untergruppe $U \neq K$ und $g \in G$ mit $gUg^{-1} \subseteq K$. Also ist K zu einer echten Untergruppe von K konjugiert, was aus Dimensionsgründen, wegen des Zusammenhangs von K, unmöglich ist. ■

III.7.4. Korollar. *Die maximalen Tori in einer zusammenhängenden Lie-Gruppe G sind unter der Gruppe der inneren Automorphismen zueinander konjugiert.*

Beweis. Satz III.7.3 und Satz III.5.16. ■

Das Zentrum

In diesem Abschnitt zeigen wir, daß das Zentrum einer zusammenhängenden Lie-Gruppe im Exponentialbild enthalten ist und wie man es über die Lie-Algebra beschreiben kann.

III.7.5. Satz. *Für eine zusammenhände Lie-Gruppe G gilt*

$$Z(G) \subseteq \exp \mathfrak{g}.$$

Beweis. Wegen Satz III.3.2.4) können wir annehmen, daß G einfach zusammenhängend ist. Nach dem Satz von Levi ist daher $G \cong R \rtimes S$. Wir nehmen ein Element $z = (r, s) \in Z(G)$. Dann ist $s \in Z(S)$ und wegen Lemma III.6.6 ist s in einer zusammenhängenden Untergruppe K von S mit kompakter Lie-Algebra enthalten. Nach Korollar III.5.17 ist also $s = \exp Y$ mit $Y \in \mathfrak{g}$. Es reicht also aus, die Gruppe $G_1 := R \rtimes \exp(\mathbb{R}Y)$ zu betrachten, die auflösbar ist. Gehen wir zu deren universellen Überlagerung über, so können wir annehmen, daß G einfach zusammenhängend und auflösbar ist. Ist N eine nilpotente Gruppe, so ist das Zentrum zusammenhängend (Satz III.3.27) und daher $Z(N) = \exp Z(\mathfrak{n})$. Die Gruppe G' ist nilpotent. Wir nehmen daher an, daß $z \notin G'$ ist. Die Gruppe G/G' ist abelsch. Also existiert ein $Y \in \mathfrak{g}$ mit $z \in \exp(Y)G'$. Nun ist nur noch die Untergruppe $G' \rtimes \exp \mathbb{R}Y$ zu betrachten. Ist $z = \exp(Y)\exp(X)$ mit $X \in \mathfrak{g}'$, so ist X invariant unter $e^{\mathbb{R} \operatorname{ad} Y}$ and folglich $[Y, X] = 0$. Daher spannen Y und X eine zweidimensionale abelsche Unteralgebra auf, deren zugehörige analytische Untergruppe z enthält. Daraus folgt die Behauptung sofort. ■

Um das Zentrum näher beschreiben zu können, müssen wir zuerst noch etwas arbeiten.

III.7.6. Definition. Eine Unteralgebra $\mathfrak{k} \subseteq \mathfrak{g}$ heißt *kompakt eingebettet*, wenn die Gruppe

$$\mathrm{INN}_{\mathfrak{g}}\,\mathfrak{k} := \overline{\langle \exp \operatorname{ad} \mathfrak{k} \rangle} \subseteq \operatorname{Aut}(\mathfrak{g})$$

kompakt ist. ■

III.7.7. Lemma. *Ist $\phi: \mathfrak{g}_1 \to \mathfrak{g}_2$ ein surjektiver Homomorphismus von Lie-Algebren und $\mathfrak{a}$ kompakt eingebettet in $\mathfrak{g}_1$, so ist $\phi(\mathfrak{a})$ in $\mathfrak{g}_2$ kompakt eingebettet.*

Beweis. Wir wählen einen $\mathrm{INN}_{\mathfrak{g}}\,\mathfrak{a}$-invariantes Komplement E zu $\ker \phi$ in $\mathfrak{g}_1$. Die Wirkung von $\mathrm{INN}_{\mathfrak{g}_2}\,\phi(\mathfrak{a})$ auf $\mathfrak{g}_2$ wird genau durch die Wirkung der kompakten Gruppe $\mathrm{INN}_{\mathfrak{g}}\,\mathfrak{a}$ auf E beschrieben. Also ist $\mathrm{INN}_{\mathfrak{g}_2}\,\phi(\mathfrak{a})$ kompakt. ■

III.7.8. Definition. Sei G eine zusammenhängende Lie-Gruppe und $\mathfrak{g} = \mathbf{L}(G)$ deren Lie-Algebra. Wir fixieren eine maximal kompakt eingebettete Unteralgebra $\mathfrak{k}$ und in dieser eine Cartan-Algebra, d.h. eine maximal abelsche Unteralgebra $\mathfrak{h}$. Sei $\mathfrak{t} \subseteq \mathfrak{h}$ die Lie-Algebra eines maximalen Torus von G in $H := \exp \mathfrak{h}$. Wir setzen $K := \langle \exp \mathfrak{k} \rangle = \exp \mathfrak{k}$ und $T := \langle \exp \mathfrak{t} \rangle = \exp \mathfrak{t}$. ■

III.7.9. Lemma. *Die Untergruppen T, H und K von G sind abgeschlossen.*

Beweis. Für T folgt das aus der Konstruktion. Da $\mathrm{INN}_{\mathfrak{g}}\,\mathfrak{k}$ kompakt ist, gilt dies auch für $\mathbf{L}(\overline{K})$, da $\operatorname{Ad}(\overline{K}) \subseteq \overline{\operatorname{Ad}(K)} = \mathrm{INN}_{\mathfrak{g}}\,\mathfrak{k}$ ist. Aus der Maximalität von $\mathfrak{k}$ folgt nun die Abgeschlossenheit von K. Die Abgeschlossenheit von H in K, und damit auch in G, folgt aus Lemma III.3.3, da $\mathfrak{h}$ in $\mathfrak{k}$ selbstnormalisierend ist. ■

III.7.10. Satz.

a) *Zwei maximal kompakt eingebettete Unteralgebren von $\mathfrak{g}$ sind unter $\mathrm{INN}_{\mathfrak{g}}\,\mathfrak{g}$ zueinander konjugiert.*

b) *Die Cartan-Algebren der maximal kompakt eingebetteten Unteralgebren sind genau die maximal kompakt eingebetteten abelschen Unteralgebren.*

c) *Zwei maximal kompakt eingebettete abelsche Unteralgebren von $\mathfrak{g}$ sind unter $\mathrm{INN}_{\mathfrak{g}}\,\mathfrak{g}$ zueinander konjugiert.*

Beweis. a) Nach dem Hauptsatz über maximal kompakte Untergruppen (Satz III.7.3) können wir annehmen, daß $\mathrm{INN}_{\mathfrak{g}}\,\mathfrak{k}$ in der maximal kompakten Untergruppe U von $\mathrm{INN}_{\mathfrak{g}}\,\mathfrak{g}$ enthalten ist. Sei $\widetilde{\mathfrak{k}}$ eine weitere maximal kompakt eingebettete Unteralgebra von $\mathfrak{g}$. Aus Satz III.7.3 folgt auch die Existenz von $\gamma \in \mathrm{INN}_{\mathfrak{g}}\,\mathfrak{g}$ mit $\gamma(\mathrm{Inn}_{\mathfrak{g}}\,\widetilde{\mathfrak{k}})\gamma^{-1} = \mathrm{Inn}_{\mathfrak{g}}\,\gamma(\widetilde{\mathfrak{k}}) \subseteq U$. Daher ist

$$\gamma(\widetilde{\mathfrak{k}}) \subseteq \operatorname{ad}^{-1} \mathbf{L}(U) = \mathfrak{k}.$$

Aus der Maximalität von $\gamma(\widetilde{\mathfrak{k}})$ folgt damit auch $\gamma(\widetilde{\mathfrak{k}}) = \mathfrak{k}$.

b) Wegen Lemma III.5.15 ist jede maximal kompakt eingebettete abelsche Unteralgebra von $\mathfrak{g}$ in einer Cartan-Algebra einer maximal kompakt eingebetteten Unteralgebra enthalten und stimmt daher mit dieser überein. Sei umgekehrt $\mathfrak{h}$ eine

Cartan-Algebra einer maximal kompakt eingebetteten Unteralgebra $\mathfrak{k}$ von $\mathfrak{g}$. Wir haben zu zeigen, daß jede maximal kompakt eingebettete abelsche Unteralgebra $\mathfrak{a}$, die $\mathfrak{h}$ enthält, schon mit $\mathfrak{h}$ übereinstimmt. Dazu wählen wir eine maximal kompakt eingebettete Unteralgebra $\widetilde{\mathfrak{k}}$, die $\mathfrak{a}$ enthält. Dann ist $\mathfrak{a}$ eine Cartan-Algebra von $\widetilde{\mathfrak{k}}$. Nach a) ist $\widetilde{\mathfrak{k}}$ zu $\mathfrak{k}$ isomorph. Insbesondere haben $\mathfrak{k}$ und $\widetilde{\mathfrak{k}}$ den gleichen Rang. Folglich ist $\dim \mathfrak{a} = \dim \mathfrak{h}$ und daher $\mathfrak{a} = \mathfrak{h}$.

c) Das folgt aus a) und Lemma III.5.15. ■

III.7.11. Satz. (Hauptsatz über das Zentrum) *Das Zentrum einer zusammenhängenden Lie-Gruppe G läßt sich für jede maximal kompakt eingebettete abelsche Unteralgebra $\mathfrak{h}$ als*

$$Z(G) = \exp\{X \in \mathfrak{h} : \operatorname{Spec}(\operatorname{ad} X) \subseteq 2\pi i\}$$

beschreiben.

Beweis. Wegen Satz III.3.2 können wir o.B.d.A. annehmen, daß G einfach zusammenhängend ist. Nach Satz III.7.5 ist das Zentrum in $\exp \mathfrak{g}$ enthalten. Sei also $z \in Z(G)$. Dann existiert $X \in \mathfrak{g}$ mit $\exp X = z$. Also ist $\mathbb{R}X$ eine kompakt eingebettete abelsche Unteralgebra von $\mathfrak{g}$ und daher finden wir mit Lemma III.7.10 ein $\gamma \in \operatorname{INN}_{\mathfrak{g}} \mathfrak{g}$ mit $\gamma(X) \in \mathfrak{h}$. Der Automorphismus γ von $\mathfrak{g}$ induziert, wegen des einfachen Zusammenhangs von G, einen Automorphismus $\widetilde{\gamma}$ von G mit

$$\widetilde{\gamma}(\exp X) = \exp\big(\gamma(X)\big).$$

Da jeder solche Automorphismus $\widetilde{\alpha}$ für $\alpha \in \langle e^{\operatorname{ad} \mathfrak{g}} \rangle$ das Zentrum von G punktweise festläßt, gilt dies auch für γ. Daher ist

$$\exp\big(\gamma(X)\big) = \widetilde{\gamma}\big(\exp(X)\big) = \widetilde{\gamma}(z) = z \in \exp \mathfrak{h}.$$

Ist nun $X \in \mathfrak{h}$ mit $\exp X = z$, so ist $\operatorname{Ad}(\exp X) = e^{\operatorname{ad} X} = \operatorname{id}_{\mathfrak{g}}$, und folglich ist $\operatorname{Spec}(\operatorname{ad} X) \subseteq 2\pi i \mathbb{Z} = \exp^{-1}(0)$. (vgl. Aufgabe I.2.3).

Die Umkehrung folgt aus $\operatorname{Ad}(\exp X) = e^{\operatorname{ad} X}$, da alle $\operatorname{ad} X$ für $X \in \mathfrak{h}$ halbeinfach sind (vgl. Definition III.7.6, Aufgabe I.2.2). ■

III.7.12. Korollar. *Ist G eine zusammenhängende Lie-Gruppe, so gelten folgende Aussagen:*

1) *Zu jeder Homotopieklasse in $\pi_1(G)$ existiert ein Repräsentant $\gamma : [0,1] \to G$, so daß $\gamma([0,1])$ eine Kreisgruppe, d.h. homomorphes Bild von $\mathbb{R}/\mathbb{Z}$, ist.*
2) *Ist $T \subseteq G$ ein maximaler Torus, so induziert die Inklusion $i : T \to G$ einen surjektiven Homomorphismus*

$$\pi_1(i) : \pi_1(T) \to \pi_1(G).$$

3) *Die Gruppe $\pi_1(G)$ ist eine endlich erzeugte abelsche Gruppe.*

4) *Für einen maximalen Torus T in G ist $\pi_1(G/T) = \{\mathbf{1}\}$.*

Beweis. 1) Sei $[\alpha] \in \pi_1(G)$ eine Homotopieklasse und $p: \widetilde{G} \to G$ die universelle Überlagerung von G. Nach Satz I.9.14 existiert eine Anhebung $\widetilde{\alpha}: [0,1] \to \widetilde{G}$ von α mit $\widetilde{\alpha}(0) = \mathbf{1}$ und $d := \widetilde{\alpha}(1) \in Z(\widetilde{G})$. Wir finden nun mit Satz III.7.11 ein $X \in \mathbf{L}(G)$, so daß $\exp_{\widetilde{G}} X = d$ ist. Da die Wege $\gamma: t \mapsto \exp(tX)$ und $\widetilde{\alpha}$ in $\widetilde{G}$, wegen des einfachen Zusammenhangs, homotop sind, gilt $[\alpha] = [p \circ \gamma\,|_{[0,1]}]$. Aber $p \circ \gamma$ induziert einen Homomorphismus $\mathbb{R}X/\mathbb{Z}X \to G$.

2) Sei $\mathfrak{h}$ wie in Satz III.7.11 und H die zugehörige analytische Untergruppe. Nach Lemma III.7.9 ist H abgeschlossen in G. Sei $\mathfrak{t} := \operatorname{span}\left(\exp^{-1}(\ker p) \cap \mathfrak{h}\right) = \operatorname{span} \ker \exp_H$. Dann ist $T := \exp_G \mathfrak{t}$ ein maximaler Torus in G und $\pi_1(T) \cong \ker \exp_T$. Der Homomorphismus $\pi_1(i)$ entspricht, wegen Satz I.9.14, dem surjektiven Homomorphismus

$$\exp_{\widetilde{G}}|_{\pi_1(T)}: \pi_1(T) \to \pi_1(G) \cong \ker p.$$

Der Rest folgt aus Korollar III.7.4.

3) Ist $n = \dim T$, so ist $\pi_1(T) \cong \mathbb{Z}^n$. Daher folgt 3) aus 2).

4) Wir betrachten das Homotopiegruppen-Diagramm aus Satz III.3.9. Ist T der maximale Torus aus 2), so ist $p^{-1}(T) = \exp_{\widetilde{G}}(\mathfrak{t})$, da $\ker p \subseteq \exp_{\widetilde{G}} \mathfrak{t}$ ist. Folglich ist $G/T \cong \widetilde{G}/p^{-1}(T)$ einfach zusammenhängend, da $p^{-1}(T)$ zusammenhängend ist. ∎

Exponentielle Mannigfaltigkeitsfaktoren

Nachdem wir oben die Existenz einer maximal kompakten Untergruppe gezeigt haben, möchten wir nun für eine maximal kompakte Untergruppe $K \subseteq G$ die Existenz einer zu $\mathbb{R}^n$ diffeomorphen Untermannigfaltigkeit M von G zeigen, so daß die Abbildung

$$M \times K \to G, \quad (m,k) \to mk$$

ein Diffeomorphismus ist. Wir werden diesen Satz beweisen, indem wir zum einen die Cartan-Zerlegung zusammenhängender halbeinfacher Lie-Gruppen benützen und zum anderen eine maximal kompakt eingebettete Unteralgebra. Entsprechend unserer bisherigen Philosophie werden wir zuerst die Lie-Algebra geeignet zerlegen, dann den Satz im einfach zusammenhängenden Fall beweisen und schließlich den allgemeinen Fall daraus herleiten. Wir glauben, daß der Beweis durch diese Strategie durchsichtiger wird und man explizitere Informationen über die Mannigfaltigkeitsfaktoren auf der Ebene der Lie-Algebra bekommt. Ehe wir zu der Struktur der Lie-Algebren kommen, benötigen wir ein paar grundlegende Tatsachen aus der Darstellungstheorie.

III.7.13. Satz. *Ist V ein endlichdimensionaler Modul einer Lie-Algebra $\mathfrak{g}$ mit der Darstellung $\pi: \mathfrak{g} \to \mathrm{gl}(V)$ und $U := \overline{\langle e^{\pi(\mathfrak{g})} \rangle}$, so ist ein Unterraum $W \subseteq V$ genau dann ein Untermodul, wenn er invariant unter U ist.*

Beweis. Ist W ein Untermodul, so ist auch invariant unter $e^{\pi(X)}$ für alle $X \in \mathfrak{g}$ und damit auch unter U, da W abgeschlossen ist. Sei umgekehrt W unter U invariant und $X \in \mathfrak{g}$. Für $w \in W$ ist dann

$$X.w = \frac{d}{dt}\Big|_{t=0} e^{t\pi(X)} w \in W$$

und daher ist W ein Untermodul. ∎

III.7.14. Lemma. *Sei V ein Modul einer Lie-Algebra $\mathfrak{k}$ mit der Darstellung $\pi: \mathfrak{k} \to \mathrm{gl}(V)$, so daß die Gruppe*

$$K := \overline{\langle e^{\pi(\mathfrak{k})} \rangle}$$

kompakt ist. Dann gelten folgende Aussagen:

a) *Zu jedem Untermodul W von V existiert ein komplementärer Untermodul $W^\perp$ mit $V \cong W \oplus W^\perp$.*

b) *$V \cong V_{\mathrm{fix}} \oplus V_{\mathrm{eff}}$ mit*

$$V_{\mathrm{fix}} = \{v \in V : \mathfrak{k}.v = \{0\}\} \quad \textit{und} \quad V_{\mathrm{eff}} = \operatorname{span} \mathfrak{k}.V.$$

Beweis. a) Da die Gruppe K kompakt ist, trägt V nach Satz III.4.14 ein K-invariantes Skalarprodukt. Ist nun W ein Untermodul, so ist W und daher auch $W^\perp$ nach Lemma III.7.13 invariant unter K. Nach Lemma III.7.13 ist $W^\perp$ ein Untermodul.

b) Wir definieren $V_{\mathrm{eff}} := \operatorname{span} \mathfrak{k}.V$. Dann existiert wegen a) ein komplementärer Untermodul W. Für diesen muß jedoch $\mathfrak{k}.W = \{0\}$ gelten, d.h. $V_{\mathrm{fix}} + V_{\mathrm{eff}} = V$. Ist der Schnitt dieser Untermoduln nicht $\{0\}$, so existiert $x \neq 0$ mit $\mathfrak{k}.x = 0$ in V_{eff}. Wieder wenden wir a) an um einen zu $\mathbb{R}x$ komplementären Untermodul W_1 von V_{eff} zu finden. Dann ist aber $\mathfrak{k}.V = \mathfrak{k}.V_{\mathrm{eff}} = \mathfrak{k}.W_1 \subseteq W_1$, ein Widerspruch. ∎

III.7.15. Lemma. *Zu jeder maximal kompakt eingebetteten Unteralgebra $\mathfrak{k}$ von $\mathfrak{g}$ existiert eine Levi-Zerlegung $\mathfrak{g} = \mathfrak{r} \rtimes \mathfrak{s}$ mit folgenden Eigenschaften:*

1) $[\mathfrak{k}, \mathfrak{s}] \subseteq \mathfrak{s}$.
2) $[\mathfrak{k} \cap \mathfrak{r}, \mathfrak{s}] = \{0\}$.
3) $\mathfrak{k} = \mathfrak{k} \cap \mathfrak{r} \oplus \mathfrak{k} \cap \mathfrak{s}$.
4) $\mathfrak{k}' \subseteq \mathfrak{s}$.
5) $\mathfrak{k} \cap \mathfrak{s}$ *ist maximal kompakt in* $\mathfrak{s}$.

Beweis. Wegen Lemma III.7.10 haben wir nur für irgendeine kompakt eingebettete Unteralgebra das Lemma zu zeigen. Sei dazu $\mathfrak{k}$ eine maximal kompakt eingebette Unteralgebra und $\mathfrak{a} := \mathfrak{k} \cap \mathfrak{r}$. Als kompakt eingebettete Unteralgebra einer auflösbaren Lie-Algebra ist $\mathfrak{a}$ abelsch. Wir zerlegen den halbeinfachen $\mathfrak{a}$-Modul $\mathfrak{g}$ nun gemäß Lemma III.7.14 in

$$\mathfrak{g} = \mathfrak{g}_{\text{fix}} \oplus \mathfrak{g}_{\text{eff}}.$$

Wegen $\mathfrak{g}_{\text{eff}} = [\mathfrak{g}, \mathfrak{a}] \subseteq \mathfrak{r}$ ist damit $\mathfrak{g} = \mathfrak{r} + \mathfrak{g}_{\text{fix}}$. Beachte, daß $\mathfrak{g}_{\text{fix}}$ eine Unteralgebra von $\mathfrak{g}$ ist (Jacobi-Identität). Aus $\mathfrak{g} = \mathfrak{r} + \mathfrak{g}_{\text{fix}}$ folgt $\mathfrak{g}/\mathfrak{r} \cong \mathfrak{g}_{\text{fix}}/\mathfrak{r} \cap \mathfrak{g}_{\text{fix}}$ (Satz II.1.12). Dann ist wegen $\mathfrak{r} \cap \mathfrak{g}_{\text{fix}} \subseteq \text{rad}(\mathfrak{g}_{\text{fix}})$ die Unteralgebra $\mathfrak{r} \cap \mathfrak{g}_{\text{fix}}$ schon das Radikal von $\mathfrak{g}_{\text{fix}}$. Damit gilt für jede Levi-Zerlegung

$$\mathfrak{g}_{\text{fix}} = (\mathfrak{g}_{\text{fix}} \cap \mathfrak{r}) \rtimes \mathfrak{s}$$

von $\mathfrak{g}_{\text{fix}}$ auch schon

$$\mathfrak{g} = \mathfrak{r} \rtimes \mathfrak{s}.$$

Wir wählen nun eine Cartan-Zerlegung $\mathfrak{s} = \mathfrak{k}_{\mathfrak{s}} + \mathfrak{p}$ von $\mathfrak{s}$ (Satz III.6.21) und setzen $\widetilde{\mathfrak{k}} := \mathfrak{a} + \mathfrak{k}_{\mathfrak{s}}$. Es gilt $[\mathfrak{a}, \mathfrak{k}_{\mathfrak{s}}] = \{0\}$ wegen $\mathfrak{s} \subseteq \mathfrak{g}_{\text{fix}}$. Wegen Korollar III.6.16 ist $\mathfrak{k}_{\mathfrak{s}}$ kompakt eingebettet und wegen $[\mathfrak{a}, \mathfrak{k}_{\mathfrak{s}}] = \{0\}$ ist $\widetilde{\mathfrak{k}}$ daher eine kompakt eingebettete Unteralgebra von $\mathfrak{g}$, die trivialerweise die Eigenschaften 1)-5) hat. Wir müssen noch zeigen, daß $\widetilde{\mathfrak{k}}$ maximal kompakt eingebettet ist. Ist dies nicht der Fall, so finden wir eine maximal kompakt eingebettete Unteralgebra $\mathfrak{k}_2 \subseteq \mathfrak{g}$ mit $\widetilde{\mathfrak{k}} \subseteq \mathfrak{k}_2$. Wegen Lemma III.7.7 ist die Projektion von $\mathfrak{k}_2$ auf $\mathfrak{s}$ kompakt eingebettet in $\mathfrak{s}$ und kann daher nicht echt größer als $\mathfrak{k}_{\mathfrak{s}}$ sein. Folglich ist $\mathfrak{k}_2 \cap \mathfrak{r}$ echt größer als $\mathfrak{a}$. Dies widerspricht der Definition von $\mathfrak{a}$, da wegen Satz III.7.10 der Unterraum $\mathfrak{r} \cap \mathfrak{k}_2$ für jede maximal kompakt eingebettete Unteralgebra $\mathfrak{k}_2$ die gleiche Dimension haben muß. ■

III.7.16. Lemma. *Sei $\mathfrak{n}$ eine nilpotente Lie-Algebra mit der Campbell-Hausdorff - Multiplikation $* : \mathfrak{n} \times \mathfrak{n} \to \mathfrak{n}$, $\mathfrak{a} \subseteq Z(\mathfrak{n})$ und $\mathfrak{n}^+$ ein Vektorraumkomplemenmt zu $\mathfrak{a}$ in $\mathfrak{n}$. Dann ist die Abbildung*

$$\Phi: \mathfrak{a} \times \mathfrak{n}^+ \to \mathfrak{n}, \quad (X, Y) \mapsto X * Y = X + Y$$

ein Diffeomorphismus.

Beweis. (Übung) ■

III.7.17. Lemma. *Eine kompakt eingebettete Unteralgebra $\mathfrak{a}$ einer nilpotenten Lie-Algebra $\mathfrak{n}$ ist zentral.*

Beweis. Für $X \in \mathfrak{a}$ ist $\operatorname{ad} X$ halbeinfach und gleichzeitig nilpotent, also $\operatorname{ad} X = 0$. ■

III.7.18. Lemma. *Sei R eine einfach zusammenhängende auflösbare Lie-Gruppe, $\mathfrak{r} = \mathbf{L}(R)$, $\mathfrak{a} \subseteq \mathfrak{r}$ ein Unterverktorraum mit $\mathfrak{a} \cap \mathfrak{n} = \{0\}$, wobei $\mathfrak{n}$ ein Ideal ist, das $\mathfrak{r}' = [\mathfrak{r}, \mathfrak{r}]$ enthält und $N := \langle \exp \mathfrak{n} \rangle$. Dann ist die Abbildung*

$$\Phi: N \times \mathfrak{a} \to \langle \exp(\mathfrak{a} + \mathfrak{n}) \rangle, \quad (n, X) \mapsto \exp(X)n$$

ein Diffeomorphismus.

Beweis. Sei $M := \langle \exp(\mathfrak{a} + \mathfrak{n}) \rangle$. Dies ist eine normale analytische Untergruppe von R, deren Lie-Algebra $\mathfrak{r}'$ enthält. Daher ist M einfach zusammenhängend und abgeschlossen, sowie R/M einfach zusammenhängend (Satz III.3.17), also eine Vektorgruppe. Da M auch abgeschlossen in R ist, können wir o.B.d.A. $R = M$ annehmen. Zunächst ist die Abbildung Φ analytisch. Für $\Phi(n, X) = \Phi(n', X')$ ist

$$\exp_{M/N}(X) = \exp(X)N = \exp(X')N = \exp_{M/N}(X')$$

und daher $X = X'$, da die Exponentialfunktion von M/N injektiv ist. Die Surjektivität folgt ebenso aus der Surjektivität der Exponentialfunktion von M/N. Wir müssen noch zeigen, daß das Differential von Φ an jeder Stelle injektiv ist. Sei also $(n, X) \in N \times \mathfrak{a}$, $D \in \mathfrak{n}$ und $B \in \mathfrak{a}$. Dann ist

$$\begin{aligned} d\Phi(n, X)\big(d\lambda_n(\mathbf{1})D, B\big) &= d\lambda_{\exp X}(n) d\lambda_n(\mathbf{1})D + d\rho_n\big(\exp(X)\big) d\exp(X)B \\ &= d\lambda_{\Phi(n,X)}(\mathbf{1})D + d\rho_n\big(\exp(X)\big) d\exp(X)B. \end{aligned}$$

Verschwindet dieser Ausdruck, so gilt mit $\pi: M \to M/N, g \mapsto gN$ die Beziehung

$$\begin{aligned} & d\pi\big(\Phi(n, X)\big) d\Phi(n, X)\big(d\lambda_n(\mathbf{1})D, B\big) \\ &= d\lambda_{\pi(\exp Xn)}(\mathbf{1}) d\pi(\mathbf{1})D + d\pi\big(\Phi(n, X)\big) d\rho_n\big(\exp(X)\big) d\exp(X)B \\ &= d\pi(\exp X) d\exp(X)B \\ &= d\exp_{M/N}(X)B = 0. \end{aligned}$$

Folglich ist $B = 0$, was natürlich auch $D = 0$ impliziert. Also ist Φ ein lokaler Diffeomorphismus und damit auch ein globaler. ∎

Im folgenden bezeichnen wir das Nilradikal, d.h. das größte nilpotente Ideal von $\mathfrak{g}$, mit $\mathfrak{n}$, und das Radikal mit $\mathfrak{r}$.

III.7.19. Satz. *Sei G eine einfach zusammenhängende Lie-Gruppe und $\mathfrak{g} = \mathbf{L}(G)$. Wir wählen eine maximale kompakt eingebettete Unteralgebra $\mathfrak{k} \subseteq \mathfrak{g}$ und dazu eine Levi-Algebra wie in* Proposition III.7.15. *Zusätzlich seien*

$$\mathfrak{k} \cap \mathfrak{r} = (\mathfrak{k} \cap \mathfrak{n}) \oplus \mathfrak{e} \quad \textit{und} \quad \mathfrak{n} = (\mathfrak{k} \cap \mathfrak{n}) \oplus \mathfrak{n}^+,$$

direkte Zerlegungen der $\mathfrak{k}$-Moduln $\mathfrak{k} \cap \mathfrak{r}$ und $\mathfrak{n}$. Dann ist

$$\mathfrak{r} = \mathfrak{n} \oplus \mathfrak{e} \oplus \mathfrak{f} \quad \textit{mit} \quad [\mathfrak{k} \cap \mathfrak{r}, \mathfrak{f}] = \{0\} \quad \textit{und} \quad \mathfrak{s} = \mathfrak{k}_\mathfrak{s} \oplus \mathfrak{p} \quad \textit{mit} \quad \mathfrak{k}_\mathfrak{s} = \mathfrak{k} \cap \mathfrak{s}$$

eine Cartan-Zerlegung von $\mathfrak{s}$. Die Abbildung

$$\Phi: \mathfrak{n}^+ \times \mathfrak{f} \times \mathfrak{p} \times K \to G, \quad (X, F, P, k) \mapsto \exp(X)\exp(F)\exp(P)k$$

ist ein Diffeomorphismus.

Beweis. Die Existenz der angegebenen $\mathfrak{k}$-Modul Zerlegungen folgt aus Lemma III.7.14. Da $\mathfrak{k} \cap \mathfrak{r} + \mathfrak{n}$ die Kommutatoralgebra von $\mathfrak{r}$ enthält, ist dieser Untervektorraum ein Ideal von $\mathfrak{r}$, daher invariant unter $\mathfrak{k} \cap \mathfrak{r}$. Sei $\mathfrak{f}$ ein $\mathfrak{k}$–Modul Komplement von $\mathfrak{k} \cap \mathfrak{r} + \mathfrak{n} = \mathfrak{n} + \mathfrak{e}$ in $\mathfrak{r}$. Dann folgt

$$[\mathfrak{f}, \mathfrak{k} \cap \mathfrak{r}] \subseteq (\mathfrak{k} \cap \mathfrak{r} + \mathfrak{n}) \cap \mathfrak{f} = \{0\}.$$

Nun ist $K := \langle \exp \mathfrak{k} \rangle$ eine abgeschlossene Untergruppe (Lemma III.7.9), und $K \cap R = \exp(\mathfrak{k} \cap \mathfrak{r})$ ist eine Vektorgruppe, da R eine einfach zusammenhängende auflösbare Lie-Gruppe ist, also keinen nicht-trivialen Torus enthält (Satz III.3.31). Setzen wir $K_S := \langle \exp \mathfrak{k}_{\mathfrak{s}} \rangle$, so haben wir damit gezeigt, daß die Abbildung

$$\Psi: \mathfrak{k} \cap \mathfrak{n} \times \mathfrak{e} \times K_S \to K, \quad (A_n, A_e, k) \mapsto \exp(A_n)\exp(A_e)k$$

ein Diffeomorphismus ist. Für $X \in \mathfrak{n}^+$ erhalten wir mit $[\mathfrak{p}, \mathfrak{k} \cap \mathfrak{r}] = \{0\}$ und $[\mathfrak{f}, \mathfrak{k} \cap \mathfrak{n}] = \{0\}$, daß

$$\begin{aligned}\Phi(X, F, P, \exp(A_n)\exp(A_e)k) &= \exp(X)\exp(F)\exp(P)\exp(A_n)\exp(A_e)k \\ &= \big(\exp(X)\exp(A_n)\big)\big(\exp(F)\exp(A_e)\big)\big(\exp(P)k\big).\end{aligned}$$

Da $G \cong R \rtimes S$ und $\mathfrak{p} \times K_S \to S, (P, k) \mapsto \exp(P)k$ ein Diffeomorphismus ist (Satz III.6.7), reicht es aus anzunehmen, daß $G = R$ auflösbar ist. Daß die Abbildung

$$(N \times \mathfrak{f}) \times \mathfrak{e} \to R, \quad (X, F, A_e) \mapsto \big(X \exp(F)\big)\exp(A_e)$$

ein Diffeomorphismus ist, folgt durch zweimalige Anwendung von Lemma III.7.18. Damit bleibt zu zeigen, daß

$$\mathfrak{n}^+ \times (\mathfrak{k} \cap \mathfrak{n}) \to N, \quad (X, k) \mapsto \exp(X)\exp(k)$$

ein Diffeomorphismus ist. Das folgt aus den Lemmata III.7.16 und III.7.17. ∎

Um diesen Satz für allgemeine zusammenhängende Lie-Gruppen zu bekommen, müssen wir das Verhalten unserer Zerlegung bei Überlagerungen kontrollieren. Das ist nun nicht mehr schwer, denn wir wissen ja schon, daß das Zentrum ganz in $K = \langle \exp \mathfrak{k} \rangle$ enthalten ist.

III.7.20. Satz. (Existenzsatz für Mannigfaltigkeitsfaktoren) *Sei G eine zusammenhängende Lie-Gruppe und die Bezeichnungen wie in* Satz III.7.19. *Dann ist die Abbildung*

$$\Phi\colon \mathfrak{n}^+ \times \mathfrak{f} \times \mathfrak{p} \times K \to G, \quad (X, F, P, k) \mapsto \exp(X)\exp(F)\exp(P)k$$

ein Diffeomorphismus.

Beweis. Dieser Satz gilt wegen Satz III.7.19 für die einfach zusammenhängende Überlagerung $\widetilde{G}$ von G. Ist $\pi\colon \widetilde{G} \to G$ der zugehörige Homomorphismus von Lie-Gruppen und $\widetilde{K} := \langle \exp_{\widetilde{G}} \mathfrak{k} \rangle$, so ist $\ker \pi \subseteq Z(\widetilde{G}) \subseteq Z(\widetilde{K})$ diskret. Ist $\widetilde{\Phi}$ die entsprechende Abbildung für $\widetilde{G}$, so haben wir das folgende kommutative Diagramm:

$$\begin{array}{ccc} \mathfrak{n}^+ \times \mathfrak{f} \times \mathfrak{p} \times \widetilde{K} & \xrightarrow{\widetilde{\Phi}} & \widetilde{G} \\ \Big\downarrow \mathrm{id}_{\mathfrak{n}^+ \times \mathfrak{f} \times \mathfrak{p}} \times \pi|_{\widetilde{K}} & & \Big\downarrow \pi \\ \mathfrak{n}^+ \times \mathfrak{f} \times \mathfrak{p} \times K & \xrightarrow{\Phi} & G \end{array}$$

Hieraus kann man unmittelbar die Bijektivität von Φ ablesen. Da die beiden vertikalen Abbildungen und $\widetilde{\Phi}$ lokale Diffeomorphismen sind, folgt das auch für Φ, wenn man das entsprechende Diagramm der Ableitungen betrachtet. Also ist Φ ein Diffeomorphismus. ∎

III.7.21. Satz. *Ist G eine zusammenhängende Lie-Gruppe, $\mathfrak{k} \subseteq \mathfrak{g}$ eine maximal kompakt eingebettete Unteralgebra, $K := \langle \exp \mathfrak{k} \rangle$ und $T \subseteq K$ eine maximal kompakte Untergruppe. Dann ist T maximal kompakt in G und es existiert eine abgeschlossene Untermannigfaltigkeit $M \cong \mathbb{R}^n \subseteq G$, so daß die Abbildung*

$$M \times T \to G, \quad (m, t) \mapsto mt$$

ein Diffeomorphismus wird.

Beweis. Wegen Satz III.5.14 und Satz III.7.20 brauchen wir nur

$$M := \exp(\mathfrak{n}^+)\exp(\mathfrak{f})\exp(\mathfrak{p})\exp(V)$$

zu setzen, wobei V eine zu T komplementäre Vektorgruppe in K ist. Sei nun K_1 eine maximal kompakte Untergruppe von G. Dann ist K_1 zusammenhängend (Satz III.7.3) und $\mathbf{L}(K_1)$ kompakt eingebettet, daher konjugiert zu einer Unteralgebra von $\mathfrak{k}$ (Satz III.7.10). Wir können also annehmen, daß $\mathbf{L}(K_1) \subseteq \mathfrak{k}$ ist. Damit ist aber $K_1 = T$, da K als zusammenhängende Lie-Gruppe mit kompakter Lie-Algebra nur eine maximal kompakte Untergruppe enthält. ∎

Zum Abschluß dieses Abschnitts schauen wir uns noch einmal im Lichte des Satzes über die Mannigfaltigkeitsfaktoren die Struktur der auflösbaren Lie-Gruppen an. In diesem Fall ist $\mathfrak{k} = \mathfrak{h}$ maximal kompakt eingebettet abelsch. Als Spezialfall von Satz III.7.21 haben wir:

III.7.22. Satz. *Ist G eine zusammenhängende auflösbare Lie-Gruppe und $T \subseteq G$ ein maximaler Torus, so ist T maximal kompakt in G, und es existiert eine abgeschlossene Untermannigfaltigkeit $M \cong \mathbb{R}^n \subseteq G$, so daß die Abbildung*

$$M \times T \to G, \quad (m,t) \mapsto mt$$

ein Diffeomorphismus wird. ∎

Ist G einfach zusammenhängend, so auch T, d.h. trivial. In diesem Fall liefert Satz III.7.20 eine Zerlegung von G in drei exponentielle Mannigfaltigkeitsfaktoren $\exp(\mathfrak{n}^+)\exp(\mathfrak{f})\exp(\mathfrak{k})$. Da $[\mathfrak{k},\mathfrak{f}] = \{0\}$ ist, haben wir $\exp(F + X) = \exp(F)\exp(X)$ für $F \in \mathfrak{f}$ und $X \in \mathfrak{k}$. Also ist $\exp(\mathfrak{f})\exp(\mathfrak{k}) = \exp(\mathfrak{f} + \mathfrak{k})$. und somit

$$G = \exp(\mathfrak{n}^+)\exp(\mathfrak{k} + \mathfrak{f}).$$

Nun stellt sich natürlich die Frage, wann schon ein einziger Faktor ausreicht. Dazu muß auf jeden Fall die Exponentialfunktion eine reguläre Abbildung sein.

III.7.23. Lemma. *Ist die Exponentialfunktion einer Lie-Gruppe G eine reguläre Abbildung, so ist das Zentrum schon maximal kompakt eingebettet, und G ist auflösbar.*

Beweis. Wegen Korollar III.2.26 ist $d\exp(X)$ genau dann regulär, wenn $f(\operatorname{ad} X)$ für $f(z) = (1 - e^{-z})z^{-1}$ injektiv ist, d.h. wenn $\operatorname{Spec}(\operatorname{ad} X) \cap 2\pi i\mathbb{Z} \subseteq \{0\}$ gilt (vgl. Aufgabe III.5.3). Ist das Zentrum von $\mathfrak{g} = \mathbf{L}(G)$ nicht maximal kompakt eingebettet, so existiert $X \in \mathfrak{g} \setminus Z(\mathfrak{g})$, so daß $\mathbb{R}X$ kompakt eingebettet ist. Also ist $\{0\} \neq \operatorname{Spec}(\operatorname{ad} X) \subseteq i\mathbb{R}$, denn $\operatorname{ad} X$ ist halbeinfach, aber nicht zentral. Damit ist ein geeignetes Vielfaches von X ein singulärer Punkt von $\exp$. Sei nun $Z(\mathfrak{g})$ maximal kompakt eingebettet. Dann folgt aus dem Beweis von Lemma III.7.15, daß jede Levi-Algebra $\mathfrak{s}$ von $\mathfrak{g}$ eine Cartan-Zerlegung mit $\mathfrak{k}_{\mathfrak{s}} = \{0\}$ hat. Also ist $\mathfrak{s} = [\mathfrak{s},\mathfrak{s}] = [\mathfrak{p},\mathfrak{p}] \subseteq \mathfrak{k}_{\mathfrak{s}} = \{0\}$ und $\mathfrak{g}$ ist auflösbar. ∎

Damit sind also nur die auflösbaren Gruppen Kandidaten für Lie-Gruppen mit einem exponentiellen Mannigfaltigkeitsfaktor.

III.7.24. Beispiel. Ist G eine auflösbare Lie-Gruppe mit $\mathfrak{g} = \mathbf{L}(G)$, so reicht die Bedingung, daß $Z(\mathfrak{g})$ maximal kompakt eingebettet ist, noch nicht aus um die Regularität der Exponentialfunktion zu garantieren. Dazu setzen wir

$$\mathfrak{g} := \mathbb{C}^2 \rtimes_\alpha \mathbb{R} \quad \text{mit} \quad \alpha(t) = t\begin{pmatrix} i & 1 \\ i & 0 \end{pmatrix}$$

und entsprechend $G := \mathbb{C}^2 \rtimes \mathbb{R}$. Dann ist $\mathfrak{g}$ auflösbar, $Z(\mathfrak{g}) = \{0\}$ ist maximal kompakt eingebettet, und $\{0\} \oplus \mathbb{R}$ ist eine Cartan-Algebra von $\mathfrak{g}$ (Aufgabe 1). Trotzdem ist $(0, 2\pi)$ ein singulärer Punkt für die Exponentialfunktion. ∎

Dieses Beispiel motiviert die folgende Definition.

III.7.25. Definition. Eine auflösbare Lie-Algebra $\mathfrak{g}$ heißt *exponentiell*, wenn eine Cartan-Algebra $\mathfrak{h} \subseteq \mathfrak{g}$ existiert, so daß für alle Wurzeln α von $\mathfrak{g}_{\mathbb{C}}$ bezüglich $\mathfrak{h}_{\mathbb{C}}$ die Beziehung

$$\alpha(\mathfrak{h}) \cap i\mathbb{R} = \{0\}$$

gilt. ■

Diese Bezeichnung rechtfertigt sich durch die folgende Eigenschaft.

III.7.26. Satz. *Ist G eine auflösbare Lie-Gruppe, so ist* exp *genau dann regulär, wenn* $\mathbf{L}(G)$ *exponentiell ist.*

Beweis. Sei $\mathfrak{g} = \mathbf{L}(G)$ nicht exponentiell und $\mathfrak{h}$ eine Cartan-Algebra von $\mathfrak{g}$, sowie $H \in \mathfrak{h}$, so daß eine Wurzel α von $\mathfrak{g}_{\mathbb{C}}$ bezüglich $\mathfrak{h}_{\mathbb{C}}$ mit $\alpha(H) \in i\mathbb{R} \setminus \{0\}$ existiert. Dann ist ist $\operatorname{Spec}(\operatorname{ad} H) \cap i\mathbb{R} \neq \{0\}$ und daher enthält $\mathbb{R}H$ singuläre Punkte der Exponentialfunktion.

Wir nehmen umgekehrt an, daß exp nicht regulär in X ist. Wir bezeichnen das Nilradikal von $\mathfrak{g}$ mit $\mathfrak{n}$ und wählen eine Cartan-Algebra $\mathfrak{h}$ in $\mathfrak{g}$ (Satz II.3.19). Wegen $[\mathfrak{h}, \mathfrak{g}] \subseteq \mathfrak{g}' \subseteq \mathfrak{n}$ sind alle Wurzelräume von $\mathfrak{g}_{\mathbb{C}}$ in $\mathfrak{n}_{\mathbb{C}}$ enthalten, und daher gilt $\mathfrak{g} = \mathfrak{n} + \mathfrak{h}$. Insbesondere existiert ein $N \in \mathfrak{n}$ mit $Y := X + N \in \mathfrak{h}$. Wenn man die Wirkung von $\operatorname{ad} Y$ auf der Folge

$$\{0\} \subseteq \mathfrak{n}^k \subseteq \ldots \subseteq \mathfrak{n}^1 \subseteq \mathfrak{n}$$

betrachtet, so sieht man sofort, daß $\operatorname{Spec}(\operatorname{ad} Y) = \operatorname{Spec}(\operatorname{ad} X)$ ist, denn auf den Quotienten $\mathfrak{n}^i/\mathfrak{n}^{i+1}$ induzieren beide die gleichen Abbildungen. Also ist Y ebenfalls ein singulärer Punkt. Das Spektrum von $\operatorname{ad} Y$ besteht aber gerade aus den Werten der Wurzeln von $\mathfrak{g}_{\mathbb{C}}$ auf Y. Somit existiert eine Wurzel α mit $\alpha(Y) = \pm 2\pi i$, d.h. $\mathfrak{h}$ verletzt die Bedingung aus Definition III.7.25. Folglich ist $\mathfrak{g}$ nicht exponentiell, da $\mathfrak{h}$ eine beliebige Cartan-Algebra war. ■

Wie schon oben erwähnt möchten wir wissen, ob die Exponentialfunktion einer einfach zusammenhängenden Lie-Gruppe mit exponentieller Lie-Algebra ein Diffeomorphismus ist. Dazu benötigen wir drei Lemmata.

III.7.27. Lemma. *Ist G eine Lie-Gruppe und $X, Y \in \mathbf{L}(G)$ mit $\exp X = \exp Y$, so daß* exp *in X regulär ist. Dann ist $[X, Y] = 0$ und $\exp(X - Y) = \mathbf{1}$.*

Beweis. Alle Elemente $\exp(tY)$ kommutieren mit $\exp(X)$. Also ist

$$\exp(X) = I_{\exp tY}(\exp X) = \exp(e^{t \operatorname{ad} Y} X).$$

Folglich ist

$$\left.\frac{d}{dt}\right|_{t=0} e^{t \operatorname{ad} Y} X = [Y, X] \in \ker d\exp(X) = \{0\}$$

und daher ist $[X, Y] = 0$ und $\exp(X - Y) = \exp(X) \exp(-Y) = \mathbf{1}$. ■

III.7.28. Lemma. *Homomorphe Bilder und Unteralgebren exponentieller Lie-Algebren sind exponentiell.*

Beweis. Sei $\mathfrak{g}$ eine exponentielle Lie-Algebra und G eine einfach zusammenhängende Gruppe mit $\mathbf{L}(G) = \mathfrak{g}$. Für eine Unteralgebra $\mathfrak{h} \subseteq \mathfrak{g}$ ist $\exp|_{\mathfrak{h}}: \mathfrak{h} \to \langle \exp \mathfrak{h} \rangle$ regulär und daher ist $\mathfrak{h}$ nach Satz III.7.26 exponentiell. Ist $\alpha: \mathfrak{g} \to \mathfrak{g}_1$ ein Homomorphismus von Lie-Algebren und G_1 einfach zusammenhängend mit $\mathbf{L}(G_1) = \mathfrak{g}_1$, so existiert ein surjektiver Homomorphismus $\beta: G \to G_1$ mit $d\beta(\mathbf{1}) = \alpha$. Nun ist aber

$$d\exp_{G_1}\big(\alpha(X)\big) \circ \alpha = d\beta(\exp X) \circ d\exp_G(X) = \alpha \circ d\lambda_{\exp -X}(\exp X) \circ d\exp_G(X).$$

Also ist $d\exp_{G_1}$ überall surjektiv. Daher ist exp regulär und $\mathfrak{g}_1$ exponentiell. ∎

III.7.29. Lemma. *Sei G eine zusammenhängende Lie-Gruppe mit exponentieller Lie-Algebra. Dann ist die Exponentialfunktion surjektiv.*

Beweis. Wir können annehmen, daß G einfach zusammenhängend ist und beweisen die Aussage durch vollständige Induktion nach der Dimension von G. Ist $\dim G \leq 1$, so ist die Behauptung klar. Wir nehmen also an, daß sie für Gruppen mit kleinerer Dimension als G gilt. Sei $\mathfrak{n}$ das Nilradikal von $\mathfrak{g} := \mathbf{L}(G)$ und $g \in G$. Nach Induktionsvoraussetzung und Lemma III.7.28 ist die Exponentialfunktion von $G/\exp Z(\mathfrak{n})$ surjektiv, denn nach Satz III.3.31 ist $\exp Z(\mathfrak{n})$ eine abgeschlossene Vektorgruppe in G. Also existiert ein $Z \in Z(\mathfrak{n})$ und ein $X \in \mathfrak{g}$ mit $g = \exp(X)\exp(Z)$, denn $\exp_{G/\exp Z(\mathfrak{n})} \mathfrak{g}/Z(\mathfrak{n}) = \exp_G(\mathfrak{g}) \exp Z(\mathfrak{n})$. Das Ideal $Z(\mathfrak{n})$ ist unter allen Automorphismen von $\mathfrak{g}$ und damit auch unter $\operatorname{ad} X$ invariant. Also ist $\mathfrak{a} := Z(\mathfrak{n}) + \mathbb{R}X$ eine Unteralgebra von $\mathfrak{g}$ und als solche nach Lemma III.7.28 exponentiell. Es reicht nun zu zeigen, daß die Exponentialfunktion $\exp: \mathfrak{a} \to A := \langle \exp \mathfrak{a} \rangle$ surjektiv ist. Ist $\dim \mathfrak{a} < \dim \mathfrak{g}$, so können wir dazu die Induktionsvoraussetzung verwenden. Ist dies nicht der Fall, so ist $\mathfrak{n}$ abelsch und $\mathfrak{g} = \mathfrak{n} \rtimes \mathbb{R}X$. Damit können wir aber die Exponentialfunktion direkt berechnen. Das tut man genauso wie in Aufgabe III.3.5 und erhält

$$\exp(X,Y) = \begin{cases} (X,0), & \text{für } Y = 0 \\ \left(\frac{e^{\operatorname{ad} Y} - 1}{\operatorname{ad} Y} X, Y\right), & \text{für } Y \neq 0, \end{cases}$$

denn man rechnet sofort nach, daß

$$\begin{aligned} \exp\big(t(X,Y)\big)\exp\big(s(X,Y)\big) &= \Big(\frac{e^{\operatorname{ad} tY} - 1}{\operatorname{ad} Y} X, tY\Big)\Big(\frac{e^{\operatorname{ad} sY} - 1}{\operatorname{ad} Y} X, sY\Big) \\ &= \Big(\frac{e^{\operatorname{ad} tY} - 1 + e^{\operatorname{ad} tY}(e^{\operatorname{ad} sY} - 1)}{\operatorname{ad} Y} X, tY\Big) \\ &= \Big(\frac{e^{\operatorname{ad}(t+s)Y} - 1}{\operatorname{ad} Y} X, (t+s)Y\Big) = \exp\big((s+t)(X,Y)\big). \end{aligned}$$

Für jedes $Y \in \mathbb{R}X$ ist die lineare Abbildung $\frac{e^{\operatorname{ad} Y} - 1}{\operatorname{ad} Y}$ auf $\mathfrak{n}$ invertierbar (Aufgabe III.5.3) und damit sieht man sofort, daß die Exponentialfunktion surjektiv ist. ∎

Damit können wir folgenden Satz beweisen:

III.7.30. Satz. (Satz von Dixmier) *Für eine einfach zusammenhängende Lie-Gruppe G sind folgende Bedingungen äquivalent:*

1) exp *ist ein Diffeomorphismus.*
2) exp *ist injektiv.*
3) exp *ist eine reguläre Abbildung.*
4) $\mathbf{L}(G)$ *ist eine exponentielle Lie-Algebra.*

Beweis. 1) $\Rightarrow$ 2) Klar.

2) $\Rightarrow$ 3) Wir nehmen an, daß exp nicht regulär in X ist. Dann existiert ein $Y \in \mathbf{L}(G) \setminus \{0\}$ mit $d\exp(X)Y = 0$ bzw. $f(\operatorname{ad} X)Y = 0$ (Korollar III.2.26). Wir betrachten die Einparametergruppe $\alpha\colon \mathbb{R} \to \operatorname{Aut}(G), t \mapsto I_{\exp tY}$ von Automorphismen von G. Sie wird erzeugt von dem Vektorfeld

$$\mathcal{X}(g) = \frac{d}{dt}\Big|_{t=0} \exp(tY)g\exp(-tY),$$

das für $g = \exp X$ den Wert

$$\begin{aligned}\mathcal{X}(\exp X) &= \frac{d}{dt}\Big|_{t=0} I_{\exp(tY)} \exp(X) \\ &= \frac{d}{dt}\Big|_{t=0} \exp(e^{\operatorname{ad} tY} X) = d\exp(X)[Y, X] \\ &= -d\lambda_{\exp X}(\mathbf{1}) \operatorname{ad} X \circ f(\operatorname{ad} X)Y = 0\end{aligned}$$

annimmt (Korollar III.2.26). Insbesondere ist $\alpha(t)(\exp X) = \exp(e^{\operatorname{ad} tY}X) = \exp X$, da $\mathcal{X}$ an $\exp X$ eine Nullstelle hat. Wegen $Y \neq 0$ und $f(\operatorname{ad} X)Y = 0$ ist $[Y, X] \neq 0$ und daher ist die Kurve $e^{\operatorname{ad} tY}X$ nicht konstant. Also ist exp nicht injektiv.

3) $\Rightarrow$ 4) Lemma III.7.23 und Satz III.7.26.

4) $\Rightarrow$ 1) Die Regularität der Exponentialfunktion folgt aus Satz III.7.26 und die Surjektivität aus Lemma III.7.29. Ist exp nicht injektiv, so impliziert Lemma III.7.27 die Existenz eines nicht-trivialen Torus in G. Das widerspricht Satz III.7.22, da G einfach zusammenhängend ist. ∎

Übungsaufgaben zum Abschnitt III.7

1. Sei $\mathfrak{g} \cong \mathfrak{v} \rtimes \mathfrak{a}$, wobei $\mathfrak{v}$ und $\mathfrak{a}$ abelsche Unteralgebren von $\mathfrak{g}$ sind. Existiert kein $V \in \mathfrak{v} \setminus \{0\}$, so daß $[\mathfrak{a}, V] = \{0\}$, so ist $\mathfrak{a}$ eine Cartan-Algebra in $\mathfrak{g}$.

2. Man finde eine Lie-Gruppe mit surjektiver Exponentialfunktion, deren Lie-Algebra nicht exponentiell ist.

3. Ist G eine auflösbare Lie-Gruppe und $\exp\colon \mathfrak{g} = \mathbf{L}(G) \to \mathfrak{g}$ surjektiv, so ist $\mathfrak{g}$ exponentiell. Für den Beweis gehe man in folgenden Schritten vor:

a) Wir nennen eine auflösbare Lie-Gruppe G *pseudoexponentiell*, wenn $\exp_G$ surjektiv ist. Man zeige, daß diese Eigenschaft nur von $\mathbf{L}(G)$ abhängt und es daher Sinn macht, von *pseudoexponentiellen Lie-Algebren* zu reden.

b) Ist $\mathfrak{g}$ eine pseudoexponentielle Lie-Algebra, so sind es auch alle homomorphen Bilder von $\mathfrak{g}$.

c) Ist $\mathfrak{g}$ pseudoexponentiell und $\mathfrak{a} \subseteq \mathfrak{g}$ ein Ideal, so daß $\mathfrak{g}/\mathfrak{a}$ exponentiell ist, so ist jede Unteralgebra $\mathfrak{b}$ von $\mathfrak{g}$, die $\mathfrak{a}$ enthält, auch pseudoexponentiell. Hinweis: Man betrachte die einfach zusammenhängende Gruppe G mit $\mathbf{L}(G) = \mathfrak{g}$ und benütze, daß die Exponentialfunktion von $G/\langle \exp \mathfrak{a} \rangle$ bijektiv ist.

d) Ist $\mathfrak{g} = \mathfrak{a} \rtimes \mathbb{R}X$ pseudoexponentiell und $\mathfrak{a}$ abelsch, so ist $\mathfrak{g}$ exponentiell. Hinweis: Man berechne die Exponentialfunktion wie in Lemma III.7.29.

e) Ist $\mathfrak{g}$ pseudoexponentiell und $\mathfrak{a} \subseteq \mathfrak{g}$ ein abelsches Ideal, so daß $\mathfrak{g}/\mathfrak{a}$ exponentiell ist, so ist auch $\mathfrak{g}$ exponentiell. Hinweis: Es ist zu zeigen, daß $\exp\colon \mathfrak{g} \to G$ injektiv ist, wenn G einfach zusammenhängend ist. Nimmt man das Gegenteil an, so findet man $X \in \mathfrak{g}$, so daß exp auf der Unteralgebra $\mathfrak{b} := \mathfrak{a} \rtimes \mathbb{R}X$ nicht injektiv ist. Diese ist nach c) pseudoexponentiell und man hat daher einen Widerspruch zu d).

f) Man zeige nun über vollständige Induktion, daß jede pseudoexponentielle Lie-Algebra exponentiell ist. Damit ist die Behauptung von oben gezeigt.

4. Sei G eine zusammenhängende halbeinfache Lie-Gruppe und $G = KAN$ eine Iwasawa-Zerlegung von G (vgl. Satz III.6.23). Man zeige, daß $B := AN$ die Voraussetzungen des Satzes von Dixmier erfüllt. Hinweis: Aufgabe 1. ∎

5. Wir betrachten die auflösbare Lie-Gruppe G aus Aufgabe III.3.5. Warum ist die Exponentialfunktion dort nicht surjektiv? Wie kann man das ohne Berechnung der Exponentialfunktion aus dem Satz von Dixmier schließen? Hinweis: Aufgabe 1.

§8 Dichte analytische Untergruppen

Wir haben schon im ersten Kapitel gesehen, daß zu jeder Lie-Unteralgebra $\mathfrak{h}$ der allgemeinen linearen Gruppe eine bogenzusammenhängende Untergruppe H gehört, die von den Einparametergruppen $\exp \mathbb{R}X$, $X \in \mathfrak{h}$ erzeugt wird und für welche

$$\mathbf{L}(H) = \{X \in \mathrm{gl}(n, \mathbb{R}) \colon \exp(\mathbb{R}X) \subseteq H\}$$

mit der Lie-Algebra $\mathfrak{h}$ übereinstimmt. In §III.2 haben wir festgestellt, daß dieser Satz für alle Lie-Gruppen G richtig ist. Was wir daraus ableiten konnten, war die Existenz einer Lie-Gruppe $G(H)$ mit $\mathbf{L}(G(H)) = \mathfrak{h}$ und eines injektiven Homomorphismus

$$i: G(H) \to G,$$

so daß $di(\mathbf{1}): \mathfrak{h} \to \mathfrak{g} = \mathbf{L}(G)$ die Injektion von $\mathfrak{h}$ in $\mathfrak{g}$ ist. Die Injektion i war genau dann ein Isomorphismus auf ihr Bild, wenn H in G schon abgeschlossen war. Ist dies nicht der Fall, so ist $\overline{H}$ eine abgeschlossene zusammenhängende Untergruppe von G und als solche wieder eine analytische Untergruppe. Wir möchten uns nun anschauen, was beim Übergang von H zu seinem Abschluß passiert und daraus ein wichtiges Kriterium für die Abgeschlossenheit analytischer Untergruppen ableiten. Hierbei werden uns die Resultate über maximal kompakt eingebettete Unteralgebren und das Zentrum sehr nützlich sein. Es ist klar, daß wir uns auf den Fall beschränken können, wo H dicht in G ist.

In diesem Paragraphen bezeichnet $H = \langle \exp \mathfrak{h} \rangle$ immer eine dichte analytische Untergruppe der Lie-Gruppe G mit $\mathbf{L}(G) = \mathfrak{g}$. Insbesondere ist G also zusammenhängend.

III.8.1. Lemma. *Jede normale analytische Untergruppe von H ist normal in G.*

Beweis. Nach Satz III.3.4 ist eine analytische Untergruppe $A \subseteq H$ genau dann normal in H, wenn $\mathfrak{a} := \mathbf{L}(A)$ invariant unter $\mathrm{Ad}(H)$ ist, und normal in G, wenn $\mathfrak{a}$ unter $\mathrm{Ad}(G)$ invariant ist. Nun ist aber $\mathrm{Ad}(H)$ dicht in $\mathrm{Ad}(G)$ und daher ist jedes Ideal von $\mathfrak{h}$ ein Ideal in $\mathfrak{g}$. ∎

Mit diesem Lemma und Satz III.3.17 wissen wir, daß zu dem Ideal $\mathfrak{h}$ eine abgeschlossene analytische Untergruppe in der universellen Überlagerung $\widetilde{G}$ von G gehört. Da sich G als Quotient $\widetilde{G}$ modulo einer diskreten zentralen Untergruppe darstellen läßt, werden wir uns anschauen müssen, wie diskrete zentrale Untergruppen zu der Gruppe $\langle \exp_{\widetilde{G}} \mathfrak{h} \rangle$ liegen können. Das ist eine Situation wie sie in der Lieschen Theorie sehr oft auftritt. Man möchte ein Problem für allgemeine Lie-Gruppen lösen, und man hat es schon für einfach zusammenhängende Gruppen im Griff. Dann schaut man sich an, was die Faktorisierung diskreter zentraler Untergruppen bewirkt. Wie wir schon aus Lemma III.7.12 wissen, sind die hier auftretenden diskreten Untergruppen immer endlich erzeugt. Wir werden deshalb zuerst einige Informationen über endlich erzeugte abelsche Gruppen zusammenstellen.

III.8.2. Lemma. *Eine abelsche Gruppe D mit einem Erzeugendensystem von n Elementen besitzt eine Zerlegung in höchstens n zyklische Untergruppen.*

Beweis. Wir zeigen die Behauptung durch Induktion über n. Für $n = 1$ ist nichts zu zeigen, denn dann ist D schon zyklisch. Wir nehmen also an, daß die Behauptung für Gruppen mit einem Erzeugendensystem von weniger als n Elementen gilt und daß D von den Elementen $x_1, \ldots, x_n$ erzeugt wird. Folgt aus $\sum_{i=1}^n a_i x_i = 0$ und $a_i \in \mathbb{Z}$ schon $a_i = 0$ für $i = 1, \ldots, n$, so ist $A \cong \bigoplus_{i=1}^n \mathbb{Z} x_i$ und wir sind fertig. Wir nehmen also an, daß eine nicht-triviale Relation $\sum_{i=1}^n a_i x_i = 0$ mit einem Erzeugendensystem $\{x_1, ..., x_n\}$ besteht. Aus all diesen Relationen für alle Erzeugendensysteme wählen wir eine, die den nicht verschwindenden Koeffizienten a_i mit dem kleinsten Betrag enthält und ein zugehöriges Erzeugendensystem $\{x_1, ..., x_n\}$. Wir können annehmen, daß $a_1 \neq 0$ und $|a_1|$ minimal ist. Dann existieren ganze Zahlen $q_i, r_i, i = 2, ..., n$ mit $a_i = q_i a_1 + r_i$ und $0 \leq r_i < |a_1|$. Für $y = x_1 + q_2 x_2 + ... + q_n x_n$ erhalten wir aus der Ausgangsrelation $a_1 y + r_2 x_2 + ... + r_n x_n = 0$ und $\{y, x_2, ..., x_n\}$ ist ebenfalls ein Erzeugendensystem. Wegen der Minimalität von $|a_1|$ ist $r_2 = ... = r_n = 0$. Also ist $a_1 y = 0$. Wegen der Minimalitätsbedingung ist sogar $\mathbb{Z} y \cap D_1 = 0$ für $D_1 := \mathbb{Z} x_2 + ... + \mathbb{Z} x_n$. Somit ist $D \cong \mathbb{Z} y \oplus D_1$. Wir wenden nun die Induktionsvoraussetzung auf D_1 an und sind fertig. ■

III.8.3. Satz. *Für jede endlich erzeugte abelsche Gruppe D existiert $r \in \mathbb{N}$ mit $A \cong \mathbb{Z}^r \oplus E$, wobei E endlich ist.*

Beweis. Man hat in der Zerlegung $D = \mathbb{Z} x_1 \oplus ... \oplus \mathbb{Z} x_n$ aus Lemma III.8.2 nur diejenigen x_i, für die $\mathbb{Z} x_i$ endlich bzw. unendlich ist, zusammenzufassen. ■

III.8.4. Definition. Die Zahl $r = \operatorname{rang}(D)$ aus Satz III.8.3 heißt der *Rang der endlich erzeugten abelschen Gruppe D* und $\operatorname{tor}(D) := E$ die *Torsionsgruppe*, sie besteht genau aus den Elementen endlicher Ordnung. ■

III.8.5. Lemma. *Für eine endlich erzeugte abelsche Gruppe D ist $\operatorname{rang}(D)$ die größtmögliche Dimension von $\operatorname{span}_{\mathbb{Q}} \alpha(D)$ für einen Homomorphismus $\alpha: D \to \mathbb{Q}^n$, $n \in \mathbb{N}$.*

Beweis. Ist $\alpha: D \to \mathbb{Q}^n$ ein Homomorphismus abelscher Gruppen, so ist $\alpha(\operatorname{tor} D) = \{0\}$ und $\operatorname{span} \alpha(D)$ wird von r Elementen aufgespannt. Also ist $\dim \operatorname{span} \alpha(D) \leq r$. Andererseits liefert die Einbettung $\mathbb{Z}^r \to \mathbb{Q}^r$ einen Homomorphismus, für den Gleichheit gilt. ■

III.8.6. Lemma. *Untergruppen endlich erzeugter abelscher Gruppen sind endlich erzeugt.*

Beweis. Sei D eine endlich erzeugte abelsche Gruppe und $D_1 \subseteq D$ eine Untergruppe. Wir können annehmen, daß $D = \mathbb{Z}^r \oplus E$ mit E endlich ist. Dann ist $D_1/(D_1 \cap \mathbb{Z}^r)$ isomorph zur Projektion von D_1 auf E und daher endlich erzeugt. Wir müssen also noch zeigen, daß $D_2 := D_1 \cap \mathbb{Z}^r$ endlich erzeugt ist. Mittels der Inklusion $\mathbb{Z}^r \to \mathbb{R}^r$ realisieren wir D_2 als diskrete Untergruppe von $\mathbb{R}^r$, die nach Aufgabe I.3.3 endlich erzeugt ist. ■

III.8.7. Satz. (Rangsatz) *Für einen surjektiven Homomorphismus endlich erzeugter abelscher Gruppen $\alpha: D_1 \to D_2$ ist*

$$\operatorname{rang} D_1 = \operatorname{rang} D_2 + \operatorname{rang} \ker \alpha.$$

Beweis. Zuerst überlegen wir uns, daß α einen surjektiven Homomorphismus $\beta\colon D_1/\operatorname{tor}(D_1) \to D_2/\operatorname{tor}(D_2)$ induziert, denn $\alpha(\operatorname{tor}(D_1)) \subseteq \operatorname{tor}(D_2)$. Hierbei ist

$$\ker\alpha/\operatorname{tor}(\ker\alpha) = \ker\alpha/\ker\alpha\cap\operatorname{tor}(D_1) \cong \ker\beta.$$

Wir können also annehmen, daß alle auftretenden Torsionsgruppen trivial sind. Sei $r_1 = \operatorname{rang} D_1$, $r_2 := \operatorname{rang} D_2$ und $r_3 = \operatorname{rang}\ker\alpha$. Wir identifizieren diese Gruppen mit den Gruppen $\mathbb{Z}^{r_i} \subseteq \mathbb{Q}^{r_i}$. Die Abbildungen $i\colon\ker\alpha \to D_1$ und α induzieren nun Homomorphismen $i_{\mathbb{Q}}\colon \mathbb{Q}^{r_3} \to \mathbb{Q}^{r_1}$ und $\alpha_{\mathbb{Q}}\colon \mathbb{Q}^{r_1} \to \mathbb{Q}^{r_2}$ von $\mathbb{Q}$-Vektorräumen, da sie die Bilder der jeweiligen kanonischen Basiselemente festlegen. Es ist klar, daß $\alpha_{\mathbb{Q}}$ surjektiv ist. Wir zeigen noch, daß $i_{\mathbb{Q}}$ injektiv ist. Ist das nicht der Fall, so existieren $a_1,\ldots,a_{r_3} \in \mathbb{Q}$ mit $\sum_{j=1}^{r_3} a_j i(e_j) = 0$, wobei $e_1,\ldots,e_{r_3}$ die kanonische Basis von $\mathbb{Q}^{r_3}$ in $\mathbb{Z}^{r_3}$ ist und mindestens ein $a_i \neq 0$ ist. Multiplizieren wir diese Gleichung mit einem Hauptnenner der a_i, so erhalten wir eine nicht-triviale Relation mit ganzen Koeffizienten, die der Injektivität von i widerspricht. Nun folgt die Behauptung aus dem Rangsatz für endlichdimensionale Vektorräume. ■

III.8.8. Korollar. *Ist D eine diskrete Untergruppe eines endlichdimensionalen $\mathbb{R}$-Vektorraums V, so ist*

$$\dim\operatorname{span} D = \operatorname{rang} D.$$

Beweis. Das folgt aus Aufgabe I.3.3. ■

Wir kommen nun wieder zurück zu den diskreten zentralen Untergruppen von Lie-Gruppen.

III.8.9. Lemma. *Sei G eine einfach zusammenhängende Lie-Gruppe, $\mathfrak{k} \subseteq \mathfrak{g} = \mathbf{L}(G)$ eine maximal kompakt eingebettete Unteralgebra und D eine diskrete zentrale Untergruppe. Dann gilt*

$$\operatorname{rang}\big(D\cap\exp Z(\mathfrak{k})\big) = \operatorname{rang} D.$$

Beweis. Sei $K := \langle\exp\mathfrak{k}\rangle$. Nach Satz III.7.19 ist K einfach zusammenhängend. Wegen $D \subseteq Z(K)$ (Satz III.7.11) können wir daher annehmen, daß $G = K$ ist. Also ist $K \cong K' \times Z(K)_0$. Die Gruppe K' ist halbeinfach und daher kompakt mit endlichem Zentrum (Satz III.5.13), und $Z(K)_0 = \exp Z(\mathfrak{k})$ ist eine Vektorgruppe. Wir wenden den Rangsatz (Satz III.8.7) nun auf die Projektion α von D nach K' an. Dann ist $\alpha(D) \subseteq Z(K')$ endlich und daher

$$\operatorname{rang} D = \operatorname{rang}\alpha(D) + \operatorname{rang}\ker\alpha = \operatorname{rang}\big(D\cap Z(K)_0\big).$$

■

III.8.10. Satz. *Sei H eine dichte analytische Untergruppe der Lie-Gruppe G, so i gelten folgende Aussagen:*

1) *Die Kommutatorgruppen von G und H stimmen überein.*
2) *Sei $\mathfrak{k}$ eine maximal kompakt eingebettete Unteralgebra von $\mathfrak{g}$. Dann existiert eine zu $\mathfrak{h}$ komplementäre Unteralgebra $\mathfrak{u} \subseteq Z(\mathfrak{k})$, so daß $U := \exp \mathfrak{u}$ ein Torus ist und*
$$G = UH$$
gilt.
3) $\mathfrak{g} \cong \mathfrak{h} \rtimes \mathfrak{u}$.
4) $\overline{U \cap H} = U$.
5) *Ist $T \subseteq G$ eine abgeschlossene Untergruppe, die U enthält, so gilt $\overline{T \cap H} = T$.*
6) *Es existiert eine Vektorgruppe $V \subseteq H$, so daß $\overline{V}$ ein Torus mit $\overline{V}H = G$ ist.*

Beweis. 1) Sei $p: \widetilde{G} \to G$ die universelle Überlagerung von G mit $dp(\mathbf{1}) = \mathrm{id}_{\mathfrak{g}}$, $D := \ker p \subseteq Z(\widetilde{G})$ und $\widetilde{H} := \langle \exp_{\widetilde{G}} \mathfrak{h} \rangle$. Dann ist $B := \overline{D\widetilde{H}}$ eine abgeschlossene Untergruppe von $\widetilde{G}$, die D enthält. Also ist $p(B)$ in G abgeschlossen, denn $G \cong \widetilde{G}/D$ (Homomorphiesatz für Lie-Gruppen). Das Bild $p(B)$ enthält aber auch die Gruppe $H = p(\widetilde{H})$ und ist daher dicht. Folglich ist $p(B) = G$ und $B = \widetilde{G}$. Daraus folgt aber, daß jeder Kommutator in $\widetilde{G}'$ Grenzwert von Kommutatoren in $(D\widetilde{H})'$ ist. Wegen $D \subseteq Z(\widetilde{G})$ ist $(D\widetilde{H})' = \widetilde{H}'$. Mit den Sätzen III.3.17 und III.3.21 sehen wir nun, daß $\widetilde{H}'$ in $\widetilde{G}$ abgeschlossen ist. Das führt zu $\widetilde{G}' = \widetilde{H}'$ und eine nochmalige Anwendung von Satz III.3.21 zeigt $\mathfrak{g}' = \mathfrak{h}'$ und damit auch $G' = H'$.
2),3) Insbesondere folgt daraus, daß die Gruppe $\widetilde{G}/\widetilde{H}$ abelsch ist und nach Satz III.3.17 ist sie sogar ein Vektorraum. Sei $\pi: \widetilde{G} \to \widetilde{G}/\widetilde{H}$ die Quotientenabbildung. Dann ist die Gruppe $\pi(D) = \pi(D\widetilde{H})$ dicht in $\pi(\widetilde{G})$. Für eine maximal kompakt eingebettete Unteralgebra $\mathfrak{k}$ von $\mathfrak{g}$ erhalten wir mit Satz III.7.11, daß $D \subseteq \exp_{\widetilde{G}}(\mathfrak{k})$. Also ist die analytische Untergruppe $\pi(\exp_{\widetilde{G}} \mathfrak{k}) = \exp d\pi(\mathbf{1})\mathfrak{k}$ dicht in dem Vektorraum $\widetilde{G}/\widetilde{H}$ und stimmt folglich mit ihm überein. Das heißt, daß $\mathfrak{k} + \mathfrak{h} = \mathfrak{g}$ ist. Wegen $\mathfrak{k}' \subseteq \mathfrak{g}' \subseteq \mathfrak{h}$ ist sogar $Z(\mathfrak{k}) + \mathfrak{h} = \mathfrak{g}$. Weiter hat die Gruppe $D_1 := D \cap \exp\big(Z(\mathfrak{k})\big)$ endlichen Index in D (Lemma III.8.9). Daher spannt $\pi(D_1)$ den Vektorraum $\pi(\widetilde{G})$ auf (Korollar III.8.8) und wir finden Elemente $X_1, \ldots, X_n \in Z(\mathfrak{k})$ mit $\exp(X_i) \in D_1$, so daß $\pi(\exp X_1), \ldots, \pi(\exp X_n)$ eine Basis von $\pi(\widetilde{G})$ ist. Wir setzen $\mathfrak{u} := \mathrm{span}\{X_1, \ldots, X_n\}$. Aus Dimensionsgründen ist $\mathfrak{g} = \mathfrak{h} + \mathfrak{u}$ eine direkte Vektorraumsumme, und $\mathfrak{g} \cong \mathfrak{h} \rtimes \mathfrak{u}$ folgt aus der Tatsache, daß $\mathfrak{u}$ eine Unteralgebra und $\mathfrak{h}$ ein Ideal ist. Die Gruppe $U := \exp \mathfrak{u}$ ist stetiges Bild des Torus $\mathfrak{u}/(\mathbb{Z}X_1 + \ldots + \mathbb{Z}X_n)$ und daher selbst ein Torus. Im Hinblick darauf ist $G = HU = UH$ klar.
4) Sei $i: G(H) \to G$ die Inklusion von H. Wir betrachten die von ihr induzierte Ab-

bildung $j_1: G(H)/i^{-1}(U) \to \overline{G/U}$. Sie ist nach Lemma I.7.8 ein Homöomorphismus. Wir setzen $V := \overline{U \cap H} = j(i^{-1}(U))$ und schreiben $j_2: G(H)/i^{-1}(V) \to G/V$ für die von i induzierte Abbildung. Ist $q: G/V \to G/U$ die Abbildung $gV \mapsto gU$, so ist $q \circ j_2 = j_1$, denn $i^{-1}(V) = i^{-1}(U)$. Da j_1 ein Homöomorphismus ist und j_2 ein dichtes Bild hat, sind q und j_2 auch Homöomorphismen. Insbesondere ist q injektiv und folglich $V = U$.

5) Das folgt aus 4), denn zunächst ist $U = \overline{U \cap H} \subseteq \overline{T \cap H}$. Daher ist auch $T \subseteq \overline{(T \cap H)U} \subseteq \overline{T \cap H}$.

6) Sei T ein maximaler Torus von G, der U enthält und $\mathfrak{t} = \mathbf{L}(T)$. Dann ist $\mathfrak{t} = \mathfrak{u} \oplus (\mathfrak{h} \cap \mathfrak{t})$. Die abelsche Untergruppe $\exp_{G(H)}(\mathfrak{h} \cap \mathfrak{t})$ ist ein direktes Produkt eines Torus mit der Lie-Algebra $\mathfrak{t}_1 \subseteq \mathfrak{h} \cap \mathfrak{t}$ und einer Vektorgruppe V. Wir setzen $\mathfrak{v} := \mathbf{L}(V) \subseteq \mathfrak{h} \cap \mathfrak{t}$. Da $\overline{\exp \mathfrak{v}}H$ eine Untergruppe von G ist (Aufgabe 7), reicht es zu zeigen, daß sie U enthält. Nun enthält sie aber $\overline{\exp \mathfrak{h} \cap \mathfrak{t}} = \exp(\mathfrak{t}_1)\overline{\exp \mathfrak{v}}$. Es bleibt also $U \subseteq \overline{\exp \mathfrak{h} \cap \mathfrak{t}}$ zu beweisen. Mit 4) reicht dazu $U \cap H \subseteq \exp(\mathfrak{h} \cap \mathfrak{t})$ aus. Sei also $X \in \mathfrak{u}$ mit $\exp_G X \in H$. Dann existiert ein Element $d \in D$ mit $\exp_{\widetilde{G}}(X)d \in \widetilde{H}$. Nach Korollar III.7.12 und seinem Beweis ist $D \subseteq \exp_{\widetilde{G}}(\mathfrak{t})$ und wir finden $Y \in \mathfrak{t}$ mit $d = \exp_{\widetilde{G}}(Y)$. Folglich ist $\exp_{\widetilde{G}}(X)d = \exp_{\widetilde{G}}(X+Y) \in \widetilde{H}$. Beachte, daß nach 3) auch $\widetilde{G} = \widetilde{H} \rtimes \exp_{\widetilde{G}} \mathfrak{u}$ gilt. Projektion auf den semidirekten Faktor $\exp_{\widetilde{G}}(\mathfrak{u})$ von $\widetilde{G}$ ergibt jetzt $X + Y \in \mathfrak{h}$. Also gilt $\exp_G(X) = \exp_G(X+Y) \in U \cap H$. Das zeigt die Behauptung. ∎

III.8.11. Korollar. *Für jeden maximalen Torus T von G ist $HT = G$.*

Beweis. Da die maximalen Tori von G zueinander konjugiert sind (Korollar III.7.4) und jeder Torus in einem maximalen enthalten ist, folgt die Behauptung sofort aus Satz III.8.10. ∎

III.8.12. Korollar. *Die maximal kompakten Untergruppen (Tori) von G sind sogar unter H zueinander konjugiert.*

Beweis. Sei U eine maximale kompakte Untergruppe von G, die in $K := \langle \exp \mathfrak{k} \rangle$ liegt (Bezeichnungen wie in Satz III.8.10)(Satz III.7.21). Dann erhält man nach Satz III.7.3 alle anderen als gUg^{-1} mit $g \in G$. Ein Element $g \in G$ läßt sich aber als Produkt $g = hz$ mit $h \in H$ und $z \in Z(K)$ darstellen (Satz III.8.10). Daher ist $gUg^{-1} = hUh^{-1}$. Die Konjugation der maximalen Tori folgt nun wie in Korollar III.7.4 aus Lemma III.5.15. ∎

III.8.13. Korollar. (Malcev-Kriterium) *Eine analytische Untergruppe H einer Lie-Gruppe G ist genau dann abgeschlossen, wenn der Abschluß jeder Einparametergruppe aus H in H liegt.*

Beweis. Sei H nicht abgeschlossen und o.B.d.A. dicht. Wir wählen eine Vektorgruppe $V \subseteq H$ gemäß Satz III.8.10.6). Dann liegt V im einem Torus von G. Es gibt also Einparametergruppen $\exp \mathbb{R}X \subseteq V \subseteq H$, deren Abschluß nicht in H liegt, weil sonst $\overline{V}$ in H enthalten wäre. ∎

III.8.14. Korollar. *Sei H eine analytische Untergruppe einer Lie-Gruppe G und $\mathfrak{a}$ eine maximal kompakt eingebettete abelsche Unteralgebra von $\mathfrak{h}$. Ist* $\exp \mathfrak{a}$ *in G abgschlossen, so auch H.*

Beweis. Wir können annehmen, daß H dicht in G ist. Ist H nicht abgeschlossen, so finden wir mit dem Satz III.8.10.6) ein $X \in \mathfrak{h}$, so daß $T := \overline{\exp \mathbb{R}X}$ ein Torus mit $T \cap H \not\subseteq H$ ist. Dann ist aber

$$\mathrm{Inn}_{\mathfrak{h}}(\mathbb{R}X) \subseteq \mathrm{Inn}_{\mathfrak{g}}(T)|_{\mathfrak{h}} = \mathrm{Ad}(T)|_{\mathfrak{h}}$$

kompakt. Wir erweitern $\mathbb{R}X$ zu einer maximal kompakt eingebetteten abelschen Unteralgebra $\mathfrak{a}_1$ von $\mathfrak{h}$. Mit Aufgabe 1 finden wir ein $h \in H$ mit $\mathrm{Ad}(h)\mathfrak{a} = \mathfrak{a}_1$. Also ist $\exp \mathfrak{a}_1$ abgeschlossen, ein Widerspruch. ∎

Wir kommen nun zu einigen wichtigen Folgerungen aus diesen Resultaten.

III.8.15. Korollar. *Ist G eine halbeinfache zusammenhängende Lie-Gruppe und $\phi: G \to \mathrm{Gl}(n, \mathbb{R})$ eine Darstellung auf $\mathbb{R}^n$, so ist $\phi(G)$ abgeschlossen.*

Beweis. Wir können annehmen, daß ϕ injektiv ist. Sei $\mathfrak{a} \subseteq \mathfrak{g} = \mathbf{L}(G)$ eine maximal kompakt eingebettete abelsche Unteralgebra. Dann finden wir eine maximal kompakt eingebettete Unteralgebra $\mathfrak{k} \subseteq \mathfrak{g}$, die $\mathfrak{a}$ enthält. Nach Korollar III.6.16 ist $\phi(K)$ kompakt für $K := \langle \exp \mathfrak{k} \rangle$, also auch K, denn nach Lemma III.7.9 ist K abgeschlossen in G und daher $\phi|_K$ ein Homöomorphismus. Da $\exp \mathfrak{a}$ in K abgeschlossen ist (Lemma III.7.9), folgt die Abgeschlossenheit von $\phi(\exp \mathfrak{a})$ sofort, und wir können Korollar III.8.14 anwenden. ∎

III.8.16. Lemma. *Ist H eine dichte analytische Untergruppe in der Lie-Gruppe G und $H \neq G$, so ist die Quotientengruppe G/H überabzählbar.*

Beweis. Sei $p: \widetilde{G} \to G$ die universelle Überlagerung von G. Wir setzen $\widetilde{H} := \langle \exp_{\widetilde{G}} \mathbf{L}(H) \rangle$. Dann sind die Gruppen G/H und $\widetilde{G}/p^{-1}(H)$ als Gruppen isomorph. Nun ist aber $\widetilde{G} \cong \widetilde{H} \rtimes V$ mit einer Vektorgruppe V (Satz III.8.10) und $p^{-1}(H) = \ker(p)\widetilde{H}$. Damit ist $\widetilde{G}/p^{-1}(H) \cong V/V \cap (\ker p\widetilde{H})$. Die Gruppe $V \cap (\ker p\widetilde{H})$ ist die Projektion der abzählbaren Gruppe $\ker p \cong \pi_1(G)$ (Korollar III.7.12) auf V, also abzählbar. Wenn $H \neq G$ und damit $V \neq \{0\}$ ist, muß der Quotient wegen der Überabzählbarkeit von V selbst überabzählbar sein. ∎

III.8.17. Satz. *Sei H eine halbeinfache analytische Untergruppe der Lie-Gruppe G.*

1) *Ist G einfach zusammenhängend, so ist H abgeschlossen.*

2) *Ist G kompakt, so ist H abgeschlossen.*

Beweis. 1) Wir wählen zuerst eine Levi-Algebra $\mathfrak{s} \subseteq \mathfrak{g}$, die $\mathfrak{h} := \mathbf{L}(H)$ enthält (Aufgabe II.5.5). Dann ist $S := \langle \exp \mathfrak{s} \rangle$ nach Korollar III.3.16 ein semidirekter Faktor, insbesondere abgeschlossen und einfach zusammenhängend. Wegen $H \subseteq S$

können wir also annehmen, daß $G = S$ halbeinfach ist. Nach Korollar III.8.15 ist $\mathrm{Ad}(H)$ abgeschlossen in $\mathrm{Aut}(\mathfrak{g})$ und somit auch in $\mathrm{Ad}(G)$. Damit ist auch das Urbild $\mathrm{Ad}^{-1}(\mathrm{Ad}(H)) = HZ(G)$ abgeschlossen in G und folglich $\overline{H}/H$ abzählbar, da $Z(G) \cong \pi_1(\mathrm{Ad}(G))$ abzählbar ist (Korollar III.7.12). Die Abgeschlossenheit von H folgt also aus Lemma III.8.16.
2) Ist G kompakt, so ist $\mathbf{L}(G)$ kompakt und daher auch $\mathbf{L}(H)$. Damit ist H kompakt (Satz III.5.13), insbesondere abgeschlossen. ■

III.8.18. Lemma. *Ist für jedes Element X einer Unteralgebra $\mathfrak{a}$ der Lie-Algebra $\mathfrak{g}$ sei die Unteralgebra $\mathbb{R}X$ kompakt eingebettet. Dann ist $\mathfrak{a}$ in $\mathfrak{g}$ kompakt eingebettet.*

Beweis. Sei

$$\mathfrak{a}_0 = \{0\} \subseteq \mathfrak{a}_1 \subseteq \ldots \subseteq \mathfrak{a}_n = \mathfrak{a}$$

ein Jordan-Hölder-Reihe von $\mathfrak{a}$ (Bemerkung II.4.10). Wir zeigen über Induktion nach der Dimension, daß jedes Ideal $\mathfrak{a}_i$ von $\mathfrak{a}$ kompakt eingebettet ist. Für $i = n$ ergibt sich daraus die Behauptung. Ist $i = 0$, so ist nichts zu zeigen. Sei also $\mathfrak{a}_i$ kompakt eingebettet für ein $i < n$. Da $\mathfrak{a}_i$ kompakt eingebettet ist, finden wir ein $\mathfrak{a}_i$-invariantes Komplement $\mathfrak{b}_i$ in $\mathfrak{a}_{i+1}$. Also ist $[\mathfrak{a}_i, \mathfrak{b}_i] \subseteq \mathfrak{b}_i \cap \mathfrak{a}_i = \{0\}$. Es treten zwei Fälle auf.
1. Fall: $\mathfrak{a}_{i+1}/\mathfrak{a}_i \cong \mathbb{R}$. In diesem Fall ist $\mathfrak{a}_{i+1} \cong \mathfrak{a}_i \oplus \mathfrak{b}_i$ und daher ist

$$\mathrm{Inn}_{\mathfrak{g}}\, \mathfrak{a}_{i+1} \subseteq (\mathrm{INN}_{\mathfrak{g}}\, \mathfrak{a}_i)(\mathrm{INN}_{\mathfrak{g}}\, \mathfrak{b}_i)$$

kompakt eingebettet, da $\mathfrak{b}_i$ nach Voraussetzung kompakt eingebettet ist.
2. Fall: $\mathfrak{b} := \mathfrak{a}_{i+1}/\mathfrak{a}_i$ ist einfach. Wir behaupten, daß $\mathfrak{b}$ kompakt ist. Nach Korollar II.4.9 existiert eine zu $\mathfrak{b}$ isomorphe Unteralgebra $\widetilde{\mathfrak{a}}$ von $\mathfrak{a}$ mit $\mathfrak{a}_{i+1} = \mathfrak{a}_i \rtimes \widetilde{\mathfrak{a}}$. Ist $\widetilde{\mathfrak{a}} = \mathfrak{k} + \mathfrak{p}$ eine Cartan-Zerlegung von $\widetilde{\mathfrak{a}}$, so ist keines der Elemente von $\mathfrak{p} \setminus \{0\}$ kompakt eingebettet (Satz III.6.5). Also ist $\widetilde{\mathfrak{a}} = \mathfrak{k}$ kompakt und

$$\mathrm{INN}_{\mathfrak{g}}\, \mathfrak{a}_{i+1} \subseteq (\mathrm{INN}_{\mathfrak{g}}\, \mathfrak{a}_i)(\mathrm{Inn}_{\mathfrak{g}}\, \mathfrak{a})$$

kompakt (Korollar III.6.16). ■

III.8.19. Satz. *Ist H eine dichte analytische Untergruppe der Lie-Gruppe G und $\overline{\exp \mathbb{R}X}$ kompakt für alle $X \in \mathfrak{h}$, so ist G kompakt.*

Beweis. Nach Lemma III.8.18 ist $\mathfrak{h}$ in $\mathfrak{g}$ kompakt eingebettet und daher

$$\overline{\mathrm{Ad}(G)} \subseteq \overline{\mathrm{Ad}(H)}$$

kompakt. Also ist $\mathfrak{g}$ eine kompakte Lie-Algebra und G nach Satz III.5.14 ein direktes Produkt einer Vektorgruppe V und einer kompakten Gruppe K. Sei $p_V : G \to V$ die Projektion auf den direkten Faktor V. Dann ist $p_V(H)$ dicht und der Abschluß jeder Einparametergruppe aus H ist kompakt in G. Das ist nur für $V = \{0\}$ möglich. ■

Übungsaufgaben zum Abschnitt III.8

1. Man beweise die folgende Verschärfung von Satz III.7.10.a): Sind $\mathfrak{k}_1$ und $\mathfrak{k}_2$ zwei maximal kompakt eingebettete (abelsche) Unteralgebren von $\mathfrak{g}$, so findet man sogar ein Element $\gamma \in \mathrm{Inn}_{\mathfrak{g}}\, \mathfrak{g}$ mit $\gamma(\mathfrak{k}_1) = \mathfrak{k}_2$. Hinweis: Korollar III.8.12 und der Beweis von Satz III.7.10.

2. Ist $\alpha: G_1 \to G_2$ ein Quotientenhomomorphismus topologischer Gruppen, so ist eine Untergruppe $H \subseteq G_2$ genau dann dicht, wenn $\alpha^{-1}(H)$ dicht in G_1 ist.

3. Wir betrachten den Torus $\mathbb{T}^n := \mathbb{R}^n/\mathbb{Z}^n$ mit der Exponentialfunktion

$$\exp: \mathbb{R}^n \to \mathbb{T}^n, x \mapsto x + \mathbb{Z}^n.$$

Wir untersuchen die Frage für welche Untervektorräume $V \subseteq \mathbb{R}^n$ die Untergruppe $\exp(V)$ dicht in $\mathbb{T}^n$ ist. Man zeige Schritt für Schritt, daß folgende Aussagen äquivalent sind:

a) $\exp V$ ist dicht in $\mathbb{T}^n$.

b) $V + \mathbb{Z}^n$ ist dicht in $\mathbb{R}^n$.

c) Es existiert keine Matrix $0 \neq A \in \mathrm{M}(n, \mathbb{Z})$, so daß $AV = \{0\}$. Hinweis: Lemma III.5.10.

d) Es existiert kein $z \in \mathbb{Z}^n \cap V^\perp \setminus \{0\}$.

f) Sei $\mathcal{B} = \{v_1, ..., v_m\}$ eine Basis von V. Der $\mathbb{Q}$-Vektorraum $\langle \mathcal{B}, \mathbb{Q}^n \rangle \subseteq \mathbb{R}$ hat die Dimension n.

4. Für den Spezialfall $V = \mathbb{R}X$ besagt Aufgabe 3, daß $\exp \mathbb{R}X$ genau dann dicht in dem Torus $\mathbb{T}^n$ ist, wenn die Komponenten von X über $\mathbb{Q}$ linear unabhängig sind. Wir nehmen nun zusätzlich an, daß sie sogar von 1 linear unabhängig sind, was man durch eine Skalierung immer erreichen kann. Man zeige, daß in diesem Fall schon $\exp \mathbb{N}X$ dicht in $\mathbb{T}^n$ liegt. Sei dazu $A := \overline{\exp \mathbb{N}Z}$.

a) A ist kompakt und $AA \subseteq A$.

b) Es gibt eine Folge $n_k \in \mathbb{N}$ mit $\exp(n_k X) \to \mathbf{1}$. Hinweis: Man betrachte einen Häufungspunkt g der Folge $\exp(nX)$ mit $\exp(m_k X) \to g$. Dann gilt $\exp\big((m_{k+1} - m_k)X\big) \to \mathbf{1}$.

c) A ist eine Gruppe. Hinweis: Für $n \in \mathbb{N}$ und $\exp(n_k X) \to \mathbf{1}$ konvergiert $\exp\big((n_k - n)X\big)$ gegen $\exp(-nX)$.

d) Es gibt ein $n_0 \in \mathbb{N}$ mit $\exp(n_0 X) \in A_0$.

e) Ist $A_0 \neq G$, so existiert $z \in \mathbb{Z}^n \setminus \{0\}$ mit $\langle z, X \rangle \in \mathbb{Z}$. Das wäre ein Widerspruch zur Voraussetzung.

f) Man zeige die Umkehrung, nämlich daß $\overline{\exp(\mathbb{N}X)} \neq \mathbb{T}^n$ ist, wenn die Koeffizienten zusammen mit 1 über $\mathbb{Q}$ linear abhängig sind.

5. Mit den Bezeichnungen aus Aufgabe 3 zeige man, daß $\dim \overline{\exp V}$ mit der Dimension von $\langle \mathcal{B}, \mathbb{Q}^n \rangle$ über $\mathbb{Q}$ in $\mathbb{R}$ übereinstimmt.

6. Sei $\gamma : \mathbb{R} \to \mathbb{T}^2 = \{(z_1, z_2) \in \mathbb{C}^2 : |z_1| = |z_2| = 1\}$ ein Homomorphismus mit dichtem Bild. Im folgenden fassen wir $\mathbb{C}^2$ als Algebra mit der komponentenweisen Multiplikation auf. Man zeige :
a) Die Abbildung $\mathbb{R} \times \mathbb{C}^2 \to \mathbb{C}^2 : (t, x) \mapsto \gamma(t)x$ definiert eine Wirkung von $\mathbb{R}$ auf $\mathbb{C}^2$.
b) $G := \mathbb{C}^2 \rtimes_\gamma \mathbb{R}$ ist eine auflösbare Lie-Gruppe der Dimension 5 und $Z(G) = \{\mathbf{1}\}$.
c) $\mathfrak{k} := \{0\} \times \mathbb{R}$ ist eine maximal kompakt eingebettete Unteralgebra und eine Cartan-Algebra von $\mathbf{L}(G) = \mathbb{C}^2 \rtimes \mathbb{R}$.
d) Die Abbildung $\alpha(z)(x, t) := (zx, t)$ definiert einen Homomorphismus $\alpha: \mathbb{T}^2 \to \mathrm{Aut}(G)$.
e) $\alpha(\mathbb{T}^2) \subseteq \mathrm{INN}_{\mathfrak{g}} \mathfrak{k}$ aber $\alpha(\mathbb{T}^2) \not\subseteq \mathrm{Inn}_{\mathfrak{g}} \mathfrak{k}$.

7. Sind H_1, H_2 analytische Untergruppen der Lie-Gruppe G und $H_2 \subseteq N_G(\mathbf{L}(H_1))$ (vgl. III.3.3), so ist H_1H_2 eine analytische Untergruppe von G mit

$$\mathbf{L}(H_1H_2) = \mathbf{L}(H_1) + \mathbf{L}(H_2).$$

§9 Komplexe Lie-Gruppen

Unser nächstes Ziel ist es, die linearen Lie-Gruppen zu charakterisieren, d.h. diejenigen, die eine endlichdimensionale treue Darstellung haben. Da wir uns im ersten Kapitel im wesentlichen nur mit diesen Gruppen beschäftigt haben, ist es an dieser Stelle nur natürlich die Frage zu stellen, wie man denn eine lineare Lie-Gruppe erkennt. Wir wissen schon aus §III.2, daß jede zusammenhängende Lie-Gruppe G lokal linear ist, d.h. entweder Überlagerung einer linearen Lie-Gruppe ist oder von einer linearen Lie-Gruppe überlagert wird. Ist G zum Beispiel die universelle Überlagerung der Gruppe $\mathrm{Sl}(2, \mathbb{R})$, so können wir aus der Cartan-Zerlegung von $\mathrm{Sl}(2, \mathbb{R})$ ablesen, daß $\pi_1(\mathrm{Sl}(2, \mathbb{R})) = \pi_1(\mathbb{R}/\mathbb{Z}) \cong \mathbb{Z}$ ist. Also ist das Zentrum von G unendlich. Andererseits haben wir in Korollar III.6.10 bewiesen, daß jede halbeinfache lineare Lie-Gruppe nur ein endliches Zentrum hat. Die Gruppe G ist also ein Beispiel für eine "nichtlineare" Lie-Gruppe (vgl. Aufgabe I.9.6). Ist nun $D \subseteq Z(G)$ irgendeine nicht-triviale Untergruppe, so ist G/D eine halbeinfache Lie-Gruppe mit endlichem Zentrum. Ist G/D linear? Die Antwort ist im allgemeinen nein. Das kommt daher, daß zu jedem Homomorphismus $\alpha: G/D \to \mathrm{Gl}(n, \mathbb{R})$ auch ein Homomorphismus der komplexen einfach zusammenhängenden Lie-Gruppe $\mathrm{Sl}(2, \mathbb{C}) \to \mathrm{Gl}(n, \mathbb{C})$ existiert (Aufgabe 1), dessen Ableitung mit $d\alpha(\mathbf{1})_{\mathbb{C}} : \mathrm{sl}(2, \mathbb{C}) \to \mathrm{gl}(n, \mathbb{C})$ übereinstimmt. Das bedeutet in unserem Fall, daß G/D ein Quotient von der, zu $\mathrm{sl}(2, \mathbb{R})$ in $\mathrm{Sl}(2, \mathbb{C})$ gehörigen, analytischen Untergruppe $\mathrm{Sl}(2, \mathbb{R})$ sein muß. Das ist aber nur dann der Fall, wenn entweder $D = Z(G)$ oder $Z(G)/D \cong \mathbb{Z}_2 = \mathbb{Z}/2\mathbb{Z}$ ist. Ein Hindernis für treue Darstellungen ist also, daß G nicht in einer komplexen Gruppe sitzt. Wir werden in diesem Anschnitt sehen, daß man zu jeder Lie-Gruppe G eine komplexe Lie-Gruppe $G_{\mathbb{C}}$ so finden kann, daß der Kern eines Homomorphismus $\alpha: G \rightarrow G_{\mathbb{C}}$ minimal wird. Nun stellt sich aber das Problem für komplexe Lie-Gruppen treue Darstellungen zu finden. Im halbeinfachen Fall läßt sich das Problem mittels kompakter Formen auf kompakte Lie-Gruppe zurückführen. Aber an dieser Stelle tritt ein wesentliches Problem auf. Hat eine kompakte einfache Lie-Gruppe eine treue endlichdimensionale Darstellung? Wir wissen zwar schon, daß die adjungierte Darstellung nur einen endlichen Kern hat, aber finden wir auch eine, die die Elemente dieses Kerns nicht auf die **1** abbildet? Um diese Frage zu bejahen werden einige funktionalanalytische Hilfsmittel benötigt, die wir uns zuerst verschaffen müssen.

Darstellungen kompakter Gruppen

Wir möchten zeigen, daß für eine kompakte Gruppe G zu jedem Element $g \in G \setminus \{\mathbf{1}\}$ eine endlichdimensionale Darstellung $\pi: G \rightarrow \mathrm{Gl}(n, \mathbb{R})$ mit $\pi(g) \neq \mathbf{1}$ existiert. Wir werden uns dazu zuerst Darstellungen auf unendlichdimensionalen Hilberträumen anschauen müssen, um dort endlichdimensionale invariante Teilräume zu finden, die unser Problem lösen.

III.9.1. Definition. Sei H ein komplexer Hilbertraum. Die Menge $U(H)$ der komplex linearen Isometrien wird die *unitäre Gruppe* genannt. Ein beschränkter Operator (vgl. Aufgabe I.1.1) A auf H heißt *symmetrisch*, wenn

$$(Av, w) = (v, Aw) \qquad \forall v, w \in H.$$

Sei nun G eine kompakte Gruppe. Ein Homomorphismus

$$\pi: G \rightarrow U(H)$$

heißt eine *unitäre Darstellung* von G, wenn für jedes Element $v \in H$ die Abbildung

$$G \rightarrow H, \qquad g \mapsto \pi(g)v$$

stetig ist. ■

Im folgenden sei dm immer ein normiertes Haarsches Maß auf G.

III.9.2. Definition. Auf dem Raum $C(G)$ aller komplexen stetigen Funktionen auf G betrachten wir das Skalarprodukt

$$(f,g) := \int_G f(x)\overline{g(x)}\, dm(x).$$

Es folgt sofort aus der Definition des Haarschen Maßes, daß dadurch eine positiv definite Sesquilinearform auf $C(G)$ definiert wird, und daß

$$||f||_2 := \sqrt{(f,f)} \leq ||f||_\infty := \max\{|f(x)|: x \in G\}$$

gilt. Damit wird $\big(C(G),(\cdot,\cdot)\big)$ zu einem unitären Vektorraum. Dessen Vervollständigung wird mit $L^2(G)$ bezeichnet. ■

III.9.3. Lemma. *Für $f \in C(G)$ und $x \in G$ gilt*

$$||f \circ \lambda_x||_2 = ||f||_2.$$

D.h. die Abbildung $f \mapsto f \circ \lambda_x, C(G) \to C(G)$ ist unitär.

Beweis. Das folgt sofort aus der Invarianz des Haarschen Maßes. ■

III.9.4. Definition. Für $f = \lim_{n\to\infty} f_n \in L^2(G)$ mit $f_n \in C(G)$ setzen wir

$$\pi(g)f := \lim_{n\to\infty} f \circ \lambda_{g^{-1}}.$$

Die Existenz des Grenzwerts folgt aus Lemma III.9.3. ■

III.9.5. Satz. *Durch*

$$\pi: G \to U\big(L^2(G)\big)$$

wird eine unitäre Darstellung von G definiert.

Beweis. Es folgt sofort aus der Definition, daß $\pi(g)$ für alle $g \in G$ unitär ist, denn für $f = \lim f_n$ ist $||f||_2 = \lim ||f_n||_2$ und daher

$$||\pi(g)f||_2 = \lim ||\pi(g)f_n||_2 = \lim ||f_n||_2 = ||f||_2.$$

Sei nun $\varepsilon > 0$, $g \in G$ und $f \in L^2(G)$. Wir wählen $h \in C(G)$ mit $||f - h|| < \frac{\varepsilon}{3}$. Da h gleichmäßig stetig ist, existiert eine Umgebung U von g mit

$$||\pi(g)h - \pi(g')h||_2 \leq ||h \circ \lambda_{g^{-1}} - h \circ \lambda_{g'^{-1}}||_\infty < \frac{\varepsilon}{3} \qquad \forall g' \in U.$$

Damit ist

$$\begin{aligned} ||\pi(g)f - \pi(g')f||_2 &\leq ||\pi(g)(f-h)||_2 + ||\pi(g)h - \pi(g')h||_2 + ||\pi(g')(h-f)||_2 \\ &\leq ||f-h||_2 + \frac{\varepsilon}{3} + ||h-f||_2 \leq \varepsilon. \end{aligned}$$

Also ist die Abbildung $G \mapsto L^2(G), g \mapsto \pi(g)f$ für alle f stetig. ■

Jetzt haben wir unsere unitäre Darstellung.

III.9.6. Lemma. *Die Darstellung π ist treu.*

Beweis. Sei $g \in G \setminus \mathbf{1}$. Mit dem Satz von Urysohn (A.44) finden wir eine stetige Funktion $f \in C(G)$ mit $f(\mathbf{1}) = 0$ und $f(g^{-1}) = 1$. Damit ist $\pi(g)f(\mathbf{1}) = f(g^{-1}) = 1 \neq f(\mathbf{1})$. Also $\pi(g) \neq \mathrm{id}_{L^2(G)}$. ∎

Um zu invarianten Unterräumen zu kommen, gibt es viele Möglichkeiten. Zum Beispiel bekommt man sie als Eigenräume von *Vertauschungsoperatoren*.

III.9.7. Lemma. *Ist $A: H \to H$ eine stetige lineare Abbildung, für die*

$$\pi(g)A = A\pi(g) \qquad \forall g \in G$$

gilt. Wenn

$$H_\lambda := \{x \in H: Ax = \lambda x\} \qquad \text{für} \quad \lambda \in \mathbb{C},$$

so ist $\pi(G)H_\lambda \subseteq H_\lambda$.

Beweis. Sei $x \in H_\lambda$ und $g \in G$. Dann ist

$$A\pi(g)x = \pi(g)Ax = \pi(g)\lambda x = \lambda\pi(g)x.$$

∎

Für unsere Anwendungen möchten wir endlichdimensionale Eigenräume haben. Dazu müssen wir aber eine Anforderung an den Operator A stellen.

III.9.8. Definition. Eine lineare Abbildung $A: H \to H$ heißt *kompakt*, wenn das Bild jeder beschränkten Folge eine konvergente Teilfolge hat. Daraus folgt unmittelbar, daß A beschränkt ist (Aufgabe 6). ∎

III.9.9. Lemma. *Sei $\chi \in C(G)$ reell mit $\chi(x) = \chi(x^{-1})$. Dann wird durch*

$$K_\chi(h): L^2(G) \to C(G), \qquad g \mapsto \big(h, \pi(g)\chi\big)$$

ein symmetrischer kompakter Operator definiert, der mit $\pi(G)$ vertauscht.

Beweis. Zunächst ist klar, daß $K_\chi(h) \in C(G)$ ist. Für $h, h' \in L^2(G)$ folgt mit Lemma III.4.7, daß

$$\begin{aligned}
\big(h, K_\chi(h')\big) &= \int_G h(g)\overline{\big(h', \pi(g)\chi\big)}\, dm(g) \\
&= \int_G \int_G h(g)\overline{h'(x)}\chi(g^{-1}x)\, dm(x)dm(g) \\
&= \int_G \int_G h(g)\overline{h'(x)}\chi(x^{-1}g)\, dm(g)dm(x) \\
&= \int_G \overline{h'(x)}\big(h, \pi(x)\chi\big)\, dm(x) \\
&= \big(K_\chi(h), h'\big)
\end{aligned}$$

Also ist K_χ symmetrisch.

Die Invarianz folgt sofort mit

$$\pi(g)K_\chi(h)(x) = \big(h, \pi(g^{-1}x)\chi\big) = \big(\pi(g)h, \pi(x)\chi\big) = \big(K_\chi \circ \pi(g)h\big)(x).$$

Um die Kompaktheit von K_χ zu zeigen, wollen wir den Satz von Ascoli anwenden (A.49). Wegen

$$||K_\chi(h)||_\infty \leq ||h||_2||\chi||_2 < ||h||_2||\chi||_\infty$$

ist das Bild jeder beschränkten Menge in $L^2(G)$ sogar beschränkt in $C(G)$. Sei also $\varepsilon > 0$, $g \in G$ und $||h||_2 \leq M$. Wegen der Stetigkeit der Funktion $g \mapsto \pi(g)\chi$ existiert eine Umgebung U von g mit $||\pi(g')\chi - \pi(g)\chi||_2 < \varepsilon$ für $g' \in U$. Also ist

$$|K_\chi(h)(g) - K_\chi(h)(g')| \leq M\varepsilon.$$

Der Satz von Ascoli garantiert nun die Existenz einer gleichmäßig konvergenten Teilfolge von $K_\chi(h_n)$ für jede beschränkte Folge h_n. Insbesondere ist diese Folge in $L^2(G)$ konvergent. ■

III.9.10. Lemma. *Ist E ein abgeschlossener Unterraum des Hilbertraums H, so ist $H = E \oplus E^\perp$, wobei $E^\perp = \{x \in H : (x, E) = \{0\}\}$.*

Beweis. Zunächst ist klar, daß $E^\perp$ wieder abgeschlossen ist (Cauchy-Schwartzsche Ungleichung). Wir können $E \neq H$ annehmen. Sei $x \in H \setminus E$ und $x_n \in E$ mit $||x_n - x|| \to d := \inf\{||y - x|| : y \in E\}$. In der Parallelogrammgleichung (Aufgabe 4)

$$||x_n + x_m - 2x||^2 + ||x_n - x_m||^2 = 2||x_n - x||^2 + 2||x_m - x||^2$$

geht die rechte Seite gegen $4d^2$ und so gilt $||x_n + x_m - 2x||^2 \geq 4d^2$. Also ist x_n eine Cauchy Folge, die gegen ein Element $x_0 \in E$ konvergiert. Für $y \in E$ ist die Funktion

$$||x_0 + \lambda y - x_0||^2 = ||x - x_0||^2 + |\lambda|^2||x_0||^2 + 2\,\mathrm{Re}\,\lambda(x - x_0, y)$$

in $\lambda = 0$ minimal. Also $x - x_0 \in E^\perp$ (Aufgabe 5). ■

III.9.11. Satz. *Für einen kompakten symmetrischen Operator $0 \neq A: H \to H$ seien H_λ die Eigenräume zu den Eigenwerten $\lambda \in \mathbb{C}$. Dann gelten folgende Aussagen:*

1) $||A|| = \sup\{|(Ax, x)| : x \in H, ||x|| = 1\}$.
2) $||A||$ *oder* $-||A||$ *ist ein Eigenwert.*
3) *Für jedes* $\varepsilon > 0$ *ist* $\bigoplus_{|\lambda|>\varepsilon} H_\lambda$ *endlichdimensional.*
4) $\bigoplus_{\lambda \in \mathbb{C}} H_\lambda$ *ist dicht in* H.

Beweis. 1) Zunächst folgt $(Ax,x) \leq ||Ax||\,||x|| \leq ||A||$ aus der Cauchy-Schwartz-Ungleichung. Also ist obiges Supremum, das wir mit M bezeichnen, kleiner oder gleich $||A||$. Um $M = ||A||$ zu zeigen, bleibt die Beziehung $||A|| \leq M$ zu verifizieren. Sei dazu $||x|| = 1$, $Ax \neq 0$ und $y := \frac{1}{||Ax||}Ax$. Dann ist $(Ax,y) = ||Ax|| = (x,Ay)$ und daher

$$4||Ax|| = \big(A(x+y),x+y\big) - \big(A(x-y),x-y\big) \leq M(||x+y||^2 + ||x-y||^2) = 4M.$$

Das zeigt die erste Behauptung.
2) Sei nun $||x_n|| = 1$ und o.B.d.A. $(Ax_n,x_n) \to ||A||$. Dann ist

$$\begin{aligned} 0 &\leq ||Ax_n - ||A||x_n||^2 = ||Ax_n||^2 - 2||A||(Ax_n,x_n) + ||A||^2 \\ &\leq 2||A||\big(||A|| - (Ax_n,x_n)\big) \to 0. \end{aligned}$$

Wegen der Kompaktheit von A können wir annehmen, daß $Ax_n \to x$. Dies führt mit obiger Rechnung zu der Konvergenz von $||A||x_n$ gegen x. Wir können annehmen, daß $A \neq 0$ ist und setzen $y := \frac{1}{||A||}x$. Dann ist $x_n \to y$ und $||y|| = 1$ mit

$$Ay - ||A||y = \lim(Ax_n - ||A||x_n) = 0.$$

Also ist $||A||$ oder $-||A||$ ein Eigenwert.
3) Sei $\lambda \neq 0$ ein Eigenwert. Die Einschränkung auf H_λ ist ein kompakter Operator. Mithin ist die identische Abbildung auf diesem Hilbertraum kompakt. Also ist H_λ endlichdimensional, weil man für jeden unendlichdimensionalen Hilbertraum H sukzessive eine Folge $e_n \in H$ konstruieren kann, so daß $(e_{n+1},e_i) = 0$ für $i = 1,...,n$ und $||e_i|| = 1$ gilt. Diese Folge hat keine konvergente Teilfolge, da $||e_i - e_j||^2 = 2$ für $i \neq j$ gilt. Also sind alle Eigenräume mit $|\lambda| > \varepsilon$ endlichdimensional. Ist $x \in H_\lambda$ und $y \in H_\mu$ mit $\mu \neq \lambda$, so ist

$$(\lambda - \mu)(x,y) = (Ax,y) - (x,Ay) = 0,$$

da A symmetrisch ist. Daher sind Eigenräume zu verschiedenen Eigenwerten orthogonal. Gäbe es unendlich viele verschieden Eigenwerte λ_n deren Betrag größer als ε ist, so hätte man eine Folge $x_n \in H_{\lambda_n}$ mit $||x_n|| = 1$. Dann ist $||Ax_n - Ax_m||^2 = (\lambda_n^2 + \lambda_m^2) \geq 2\varepsilon^2$ und das führt wie oben zum Widerspruch.
4) Sei E der Abschluß von $\bigoplus_\lambda H_\lambda$. Dann läßt A mit E auch das orthogonale Komplement $E^\perp$ invariant, denn aus $y \in E^\perp$ und $x \in E$ folgt $(Ay,x) = (y,Ax) = 0$. Wäre $E^\perp \neq 0$, so wäre auch $AE^\perp \neq 0$, da $H_0 \subseteq E$. Nach 2) hätte A in diesem Fall aber einen Eigenvektor in $E^\perp$, ein Widerspruch. Also ist $E^\perp = 0$ und E daher dicht (Lemma III.9.10), da

$$H = \overline{E} \oplus \overline{E}^\perp = \overline{E} \oplus E^\perp.$$

■

III.9.12. Satz. *Zu jedem Element $g \neq \mathbf{1}$ einer kompakten Gruppe G existiert eine endlichdimensionale unitäre Darstellung ρ von G mit $\rho(g) \neq \mathbf{1}$.*

Beweis. Wegen Lemma III.9.7, Lemma III.9.9 und Satz III.9.11 genügt es, eine reelle stetige Funktion χ auf G zu finden, so daß $\pi(g)K_\chi \neq K_\chi$ ist, denn dann wirkt $\pi(g)$ nicht-trivial auf einem der endlichdimensionalen Eigenräume von K_χ. Sei dazu U eine symmetrische Einsumgebung in G mit $g \notin U^2$. Dann ist $U \cap gU = \emptyset$. Wir finden eine nicht-negative reelle stetige Funktion χ_1 mit Träger in U für die $\chi_1(\mathbf{1}) = \mathbf{1}$ ist und setzen $\chi(x) := \chi_1(x)\chi_1(x^{-1})$. Damit ist $\text{supp}(\chi) \subseteq U$ und $\text{supp}\big(\pi(g)\chi\big) \subseteq gU$. Also $K_\chi(\chi) = 0$. Aber es gilt $\big(K_\chi \circ \pi(g)\chi\big)(g) = ||\pi(g)\chi||^2 > 0$. ■

Wir kommen nun wieder zurück zu den Lie-Gruppen. Man könnte an dieser Stelle noch viel tiefer in die Darstellungstheorie der kompakten Gruppen gehen. Das notwendige Rüstzeug hat man mit obigen Resultaten. Wir möchten aber nicht zu weit von dem Weg abweichen, der uns zu der Charakterisierung der linearen Lie-Gruppen führt. Für kompakte Lie-Gruppen läßt sich obiges Resultat wesentlich verschärfen.

III.9.13. Korollar. *Ist K eine kompakte Lie-Gruppe, so hat K eine treue endlichdimensionale unitäre Darstellung.*

Beweis. Da jede abgeschlossene Untergruppe H von K kompakt ist, hat H nur endlich viele Komponenten. Aus Dimensionsgründen ist daher die Länge jeder maximalen Kette von normalen abgeschlossenen Untergruppen

$$K = K_0 \supseteq K_1 \supseteq K_2 \supseteq \ldots \supseteq K_n = \{\mathbf{1}\}$$

mit $K_i \neq K_{i+1}$ endlich (Übung). Die Existenz einer maximalen Kette kann man entweder mit dem Lemma von Zorn oder direkt durch Auffüllen jeder gegebenen Kette induktiv zeigen. Wir zeigen das Korollar über Induktion nach der minimalen Länge $l(K) = n$ einer solchen maximalen Kette. Für $l(K) = 0$ ist $K = \{\mathbf{1}\}$ und es ist nichts zu zeigen. Sei also $l(K) > 0$ und die Behauptung gelte für kompakte Lie-Gruppen U mit $l(U) < l(K)$. Wir wählen eine maximale Kette minimaler Länge.

Sei $g \in K_{n-1} \setminus \{\mathbf{1}\}$. Mit Satz III.9.12 finden wir eine Darstellung $\alpha_1 : K \to \text{Gl}(n_1, \mathbb{R})$ mit $\alpha_1(g) \neq \mathbf{1}$. Wir setzen $U = K/K_{n-1}$. Dann ist $l(U) < l(K)$, denn

$$U = K_0/K_{n-1} \supseteq K_1/K_{n-1} \supseteq K_2/K_{n-1} \supseteq \ldots \supseteq K_{n-1}/K_{n-1} = \{\mathbf{1}\}$$

ist eine Kette der Länge $l(K) - 1$ in U. Mit der Induktionsvoraussetzung existiert also eine treue Darstellung $\alpha_2 : U \to \text{Gl}(n_2, \mathbb{R})$. Wir setzen

$$\alpha : K \to \text{Gl}(n_1, \mathbb{R}) \times \text{Gl}(n_2, \mathbb{R}) \subseteq \text{Gl}(n_1 + n_2, \mathbb{R}), \qquad k \mapsto \big(\alpha_1(k), \alpha_2(kK_{n-1})\big).$$

Dann ist α injektiv, denn für $\alpha(k) = \mathbf{1}$ ist zunächst $k \in K_{n-1}$, da α_2 injektiv ist. Aber wegen $\alpha_1(K_{n-1}) \neq \{\mathbf{1}\}$ ist die Einschränkung von α auf K_{n-1} injektiv, da K_{n-1} minimale normale abgeschlossene Untergruppe war. Also $k = \mathbf{1}$. ■

Komplexe halbeinfache Lie-Gruppen

Sei G eine komplexe halbeinfache zusammenhängende Lie-Gruppe und $\mathfrak{g}$ deren Lie-Algebra. Nach III.6.17 existiert eine kompakte Form $\mathfrak{k}$ von $\mathfrak{g}$. D.h. $\mathfrak{k}$ ist eine kompakte halbeinfache Lie-Algebra mit $\mathfrak{g} \cong \mathfrak{k}_{\mathbb{C}}$. Wir setzen $K := \langle \exp \mathfrak{k} \rangle \subseteq G$.

III.9.14. Lemma. *Die Untergruppe K ist maximal kompakt in G und $Z(G)$ ist eine endliche Untergruppe von K.*

Beweis. Zunächst ist $\mathfrak{k}$ maximal kompakt eingebettet (Lemma III.6.3). Da $\mathfrak{k}$ halbeinfach ist, muß K kompakt sein (Satz III.5.13). Satz III.6.25 zeigt nun, daß K maximal kompakt in G ist. Das Zentrum ist wegen Satz III.7.11 in K enthalten und daher endlich, da es diskret in der kompakten halbeinfachen Lie-Gruppe K ist. ■

III.9.15. Definition. Im folgenden nennen wir einen Homomorphismus $\alpha : G_1 \to G_2$ komplexer Lie-Gruppen *holomorph*, wenn $d\alpha(\mathbf{1})$ eine komplex lineare Abbildung ist.

Ohne Beweis merken wir an, daß dann $\alpha: G_1 \to G_2$ eine holomorphe Abbildung zwischen den komplexen Mannigfaltigkeiten G_1 und G_2 ist.

Eine Untergruppe H einer komplexen Lie-Gruppe G heißt eine *komplexe Lie-Untergruppe*, wenn H abgeschlossen und $\mathbf{L}(H)$ ein komplexer Untervektorraum von $\mathbf{L}(G)$ ist. Für eine Teilmenge M einer komplexen Lie-Gruppe G schreiben wir $\langle M \rangle_{\mathbb{C}-\text{Gruppe}}$ für die kleinste komplexe Lie-Untergruppe von G, die M enthält (Aufgabe 7). ■

III.9.16. Satz. *Sei G eine zusammenhängende Lie-Gruppe, so daß $\mathfrak{g} = \mathbf{L}(G)$ reduktiv, G' eine komplexe Lie-Gruppe und $Z(G)_0$ kompakt ist. Dann hat G eine treue endlichdimensionale Darstellung $\pi: G \to \mathrm{Gl}(n, \mathbb{C})$, so daß $\pi|_{G'}$ holomorph ist.*

Beweis. Wir fixieren eine kompakte Form $\mathfrak{k}$ von $\mathfrak{g}'$ und betrachten die Untergruppe $K = Z(G)_0 \langle \exp \mathfrak{k} \rangle = \langle \exp \mathfrak{k} + Z(\mathfrak{g}) \rangle$ von G. Gemäß Lemma III.9.14 und unserer Voraussetzung ist K kompakt. Mit Korollar III.9.13 finden wir für K eine treue Darstellung $\alpha: K \to \mathrm{Gl}(n, \mathbb{R})$. Der Homomorphismus $d\alpha(\mathbf{1}): \mathbf{L}(K) = Z(\mathfrak{g}) + \mathfrak{k} \to \mathfrak{gl}(n, \mathbb{R})$ induziert einen Homomorphismus $d\alpha(\mathbf{1})_{\mathbb{C}}: \mathfrak{g} = Z(\mathfrak{g}) \oplus \mathfrak{k}_{\mathbb{C}} \to \mathfrak{gl}(n, \mathbb{C})$, der auf $\mathfrak{k}_{\mathbb{C}}$ komplex linear ist. Für die universelle Überlagerung $p: \widetilde{G} \to G$ mit $dp(\mathbf{1}) = \mathrm{id}_{\mathfrak{g}}$ finden wir daher einen Homomorphismus $q: \widetilde{G} \to \mathrm{Gl}(n, \mathbb{C})$ mit $dq(\mathbf{1}) = d\alpha(\mathbf{1})_{\mathbb{C}}$. Sei D dessen Kern, $D_1 = \ker p$ und $\widetilde{K} := \langle \exp_{\widetilde{G}} (Z(\mathfrak{g}) + \mathfrak{k}) \rangle$. Ist $d \in D_1$, so existiert nach Satz III.7.11 ein $X \in Z(\mathfrak{g}) + \mathfrak{k}$ mit $\exp X = d$ und daher ist

$$\begin{aligned} q(d) &= q(\exp_{\widetilde{G}} X) = \exp\big(dq(\mathbf{1})X\big) = \exp\big(d\alpha(\mathbf{1})_{\mathbb{C}} X\big) \\ &= \exp\big(d\alpha(\mathbf{1})X\big) = \alpha(\exp_G X) = \alpha(\mathbf{1}) = \mathbf{1}. \end{aligned}$$

Folglich ist $D_1 \subseteq D$, und es existiert eine Darstellung $\pi: G \to \mathrm{Gl}(n, \mathbb{C})$ mit $\pi \circ p = q$. Wir zeigen, daß π treu ist, d.h., daß auch $D \subseteq D_1$ gilt. Ist $d \in D$, so ist $p(d) \in K$, weil D ein diskreter Normalteiler also zentral ist, und $\pi \circ p(d) = q(d) = \mathbf{1}$. Wegen $d\pi(\mathbf{1})|_{Z(\mathfrak{g})+\mathfrak{k}} = d\alpha(\mathbf{1})$ ist $\pi|_K = \alpha$ injektiv und daher $p(d) = \mathbf{1}$, d.h. $d \in D_1$. ∎

III.9.17. Korollar. *Jede zusammenhängende halbeinfache komplexe Lie-Gruppe hat eine treue endlichdimensionale holomorphe Darstellung.* ∎

Damit können wir nun auch den Satz beweisen, den wir schon in der Einleitung erwähnt haben. Wie schon in §III.3 bezeichnen wir für eine endlichdimensionale Lie-Algebra $\mathfrak{g}$ die zugehörige einfach zusammenhängende Gruppe mit $G(\mathfrak{g})$.

III.9.18. Satz. *Sei G eine halbeinfache reelle Lie-Gruppe mit $\mathfrak{g} = \mathbf{L}(G)$ und $\sigma: G(\mathfrak{g}) \to G(\mathfrak{g}_{\mathbb{C}})$ der Homomorphismus, für den $d\sigma(\mathbf{1}) : \mathfrak{g} \to \mathfrak{g}_{\mathbb{C}}$ die kanonische Einbettung ist. Sei Q der Kern von σ und $p: G(\mathfrak{g}) \to G$ die universelle Überlagerung mit $dp(\mathbf{1}) = \mathrm{id}_{\mathfrak{g}}$. Dann verschwindet jede endlichdimensionale Darstellung von G auf $p(Q)$, und es existiert eine endlichdimensionale Darstellung π von G, für die $\ker \pi = p(Q)$ ist.*

$$\begin{array}{ccccc} Q & \longrightarrow & G(\mathfrak{g}) & \xrightarrow{\sigma} & G(\mathfrak{g}_{\mathbb{C}}) \\ & & \downarrow p & & \downarrow \\ & & G & \longrightarrow & G_{\mathbb{C}} \end{array}$$

Beweis. Sei $\pi: G \to \mathrm{Gl}(n, \mathbb{R})$ eine Darstellung von G. Wir finden eine Darstellung $\pi_{\mathbb{C}}: G(\mathfrak{g}_{\mathbb{C}}) \to \mathrm{Gl}(n, \mathbb{C})$ mit $d\pi_{\mathbb{C}}(\mathbf{1}) = d\pi(\mathbf{1})_{\mathbb{C}}: \mathfrak{g}_{\mathbb{C}} \to \mathrm{gl}(n, \mathbb{C})$. Daher ist $\pi_{\mathbb{C}} \circ \sigma$ eine Darstellung von $G(\mathfrak{g})$ in $\mathrm{Gl}(n, \mathbb{R})$ mit $d(\pi_{\mathbb{C}} \circ \sigma) = d\pi(\mathbf{1})$. Also ist $\pi \circ p = \pi_{\mathbb{C}} \circ \sigma$ und folglich $\pi \circ p(Q) = \pi_{\mathbb{C}} \circ \sigma(Q) = \{\mathbf{1}\}$.

Um zu sehen, daß eine Darstellung π mit $\ker \pi = p(Q)$ existiert, wählen wir mit Satz III.9.16 eine treue komplexe Darstellung α von $G(\mathfrak{g}_{\mathbb{C}})/\sigma(D)$, wobei $D = \ker p$ ist (Aufgabe 9). Damit faktorisiert der Homomorphismus $\sigma: G(\mathfrak{g}) \to G(\mathfrak{g}_{\mathbb{C}})$ zu einem Homomorphismus $\widetilde{\sigma}$, so daß das folgende Diagramm kommutativ ist.

$$\begin{array}{ccccccc} Q & \longrightarrow & G(\mathfrak{g}) & \xrightarrow{\sigma} & G(\mathfrak{g}_{\mathbb{C}}) & & \\ \downarrow p & & \downarrow p & & \downarrow q & & \\ p(Q) & \longrightarrow & G & \xrightarrow{\widetilde{\sigma}} & G(\mathfrak{g}_{\mathbb{C}})/\sigma(D) & \xrightarrow{\alpha} & \mathrm{Gl}(n, \mathbb{C}) \end{array}$$

Nun ist $\pi := \alpha \circ \widetilde{\sigma}$ eine Darstellung von G, für die

$$\ker(\pi) = \ker(\alpha \circ \widetilde{\sigma}) = \widetilde{\sigma}^{-1}(\ker \alpha) = \ker \widetilde{\sigma} = p\Big(\sigma^{-1}\big(\sigma(D)\big)\Big) = p(DQ) = p(Q)$$

ist. ∎

Komplexe abelsche Lie-Gruppen

III.9.19. Lemma. *Sei A eine zusammenhängende abelsche komplexe Lie-Gruppe und T die maximal kompakte Untergruppe (maximaler Torus). Ist T^* die kleinste komplex analytische Untergruppe, die T enthält, so ist $A \cong T^* \times V$, wobei V eine komplexe Vektorgruppe ist.*

Beweis. Nach Korollar III.3.5 ist A/T eine reelle Vektorgruppe. Insbesondere ist T^*/T abgeschlossen in A/T und daher auch T^* in A. Wir wählen nun in $\mathbf{L}(A)$ ein komplexes Vektorraumkomplement $\mathfrak{u}$ zu $\mathbf{L}(T^*)$. Es ist klar, daß dann $A = UT^*$ für $U = \exp \mathfrak{u}$ gilt. Die Gruppe A/T^* ist eine komplexe Vektorgruppe und die Abbildung $\pi: A \to A/T^*, x \mapsto xT^*$ induziert eine Überlagerung $U \to A/T^*$ mit dem diskreten Kern $U \cap T^*$. Da A/T^* einfach zusammenhängend ist, folgt $U \cap T^* = \{\mathbf{1}\}$. Die Multiplikationsabbildung

$$U \times T^* \to A, \qquad (u,t) \mapsto ut$$

ist also ein Isomorphismus Liescher Gruppen, denn sie ist bijektiv, holomorph und offen, da ihr Differential überall bijektiv ist. ∎

Wir schauen uns nun die Darstellungen des T^*-Anteils in A an.

III.9.20. Satz. *Mit den Bezeichnungen aus* Lemma III.9.19 *sei $A = T^*$ und ρ eine holomorphe Darstellung von T^*, die auf T injektiv ist. Dann ist ρ injektiv und T^* ist komplex isomorph zu $(\mathbb{C}^*)^d$, wobei $d = \dim_{\mathbb{R}} T$ ist.*

Beweis. Sei $\rho: T^* \to \mathrm{Gl}(n, \mathbb{C})$ obige Darstellung. Nach Aufgabe I.2.2 sind alle Abbildungen in $\rho(T)$ halbeinfach mit rein imaginärem Spektrum. Da sie miteinander vertauschen, können wir sie simultan diagonalisieren. Wir können also annehmen, daß $\rho(T)$ aus Diagonalmatrizen besteht. Dann besteht aber auch $d\rho(\mathbf{1})\mathbf{L}(T)$ und folglich auch $d\rho(\mathbf{1})\mathbf{L}(T^*) \subseteq \mathbb{C}\, d\rho(\mathbf{1})\mathbf{L}(T)$ aus Diagonalmatrizen und $d\rho(\mathbf{1})i\mathbf{L}(T) \subseteq \mathrm{gl}(n, \mathbb{R})$. Hieraus folgt die Injektivität von $d\rho(\mathbf{1})$. Also liegt der Kern des Homomorphismus $\rho \circ \exp_{T^*} : \mathbf{L}(T^*) \to \mathrm{Gl}(n, \mathbb{C})$ ganz in $\mathbf{L}(T)$ und stimmt wegen der Voraussetzung der Injektivität auf T mit $\ker \exp_T$ überein. Das impliziert aber, daß ρ injektiv ist und

$$T^* \cong \mathbf{L}(T^*)/\ker \exp_{T^*} \cong \mathbb{C}^d/i\mathbb{Z}^d \cong (\mathbb{C}^*)^d.$$

∎

Eine Konsequenz von Satz III.9.20 ist, daß ein komplexer Torus $\mathbb{C}^n/(\mathbb{Z}^n + i\mathbb{Z}^n)$ keine treue holomorphe Darstellung hat.

Die universelle Komplexifizierung

III.9.21. Definition. Sei G eine reelle zusammenhängende Lie-Gruppe. Eine komplexe Lie-Gruppe $G_{\mathbb{C}}$, zusammen mit einem Homomorphismus $\gamma: G \to G_{\mathbb{C}}$, heißt eine *universelle Komplexifizierung* von G, wenn zu jedem Homomorphismus $\alpha: G \to H$ in eine komplexe Lie-Gruppe H genau ein holomorpher Homomorphismus

$$\alpha_{\mathbb{C}}: G_{\mathbb{C}} \to H \quad \text{mit} \quad \alpha_{\mathbb{C}} \circ \gamma = \alpha$$

existiert.

$$\begin{array}{ccc} G & \xrightarrow{\quad\alpha\quad} & H \\ \downarrow{\scriptstyle\gamma} & & \downarrow{\scriptstyle\mathrm{id}_H} \\ G_{\mathbb{C}} & \xrightarrow{\quad\alpha_{\mathbb{C}}\quad} & H \end{array}$$

Man nennt dies auch die *universelle Eigenschaft* von $G_{\mathbb{C}}$ (vergleiche zum Beispiel mit der einhüllenden Algebra). ∎

III.9.22. Satz. (Existenz der universellen Komplexifizierung) *Sei G eine reelle zusammenhängende Lie-Gruppe mit $\mathbf{L}(G) = \mathfrak{g}$, $i: \mathfrak{g} \to \mathfrak{g}_{\mathbb{C}}$ die Inklusion, $\sigma: G(\mathfrak{g}) \to G(\mathfrak{g}_{\mathbb{C}})$ die induzierte Abbildung der zugehörigen einfach zusammenhängenden Lie-Gruppen, $p: G(\mathfrak{g}) \to G$ die universelle Überlagerung mit $dp(\mathbf{1}) = \mathrm{id}_{\mathfrak{g}}$, $D := \ker p$, sowie sowie $A := \langle \sigma(D) \rangle_{\mathbb{C}-\text{Gruppe}}$. Dann ist die Abbildung*

$$\gamma: G \to G_{\mathbb{C}} := G(\mathfrak{g}_{\mathbb{C}})/A, \; p(g) \mapsto \sigma(g)A$$

eine universelle Komplexifizierung von G.

Beweis. Sei $\alpha: G \to H$ ein Homomorphismus in eine komplexe Lie-Gruppe. Dann induziert $d\alpha(\mathbf{1}): \mathfrak{g} \to \mathfrak{h} := \mathbf{L}(H)$ einen komplex linearen Homomorphismus $d\alpha(\mathbf{1})_{\mathbb{C}}: \mathfrak{g}_{\mathbb{C}} \to \mathfrak{h}$. Dieser induziert einen Homomorphismus $\widetilde{\alpha}_{\mathbb{C}}: G(\mathfrak{g}_{\mathbb{C}}) \to H$ mit $d\widetilde{\alpha}_{\mathbb{C}}(\mathbf{1}) = d\alpha(\mathbf{1})_{\mathbb{C}}$. Damit sind $\alpha \circ p$ und $\widetilde{\alpha}_{\mathbb{C}} \circ \sigma$ zwei Homomorphismen, deren Differential mit $d\alpha(\mathbf{1})$ übereinstimmt. Sie sind daher gleich. Insbesondere ist $\sigma(D) \subseteq \ker \widetilde{\alpha}_{\mathbb{C}}$, und daher faktorisiert $\widetilde{\alpha}_{\mathbb{C}}$ zu einem Homomorphismus $\alpha_{\mathbb{C}}: G(\mathfrak{g}_{\mathbb{C}})/A \to H$ mit $\alpha_{\mathbb{C}} \circ \pi = \widetilde{\alpha}_{\mathbb{C}}$, wobei $\pi: G(\mathfrak{g}_{\mathbb{C}}) \to G(\mathfrak{g}_{\mathbb{C}})/A$ die kanonische Projektion ist. Wir haben also ein kommutatives Diagramm:

$$\begin{array}{ccccc} G(\mathfrak{g}) & \xrightarrow{\quad\sigma\quad} & G(\mathfrak{g}_{\mathbb{C}}) & \xrightarrow{\quad\widetilde{\alpha}_{\mathbb{C}}\quad} & H \\ \downarrow{\scriptstyle p} & & \downarrow{\scriptstyle\pi} & & \downarrow{\scriptstyle\mathrm{id}_H} \\ G & \xrightarrow{\quad\gamma\quad} & G(\mathfrak{g}_{\mathbb{C}})/A & \xrightarrow{\quad\alpha_{\mathbb{C}}\quad} & H \end{array}$$

Nun ist

$$d(\alpha_{\mathbb{C}} \circ \gamma)(\mathbf{1}) = d(\alpha_{\mathbb{C}} \circ \gamma \circ p)(\mathbf{1}) = d(\alpha_{\mathbb{C}} \circ \pi \circ \sigma)(\mathbf{1}) = d(\widetilde{\alpha}_{\mathbb{C}} \circ \sigma) = d(\alpha \circ p) = d\alpha(\mathbf{1}),$$

und folglich ist $\alpha_{\mathbb{C}} \circ \gamma = \alpha$. Die Eindeutigkeit von $\alpha_{\mathbb{C}}$ folgt sofort aus der Konstruktion. ∎

III.9.23. Bemerkung. Man beachte, daß, mit den Bezeichnungen aus Satz III.9.22, die Gruppe A auf jeden Fall dann mit $\sigma(D)$ übereinstimmt, wenn diese Gruppe endlich ist (Aufgaben 7,8). Das ist also insbesondere dann der Fall, wenn G halbeinfach oder einfach zusammenhängend ist. ■

III.9.24. Satz. *Hat G eine treue Darstellung $\rho: G \to \mathrm{Gl}(n, \mathbb{R})$, so ist $\gamma: G \to G_{\mathbb{C}}$ injektiv.*

Beweis. Der injektive Homomorphismus $\rho: G \to \mathrm{Gl}(n, \mathbb{C})$ faktorisiert über γ. Da ρ injektiv ist, muß das also auch für γ der Fall sein. ■

III.9.25. Korollar. *Ist G kompakt, so ist $\gamma: G \to G_{\mathbb{C}}$ injektiv, und $\gamma(G)$ ist eine maximal kompakte Untergruppe von $G_{\mathbb{C}}$.*

Beweis. Da jede kompakte zusammenhängende Lie-Gruppe eine treue endlichdimensionale Darstellung hat (Korollar III.9.13), folgt die Injektivität aus dem Satz III.9.24.

Wir zeigen, daß $\gamma(G)$ maximal kompakt ist. Wir verfolgen dazu die explizite Konstruktion der universellen Komplexifizierung. Wegen der Kompaktheit von G, ist $\mathfrak{g} = \mathbf{L}(G)$ reduktiv und daher $\mathfrak{g} = Z(\mathfrak{g}) \oplus \mathfrak{g}'$, mit $\mathfrak{g}'$ kompakt und halbeinfach. Daher haben wir $\widetilde{G} = V \times \widetilde{G}'$, wobei V eine Vektorgruppe ist. Somit gilt

$$\widetilde{G}_{\mathbb{C}} = V_{\mathbb{C}} \times \widetilde{G}'_{\mathbb{C}}$$

und die induzierte Abbildung $\sigma: \widetilde{G} \to \widetilde{G}_{\mathbb{C}}$ ist injektiv, da $V_{\mathbb{C}}$ die Komplexifizierung des Vektorraums V und $\widetilde{G}'$ kompakt ist (Satz III.5.13, Aufgabe 11). Ist $p: \widetilde{G}' \to G'$ die universelle Überlagerung, und setzen wir $Z := Z(G)_0$, so ist die Abbildung $\beta : H := Z \times \widetilde{G}' \to G, (z, g) \mapsto zp(g)$ eine endliche Überlagerung, denn H ist kompakt und $\ker \beta$ diskret.

Aus der Konstruktion von $G_{\mathbb{C}}$ und Aufgabe 10 schließen wir nun, daß $G_{\mathbb{C}} \cong H_{\mathbb{C}}/\gamma_H(\ker \beta)$ ist. Folglich ist $H_{\mathbb{C}}$ eine endliche Überlagerung von $G_{\mathbb{C}}$. Es reicht also zu zeigen, daß $\gamma_H(H) \subseteq H_{\mathbb{C}}$ maximal kompakt ist. Das ist aber jetzt klar, denn $\widetilde{G}'$ ist wegen des Satzes über die Cartan-Zerlegung von $\widetilde{G}'_{\mathbb{C}}$ maximal kompakt,

$$H_{\mathbb{C}} \cong V_{\mathbb{C}}/\pi_1(Z) \times \widetilde{G}'_{\mathbb{C}},$$

und $V_{\mathbb{C}} \cong Z \times iV \cong \mathbb{T}^n \times \mathbb{R}^n$, wobei $n = \dim Z$ ist. ■

III.9.26. Bemerkung. Für kompakte zusammenhängende Lie-Gruppen kann man wegen Korollar III.9.25 die universelle Eigenschaft von $G_{\mathbb{C}}$ auch so interpretieren, daß sich jede Darstellung $\alpha: G \to \mathrm{Gl}(n, \mathbb{R})$ zu einer holomorphen Darstellung $\alpha_{\mathbb{C}}: G_{\mathbb{C}} \to \mathrm{Gl}(n, \mathbb{C})$ fortsetzen läßt, denn man kann G ja mit der Untergruppe $\gamma(G)$ von $G_{\mathbb{C}}$ identifizieren. Man kann allerdings noch mehr sagen:

III.9.27. Satz. *Sei K eine kompakte zusammenhängende Untergruppe der komplexen Lie-Gruppe G, so daß $\mathbf{L}(G) = \mathbf{L}(K)_{\mathbb{C}}$ und K eine maximal kompakte Untergruppe von G ist. Dann ist G als komplexe Lie-Gruppe isomorph zur universellen Komplexifizierung von K. Insbesondere läßt sich jede Darstellung $\alpha: K \to \mathrm{Gl}(n, \mathbb{R})$ zu einer holomorphen Darstellung $\alpha_{\mathbb{C}}: G \to \mathrm{Gl}(n, \mathbb{C})$ fortsetzen.*

Beweis. Sei $\gamma: K \to K_{\mathbb{C}}$ die universelle Komplexifizierung von K. Wegen der universellen Eigenschaft von $K_{\mathbb{C}}$ existiert ein holomorpher Homomorphismus $\beta: K_{\mathbb{C}} \to G$ mit $d\beta(\mathbf{1}) = \mathrm{id}_{\mathbf{L}(K)_{\mathbb{C}}}$. Es ist klar, daß β surjektiv ist. Es bleibt also noch die Injektivität zu zeigen. Sei dazu $d \in K_{\mathbb{C}}$ mit $\beta(d) = \mathbf{1}$. Dann ist $d \in Z(K_{\mathbb{C}})$ und wir finden mit Satz III.7.11 ein Element $X \in \mathbf{L}(K)_{\mathbb{C}}$ mit $\exp_{K_{\mathbb{C}}}(X) = d$. Dann ist die Untergruppe

$$\beta(\exp_{K_{\mathbb{C}}} \mathbb{R}X) \subseteq G$$

kompakt und daher zu einer Untergruppe von K konjugiert (Satz III.7.3). Daraus folgt $d \in \gamma(K)$, und da $\beta \circ \gamma$ injektiv ist, folgt hieraus $d = \mathbf{1}$. ∎

III.9.28. Bemerkung. Ist K eine Untergruppe der komplexen halbeinfachen zusammenhängenden Lie-Gruppe G und $\mathbf{L}(K)$ eine kompakte Form von $\mathbf{L}(G)$, so ist K maximal kompakt in G, und Satz III.9.27 ist anwendbar (Lemma III.9.14). ∎

Im allgemeinen Fall kann man auch noch einige nützliche Beobachtungen machen. Wir beginnen dazu mit einem Lemma.

III.9.29. Lemma. *Sei G eine komplexe Lie-Gruppe, τ ein involutiver Automorphismus von G, der auf $\mathbf{L}(G)$ eine komplexe Konjugation induziert und $D \subseteq G$ eine abgeschlossene Untergruppe mit $\tau(D) = D$, sowie $A := \langle D \rangle_{\mathbb{C}-\mathrm{Gruppe}}$. Dann ist $\tau(A) = A$.*

Beweis. Ist $\mathbf{L}(D) = \{0\}$, so ist D schon eine komplexe Untergruppe und $D = A$. Ist $\mathbf{L}(D) \neq \{0\}$, so setzen wir $D^1 := \overline{D\langle \exp\left(\mathbb{C}\mathbf{L}(D)\right)\rangle} \subseteq A$. Beachte, daß D^1 eine Untergruppe ist, da $\mathrm{Ad}(D)\mathbb{C}\mathbf{L}(D) = \mathbb{C}\mathbf{L}(D)$ gilt. Da $\mathbf{L}(D)$ invariant unter τ ist, gilt dies auch für $\mathbb{C}\mathbf{L}(D)$. Insbesondere ist also $\tau(D^1) = D^1$. Darüberhinaus ist $A = \langle D^1 \rangle_{\mathbb{C}-\mathrm{Gruppe}}$. Ist D^1 noch keine komplexe Untergruppe, d.h. $\mathbb{C}\mathbf{L}(D^1) \neq \mathbf{L}(D^1)$, so setzen wir $D^2 := \overline{D^1 \exp\langle\left(\mathbb{C}\mathbf{L}(D^1)\right)\rangle} \subseteq A$. Dadurch konstruieren wir eine aufsteigende Folge $(D^n)_{n \in \mathbb{N}}$ von τ-invarianten abgeschlossenen Untergruppen von Z, so daß $A = \langle D^n \rangle_{\mathbb{C}-\mathrm{Gruppe}}$. Es ist $\dim D^{n+1} > \dim D^n$, wenn D^n keine komplexe Untergruppe ist. Daher existiert ein $n \in \mathbb{N}$, so daß D^n eine komplexe Untergruppe ist. Folglich ist $A = D^n$ invariant unter τ. ∎

III.9.30. Satz. *Sei G eine zusammenhängende Lie-Gruppe. Auf $G_{\mathbb{C}}$ existiert ein involutiver Automorphismus τ (d.h. $\tau^2 = \mathrm{id}$), so daß $\gamma(G)$ eine offene Untergruppe von*

$$G_{\mathbb{C}}^{\tau} := \{g \in G_{\mathbb{C}} : \tau(g) = g\}$$

ist. Insbesondere ist $\gamma(G)$ abgeschlossen in $G_{\mathbb{C}}$.

Beweis. Wir verwenden die Bezeichnungen von Satz III.9.22. Sei $\theta : \mathfrak{g}_{\mathbb{C}} \to \mathfrak{g}_{\mathbb{C}}$ die Konjugation bezüglich $\mathfrak{g}$. Dies ist ein involutiver Automorphismus der Lie-Algebra $(\mathfrak{g}_{\mathbb{C}})^{\mathbb{R}}$, dessen 1-Eigenraum mit $\mathfrak{g}$ übereinstimmt. Sei τ der induzierte Automorphismus von $G(\mathfrak{g}_{\mathbb{C}})$ mit $d\tau(\mathbf{1}) = \theta$. Dann stimmt $\sigma\big(G(\mathfrak{g})\big)$ mit der $\mathbf{1}$-Komponente der Fixgruppe von τ überein, ist also abgeschlossen. Das zeigt die Behauptung für den Fall, daß G einfach zusammenhängend ist.

Für den allgemeinen Fall betrachten wir eine diskrete zentrale Untergruppe D von $G(\mathfrak{g})$. Dann ist $\overline{\sigma(D)}$ eine τ-invariante abgeschlossene Untergruppe von $G(\mathfrak{g}_{\mathbb{C}})$. Nach Lemma III.9.29 ist $A = \langle\sigma(D)\rangle_{\mathbb{C}-\text{Gruppe}}$ ebenfalls τ-invariant. Daher induziert τ auf $G_{\mathbb{C}} = G(\mathfrak{g}_{\mathbb{C}})/A$ einen involutiven Automorphismus τ' mit $\tau' \circ \pi = \pi \circ \tau$. Ein Element $gA \in G_{\mathbb{C}}$ ist genau dann fix unter τ', wenn $\tau(g)A = gA$, also wenn $\tau(g) \in gA$ gilt. Ist $\tau(\exp tX) \in \exp(tX)A$ für alle $t \in \mathbb{R}$, so folgt durch Ableiten in 0, daß $X - \theta(X) \in \mathbf{L}(A)$ ist. Folglich ist $X \in \mathfrak{g} + \mathbf{L}(A)$, und daher ist $\Big(\sigma\big(G(\mathfrak{g})\big)A\Big)_0 = \langle\exp\big(\mathfrak{g} + \mathbf{L}(A)\big)\rangle$ eine abgeschlossene Untergruppe von $G(\mathfrak{g}_{\mathbb{C}})$. Damit folgt sofort die Abgeschlossenheit von $\sigma\big(G(\mathfrak{g})\big)A$, die Abgeschlossenheit von $\pi\Big(\sigma\big(G(\mathfrak{g})\big)A\Big) = \gamma(G) \subseteq G_{\mathbb{C}}$, und daß

$$\mathbf{L}\big(\gamma(G)\big) = \{X \in \mathbf{L}(G_{\mathbb{C}}) : d\tau'(\mathbf{1})X = X\}.$$

■

Übungsaufgaben zum Abschnitt III.9

1. Die Gruppe $\mathrm{Sl}(n, \mathbb{C})$ ist einfach zusammenhängend. Hinweis: Aufgabe I.9.1, und $\mathrm{SU}(2)$ ist eine maximal kompakte Untergruppe.

2. Man zeige, daß die universelle Komplexifizierung einer reellen zusammenhängenden Lie-Gruppe bis auf holomorphe Isomorphie eindeutig bestimmt ist.

3. Sei $\gamma: G \to G_{\mathbb{C}}$ die universelle Komplexifizierung von G und γ injektiv. Dann steckt für jede diskrete zentrale Untergruppe $D \subseteq G$ der Quotient G/D ebenfalls injektiv in $(G/D)_{\mathbb{C}}$. Hinweis: Ist $\widetilde{\gamma}: \widetilde{G} \to \widetilde{G}_{\mathbb{C}}$ die universelle Komplexifizierung, so ist die Injektivität von γ äquivalent zu $\ker\widetilde{\gamma} \subseteq \pi_1(G)$.

4. Man zeige, daß in einem Hilbertraum H für $x, y \in H$ die Parallelogrammgleichung

$$||x+y||^2 + ||x-y||^2 = 2||x||^2 + 2||y||^2$$

gilt.

5. Ist $f: \mathbb{C} \to \mathbb{R}$ gegeben durch

$$f(z) = a + 2\,\mathrm{Re}(zb) + c^2|z|^2, \qquad a, c \in \mathbb{R}, b \in \mathbb{C}$$

und minimal in 0, so ist $b = 0$.

6. Jeder kompakte Operator ist beschränkt.

7. Sei G eine komplexe Lie-Gruppe. Man zeige:
a) Sind $(H_i)_{i \in I}$ komplexe Lie-Untergruppen, so ist auch $\bigcap_{i \in I} H_i$ eine komplexe Lie-Untergruppe.
b) Zu jeder Teilmenge M von G existiert eine kleinste komplexe Lie-Untergruppe $\langle M \rangle_{\mathbb{C}-\mathrm{Gruppe}}$, die M enthält. Ist M invariant unter allen inneren Automorphismen von G, so ist das auch für $\langle M \rangle_{\mathbb{C}-\mathrm{Gruppe}}$ der Fall.
c) Ist $A \subseteq G$ eine normale Untergruppe, so auch $\langle A \rangle_{\mathbb{C}-\mathrm{Gruppe}}$.
d) Jede diskrete Untergruppe einer komplexen Lie-Gruppe ist eine komplexe Lie-Untergruppe.

8. Man zeige, daß, mit den Bezeichnungen von Satz III.9.22, die Gruppe $\sigma(D)$ nicht immer abgeschlossen ist. D.h., daß im allgemeinen $\dim_{\mathbb{C}} G_{\mathbb{C}} < \dim_{\mathbb{R}} G$ ist. Hinweis: Man betrachte die Gruppe $G := \big(\mathrm{Sl}(2,\mathbb{R})^{\sim} \times \mathbb{R}\big)/D$, wobei

$$D = \mathbb{Z}(\exp 2\pi U, 1) + \mathbb{Z}\big(\exp(-2\pi U), \sqrt{2}\big), \qquad \text{und} \qquad U = \begin{pmatrix} 0 & 1 \\ -1 & 0 \end{pmatrix} \in \mathrm{sl}(2,\mathbb{R})$$

ist. In diesem Fall ist $G(\mathfrak{g}) = \mathrm{Sl}(2,\mathbb{R})^{\sim} \times \mathbb{R}$, $G(\mathfrak{g}_{\mathbb{C}}) = \mathrm{Sl}(2,\mathbb{C}) \times \mathbb{C}$ und $\sigma(D) = \mathbb{Z} + \sqrt{2}\mathbb{Z} \subseteq \mathbb{R} \subseteq \mathbb{C}$.

9. Sei G eine zusammenhängende komplexe Lie-Gruppe, H eine reelle Untergruppe und D zentral in H. Ist $\mathbb{C}\mathbf{L}(H) = \mathbf{L}(G)$, so ist D auch zentral in G. Hinweis: $\mathrm{Ad}_G(D) = \{\mathrm{id}_{\mathfrak{g}}\}$.

10. Ist G eine zusammenhängende reelle Lie-Gruppe, $\mathfrak{g} = \mathbf{L}(G)$ und die Abbildung $\gamma_{G(\mathfrak{g})}: G(\mathfrak{g}) \to G(\mathfrak{g}_{\mathbb{C}})$ injektiv, so ist $\sigma(D)$ abgeschlossen. Insbesondere ist also $\dim_{\mathbb{C}} G_{\mathbb{C}} = \dim_{\mathbb{R}} G$.

11. Sind H und G zusammenhängende Lie-Gruppen, so ist

$$(H \times G)_{\mathbb{C}} \cong H_{\mathbb{C}} \times G_{\mathbb{C}}.$$

§10 Charakterisierung der linearen Lie-Gruppen

In diesem Abschnitt werden wir den Bogen zum ersten Kapitel über lineare Lie-Gruppen spannen, d.h. wir werden die linearen Lie-Gruppen unter den zusammenhängenden Lie-Gruppen charakterisieren. Das sind genau die semidirekten Produkte aus einer normalen einfach zusammenhängenden auflösbaren Lie-Gruppe und einer reduktiven Lie-Gruppe, d.h. einer Gruppe mit einer treuen endlichdimensionalen Darstellung, deren Lie-Algebra reduktiv und deren Zentrum kompakt ist. Unsere Aufgabe zerfällt natürlich in zwei Teilprobleme. Zuerst haben wir zu zeigen, daß jede lineare Lie-Gruppe so ein semidirektes Produkt ist. Dazu können wir die Resultate aus §III.7 über die Zerlegungen bezüglich kompakt eingebetteter Unteralgebren verwenden, und dann, daß jede solche Lie-Gruppe linear ist, d.h. eine treue endlichdimensionale Darstellung hat. Der Grundgedanke hierbei ist, den Satz von Ado zu verwenden um eine Darstellung zu bekommen, die auf der maximalen analytischen normalen nilpotenten Untergruppe, dem Nilradikal, injektiv ist. Damit können wir eine Induktion nach der Dimension aufbauen.

III.10.1. Definition. Sei G eine Lie-Gruppe, $\mathfrak{g} = \mathbf{L}(G)$, $\mathfrak{r}$ das Radikal von $\mathfrak{g}$ und $\mathfrak{n}$ das Nilradikal. Wir definieren das *Radikal* von G als $R := \langle \exp \mathfrak{r} \rangle$ und das *Nilradikal* von G durch $N := \langle \exp \mathfrak{n} \rangle$. ∎

III.10.2. Satz. *Das Radikal und das Nilradikal einer Lie-Gruppe sind abgeschlossen.*

Beweis. Wir können dazu annehmen, daß G zusammenhängend ist. Dann sind $\overline{N}$ und $\overline{R}$ normale Untergruppen und nach Aufgabe III.3.7 ist $\overline{N}$ nilpotent und $\overline{R}$ auflösbar. Die Lie-Algebra von $\overline{N}$ ist daher ein nilpotentes Ideal von $\mathfrak{g}$, kann also nicht größer als $\mathfrak{n}$ sein. N ist somit abgeschlossen. Genauso sieht man, daß R abgeschlossen ist. ∎

III.10.3. Definition. Eine zusammenhängende reelle Lie-Gruppe H heißt *reduktiv*, wenn

1) $\mathbf{L}(H)$ reduktiv ist,
2) $Z(H)$ kompakt ist, und
3) H linear ist. ∎

Wir werden uns später genauer anschauen, was es mit diesen Bedingungen auf sich hat. Zunächst wenden wir uns dem oben erwähnten Charakterisierungssatz zu. Wir werden zuerst zeigen, daß lineare zusammenhängende Lie-Gruppen wie angegeben in ein semidirektes Produkt zerfallen. Wir beginnen mit dem auflösbaren Fall.

III.10.4. Lemma. *Sei R eine zusammenhängende auflösbare lineare Lie-Gruppe und T ein maximaler Torus in R. Dann ist*

$$R \cong B \rtimes T,$$

wobei B eine einfach zusammenhängende Lie-Gruppe ist.

Beweis. Wir können o.B.d.A. annehmen, daß $R \subseteq \mathrm{Gl}(n, \mathbb{C})$ gilt. Sei $\mathfrak{r} := \mathbf{L}(R)$ und $\mathfrak{t} := \mathbf{L}(T)$. Nach dem Satz von Lie existiert eine Fahne in $\mathbb{C}^n$, die unter $\mathfrak{r}$ invariant ist, d.h. wir können sogar annehmen, daß $\mathfrak{r}$, und damit auch R, aus oberen Dreiecksmatrizen besteht. Dann besteht $\mathfrak{r}' = [\mathfrak{r}, \mathfrak{r}]$ aus strikt oberen Dreiecksmatrizen und daher ist $\exp|_{\mathfrak{r}'}$ injektiv und $R' = \exp \mathfrak{r}'$ abgeschlossen in $\mathrm{Gl}(n, \mathbb{C})$, also auch in R, und einfach zusammenhängend. Insbesondere gilt daher $\mathfrak{r}' \cap \mathfrak{t} = \{0\}$ (Satz III.3.31). Sei $p: R \to R/R'$ die Quotientenabbildung. Die Gruppe R/R' ist abelsch und $p(T)$ ist darin ein Torus. Er ist sogar maximal, denn ist T_1 ein maximaler Torus in R/R', so gilt wegen Satz III.8.7 und Lemma III.3.7, daß

$$\dim T_1 = \operatorname{rang} \pi_1(R/R') \leq \operatorname{rang} \pi_1(R) = \dim T.$$

Aus $\dim p(T) = \dim T$ folgt also $T_1 = p(T)$. Wir finden daher ein Vektorraumkomplement V zu $p(T)$ in R/R' (Korollar III.3.25) und setzen $B := p^{-1}(V)$. Dann ist B eine abgeschlossene normale Untergruppe von R mit $BT = R$. Ist $g \in B \cap T$, so folgt $p(g) \in p(B) \cap p(T) = V \cap p(T) = \{\mathbf{1}\}$ und daher $g \in R' \cap T = \{\mathbf{1}\}$. Also ist $B \cap T = \{\mathbf{1}\}$ und daher $R \cong B \rtimes T$ (Satz III.3.14). Da R/T einfach zusammenhängend ist (Satz III.7.20), gilt dies auch für B. ■

III.10.5. Satz. *Sei G eine lineare zusammenhängende Lie-Gruppe. Dann ist*

$$G \cong B \rtimes H,$$

wobei B einfach zusammenhängend auflösbar und H reduktiv ist.

Beweis. Sei R das Radikal von G und T ein maximaler Torus in R. Aus Lemma III.10.4 erhalten wir eine semidirekte Zerlegung $R \cong M \rtimes T$, wobei M einfach zusammenhängend auflösbar ist. Nun wählen wir eine maximal kompakt eingebettete Unteralgebra $\mathfrak{k}$, die $\mathfrak{t} := \mathbf{L}(T)$ enthält und dazu eine Levi-Algebra $\mathfrak{s}$ mit

$$[\mathfrak{k}, \mathfrak{s}] \subseteq \mathfrak{s} \quad \text{und} \quad [\mathfrak{s}, \mathfrak{k} \cap \mathfrak{r}] = \{0\}$$

(Lemma III.7.15). Insbesondere ist damit $[\mathfrak{s}, \mathfrak{t}] = \{0\}$ und der Unterraum $\mathfrak{a} := \mathfrak{t} \oplus \mathfrak{r}'$ von $\mathfrak{r}$ ist invariant unter $\mathfrak{s}$. Da der $\mathfrak{s}$-Modul $\mathfrak{r}$ nach dem Satz von Weyl (Satz II.4.12) halbeinfach ist, existiert ein zu $\mathfrak{a}$ komplementärer Untermodul $\mathfrak{a}_1$ (Aufgabe II.4.4). Wir setzen $\mathfrak{b} := \mathfrak{r}' + \mathfrak{a}_1$. Es ist klar, daß $\mathfrak{b}$ ein Ideal von $\mathfrak{g}$ ist, denn $\mathfrak{b}$ ist invariant unter $\mathfrak{s}$ und $\mathfrak{r}$. Also gilt $\mathfrak{r} \cong \mathfrak{b} \rtimes \mathfrak{t}$. Wir setzen $B := \langle \exp \mathfrak{b} \rangle$. Dann ist $BT = R$.

Um die Abgeschlossenheit von B zu zeigen, betrachten wir den surjektiven Homomorphismus

$$\alpha: B/R' \to R/A \cong M/R', \qquad xR' \mapsto xAR'.$$

Beachte, daß R' als normale Untergruppe von M abgeschlossen ist (Satz III.3.17). Damit ist auch $A = TR'$ abgeschlossen. Die Gruppe M/R' ist abelsch und einfach zusammenhängend (Satz III.3.17), also eine Vektorgruppe. Der Kern von α ist diskret, da $\mathfrak{b} \cap (\mathfrak{a} + \mathfrak{r}') = \mathfrak{r}'$ ist. Also ist α eine Überlagerung und damit ein Diffeomorphismus, da M/R' einfach zusammenhängend ist. Insbesondere ist also B/R' einfach zusammenhängend und enthält keine nicht-trivialen kompakten Untergruppen, denn jede solche wäre in einem maximalen Torus enthalten, und diese sind trivial (Satz III.7.22). Damit folgt $B \cap T \subseteq R' \cap T = \{\mathbf{1}\}$. Wegen $R/R' \cong M/R' \times T$ ist M/R' abgeschlossen in R/R' und damit auch $B = \{r \in R: rR' \in M/R'\}$ in R. Daher ist $R \cong B \rtimes T$ (Satz III.3.14). Da B homöomorph zu R/T ist, ist B auch einfach zusammenhängend (Satz III.7.22).

Nach Korollar III.8.15 ist $S := \langle \exp \mathfrak{s} \rangle$ abgeschlossen. Also auch die Untergruppe $H := TS$. Darüber hinaus ist

$$BH = BTS = RS = G \quad \text{und} \quad B \cap H = (ST) \cap B = \big((S \cap R)T\big) \cap B.$$

Die Gruppe $S \cap R$ ist diskret in S, also zentral, und nach Korollar III.6.16 endlich. Damit ist die Gruppe $(S \cap R)T$ kompakt und $B \cap H$ eine kompakte Untergruppe von B, die trivial sein muß (siehe oben). Die Gruppe G ist also isomorph zum semidirekten Produkt $B \rtimes H$ (Satz III.3.14).

Es bleibt die Reduktivität von H zu zeigen. Das ist jetzt aber trivial, denn H ist linear, $\mathbf{L}(H) = \mathfrak{s} \oplus \mathfrak{t}$ ist reduktiv und $Z(H) = Z(S)T$ ist kompakt, da $Z(S)$ endlich ist (siehe oben). ∎

Damit ist die Hälfte des Charakterisierungssatzes bewiesen. Für die andere Hälfte haben wir Darstellungen eines semidirekten Produktes zu konstruieren. Wie man so etwas machen kann, beschreibt das folgende Lemma. Wir erinnern uns daran, daß wir die Konjugation mit einem Element g mit I_g und die Rechtsmultiplikation mit ρ_g bezeichnen.

III.10.6. Lemma. *Sei $G = B \rtimes H$ ein semidirektes Produkt von Lie-Gruppen. Dann gelten folgende Aussagen:*

1) *$\alpha(bh) := \lambda_b \circ I_h$ für $g = bh \in G$ definiert eine analytische Wirkung von G auf B, deren Restriktion auf B mit der Linksmultiplikation übereinstimmt.*
2) *Die Abbildung*

$$\pi(g): f \mapsto f \circ \alpha(g^{-1}), \qquad C(B) \to C(B)$$

definiert eine stetige Wirkung von G auf dem Raum $C(B)$.

3) *Sei* $\beta: G \to \mathrm{Gl}(V)$ *eine Darstellung von* G *und*

$$F := \{\omega \circ \beta|_B : \omega \in \mathrm{gl}(V)^*\},$$

so ist F *endlichdimensional und invariant unter* $\pi(G)$. *Darüber hinaus ist* $\pi(b)|_F \neq \mathrm{id}_F$, *wenn* $\beta(b) \neq \mathrm{id}_V$ *ist.*

Beweis. 1) Es ist klar, daß die Abbildung $(g,b) \mapsto \alpha(g)b$ analytisch ist, und daß $\alpha(g)B \subseteq B$ gilt. Seien $g = bh$ und $g' = b'h'$. Dann ist

$$\begin{aligned}
\alpha(gg') &= \alpha(bhb'h') = \alpha\big((bhb'h^{-1})hh'\big) \\
&= \lambda_{bhb'h^{-1}} \circ I_{hh'} = \lambda_{bhb'h^{-1}} \circ \lambda_{hh'} \circ \rho_{hh'}^{-1} \\
&= \lambda_{bhb'h'} \circ \rho_{hh'}^{-1} \\
&= \lambda_b \circ \lambda_h \circ \lambda_{b'} \circ \lambda_{h'} \circ \rho_{h^{-1}} \circ \rho_{h'^{-1}} \\
&= (\lambda_b \circ \lambda_h \circ \rho_{h^{-1}}) \circ (\lambda_{b'} \circ \lambda_{h'} \circ \rho_{h'^{-1}}) \\
&= \alpha(bh) \circ \alpha(b'h') = \alpha(g)\alpha(g').
\end{aligned}$$

2) Folgt sofort aus 1).

3) Da V endlichdimensional ist, ist es auch $\mathrm{gl}(V)$ und daher auch F. Für $\omega \in \mathrm{gl}(V)^*$, $h \in H$ und $x \in B$ ist

$$\begin{aligned}
\pi(h)(\omega \circ \beta)(x) &= \omega \circ \beta \circ I_{h^{-1}}(x) \\
&= \langle \omega, \beta(h^{-1})\beta(x)\beta(h)\rangle \\
&= (\omega \circ I_{\beta(h^{-1})}) \circ \beta(x)
\end{aligned}$$

und $I_{\beta(h^{-1})}: \mathrm{gl}(V) \to \mathrm{gl}(V)$ ist linear. Für $b \in B$ ergibt sich

$$\begin{aligned}
\pi(b)(\omega \circ \beta)(x) &= \omega \circ \beta \circ \lambda_{b^{-1}}(x) \\
&= (\omega \circ \lambda_{\beta(b^{-1})}) \circ \beta(x).
\end{aligned}$$

Da $\lambda_{\beta(b)}: \mathrm{gl}(V) \to \mathrm{gl}(V)$ ebenfalls linear ist, ergibt sich die Invarianz von F unter $\pi(G)$.

Sei $b \in B$ mit $\pi(b)|_F = \mathrm{id}_F$. Dann ergibt sich aus obiger Rechnung, daß $\omega \circ \beta = \omega \circ \lambda_{\beta(b)} \circ \beta$ für alle $\omega \in \mathrm{gl}(V)^*$ übereinstimmt. Also ist $\beta(\mathbf{1}) = \mathrm{id}_F = \lambda_{\beta(b)}(\mathrm{id}_F) = \beta(b)$. ■

III.10.7. Satz. *Ist* G *ein semidirektes Produkt*

$$G = B \rtimes H,$$

wobei B *einfach zusammenhängend und auflösbar und* H *reduktiv ist, so ist* G *linear.*

Beweis. Wir zeigen die Behauptung über vollständige Induktion nach $\dim B$. Für $\dim B = 0$ folgt sie aus der Definition einer reduktiven Gruppe. Sei also $\dim B > 0$ und N das Nilradikal von B. Dann ist $N \neq \{\mathbf{1}\}$ und $Z(N) \neq \{\mathbf{1}\}$. Das sind charakteristische Untergruppen von B, d.h. sie sind unter jedem Automorphismus invariant. Daher sind beide Gruppen normal in G, einfach zusammenhängend, und der Quotient $B/Z(N)$ ist ebenfalls einfach zusammenhängend (Satz III.3.12, Satz III.3.17). Wir können nun die Induktionsvoraussetzung auf $G/Z(N) \cong B/Z(N) \rtimes H$ anwenden und finden eine treue Darstellung $\widetilde{\alpha}_1 : G/Z(N) \to \mathrm{Gl}(n_1, \mathbb{R})$. Damit haben wir eine Darstellung

$$\alpha_1 : G \to \mathrm{Gl}(n_1, \mathbb{R}) \qquad \text{mit} \qquad \ker \alpha_1 = Z(N).$$

Der Satz von Ado (Satz II.7.1) liefert nun eine treue Darstellung $\alpha : \mathfrak{g} := \mathbf{L}(G) \to \mathrm{gl}(V)$, so daß das Bild des Nilradikals von $\mathfrak{g}$ nilpotent ist. Da $\mathbf{L}\left(Z(N)\right)$ ein nilpotentes Ideal von $\mathfrak{g}$ ist, ist $\alpha\Big(\mathbf{L}\left(Z(N)\right)\Big) \subseteq \mathrm{gl}(V)$ nilpotent. Wir bekommen damit auch eine Darstellung $\beta : \widetilde{G} = B \rtimes \widetilde{H} \to \mathrm{Gl}(V)$ der einfach zusammenhängenden Überlagerung von G mit $d\beta(\mathbf{1}) = \alpha$. Daß $\widetilde{G} = B \rtimes \widetilde{H}$ gilt, folgt aus Satz III.3.15 und Korollar III.3.16. Für $X \in \mathbf{L}\left(Z(N)\right)$ ist dann

$$\beta(\exp X) = e^{\alpha(X)} \neq \mathrm{id}_V,$$

da $\alpha(X) \neq 0$ nilpotent ist. Wie wenden nun Lemma III.10.6 an, um eine endlichdimensionale Darstellung

$$\pi : \widetilde{G} \to \mathrm{Gl}(F)$$

auf einem Raum F von stetigen Funktionen auf B zu finden, so daß die Einschränkung auf $Z(N)$ injektiv ist und

$$\pi(h)f = f \circ I_{h^{-1}}$$

gilt. Sei nun $p : \widetilde{G} = B \rtimes \widetilde{H} \to G = B \rtimes H$ die universelle Überlagerungsabbildung und $h \in \widetilde{H}$ mit $p(h) = \mathbf{1}$. Dann ist $h \in Z(\widetilde{G})$ und folglich $I_h = \mathrm{id}_G$. Damit ist $\pi(\ker p) = \mathbf{1}$ und die Darstellung π faktorisiert zu einer Darstellung α_2 von G, die auf $Z(N) \subseteq B$ injektiv ist. Wir definieren nun

$$\alpha : g \mapsto \alpha_1(g) \oplus \alpha_2(g) \in \mathrm{Gl}\left(\mathbb{R}^{n_1} \oplus F\right).$$

Der Kern dieser Darstellung ist $\ker \alpha_1 \cap \ker \alpha_2 = \{\mathbf{1}\}$. ■

Zusammenfassend haben wir:

III.10.8. Satz. *Eine zusammenhängende Lie-Gruppe G ist genau dann linear, wenn sie ein semidirektes Produkt*

$$G = B \rtimes H$$

ist, wobei B einfach zusammenhängend auflösbar und H reduktiv ist. Hierbei ist $Z(H)_0$ ein maximaler Torus im Radikal R von G und $R \cong B \rtimes Z(H)_0$. ■

III.10.9. Korollar. *In einer linearen Lie-Gruppe G ist G' abgeschlossen.*

Beweis. Wir können annehmen, daß $G = B \rtimes H$ mit einer reduktiven Gruppe H und einer einfach zusammenhängenden auflösbaren Gruppe B gilt. Sei R das Radikal von G und $S = H'$ eine maximal halbeinfache analytische Untergruppe. Damit haben wir eine Zerlegung der Lie-Algebra von G als

$$\mathfrak{g} = \mathfrak{b} + \mathfrak{z} + \mathfrak{s},$$

wobei $\mathfrak{b} := \mathbf{L}(B)$, $\mathfrak{s} = \mathbf{L}(S)$ und $\mathfrak{z} = Z\big(\mathbf{L}(H)\big)$ gilt. Also ist

$$[\mathfrak{g},\mathfrak{g}] = [\mathfrak{b}+\mathfrak{z}+\mathfrak{s}, \mathfrak{b}+\mathfrak{z}+\mathfrak{s}] \subseteq [\mathfrak{b}+\mathfrak{z}, \mathfrak{b}+\mathfrak{z}]+[\mathfrak{s},\mathfrak{s}]+[\mathfrak{b}+\mathfrak{z},\mathfrak{s}] \subseteq \mathfrak{b}+[\mathfrak{b},\mathfrak{z}]+[\mathfrak{b},\mathfrak{s}]+\mathfrak{s} \subseteq \mathfrak{b}+\mathfrak{s}$$

und wegen $\mathfrak{s} = \mathfrak{s}' \subseteq \mathfrak{g}'$ gilt daher $\mathfrak{g}' = \mathfrak{s} + (\mathfrak{b} \cap \mathfrak{g}')$. Somit ist $G' = \langle \exp(\mathfrak{b} \cap \mathfrak{g}')\rangle S$. Der erste Faktor ist nach Satz III.3.31 abgeschlossen in B, und S ist wegen Korollar III.8.15 abgeschlossen. Wegen obiger semidirekter Produktzerlegung von G ist damit auch G' abgeschlossen. ∎

Wir möchten uns nun die reduktiven Lie-Gruppen noch einmal etwas genauer anschauen.

III.10.10. Satz. *Für eine lineare Lie-Gruppe $G \subseteq \mathrm{Gl}(n,\mathbb{R})$ sind folgende Bedingungen äquivalent :*

1) *G ist reduktiv.*
2) *Es existiert ein Skalarprodukt auf $\mathbb{R}^n$, so daß G invariant unter Transposition ist und $Z(H) \subseteq SO(n)$ gilt.*

Beweis. 1) $\Rightarrow$ 2): Per Definitionem ist die Lie-Algebra $\mathfrak{g}$ von G reduktiv, d.h. $\mathfrak{g} = \mathfrak{z} \oplus \mathfrak{g}'$, wobei $\mathfrak{z} = Z(\mathfrak{g})$ ist. Wir wählen nun eine Cartan-Zerlegung der halbeinfachen Lie-Algebra $\mathfrak{g}' = \mathfrak{k}+\mathfrak{p}$ gemäß Satz III.6.21. Dann ist $\mathfrak{u} := \mathfrak{z}+\mathfrak{k}+i\mathfrak{p} \subseteq \mathrm{gl}(n,\mathbb{C})$ eine Unteralgebra, und $\mathfrak{u}' = \mathfrak{k} + i\mathfrak{p}$ ist kompakt und halbeinfach. Also ist die Gruppe $U := \exp(i\mathbb{R}\,\mathrm{id})\langle \exp \mathfrak{u}\rangle \subseteq \mathrm{Gl}(n,\mathbb{C})$ kompakt. Wir finden daher mit Satz III.4.14 ein Skalarprodukt $B\colon \mathbb{C}^n \times \mathbb{C}^n \to \mathbb{R}$, so daß $U \subseteq \mathrm{O}(B)$ ist. Die Operatoren in $\mathbf{L}(U)$ sind daher schiefsymmetrisch. Das gilt insbesondere für die Multiplikation mit i. Sei $P \in \mathfrak{p}$ und $x, y \in \mathbb{C}^n$. Dann ist

$$\langle Px, y\rangle = \langle iP(-i)x, y\rangle = -\langle -ix, iPy\rangle = \langle ix, iPy\rangle = -\langle iix, Py\rangle = \langle x, Py\rangle.$$

Also sind die Matrizen in $\mathfrak{p}$ symmetrisch. Damit folgt sofort die Invarianz von $\mathfrak{g}$ unter Transposition und die von G folgt nun aus $(e^A)^\top = e^{A^\top}$. Daß $Z(H)_0$ schon in $\mathrm{SO}(B)$ enthalten ist, folgt aus dem Zusammenhang von $Z(H)_0$ und daraus, daß $\mathrm{SO}(B) = \mathrm{O}(B)_0$ ist (Proposition I.1.18).

2) $\Rightarrow$ 1): Wir haben nur noch zu zeigen, daß $\mathfrak{g} := \mathbf{L}(G)$ reduktiv ist, wenn $\mathfrak{g}$ unter Transposition invariant ist. Wir setzen

$$\mathfrak{k} := \{X \in \mathfrak{g} \colon X^\top = -X\} \quad \text{und} \quad \mathfrak{p} := \{X \in \mathfrak{g} \colon X^\top = X\}.$$

Da $X \mapsto -X^\top$ ein Automorphismus von $\mathfrak{g}$ ist (nachrechnen !), ist $\mathfrak{k}$ eine Unteralgebra und es gilt

$$[\mathfrak{k},\mathfrak{p}] \subseteq \mathfrak{p} \quad \text{und} \quad [\mathfrak{p},\mathfrak{p}] \subseteq \mathfrak{k}.$$

Sei $\mathfrak{r}$ das Radikal von $\mathfrak{g}$. Wir müssen $\mathfrak{r} \subseteq Z(\mathfrak{g})$ zeigen. Das Radikal ist als charakteristisches Ideal ebenfalls invariant unter diesem Automorphismus und paßt sich daher der Zerlegung an, d.h.

$$\mathfrak{r} = \mathfrak{r} \cap \mathfrak{k} \oplus \mathfrak{r} \cap \mathfrak{p}.$$

Dann ist $\widetilde{\mathfrak{r}} := \mathfrak{r}\cap\mathfrak{k} + i(\mathfrak{r}\cap\mathfrak{p}) \subseteq \widetilde{\mathfrak{g}} := \mathfrak{k} + i\mathfrak{p} \subseteq \mathfrak{u}(n, \mathbb{C})$ eine Unteralgebra und ein Ideal in $\widetilde{\mathfrak{g}}$. Also ist $\widetilde{\mathfrak{r}} \subseteq Z(\widetilde{\mathfrak{g}})$. Daraus folgt nun $\mathfrak{r} \subseteq Z(\mathfrak{g})$. ∎

Ein wichtiges Werkzeug im Studium der reduktiven Gruppen wird folgender Satz sein (vgl. §III.11).

III.10.11. Satz. *Sei $G \subseteq \mathrm{Gl}(n, \mathbb{C})$ eine Untergruppe, die Nullstellenmenge einer Menge von Polynomen in den $2n^2$ Matrixeinträgen ist, und die zusätzlich invariant unter Transposition $g \mapsto g^* = \overline{g}^\top$ ist. Wir setzen*

$$\mathfrak{k} := \{X \in \mathfrak{g}: X^* = -X\} \qquad \mathfrak{p} := \{X \in \mathfrak{g}: X^* = X\}$$

und $K := G \cap \mathrm{U}(n)$. Dann ist $\mathbf{L}(K) = \mathfrak{k}$, K ist eine maximal kompakte Untergruppe von G und die Abbildung

$$\Phi: K \times \mathfrak{p} \to G, \qquad (k, P) \mapsto k \exp P$$

ist ein Diffeomorphismus.

Beweis. Aus den Eigenschaften der Cartan-Zerlegung von $\mathrm{Gl}(n, \mathbb{C})$ folgt, daß die Abbildung Φ mitsamt den linearen Abbildung $d\Phi(k, P) : T_{(k,P)}(K \times \mathfrak{p}) \to T_{k \exp P}(G)$ injektiv ist. Also ist Φ auch eine offene Abbildung. Wir haben also nur noch die Surjektivität zu zeigen, denn es ist klar, daß G dann keine größere kompakte Untergruppe als K enthalten kann. Sei dazu $g \in G$. Dann existiert ein $u \in U(n)$ und eine hermitesche Matrix $P \in \mathrm{gl}(n, \mathbb{C})$, so daß $g = u \exp P$. Daher ist $g^* g = \exp 2P \in G$ und aus Lemma III.6.19 folgt, daß $P \in \mathfrak{p}$ ist. Insbesondere sind $\exp P$ und u in G. ∎

Wir haben uns nun noch darüber Gedanken zu machen, wie wir reduktive Lie-Gruppen erkennen. Das Problem läßt sich mit den Resultaten aus §III.9 auf den halbeinfachen Fall reduzieren.

III.10.12. Satz. *Eine zusammenhängende reelle Lie-Gruppe G, für die $\mathbf{L}(G)$ reduktiv und $Z(G)_0$ kompakt ist, ist genau dann dann reduktiv, wenn G' reduktiv ist.*

Beweis. Ist G reduktiv, so ist auch G' reduktiv, denn G' ist linear halbeinfach und hat daher nur ein endliches Zentrum.

Sei nun $\mathfrak{g} = \mathbf{L}(G)$ reduktiv, G' reduktiv und $Z := Z(G)_0$ kompakt. Da G' reduktiv ist, ist die Abbildung $\gamma_1: G' \to G'_{\mathbb{C}}$ in die universelle Komplexifizierung injektiv (Satz III.9.24). Das gilt ebenfalls für $\gamma_2: Z \to Z_{\mathbb{C}}$ (Korollar III.9.25) und $\gamma_2(Z)$ ist eine maximal kompakte Untergruppe von $Z_{\mathbb{C}}$. Also steckt auch die Gruppe $Z \times G'$ injektiv in ihrer universellen Komplexifizierung. Diese Eigenschaft vererbt sich auf Quotienten nach diskreten zentralen Untergruppen (Aufgabe III.9.3) und somit auch auf $G = ZG'$, denn der Kern der Multiplikationsabbildung $Z \times G' \to G$ ist endlich, diskret und zentral.

Es reicht nun zu zeigen, daß $G_{\mathbb{C}}$ linear ist. Wir identifizieren G mit der entsprechenden Untergruppe von $G_{\mathbb{C}}$. Sei $H := ZG'_{\mathbb{C}} \subseteq G_{\mathbb{C}}$. Dann ist $\mathbf{L}(H)$ reduktiv, $Z(H)$ kompakt und $H' = G'_{\mathbb{C}}$ eine komplexe halbeinfache Lie-Gruppe. Nach Satz III.9.16 ist H linear, und somit reduktiv. Die Abbildung $Z_{\mathbb{C}} \times G'_{\mathbb{C}} \to G_{\mathbb{C}}$ ist eine endliche Überlagerung, da $Z(G'_{\mathbb{C}})$ endlich ist. Also ist $B := \exp\big(i\,\mathbf{L}(Z)\big) \subseteq G_{\mathbb{C}}$ eine zentrale Vektorgruppe, und $B \cap H \subseteq Z(H)$ ist endlich, also $\{\mathbf{1}\}$, da B keine nicht-trivialen endlichen Untergruppen enthält. Damit ist $G_{\mathbb{C}} \cong B \times H$ und der Charakterisierungssatz für lineare Gruppen zeigt, daß $G_{\mathbb{C}}$ linear ist. ∎

III.10.13. Lemma. *Für eine halbeinfache zusammenhängende Lie-Gruppe G sind folgende Bedingung äquivalent:*

1) *G ist linear.*

2) *G ist reduktiv.*

3) *Die Abbildung $\gamma: G \to G_{\mathbb{C}}$ in die universelle Komplexifizierung ist injektiv.*

Insbesondere vererbt sich diese Eigenschaften auf alle Gruppen G/D für $D \subseteq Z(G)$.

Beweis. Die Äquivalenz von 1) und 2) folgt aus der Tatsache, daß das Zentrum linearer halbeinfacher Lie-Gruppen endlich ist (Korollar III.6.16). Die Äquivalenz von 2) und 3) folgt aus Korollar III.9.17 und Satz III.9.24. Die letzte Behauptung folgt aus der Tatsache, daß sich die Injektivität der Abbildung in die universelle Komplexifizierung auf diskrete Quotienten vererbt (Aufgabe III.9.3). ∎

III.10.14. Lemma. *Eine halbeinfache zusammenhängende Lie-Gruppe G ist genau dann reduktiv, wenn alle einfachen normalen analytischen Untergruppen reduktiv sind.*

Beweis. Für halbeinfache zusammenhängende Lie-Gruppen ist die Reduktivität äquivalent zur Linearität, denn dann ist das Zentrum automatisch endlich. Diese Eigenschaft vererbt sich natürlich auf die einfachen Untergruppen.

Seien nun alle einfachen Untergruppen $G_1, \ldots, G_n$ reduktiv. Dann stecken sie injektiv in ihrer universellen Komplexifizierung. Ebenso das direkte Produkt $H := G_1 \times \ldots \times G_n$. Da sich die Eigenschaft, injektiv in der Komplexifizierung zu stecken, auf endliche Quotienten vererbt (Aufgabe III.9.3), hat G auch diese Eigenschaft, denn die Multiplikationsabbildung $H \to G$ ist eine endliche Überlagerung. Nun folgt die Reduktivität von G aus der Linearität von $G_{\mathbb{C}}$ (Korollar III.9.17). ∎

III.10.15. Satz. *Sei G halbeinfach und $\mathfrak{g} = \mathfrak{k} + \mathfrak{p}$ eine Cartan-Zerlegung von $\mathbf{L}(G) = \mathfrak{g}$, $K := \langle \exp_G \mathfrak{k} \rangle$, $\mathfrak{u} := \mathfrak{k} + i\mathfrak{p}$ die assoziierte kompakte Form von $\mathfrak{g}_{\mathbb{C}}$ und U die zugehörige einfach zusammenhängende kompakte Gruppe. Dann ist G genau dann reduktiv, wenn $\langle \exp_U \mathfrak{k} \rangle$ eine Überlagerung von K ist.*

Beweis. Nach Lemma III.10.13 ist G genau dann reduktiv, wenn $\gamma: G \to G_{\mathbb{C}}$ injektiv ist. Ist dies der Fall, so ist $K \cong \gamma(K)$ gleich $\langle \exp_{G_{\mathbb{C}}}(\mathfrak{k}) \rangle \subseteq \langle \exp_{G_{\mathbb{C}}}(\mathfrak{k} + i\mathfrak{p}) \rangle$ und diese Gruppe ist ein Quotient von U.

Sei umgekehrt $\pi: \langle \exp_U \mathfrak{k} \rangle \to K$ eine Überlagerung und $\gamma: G \to G_{\mathbb{C}}$ die universelle Komplexifizierung von γ, sowie $\widetilde{\gamma}: \widetilde{G} \to \widetilde{G}_{\mathbb{C}}$ die universelle Komplexifizierung der universellen Überlagerung. Wir haben zu zeigen, daß $\ker \widetilde{\gamma} \subseteq \pi_1(G)$ ist, denn dann ist γ injektiv (Aufgabe III.9.3). Nun ist aber $U \subseteq \widetilde{G}_{\mathbb{C}}$, denn $\widetilde{G}_{\mathbb{C}}$ ist isomorph zur universellen Komplexifizierung $U_{\mathbb{C}}$ von U (Korollar III.9.23), da diese Gruppe einfach zusammenhängend ist und $\mathbf{L}(U_{\mathbb{C}}) = \mathfrak{g}_{\mathbb{C}} = \mathbf{L}(\widetilde{G}_{\mathbb{C}})$ gilt. Wir können daher U mit der entsprechenden Untergruppe von $\widetilde{G}_{\mathbb{C}}$ identifizieren. Sei nun $\widetilde{\gamma}(d) = \mathbf{1}$. Da $\ker \widetilde{\gamma}$ ein diskreter Normalteiler ist, ist er zentral (Lemma I.9.4). Nach Lemma III.6.6 existiert ein $X \in \mathfrak{k}$ mit $d = \exp_{\widetilde{G}} X$. Daher ist

$$\exp_U X = \exp_{\widetilde{G}_{\mathbb{C}}} X = \widetilde{\gamma}(\exp_{\widetilde{G}} X) = \widetilde{\gamma}(d) = \mathbf{1}.$$

Somit ist $\exp_G X = \exp_K X = \pi(\exp_U X) = \mathbf{1}$. Hieraus folgt, daß d im Kern der universellen Überlagerung $\widetilde{G} \to G$, den wir mit $\pi_1(G)$ identifizieren, liegt. ∎

Diese Bedingung läßt sich gut nachprüfen, wenn man die Gruppe $U = G(\mathfrak{k} + i\mathfrak{p})$ kennt. Für $G = G(\mathrm{sl}(2, \mathbb{R}))/D$ ergibt sich mit $G(\mathrm{su}(2)) = \mathrm{SU}(2)$ genau die Bedingung, die schon in der Einleitung erwähnt wurde.

Übungsaufgaben zum Abschnitt III.10

1. Sei $\mathfrak{g}$ eine endlichdimensionale Lie-Algebra und $\mathfrak{r}$ ihr Radikal. Man zeige, daß

$$[\mathfrak{g}, \mathfrak{g}] \cap \mathfrak{r} = [\mathfrak{g}, \mathfrak{r}]$$

gilt. Hinweis: Satz von Levi.

In den nächsten Übungsaufgaben soll gezeigt werden, daß eine lineare Lie-Gruppe sogar eine treue Darstellung als eine abgeschlossene Untergruppe von $\mathrm{Gl}(n, \mathbb{R})$ erlaubt.

2. Sei G eine lineare Lie-Gruppe und $\mathfrak{g}$ deren Lie-Algebra.
a) Es existiert eine maximal kompakt eingebettete abelsche Unteralgebra $\mathfrak{a}$ von $\mathfrak{g} = \mathbf{L}(G)$ und $\mathfrak{b}, \mathfrak{h}$ wie in Satz III.10.5, so daß

$$\mathfrak{a} = (\mathfrak{a} \cap \mathfrak{b}) + (\mathfrak{a} \cap \mathfrak{h}), \quad Z(\mathfrak{h}) \subseteq \mathfrak{a} \quad \text{und} \quad [\mathfrak{a} \cap \mathfrak{b}, \mathfrak{h}] = \{0\}.$$

Hinweis: Lemma III.7.15 und die Konstruktion von $\mathfrak{b}$ im Beweis von Satz III.10.5.
Von jetzt an sei $\mathfrak{a}$ wie unter a) gewählt.
b) $\mathfrak{a} \cap \mathfrak{h}$ ist maximal kompakt eingebettet abelsch in $\mathfrak{h}$.
c) $\mathfrak{a} \cap \mathfrak{b} \cap \mathfrak{g}' \subseteq Z(\mathfrak{n})$, wobei $\mathfrak{n}$ das Nilradikal von $\mathfrak{g}$ ist. Hinweis: Aufgabe 1, Lemma II.7.3 und Lemma III.7.17.

3. Ist H reduktiv und $\mathfrak{a}$ eine maximal kompakt eingebettete abelsche Unteralgebra, so ist $\exp \mathfrak{a}$ ein Torus. Hinweis: $\mathfrak{a}$ enthält das Zentrum und $\exp \mathfrak{a}$ ist abgeschlossen Lemma III.7.9.

4. Sei $\gamma: \mathbb{R} \to G$ eine Einparameteruntergruppe einer Lie-Gruppe. Ist $\gamma(\mathbb{R})$ nicht relativ kompakt in G, so ist $\gamma(\mathbb{R})$ abgeschlossen und γ ist ein Homöomorphismus aufs Bild. Hinweis: o.B.d.A. G zusammenhängend abelsch, Korollar III.3.25.

5. Sei $\mathfrak{e} = \mathbb{R}X_1 \oplus \mathfrak{t}$ eine abelsche Unteralgebra von $\mathrm{gl}(n, \mathbb{R})$ wobei $e^{\mathfrak{t}}$ ein Torus ist. Ist $e^{\mathbb{R}X_1}$ eine nicht-kompakte abgeschlossene Untergruppe, so gilt dies auch für $e^{\mathbb{R}(\lambda X_1 + X_2)}$, wenn $\lambda \neq 0$ und $X_2 \in \mathfrak{t}$ ist. Hinweis: Aufgabe 4.

6. Sei $\mathfrak{a}$ wie in Aufgabe 2 gewählt und $\phi_1: G \to \mathrm{Gl}(n_1, \mathbb{R})$ eine treue Darstellung von G wie in Satz III.7.10. Ist $\phi_1(G)$ nicht abgeschlossen, so existiert ein $X \in \mathfrak{a} \cap \mathfrak{b}$, so daß $\phi_1(\exp \mathbb{R}X)$ nicht abgeschlossen ist. Hinweis: Korollar III.8.14 und Aufgabe 5.

7. Sei $\mathfrak{a} \cap \mathfrak{b} = \mathfrak{a}_1 \oplus (\mathfrak{a} \cap \mathfrak{b} \cap \mathfrak{g}')$ eine direkte Zerlegung. Dann existiert eine Darstellung ϕ_2 von G auf $\mathbb{R}^{n_2}$, so daß $\phi_2(\exp \mathfrak{a}_1)$ eine zu $\mathbb{R}^n$ isomorphe abgeschlossene Untergruppe von $\mathrm{Gl}(n_2, \mathbb{R})$ ist. Hinweis: Mit Korollar III.10.9 finde man eine treue abgeschlossene Darstellung von G/G'.

8. Seien ϕ_1 und ϕ_2 die beiden Darstellungen aus Aufgabe 6 und 7. Dann hat die Darstellung

$$\phi: G \to \mathrm{Gl}(n_1, \mathbb{R}) \times \mathrm{Gl}(n_2, \mathbb{R}) \subseteq \mathrm{Gl}(n_1 + n_2, \mathbb{R}), \qquad g \mapsto \phi_1(g) \oplus \phi_2(g)$$

ein abgeschlossenes Bild. Hinweis: Wäre das nicht der Fall, so fände man mit Aufgabe 6 ein $X \in \mathfrak{a} \cap \mathfrak{b}$, so daß $\phi(\exp \mathbb{R}X)$ nicht abgeschlossen ist. Nach Aufgabe 7 kann das nur für $X \in (\mathfrak{a} \cap \mathfrak{b} \cap \mathfrak{g}')$ passieren. Dieses Element liegt aber im Zentrum des Nilradikals (Aufgabe 2.c).

§11 Anwendung der Theorie auf die Klassischen Gruppen

In diesem letzten Paragraphen wollen wir uns einmal anschauen, wie sich die Theorie, die wir bisher entwickelt haben, auf einige klassische Gruppen anwenden läßt. Wir werden dazu die Gruppen $\mathrm{Sl}(n, \mathbb{R})$, $\mathrm{SO}(n)$, $\mathrm{O}(p, q)$, $\mathrm{Sl}(n, \mathbb{C})$, $\mathrm{Gl}(n, \mathbb{C})$, $\mathrm{U}(n)$ und $\mathrm{SU}(n)$ anschauen (vgl. Beispiel I.1.7). Da wir schon in den vorangegangenen Paragraphen gesehen haben, daß man viele Probleme auf die kompakten Gruppen zurückführen kann, fangen wir mit den kompakten Gruppen an. In diesem Abschnitt identifizieren wir den komplexen Vektorraum $\mathbb{C}^n$ mit dem reellen Vektorraum $\mathbb{R}^{2n}$ und dadurch auch $\mathrm{Gl}(n, \mathbb{C})$ mit einer abgeschlossenen Untergruppe von $\mathrm{Gl}(2n, \mathbb{R})$ (vgl. Aufgabe I.1.8). Für $\mathbb{R}^n$ bzw. $\mathbb{C}^n$ schreiben wir

$$e_i = (0, ..., 1, ..., 0)^\top, \quad i = 1, ..., n$$

für die kanonischen Basisvektoren.

Die Gruppen $\mathrm{U}(n)$ und $\mathrm{SU}(n)$

III.11.1. Satz. *Die Gruppe* $\mathrm{U}(n)$ *ist kompakt und zusammenhängend.*

Beweis. Die Kompaktheit von $\mathrm{U}(n)$ folgt aus der Kompaktheit von $\mathrm{O}(2n)$ und der Abgeschlossenheit von $\mathrm{Gl}(n, \mathbb{C})$ in $\mathrm{Gl}(2n, \mathbb{R})$ (Aufgabe I.1.8), denn

$$\mathrm{U}(n) = \mathrm{Gl}(n, \mathbb{C}) \cap \mathrm{O}(2n).$$

Der Zusammenhang folgt aus dem Zusammenhang von $\mathrm{Gl}(n, \mathbb{C})$ (Proposition I.1.23) und der Cartan-Zerlegung von $\mathrm{Gl}(n, \mathbb{C})$ (Übungsaufgabe I.1.24). ■

III.11.2. Lemma. *Ist* $x \in \mathbb{C}^n$ *mit* $||x|| = 1$, *so ist*

$$\mathrm{U}(n)x = \mathrm{SU}(n)x = \mathrm{S}^{2n-1} = \{z \in \mathbb{C}^n : ||z|| = 1\}.$$

Beweis. Man ergänze x zu einer Orthonormalbasis $\{x, x_2, ..., x_n\}$ von $\mathbb{C}^n$. Dann definieren wir die komplex lineare Abbildung $U: \mathbb{C}^n \to \mathbb{C}^n$ durch

$$e_i \mapsto x_i, \qquad i = 1, ..., n.$$

Man verifiziert nun sofort, daß $U \in \mathrm{U}(n)$ ist. Setzt man $x_n' := (\det U)^{-1} x_n$, so ist die damit erhaltene Abbildung U' sogar in $\mathrm{SU}(n)$. Also ist $x \in \mathrm{SU}(n)e_1$ und daher $\mathrm{SU}(n)x = \mathrm{U}(n)x = \mathrm{U}(n)e_1 = \mathrm{S}^{2n-1}$. ■

III.11.3. Satz. *Die Lie-Algebra* $\mathrm{u}(n) := \mathbf{L}\big(\mathrm{U}(n)\big)$ *besteht aus den schiefhermiteschen Matrizen in* $\mathrm{gl}(n, \mathbb{C})$. *Sie ist kompakt und es gilt*

$$[\mathrm{u}(n), \mathrm{u}(n)] = \mathrm{su}(n), \qquad \text{und} \qquad Z\big(\mathrm{u}(n)\big) = \mathbb{R}i\mathbf{1},$$

sowie

$$\mathrm{u}(n) = \mathrm{su}(n) \oplus \mathbb{R}i\mathbf{1}.$$

Beweis. Für $X \in \mathrm{gl}(n, \mathbb{C})$ sind die Bedingungen $X \in \mathrm{u}(n)$, $\exp(tX)^* = \exp(-tX)$ für alle $t \in \mathbb{R}$ und $X^* = -X$ äquivalent. Also besteht $\mathrm{u}(n)$ aus den schiefhermiteschen Matrizen. Die Kompaktheit der Lie-Algebra $\mathrm{u}(n)$ folgt aus der Kompaktheit von $\mathrm{U}(n)$ (Satz III.11.1) und Satz III.5.4. Nach Lemma III.5.2 ist $\mathrm{u}(n)$ also direkte Summe der halbeinfachen Lie-Algebra $\mathrm{u}(n)'$ und des Zentrums. Sei also $X \in Z\big(\mathrm{u}(n)\big)$. Dann ist $H := \exp(\mathbb{R}X)$ eine zentrale Untergruppe. Das Spektrum von X ist rein imaginär und X ist diagonalisierbar (Aufgabe I.2.2). Wegen $H \subseteq Z\big(\mathrm{U}(n)\big)$ vertauscht auch X mit $\mathrm{U}(n)$. Sei nun x ein Eigenvektor zum Eigenwert $i\lambda \in i\mathbb{R}$ und $y \in \mathbb{C}^n$ mit $\|y\| = 1$. Mit Lemma III.11.2 finden wir $U \in \mathrm{U}(n)$ mit $y = Ux$. Damit ist

$$Xy = X(Ux) = U(Xx) = U(i\lambda x) = i\lambda Ux = i\lambda y.$$

Also ist $X = i\lambda\mathbf{1}$. Damit haben wir das Zentrum von $\mathrm{u}(n)$ berechnet. Es ist klar, daß alle Matrizen in $[\mathrm{u}(n), \mathrm{u}(n)]$ die Spur 0 haben, denn $\mathrm{tr}(AB - BA) = 0$. Also ist $\mathrm{u}(n)' \subseteq \mathrm{su}(n)$ und wegen $\mathrm{su}(n) \cap i\mathbb{R}\mathbf{1} = \{0\}$ gilt sogar Gleichheit. ■

III.11.4. Satz. *Die Gruppe* $\mathrm{SU}(n)$ *ist für* $n \geq 2$ *einfach zusammenhängend, insbesondere also zusammenhängend.*

Beweis. Wir betrachten die Abbildung

$$\alpha: G := \mathrm{SU}(n) \to \mathrm{S}^{2n-1}, \qquad g \mapsto ge_1.$$

Nach Lemma III.11.2 ist α surjektiv. Die Untergruppe H von $\mathrm{SU}(n)$, die den Punkte e_1 festläßt, ist isomorph zu $\mathrm{SU}(n-1)$. Sie wirkt nur auf den letzten $n-1$ Komponenten. Also ist $\alpha(gH) = \{\alpha(g)\}$ und α faktorisiert zu einer stetigen bijektiven Abbildung

$$\beta: G/H \to \mathrm{S}^{2n-1}.$$

Nach Satz A.36 ist β ein Homöomorphismus. Wir beweisen die Aussage nun über vollständige Induktion nach n. Für $n = 2$ ist α ein Homöomorphismus und daher $\mathrm{SU}(2)$ einfach zusammenhängend (Aufgabe I.9.1). Der Zusammenhang von $\mathrm{SU}(n)$ folgt nun induktiv mit Aufgabe 2 aus dem Zusammenhang der Sphären S^{2n-1}. Wir verwenden jetzt das Fundamentalgruppen-Diagramm (Satz III.3.9). Die obere Zeile liefert uns eine exakte Folge

$$\{\mathbf{1}\} = \pi_1(H) \to \pi_1(G) \to \pi_1(G/H) \to \{\mathbf{1}\}.$$

Wegen $\pi_1(G/H) = \pi_1(\mathrm{S}^{2n-1}) = \mathbf{1}$ (Aufgabe I.8.3) ist der Homomorphismus von $\pi_1(H) = \pi_1\big(\mathrm{SU}(n-1)\big)$ nach $\pi_1(G) = \pi_1\big(\mathrm{SU}(n)\big)$ surjektiv und daher $\pi_1\big(\mathrm{SU}(n)\big) = \{\mathbf{1}\}$. ■

Wir schauen uns noch an, wie man $\mathrm{U}(n)$ aus $\mathrm{SU}(n)$ und der Kreisgruppe $Z(\mathrm{U}(n))$ zusammensetzt.

III.11.5. Satz. *$Z(\mathrm{U}(n)) = \mathrm{S}^1\mathbf{1} = \{z\mathbf{1}: |z| = 1\}$ und $Z(\mathrm{SU}(n)) = \{z\mathbf{1}: z^n = 1\}$.*

Beweis. Sei g im Zentrum von $\mathrm{U}(n)$. Dann ist U diagonalisierbar (Aufgabe 1) und wie im Beweis von Satz III.11.3 sieht man mit Lemma III.11.2, daß $g \in \mathbb{C}^*\mathbf{1}$ ist. Genauso argumentiert man für $\mathrm{SU}(n)$ um zu sehen, daß $Z(\mathrm{SU}(n)) = \{z\mathbf{1}: \det(z\mathbf{1}) = z^n = 1\}$. ∎

III.11.6. Satz. *Der Homomorphismus*

$$Z(U(n)) \times \mathrm{SU}(n) \to \mathrm{U}(n), \qquad (z,g) \mapsto zg$$

ist eine $n-$fache zusammenhängende Überlagerung. Für die Untergruppe

$$A := \{g \in \mathrm{U}(n): ge_i = e_i, i = 2, ..., n\}$$

ist

$$\mathrm{U}(n) = \mathrm{SU}(n) \rtimes A$$

(vgl. Satz III.5.19).

Beweis. Die erste Behauptung folgt sofort aus Satz III.11.5,

$$Z(\mathrm{U}(n)) \cap \mathrm{SU}(n) = Z(\mathrm{SU}(n))$$

und dem Zusammenhang von $\mathrm{SU}(n)$. Die zweite Behauptung ist eine Konsequenz von Satz III.3.13 und

$$A \cap \mathrm{SU}(n) = \{\mathbf{1}\}.$$

∎

Die Gruppen $\mathrm{O}(n)$ und $\mathrm{SO}(n)$

Wir bezeichnen in diesem Abschnitt mit $s_i: \mathbb{R}^n \to \mathbb{R}^n, i = 1, ..., n$ die Abbildungen für die

$$s_i(e_j) = \begin{cases} e_j & \text{für } j \neq i, \\ -e_i & \text{für } j = i. \end{cases}$$

Das sind die Spiegelungen an den Hyperebenen orthogonal zu den Basiselementen e_i.

III.11.7. Satz. $Z(\mathrm{O}(n)) = \{\pm\mathbf{1}\}$, $Z(\mathrm{SO}(2)) = \mathrm{SO}(2)$, *und*

$$Z(\mathrm{SO}(n)) = \mathrm{SO}(n) \cap Z(\mathrm{O}(n)) = \begin{cases} \{\mathbf{1}\} & \text{für } n \in 2\mathbb{N}+1 \\ \{\pm\mathbf{1}\} & \text{für } n \in 2\mathbb{N}+2 \end{cases}.$$

Beweis. Ist $g \in Z(\mathrm{O}(n))$, so vertauscht g mit allen s_i und ist daher diagonal (nachrechnen !). Da g auch mit allen Abbildungen vertauscht, die von Permutationen der kanonischen Basis kommen, sind alle Einträge auf der Diagonalen von g gleich. Wegen der Orthogonalität folgt also $g = \pm\mathbf{1}$.

Es ist klar, daß die Gruppe der Drehungen der Ebene, $\mathrm{SO}(2)$, abelsch ist. Wir können also $n > 2$ annehmen. Die Produkte $s_i s_j$ sind in $\mathrm{SO}(n)$. Ist $g \in Z(\mathrm{SO}(n))$, so vertauscht g mit all diesen Abbildungen und man überzeugt sich schnell davon, daß g dann diagonal sein muß (Für $n = 2$ hätte dieses Argument gar nichts gebracht !). Weiter vertauscht g mit den Abbildungen, die von geraden Permutationen der Basiselemente kommen. Diese Gruppe operiert aber schon transitiv auf dieser n-elementigen Menge ($n > 2$). Also ist $g = \pm\mathbf{1}$ und $\det(g) = (\pm 1)^n = 1$. Das negative Vorzeichen ist daher nur für gerade n zulässig. ∎

III.11.8. Korollar. *Für $n \geq 3$ sind die Gruppen $\mathrm{O}(n)$ und $\mathrm{SO}(n)$ halbeinfach. Die Lie-Algebra $\mathrm{so}(n)$ ist halbeinfach und kompakt.*

Beweis. Da $\mathrm{O}(n)$ eine kompakte Gruppe (Lemma I.1.17) mit endlichem Zentrum ist (Satz III.11.7), ist

$$\mathbf{L}(\mathrm{O}(n)) = \mathbf{L}(\mathrm{SO}(n)) = \mathrm{so}(n)$$

eine kompakte halbeinfache Lie-Algebra (Lemma III.5.2, Satz III.5.4). ∎

III.11.9. Korollar. *Die Gruppe $\mathrm{SO}(n)$ ist die Zusammenhangskomponente der $\mathbf{1}$ in $\mathrm{O}(n)$ und $\mathrm{O}(n) = \mathrm{SO}(n) \rtimes \{\pm s_1\}$. Die Gruppe $\mathrm{O}(n)$ ist genau dann ein direktes Produkt aus einer zweielementigen Untergruppe und $\mathrm{SO}(n)$, wenn n ungerade ist.*

Beweis. Die erste Behauptung folgt aus Proposition I.1.18. Ist n ungerade, so ist natürlich $\mathrm{O}(n) = \{\pm\mathbf{1}\} \times \mathrm{SO}(n)$. Sei also n gerade. Wäre $\mathrm{O}(n) = \{a, \mathbf{1}\} \times \mathrm{SO}(n)$, so wäre $a \in Z(\mathrm{O}(n)) = \{\pm\mathbf{1}\}$ (Satz III.11.7). Also $a = -\mathbf{1}$. Das führt aber wegen $-\mathbf{1} \in \mathrm{SO}(n)$ zum Widerspruch. ∎

Der Zusammenhang zwischen $\mathrm{SO}(n)$ und $\mathrm{O}(n)$ ist also wesentlich einfacher als der zwischen $\mathrm{SU}(n)$ und $\mathrm{U}(n)$. Allerdings ist es für $\mathrm{SO}(n)$ etwas schwieriger die Fundamentalgruppe zu berechnen. Völlig analog zum komplexen Fall zeigt man:

III.11.10. Lemma. *Ist $x \in \mathbb{R}^n$ mit $||x|| = 1$, so ist*

$$\mathrm{SO}(n)x = \mathrm{S}^{n-1} = \{x \in \mathbb{R}^n : ||x|| = 1\}.$$

∎

III.11.11. Satz. *Für $n > 2$ ist $\pi_1(\mathrm{SO}(n))$ höchstens zweielementig.*

Beweis. Für $n = 3$ ist die Lie-Algebra so(3) isomorph zu su(2) (Aufgabe 3). Da die Gruppe SU(2) einfach zusammenhängend ist, folgt

$$\widetilde{\mathrm{SO}(3)} \cong \mathrm{SU}(2).$$

Weiter haben wir gesehen, daß $Z(\mathrm{SU}(2))$ zweielementig ist, und daß $Z(\mathrm{SO}(3)) = \{\mathbf{1}\}$ ist. Damit ist klar, daß

$$\pi_1(\mathrm{SO}(3)) \cong \mathbb{Z}_2.$$

Wir schauen uns nun einmal an, wie weit der Trick funktioniert, mit dem wir den einfachen Zusammenhang von $\mathrm{SU}(n)$ gezeigt haben.

Sei also $n \geq 3$ und $e_1 \in \mathbb{R}^n$ der erste Basisvektor. Die Untergruppe $H := \{g \in \mathrm{SO}(n): ge_1 = e_1\}$ ist isomorph zu $\mathrm{SO}(n-1)$, wie man sofort wie oben sieht. Setzt man $G := \mathrm{SO}(n)$, so folgt genauso

$$\mathbb{S}^{n-1} \cong G/H.$$

Wir verwenden nun das Fundamentalgruppen Diagramm (Satz III.3.9). Die obere Zeile liefert uns eine exakte Folge

$$\pi_1(H) \to \pi_1(G) \to \pi_1(G/H) \to \{\mathbf{1}\}.$$

Wegen $n > 2$ ist $\pi_1(G/H) = \pi_1(\mathbb{S}^{n-1}) = \mathbf{1}$ (Aufgabe I.8.1) und der Homomorphismus von $\pi_1(H) = \pi_1(\mathrm{SO}(n-1))$ nach $\pi_1(G) = \pi_1(\mathrm{SO}(n))$ ist surjektiv. Induktiv erhalten wir also mit $\pi_1(\mathrm{SO}(3)) \cong \mathbb{Z}_2$, daß $\pi_1(\mathrm{SO}(n))$ höchstens zwei Elemente haben kann. ∎

Um zu zeigen, daß $\pi_1(\mathrm{SO}(n))$ tatsächlich zweielementig ist, werden wir eine zweiblättrige zusammenhängende Überlagerung konstruieren. Diese Gruppen werden wir als Untergruppen der Einheitengruppen gewisser endlichdimensionaler Algebren, den Clifford-Algebren finden.

III.11.12. Definition. Sei $n \in \mathbb{N}$. In der Tensoralgebra $\mathcal{T}(\mathbb{R}^n)$ betrachten wir das Ideal I, das von

$$e_i \otimes e_i + \mathbf{1}, \quad e_i \otimes e_j + e_j \otimes e_i \quad \text{für} \quad i \neq j \in \{1, \ldots, n\}$$

erzeugt wird. Der Quotient $C_n := \mathcal{T}(\mathbb{R}^n)/I$ heißt die *Clifford-Algebra der Ordnung* n. ∎

III.11.13. Lemma. *Die Produkte*

$$e_{i_1} \otimes ... \otimes e_{i_k} + I, \qquad i_1 < ... < i_k$$

bilden eine Basis von C_n. *Insbesondere ist* $\dim C_n = 2^n$ *und die Abbildung* $\mathbb{R}^n \to C_n, e_i \mapsto e_i + I$ *ist injektiv.*

Beweis. Wir zeigen zuerst, daß obige Elemente die Algebra C_n erzeugen. Ist $e_{j_1} \otimes ... \otimes e_{j_k}$ mit $j_i \in \{1, ..., n\}$ ein Basiselement von $\mathcal{T}(\mathbb{R}^n)$, so existiert in der gleichen I-Nebenklasse ein Element $(-1)^m e_{i_1} \otimes ... \otimes e_{i_k}$ mit $i_1 \leq ... \leq i_k$. Wegen $e_i \otimes e_i + \mathbf{1} \in I$ kann man nun alle doppelt vorkommenden Elemente streichen und erhält ein Erzeugendensystem mit 2^n Elementen.

Sei nun J das Ideal in $\mathcal{T}(\mathbb{R}^n)$, das von I und e_n erzeugt wird. Dann ist klar, daß $\mathcal{T}(\mathbb{R}^n)/J$ isomorph zur Clifford-Algebra C_{n-1} ist. Für $n = 1$ ist die Behauptung klar, denn dann ist $C_1 \cong \mathbb{C} \cong \mathbb{R}[X]/(X^2 + 1)$. Wir nehmen also an, die Behauptung sei für C_{n-1} richtig und $\sum a_{(i)} e_{(i)} = 0$ eine verschwindende Linearkombination obiger Erzeuger. Hierbei ist $a_{(i)} = a_{i_1, ..., i_k}$ und $e_{(i)} = e_{i_1} \otimes ... \otimes e_{i_k} + I$. Betrachten wir das Bild von dieser Summe in $\mathcal{T}(\mathbb{R}^n)/J$, so folgt mit obiger Bemerkung $a_{(i)} = 0$ für $i_k < n$. Ebenso sieht man, daß $a_{(i)} = 0$, wenn ein fester Index $k \in \{1, ..., n\}$ nicht auftritt. Damit ist obige Summe gleich

$$a_{1,...,n} e_1 \otimes ... \otimes e_n + I = I.$$

Also

$$a_{1,...,n}^2 e_1 \otimes ... \otimes e_n \cdot e_n \otimes ... \otimes e_1 + I = (-1)^n a_{1,...,n}^2 + I = I$$

und somit $a_{1,...,n} = 0$. ■

Ab sofort können wir also $\mathbb{R}^n$ mit einem Untervektorraum von C_n identifizieren und dadurch die Bezeichnungen vereinfachen.

III.11.14. Lemma.

1) *Die lineare Abbildung*

$$\tau: \mathbb{C}_n \to \mathbb{C}_n, \qquad e_{i_1} \cdot ... \cdot e_{i_k} \mapsto (-1)^{\frac{k(k-1)}{2}} e_{i_1} \cdot ... \cdot e_{i_k}$$

ist ein Antiautomorphismus von C_n, *d.h.* τ *ist bijektiv und* $\tau(ab) = \tau(ba)$.

2) *Die lineare Abbildung*

$$\alpha: \mathbb{C}_n \to \mathbb{C}_n, \qquad e_{i_1} \cdot ... \cdot e_{i_k} \mapsto (-1)^k e_{i_1} \cdot ... \cdot e_{i_k}$$

ist ein Automorphismus von C_n.

3) *Die Konjugation* $x \mapsto \overline{x} := \alpha \circ \tau(x) = \tau \circ \alpha(x)$ *ist ein Antiautomorphismus von* C_n.

4) *Für die Abbildung* $N: x \mapsto x\overline{x}$ *gilt* $N(x) = ||x||^2$ *für* $x \in \mathbb{R}^n$.

Beweis. 1) Die Bijektivität folgt sofort aus der Definition. Man hat die Behauptung nun nur noch auf den Produkten zweier Basiselemente nachzurechnen. Dort folgt sie aber sofort aus der Beziehung

$$e_{i_k} \cdot \ldots \cdot e_{i_1} = (-1)^{\frac{k(k-1)}{2}} e_{i_1} \cdot \ldots \cdot e_{i_k}.$$

2) Klar.
3) Folgt aus 1) und 2).
4) Für $x = \sum_i a_i e_i$ rechnet man nach, daß

$$N(x) = (\sum_i a_i e_i)(\sum_j -a_j e_j) = \sum_i a_i^2 = ||x||^2.$$

■

III.11.15. Definition. Sei C_n^* die Einheitengruppe von C_n und

$$\Gamma_n := \{x \in C_n^* : (\forall v \in \mathbb{R}^n)\alpha(x)vx^{-1} \in \mathbb{R}^n\}.$$

■

III.11.16. Lemma. *Γ_n ist eine Untergruppe von C_n^*, die unter α und τ invariant ist.*

Beweis. Es ist klar, daß $\mathbf{1} \in \Gamma_n$. Ist $x \in \Gamma_n$, so ist $v \mapsto \alpha(x)vx^{-1}$ eine lineare Bijektion, somit invertierbar, und das Inverse ist $v \mapsto \alpha(x^{-1})vx$. Damit ist $x^{-1} \in \Gamma_n$. Sind $x, y \in \Gamma_n$, $v \in \mathbb{R}^n$ und $w = \alpha(y)vy^{-1}$, so ist

$$\alpha(xy)v(xy)^{-1} = \alpha(x)wx^{-1} \in \mathbb{R}^n.$$

Die Invarianz unter α und τ folgt durch Anwendung dieser Abbildungen auf die Relation $\alpha(x)vx^{-1} \in \mathbb{R}^n$, aus $\alpha \circ \tau = \tau \circ \alpha$, und der Invarianz von $\mathbb{R}^n$ unter τ und α. ■

Wir haben nun eine Darstellung der Gruppe Γ_n auf $\mathbb{R}^n$ durch

$$\rho: g \mapsto \big(v \mapsto \alpha(g)vg^{-1}\big), \qquad \Gamma_n \to \mathrm{Gl}(n, \mathbb{R}).$$

Wir werden zeigen, daß eine geeignete Untergruppe von Γ_n die gesuchte Überlagerung von $\mathrm{SO}(n)$ ist.

III.11.17. Lemma. *Der Kern von ρ ist $\mathbb{R}^*\mathbf{1} = \mathbb{R}\mathbf{1} \cap C_n^*$.*

Beweis. Wir zerlegen C_n in die 1 und -1 Eigenräume C^+ und C^- von α. Damit ist klar, daß

$$C^+C^+ \subseteq C^+, \quad C^+C^- \subseteq C^-, \quad C^-C^+ \subseteq C^-, \quad \text{und} \quad C^-C^- \subseteq C^+,$$

da α ein Automorphismus ist. Sei also $x \in \ker\rho$, d.h. für $v \in \mathbb{R}^n$ gilt $\alpha(x)v = vx$. Wir zerlegen x in $x^+ \in C^+$ und $x^- \in C^-$. Damit ist

$$x^+v = vx^+ \quad \text{und} \quad x^-v = -vx^-,$$

da $v \in C^-$ ist. Wir schreiben $x^+ = a + e_1 b$, wobei a, b Linearkombinationen von Basiselementen sind, die e_1 nicht mehr als Faktor enthalten. Für $v = e_1$ ergibt sich damit

$$-e_1ae_1 + be_1 = e_1^{-1}(a + e_1b)e_1 = a + e_1b.$$

Beachtet man $a \in C^+$ und $b \in C^-$, so bekommt man

$$e_1a = ae_1 \quad \text{und} \quad be_1 = e_1b.$$

Da sich b als Summe von Elementen der Gestalt $\lambda e_{i_1} \cdot \ldots \cdot e_{i_k}$ mit ungeradem k und $i_j \neq 1$ darstellen läßt, folgt zusätzlich, daß $be_1 = -e_1b$. Also $e_1b = 0$ und $x^+ = a$. Für alle anderen Basiselemente e_i argumentiert man analog und findet daher $x^+ \in \mathbb{R}\mathbf{1}$. Genauso zerlegt man $x^- = a + e_1b$. Das führt zu

$$-e_1ae_1 + be_1 = e_1^{-1}(a + e_1b)e_1 = -a - e_1b$$

und damit zu

$$be_1 = -e_1b = -be_1 = 0.$$

Sukzessive erhält man diesmal $x^- \in \mathbb{R}\mathbf{1} \cap C^- = \{0\}$; damit ist $x = x^+ \in \mathbb{R}^*$. Es ist trivial, daß $\mathbb{R}^*\mathbf{1} \subseteq \ker\rho$. ∎

III.11.18. Lemma. *Für $x \in \Gamma_n$ ist $N(x) \in \mathbb{R}^*$.*

Beweis. Wir haben wegen Lemma III.11.17 nur zu zeigen, daß $\rho(N(x)) = \mathbf{1}$, denn nach Lemma III.11.16 ist $N(x) \in \Gamma_n$. Daß bedeutet aber gerade $\rho(\overline{x}) = \rho(x)^{-1}$. Wir wenden die Konjugation auf $\alpha(x)vx^{-1} \in \mathbb{R}^n$ mit $||v|| = 1$ an, und erhalten

$$\rho(x)v = \alpha(x)vx^{-1} = -\overline{\alpha(x)vx^{-1}} = \overline{\alpha(x)vx^{-1}}^{-1} = \alpha(\overline{x})^{-1}v\overline{x} = \rho(\overline{x})^{-1}v,$$

wegen $v^{-1} = v$. ∎

III.11.19. Lemma. *Die Abbildung* $N|_{\Gamma_n}: \Gamma_n \to \mathbb{R}^*\mathbf{1}$ *ist ein Homomorphismus und* $N(\alpha(x)) = N(x)$ *für* $x \in \Gamma_n$.

Beweis. $N(ab) = ab\bar{b}\bar{a} = aN(b)\bar{a} = a\bar{a}N(b) = N(a)N(b)$, da $N(b) \in \mathbb{R}^*\mathbf{1}$. Die andere Behauptung rechnet man auch direkt nach:

$$N(\alpha(x)) = \alpha(x)\overline{\alpha(x)} = \alpha(N(x)) = N(x),$$

da $\alpha(\mathbf{1}) = \mathbf{1}$ ist. ■

III.11.20. Lemma. $\mathbb{R}^n \setminus \{0\} \subseteq \Gamma_n$ *und für* $x \in \mathbb{R}^n \setminus \{0\}$ *ist* $\rho(x)$ *die Spiegelung an der zu* x *orthogonalen Hyperebene.*

Beweis. Sei $x = \sum_i a_i x_i$. Wegen Lemma III.1.17 können wir $||x|| = 1$ annehmen. Dann ist $x^2 = -N(x) = -1$. Für $y = \sum_j b_j e_j$ orthogonal zu x ist

$$xy = \sum_{i \neq j} a_i b_j e_i e_j = -yx.$$

Damit haben wir

$$\rho(x)x = \alpha(x)xx^{-1} = (-x)x(-x) = -x \quad \text{und} \quad \rho(x)y = (-x)y(-x) = -xxy = y.$$

■

III.11.21. Satz. *Sei* $\mathrm{Pin}(n) := \ker N$. *Dann ist* $\rho(\mathrm{Pin}(n)) = \mathrm{O}(n)$ *und* $\ker \rho|_{\mathrm{Pin}(n)} = \{\pm\mathbf{1}\}$.

Beweis. Jedes Element $g \in \mathrm{O}(n)$ ist ein Produkt aus Spiegelungen. Für $n = 1$, d.h. für $\mathrm{O}(1) = \{\pm\mathbf{1}\}$, ist dies klar. Ist diese Behauptung für $\mathrm{O}(n-1)$ gezeigt und $g \in \mathrm{O}(n)$, so wählen wir eine Spiegelung s, die ge_n in e_n abbildet. Dann ist $sg \in \mathrm{O}(n-1) \subseteq \mathrm{O}(n)$ ein Produkt aus Spiegelungen.

Nach Lemma III.11.20 sind alle Spiegelungen im Bild von $\mathrm{Pin}(n)$. Die Behauptung folgt nun aus Lemma III.11.17. ■

III.11.22. Definition. Wir definieren $\mathrm{Spin}(n) := \rho^{-1}(\mathrm{SO}(n)) \subseteq \mathrm{Pin}(n)$. ■

III.11.23. Satz. *Die Restriktion von* ρ *auf* $\mathrm{Spin}(n)$ *ist eine doppelte Überlagerung mit Kern* $\{\pm\mathbf{1}\}$ *und* $\mathrm{Spin}(n)$ *ist zusammenhängend. Wir haben also eine exakte Folge:*

$$\{\mathbf{1}\} \to \mathbb{Z}_2 \to \mathrm{Spin}(n) \to \mathrm{SO}(n) \to \{\mathbf{1}\}.$$

Beweis. Wegen Satz III.11.21 haben wir nur noch zu zeigen, daß $\mathrm{Spin}(n)$ zusammenhängend ist, d.h., daß wir $-\mathbf{1}$ mit einem Bogen in $\mathrm{Pin}(n)$ erreichen können. Wir setzen

$$\gamma(t) := \cos(t)\mathbf{1} + \sin(t)e_1e_2.$$

Mit $(e_1e_2)^2 = -1$ folgt

$$\alpha\gamma(t) = \gamma(t) \quad \text{und } \gamma(t)^{-1} = \gamma(-t).$$

Für $i \geq 3$ ist also $\alpha(\gamma(t))e_i\gamma(-t) = e_i$ und $\alpha(\gamma(t))e_1\gamma(-t) = \cos(2t)e_1 + \sin(t)e_2$, sowie $\alpha(\gamma(t))e_2\gamma(-t) = \cos(2t)e_2 - \sin(t)e_2$. Also $\gamma(t) \in \Gamma_n$. Weiter ist $N(\gamma(t)) = \gamma(t)\overline{\gamma(t)} = \gamma(t)\gamma(-t) = \mathbf{1}$ und folglich sogar $\gamma(t) \in \mathrm{Pin}(n)$. Schließlich ist $\gamma(\pi) = -\mathbf{1}$ und damit ist alles gezeigt. ∎

III.11.24. Korollar. *Für $n > 2$ ist* $\mathrm{Spin}(n)$ *die universelle Überlagerung von* $\mathrm{SO}(n)$ *und* $\pi_1(\mathrm{SO}(n)) \cong \mathbb{Z}_2$.

Beweis. Satz III.11.11 und Satz III.11.23. ∎

Die nicht-kompakten Gruppen

Wir kommen nun zu den nicht-kompakten Gruppen. Eines der Hauptwerkzeuge wird jetzt der Satz III.10.11 sein.

III.11.25. Satz. *Für* $\mathrm{Sl}(n, \mathbb{C})$ *gelten folgende Aussagen:*

1) $\mathrm{SU}(n)$ *ist eine maximal kompakte Untergruppe.*
2) $\mathrm{Sl}(n, \mathbb{C})$ *ist einfach zusammenhängend.*
3) $\mathrm{su}(n)$ *ist eine kompakte Form von* $\mathrm{sl}(n, \mathbb{C})$.
4) $Z(\mathrm{Sl}(n, \mathbb{C})) = \{z\mathbf{1} : z^n = 1\} \cong \mathbb{Z}_n$.

Beweis. 1) Satz III.10.11.
2) Satz III.10.11 und Satz III.11.6.
3) Aus Satz III.11.3 wissen wir, daß $\mathrm{su}(n)$ kompakt und halbeinfach ist. Wegen $\mathrm{sl}(n, \mathbb{C}) = \mathrm{su}(n) + i\,\mathrm{su}(n)$ ist $\mathrm{su}(n)$ eine kompakte Form von $\mathrm{sl}(n, \mathbb{C})$.
4) Das folgt aus 3), Satz III.11.5 und Lemma III.9.14. ∎

III.11.26. Satz. *Für* $\mathrm{Gl}(n, \mathbb{C})$ *gelten folgende Aussagen:*

1) $\mathrm{U}(n)$ *ist eine maximal kompakte Untergruppe.*
2) $\mathrm{Gl}(n, \mathbb{C})$ *ist zusammenhängend.*
3) $\pi_1(\mathrm{Gl}(n, \mathbb{C})) \cong \mathbb{Z}$.
4) $Z(\mathrm{Gl}(n, \mathbb{C})) = \mathbb{C}^*\mathbf{1}$.
5) *Die Abbildung* $\mathbb{C}^* \times \mathrm{Sl}(n. \mathbb{C}) \to \mathrm{Gl}(n, \mathbb{C})$ *ist eine n-fache Überlagerung.*

Beweis. 1) Satz III.10.11.
2) Satz III.10.11 und Satz III.11.4 oder Proposition III.1.23.

3) Satz III.10.11 und Satz III.11.6.

4) Ist $g \in Z(\mathrm{Gl}(n, \mathbb{C}))$, so finden wir $z \in \mathbb{C}$ mit $\det(zg) = 1$. Dann ist $zg \in Z(\mathrm{Sl}(n, \mathbb{C})) \subseteq \mathbb{C}^*\mathbf{1}$ und somit auch $g \in \mathbb{C}^*\mathbf{1}$ (Satz III.11.25).

5) Das folgt aus $\mathbb{C}^*\mathbf{1} \cap \mathrm{Sl}(n, \mathbb{C}) = Z(\mathrm{Sl}(n, \mathbb{C}))$ und Satz III.11.25. ■

III.11.27. Satz. *Für* $\mathrm{Sl}(n, \mathbb{R}), n \geq 2$ *gelten folgende Aussagen:*

1) $\mathrm{SO}(n)$ *ist eine maximal kompakte Untergruppe.*
2) $\mathrm{Sl}(n, \mathbb{R})$ *ist zusammenhängend.*
3) $\pi_1(\mathrm{Sl}(n, \mathbb{R})) \cong \begin{cases} \mathbb{Z} & \text{für } n = 2 \\ \mathbb{Z}_2 & \text{für } n > 2 \end{cases}$.
4) $\mathrm{Sl}(n, \mathbb{R})$ *ist halbeinfach.*
5) $Z(\mathrm{Sl}(n, \mathbb{R})) = \begin{cases} \{\mathbf{1}\} & \text{für } n \in 2\mathbb{N} + 1 \\ \{\pm\mathbf{1}\} & \text{für } n \in 2\mathbb{N} \end{cases}$.

Beweis. 1) Satz III.10.11.

2) Satz III.10.11 und Korollar III.11.9.

3) Satz III.10.11 und Korollar III.11.24.

4) Das folgt daraus, daß $\mathrm{sl}(n, \mathbb{C}) \cong \mathrm{sl}(n, \mathbb{R})_{\mathbb{C}}$ halbeinfach ist (Satz III.11.25).

5) Aus 1) und Korollar III.6.16 folgt $Z(\mathrm{Sl}(n, \mathbb{R})) \subseteq \mathrm{SO}(n)$. Für $n > 2$ folgt die Behauptung damit aus Satz III.11.7. Ist $g \in Z(\mathrm{Sl}(2, \mathbb{R}))$, so ist $\mathrm{Ad}(g)X = gXg^{-1} = X$ für alle $X \in \mathrm{sl}(2, \mathbb{R})$. Also vertauscht g auch mit $\begin{pmatrix} 1 & 0 \\ 0 & -1 \end{pmatrix}$ und ist somit diagonal, also $\pm\mathbf{1}$. ■

III.11.28. Satz. *Für* $\mathrm{Gl}(n, \mathbb{R})$ *gelten folgende Aussagen:*

1) $\mathrm{O}(n)$ *ist eine maximal kompakte Untergruppe.*
2) $\mathrm{Gl}(n, \mathbb{R})$ *hat 2 Zusammenhangskomponenten.*
3) $\pi_1(\mathrm{Gl}(n, \mathbb{R})) \cong \begin{cases} \mathbb{Z} & \text{für } n = 2 \\ \mathbb{Z}_2 & \text{für } n > 2 \end{cases}$.
4) $Z(\mathrm{Gl}(n, \mathbb{R})) = \mathbb{R}^*\mathbf{1}$.
5) *Die Multiplikationsabbildung* $(\mathbb{R}^+)^* \times \mathrm{Sl}(n, \mathbb{R}) \to \mathrm{Gl}(n, \mathbb{R})_0$ *ist ein Homöomorphismus.*

Beweis. 1) Satz III.10.11.

2) Satz III.10.11 und Korollar III.11.9.

3) Satz III.10.11, Korollar III.11.24 und Korollar III.11.9.

4) Wie für $\mathrm{Gl}(n, \mathbb{C})$ oder mit Proposition I.1.11.

5) Das folgt aus $\mathbb{R}^*\mathbf{1} \cap \mathrm{Sl}(n, \mathbb{R}) = Z(\mathrm{Sl}(n, \mathbb{R})) \subseteq \{\pm\mathbf{1}\}$ und Satz III.11.27. ■

III.11.29. Satz. *Sei* $p, q \geq 1$. *Für* $\mathrm{O}(p, q) \subseteq \mathrm{Gl}(p + q, \mathbb{R})$ (vgl. Beispiel I.1.7) *gelten folgende Aussagen:*

1) $O(p) \times O(q)$ *ist eine maximal kompakte Untergruppe. Das ist so zu verstehen, daß* $O(p)$ *auf den ersten* p *und* $O(q)$ *auf den letzten* q *Komponenten eines Vektors in* $\mathbb{R}^{p+q}$ *wirkt.*
2) $O(p,q)$ *hat 4 Zusammenhangskomponenten, davon 2 in* $SO(p,q)$.
3) $\pi_1(O(p,q)) \cong \pi_1(SO(p)) \times \pi_1(SO(q))$.
4) $Z(O(p,q)) = Z(O(p)) \times Z(O(q)) \cong \mathbb{Z}_2 \times \mathbb{Z}_2$.
5) *Die Gruppe* $O(p,q)$ *ist halbeinfach.*

Beweis. 1) Satz III.10.11.
2),3) Satz III.10.11, 1) und und Korollar III.11.9.
4) Sei $g \in Z(O(p,q))$. Dann vertauscht g mit der Matrix

$$B = \begin{pmatrix} \mathbf{1}_p & 0 \\ 0 & -\mathbf{1}_q \end{pmatrix}$$

und hat daher Blockdiagonalgestalt :

$$g = \begin{pmatrix} A & 0 \\ 0 & C \end{pmatrix},$$

wobei A mit $O(p)$ und C mit $O(q)$ vertauscht. Es gibt also vier Möglichkeiten: $A = \pm\mathbf{1}_p$ und $C = \pm\mathbf{1}_q$ (Satz III.11.7).
5) Die Komplexifizierungen der Lie-Algebren $so(p,q)$ und $so(p+q)$ sind isomorph (Aufgabe 4). Also ist $so(p,q)$ eine reelle Form von $so(p+q)_{\mathbb{C}}$ und daher auch halbeinfach. ∎

III.11.30. Bemerkung. Die Gruppe $O(1,3)$ ist auch bekannt als die *Lorentzgruppe* der speziellen Relativitätstheorie. ∎

Übungsaufgaben zum Abschnitt III.11

1. Sei $U \in M(n, \mathbb{C})$. Dann ist die Menge

$$\{U^n : n \in \mathbb{N}\}$$

genau dann beschränkt, wenn U diagonalisierbar ist und $\mathrm{Spec}(U) \subseteq \{z \in \mathbb{C}: |z| \leq 1\}$ gilt. Hinweis: Jordansche Normalform.

2. Sei G eine topologische Gruppe und H eine abgeschlossene zusammenhängende Untergruppe, so daß G/H zusammenhängend ist. Dann ist G zusammenhängend. Hinweis: Ist $G = U \cup V$ eine Zerlegung in disjunkte offene Mengen, so gilt $UH = U$,

$VH = V$ und die Bilder dieser Mengen liefern eine Zerlegung von G/H in disjunkte offene Mengen.

3. Die Lie-Algebren su(2) und so(3) sind isomorph. Hinweis: Beide sind kompakte Formen von $\mathrm{sl}(2, \mathbb{C})$.

4. Man zeige, daß $\mathrm{so}(p+q)_{\mathbb{C}} \cong \mathrm{so}(p,q)_{\mathbb{C}}$. Hinweis : In $\mathrm{Gl}(n, \mathbb{C})$ ist

$$\begin{pmatrix} \mathbf{1}_p & 0 \\ 0 & i\mathbf{1}_q \end{pmatrix} \begin{pmatrix} \mathbf{1}_p & 0 \\ 0 & -\mathbf{1}_q \end{pmatrix} \begin{pmatrix} \mathbf{1}_p & 0 \\ 0 & i\mathbf{1}_q \end{pmatrix}^{\top} = \begin{pmatrix} \mathbf{1}_p & 0 \\ 0 & \mathbf{1}_q \end{pmatrix}.$$

Anhang: Topologische Grundlagen

In diesem Anhang stellen wir die topologischen Grundlagen zusammen, die wir in diesem Buch benötigen. Wir geben präzise Formulierungen der Definitionen und Sätze an. Die Beweise sind eher knapp gehalten. Dieser Anhang soll lediglich ein Leitfaden sein, der dem Leser zeigt, wie man zu den benötigten Resultaten kommt.

A.1. Definition. Es sei X eine Menge. Eine *Topologie auf* X ist ein System $\mathcal{O}$ von Teilmengen von X mit folgenden Eigenschaften :

1) Die Vereinigung einer beliebigen Familie von Mengen aus $\mathcal{O}$ gehört zu $\mathcal{O}$. Insbesondere gehört die leere Menge zu $\mathcal{O}$.
2) Der Durchschnitt von endlich vielen Mengen aus $\mathcal{O}$ gehört zu $\mathcal{O}$. Insbesondere gehört X zu $\mathcal{O}$.

Eine Menge, zusammen mit einer topologischen Struktur auf X, heißt *topologischer Raum.* Die Mengen in $\mathcal{O}$ heißen *offene Mengen* der Topologie und ihre Komplemente *abgeschlossene Mengen.*

Sei $A \subseteq X$ eine Teilmenge. Die kleinste abgeschlossene Teilmenge von X, die A enthält, d.h. der Durchschnitt aller abgeschlossenen Obermengen von A, wird die *abgeschlossene Hülle* genannt und mit $\overline{A}$ bezeichnet. Die größte offene Teilmenge, die in A enthalten ist, d.h. die Vereinigung aller in A enthaltenen offenen Mengen, wird das *Innere* genannt und mit A^0 bezeichnet. Die Elemente von A^0 heißen *innere Punkte von* A. ∎

A.2. Definition. Sind $\mathcal{O}_1$ und $\mathcal{O}_2$ Topologien auf X, so heißt $\mathcal{O}_1$ *feiner* bzw. *gröber* als $\mathcal{O}_2$, wenn $\mathcal{O}_2 \subseteq \mathcal{O}_1$ bzw. $\mathcal{O}_1 \subseteq \mathcal{O}_2$ ist. ∎

A.3. Satz. *Der Durchschnitt* $\mathcal{O} := \bigcap_{i\in I} \mathcal{O}_i$ *einer Familie* $(\mathcal{O}_i)_{i\in I}$ *von Topologien auf einer Menge* X *ist wieder eine Topologie auf* X, *die feinste Topologie, die gröber als alle* $\mathcal{O}_i$ *ist.*

Beweis. Übung. ∎

A.4. Korollar. *Ist* $\mathcal{M}$ *eine Familie von Teilmengen der Menge* X, *so existiert eine gröbste Topologie* $\mathcal{O}$, *die* $\mathcal{M}$ *enthält.*

Beweis. Man nehme, gemäß Satz A.3, den Durchschnitt aller Topologien, die $\mathcal{M}$ enthalten. ∎

A.5. Bemerkung. Die gröbste Topologie, die ein Mengensystem $\mathcal{M}$ enthält, besteht genau aus den Vereinigungen endlicher Durchschnitte von Mengen aus $\mathcal{M}$. ∎

Dies motiviert die folgende Definition.

A.6. Definition. Sei X ein topologischer Raum mit einer Topologie $\mathcal{O}$. Eine Familie $\mathcal{B}$ von Teilmengen von X heißt *Subbasis der Topologie*, wenn $\mathcal{O}$ aus den Vereinigungen endlicher Durchschnitte von Mengen aus $\mathcal{B}$ besteht. $\mathcal{B}$ heißt *Basis der Topologie*, wenn jede Menge in $\mathcal{O}$ Vereinigung von Mengen aus $\mathcal{B}$ ist. ∎

A.7. Beispiel.

a) $\mathcal{O}$ besteht aus allen Teilmengen von X. In diesem Fall spricht man von der *diskreten Topologie auf* X.

b) $\mathcal{O}$ besteht nur aus der leeren Menge und X. In diesem Fall spricht man von der *chaotischen oder indiskreten Topologie auf* X.

c) Sei (X, d) ein metrischer Raum. Wir nennen eine Teilmenge O von X offen, wenn sie zu jedem Punkt $x \in O$ eine ε-Umgebung für ein $\varepsilon > 0$ enthält. Damit wird X zu einem topologischen Raum. Man spricht von der durch die Metrik induzierten Topologie. ∎

A.8. Definition. Ist Y eine Teilmenge des topologischen Raumes X, so ist

$$\mathcal{O}_Y := \{O \cap Y : O \in \mathcal{O}\}$$

eine Topologie auf Y, die die *von* X *induzierte Topologie* oder *Teilraumtopologie* genannt wird. ∎

Im folgenden sei X immer ein topologischer Raum und $\mathcal{O}$ das System der offenen Mengen.

A.9. Definition. Eine Teilmenge U von X heißt Umgebung eines Punktes $x \in X$, wenn eine offene Menge $O \subseteq U$ existiert, die x enthält. ∎

A.10. Satz. *Eine Menge $O \subseteq X$ ist genau dann offen, wenn sie Umgebung all ihrer Punkte ist.*

Beweis. Ist O offen, so ist O Umgebung aller Punkte in O. Ist dies umgekehrt der Fall, so finden wir zu jedem Punkt $x \in O$ eine offene Menge $O_x \subseteq O$, die x enthält. Folglich ist $O = \bigcup_{x \in O} O_x$ offen. ∎

A.11. Definition. Seien X und Y topologische Räume. Eine Abbildung $f : X \to Y$ heißt *stetig*, wenn für jede offene Menge $O \subseteq Y$ das Urbild $f^{-1}(O)$ offen in X ist. Die Menge der stetigen Abbildungen von X nach Y wird mit $C(X, Y)$ bezeichnet. Für $Y = \mathbb{R}$ setzen wir $C(X) := C(X, \mathbb{R})$.

Ist f zusätzlich bijektiv und f^{-1} auch stetig, so heißt f *Homöomorphismus*. Eine Abbildung $f : X \to Y$ heißt *offen* bzw. *abgeschlossen*, wenn für jede offene bzw. abgeschlossene Teilmenge $A \subseteq X$ das Bild $f(A)$ wieder offen bzw. abgeschlossen ist. ∎

A.12. Satz.

a) *Sind* $f : X \to Y$ *und* $g : Y \to Z$ *stetige Abbildungen topologischer Räume, so ist die Verkettung* $g \circ f : X \to Z$ *stetig.*

b) *Ist* $f : X \to Y$ *eine Abbildung topologischer Räume und* $\mathcal{B}$ *eine Subbasis der Topologie auf* Y, *so ist* f *genau dann stetig, wenn* $f^{-1}(B)$ *für alle* $B \in \mathcal{B}$ *offen ist.*

Beweis. Übung. ■

A.13. Definition. Sei X ein topologischer Raum und $\sim$ eine Äquivalenzrelation auf X. Wir schreiben $[X]$ für die Menge $\{[x] : x \in X\}$ aller Äquivalenzklassen und $\pi : X \to [X], x \mapsto [x]$ für die Quotientenabbildung. Dann definiert

$$\mathcal{O}_{[X]} := \{O \subseteq X/\sim : \pi^{-1}(O) \in \mathcal{O}_X\}$$

eine Topologie auf $[X]$, die *Quotiententopologie* genannt wird. Es ist klar, daß $\pi : X \to [X]$ bzgl. dieser Topologie stetig ist. ■

Sie hat folgende universelle Eigenschaft:

A.14. Satz. *Ist* $f : X \to Y$ *eine stetige Abbildung, so daß*

$$x \sim y \quad \Rightarrow \quad f(x) = f(y) \qquad \forall x, y \in X,$$

so existiert genau eine stetige Abbildung $[f] : [X] \to Y$ *mit* $f = [f] \circ \pi$.

Beweis. Übung. ■

A.15. Definition. Seien $(X_i, \mathcal{O}_i)_{i \in I}$ topologische Räume, $X := \prod_{i \in I} X_i$ deren Produkt und $p_i : X \to X_i$ die zugehörigen Projektionen. Die gröbste Topologie auf X, für die alle Abbildungen p_i stetig sind, wird die *Produkttopologie genannt.* D.h. die Mengen $p_i^{-1}(O_i)$ mit $O_i \in \mathcal{O}_i$ bilden eine Subbasis der Topologie und daher die Mengen der Gestalt $\prod_{i \in I} Q_i$, wobei $Q_i \subseteq X_i$ offen ist und bis auf endlich viele Indizes $Q_i = X_i$ gilt, eine Basis. ■

Die Produkttopologie hat ebenfalls eine universelle Eigenschaft.

A.16. Satz. *Eine Abbildung* $f : Y \to X = \prod_{i \in I} X_i$ *ist genau dann stetig, wenn alle Abbildungen* $p_i \circ f : Y \to X_i$ *stetig sind.*

Beweis. Ist f stetig, so folgt die Stetigkeit von $p_i \circ f$ aus Satz A.12.a). Sei $O = p_i^{-1}(O_i)$ eine Subbasismenge. Nach Voraussetzung ist die Menge

$$f^{-1}(O) = f^{-1}(p_i^{-1}(O_i)) = (p_i \circ f)^{-1}(O_i)$$

offen. Also ist f stetig (Satz A.12.b). ■

A.17. Definition. Ein nichtleeres System $\mathcal{F}$ von Teilmengen einer Menge X heißt *Filter* auf X, wenn es folgende Bedingungen erfüllt :

F1) Jede Obermenge einer Menge aus $\mathcal{F}$ gehört zu $\mathcal{F}$.

F2) Der Durchschnitt von zwei Mengen aus $\mathcal{F}$ gehört zu $\mathcal{F}$.

F3) Die leere Menge gehört nicht zu $\mathcal{F}$.

Wegen F2) gehören sogar endliche Durchschnitte von Mengen aus $\mathcal{F}$ wieder zu $\mathcal{F}$. Ist $\mathcal{G}$ ein weiterer Filter auf X, so heißt $\mathcal{G}$ *feiner* bzw. *gröber* als $\mathcal{F}$, wenn $\mathcal{F} \subseteq \mathcal{G}$ bzw. $\mathcal{G} \subseteq \mathcal{F}$. Ein Filter $\mathcal{U}$ heißt *Ultrafilter*, wenn es keinen von $\mathcal{U}$ verschiedenen Filter auf X gibt, der feiner als $\mathcal{U}$ ist. ∎

A.18. Beispiel. Sei $x \in X$.

a) $\mathcal{U}(x)$, die Menge aller Umgebungen von x, ist ein Filter, der *Umgebungsfilter von* x.

b) Die Menge aller Obermengen von $\{x\}$ ist ein Ultrafilter, der feiner als $\mathcal{U}(x)$ ist. Die Menge der Obermengen einer nichtleeren Teilmenge $A \subseteq X$ ist ebenfalls ein Ultrafilter. ∎

A.19. Definition. Sei M eine Menge. Eine Relation $\leq$ auf M heißt *Partialordnung*, wenn sie folgende Bedingungen erfüllt :

P1) $(\forall a \in M) \quad a \leq a$ (Reflexivität).

P2) $(\forall a,b,c \in M) \quad a \leq b, \quad b \leq c \quad \Rightarrow \quad a \leq c$ (Transitivität).

P3) $(\forall a,b \in M) \quad a \leq b, \quad b \leq a \quad \Rightarrow \quad a = a.$ (Antisymmetrie)

Eine Menge M mit einer Partialordnung $\leq$ heißt *partiell geordnet*. Eine Teilmenge $K \subseteq M$ heißt *Kette*, wenn zusätzlich entweder $a \leq b$ oder $b \leq a$ für alle $a, b \in K$ gilt. Ein Element $m \in M$ heißt *obere Schranke der Teilmenge* $K \subseteq M$, wenn

$$a \leq m \qquad \forall a \in K.$$

Ist m zusätzlich in K enthalten, so heißt m *maximales Element* von K. ∎

A.20. Lemma. (Zorn) *Besitzt in der partiell geordneten M jede Kette eine obere Schranke, so gibt es zu jedem Element $a \in M$ ein maximales Element $b \in M$ mit $a \leq b$.*

Beweis. Wegen seiner Äquivalenz zum Auswahlaxiom der Mengenlehre können wir das Lemma von Zorn an dieser Stelle als Axiom betrachten. ∎

A.21. Lemma. *In der Menge aller Filter auf X besitzt jede Kette K eine obere Schranke.*

Beweis. Sei K eine solche Kette. Wir setzen

$$\mathcal{M} := \bigcup K = \{A \subseteq X : (\exists \mathcal{F} \in K) A \in \mathcal{F}\}.$$

Um zu beweisen, daß $\mathcal{M}$ ein Filter ist, zeigen wir nur F2), der Rest sei dem Leser zur Übung überlassen. Sind F_1 und $F_2 \in \mathcal{M}$, so existieren $\mathcal{F}_i \in K$ mit $F_i \in \mathcal{F}_i$. Wir können o.B.d.A. annehmen, daß $\mathcal{F}_1 \leq \mathcal{F}_2$. Dann ist aber $F_i \in \mathcal{F}_2$ für $i = 1, 2$ und daher

$$F_1 \cap F_2 \in \mathcal{F}_2 \subseteq \mathcal{M}.$$

■

A.22. Satz. *Zu jedem Filter gibt es einen feineren Ultrafilter.*

Beweis. Lemma A.20 und A.21. ■

A.23. Lemma. *Sei $\mathcal{F}$ ein Filter auf X und das Komplement der Teilmenge A von X nicht in $\mathcal{F}$ enthalten. Dann existiert ein Filter $\mathcal{G}$ auf X, der A enthält und feiner als $\mathcal{F}$ ist.*

Beweis. Wir definieren $\mathcal{G}$ als das System aller Obermengen der Schnitte der Mengen aus $\mathcal{F}$ mit der Menge A. Wir zeigen, daß $\mathcal{G}$ ein Filter ist. Enthält $\mathcal{G}$ die leere Menge, so enthält $\mathcal{F}$ eine Menge $F \subseteq X \setminus A$ und folglich ist $X \setminus A \in \mathcal{F}$. F1) ist trivial. Sind $G_1, G_2 \in \mathcal{G}$, so existieren $F_1, F_2 \in \mathcal{F}$ mit $F_i \cap A \subseteq G_i$. Also ist

$$F_1 \cap F_2 \cap A \subseteq G_1 \cap G_2$$

und daher $G_1 \cap G_2 \in \mathcal{G}$. ■

A.24. Satz. *Ein Filter $\mathcal{F}$ auf X ist genau dann ein Ultrafilter, wenn für jede Teilmenge A von X entweder A oder $X \setminus A$ zu $\mathcal{F}$ gehört.*

Beweis. Sei zuerst $\mathcal{F}$ ein Ultrafilter und $X \setminus A \notin \mathcal{F}$. Nach Lemma A.23 existiert ein feinerer Filter (der dann natürlich mit $\mathcal{F}$ übereinstimmt), der A enthält. Folglich ist $A \in \mathcal{F}$. Ist umgekehrt $\mathcal{F}$ ein Filter auf X, der für jede Menge entweder die Menge selbst oder ihr Komplement enthält, so ist er maximal, denn man kann keine weitere Menge zu $\mathcal{F}$ hinzunehmen ohne F2) oder F3) zu verletzen. ■

A.25. Definition. Ein Filter $\mathcal{F}$ auf X heißt konvergent gegen $x \in X$, wenn $\mathcal{F}$ feiner als der Umgebungsfilter $\mathcal{U}(x)$ ist. Man schreibt dafür auch kurz $\mathcal{F} \to x$ oder $x \in \lim \mathcal{F}$. Die Schreibweise $x = \lim \mathcal{F}$ bedeutet zusätzlich, daß $\mathcal{F}$ nur gegen x konvergiert. ■

A.26. Definition. Sei $f : X \to Y$ eine Abbildung und $\mathcal{F}$ ein Filter auf X. Dann bezeichnen wir mit $f(\mathcal{F})$ den Filter aller Obermengen der Bilder der Elemente von $\mathcal{F}$. ■

A.27. Satz. *Ist $\mathcal{F}$ ein Ultrafilter auf X und $f : X \to Y$ eine Abbildung, so ist $f(\mathcal{F})$ ein Ultrafilter auf Y.*

Beweis. Nach Satz A.24 ist zu zeigen, daß für jede Teilmenge $A \subseteq Y$ entweder A oder $Y \setminus A$ zu $f(\mathcal{F})$ gehört. Dies folgt aber sofort daraus, daß A genau dann zu $f(\mathcal{F})$ gehört, wenn $f^{-1}(A)$ zu $\mathcal{F}$ gehört. ■

A.28. Satz. *Eine Abbildung $f : X \to Y$ zwischen topologischen Räumen ist genau dann stetig in $x \in X$, wenn das Bild $f(\mathcal{U}(x))$ gegen $f(x)$ konvergiert.*

Beweis. Sei f stetig in x und V eine Umgebung von $f(x)$. Dann ist $f^{-1}(V)$ eine Umgebung von x und $f(f^{-1}(V)) \subseteq V$. Also ist $V \in f(\mathcal{U}(x))$, und $f(\mathcal{U}(x))$ konvergiert gegen $f(x)$. Sei dies umgekehrt der Fall, $O \subseteq Y$ offen und $x \in f^{-1}(O)$. Wir habe zu zeigen, daß $f^{-1}(O)$ eine Umgebung von x ist (Satz A.10). Wegen unserer Annahme finden wir eine Umgebung U von x mit $f(U) \subseteq O$, da O eine Umgebung von $f(x)$ ist. Damit ist aber auch $x \in U \subseteq f^{-1}(O)$. ∎

A.29. Definition. Ein topologischer Raum X heißt *quasikompakt*, wenn zu jeder offenen Überdeckung von X eine endliche Teilüberdeckung existiert. ∎

A.30. Satz. *Für einen topologischen Raum sind folgende Aussagen äquivalent:*

a) *X ist quasikompakt.*

b) *In jeder Familie abgeschlossener Teilmengen von X mit leerem Durchschnitt gibt es eine endliche Teilfamilie deren Durchschnitt leer ist.*

c) *Jeder Ultrafilter auf X ist konvergent.*

Beweis. a) $\Leftrightarrow$ b) erhält man durch Komplementbildung.
b) $\Rightarrow$ c): Sei $\mathcal{F}$ eine Ultrafilter auf X. Wegen b) und F2), F3) ist der Durchschnitt aller abgeschlossenen Mengen in $\mathcal{F}$ nicht leer. Sei x in diesem Durchschnitt und U eine offene Umgebung von x. Dann ist $X \setminus U$ nicht in $\mathcal{F}$ und daher $U \in \mathcal{F}$. Also konvergiert $\mathcal{F}$ gegen x.
c) $\Rightarrow$ b): Sei $\mathcal{K}$ eine Familie abgeschlossener Teilmengen von X mit leerem Durchschnitt und $\mathcal{F}$ die Menge der Obermengen endlicher Durchschnitte von Mengen aus $\mathcal{K}$. Angenommen, keiner dieser endlichen Durchschnitte ist leer. Dann ist $\mathcal{F}$ ein Filter auf X, zu dem ein feinerer Ultrafilter $\mathcal{F}'$ existiert. Nach Voraussetzung konvergiert $\mathcal{F}'$ gegen ein $x \in X$. Sei $F \in \mathcal{K}$ und U eine Umgebung von x. Dann gehören F und U zu $\mathcal{F}'$ (Satz A.24), und folglich ist $F \cap U \neq \emptyset$ (Definition A.25). Wir schließen daraus, daß $x \in F$ ist, im Widerspruch zu $\bigcap \mathcal{K} = \emptyset$. ∎

A.31. Satz. *Ist X quasikompakt und $f : X \to Y$ stetig, so ist $f(X) \subseteq Y$ quasikompakt.*

Beweis. Wir können o.B.d.A. annehmen, daß f surjektiv ist. Sei $\mathcal{G}$ eine offene Überdeckung von Y. Dann ist $\{f^{-1}(O) : O \in \mathcal{G}\}$ eine offene Überdeckung von X, die eine endliche Teilüberdeckung $\mathcal{F}$ erlaubt. Damit ist aber

$$Y \subseteq \bigcup_{F \in \mathcal{F}} f(F) = \bigcup_{f^{-1}(O) \in \mathcal{F}} f(f^{-1}(O))$$

und wir haben eine endliche Überdeckung von Y durch Mengen aus $\mathcal{G}$ gefunden. ∎

A.32. Satz. (Tychonov) *Ein topologisches Produkt $X = \prod_{i\in I} X_i$ ist genau dann quasikompakt, wenn alle Faktoren X_i quasikompakt sind.*

Beweis. Ist X quasikompakt, so ist $X_i = p_i(X)$ quasikompakt, da p_i stetig ist (Satz A.31). Seien umgekehrt alle X_i quasikompakt und $\mathcal{F}$ ein Ultrafilter auf X. Dann sind die Ultrafilter (Satz A.27) $p_i(\mathcal{F})$ konvergent gegen Elemente $x_i \in X_i$. Damit konvergiert aber $\mathcal{F}$ gegen $x := (x_i)_{i\in I}$ (Übung !). Also ist X quasikompakt, da jeder Ultrafilter konvergiert. ∎

A.33. Definition. Ein topologischer Raum X heißt *separiert* oder *Hausdorffraum*, wenn zu zwei verschiedenen Punkten $x, y \in X$ disjunkte Umgebungen existieren. Ein separierter quasikompakter Raum heißt *kompakt.* ∎

A.34. Beispiel. Metrische Räume sind separiert. ∎

A.35. Bemerkung. Ist X separiert, so konvergiert ein Filter höchstens gegen ein Element $x \in X$ (Übung). ∎

A.36. Lemma. *Ist X kompakt und $A \subseteq X$ kompakt, so ist A abgeschlossen.*

Beweis. Angenommen, A ist nicht abgeschlossen. Dann existiert ein Punkt $x \in X \setminus A$, so daß jede Umgebung von x die Menge A schneidet. Damit ist $\mathcal{F} := \{U \cap A : U \in \mathcal{U}(x)\}$ ein Filter auf A. Nun existiert ein Ultrafilter $\mathcal{F}'$ auf A, der feiner als $\mathcal{F}$ ist und gegen ein $y \in A$ konvergiert. Dann ist $x \neq y$. Sei nun V eine Umgebung von y und U eine Umgebung von x mit $V \cap U = \emptyset$. Dann existiert eine Menge $F' \in \mathcal{F}'$ mit $F' \subseteq V$. Folglich ist $F' \cap (U \cap A) = \emptyset$, ein Widerspruch zu $\mathcal{F} \subseteq \mathcal{F}'$. Dieser Widerspruch zeigt, daß A abgeschlossen ist. ∎

A.37. Satz. *Ist $f : X \to Y$ eine bijektive stetige Abbildung, X kompakt und Y separiert, so ist f ein Homöomorphismus.*

Beweis. Ist $A \subseteq X$ abgeschlossen, so ist A kompakt und $f(A)$ ist als kompakte Teilmenge von Y wiederum abgeschlossen. Eine Teilmenge $A \subseteq X$ ist also wegen der Stetigkeit von f genau dann abgeschlossen, wenn $f(A)$ abgeschlossen ist. Folglich ist f ein Homöomorphismus. ∎

A.38. Lemma. *Ein topologisches Produkt $X = \prod_{i\in I} X_i$ ist genau dann separiert, wenn alle Faktoren X_i separiert sind.*

Beweis. Übung. ∎

A.39. Satz. (Tychonov) *Ein topologisches Produkt ist genau dann kompakt, wenn alle Faktoren kompakt sind.*

Beweis. Lemma A.38 und Satz A.32. ∎

A.40. Definition. Ein separierter topologischer Raum X heißt *lokalkompakt*, wenn jeder Punkt von X eine kompakte Umgebung besitzt. ∎

A.41. Lemma. *In einem lokalkompakten topologischen Raum X enthält jede Umgebung eines Punktes $x \in X$ eine kompakte Umgebung.*

Beweis. Nach Voraussetzung ist die Menge $\mathcal{F}$ der Obermengen kompakter Umgebungen von x ein Filter in X. Wir haben zu zeigen, daß er gegen x konvergiert. Sei K eine feste kompakte Umgebung von x. Da es ausreicht, die Behauptung für den Filter $\mathcal{F} \cap K := \{F \cap K : F \in \mathcal{F}\}$ zu zeigen, können wir annehmen, daß X kompakt ist. Sei U eine beliebige offene Umgebung von x. Wir nehmen an, daß keine Menge von $\mathcal{F}$ in U enthalten ist. Dann ist $\mathcal{F}_1 := \mathcal{F} \cap (X \setminus U)$ ein Filter aus kompakten Mengen. Sei $\mathcal{F}_1'$ ein Ultrafilter, der $\mathcal{F}_1$ verfeinert (Satz A.22). Der Ultrafilter $\mathcal{F}_1'$ konvergiert gegen einen Punkt $y \in X$ (Satz A.30). Wir führen dies zu einem Widerspruch. Zunächst ist $x = y$ unmöglich, da U nicht in $\mathcal{F}_1'$ enthalten sein kann. Also ist $y \neq x$ und wir finden disjunkte offene Umgebungen U_1 von x und U_2 von y. Dann ist $X \setminus U_2$ eine kompakte Umgebung von x und somit ist die Menge $(X \setminus U_2) \setminus U = X \setminus (U \cup U_2)$ in $\mathcal{F}_1'$ enthalten. Wegen $U_2 \in \mathcal{F}_1'$ liefert dies einen Widerspruch. ■

A.42. Definition. Eine Teilmenge A eines topologischen Raumes X heißt *relativ kompakt*, wenn $\overline{A}$ kompakt ist. ■

A.43. Lemma. *Sei X lokalkompakt, $K \subseteq X$ kompakt und $U \supseteq K$ offen. Dann existiert eine kompakte Menge $V \subseteq X$ mit*

$$K \subseteq V^0 \subseteq V \subseteq U.$$

Beweis. Zu jedem Punkt von $x \in K$ wählen wir eine kompakte Umgebung $V_x \subseteq U$ (Lemma A.41). Dann existieren endlich viele Punkte $x_1, ..., x_n$, so daß $K \subseteq \bigcup_{i=1}^n V_{x_i}^0$. Wir setzen $V := \bigcup_{i=1}^n V_{x_i} \subseteq U$. ■

A.44. Satz. (Satz von Urysohn für lokalkompakte Räume) *Sei X lokalkompakt, $K \subseteq X$ kompakt und $U \supseteq K$ offen. Dann existiert eine stetige Funktion h auf X mit*

$$h|_K = 1 \quad \textit{und} \quad h|_{X \setminus U} = 0.$$

Beweis. Wir setzen $U(1) := U$. Mit Lemma A.43 finden wir eine offene relativ kompakte Menge $U(0)$ mit $K \subseteq U(0) \subseteq \overline{U(0)} \subseteq U(1)$. Nochmalige Anwendung dieses Lemmas führt zu einer Menge $U(\frac{1}{2})$ mit

$$\overline{U(0)} \subseteq U(\frac{1}{2}) \subseteq \overline{U(\frac{1}{2})} \subseteq U(1).$$

So fortfahrend finden wir für jede rationale Zahl der Gestalt $\frac{k}{2^n} \in [0,1]$ eine offene, relativ kompakte Menge $U(\frac{k}{2^n})$ mit

$$\overline{U(\frac{k}{2^n})} \subseteq U(\frac{k+1}{2^n}) \quad \text{für} \quad k = 0, ..., 2^n - 1.$$

Sind nun $r, r' \in [0,1]$ solche Zahlen mit $r < r'$, so gilt

$$\overline{U(r)} \subseteq U(r'),$$

denn es exitieren $n, k, k' \in \mathbb{N}$ mit $r = \frac{k}{2^n}$ und $r' = \frac{k'}{2^n}$. Für eine beliebige reelle Zahl $r \in [0,1]$ setzen wir nun

$$U(r) := \bigcup_{s \leq r} U(s).$$

Für $r = \frac{k}{2^n}$ ist dies konsistent mit der bisherigen Definition. Für $t < t'$ finden wir nun $r = \frac{k}{2^n}$ und $r' = \frac{k+1}{2^n}$ mit $t < r < r' < t'$ und daher ist auch in diesem Fall

$$\overline{U(t)} \subseteq \overline{U(r)} \subseteq U(r') \subseteq U(t').$$

Wir setzen noch $U(t) = \emptyset$ für $t < 0$ und $U(t) = X$ für $t > 1$. Wir definieren

$$f(x) := \inf\{t \in \mathbb{R} : x \in U(t)\}.$$

Dann ist $f(K) \subseteq \{0\}$ und $f(X \setminus U) \subseteq \{1\}$.

Wir zeigen, daß f stetig ist. Sei dazu $x_0 \in X$, $f(x_0) = t_0$ und $\varepsilon > 0$. Wir setzen $V := U(t_0 + \varepsilon) \setminus \overline{U(t_0 - \varepsilon)}$. Das ist eine Umgebung von x_0. Aus $x \in V \subseteq U(t_0 + \varepsilon)$ folgt $f(x) \leq t_0 + \varepsilon$. Ist $f(x) < t_0 - \varepsilon$, so auch $x \in U(t_0 - \varepsilon) \subseteq \overline{U(t_0 - \varepsilon)}$, ein Widerspruch. Also ist $|f(x) - f(x_0)| \leq \varepsilon$ auf V und damit ist f stetig. Wir setzen $h := 1 - f$. ■

A.45. Definition. Sei X ein topologischer Raum und $A \subseteq X$. Die Menge A heißt *nirgends dicht*, wenn $\overline{A}^0 = \emptyset$ ist. Eine Teilmenge B von X heißt von *1. Kategorie in* X, wenn B abzählbare Vereinigung nirgends dichter Mengen ist. ■

A.46. Definition. Ein topologischer Raum X heißt *Bairescher Raum*, wenn keine Teilmenge von 1. Kategorie in X einen inneren Punkt besitzt. ■

A.47. Lemma. *X ist genau dann ein Bairescher Raum, wenn der Durchschnitt von abzählbar vielen offenen, in X dichten Mengen, wieder dicht in X ist.*

Beweis. Durch Bildung der Komplemente sieht man, daß obige Eigenschaft äquivalent dazu ist, daß keine Vereinigung von abzählbar vielen abgeschlossenen Mengen mit leerem Inneren einen inneren Punkt besitzt. Also hat jeder Bairesche Raum diese Eigenschaft. Sei umgekehrt X ein topologischer Raum, der diese Bedingung erfüllt und $(A_n)_{n \in \mathbb{N}}$ eine Folge von nirgends dichten Mengen. Dann sind die Mengen $\overline{A_n}$ ebenfalls nirgends dicht und

$$\bigcup_{n \in \mathbb{N}} A_n \subseteq \bigcup_{n \in \mathbb{N}} \overline{A_n}$$

hat daher keine inneren Punkte. ■

A.48. Satz. (Satz von Baire) *Jede der folgenden Eigenschaften impliziert, daß X ein Bairescher Raum ist:*

a) *X ist ein vollständiger metrischer Raum.*

b) *X ist lokalkompakt.*

Beweis. Wir weisen die Eigenschaft aus Lemma A.47 nach. Sei dazu $(V_n)_{n\in\mathbb{N}}$ eine Folge von offenen dichten Mengen in X und $B_0 \subseteq X$ offen. Wir haben zu zeigen, daß $B_0 \cap \bigcap_{n\in\mathbb{N}} V_n \neq \emptyset$ ist. Ist $n \geq 1$ und die nichtleeren offenen Mengen B_{n-1} schon gewählt, so finden wir eine nichtleere offene Menge B_n mit

$$\overline{B_n} \subseteq V_n \cap B_{n-1}.$$

Im Fall a) nehmen wir für B_n eine Kugel mit einem Radius kleiner als $\frac{1}{n}$ und im Fall b) eine Umgebung eines Punktes x in der nichtleeren offenen Menge $V_n \cap B_{n-1}$ (Satz A.41) deren Abschluß kompakt ist. Wir setzen

$$K := \bigcap_{n\in\mathbb{N}} \overline{B_n}.$$

Im Fall a) bilden die Zentren z_n der Kugeln B_n eine Cauchy-Folge, die gegen einen Punkt $z \in K$ konvergiert, K ist also nicht leer. Im Fall b) folgt dies aus der Kompaktheit der Mengen $\overline{B_n}$. Andererseits ist klar, daß

$$K \subseteq B_0 \cap \bigcap_{n\in\mathbb{N}} V_n.$$

■

A.49. Satz. (Satz von Ascoli) *Sei X ein kompakter Raum, $C(X)$ der Raum aller stetigen Funktionen auf X mit der Norm*

$$||f|| := \max\{|f(x)| : x \in X\},$$

und $M \subseteq C(X)$ eine Teilmenge für die folgende Bedingungen gelten:

1) *Für jedes $x \in X$ ist $\sup\{|f(x)| : f \in M\} < \infty$, d.h. M ist punktweise beschränkt.*

2) *Zu jedem $\varepsilon > 0$ und für jedes $x \in X$ existiert eine Umgebung V, so daß*

$$|f(x) - f(y)| < \varepsilon \quad \text{für} \quad \forall y \in V, f \in M.$$

Dann enthält jede Folge (f_n) in M eine gleichmäßig konvergente Teilfolge.

Beweis. Sei $(f_n)_{n\in\mathbb{N}}$ eine Folge in M. Zu $k \in \mathbb{N}$ finden wir wegen 2) Punkte $x_1^k, \ldots, x_{m_k}^k$ in X und Umgebungen $V_1^k, \ldots, V_{m_k}^k$ dieser Punkte, so daß $X \subseteq \bigcup_{i=1}^{m_k} V_i$ und

$$|f(x) - f(x_i^k)| \leq \frac{1}{k} \qquad \forall f \in M, x \in V_i, i = 1, \ldots m_k.$$

Wir ordnen die abzählbare Menge $\{x_i^k : k \in \mathbb{N}, i = 1, ..., m_k\}$ wie folgt zu einer Folge $(y_m)_{m\in\mathbb{N}}$:

$$x_1^1, ..., x_{m_1}^1, x_1^2, ..., x_{m_2}^2, \dots$$

Für jedes y_m ist die Menge $\{f_n(y_m) : n \in \mathbb{N}\} \subseteq \mathbb{R}$ beschränkt. Daher finden wir eine Teilfolge f_n^1, die auf y_1 konvergiert. Diese Folge hat eine Teilfolge f_n^2, die auf y_2 konvergiert, usw. Die Folge f_n^n ist nun eine Teilfolge der ursprünglichen Folge, die auf der Menge $\{y_m : m \in \mathbb{N}\}$ konvergiert. Um die Bezeichnungen zu vereinfachen können wir daher annehmen, daß die Folge f_n schon auf dieser Menge konvergiert.

Wir zeigen jetzt, daß die Folge f_n punktweise konvergiert. Sei dazu $x \in X$. Wegen der Vollständigkeit von $\mathbb{R}$ reicht es aus zu zeigen, daß $f_n(x)$ eine Cauchy Folge ist. Sei also $\varepsilon > 0$. Dann finden wir $k \in \mathbb{N}$ mit $\frac{3}{k} < \varepsilon$ und ein y_m, so daß $|f_n(x) - f_n(y_m)| < \frac{1}{k}$ für alle $n \in \mathbb{N}$. Wir wählen nun $n_0 \in \mathbb{N}$, so daß $|f_n(y_m) - f_{n'}(y_m)| < \frac{1}{k}$ für $n, n' > n_0$ gilt. Damit haben wir

$$|f_n(x)-f_{n'}(x)| \leq |f_n(x)-f_n(y_m)|+|f_n(y_m)-f_{n'}(y_m)|+|f_{n'}(y_m)-f_{n'}(x)| \leq \frac{3}{k} \leq \varepsilon.$$

Sei $F(x) := \lim_{n\to\infty} f_n(x)$. Es bleibt zu zeigen, daß f_n gleichmäßig gegen F konvergiert. Sei dazu wieder $\varepsilon > 0$ gegeben und $\frac{3}{k} < \varepsilon$. Wir wählen $n_0 \in \mathbb{N}$ so groß, daß

$$|f_n(x_i^k) - F(x_i^k)| \leq \frac{1}{k} \qquad \forall n \geq n_0, i = 1, ..., m_k.$$

Jedes Element $x \in X$ ist in einer Menge V_i^k enthalten. Damit folgt

$$|f_n(x) - F(x)| \leq |f_n(x) - f_n(x_i^k)| + |f_n(x_i^k) - F(x_i^k)| + |F(x_i^k) - F(x)| \leq \frac{3}{k} \leq \varepsilon,$$

da $|F(x_i^k) - F(x)| = \lim_{n\to\infty} |f_n(x_i^k) - f_n(x)| \leq \frac{1}{k}$ ist. Damit haben wir gezeigt, daß f_n gleichmäßig gegen F konvergiert und der Satz ist bewiesen. ■

A.50. Satz. (Brouwerscher Fixpunktsatz) *Eine stetige Selbstabbildung einer kompakten konvexen Menge $K \subseteq \mathbb{R}^n$ hat einen Fixpunkt.* ■

Für den Beweis dieses Satzes bedarf es einiger Vorbereitung.

A.51. Definition. Eine Teilmenge $\{x_0, ..., x_r\}$ von Punkten im $\mathbb{R}^n$ heißt *affin unabhängig*, wenn die Vektoren $x_1 - x_0, ..., x_r - x_0$ linear unabhängig sind. Seien $x_0, ..., x_r$ affin unabhängig. Wir definieren den von diesen Punkten *aufgespannten r-Simplex* $S = S(x_0, ..., x_r)$ als die konvexe Hülle

$$S := \{\sum_{i=0}^{r} \lambda_i x_i : \lambda_i \geq 0, \sum_{i=0}^{r} \lambda_i = 1\}.$$

Die Punkte $x_0, ..., x_r$ heißen *die Ecken des Simplex von* S und die Zahlen λ_i die *baryzentrischen Koordinaten* eines Punktes

$$x = \sum_i \lambda_i x_i \in S$$

(Man beachte, daß die λ_i eindeutig bestimmt sind). Für $\{x_{i_0}, ..., x_{i_k}\} \subseteq \{x_0, ..., x_k\}$ heißt

$$S(x_{i_0}, ..., x_{i_k}) \subseteq S(x_0, ..., x_k)$$

der von den $x_{i_0}, ..., x_{i_k}$ aufgespannte *k-Seitensimplex*. Für $x = \sum_i \lambda_i x_i \in S$ heißt $\{x_i : \lambda_i > 0\}$ der *Träger von* x. Eine Unterteilung von S in endlich viele Simplexe, bei denen jeweils zwei entweder disjunkt sind, oder einen gemeinsamen Seitensimplex haben, heißt *simpliziale Unterteilung* von S.

A.52. Lemma. (Lemma von Sperner) *Sei* Λ *eine simpliziale Unterteilung von* S *und* ϕ *eine Abbildung, die jeder Ecke* z *eines Simplex aus* Λ *eine Ecke* $\phi(z)$ *des Trägers von* z *in* S *zuordnet, so existiert ein* r*-Simplex* $S(z_0, ..., z_r)$ *in* Λ *mit*

$$\phi(\{z_0, ..., z_r\}) = \{x_0, ..., x_r\}.$$

Beweis. Ein Simplex T aus Λ heiße "lieb", wenn es die im Satz genannten Eigenschaften hat. Wir zeigen: Die Anzahl a der "lieben" Simplexe in Λ ist ungerade, insbesondere von 0 verschieden. Wir führen den Beweis über vollständige Induktion nach $\dim S := r$. Für $r = 0$ ist nichts zu zeigen.

1) $T_1, ..., T_\alpha$ seien die r-Simplexe in Λ. Ein $(r-1)$-Seitensimplex mit den Ecken $z_0, ..., z_{r-1}$ in T_ν heiße "lieb", wenn

$$\phi(\{z_0, ..., z_{r-1}\}) = \{x_1, ..., x_r\}.$$

a) Ist ein T_ν "lieb", so hat T_ν genau eine liebe Seite V: Sei dazu $T_\nu = S(b_0, ..., b_r)$ und o.B.d.A. $\phi(b_i) = x_i$. Dann ist $V = S(b_1, ..., b_r)$ die einzige liebe Seite.

b) Ist T_ν nicht "lieb", so hat T_ν keine oder genau zwei liebe Seiten: Sei $V = S(b_1, ..., b_r)$ eine liebe Seite und o.B.d.A. $\phi(b_i) = r_i$ für $i = 1, ..., r$. Da T_ν nicht "lieb" ist, gilt $\phi(b_0) = x_i$ mit $i \neq 0$. Damit ist $V' := S(b_1, ..., b_{i-1}, b_0, b_{i+1}, ..., b_r)$ noch eine liebe Seite. Mehr gibt es nicht.

Sei a_ν die Anzahl der "lieben" Seiten in T_ν. Wir haben gezeigt, daß

$$\sum a_\nu = \sum_{T_\nu \text{ lieb}} a_\nu + \sum_{T_\nu \text{ nicht lieb}} a_\nu \equiv a \operatorname{mod}(2).$$

D.h. zu zeigen ist, daß $\sum a_\nu$ ungerade ist.

2) Sei dazu V eine "liebe" Seite.

1. Fall: V liegt im Inneren von S, ist also Seitensimlex von zwei T_ν's und wird doppelt gezählt.

2. Fall: V liegt am Rand, d.h. auf genau einem $(r-1)$-Seitensimplex $S' := S(x_{i_0}, ..., x_{r-1})$ von S. Also ist V Seitensimplex von genau einem T_ν und wird einfach gezählt. Durch Λ wird auf S' eine simpliziale Zerlegung Λ' der auf S' liegenden Seitensimplexe definiert. Die "lieben" V auf S' sind genau die "lieben" T' in Λ'. Nach Induktionsvoraussetzung ist ihre Zahl ungerade. ∎

A.53. Lemma. *Für jedes Simplex $S(x_0, ..., x_r)$ vom Durchmesser d existiert eine Unterteilung Λ, so daß der Durchmesser jedes Simplex T_ν in Λ höchstens $\frac{dr}{r+1}$ ist.*

Beweis. Sei $I = \{i_0, ..., i_k\}$ eine Teilmenge von $R := \{0, ..., r\}$. Der Schwerpunkt eines Simplex $S(x_{i_0}, ..., x_{i_k})$ sei als

$$s_I := \frac{1}{k+1} \sum_{i=0}^{k} x_{i_k}$$

definiert. Als Ecken der Unterteilung Λ nehmen wir alle Schwerpunkte sämtlicher Seitensimplexe von S. Zu jeder aufsteigenden Folge

$$J_0 \subseteq J_1 \subseteq ... \subseteq J_r = R$$

von Teilmengen von R mit $|J_i| = i+1$ definieren wir den Simplex S_J als

$$S_J := S(s_{J_0}, ..., s_{J_r}).$$

Man überzeugt sich nun induktiv davon, daß die Menge Λ dieser Simplexe eine Unterteilung von S liefert. Das sieht man am leichtesten, wenn man das Element in $J_i \setminus J_{i-1}$ mit $y_i := x_{\sigma(i)}$ bezeichnet. Dann besteht S_J aus den Elementen $x = \sum_i \lambda_i x_i$ von S für die

$$\lambda_{\sigma(0)} \geq \lambda_{\sigma(1)} \geq ... \geq \lambda_{\sigma(r)}$$

ist.

Der Durchmesser eines Simplex $S(x_0, ..., x_r)$ ist das Maximum der Eckenabstände $||x_i - x_j||_2$. Um die Abschätzung für den Durchmesser eines Simplex S_J zu zeigen, können wir annehmen, daß $y_i = x_i$ und zusätzlich, daß $x_0 = 0$ ist. In baryzentrischen Koordinaten ist S_J dann gegeben durch

$$\lambda_0 \geq \lambda_1 \geq ... \geq \lambda_r.$$

Insbesondere ist also

$$1 = \sum_i \lambda_i \leq (r+1)\lambda_0$$

und daher

$$\sum_{i=1}^{r} \lambda_i \leq r\lambda_0 \leq \frac{r}{r+1}.$$

Also ist der Simplex S_J enthalten in $\frac{r}{r+1}S$ und daraus folgt die Behauptung. ∎

A.54. Satz. (Knaster, Kuratowski, Marzurkiewicz) *Sei* $S = S(x_0, ..., x_r)$ *ein Simplex,* $C_0, ..., C_r$ *seien abgeschlossene Teilmengen von* S *mit der Eigenschaft*

$$\emptyset \neq J = \{j_0, ..., j_k\} \subseteq \{0, ..., r\} \Rightarrow S(x_{j_0}, ..., x_{j_k}) \subseteq \bigcup_{j \in J} C_j.$$

Dann ist $\bigcap_{i=0}^{r} C_i \neq \emptyset$.

Beweis. Es existiert eine Folge simplizialer Unterteilungen Λ_n von S derart, daß der maximale Durchmesser der T_ν aus Λ_n mit $n \to \infty$ gegen 0 geht (Lemma A.53). Wir definieren die Funktion ϕ_n auf der Eckenmenge von Λ_n wie folgt:

Für die Ecke z sei $S_z = S(x_{j_0}, ..., x_{j_k})$ der Träger. Nach Voraussetzung ist dann $S_z \subseteq \bigcup_{i=0}^{k} C_{j_k}$. Wir wählen j_s so, daß $z \in C_{j_s}$ und setzen $\phi_n(z) := x_{j_s}$. Mit dem Lemma von Sperner finden wir für jedes n einen Simplex $T_n = S(x_0^n, ..., x_r^n)$ in Λ_n, so daß

$$\phi_n(\{x_0^n, ..., x_r^n\}) = \{x_0, ..., x_r\}.$$

Nach Umordnung können wir annehmen, daß $\phi_n(x_i^n) = x_i$. Aus der Konstruktion folgt dann $x_i^n \in C_i$. Wegen der Kompaktheit von S finden wir eine Teilfolge $(\Lambda_{n_k})_{k \in \mathbb{N}}$, so daß die Folgen $x_i^{n_k}$ für jedes i gegen ein Element $y_i \in C_i$ konvergieren. Da der Durchmesser von T_n gegen 0 geht, folgt

$$y_0 = y_1 = ... = y_r \in \bigcap_{i=0}^{r} C_i.$$

■

Damit bekommen wir den Brouwerschen Fixpunktsatz.

Beweis. (von Satz A.50) Wir nehmen zuerst an, daß $K = S = S(x_0, ..., x_r)$ ein Simplex ist und $f : S \to S$ eine stetige Abbildung. Wir definieren

$$C_i := \{x \in S : \lambda_i(f(x)) \leq \lambda_i(x)\}.$$

Wegen der Stetigkeit von f und der baryzentrischen Koordinatenfunktionen, sind diese Mengen abgeschlossen. Ist $T = S(x_{i_0}, ..., x_{i_k})$ ein Seitensimplex von S und $x \in T$, so ist

$$\sum_{j=0}^{k} \lambda_{i_j}(x) = 1 \geq \sum_{j=0}^{k} \lambda_{i_j}(f(x)).$$

Also existiert ein $j = 0, ..., k$ mit $x \in C_{i_j}$. Damit sind die Voraussetzungen von Satz A.54 erfüllt und es existiert ein x im Durchschnitt dieser Mengen. Also ist $\lambda_i(f(x)) \leq \lambda_i(x)$ für $i = 0, ..., r$. Da die Summen aber jeweils 1 sind, folgt $\lambda_i(f(x)) = \lambda_i(x)$ für $i = 0, ..., r$. Also auch $f(x) = x$.

Sei jetzt K irgendeine kompakte konvexe Menge in $\mathbb{R}^n$. Sei $r + 1$ die Maximalzahl affin unabhängiger Punkte in K. Dann ist K in einem r-dimensionalen affinen Unterraum enthalten und wir können $r = n$ annehmen. Nach einer Verschiebung können wir sogar annehmen, daß 0 im Innern von K liegt. Sei S ein r-Simplex, das ebenfalls die 0 im Inneren enthält. Wir werden einen Homöomorphismus von S nach K konstruieren. Dann sind wir fertig, denn die Eigenschaft eines topologischen Raumes, daß jede setige Selbstabbildung eines Fixpunkt hat, bleibt unter Homöomorphismen erhalten (Übung).

Wir betrachten das *Minkowski Funktional* von K:

$$\mu_K : \mathbb{R}^n \to \mathbb{R}^+, \qquad x \mapsto \inf\{t > 0 : \frac{1}{t}x \in K\}.$$

Es hat folgende Eigenschaften:

1) $\mu_K(x) > 0$ für $x \neq 0$ und $\mu_K(0) = 0$.
2) $\mu_K(tx) = t\mu_K(x)$ für $t \in \mathbb{R}^+$.
3) $(\exists C_1, C_2 > 0) \quad C_1||x||_2 \leq \mu_K(x) \leq C_2||x||_2$
4) $\mu_K(x+y) \leq \mu_K(x) + \mu_K(y)$.
5) μ_K ist stetig auf $\mathbb{R}^n$.

Der Nachweis der ersten beiden Eigenschaften ist trivial. Die dritte folgt aus der Tatsache, daß K eine ausreichend kleine Kugel enthält und selbst in einer großen Kugel enthalten ist. Um zu sehen, daß 4) gilt, sei $\mu_K(x) < t$ und $\mu_K(y) < s$. Dann sind $\frac{1}{t}x, \frac{1}{s}y \in K$ und aus der Konvexität folgt

$$\frac{1}{s+t}(x+y) = \frac{t}{s+t}\frac{1}{t}x + \frac{s}{s+t}\frac{1}{s}y \in K.$$

Daher ist $\mu_K(x+y) \leq s+t$ und daraus folgt 4). Die Stetigkeit von μ_K in x folgt nun aus

$$\mu_K(x+y) \geq \mu_K(x) - \mu_K(-y) = -\mu_{-K}(y),$$

aus 4) und 3) für K und $-K$, denn 3) liefert die Stetigkeit in 0.

Wir definieren nun die Abbildung $\Psi : S \to K$ durch

$$x \mapsto \begin{cases} \frac{\mu_S(x)}{\mu_K(x)}x & \text{für } x \in S \setminus \{0\} \\ 0, & \text{für } x = 0. \end{cases}$$

Die Stetigkeit von Ψ in den Punkten $x \neq 0$ folgt nun aus 5) und 1). In 0 ergibt sie sich aus der Beschränktheit von $\frac{1}{\mu_K(x)}x$ (siehe 3) und der Stetigkeit von μ_S. Die Injektivität dieser Abbildung ist unmittelbar klar, denn für $\Psi(x) = \Psi(x') \neq 0$ ist $x' = \lambda x$ und daher $\Psi(x') = \lambda\Psi(x)$. Um die Surjektivität einzusehen, sei $x \in K \setminus \{0\}$. Dann ist $\mu_K(x) \leq 1$. Wir setzen $y := \frac{\mu_K(x)}{\mu_S(x)}x$. Damit ist $\mu_S(y) \leq 1$ und folglich $y \in S$ mit $\Psi(y) = x$. Also ist Ψ bijektiv und stetig, damit ein Homöomorphismus (Satz A.37). ∎

A.55. Definition. Sei X ein topologischer Raum. Der Raum X heißt *zusammenhängend*, wenn fuer jede Zerlegung $X = F_1 \cup F_2$ in zwei disjunkte abgeschlossene Mengen F_1, F_2 eine der beiden Mengen leer ist. Eine stetige Abbildung $\gamma : [0,1] \to X$ heißt *Weg* (*Pfad*). Der Raum X heißt *bogenzusammenhängend*, wenn für $x, y \in X$ ein Weg $\gamma : [0,1] \to X$ so existiert, daß $\gamma(0) = x$ und $\gamma(1) = y$.

Sei nun $x \in X$ ein Punkt. Die *Zusammenhangskomponente* (*Bogenkomponente*) von x in X ist die Vereinigung aller zusammenhängenden (bogenzusammenhängenden) Teilmengen von X, die x enthalten. ∎

A.56. Satz. *Sei $(Y_i)_{i \in I}$ eine Familie von zusammenhängenden (bogenzusammenhängenden) Teilmengen des topologischen Raumes X mit $\bigcap_{i \in I} Y_i \neq \emptyset$. Dann ist $\bigcup_{i \in I} Y_i$ zusammenhängend (bogenzusammenhängend).*

Beweis. Wir nehmen zunächst an, daß die Mengen Y_i zusammenhängend sind. Setze $E := \bigcup_{i \in I} Y_i$ und wähle $x \in \bigcap_{i \in I} Y_i$. Sei $E = F_1 \cup F_2$ mit disjunkten abgeschlossenen Mengen F_1 und F_2. Wir können $x \in F_1$ annehmen. Dann ist $Y_i = (Y_i \cap F_1) \cup (Y_i \cap F_2)$ eine Zerlegung von Y_i in disjunkte abgeschlossene Mengen. Da Y_i zusammenhängend ist, und $x \in F_1$ ist, folgt $F_2 \cap Y_i = \emptyset$, d.h. $Y_i \subseteq F_1$. Da i beliebig war, ist $F_2 = \emptyset$. Also ist E zusammenhängend.

Sind die Mengen Y_i bogenzusammenhängend und $y, y' \in E$, so existiert ein Weg, der y mit x verbindet und ein Weg, der x mit y' verbindet. Setzt man diese Wege zusammen, und parametrisiert um, so hat man einen Weg, der y mit y' verbindet. ∎

A.57. Korollar. *Die Zusammenhangskomponenten (Bogenkomponenten) eines topologischen Raumes sind zusammenängend (bogenzusammenhängend).* ∎

A.58. Satz. *Seien X und Y topologische Räume und $f : X \to Y$ eine stetige surjektive Abbildung. Ist X zusammenhängend (bogenzusammenhängend), so ist Y zusammenhängend (bogenzusammenhängend).*

Beweis. Sei X zusammenhängend. Ist $Y = F_1 \cup F_2$ eine Zerlegung in disjunkte abgeschlossene Mengen, so ist $X = f^{-1}(F_1) \cup f^{-1}(F_2)$ ebenfalls eine disjunkte Zerlegung in abgeschlossene Mengen. Da X zusammenhängend ist, können wir annehmen, daß $f^{-1}(F_1)$ leer ist. Damit ist auch F_1 leer und folglich Y zusammenhängend.

Ist X bogenzusammenhängend, so folgt der Bogenzusammenhang von Y unmittelbar aus der Tatsache, daß für jeden Weg $\gamma : [0,1] \to X$ die Abbildung $f \circ \gamma$ ein Weg in Y ist, der $f(\gamma(0))$ mit $f(\gamma(1))$ verbindet. ∎

A.59. Satz. *Ist X bogenzusammenhängend, so ist X zusammenhängend.*

Beweis. Sei $x \in X$. Da das Einheitsinterval $[0,1]$ zusammenhängend ist, ist $\gamma([0,1])$ für jeden Weg $\gamma : [0,1] \to X$ mit $\gamma(0) = x$ zusammenhängend (Satz A.58). Nach Voraussetzung ist X Vereinigung dieser zusammenhängenden Mengen, also selbst zusammenhängend (Satz A.56). ∎

A.60. Satz. *Sei X ein topologischer Raum in dem jeder Punkt eine bogenzusammenhängende Umgebung hat. Dann sind die Zusammenhangskomponenten offen und stimmen mit den Bogenkomponenten überein.*

Beweis. Sei C eine Zusammenhangskomponente von X. Ist $x \in C$ und U eine bogenzusammenhängende Umgebung von x, so ist U in C enthalten (Satz A.59). Also ist C offen. Die Offenheit der Bogenkomponenten folgt mit dem gleichen Argument. Ist B eine Bogenkomponente in C, so ist $C \setminus B$ daher, als Vereinigung von offenen Mengen, offen. Da C zusammenhängend ist, folgt $B = C$ (Korollar A.57). ■

Lehrbücher über Lie-Gruppen und Algebren

[Bou75] Bourbaki, N., *Groupes et algèbres de Lie*, Chap. I–VIII, Hermann, Paris, 1975.

[Bou82] Bourbaki, N., *Groupes et algèbres de Lie*, Chap. IX, Masson, Paris, 1982.

[BtD85] Bröcker, Th. und T. tom Dieck, *Representation Theory of Compact Lie Groups*, Springer Verlag, Berlin, 1985.

[Che46] Chevalley, C., *Theory of Lie Groups*, Princeton Univ. Press, Princeton, 1946.

[Di85] Dieudonné, J., *Grundzüge der modernen Analysis I*, Vieweg, Braunschweig, 1985.

[Go82] Godement, R., *Introduction à la théorie des groupes de Lie*, Publications mathématiques de l'Université Paris VII, 2 Bände, 1982.

[He78] Helgason, S., *Differential Geometry, Lie Groups, and Symmetric Spaces*, Acad. Press, Orlando, 1978.

[He84] Helgason, S., *Groups and Geometric Analysis*, Acad. Press, Orlando, 1984.

[Hoch65] Hochschild, G., *The Structure of Lie Groups*, Holden Day, San Francisco, 1965.

[Hu72] Humphreys, J.E., *Introduction to Lie Algebras and Representation Theory*, Springer, Berlin, 1972.

[Ja62] Jacobson, N., *Lie Algebras*, Interscience Publishers, New York, London, 1962.

[Ka71] Kaplansky, I., *Lie Algebras and Locally Compact Groups*, University of Chicago Press, Chicago, 1971.

[MT86] Mneimné, R. und F. Testard, *Introduction à la théorie des groupes de Lie classiques*, Hermann, Paris, 1986.

[MZ55] Montgomery, D. and L. Zippin, *Topological Transformation Groups*, Interscience Publishers, New York, 1955.

[Po85] Postnikov, M., *Leçons de géométrie, Groupes et algèbres de Lie*, Edition MIR, Moskau, 1985.

[Se65] Serre, J.P., *Lie Algebras and Lie Groups*, Benjamin, New York, 1965.

[Se66] Serre, J.P., *Algèbres de Lie complexes*, Benjamin, New York, 1966.

[Ti72] Tits, J., *Liesche Gruppen und Algebren*, Springer, Berlin, 1972.

[Va84] Varadarajan, V.S., *Lie Groups, Lie Algebras, and Their Representations*, Springer, New York, 1984.

[Wa70] Warner, F., *Foundations of Differentiable Manifolds and Lie Groups*, Scotts Foresman, Glenview, 1970.

[Wi72] Winter, D., *Abstract Lie Algebras*, MIT Press, Boston, 1972.

Symbolverzeichnis

Sachverzeichnis